普通高等教育"十三五"规划教材

2019 年中国石油和化学工业优秀出版物奖·教材奖一等奖

工科无机化学

（第四版）

（含二维码扫描视频学习资料）

徐志珍　张　敏　田振芬　主编

华东理工大学出版社
EAST CHINA UNIVERSITY OF SCIENCE AND TECHNOLOGY PRESS

·上海·

图书在版编目(CIP)数据

工科无机化学：含二维码扫描视频学习资料/徐志珍,张敏,田振芬主编.—4版.—上海：华东理工大学出版社,2018.9(2023.8重印)

普通高等教育"十三五"规划教材

ISBN 978-7-5628-5580-4

Ⅰ.①工… Ⅱ.①徐… ②张… ③田… Ⅲ.①无机化学—高等学校—教材 Ⅳ.①O61

中国版本图书馆 CIP 数据核字(2018)第 203010 号

内 容 简 介

本书是在《工科无机化学》(第三版)的基础上修订而成的。在保证工科化学教学的要求和特点的基础上,适当调整了教材的结构,重新改写和更新了部分内容。精选了化学原理和元素化学两大部分中的重要知识,本书内容简明扼要,既保证基础,又突出重点。

本书可作为高等院校化学、化工类及相关专业的无机化学课程教材,也可供相关科研、工程技术人员参考使用。

项目统筹 / 周　颖

责任编辑 / 李佳慧　徐知今

装帧设计 / 徐　蓉

出版发行 / 华东理工大学出版社有限公司

地址：上海市梅陇路 130 号,200237

电话：021 - 64250306

网址：www.ecustpress.cn

邮箱：zongbianban@ecustpress.cn

印　刷 / 常熟高专印刷有限公司

开　本 / 787 mm×1092 mm　1/16

印　张 / 24.75

彩　插 / 1

字　数 / 659 千字

版　次 / 1988 年 8 月第 1 版

　　　　2018 年 9 月第 4 版

印　次 / 2023 年 8 月第 7 次

定　价 / 59.00 元

第 四 版 前 言

《工科无机化学》自1988年问世以来，受到了广大读者的欢迎，一直被兄弟院校选为教材或教学参考书使用，先后已出版了三版。随着时代的发展和科技的进步，我们根据广大兄弟院校使用第三版教材过程中所发现的问题和提出的建议进行了修订，使之能跟上学科发展和人才培养的要求。第四版教材在继承第三版的风格、特点及起点的基础上，主要做了如下改动：

（1）力争做好与高中化学课程教学内容的衔接。删除和合并了部分内容，如稀溶液的性质、盐类的水解等。将部分章节进行了调整，如将化学反应中的能量关系和化学平衡合并为一章，化学反应速率单列为一章，分子结构和晶体结构合并改写成化学键和分子结构一章。

（2）对元素化学内容进行了精简，删减了一些内容，对部分表格中的内容进行了修订和整合，以利于教师在教学过程中更方便地使用本书。

（3）随着信息技术的飞速发展，学生获取知识的渠道也多样快速，因此"知识连接"部分不再引入书中，对书后复习思考题和习题进行了部分删减和补充。

（4）对第三版书后的附录进行了更新，本书的基本数据摘自：Jame G. Speight. Lang's Handbook of Chemistry. 16th. ed，2005.

（5）为便于学习，增加了视频学习资料，读者可扫描二维码观看。

本版全书由徐志珍、张敏和田振芬修订编写（徐志珍编写5～9章，张敏编写1～4章，田振芬编写10～15章），附录由田振芬整理。

《工科无机化学》前三版的编者为本书倾注了大量的心血，打下了良好的基础。在此谨向前三版编者表示衷心感谢。我们也对为本书前三版做出过贡献的同仁和在使用本书过程中提出过有益意见和建议的同志表示感谢。限于修订者水平，对于书中的疏漏甚至谬误和不妥之处，恳请读者批评指正。

编　者

2018 年 6 月

第 一 版 前 言

20世纪以来,人们揭示了微观粒子的奥秘,使化学科学突飞猛进,化学理论迅速发展,实验手段不断更新,新工艺、新技术、新产品日新月异,化学知识量、信息量猛增。为此,大学教材既要反映时代的发展,又要根据培养目标和规格的要求恰当选材。1981年以来,我们在多年教学改革的过程中,不断探索,按照四年学制各课程整体优化的要求,确定了工科无机化学合适的深广度,以切实打好工科无机化学的基础。

本教材是在教学实践中不断完善,历时六年三次大改而成。本书的特色和编纂系统介绍如下:

一、在确保教学基本要求的基础上,适应现代教育多样化的要求。

本书以确保达到《高等工业学校本科无机化学课程的基本要求》为主,同时为适应不同学校与专业的要求,在每章后面附有阅读材料,适当加深原理和拓宽元素化合物的视野。如原子轨道与电子云的径向分布图像、质子酸碱强度、合金、微量元素与人体健康等。

二、重视理论与实际的结合,适当与化学工业相联系,以反映工科特点。

教材中除了重视化学原理与元素化合物的性质及反应相联系外,还挑选某些化工产品,讨论工艺路线的选优和反应条件的确定,并介绍了无机化学工业的概况。如第十章4-1,讨论化学工业与无机化工;第十五章1-2,1-3中对硝酸、硫酸制造工艺的分析;2-3中对硫代硫酸钠生产中反应条件的选择等。

三、介绍我国丰产元素,反映无机化学新发展。

我国幅员辽阔,资源丰富,锂、钒、锌、钨、锑以及稀土元素储量均居世界首位,根据《工科无机化学基本要求》精神,除锌外,分别列入有关章节阅读材料中介绍。同时,无机化学涉及的新技术、新材料,如新型无机材料、超导材料、固体电解质等,均在适当场合有所介绍。

四、本教材包括化学原理和元素化学两大部分,共十六章。

化学原理部分:(一)化学基础知识,反应中能量关系和反应速率原理(第一、二、三各章)(二)四大平衡原理,即化学平衡、离子平衡、氧化还原平衡及配位平衡(第三、四、八、九各章)(三)近代物质结构基本理论,有原子结构、分子结构、晶体结构及配合物结构(第五、六、七、九各章)。

元素化学部分:以元素化学概述为前导,再按周期表体系从s区、d区、ds区、p区到f区的顺序来编排内容。力求结合工科特点抓住典型元素,以点带面,削枝强干。每章都有重点地运用部分原理阐明内容,做到前后连贯,以加强对学生的思维方法、认识规律和综合应用知识能力的培养。努力克服传统上泛泛而述和零乱的弊病。元素化学中各章重点讨论的内容如下:

第十章　元素化学概述。从元素的发现了解人类科技的进步。了解金属和非金属通性,以及简要了解无机化学工业和三废的污染及防治。

第十一章　s区元素。着重讨论氧化物类型,以及联系离子平衡原理认识元素酸碱性变化的规律。

第十二章　d区元素。着重分析元素及其化合物的氧化还原性变化规律,以及用氧化还原平衡原理联系实验事实来判断反应产物的一般方法。

第十三章　ds区元素。着重联系配位化合物的生成,以加强对有关元素及其化合物的认识。

第十四章 p区元素(一)硼族和碳族。着重联系晶体结构原理,说明其单质及化合物的性质。

第十五章 p区元素(二)氮族和氧族。着重原子结构、分子结构与物质性质的内在联系。同时,适当结合有关化工生产中产品工艺路线和反应条件的选择。

第十六章 p区元素(三)卤素和稀有气体。对元素及其典型化合物的性质、制备和反应进行归纳综述,以加强总体规律的认识。

五、本教材采用《中华人民共和国法定计量单位》。数据基本来自:J. A. Dean. Lange's Handbook of Chemistry. 13th. ed,1985.

六、内容起点适当,已考虑到与全日制中学高中化学相衔接。

本书可作为高等工业学校化工、轻工、冶金、纺织、环保等各类工科专业的化学基础课教材。也可供大专院校教师及工程(尤其化工)专业人员参考。

本教材与华东化工学院第三版《无机化学实验》相配套(高等教育出版社1989年出书)。

教材第一稿的编写者有裘贞庭、石锦文、金韬芬、方国正、朱声逾、陈德康、徐止戈、苏小云、朱裕贞、路琼华等同志。该大修稿是在原来两次修改稿的基础上,由朱声逾(第12、13、14章)、苏小云(第4、8、9、11章)、朱裕贞(第6、10、15章)、路琼华(第1、2、3、5、7、16章)等四人重写。复习思考题和习题由张佩华、印聿德两人重编。附录由朱声逾同志重整。全书由路琼华、朱裕贞、苏小云主编。

本书得李金和、王秉济、李芝香、王绿芳等同志协助。在此,谨表示深切的谢意。

限于编者水平,难免有谬误和不妥之处。敬请同行和读者给予批评指正。

编 者
1988.6

第 二 版 前 言

本教材第一版自 1988 年问世以来,获得同行的好评、师生的欢迎,主要是突破了工科化学教材一向是理科教材缩影的老格局,突出了工科的特点:揭示化学基本原理、基础知识与生产实际的有机联系;阐明物质本性及其变化与化学原理的内在联系。

第二版教材除注意保持发扬第一版的风格和特色外,又做了如下几方面的努力:

一、确保达到新修订的《高等工业学校无机化学课程的基本要求》,并注意本教材的起点与1990 年《全日制中学高中化学大纲》相衔接。为此,在教材深广度上有所调整。例如,删去了溶液依数性的定量描述;将价层电子对互斥理论移至阅读材料;稀土元素化学单独立章等。

二、在深入生产实际进行调查研究的基础上,对典型产品的选择、工艺路线的选优,以及反应条件的讨论,更适合当前新技术运用的现状。

三、更重视科技新发展,在阅读材料中适当多介绍一些无机化学的前沿,如金属有机化学、无机固体化学、超导材料等。

四、认真使用《中华人民共和国法定计量单位》,采用"国标"所指定的符号和单位。

五、本版使用的周期表是国外近年采用的新版本。对于周期表中镧系、锕系的新划分在第17 章阅读材料中作了说明。

六、为方便读者,增编了本书常用量的符号表和索引。

第二版是在第一版基础上修改而成。执笔者:刘士荣(12、13、14 章)、臧祥生(11、16 章)、路琼华(1、2、3、5、7 章)、苏小云(4、8、9、17 章)、朱裕贞(6、10、15 章)。复习思考题及习题由刘士荣修改。全书由朱裕贞、苏小云统稿。

本书得到上海市冶金局孙树德和上海市化工局郏其庚高级工程师、华东理工大学李金和副教授协助,在此谨表深切的谢意。

限于修订者水平,难免有谬误不妥之处,敬请同行和读者批评指正。

编　者

第 三 版 前 言

《工科无机化学》第二版(1993 年)出版以来,受到了广大读者的欢迎,一直被兄弟院校选为教材或教学参考书使用,先后已多次重印,印数达三万余册。十年来,时代的发展和科技的进步极其迅猛,我们根据教材使用和教学过程中所发现的问题,深感有必要对本书进行修订,使之跟上学科发展和 21 世纪对人才素质培养的要求。

第三版教材在继承第二版的风格、特点及起点的同时,本着保证基础、突出重点、拓宽知识面,反映当代无机化学发展概貌的指导思想,在修订时注意到如下几方面的改动:

一、删除了实际教学中很少讲授的原书第十章元素化学概述;对某些章节进行扩充和改写,如实际气体、稀溶液的性质、燃烧热、原子核外电子的排布、f 区元素等;对附录中的一些内容也作了适当的调整。

二、对阅读材料的内容作了某些调整,保留大部分内容,对部分内容作了增删,并改名为"知识链接"。

三、对各章的复习思考题和习题均作了不同程度的补充。

四、无论是正文或是习题,均注意了加强化学原理和元素性质之间的联系。

五、本书采用中华人民共和国国家标准 GB3102.8—1993 所规定的符号和单位。基本数据摘自:David R. Lide. CRC Handbook of Chemistry and Physics. 80th. ed., 1999—2000 和 J. A. Dean. Lang's Handbook of Chemistry. 15th. ed., 1999.

本版全书由苏小云和臧祥生修订编写(苏小云编写 1、4、5、8、9、11、12、16 章;臧祥生编写 2、3、6、7、10、13、14、15 章),附录也由两人整理。

《工科无机化学》第一、第二版主要编者 路琼华 、朱裕贞两位教授,为本书倾注了大量的心血,打下了良好的基础。这次修订同意由我们执笔,在此谨向两位先生表示感谢。同时感谢华东理工大学出版社总编荣国斌教授为第三版修订工作提出的中肯意见和大力支持。我们也对为本书前二版作出过贡献的同仁和在使用本书过程中提出过有益意见和建议的同志表示感谢。

限于修订者水平,对于书中的疏漏甚至谬误和不妥之处,恳请读者批评指正。

编 者
2003 年 9 月

目　　录

第1章 | 物质的状态

我们已有的知识,已能认识到客观世界是由不断运动、变化和发展的物质组成的,而这些物质本身又是由处于不断运动,变化和发展的分子、原子等微观粒子所组成。通常人们接触的不是单个的分子和原子,而是它们的聚集体。在一定的温度和压力条件下,物质总是以一定的聚集状态而存在。我们日常接触到的气体(gas)、液体(liquid)和固体(solid)就是物质的三种聚集状态,通称物质的三态。各种物质的状态(state of matter)都各具一些特点。同一物质的气、液、固三态,在一定条件下可以相互转化。从固体(晶体)熔化为液体,需要吸收热量,液体蒸发为气体也要吸收热量。相反的过程则会放出热量。因此,同一物质具有的能量以处于固态时最低、液态次之、气态最高。从组成物质的微观粒子(分子、原子或离子)的相互作用来看,构成固体粒子之间的相互作用最强、液体次之、气体较弱。固体内部粒子只能在一定的平衡位置上振动,液体内部的粒子可以在一定范围内任意移动,而气体内部的粒子则可自由运动。

在一定条件下,物质总是以一定聚集状态参加化学反应,物质的状态对其化学行为是有影响的。对于给定的反应,由于物质的聚集状态不同,反应的速率和反应的能量关系也会不同,甚至还会影响到反应工艺条件的选择。因此有必要对物质三态及其各自特点加以讨论。

1.1 气 体

地球提供给所有物质赖以生存的重要基本条件之一,就是笼罩在它表面的大气层。所有生物的呼吸、植物的光合作用、生物固氮以及燃烧等生化和化学反应都离不开空气。人类的许多生产活动和科学研究也都是有气体参加的。

气体作为较简单的物质聚集状态,使人们对其研究和宏观性质的认识也较为方便。气体的特征是具有扩散性(diffusivity)和(可)压缩性(compressibility)。由于组成气体的分子能量大、分子间引力小,并在不停地做无规则运动,所以将气体引入任何形状和大小的容器时,便能自行扩散而均匀地充满整个容器。同样,不同种类的气体只要不发生化学反应,便可以任何比例混合均匀。又因为气体分子之间空隙很大,对它施加压力其体积就会缩小。

气体的体积不仅受压力的影响,同时还与温度和气体的量有关。因此,可以用体积(volume)、压力(pressure)、温度(temperature)这些物理量来描述一定量的气体所处的状态。能反映这四者之间关系的表示式就称为气体的状态方程式。

1.1.1 理想气体状态方程

从 17 世纪到 19 世纪初,许多科学家在较低压力下研究气体的体积、压力和温度之间的关系,得到下列关系式:

$$pV = nRT \tag{1-1}$$

式中　p——气体压力;

　　　V——气体体积;

n——气体的物质的量(单位摩尔);

T——气体的绝对温度①;

R——摩尔气体常数。

式(1-1)称为理想气体状态方程(equation of state of ideal gas),只有理想气体才完全遵守这个关系式。理想气体是一种假想的模型,它要求气体分子间没有相互作用力,分子本身不占有体积,而真实气体不能满足这个条件。因而对于真实气体,必须考虑分子间的作用力和分子本身的体积,将理想气体状态方程式加以修正才能应用。但是低压、高温下的气体,分子间距离很大,相互作用极为微弱;分子本身大小相对于整个气体的体积可以略去不计。因此当气体的压力比大气压力高得不多,气体的温度比0℃低得不多时,通常可用理想气体状态方程做有关计算。

摩尔气体常数 R 是由实验测得的。将测得的具有一定物质的量的气体的 p、V 和 T 代入 $pV=nRT$,即可求得 R 值。R 的数值与气体的种类无关,而随所用的压力和体积的单位不同而改变。在国际单位制中,压力单位为帕(Pa)②,体积单位为立方米(m^3),绝对温度单位为开(K)。

在标准状况下,即 $T=273.15$ K,$p=101\ 325$ Pa 时,1 摩尔气体占有的体积为 $22.414\times10^{-3}\ m^3$。将上述数据代入式(1-1),得

$$
\begin{aligned}
R=\frac{pV}{nT}&=\frac{101\ 325\ \text{Pa}\times22.414\times10^{-3}\ \text{m}^3}{1\ \text{mol}\times273.15\ \text{K}}\\
&=8.314\ \text{Pa}\cdot\text{m}^3\cdot\text{mol}^{-1}\cdot\text{K}^{-1}\\
&=8.314\ \text{kPa}\cdot\text{L}\cdot\text{mol}^{-1}\text{K}^{-1}\\
&=8.314\ \text{J}\cdot\text{mol}^{-1}\cdot\text{K}^{-1}
\end{aligned}
$$

理想气体状态方程中 n 等于气体的质量 m(单位为 g)除以摩尔质量 M(单位为 $g\cdot mol^{-1}$)

$$
n=\frac{m}{M}
$$

这样,式(1-1)可写成

$$
pV=\frac{m}{M}RT \tag{1-2}
$$

上式有五个变量,p、V、m、M 和 T,如果已知其中四个,则可求剩余的一个。

[例1]　304 mL 的某气体在25℃和压力为 9.93×10^4 Pa 时质量为 0.780 g,求该气体的相对分子质量。

解　将题中各数值代入式(1-2),R 的数值用 8.314 J·mol^{-1}·K^{-1},则

$$
M=\frac{mRT}{pV}=\frac{0.780\times8.314\times(273+25)}{9.93\times10^4\times304\times10^{-6}}=64.0\ \text{g}\cdot\text{mol}^{-1}
$$

所以该气体的相对分子质量等于 64.0。

---

①　绝对温度 T 或称热力学温度,其单位为开[尔文],用符号"K"表示,$T/\text{K}=273.15+t/℃$。

②　帕是帕斯卡的简称,单位符号 Pa。指的是每平方米所受的压力为 1 牛顿(N)时,压力就为 1 帕斯卡。1 大气压(1 atm)$=101\ 325$ 帕斯卡(Pa),即 $101\ 325$ N·m^{-2}。若计算要求不是十分精确时,$101\ 325$ Pa 可用 1.013×10^5 Pa 或 101.3 kPa。

1.1.2　理想气体混合物的分压定律和分体积定律

当两种或两种以上的气体在同一容器中混合时,相互间不发生化学反应,分子本身的体积和它们之间的作用力都可以忽略不计,这就是理想气体混合物,其中每一种气体都称为该混合气体的组分气体。

气体的特性之一是具有扩散性,能够均匀地充满它所占有的全部空间。因此在任何容器内的理想气体混合物中,每一种气体都均匀地分布在整个容器内,它所产生的压力和它单独占有整个容器时所产生的压力相同,也就是说,组分气体在混合物中所产生的压力不因其他气体的存在而改变。例如,25℃时有 0.500 L(升)的氧气和 1.00 L 的氮气,它们的压力分别为 101.3 kPa 和 151.9 kPa,如图 1-1 所示。

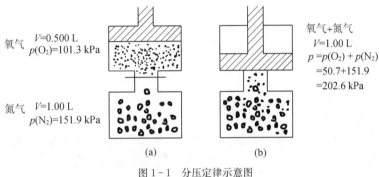

图 1-1　分压定律示意图

如果将氧气压入氮气的容器中,则混合气体的总体积为 1.00 L。容器中氮气的量并未因氧气的压入而有所改变,因此氮气所产生的那部分压力仍为 151.9 kPa,和它单独占有 1.00 L 容器时所产生的压力一样;氧气压入氮气容器中后,氧气的量亦未改变,但体积为原来的 2 倍。因此压力减小为 50.7 kPa,和它单独占有这个容器时所产生的压力一样。混合气体中某一组分气体所产生的压力称为该组分气体的分压力。由此可知,在上述氮气、氧气混合气中,氮气和氧气的分压分别为 151.9 kPa 和 50.7 kPa。显然,气体混合物总压力等于氮气和氧气分压力之和,即 202.6 kPa。

道尔顿(J. Dalton)总结了这些实验事实,得出下列结论:某一组分气体在气体混合物中产生的分压,等于它单独占有整个容器时所产生的压力;而气体混合物的总压力等于其中各组分气体分压之和,这就是理想气体的分压定律(law of partial pressure)。

理想气体状态方程亦适用于混合气体中各组分气体。设在一定温度 T 下,体积为 V 的容器中,盛有组分气体 A、B、C,它们互不起反应,n_A、n_B、n_C 分别为气体 A、B、C 的物质的量。根据分压定律和理想气体状态方程,混合气体中每一组分气体所产生的分压分别为

$$p_A = \frac{n_A}{V}RT \tag{1-3}$$

$$p_B = \frac{n_B}{V}RT \tag{1-4}$$

$$p_C = \frac{n_C}{V}RT \tag{1-5}$$

上述三式相加,则得:

$$p_A + p_B + p_C = \frac{n_A + n_B + n_C}{V} RT$$

即

$$p_{\&} = \frac{n_{\&}}{V} RT \tag{1-6}$$

上式中的 $p_{\&}$ 和 $n_{\&}$ 分别表示总压力和物质的量之和。

$$p_{\&} = p_A + p_B + p_C$$
$$n_{\&} = n_A + n_B + n_C$$

若将式(1-3)、式(1-4)、式(1-5)分别除以式(1-6),则得:

$$\frac{p_A}{p_{\&}} = \frac{n_A}{n_{\&}}, \quad \frac{p_B}{p_{\&}} = \frac{n_B}{n_{\&}}, \quad \frac{p_C}{p_{\&}} = \frac{n_C}{n_{\&}}$$

若以 n_i 表示某组分气体的物质的量,p_i 表示它的分压,则可得下列通式:

$$p_i = p_{\&} \frac{n_i}{n_{\&}} \tag{1-7}$$

$n_i/n_{\&}$ 为组分气体的物质的量与混合气体物质的量之和之比,称为物质的量分数即摩尔分数(mole fraction)(常用 x_i 表示)。式(1-7)表明:混合气体中每一组分气体的分压力等于总压乘以该组分的摩尔分数或摩尔百分数 $\left(\frac{n_i}{n_{\&}} \times 100\% \right)$。

在生产和科学实验中,气体组成还常用体积分数(volume fraction)或体积百分数来表示。

$$体积分数 = \frac{某组分气体的分体积(V_i)}{混合气体的总体积(V_{\&})}$$

所谓分体积,是某组分气体在具有与混合气体相同温度、相同(总)压力时其单独存在所占有的体积。例如在 25℃、101.3 kPa 压力下,100 mL 的二氧化碳和氢气的混合气体,通过 KOH 溶液,当二氧化碳被吸收后,剩余气体在 25℃、101.3 kPa 下(即与混合气体的温度、总压力相同),测得其体积为 80 mL,因此,可知氢气的分体积为 80 mL,体积分数为 0.8;二氧化碳的分体积为 (100−80)mL=20 mL,体积分数为 0.2。

显然,混合气体的总体积等于各组分气体的分体积之和。这一规律称为理想气体的分体积定律(law of partial volume)(也称分容定律),是由阿马格(E. A. Amagat)在道尔顿提出分压定律(1801 年)之后 80 年的 1880 年提出的。

分压定律和分体积定律都是总结了许多接近理想状态的气体行为所得出的规律。应用理想气体状态方程式,在一定的温度压力下应有:

$$pV_{\&} = n_{\&}RT \qquad\qquad V_{\&} = \frac{n_{\&}}{p} RT$$

$$pV_i = n_i RT \qquad\qquad V_i = \frac{n_i}{p} RT$$

$$\frac{V_i}{V_{\&}} = \frac{n_i}{n_{\&}} \qquad\qquad V_i = V_{\&} \frac{n_i}{n_{\&}} \tag{1-8}$$

可见,混合气体中某一组分的体积分数等于同温同压下的摩尔分数,其分体积等于总体积与体积分数的乘积。

应该指出,分压定律和分体积定律都只适用于理想气体。在实际应用时,由于气体的体积较便于直接测量,所以常由体积分数求摩尔分数和气体的分压。还应注意:在有关混合气体的计算中,当使用分压时必须用总体积;而使用分体积时,则应用总压。

[例2]　16 g 的氧气和 28 g 的氮气盛于 10 L 容器里,设温度为 27℃,试计算:(1)这两种气体的分压;(2)混合气体的总压力;(3)这两种气体的分体积。

解　根据 $p_i = \dfrac{n_i}{V_{总}} RT$

(1) O_2 的分压

$$p(O_2) = \frac{\frac{16}{32} \times 8.314 \times (273 + 27)}{10 \times 10^{-3}} = 1.25 \times 10^5 \text{ Pa}$$

N_2 的分压

$$p(N_2) = \frac{\frac{28}{28} \times 8.314 \times (273 + 27)}{10 \times 10^{-3}} = 2.50 \times 10^5 \text{ Pa}$$

(2) 混合气体的总压力

$$p_{总} = 1.25 \times 10^5 + 2.50 \times 10^5 = 3.75 \times 10^5 \text{ Pa}$$

(3) 根据 $V_i = V_{总} \dfrac{n_i}{n_{总}}$

$$O_2 \text{ 的分体积 } V(O_2) = 10 \times \frac{0.5}{1.50} = 3.33 \text{ L}$$

$$N_2 \text{ 的分体积 } V(N_2) = 10 \times \frac{1}{1.50} = 6.67 \text{ L}$$

分压定律有很多实际应用。在实验室中进行有关气体的实验时,常会涉及气体混合物中各组分的分压问题。例如,用排水集气法收集气体时,收集的气体是含有水蒸气的混合物。集气瓶中混合气体的总压力应是被收集气体的分压与该温度下的饱和水蒸气压力之和。

从图 1-2 可以看出,当集气瓶内外水面高度相等时,瓶内混合气体的总压力等于大气压力,即

$$p(大气) = p(气) + p(H_2O),$$
$$p(气) = p(大气) - p(H_2O)。$$

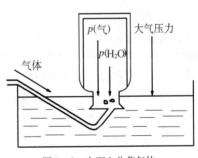

图 1-2　水面上收集气体

饱和水蒸气压力与温度有关,水在不同温度下的蒸汽压力见表 1-3。

[例3]　将氯酸钾加热分解以制取氧气,生成的氧气在水面上用排水集气法收集起来。在 25℃、压力为 101.3 kPa 时,测得其体积为 245 mL。计算:(1)氧气的物质的量;(2)在标准状况下干燥氧气的体积。

解　由表 1 - 3 查得,25℃时饱和水蒸气压力为 3.17 kPa。

则氧气的分压:$p(O_2) = 101.3 - 3.17 = 98.1$ kPa

(1) 氧的物质的量

$$n(O_2) = \frac{p(O_2)V}{RT} = \frac{98.1 \times 10^3 \times 245 \times 10^{-6}}{8.314 \times 298} = 0.009\ 70\ \text{mol} = 9.70 \times 10^{-3}\ \text{mol}$$

(2) 在标准状况下氧气的体积

$$V(O_2) = 0.009\ 70 \times 22\ 400 = 217\ \text{mL}$$

1.1.3　气体分子运动论

人类对物质世界的认识总是从宏观走向微观。人们从气体分子运动的微观模型出发,给出某些简化的假定,结合概率和统计力学的知识,提出了气体分子运动论(kinetic molecular theory of gas)。

1) 气体分子运动论的基本要点

(1) 气体是由极小的分子所组成,每个分子的直径与它们之间的距离相比可以略去不计;

(2) 气体分子间相互作用力很小,因此,气体分子的运动与其他分子无关,可视为分子的独立运动;

(3) 气体分子以不同速度不停地作无秩序的直线运动。在运动中,分子不仅相互碰撞,而且对器壁进行连续撞击,从而产生压力。在所有碰撞中都是弹性的,即没有能量损失;

(4) 气体分子的平均动能 $\left(\frac{1}{2}m\bar{v}^2\right)$ 与气体的绝对温度成正比。

2) 分子运动的速率分布

从气体分子运动论可引出一个重要的概念,即气体分子运动的速率有一定的分布规律。

根据气体分子运动论,气体的平均动能与绝对温度成正比。在相同温度下,任何气体的平均动能是相同的。由于平均动能等于 $\frac{1}{2}m\bar{v}^2$,因此,分子质量大的气体分子的平均速率小,分子质量小的气体分子的平均速率大。但即使是质量大的分子在室温下的运动速率也是极快的。例如,在 25℃时,氢分子运动速率为 1 928 m·s^{-1},氧分子的运动速率为 482 m·s^{-1}。

上面讲的速率都是指的平均值,所有分子不是以同样速率运动的,即使对某一分子而言,由于不断碰撞,其速率也是时刻变化着的。但从统计的规律看,一定温度下,在一定速率范围内的分子数是一定的。若将分子速率按一定大小分成若干区间,则在一定速率范围(v 到 $v + \Delta v$ 之间)内的分子数(ΔN)占总分子数(N)的百分数为一定值。表 1 - 1 列出氧分子在 273 K 的速率分布情况。

表 1 - 1　O_2 分子的速率分布($T = 273$ K)

速率范围/m·s^{-1}	分子数百分率 $\frac{\Delta N}{N} \times 100\%$	速率范围/m·s^{-1}	分子数百分率 $\frac{\Delta N}{N} \times 100\%$
<100	1.4	500~600	15.1
100~200	8.1	600~700	9.2
200~300	16.5	700~800	4.8
300~400	21.4	800~900	2.0
400~500	20.6	>900	0.9

如以分子速率 v 为横坐标，$\Delta N/N\Delta v$[①] 为纵坐标，可绘出一定温度下分子速率分布曲线。图 1-3 示出两个不同温度（T_1 和 T_2）下的分子速率分布曲线。

从速率分布曲线可以说明气体分子的速率分布规律。在气体中，具有很大速率或很小速率的分子为数较少，而具有中等速率的分子数很多。从图 1-3 可以看出，当温度升高时，分布曲线向速率大的方向移动，而且变得平坦些。

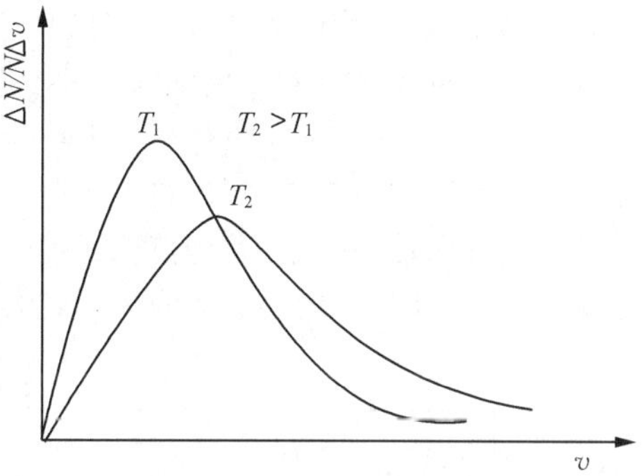

图 1-3　分子的速率分布曲线

1.1.4　实际气体

理想气体是建立在科学抽象基础上的一种模型。实际存在的气体只是在低压、高温条件下，其行为才近似地可以用理想气体状态方程式来处理。

实际气体（real gas）或真实气体，用理想气体方程式来处理时产生的偏差，随着气体的不同而不同。对 H_2、He、N_2、O_2 等气体，在常温常压下与 $pV=nRT$ 这一关系式的偏差很小，而同样的温度和压力条件下，对 CO_2、NH_3、$H_2O(g)$ 等气体则会产生较大的偏差。另外，压力的增大和温度的降低，都会使偏差增大。产生偏差的原因，是理想气体忽略了两个因素：

（1）气体分子本身的体积；

（2）气体分子之间的相互作用力。

这两个因素又与温度和压力相关。按气体分子运动论，气体分子本身体积与其占有的空间相比总是可以忽略不计的。对于实际气体而言，当温度降低和压力增大时，都会导致所占有空间的变小，气体分子本身体积的忽略所导致的偏差就会突显出来。气体分子组成越复杂、摩尔质量越大，其本身体积也越大，因气体分子本身体积的忽略而造成的偏差也会越大。同样，低温和高压下气体分子间的距离变小，相互作用力的忽略所导致的偏差就会显现出来。大量实际气体在降温和加压后可以转化为液体的事实，也正是实际气体和理想气体之间这种偏差的佐证。

由于理想气体状态方程式应用于实际气体时产生的偏差，引起了人们的关注和研究，并寻求对理想气体状态方程式的修正。1873 年荷兰物理学家范德瓦尔斯（J. D. Vander Waals）在研究了许多实际气体的基础上，提出了一个适用于实际气体的状态方程，被称为范德瓦尔斯方程：

$$\left(p+\frac{a\,n^2}{V^2}\right)(V-nb)=nRT \tag{1-9a}$$

或

$$\left(p+\frac{a}{V_m^2}\right)(V_m-b)=RT \tag{1-9b}$$

从形式上看，范德瓦尔斯方程对理想气体方程的压力项和体积项进行了修正。实际气体的压力由于存在气体分子间的吸引力而比理想气体要小，因此要加上一个校正项；实际气体的体积则因气体分子本身体积的存在，使其自由空间要小于其实测体积，应从实测体积中减去一个校正项。由于气体分子碰撞器壁产生的压力与气体分子的浓度 n/V 成正比，而由分子间引力而导致

---

①　Δv 表示速率区间（范围），$\Delta N/N\Delta v$ 表示单位速率区间内，具有速率在 v 到 $v+\Delta v$ 之间的分子所占的分子分数（或分子百分数）。

的压力减小也与 n/V 成正比。所以压力校正项应与 n^2/V^2 成正比。a 为比例常数,单位为 $Pa \cdot m^6 \cdot mol^{-2}$,它取决于实际气体的本性,是衡量气体分子间吸引力大小的特征参数。体积校正项中的 b 为 1 mol 实际气体分子本身的体积,单位为 $m^3 \cdot mol^{-1}$。V_m 为实际气体的摩尔体积,$(V_m - b)$ 表示实际气体分子的自由运动空间。b 也取决于实际气体的本性,是衡量气体分子本身大小的特征参数。a 与 b 称为范德瓦尔斯常数,不同气体的 a 和 b 值也不同。通常气体分子间的引力越大,a 越大;气体分子本身体积越大,b 越大。表 1-2 列出了一些气体的范德瓦尔斯常数。

表 1-2　范德瓦尔斯常数 a 与 b

物　质	$a/Pa \cdot m^6 \cdot mol^{-2}$	$b \times 10^3/m^3 \cdot mol^{-1}$	物　质	$a/Pa \cdot m^6 \cdot mol^{-2}$	$b \times 10^3/m^3 \cdot mol^{-1}$
H_2	0.024 7	0.026 5	N_2	0.137	0.038 7
He	0.003 46	0.023 8	O_2	0.138	0.031 9
CH_4	0.230	0.043 1	Ar	0.136	0.032 0
NH_3	0.422	0.037 1	CO_2	0.366	0.042 9
H_2O	0.554	0.030 5	CH_3OH	0.965	0.067 0
CO	0.150	0.039 5	C_6H_6	1.882	0.119 3

继范德瓦尔斯之后,又有许多研究者提出了上百个实际气体的状态方程,虽然精确性有所提高,但形式也更为复杂,其中有的在实际工程中有较好的应用。

[**例 4**]　一个容积为 0.600 L 的容器中含有 0.200 mol CO_2 气体,30℃ 时测得其压力为 806 kPa。

(1) 试分别用理想气体状态方程和范德瓦尔斯方程计算 CO_2 的压力及与测得值的相对偏差;

(2) 当 CO_2 的体积压缩至 0.100 L 时,试按两个方程计算其压力和两者的相对偏差,并与未压缩前做一比较。

解　(1) 用理想气体状态方程计算 CO_2 的压力:

$$p = \frac{nRT}{V} = \frac{0.200 \times 8.314 \times (30+273)}{0.600} = 840 (kPa)$$

与测得压力的相对偏差为

$$\frac{840-806}{806} \times 100\% = 4.22\%$$

用范德瓦尔斯方程计算 CO_2 的压力:

由表 1-2 查得 CO_2 的范德瓦尔斯常数为

$$a = 0.366 \; Pa \cdot m^6 \cdot mol^{-2}, \quad b = 0.042\,9 \times 10^{-3} \; m^3 \cdot mol^{-1}$$

$$p = \frac{RT}{V_m - b} - \frac{a}{V_m^2} = \frac{8.314 \times 303}{\dfrac{0.600}{0.200} \times 10^{-3} - 0.042\,9 \times 10^{-3}} - \frac{0.366}{\left(\dfrac{0.600}{0.200} \times 10^{-3}\right)^2}$$

$$= 851\,896 - 40\,667 = 811\,229 = 811 (kPa)$$

与测得压力的相对偏差为

$$\frac{811-806}{806} \times 100\% = 0.620\%$$

（2）当 CO_2 体积被压缩为 0.100 L 时，同理可按理想气体状态方程计算得 CO_2 的压力为 5 038 kPa，按范德瓦尔斯方程算得 CO_2 的压力为 4 047 kPa。两者的偏差为

$$\frac{5\ 038 - 4\ 047}{4\ 047} \times 100\% = 24.5\%$$

压缩前两者偏差为

$$\frac{840 - 811}{811} \times 100\% = 3.58\%$$

可见，对于实际气体，用范德瓦尔斯方程计算的结果要比用理想气体状态方程计算的结果精确得多，而且压力越大，按理想气体状态方程计算得的结果偏差越大。

1.2　液体和溶液

1.2.1　液体

当气态物质冷却到一定温度时，可凝聚为液体（liquid）。液体分子间距离与气体相比要小得多，而液体分子间的吸引力则比气体分子间强得多，因此液体的压缩性很小。液体具有流动性，无一定的形状，但在一定温度下，保持恒定的体积。

X 射线研究表明，液体分子并不像气体分子那样呈现完全混乱无序的状态。在液体中，在很小范围内（2 或 3 个分子直径的距离），每个分子周围有规则地排列着其他分子，但随着距离的增加，这种规则排列逐渐消失。这就是说，液体分子短程有序（short range order），长程无序。

1）液体的蒸气压

当把液体放在敞口容器中，液体表面上某些能量较大的分子将克服液体分子间的吸引力而逸出表面，成为蒸气分子，这个过程称为蒸发。蒸发过程一直进行到液体全部蒸发完为止。如果把液体放在密闭容器中，液体将以某种速率蒸发，同时，蒸气中能量较低的分子撞击液体又成为液体，这个过程称为凝聚。开始时，由于没有蒸气分子，凝聚速率为零。当温度恒定时，蒸发将以恒定速率进行，蒸气分子逐渐增多，因而凝聚速率也逐渐增加，最后两个速率相等（即单位时间内液体变为蒸气的分子数等于蒸气凝聚为液体的分子数），就达到了平衡状态，如图 1-4 所示。

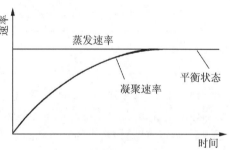

图 1-4　一定温度下密闭容器中，液体蒸发与蒸气凝聚的速率与时间的关系

$$液体 \underset{凝聚}{\overset{蒸发}{\rightleftharpoons}} 蒸气$$

与液体建立平衡时的蒸气称为饱和蒸气。饱和蒸气所产生的压力叫做饱和蒸气压，简称蒸气压（vapor pressure）。

在一定温度下各种液体的蒸气压是不同的。例如 20℃时水的蒸气压是 2.33 kPa，乙醇是 5.83 kPa，乙醚是 58.7 kPa 等。由于蒸发是吸热过程，因此液体的蒸气压随温度的升高而增加。水在不同温度下的蒸气压列于表 1-3 中。

表 1-3　不同温度下水的蒸气压

温度/℃	蒸气压/kPa	温度/℃	蒸气压/kPa	温度/℃	蒸气压/kPa
0	0.610	27	3.55	70	31.2
10	1.228	30	4.24	80	47.3
15	1.706	40	7.38	90	70.1
20	2.339	50	12.3	100	101.3
25	3.169	60	19.9	120	198.5

2）液体的沸点和凝固点

液体的蒸气压随温度的上升而迅速增大，如果将液体的蒸气压对温度作图，就可得到该液体的蒸气压曲线，见图 1-5。当某液体的蒸气压等于外界压力时，该液体发生沸腾，这时的温度就是该液体在该压力下的沸点。在 100℃时水的蒸气压是 101.3 kPa，所以在 101.3 kPa 的压力下水的沸点是 100℃[①]。显然，当外界压力大于 101.3 kPa 时，水的沸点高于 100℃；外界压力小于 101.3 kPa 时，水的沸点低于 100℃。在高山上，由于空气稀薄，大气压低于 101.3 kPa，因此水在 100℃以下就沸腾。例如，珠穆朗玛峰高达 8 848 m，大气压力只有 32.4 kPa，水在 71℃就沸腾了。

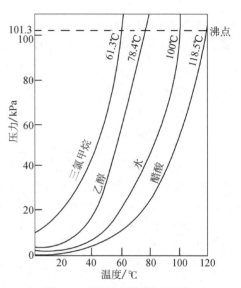

图 1-5　几种液体的蒸气压曲线

水冷却到 0℃就会结冰。固体的冰同水一样也能蒸发，也就是说，冰也具有蒸气压。冰的蒸气压随温度的降低而减小。表 1-4 列出了不同温度下冰的蒸气压。

表 1-4　不同温度下冰的蒸气压

温度/℃	0	-2	-4	-6	-8	-10	-20	-30
蒸气压/kPa	0.610	0.520	0.437	0.369	0.310	0.260	0.103	0.038 0

在常压下，如果冷却 0℃的水，水就变成冰；反之，如果加热 0℃的冰，冰就变成水。在 0℃时水和冰的混合物，如果不冷却也不加热，则液态的水和固态的冰能共存不变化。因此，某物质的凝固点（熔点）就是该物质的液态和固态达到平衡时的温度。从表 1-3 和表 1-4 所列的数据，可知水和冰在 0℃时的蒸气压都是 0.610 kPa，所以某物质的凝固点就是其固态和液态的蒸气压相等时的温度。

1.2.2　溶液

溶液（solution）在工农业生产、科学实验和日常生活中都起着十分重要的作用。自然界中一切生命现象都和溶液有着密切的关系，许多化学反应都是在溶液中进行的。

1）溶液的一般概念

当我们把少量的糖和食盐放在水中，一段时间后，糖和盐都消失在水中。在糖水里，糖分子

―――――――――――――
①　在 101.3 kPa 下液体的沸点叫正常沸点。

均匀地分散在水分子中;在食盐水里钠离子和氯离子均匀地分布在水分子中,因此,一种物质以分子或离子的状态均匀地分布在另一种物质中得到的分散体系称作溶液。把量少的称为溶质,量多的称为溶剂。水是最常用的溶剂,水溶液也常简称为溶液。酒精、汽油、液氨等也可作为溶剂,所得溶液统称为非水溶液。

物质在形成溶液时,往往有能量的变化。例如氢氧化钾溶于水放出大量的热,而硝酸铵溶于水则会吸收热量;此外,形成溶液时也常有体积的变化,例如酒精溶于水,溶液的总体积缩小,而苯和醋酸混合后溶液的总体积却增大。这些都表示着溶质和溶剂间有某种化学作用发生。因此溶液与化合物有些相似,但化合物有一定组成,而溶液中溶质和溶剂的相对含量在很大范围内是可以改变的;此外溶液中每个成分还多少保留着原有的性质,因此溶液又和混合物有些相似,因此可以说溶液是介乎化合物和混合物之间的一种状态。

2) 溶液的浓度

由于多数化学反应在溶液中进行,因此研究这类反应的数量关系时,必须知道溶液中溶质和溶剂的相对含量。在一定量的溶液或溶剂中所含溶质的量称为溶液的浓度。

溶液浓度的表示方法很多,常用的有以下几种:

(1) 质量分数(w)

以溶质的质量与全部溶液的质量之比来表示的溶液浓度称为质量分数,符号为 w。例如,将 16 g 氯化钠溶于 100 g 水中所成溶液的质量分数为 $w = \dfrac{16}{100+16} \times 100\% = 13.8\%$。

(2) 质量摩尔浓度(m)

用 1 000 克溶剂中所含溶质的"物质的量"(单位摩尔)表示的浓度称为质量摩尔浓度(molal concentration)。

(3) 物质的量分数(摩尔分数 x)

溶质的物质的量占溶液的物质的量的分数,称为物质的量分数。物质的量的单位为摩尔,因此常称为摩尔分数。

显然,溶质和溶剂的摩尔分数之和应等于 1。

(4) 物质的量浓度(c)

用物质的量除以溶液体积表示的溶液浓度称为物质的量浓度。通常,单位为 $mol \cdot L^{-1}$,符号为 c。例如,1 L 氯化钠溶液中含有 0.1 mol NaCl,这个溶液的物质的量浓度是 0.1 $mol \cdot L^{-1}$。

对于一个确定的溶液,其浓度的表示可以是多种多样的,所以在实际应用时可根据不同需要进行选取。由于这些表示是从不同角度反映溶液中的溶质和溶剂的相对含量,所以对于同一溶液,它们之间可以相互换算。

[例 5]　(1) 25%氯化锌溶液的溶质和溶剂的摩尔分数各为多少?(2) 已知上述溶液的密度为 1.24 $g \cdot mL^{-1}$,求该溶液的物质的量浓度($mol \cdot L^{-1}$)?

解　(1) 25%的氯化锌溶液就是溶解在 75 g 水中的氯化锌质量为 25 g。则:

$$氯化锌的摩尔分数\ x = \frac{25/136.4}{25/136.4 + 75/18} = 0.041$$

$$水的摩尔分数\ x_0 = \frac{75/18}{25/136.4 + 75/18} = 0.959$$

(2) 物质的量浓度 $c = \dfrac{25/136.4}{100/1.24} \times 1\,000 = 2.27\ mol \cdot L^{-1}$

1.3 固 体

将液体冷到一定温度,便可得到固体,固体是物质的一种存在状态。固体有固定的形状和体积,这表明固体内原子分子或离子间具有很强的吸引力。

构成固体的粒子在空间按一定的规律周期性地重复排布,这种固体称为晶体,如食盐。粒子在空间不呈周期性的重复排列,只具有短程有序,但不具有长程有序,称为非晶体,也叫无定形体或玻璃体,如玻璃、松香、沥青等。从内部结构来讲,只有晶体才是固体,而无定形物质则常被看成黏度很高的过冷液体。

晶体的外表具有整齐的、有规则的几何外形。例如食盐晶体呈立方体形,见图1-6(a);明矾晶体呈八面体形,见图1-6(b),等等。有些晶体由于粒子太小,表面看来仅是粉末,但在显微镜下观察时,仍然能看出它们具有整齐的、有规则的几何外形,无定形物质与晶体不同,它们的外形是不规则的。

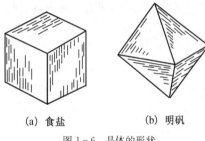

(a) 食盐　　　　(b) 明矾

图1-6 晶体的形状

晶体的另一个特征是各向异性。晶体在不同方向下的物理性能,如导电性、导热性、解理性等都可以不同。例如石墨晶体在不同方向的导电能力相差很远,云母晶体在不同方向上的强度相差很大。而无定形物质的物理性质在各个方向是相同的,即各向同性。例如,玻璃的折射率、热膨胀系数等一般不随测定的方向而改变。

晶体在一定压力下有一定的熔点,而非晶体则没有。如果我们将晶体加热,当温度升到某一定值(达到晶体的熔点)时,晶体就开始熔化,这时外界提供的热量全部被用来熔化晶体,体系的温度保持不变,直到晶体全部熔化后,温度才重新上升,全过程的时间—温度曲线如图1-7(a)所示。而无定形物质则没有明显的熔点。例如,当把玻璃加热时,玻璃则逐渐连续软化,然后开始流动,最后全部转为液体。它的时间—温度曲线如图1-7(b)所示。

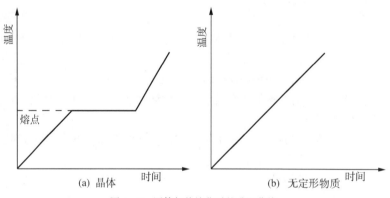

(a) 晶体　　　　　　　　(b) 无定形物质

图1-7 固体加热熔化时的升温曲线

应该指出:晶体和非晶体并非截然不同的两种物质。由于条件的不同,同一物质可以形成晶体,也可以形成非晶体。例如,二氧化硅可以形成晶体的石英,也可以形成非晶体的石英玻璃。纯石英是无色的晶体,棱柱状的大而透明的石英称为水晶。

介于晶体和非晶体两者之间的叫做准晶体。2011年诺贝尔化学奖授予以色列科学家达尼埃尔·谢赫特曼(Daniel Shechtman),以表彰他发现准晶体(Quasicrystals)的贡献。准晶体与传统晶体不同,它具有 5 次旋转轴的长程有序结构,具有独特的属性,它的发现和研究具有重要学术和应用价值。

根据晶体中微粒之间的相互作用的性质,可以将晶体分成四种基本类型:离子晶体、原子晶体、分子晶体和金属晶体。

1. 离子晶体

离子晶体(ionic crystals)中微粒间的相互作用是离子键。例如 NaCl 晶体中微粒之间的结合力就是 Na^+ 和 Cl^- 之间的静电引力,即离子键作用。由于正、负离子间有很强的离子键作用,所以离子晶体有较高的熔点和较大的硬度(常呈现硬而脆)。固态时离子晶体结点上的离子仅可在结点附近作有规则的振动,不能自由移动,因此不能导电[①]。但在熔化时(或溶解在极性溶剂中),由于离子能自由移动,都具有良好的导电性。绝大部分的盐和许多金属氧化物的固体都是离子晶体。例如 CsCl、MgO、BaO 和 Al_2O_3 等。

2. 原子晶体

原子晶体(covalent)中微粒间的相互作用是共价键。例如金刚石中,每个碳原子与邻近的四个碳原子以强大的共价键相联系,因此原子晶体具有很高的熔点和硬度。原子晶体在熔融时导电性很差,在大多数溶剂中都不溶解。常见原子晶体有金刚石(C)、碳化硅(SiC)、碳化硼(B_4C)和氮化铝(AlN)等。

3. 分子晶体

在分子晶体(molecular crystals)中微粒间的相互作用是分子间力。例如在干冰中微粒之间的结合力是 CO_2 分子间的作用力。由于分子间力比化学键要小得多,因此分子晶体的熔点和硬度都很低,较低的温度下才形成分子晶体,而在室温下多以气体形式存在。这种晶体的导电性能一般较差,因为电子从一个分子传到另一个分子很不容易。大多数共价型的非金属单质和化合物,如固态的 HCl、NH_3、N_2、CO_2 和 CH_4 等都是分子晶体。

4. 金属晶体

金属晶体中微粒之间的相互作用是金属键。金属原子和离子有序地排列与浸没在从金属原子上“落下来”的自由电子的“海洋”中。整个晶体中的原子或金属离子靠共用这些自由电子结合起来,这种结合力称为金属键。金属晶体的某些性质差异很大,例如,钠的熔点很低,质地很软,可用刀切;而钨具有很高的熔点,而且非常硬。这些差异可以由金属键的强弱来解释。由于金属晶体内拥有自由电子,所以它具有良好的导电和导热能力。

还有一类晶体,晶体内可能同时存在着若干种不同的作用力,具有若干种晶体的结构和性质,这类晶体称为混合型晶体(又称过渡型晶体)。石墨晶体就是一种典型的混合型晶体。

复 习 思 考 题

1. 什么是理想气体状态方程? 使用该方程的条件是什么?
2. 试述分压定律。什么叫摩尔分数和体积分数?
3. 试述气体分子运动论的要点。一定温度下,气体分子的速率分布有何规律?
4. 理想气体与实际气体的主要区别是什么? 怎样认识范德瓦尔斯方程对理想气体方程各修正项的物理意义?

---

① 某些晶体中的离子,在固态情况下就容易流动,其导电率达到熔盐或强电解质溶液的导电率的水平,这类物质称固体电解质。

5. 什么叫液体的蒸气压？温度对水和冰的蒸气压影响有何不同？

6. 什么叫液体的沸点和凝固点？外界的压力对它们有什么影响？

7. 晶体和无定形物质在结构和性质上有哪些不同？试举例说明之。

习　　题

1. 在 25℃时，若要制得 16.72 L、压力为 101.3 kPa 的 CO_2 气体，需密度为 1.53 g·mL^{-1} 的干冰多少毫升？

2. 容器内装有温度为 37℃、压力为 $1.00×10^6$ Pa 的氧气 100 g，由于容器漏气，经过若干时间后，压力降到原来的一半，温度降到 27℃。计算：(1) 容器的体积为多少？(2) 漏出氧气多少克？

3. 在 27℃和 103.9 kPa 下，用 1.301 g 锌与过量稀盐酸反应，可以得到干燥的氢气多少毫升？如果上述氢气在相同条件下，在水面上收集，它的体积应为多少毫升？

4. 在 25℃、101.0 kPa 下，重 0.325 4 g 某气体，在水面上收集起来，测得体积为 102 mL，试求该气体的相对分子质量。

5. 0.520 g 氯酸钾加热完全分解，反应后生成的氧气与氢气相作用生成水蒸气，在 27℃、0.933 kPa 下测得水蒸气的体积为 33.6 L。试计算氯酸钾的含量。

6. 在 25℃时，将电解水所得的氢和氧的混合气体 54.0 g，通入 60.0 L 的真空容器中，问氢和氧的分压各为多少？

7. 压力为 100 kPa 的氢气 150 mL，压力为 50 kPa 的氧气 75.0 mL 和压力 30 kPa 的氮气 50.0 mL 压入 250 mL 的真空瓶内，保持温度不变。求：(1) 混合物中各气体的分压；(2) 混合气体的总压；(3) 各气体的摩尔分数。

8. 人呼吸时呼出气体的温度、压力分别为 36.8℃ 与 101 kPa 时，体积分数为：N_2 75.1%，O_2 15.2%，CO_2 3.8%，H_2O 5.9%。求：(1) 呼出气体的平均摩尔质量；(2) CO_2 的分压力。

9. 丙酮在 25℃下的蒸气压是 30.7 kPa。现有 25℃、0.100 mol 的丙酮。试计算：
   (1) 这些丙酮全部气化为 30.7 kPa 的蒸气时占有多少体积？
   (2) 当丙酮的体积为 5.00 L 时，丙酮蒸气的压力是多少？
   (3) 当丙酮的体积变为 10.0 L 时，丙酮蒸气的压力又是多少？

10. 下列几种市售化学试剂都是实验室常用试剂，分别计算它们的物质的量浓度和质量摩尔浓度。
    (1) 浓盐酸，含 HCl 37.0%，密度 1.19 g·mL^{-1}；
    (2) 浓硫酸，含 H_2SO_4 98.0%，密度 1.84 g·mL^{-1}；
    (3) 浓硝酸，含 HNO_3 70.0%，密度 1.42 g·mL^{-1}；
    (4) 浓氨水，含 NH_3 28.0%，密度 0.90 g·mL^{-1}。

第2章 | 化学反应中的能量关系和化学平衡

在化学反应进行的过程中,不仅有物质的变化,而且总是伴随有各种形式的能量变化。例如,天然气燃烧时放出热能,铜锌电池反应产生电能,由氧化铝制备金属铝耗用电能等。在上述反应中,一定比例范围内的天然气与氧气的混合物一经点燃,就发生爆炸,并放出大量的热;用导线连接起来的铜片和锌片浸入稀硫酸溶液中,就有电流产生;而由氧化铝制备铝的反应,却需要外界供给能量才能进行。这就是说,前两个反应可自发进行(即反应在一定条件下,可不消耗功或不需要外力的帮助就能自动进行),而后一个反应则是非自发的。由此可知,化学反应和能量之间有着重要的内在联系。

在一定的条件下,化学反应除了具有一定反应方向外,还有一定的限度。化学反应的限度问题即化学平衡问题。

本章将介绍这方面的基本知识,主要讨论以下问题:
(1) 化学反应中化学能和其他能量之间的关系,着重讨论化学反应中热量变化的规律——热化学(thermochemistry);
(2) 如何判断化学反应的自发性即反应进行的方向;
(3) 讨论反应进行的限度,并通过对化学反应限度的表达来解决与化学平衡有关的问题。

2.1 化学反应中的能量守恒 热化学

2.1.1 一些常用术语

在研究化学反应中的能量关系时,常常人为地把某一部分物质与其余部分划分开来,这被划分出来作为我们研究对象的物质,称为体系(system)或系统,系统是由大量微观粒子(分子、原子和离子等)组成的宏观集合体;而体系以外的其他部分,称为环境(surrounding)。例如,我们要研究的对象是在 25℃、101.3 kPa 下,碳酸钠在水溶液中的反应,则这个溶液是体系,而溶液以外的部分,如盛溶液的容器、溶液上方的空气等都属于环境。

系统与环境之间可以有物质和能量的传递,按传递情况的不同,可以将系统分为三种类型。
(1) 封闭系统(closed system):与环境有能量传递,但无物质传递的系统。上例碳酸钠在水溶液中的反应,如果在密闭容器中进行,但是容器不是绝热的,就是一个封闭系统。
(2) 敞开系统(open system):与环境有能量传递,又有物质传递的系统。如在敞口容器中进行的碳酸钠在水溶液中的反应,就是一个敞开系统。
(3) 孤立系统(isolated system):与环境既无能量传递,也无物质传递的系统。上例碳酸钠在水溶液中的反应,如果在一个密闭、绝热的容器中进行,容器内的物质和空间就是一个孤立系统。

要描述某一体系(例如某容器内的氮气和氢气的混合气体),必须确定该体系的温度、压力、各组分的物质的量等性质。体系一切性质的总和称为体系的状态。这些确定体系状态的性质都称为状态函数(state functions)。如根据理想气体状态方程 $pV=nRT$，上述体系的 p,V,T 一旦确定，体系状态也确定，因此 p,V,T 都是体系的状态函数。其他如压力、体积、密度等也都是状态函数。由于系统的多种性质之间有一定的联系，例如理想气体状态方程 $pV=nRT$ 就描述了 p,V,T 和 n 之间的关系，所以描述系统的状态时，并不需要罗列出系统的所有性质。可根据具体情况，选择必要的能确定系统状态的几个性质就可以了。

状态函数的基本特征是：体系的状态确定，状态函数值也确定；状态发生改变，必有状态函数值发生变化，而且其变化值仅决定于体系的初态和终态，与状态发生改变所经历的具体途径无关。例如，1 mol $H_2O(l)$，由 25℃、101.3 kPa 加热到 60℃、101.3 kPa，有很多途径：可以直接升温到 60℃；或先冷却到 0℃，再加热到 60℃；也可先加热到 90℃，再冷却到 60℃……但无论经历何种途径，温度的变化 Δt 只与体系的初态和终态有关，即 $\Delta t=60℃-25℃=35℃$，而与变化是如何进行的即途径完全无关。

2.1.2　能量守恒定律　内能[①]

能量守恒定律和转化定律是人类通过长期实践总结出来的，它可叙述如下：能量可以从一种形式转换为另一种形式，但既不能创造，也不能消灭。例如，热能、光能、机械能、电能和化学能之间可以相互转换，但总能量是不变的。除热(heat)以外，我们把其他各种被传递的能量都称做功。例如机械功、表面功、电功等。

对于一个体系讲，如果它所处状态的物理性质和化学性质固定，这时它具有一定的能量，我们说它具有一定的内能 U(internal energy)。内能是体系内部所有微观粒子的全部能量的总和[②]，它仅决定于体系的状态，在一定状态下有一定的数值，所以内能是状态函数。内能的绝对值是不能测定的，但内能的变化值可以测定，而实际应用时也只需要知道内能的变化值 ΔU。

把能量守恒和转化定律应用到具体的热力学系统，就得到热力学第一定律。当体系状态改变时，体系的内能将从始态的能量 U_1，变到终态的能量 U_2，此时内能的变化 $\Delta U=U_2-U_1$。如果某个体系吸收了一定的热量 Q，同时这个体系又对环境做了一些功 W，按照能量守恒和转化定律，这个体系的内能变化必然等于系统与环境之间所传递的热和功的总和，即

$$\Delta U=Q+W ③ \tag{2-1}$$

式(2-1)就是热力学第一定律的数学表达式。显然它适用于封闭系统。

能量传递的符号，可以表明其传递的方向。习惯上规定如下：

体系失去能量　放出热量，Q 为负值；体系对环境做功，W 为负值。

体系得到能量　吸收热量，Q 为正值；环境对体系做功，W 为正值。

热和功是系统发生变化时与环境进行能量交换的两种形式，只有当系统经历某过程时，才能以热和功的形式与环境交换能量，所以热和功均不是状态函数。热和功具有能量的单位，如 J、kJ 等。

[例1]　某一个体系的内能为 U_1，如果此体系吸收 600 kJ 的热量，而它又对环境做了 150 kJ

---

① 内能也称为热力学能。

② 体系的内能包括体系内各种分子、原子、电子和核运动的能量以及它们之间的相互作用力。由于组成体系的物质结构的复杂性和内部相互作用的多样性，所以无法确定内能的绝对值，但两种状态内能的差值是可以确定的。

③ 也有用 $\Delta U=Q-W$ 的。这样功 W 的正、负号要反过来，即环境对体系做功为负值，体系对环境做功为正值。

的功,求：(1) 此体系的内能变化；(2) 体系终态的内能 U_2。

解　(1) 体系的内能变化：

$$\Delta U = Q + W = 600 - 150 = 450 \text{ kJ}$$

(2) $\Delta U = U_2 - U_1$
　　$U_2 = U_1 + \Delta U = U_1 + 450 \text{ kJ}$

[例 2]　如果对上例的体系做 500 kJ 的功,同时从其中取出 50 kJ 热量,求此体系的内能变化和终态能量 U_2。

解　体系的内能变化：

$$\Delta U = Q + W = -50 + 500 = 450 \text{ kJ}$$
$$U_2 = U_1 + \Delta U = U_1 + 450 \text{ kJ}$$

上述两例中,体系的始态的内能均为 U_1,终态的内能均为 $U_1 + 450 \text{ kJ}$，ΔU 为 450 kJ，而两例中 Q 和 W 都不相同。由此可见,只要体系的始态和终态相同,尽管变化的途径不同,状态函数 U 的变化 ΔU 是相同的,见图 2-1。

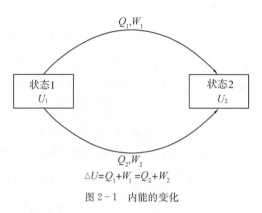

$$\Delta U = Q_1 + W_1 = Q_2 + W_2$$

图 2-1　内能的变化

2.1.3　焓　化学反应中的焓变

通常,许多化学反应是在敞口容器中进行,系统压力和环境压力相等。所以,大多数化学反应都是在恒压下进行。我们现在讨论的有关反应也只限于在恒压下进行。

在恒压下进行的化学反应,如有体积变化,则要做膨胀功。功可以有两种：一是膨胀功,另一是非膨胀功(如表面功、电功等)。在恒压下进行的化学反应,一般只做膨胀功。即：

$$W = -p\Delta V$$

在恒压下进行的化学反应的内能变化为

$$\Delta U = Q + W = Q_p - p\Delta V$$

上式可整理为

$$Q_p = \Delta U + p\Delta V = U_2 - U_1 + p(V_2 - V_1) = (U_2 + pV_2) - (U_1 + pV_1) \tag{2-2}$$

式中 U、p、V 是状态函数,所以它们的组合也是状态函数。把 $U + pV$[①] 所组成的新状态函数称为焓(enthalpy),用符号 H 表示。

$$H = U + pV \tag{2-3}$$

焓和内能一样,是体系的一种性质。在一定状态下,每一种物质具有一定的焓。我们已经知道,体系的内能的绝对值是不能测定的,因此焓的绝对值也不能测定。

根据焓的定义,可知式(2-2)中

---

①　pV 具有能的量纲 $1.013 \times 10^5 \text{ Pa} \cdot 1 \text{ L} = 1.013 \times 10^5 \text{ N} \cdot \text{m}^{-2} \times 10^{-3} \text{ m}^3 = 1.013 \times 10^2 \text{ N} \cdot \text{m} = 101.3 \text{ J}$。

$$U_2 + pV_2 = H_2$$
$$U_1 + pV_1 = H_1$$
$$Q_p = H_2 - H_1 = \Delta H \qquad (2-4)$$

因此

$$\Delta H = \Delta U + p\Delta V \qquad (2-5)$$

H_2 与 H_1 的差值称焓变 ΔH。由式(2-4)可得出：在只做膨胀功的条件下，体系在恒压过程中所放出或吸收的热量，全部用于改变体系的焓。这就是说，反应体系的焓变 ΔH 在数值上等于恒压条件下的反应热。式(2-5)表示，在恒压下，反应热 ΔH 等于体系的内能变化 ΔU 加上体系的膨胀功 $p\Delta V$。

[例3]　在 25℃ 和 100 kPa 下，$\frac{1}{2}$ mol 的 C_2H_4 和 H_2 按下式反应：

$$C_2H_4(g) + H_2(g) \longrightarrow C_2H_6(g)$$

放出 68.2 kJ 的热量，求用去每摩尔 C_2H_4 的 ΔH 和 ΔU。

解　(1) 由于反应在恒压下进行，因此

$$Q_p = \Delta H = 2 \times (-68.2) = -136.4 \text{ kJ}$$

(2) 在恒压下，由 $H = U + pV$ 可得 $\Delta H = \Delta U + p\Delta V$

欲求 ΔU，必须知道 $p\Delta V$，假定反应物和生成物都具有理想气体的性质，则在恒温恒压下：

$$p\Delta V = pV_{生成物} - pV_{反应物} = n_{生成物}RT - n_{反应物}RT = (n_{生成物} - n_{反应物})RT = \Delta nRT$$

则

$$\Delta H = \Delta U + p\Delta V = \Delta U + \Delta nRT$$
$$-136.4 = \Delta U + \frac{(1-2) \times 8.314 \times (273 + 25)}{1\,000}$$
$$\Delta U = -136.4 + 2.48 = -133.92 \text{ kJ}$$

由上例的计算可以看出，$p\Delta V$ 与 ΔH 相比要小得多，即 ΔH 和 ΔU 差值很小。如果反应物和生成物都是液体或固体，ΔV 更小，$p\Delta V$ 可以忽略不计，则 ΔH 在数值上就基本等于 ΔU，因此某些情况下，ΔH 和 ΔU 不加区分。

2.1.4　化学反应的热效应

化学反应进行的过程中，大多伴随着热量的放出或吸收。放出热量的反应称为放热反应(exothermic reaction)，吸收热量的反应称为吸热反应(endothermic reaction)。在等温条件下(即发生反应以后，使产物温度恢复到反应物的起始温度)，化学反应所放出或吸收的热量称为化学反应的热效应或反应热。

为了比较不同反应的热效应的大小，人们采用统一的尺度。为此介绍一个新的概念——反应进度(extent of reaction)。

1) 反应进度

设任一化学反应

$$mA + nB \longrightarrow pC + qD$$

这是一个化学计量方程式(stoichiometric equation for a chemical reaction),它表达了反应物和生成物之间的原子数目和质量平衡的关系。各物质前面的系数,称为化学计量数(stoichiometric number),为无量纲的纯数,一般用符号 ν 表示。根据反应式所描述的变化,将反应物的计量数定为负值,产物的计量数定为正值。对任一反应

$$mA + nB \longrightarrow pC + qD$$

可以写成

$$-\nu_A A - \nu_B B = \nu_C C + \nu_D D$$

即

$$\nu_A = -m, \nu_B = -n, \nu_C = p, \nu_D = q$$

如果参加反应的物质和反应产物都用 B 表示,则可写出化学反应式的通式为:

$$0 = \sum_B \nu_B B \tag{2-6}$$

根据 IUPAC[1] 的推荐和我国国家计量标准[2],反应进度 ξ 的定义是:对于反应 $0 = \sum_B \nu_B B$ 来说,当某一物质 B 的物质的量从开始的 $n_B(0)$ 变化到 $n_B(\xi)$ 时,反应进度:

$$\xi = \frac{n_B(\xi) - n_B(0)}{\nu_B} = \frac{\Delta n_B}{\nu_B} \tag{2-7}$$

从式(2-7)可以看出:

(1) 对于一定的计量方程式,ν_B 为定值,所以 ξ 随 B 物质的量变化 Δn_B 而变化。ξ 可以反映反应进行的程度;

(2) 由于 ν_B 为无量纲的纯数,Δn_B 的单位为 mol,所以 ξ 的单位为 mol,且为正值;

(3) 根据计量方程式,各物质 Δn_B 之比与其计量数 ν_B 存在关系:

$$\Delta n_A : \Delta n_B : \Delta n_C : \Delta n_D = \nu_A : \nu_B : \nu_C : \nu_D$$

所以 ξ 可通过计量方程式中任一物质的 Δn_B 与 ν_B 之比求得,结果都是相同的。即:

$$\xi = \frac{\Delta n_A}{\nu_A} = \frac{\Delta n_B}{\nu_B} = \frac{\Delta n_C}{\nu_C} = \frac{\Delta n_D}{\nu_D} \tag{2-8}$$

(4) 对于指定的计量方程式,当 Δn_B 等于 ν_B 时,$\xi = 1$ mol,也就是说,化学反应按计量方程式进行了一次性的完全反应。

例如:对于计量方程式

$$N_2 + 3H_2 \longrightarrow 2NH_3$$

当 $\xi = 1$ mol 时,意指 1 mol N_2 与 3 mol H_2 完全反应生成 2 mol NH_3 的反应。

又如:对于计量方程式

$$\frac{1}{2}N_2 + \frac{3}{2}H_2 \longrightarrow NH_3$$

当 $\xi = 1$ mol 时,意指 $\frac{1}{2}$ mol N_2 与 $\frac{3}{2}$ mol H_2 完全反应生成 1 mol NH_3 的反应。

---

[1]　IUPAC 是 International Union of Pure and Applied Chemistry(国际纯粹和应用化学联合会)的缩写符号。

[2]　国家标准,指《中华人民共和国国家标准:物理化学和分子物理学的量和单位》(GB 3102.8—1993)。

所以 $\xi=1$ mol 的反应一定要指明相应的化学计量方程式,否则是不明确的。

2)标准状态

热化学标准态非常重要,它对计算化学反应中的能量变化提供了一个统一基准。热化学标准状态也称热化学标准态,或简称为标准态。

根据 IUPAC 提议,我国国家标准规定,标准状态是在温度 T 和标准压力 $p^{\ominus}=100$ kPa 下,该物质的状态。右上标"$\ominus$"是标准态符号。标准态含义主要包括以下三个方面:

(1)气体:$p^{\ominus}$ 压力下处于理想气体状态的气体纯物质。在气体混合物中,某组分的标准态是指该组分的分压力为标准压力 $p^{\ominus}$;

(2)液体、固体:在标准压力 $p^{\ominus}$ 下纯液体或纯固体;

(3)溶液:标准态是指在标准压力 $p^{\ominus}$ 时溶质的标准浓度(质量摩尔浓度),取 1 mol·kg^{-1}。而对于稀溶液,质量摩尔浓度和物质的量浓度近似相等,因此在本书中溶液标准态溶质的浓度取 $c^{\ominus}=1$ mol·L^{-1}。

在标准态中未对温度 T 作具体规定,即温度可任意选取。

3)热化学方程式

化学反应可在两种不同的条件下进行。一种是在恒定体积条件下进行,其热效应称为恒容热效应,用符号 Q_V 表示;另一种是在恒压条件下进行,其热效应称为恒压热效应,用符号 Q_p 表示。大多数反应都是在恒压下进行的。通常所讲的热效应或反应热,如果不加注明,都是指 Q_p。由于恒压下 $Q_p=\Delta H$,所以热化学上用焓变表示反应热效应。为了比较不同反应的热效应的大小,规定在标准压力 $p^{\ominus}=100$ kPa,反应进度 $\xi=1$ mol 时的反应热效应,用 $\Delta_r H_m^{\ominus}$ 表示。

$\Delta_r H_m^{\ominus}$ 右上角符号"$\ominus$"表示反应在标准压力下进行,右下角符号"m"表示反应进度为 1 mol。左下角符号"r"表示一般化学反应。$\Delta_r H_m^{\ominus}$ 称为标准摩尔反应焓变(standard molar enthalpy for reaction),其单位为 kJ·mol^{-1}。

标出反应热效应的化学方程式称为热化学方程式。例如下列反应在标准状态及 298 K 下的热化学方程式表示为:

(1) $C(s)+O_2(g)\longrightarrow CO_2(g)$ $\qquad\qquad$ $\Delta_r H_m^{\ominus}=-393.5$ kJ·mol^{-1}

(2) $H_2O(l)\longrightarrow H_2(g)+\dfrac{1}{2}O_2(g)$ $\qquad$ $\Delta_r H_m^{\ominus}=+285.8$ kJ·mol^{-1}

(3) $H_2O(g)\longrightarrow H_2(g)+\dfrac{1}{2}O_2(g)$ $\qquad$ $\Delta_r H_m^{\ominus}=+241.8$ kJ·mol^{-1}

上例中(1)表示在上述条件下,反应放热 393.5 kJ·mol^{-1};(2)表示在上述条件下,反应吸热 285.8 kJ·mol^{-1}。

反应热效应与许多因素有关,正确书写热化学方程式时要注意以下几点:

(1)首先要正确写出化学计量方程式,必须是配平的反应方程式;

(2)要注明参与反应的各物质的聚集状态,常用 g 表示气态,l 表示液态,s 表示固态;

(3)须注明反应温度,如果温度为 T,则应写成 $\Delta_r H_m^{\ominus}(T)$;如果温度为 298 K(25℃),常可不必标明。

2.1.5 标准摩尔生成焓和标准摩尔燃烧焓

1)标准摩尔生成焓

在某温度下,由处于标准状态的各种元素的指定单质生成标准状态的 1 mol 某纯物质时的反应热效应称为该物质的标准摩尔生成焓或标准摩尔生成热,用符号 $\Delta_f H_m^{\ominus}$ 表示(如果温度不是

298 K,则须标明)。$\Delta_f H_m^\ominus$ 的右上标"⊖"表示标准态,右下标"m"表示反应进度为 1 mol,左下标"f"表示生成反应。例如,25℃,100 kPa 下石墨与氢气化合生成 1 摩尔甲烷的反应热 $\Delta_r H_m^\ominus$ 为 -74.6 kJ·mol^{-1},

$$\underset{(s,石墨,25℃,100\ kPa)}{C} + \underset{(g,25℃,100\ kPa)}{2H_2} \longrightarrow \underset{(g,25℃,100\ kPa)}{CH_4}$$

$$\Delta_r H_m^\ominus = -74.6\ kJ\cdot mol^{-1}$$

即甲烷的标准摩尔生成焓 $\Delta_f H_m^\ominus(CH_4,g) = -74.6$ kJ·mol^{-1}。因此,摩尔生成焓可以理解为一个特定反应——生成反应的摩尔反应焓变。需要注意的是,在相同温度、压力条件下,如果上述反应的计量方程式为

$$2C(s) + 4H_2(g) \longrightarrow 2CH_4(g)$$

则该反应的 $\Delta_r H_m^\ominus \neq \Delta_f H_m^\ominus(CH_4,g)$,而是 $\Delta_r H_m^\ominus = 2\Delta_f H_m^\ominus(CH_4,g)$。

　　根据标准摩尔生成焓的定义,可知处于标准状态的各种元素的指定单质的标准摩尔生成焓应该等于零。说"指定单质",是因为许多元素可以形成单质不止一种,我们只能指定其中一种单质的生成焓等于零。一种元素有两种或两种以上单质时,一般规定最稳定的单质的标准摩尔生成焓等于零。例如,石墨和金刚石是碳的两种同素异形体,石墨是碳的最稳定单质,它的标准摩尔生成焓等于零。由最稳定单质转变为其他形式的单质时,要吸收热量。例如石墨转变成金刚石:

$$C(石墨) \longrightarrow C(金刚石) \quad \Delta_r H_m^\ominus = 1.9\ kJ\cdot mol^{-1}$$

即 $\Delta_f H_m^\ominus(C,金刚石) = 1.9$ kJ·mol^{-1}。但也有极少例外,定为生成焓为零的指定单质并非热力学上最稳定的单质。例如,磷有三种同素异形体:白磷、红磷和黑磷。其中黑磷最稳定,但不常见,因此规定稳定性较差,但属常见的白磷的 $\Delta_f H_m^\ominus = 0$[①]。

　　必须指出,把 1 mol 某一化合物分解为组成它的元素的指定单质时,其摩尔反应焓变与该化合物的摩尔生成焓大小相等而符号相反。例如:

$$H_2(g) + \frac{1}{2}O_2(g) \longrightarrow H_2O(l), \qquad \Delta_f H_m^\ominus(H_2O,l) = -285.8\ kJ\cdot mol^{-1}$$

$$H_2O(l) \longrightarrow H_2(g) + \frac{1}{2}O_2(g), \qquad \Delta_r H_m^\ominus = -\Delta_f H_m^\ominus(H_2O,l) = +285.8\ kJ\cdot mol^{-1}$$

　　化合物的标准摩尔生成焓是一个很重要的基本数据,它可用来计算化学反应的热效应。一些物质在 298 K 时的标准摩尔生成焓列于附录三。

　　2) 标准摩尔燃烧焓

　　一定条件下,1 摩尔物质完全燃烧(氧化)生成相同温度下的指定产物时的焓变,称为该物质的摩尔燃烧焓或摩尔燃烧热,用符号 $\Delta_c H_m$ 表示。若燃烧反应处于标准状态,则该摩尔燃烧焓称为标准摩尔燃烧焓(standard molar enthalpy of combustion)或标准摩尔燃烧热,用符号 $\Delta_c H_m^\ominus$ 表示,下标"c"表示"燃烧"。燃烧反应中,某元素可能生成不同的燃烧产物或不同的聚集状态,因此在标准摩尔燃烧焓的定义中必须指定燃烧物质的产物及产物的聚集状态。如 C 的燃烧产物为 $CO_2(g)$,H 的燃烧产物为 $H_2O(l)$ 等。表 2-1 列出了一些物质的标准摩尔燃烧焓。

---

　　① 在以前的化学手册和书刊上也有取红磷的 $\Delta_f H_m^\ominus = 0$。

表 2 - 1　某些物质的标准摩尔燃烧焓(298 K)

物　　质	$-\Delta_c H_m^{\ominus}/kJ \cdot mol^{-1}$	物　　质	$-\Delta_c H_m^{\ominus}/kJ \cdot mol^{-1}$
C(石墨)	393.5	HCHO(g)甲醛	570.7
CO(g)	283.0	CH₃CHO(g)乙醛	1 166.9
H₂(g)	285.8	HCOOH(l)甲酸	254.6
CH₄(g)甲烷	890.8	CH₃COOH(l)乙酸	874.2
C₂H₂(g)乙炔	1 301.1	H₂C₂O₄(s)草酸	246.0
C₂H₄(g)乙烯	1 411.2	CH₃OH(l)甲醇	726.1
C₂H₆(g)乙烷	1 560.7	C₂H₅OH(l)乙醇	1 366.8

对石墨的燃烧反应

$$C(石墨) + O_2(g) = CO_2(g) \quad \Delta_r H_m^{\ominus} = -393.5 \ kJ \cdot mol^{-1}$$

根据生成焓和燃烧焓的定义,该反应的标准摩尔反应焓变($\Delta_r H_m^{\ominus}$)等于石墨的标准摩尔燃烧焓($\Delta_c H_m^{\ominus}$),也等于 $CO_2(g)$ 的标准摩尔生成焓。因此由上述热化学方程式可得:

$$\Delta_c H_m^{\ominus}(石墨) = \Delta_f H_m^{\ominus}(CO_2, g) = -393.5 \ kJ \cdot mol^{-1}。$$

2.1.6　盖斯定律

化学反应的热效应可通过实验来测定,但有些化学反应的热效应不易测定,如:

$$C + \frac{1}{2} O_2 \longrightarrow CO$$

因为这个反应的产物中总不免混有少量的 CO_2。为了求得不易测定的一些反应的热效应,人们研究了各种反应的反应热之间的关系。1840 年盖斯(G. H. Hess)通过实验总结出下述规律:"一个化学反应不论是一步完成,还是分几步完成,其热效应完全相同。"这就是盖斯定律。盖斯定律是状态函数性质的体现。其实质是,化学反应的焓变只与始态和终态有关,而与途径无关。

为了求某一反应的反应热,可设计一些中间辅助反应,而不必考虑其是否真正发生,只要不影响始态和终态即可。利用盖斯定律可以间接计算得一些不易测定的化学反应的热效应。

例如,一氧化碳的标准摩尔生成焓不易测定,为了获得一氧化碳 $\Delta_f H_m^{\ominus}$ 的数据,可以设想碳转变为二氧化碳的反应可按两种不同的途径来进行:一种途径是碳一步燃烧为二氧化碳(图 2 - 2 中用实线表示出),另一种途径是假定碳先燃烧为一氧化碳,然后一氧化碳再燃烧为二

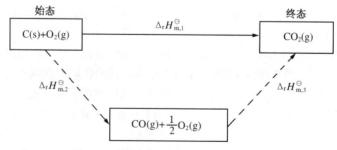

图 2 - 2　碳转变为二氧化碳的两种不同途径

氧化碳[①](图 2-2 中用虚线表示出)。

由于始态和终态未变,故这两种途径的总热效应相等,即

$$\Delta_r H_{m,1}^{\ominus} = \Delta_r H_{m,2}^{\ominus} + \Delta_r H_{m,3}^{\ominus}$$

$\Delta_r H_{m,1}^{\ominus}$、$\Delta_r H_{m,3}^{\ominus}$ 很容易测定,分别为 $-393.5\ kJ \cdot mol^{-1}$ 和 $-283.0\ kJ \cdot mol^{-1}$。
所以

$$\Delta_r H_{m,2}^{\ominus} = \Delta_f H_m^{\ominus}(CO,g) = -393.5 - (-283.0) = -110.5\ kJ \cdot mol^{-1}$$

另外,盖斯定律使得热化学方程式像代数方程式一样,可以相加或相减,因此一氧化碳的生成热也可利用代数法计算而得到:

$$C(s) + O_2(g) \longrightarrow CO_2(g) \qquad \Delta_r H_{m,1}^{\ominus} = -393.5\ kJ \cdot mol^{-1}$$

$$-)\ CO(g) + \frac{1}{2}O_2(g) \longrightarrow CO_2(g) \qquad \Delta_r H_{m,3}^{\ominus} = -283.0\ kJ \cdot mol^{-1}$$

$$\overline{\rule{0pt}{1em}\hspace{20em}}$$

$$C(s) + \frac{1}{2}O_2(g) \longrightarrow CO(g) \qquad \Delta_r H_{m,2}^{\ominus} = -110.5\ kJ \cdot mol^{-1}$$

利用盖斯定律,还可以根据化合物的生成热计算反应的热效应。例如,根据 $CH_4(g)$、$H_2O(l)$ 和 $CO_2(g)$ 的 $\Delta_f H_m^{\ominus}$ 分别为 $-74.6\ kJ \cdot mol^{-1}$、$-285.8\ kJ \cdot mol^{-1}$ 以及 $-393.5\ kJ \cdot mol^{-1}$,就可以计算求得甲烷燃烧反应的热效应。

$$CH_4(g) + 2O_2(g) \longrightarrow CO_2(g) + 2H_2O(l)$$

假定上述反应分成几步进行,即甲烷先分解为氢气和碳,然后氢气、碳分别与氧气化合生成水和二氧化碳,如图 2-3 所示。

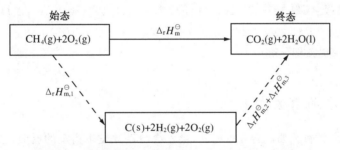

图 2-3 甲烷与氧反应生成水和二氧化碳的两种不同途径

现将反应分几步进行的有关热化学方程式分别列出,并将其相加:

(1) $CH_4(g) \longrightarrow C(s) + 2H_2(g) \qquad \Delta_r H_{m,1}^{\ominus} = -\Delta_f H_m^{\ominus}(CH_4,g) = +74.6\ kJ \cdot mol^{-1}$

(2) $C(s) + O_2(g) \longrightarrow CO_2(g) \qquad \Delta_r H_{m,2}^{\ominus} = \Delta_f H_m^{\ominus}(CO_2,g) = -393.5\ kJ \cdot mol^{-1}$

$+)$ (3) $2H_2(g) + O_2(g) \longrightarrow 2H_2O(l) \qquad \Delta_r H_{m,3}^{\ominus} = 2 \times \Delta_f H_m^{\ominus}(H_2O,l) = -2 \times 285.8\ kJ \cdot mol^{-1}$

$$\overline{\rule{0pt}{1em}\hspace{28em}}$$

$$
\begin{aligned}
CH_4(g) + 2O_2(g) \longrightarrow \quad & \Delta_r H_m^{\ominus} = \Delta_r H_{m,1}^{\ominus} + \Delta_r H_{m,2}^{\ominus} + \Delta_r H_{m,3}^{\ominus} \\
CO_2(g) + 2H_2O(l) \quad & = -\Delta_f H_m^{\ominus}(CH_4,g) + \Delta_f H_m^{\ominus}(CO_2,g) + 2\Delta_f H_m^{\ominus}(H_2O,l) \\
& = 74.6 - 393.5 - 2 \times 285.8 \\
& = -890.5\ kJ \cdot mol^{-1}
\end{aligned}
$$

---

① 实际上反应是否按照这样的途径进行,对热效应的计算没有影响。

计算结果表明：化学反应的热效应，等于生成物的生成热的总和减去反应物的生成热的总和。

对于反应

$$mA + nB \longrightarrow pC + qD$$

在 25℃、标准状态时，反应的热效应 $\Delta_r H_m^{\ominus}$ 可按下式求得：

$$\Delta_r H_m^{\ominus} = p\Delta_f H_m^{\ominus}(C) + q\Delta_f H_m^{\ominus}(D) - m\Delta_f H_m^{\ominus}(A) - n\Delta_f H_m^{\ominus}(B)$$

或

$$\Delta_r H_m^{\ominus} = \sum_B n_B \Delta_f H_m^{\ominus}(\text{生成物}) - \sum_B n_B \Delta_f H_m^{\ominus}(\text{反应物}) \tag{2-9}$$

用类似方法也可推得由燃烧焓数据计算反应焓变的普遍化公式，即

$$\Delta_r H_m^{\ominus} = m\Delta_c H_m^{\ominus}(A) + n\Delta_c H_m^{\ominus}(B) - p\Delta_c H_m^{\ominus}(C) - q\Delta_c H_m^{\ominus}(D)$$

或

$$\Delta_r H_m^{\ominus} = \sum_B n_B \Delta_c H_m^{\ominus}(\text{反应物}) - \sum_B n_B \Delta_c H_m^{\ominus}(\text{生成物}) \tag{2-10}$$

[例 4]　计算下列反应在 298 K、100 kPa 下的热效应

$$CH_4(g) + 4CuO(s) \longrightarrow CO_2(g) + 2H_2O(l) + 4Cu(s)$$

解　由附录三查得有关物质的 $\Delta_f H_m^{\ominus}$ 如下：

$\Delta_f H_m^{\ominus}(CH_4, g) = -74.6 \text{ kJ} \cdot \text{mol}^{-1}$ 　　　$\Delta_f H_m^{\ominus}(CuO, s) = -157.3 \text{ kJ} \cdot \text{mol}^{-1}$

$\Delta_f H_m^{\ominus}(CO_2, g) = -393.5 \text{ kJ} \cdot \text{mol}^{-1}$ 　　　$\Delta_f H_m^{\ominus}(H_2O, l) = -285.8 \text{ kJ} \cdot \text{mol}^{-1}$

$\Delta_r H_m^{\ominus} = \Delta_f H_m^{\ominus}(CO_2, g) + 2 \times \Delta_f H_m^{\ominus}(H_2O, l) - \Delta_f H_m^{\ominus}(CH_4, g) - 4 \times \Delta_f H_m^{\ominus}(CuO, s)$

　　　　$= -393.5 + [2 \times (-285.8)] - (-74.6) - [4 \times (-157.3)]$

　　　　$= -261.3 \text{ kJ} \cdot \text{mol}^{-1}$

2.2　化学反应的自发性

在一定条件下，两种物质混合在一起时，会不会自动地发生指定的反应，这是化学工作者非常关心的问题。我们知道，有些反应可自发进行，例如，铁在潮湿空气中生锈，而它的逆过程则不能自发进行，生锈的铁决不会自发地转变为金属铁。有些反应不能自发进行，例如 25℃、101.3 kPa 下，碳酸钙分解为氧化钙和二氧化碳的反应，而它的逆反应则是自发的。必须注意，所谓不能自发进行，并不包含不可能的意思，我们经常发现，要使非自发反应进行，必须消耗外功。所谓反应能自发进行，并不包含快速进行的意思，因为自发反应与反应速率毫无联系。一些自发反应进行得很快，但有些自发反应进行得很慢。例如氢气与氧气化合生成水的反应是自发进行的，但由于反应速率很慢，所以在通常情况下，几乎看不出反应，而如遇电火花则发生爆炸化合。

实际上，自然界中任何宏观自动进行的变化过程都是具有方向性的。化学反应能否自发进行，除了进行实验外，能否从理论上加以判断呢？我们将对此做初步的介绍。

2.2.1　焓变与反应的自发性

100 多年以前，化学家们就想找出判断化学反应自发性(spontaneity of chemical reactions)的

标准。最初,人们将焓变与化学反应的自发性联系起来。由于反应的焓变是生成物与反应物所含能量之差的量度,这就使人们很自然地认为当一反应的 $\Delta_r H_m$ 为负值(放热反应)时,体系的能量降低,反应可自发进行;反之,反应的 $\Delta_r H_m$ 为正值(吸热反应)时,体系的能量增加,反应不能自发进行。早在 1878 年,法国化学家 M.Berthelot 和丹麦化学家 J.Thomsen 就提出:自发的化学反应趋向于使系统释放最多的能量。这就是说,在反应过程中,系统有趋于最低能量状态的倾向,常称其为能量最低原理。

实验证明,在 298 K、标准状态下,许多放热反应都是自发进行的。例如,甲烷的燃烧反应、氢气和氧气化合成水的反应:

$$CH_4(g)+2O_2(g)=2H_2O(l)+CO_2(g) \qquad \Delta_r H_m^\ominus = -890.3 \text{ kJ} \cdot \text{mol}^{-1}$$

$$2H_2(g)+O_2(g)=2H_2O(g) \qquad \Delta_r H_m^\ominus = -483.6 \text{ kJ} \cdot \text{mol}^{-1}$$

但有些吸热过程在一定条件下也可自发进行,例如,温度高于 0℃(如 25℃)时,冰自发熔化为水:

$$H_2O(s)\longrightarrow H_2O(l) \qquad \Delta_r H_m^\ominus = +25.85 \text{ kJ} \cdot \text{mol}^{-1}$$

又有的吸热反应在常温下是非自发的,但温度升高时却变为自发,例如,碳酸钙分解为氧化钙和二氧化碳的反应:

$$CaCO_3(s)\longrightarrow CaO(s)+CO_2(g) \qquad \Delta_r H_m^\ominus = +179.2 \text{ kJ} \cdot \text{mol}^{-1}$$

在 298 K、100 kPa 下,这个反应是非自发的,但当温度升至 900℃时,碳酸钙分解(这时 CO_2 的压力为 100 kPa)。如果反应在低压下进行时,碳酸钙更易分解,在 13.33 kPa 压力下,碳酸钙在 500℃时就可分解。由此可知,在高温或低压的条件下,上述反应就可自发进行,而 $\Delta_r H_m^\ominus$ 约保持为 179.2 kJ · mol^{-1},几乎与温度无关。

由上讨论可知,用反应的焓变来判断反应的自发性是不全面的,在给定条件下,一个反应能否自发进行,除与焓变有关外,还有其他因素影响。

2.2.2　摩尔吉布斯自由能变

1878 年,美国著名学者吉布斯(J. W. Gibbs)提出,判断反应自发性的标准是有用功。吉布斯证明,在恒温恒压下,如果一个反应能被利用做有用功,这个反应是自发的。如果必须由环境提供有用功才能使反应进行,则这个反应是非自发的。我们知道,反应中所放出的能量可以转变为功,功有膨胀功、电功、机械功等,除膨胀功以外,其他的功统称为有用功。例如,用甲烷做家庭燃料时,燃烧 1 mol 甲烷可放出 890.3 kJ 的热量供烹调,但没有做有用功。如果把甲烷放在内燃机中燃烧,其中只有 100～200 kJ 的能量用于做机械功,如果把它用作燃料电池的燃料以产生电能,则约有 700 kJ 的能量可用来做有用功。但不论机器效率何等高,燃烧 1 mol 甲烷所能得到的有用功绝对不会超过 818.1 kJ。这个最高限度的有用功称为最大有用功。

我们把可以做有用功的能称为吉布斯自由能[①](Gibbs free energy),用符号 G 表示。吉布斯自由能和焓、内能一样,是物质的一种基本性质,是状态函数。恒温恒压下,一个反应产生有用功的本领可用生成物的吉布斯自由能与反应物的吉布斯自由能之差来表示,这个差值称为吉布斯自由能变 $\Delta_r G$,如果仍然讨论 $\xi=1$ mol 时的吉布斯自由能变,则用符号 $\Delta_r G_m$ 表示,称为摩尔反应吉布斯自由能变。

由于恒温恒压下,一个反应如果能被用来做有用功,则这个反应可自发进行。因此,在恒温

---

① 　G 又称吉布斯函数,过去也称自由焓。

恒压和只做膨胀功的条件下,摩尔反应吉布斯自由能变 $\Delta_r G_m$ 是化学反应自发进行的推动力。如果 $G_{生成物}$ 比 $G_{反应物}$ 小,反应体系的吉布斯自由能降低即 $\Delta_r G_m$ 为负值。反应体系所降低的吉布斯自由能可用来做有用功,因此 $\Delta_r G_m$ 为负值的反应可以自发进行。例如,25℃、标准状态下,1 mol 甲烷燃烧所放出的热量为 890.3 kJ($\Delta_r H_m^\ominus = -890.3$ kJ·mol^{-1}),其中最多可有 818.1 kJ 能用于做有用功,因此该反应的 $\Delta_r G_m^\ominus$ 为 -818.1 kJ·mol^{-1},这个反应是能自发进行的。如果 $G_{生成物}$ 比 $G_{反应物}$ 大,则 $\Delta_r G_m$ 为正值,这个反应是不能自发进行的。若要使反应进行,必须对体系做有用功。例如,氧化汞的分解反应:

$$2HgO(s) \longrightarrow 2Hg(l) + O_2(g)$$

25℃、标准状态下,$G_{生成物}$ 比 $G_{反应物}$ 大 117 kJ·mol^{-1},$\Delta_r G_m^\ominus = +117$ kJ·mol^{-1},如果要使这个反应进行,至少要对体系做 117 kJ·mol^{-1} 的有用功。

由于反应中所放出的热量不能全部用于做有用功,只是 $\Delta_r G_m$ 的那部分可用来做有用功,因此,$\Delta_r H_m$ 不能作为判断反应自发性的标准。在恒温恒压和只做膨胀功的条件下,$\Delta_r G_m$ 可作为判断反应自发性的标准:

(1) 如果 $\Delta_r G_m < 0$,这个反应可以自发进行;

(2) 如果 $\Delta_r G_m > 0$,这个反应不能自发进行,但其逆过程可自发进行;

(3) 如果 $\Delta_r G_m = 0$,则反应处于平衡状态。

当温度和压力改变时,$\Delta_r H_m$ 一般不发生明显的改变,但 $\Delta_r G_m$ 却发生较大的变化。因此,当温度和压力改变时,$\Delta_r G_m$ 可能改变符号,因而反应进行的方向也会发生改变。例如,碳酸钙的分解反应:

$$CaCO_3(s) \longrightarrow CaO(s) + CO_2(g)$$

在 298 K、100 kPa 下,$\Delta_r G_m = 130.1$ kJ·mol^{-1}($\Delta_r G_m > 0$),反应不能自发进行。但当温度升高或压力降低时,反应将可自发进行($\Delta_r G_m < 0$)。例如当温度为 1 000℃、压力为 100 kPa 时,$\Delta_r G_m = -24.7$ kJ·mol^{-1};温度为 600℃、压力为 10.0 kPa 时,$\Delta_r G_m = -27.9$ kJ·mol^{-1},反应都将自发进行。

$\Delta_r G_m$ 是 $G_{生成物}$ 与 $G_{反应物}$ 之差,如果知道参加反应的各物质的 G,就可以直接求得这个差值。但 G 和 H、U 一样,绝对值无法求得。我们知道,标准摩尔反应焓变 $\Delta_r H_m^\ominus$ 可由物质的标准摩尔生成焓 $\Delta_f H_m^\ominus$ 求得。同样道理,标准态下,反应的标准摩尔反应吉布斯自由能变 $\Delta_r G_m^\ominus$ 也可由物质的标准摩尔生成吉布斯自由能 $\Delta_f G_m^\ominus$ 来计算。

物质的标准摩尔生成吉布斯自由能是指标准状态下,由指定单质形成 1 mol 该物质时的吉布斯自由能变化(因此,标准态时,指定单质的 $\Delta_f G_m^\ominus$ 等于零)。由物质的 $\Delta_f G_m^\ominus$ 求反应的 $\Delta_r G_m^\ominus$ 的计算方法类似于由 $\Delta_f H_m^\ominus$ 求 $\Delta_r H_m^\ominus$。即:对于反应

$$mA + nB \longrightarrow pC + qD$$
$$\Delta_r G_m^\ominus = p\Delta_f G_m^\ominus(C) + q\Delta_f G_m^\ominus(D) - m\Delta_f G_m^\ominus(A) - n\Delta_f G_m^\ominus(B)$$

或:

$$\Delta_r G_m^\ominus = \sum_B n_B \Delta_f G_m^\ominus(生成物) - \sum_B n_B \Delta_f G_m^\ominus(反应物) \tag{2-11}$$

一些物质 298 K 时的 $\Delta_f G_m^\ominus$ 列于附录三。

[例 5] (1) 计算 298 K 时下列反应的 $\Delta_r H_m^\ominus$ 和 $\Delta_r G_m^\ominus$:

$$2H_2S(g)+SO_2(g)\longrightarrow 3S(s,\text{斜方})+2H_2O(g)$$

（2）上述条件下，这个反应能否自发进行？

解　（1）上述反应中，有关物质在 298 K 时的 $\Delta_f H_m^{\ominus}$ 和 $\Delta_f G_m^{\ominus}$ 从附录三查得如下：

$$H_2S(g)\text{的 }\Delta_f H_m^{\ominus}=-20.6\ \text{kJ}\cdot\text{mol}^{-1},\qquad \Delta_f G_m^{\ominus}=-33.4\ \text{kJ}\cdot\text{mol}^{-1}$$

$$SO_2(g)\text{的 }\Delta_f H_m^{\ominus}=-296.8\ \text{kJ}\cdot\text{mol}^{-1},\qquad \Delta_f G_m^{\ominus}=-300.1\ \text{kJ}\cdot\text{mol}^{-1}$$

$$H_2O(g)\text{的 }\Delta_f H_m^{\ominus}=-241.8\ \text{kJ}\cdot\text{mol}^{-1},\qquad \Delta_f G_m^{\ominus}=-228.6\ \text{kJ}\cdot\text{mol}^{-1}$$

$$S(s,\text{斜方})\text{的 }\Delta_f H_m^{\ominus}=0,\qquad \Delta_f G_m^{\ominus}=0$$

$$\Delta_r H_m^{\ominus}=2\times(-241.8)-2\times(-20.6)-(-296.8)=-145.6\ \text{kJ}\cdot\text{mol}^{-1}$$

$$\Delta_r G_m^{\ominus}=2\times(-228.6)-2(-33.4)-(-300.1)=-90.3\ \text{kJ}\cdot\text{mol}^{-1}$$

（2）$\Delta_r G_m^{\ominus}$ 为负值，表明该反应在上述条件下能自发进行。

2.2.3　摩尔熵变

从例 5 可以看出题中所述反应的 $\Delta_r G_m^{\ominus}$ 与 $\Delta_r H_m^{\ominus}$ 之间有一差值（$\Delta_r G_m^{\ominus}-\Delta_r H_m^{\ominus}=+55.3\ \text{kJ}\cdot\text{mol}^{-1}$）。必须指出，任何反应的 $\Delta_r G_m$ 与 $\Delta_r H_m$ 之间都有差值，且差值的大小，与有关物质的混乱度有关。物质的混乱度可用状态函数熵（entropy）来量度，这就是说，熵也是影响反应自发性的一个因素。

熵和物质的体积、密度、焓以及吉布斯自由能等一样，是物质的一种基本性质。熵是物质混乱度（或无序度）的一种量度。体系的混乱度越大，体系的熵值越高。在晶体中，原子、分子或离子有规则地排列在一定的位置上，粒子只是在一定的位置上做振动，因此是比较有序的，熵值相对较低；当固体熔化成液体时，其中粒子可自由移动，混乱度增加，物质的熵值也增加；当液体气化时，粒子能更大程度地自由移动，混乱度更大，熵值更为增加。例如，水蒸气的熵大于液态水的熵，气态碘的熵大于固态碘的熵。同类物质，相对分子质量愈大，熵愈大。例如，$F_2(g)$ 的熵小于 $Cl_2(g)$ 的熵。当物态相同时，复杂分子的熵大于简单分子的熵，例如，乙烷（C_2H_6）的熵大于甲烷的熵。

在自然界，化学变化和物理变化都是向着增大混乱度的方向进行[①]，这点可用下面例子来说明：

在恒温下，用阀门将容器中的理想气体 A 与理想气体 B 隔开，如图 2-4(a)。A 和 B 是两种相互不起反应的气体，当阀门打开时，两气体自发混合，最后两个容器中含有的气体混合物的组成完全相同，如图 2-4(b)。上述两种气体混合的结果，使体系的混乱度增大，也就是使体系的熵增加[②]。而混合着的两种气体欲使它自发地分离，再回到原来的容器中是不可能的，因为这样的过程熵要减小，对于化学反应来说也是如此。体系的熵增加，有利于反应的自发进行。

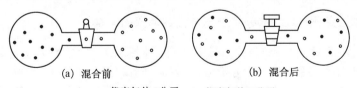

|　(a)　混合前　　　　　　　　　　　(b)　混合后 |

● 代表气体A分子　　　○ 代表气体B分子

图 2-4　气体的自发混合

---

①　严格地讲，是指与环境没有热、功或物质交换的孤立体系。

②　由于 A 和 B 都是理想气体，而且没有反应发生，所以 $\Delta_r H_m=0$，因此，其自发的混合，完全是由于混乱度增加。

熵是体系混乱度的量度。在绝对零度 0 K 时,对于一个完美晶态纯物质,所有原子(或离子)都呈有秩序的排列,所有电子都位于它们的基态,所有分子都处于它们的振动和转动基态。这样的晶体可以说是处于理想有序的状态,其混乱度等于零,也就是其熵值等于零,$S_m^{\ominus}(0\ \text{K})=0$。在这个基准上,就可以确定其他温度下物质的熵值。我们把 1 mol 物质在任何温度下的熵值称为规定熵(也叫绝对熵)。1 mol 物质在标准态下的规定熵称为标准摩尔熵或标准摩尔绝对熵,用符号 $S_m^{\ominus}(T)$ 表示,如果温度为 298 K,常简写为 $S_m^{\ominus}$。一些物质在 298 K 下的标准摩尔熵列于附录三。注意,因熵值较小,所以能量单位用 J(焦耳)而不是用 kJ(千焦)。熵的单位用 $J \cdot mol^{-1} \cdot K^{-1}$ 表示。所有物质 298 K 下的标准摩尔熵 $S_m^{\ominus}$ 均大于零,$S_m^{\ominus}$(单质,相态,298 K)>0,即单质的标准摩尔熵不等于零。

熵和焓一样,是一个状态函数,由标准摩尔熵 $S_m^{\ominus}$ 求反应的标准摩尔熵变 $\Delta_r S_m^{\ominus}$ 的计算,类似于反应的 $\Delta_r H_m^{\ominus}$ 的计算。即:对于反应

$$mA + nB \longrightarrow pC + qD$$
$$\Delta_r S_m^{\ominus} = p S_m^{\ominus}(C) + q S_m^{\ominus}(D) - m S_m^{\ominus}(A) - n S_m^{\ominus}(B)$$

或

$$\Delta_r S_m^{\ominus} = \sum_B n_B S_m^{\ominus}(\text{生成物}) - \sum_B n_B S_m^{\ominus}(\text{反应物}) \tag{2-12}$$

[例 6] 求下列反应在 25℃时的标准摩尔熵变:

$$4NH_3(g) + 3O_2(g) \longrightarrow 2N_2(g) + 6H_2O(g)$$

解 从附录三查得上述反应有关物质的 $S_m^{\ominus}$:

$$NH_3(g) \text{的} S_m^{\ominus} = 192.8\ J \cdot mol^{-1} \cdot K^{-1}$$
$$O_2(g) \text{的} S_m^{\ominus} = 205.2\ J \cdot mol^{-1} \cdot K^{-1}$$
$$N_2(g) \text{的} S_m^{\ominus} = 191.6\ J \cdot mol^{-1} \cdot K^{-1}$$
$$H_2O(g) \text{的} S_m^{\ominus} = 188.8\ J \cdot mol^{-1} \cdot K^{-1}$$
$$\Delta_r S_m^{\ominus} = 2 \times 191.6 + 6 \times 188.8 - 4 \times 192.8 - 3 \times 205.2 = 129.2\ J \cdot mol^{-1} \cdot K^{-1}$$

上例反应体系的熵值增大,这是由于上述反应是一个气体分子数增大的反应。

温度升高,粒子的动能增加,粒子的运动自由程度也增大,因而粒子处于较大的混乱状态,所以物质的熵随温度的升高而增高。但在大多数情况下,生成物所增加的熵与反应物所增加的熵相差不多,因此温度改变时,反应熵的变化不明显,在近似计算时,可不考虑温度对熵变的影响。压力增加使气态物质的熵减小,这是由于压力增加使气态物质被限制在较小的体积内,粒子运动的自由程度减小。由于液体和固体的压缩性很小,所以压力对固态和液体的熵的影响很小。

2.2.4 摩尔焓变、摩尔熵变、摩尔吉布斯自由能变的关系

根据前面焓变、熵变与反应自发性的讨论,可知任何反应总是倾向于沿着取得最低能量状态($\Delta_r H_m$ 为负值)和最大混乱度($\Delta_r S_m$ 为正值)的方向进行。因此,反应的自发性不仅与焓变,而且也与熵变有关。吉布斯和赫姆霍兹(H. L. F. Helmholtz)分别证明,在恒温恒压下,化学反应的焓变、熵变与吉布斯自由能变存在着如下关系:

$$\Delta_r G_m = \Delta_r H_m - T \Delta_r S_m \tag{2-13}$$

式中 T——绝对温度;

$\Delta_r G_m$——T 时摩尔反应吉布斯自由能变；

$\Delta_r H_m$——T 时摩尔反应焓变；

$\Delta_r S_m$——T 时摩尔反应熵变。

可用式(2-13)来计算一定温度、压力下反应的 $\Delta_r G_m$。我们知道，当温度、压力改变时，化学反应的 $\Delta_r G_m$、$\Delta_r H_m$ 和 $\Delta_r S_m$ 均随之改变，但 $\Delta_r H_m$、$\Delta_r S_m$ 随温度的变化不明显，因此在近似计算时，用 $\Delta_r H_m(298\ K)$ 代替 $\Delta_r H_m(T)$，$\Delta_r S_m(298\ K)$ 代替 $\Delta_r S_m(T)$。又如果我们计算的是标准态下的标准摩尔反应吉布斯自由能变，则式(2-13)可改写如下：

$$\Delta_r G_m^\ominus(T) = \Delta_r H_m^\ominus(298\ K) - T\Delta_r S_m^\ominus(298\ K) \tag{2-14}$$

由于 $\Delta_r H_m^\ominus$、$\Delta_r S_m^\ominus$ 的温度为 298 K 时，通常可以不注明，则 $\Delta_r G_m^\ominus(T)$ 的温度就是指 $T\Delta_r S_m^\ominus$ 中的温度 T，因而也可以不注明。这样，式(2-14)可写为：

$$\Delta_r G_m^\ominus = \Delta_r H_m^\ominus - T\Delta_r S_m^\ominus \tag{2-15}$$

如果知道某一反应的 $\Delta_r H_m^\ominus$ 和 $\Delta_r S_m^\ominus$，则可利用式(2-15)计算一定温度下该反应的 $\Delta_r G_m^\ominus$，从而判断该反应在指定温度、标准状态下能否自发进行。

在非标准状态下，从式(2-13)可以看出，在恒温恒压下，$\Delta_r G_m$ 的值决定于 $\Delta_r H_m$ 和 $T\Delta_r S_m$ 两个因素，它们之间的相互关系，可按 $\Delta_r H_m$、$\Delta_r S_m$ 的符号及温度对 $\Delta_r G_m$ 的影响分四种情况讨论如下[①]：

(1) 反应的 $\Delta_r H_m$ 为负值，$\Delta_r S_m$ 为正值。

反应的 $\Delta_r H_m$ 为负值(放热反应)，体系的能量降低；反应的 $\Delta_r S_m$ 为正值，体系的混乱度增加。两个因素都有利于 $\Delta_r G_m$ 为负值，这类反应在任何温度下 $\Delta_r G_m$ 恒为负值，因而都会自发进行。例如，臭氧分解为氧气的反应：

$$2O_3(g) \longrightarrow 3O_2(g)$$

在标准状态下，上述反应的 $\Delta_r H_m^\ominus = -285.4\ kJ \cdot mol^{-1}$，$\Delta_r S_m^\ominus = +137.8\ J \cdot mol^{-1} \cdot K^{-1}$，因此在标准状态下，不论温度高或低，上述反应都能自发进行。

(2) 反应的 $\Delta_r H_m$ 为正值，$\Delta_r S_m$ 为负值。

反应的 $\Delta_r H_m$ 为正值(吸热反应)，体系的能量将增加；反应的 $\Delta_r S_m$ 为负值，体系的混乱度降低。两个因素都有利于 $\Delta_r G_m$ 为正值，这类反应在任何温度下都不能自发进行。例如，二氧化硫分解为硫和氧气的反应：

$$SO_2(g) \longrightarrow S(s,斜方) + O_2(g)$$

在标准状态下，上述反应的 $\Delta_r H_m^\ominus = +296.8\ kJ \cdot mol^{-1}$，$\Delta_r S_m^\ominus = -10.9\ J \cdot mol^{-1} \cdot K^{-1}$，因此，在标准状态下，不论温度高或低，上述反应都不能自发进行。

如果反应的 $\Delta_r H_m$ 和 $\Delta_r S_m$ 都是正值或都是负值，这时，两个因素对 $\Delta_r G_m$ 值的影响是相反的。至于 $\Delta_r G_m$ 究竟是正值还是负值，这就要看 $\Delta_r H_m$ 和 $T\Delta_r S_m$ 的相对大小，因此，温度起着决定性的作用。

(3) 反应的 $\Delta_r H_m$ 和 $\Delta_r S_m$ 都是正值。

在这种情况下，只有在 $T\Delta_r S_m$ 大于 $\Delta_r H_m$ 时，$\Delta_r G_m$ 才会有负值，结果这类反应只有在高温下才能自发进行。例如，碳酸钙分解为氧化钙和二氧化碳的反应：

---

① 温度改变时，$\Delta_r H_m$、$\Delta_r S_m$ 也随之变化，但变化很小，因此在有关讨论中，忽略温度对 $\Delta_r H_m$、$\Delta_r S_m$ 的影响。

$$CaCO_3(s) \longrightarrow CaO(s) + CO_2(g)$$

标准态下，上述反应的 $\Delta_r H_m^{\ominus} = +179.2 \text{ kJ} \cdot \text{mol}^{-1}$，$\Delta_r S_m^{\ominus} = +160.2 \text{ J} \cdot \text{mol}^{-1} \cdot \text{K}^{-1}$。低温时，$T\Delta_r S_m^{\ominus}$ 小于 $\Delta_r H_m^{\ominus}$，反应不能自发进行。温度增高，$T\Delta_r S_m^{\ominus}$ 增加，在标准状态下，温度升高到 1 100 K 左右时，$T\Delta_r S_m^{\ominus}$ 大于 $\Delta_r H_m^{\ominus}$，反应即可自发进行。

（4）反应的 $\Delta_r H_m$ 和 $\Delta_r S_m$ 都是负值。

这种情况下，比较 $\Delta_r H_m$ 和 $T\Delta_r S_m$ 两者的绝对值，可以看出只有当 $T\Delta_r S_m$ 的绝对值小于 $\Delta_r H_m$ 的绝对值时，$\Delta_r G_m$ 才有负值。结果，这类反应只有在低温下才能自发进行。例如，氯化氢与氨化合成氯化铵的反应：

$$HCl(g) + NH_3(g) \longrightarrow NH_4Cl(s)$$

标准态下，上述反应的 $\Delta_r H_m^{\ominus} = -176.2 \text{ kJ} \cdot \text{mol}^{-1}$，$\Delta_r S_m^{\ominus} = -285.1 \text{ J} \cdot \text{mol}^{-1} \cdot \text{K}^{-1}$。在低温时：$T\Delta_r S_m^{\ominus}$ 的绝对值小于 $\Delta_r H_m^{\ominus}$ 的绝对值，则 $\Delta_r G_m^{\ominus}$ 为负值，反应可以自发进行；温度升高，$T\Delta_r S_m^{\ominus}$ 的绝对值增大，在标准状态下，当温度高于 618 K 时，$T\Delta_r S_m^{\ominus}$ 的绝对值大于 $\Delta_r H_m^{\ominus}$ 的绝对值，$\Delta_r G_m^{\ominus}$ 为正值，反应就不能自发进行了，逆反应可以自发进行。

如果 $\Delta_r H_m$ 和 $T\Delta_r S_m$ 相等，则 $\Delta_r G_m = \Delta_r H_m - T\Delta_r S_m = 0$，表明体系处于平衡状态。

现将恒压下温度对反应自发性影响的四种情况总结列于表 2-2：

表 2-2　恒压下温度对反应自发性的影响

$\Delta_r H_m$	$\Delta_r S_m$	$\Delta_r G_m = \Delta_r H_m - T\Delta_r S_m$	反应的自发性	实　　例
$-$	$+$	$-$	在任何温度都自发进行	$2O_3(g) \longrightarrow 3O_2(g)$
$+$	$-$	$+$	在任何温度都是非自发的	$SO_2(g) \longrightarrow S(s,斜方) + O_2(g)$
$+$	$+$	$+$（在低温） $-$（在高温）	低温非自发 高温自发	$CaCO_3(s) \longrightarrow CaO(s) + CO_2(g)$
$-$	$-$	$-$（在低温） $+$（在高温）	低温自发 高温非自发	$NH_3(g) + HCl(g) \longrightarrow NH_4Cl(s)$

［例7］　289 K、100 kPa 下，下列反应

$$MgO(s) + SO_3(g) \longrightarrow MgSO_4(s)$$

$$\Delta_r H_m^{\ominus} = -287.6 \text{ kJ} \cdot \text{mol}^{-1}, \Delta_r S_m^{\ominus} = -192.2 \text{ J} \cdot \text{mol}^{-1} \cdot \text{K}^{-1}$$

问：（1）上述反应在标准状态下能否自发进行？

（2）在标准状态下对上述反应来说，是升高温度有利，还是降低温度有利？

（3）计算使上述反应在标准状态下逆向进行所需的最低温度。

解　（1）$\Delta_r G_m^{\ominus} = \Delta_r H_m^{\ominus} - T\Delta_r S_m^{\ominus} = -287.6 - \left(\dfrac{-192.2}{1\,000} \times 298 \right) = -230.3 \text{ kJ} \cdot \text{mol}^{-1}$

$\Delta_r G_m^{\ominus}$ 为负值，在标准状态下反应可自发进行。

（2）在标准状态下，对上述反应来说，$\Delta_r H_m^{\ominus}$ 和 $\Delta_r S_m^{\ominus}$ 均为负值，故降低温度有利。

（3）在标准状态下欲使反应逆向进行，必须将温度升高到大于平衡状态（$\Delta_r G_m^{\ominus} = 0$）时的温度。

$$\Delta_r G_m^{\ominus} = \Delta_r H_m^{\ominus} - T\Delta_r S_m^{\ominus} = -287.6 - \left(T \times \dfrac{-192.2}{1\,000} \right) = 0 \quad T = 1\,496 \text{ K}$$

温度必须高于 1 496 K,反应才能逆向进行。

最后应该指出,$\Delta_r G_m$ 只能预测某一反应在某一时刻自发进行的方向,但并不能说明反应将以怎样的速率进行和进行的限度如何。例如 $\Delta_r G_m$ 为负值的反应可以自发进行,但它可以很高的速率进行,也可以无限小的速率进行。而要解决反应进行的限度问题,就必须讨论化学平衡。

2.3　化学平衡

我们知道,高炉中炼铁反应为:

$$Fe_2O_3 + 3CO == 2Fe + 3CO_2$$

在 19 世纪时,人们发现炼铁炉出口气体中含有大量 CO,当时就认为是由于 CO 和铁矿石接触时间不够的关系,因此增加炉子高度,在英国就曾造起 30 多米高的高炉,但是出口气体中 CO 的含量并未减少,白白地浪费了大量的资金。如果当时人们对可逆反应和化学平衡有所了解,就不致造成那样的浪费。

2.3.1　可逆反应和化学平衡

某些化学反应进行的结果,反应物能完全变为生成物,即所谓反应能进行到底。例如当氯酸钾加热时,它会全部分解为氯化钾和氧气:

$$2KClO_3 == 2KCl + 3O_2 \uparrow$$

反过来,如以氯化钾和氧气来制备氯酸钾,在目前条件下是不可能的。这种反应叫做不可逆反应。但是,对于绝大多数化学反应来说,反应都是可逆的,可逆性是化学反应的普遍特征。例如,在高温下,二氧化碳和氢气在密闭容器内相互作用,则生成一氧化碳和水蒸气:

$$CO_2 + H_2 == CO + H_2O$$

而在同样条件下,一氧化碳和水蒸气相互作用,却也可生产二氧化碳和氢气:

$$CO + H_2O == CO_2 + H_2$$

这种在同一条件下,既能向某一方向进行又能向相反方向进行的反应称为可逆反应(reversible reaction)。为了表示反应是可逆的,在方程式中用两个相反的箭号来代替等号:

$$CO_2 + H_2 \rightleftharpoons CO + H_2O$$

上式中从左向右进行的反应,称为正反应;从右向左进行的反应称为逆反应。

可逆反应在密闭容器内不能进行到底。例如把 CO_2 和 H_2 放在密闭容器中加热到高温,它们开始反应生成 CO 和 H_2O,随着反应的进行,CO_2 和 H_2 的浓度逐渐降低,因而正反应速率愈来愈小,同时,在混合物中,自生成 CO 和 H_2O 的瞬间起,逆反应也就开始了,但这时逆反应速率很小。随着正反应的进行,CO 和 H_2O 的浓度逐渐增加,因而逆反应的速率也逐渐变大。如图 2 - 5 所示,最后正反应速率等于逆反应速率。这时,体系中四种气体的浓度就不再改变。这种正、逆反应速率相等时体系所处的状态称为化学平衡。体系达到平衡后,反应物和生成物的浓度不再随时间而变化,

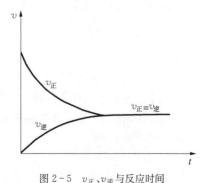

图 2 - 5　$v_正$、$v_逆$ 与反应时间

但反应却没有停止,实际上正、逆反应都仍在进行,只不过是两者速率相等而已。所以化学平衡是一种动态平衡。可逆反应的进行,必导致化学平衡状态的实现。一定条件下,平衡状态将体现出该反应条件下化学反应可以完成的最大限度。前述炼铁炉中反应也是可逆反应,达到平衡后,容器中 CO 的含量不再改变,因此用加高炉体、增加反应物接触时间以充分利用 CO 的做法是徒劳无功的。

2.3.2　平衡常数

1) 平衡常数的意义

为了进一步定量地研究化学平衡的状态,对上述可逆反应进行了如下的实验。设现有四个体积为 1 升的密闭容器,分别加入不同数量的四种物质(CO_2、H_2、CO 和 H_2O),如表 2 - 3 中起始浓度一栏所示。然后,把四个容器都加热到 1 200℃,经过相当长的时间之后,如果各容器中的四种组分的浓度都具有固定值,并且不随时间而改变时,各系统就达到了平衡。平衡浓度的实验数据列在表 2 - 3 的第三栏中。

表 2 - 3　$CO_2 + H_2 \rightleftharpoons CO + H_2O$ 平衡体系(1 200℃)的实验数据

编号	起始浓度/(mol·L^{-1})				平衡浓度/(mol·L^{-1})				$\dfrac{[CO][H_2O]}{[CO_2][H_2]}$
	[CO_2]	[H_2]	[CO]	[H_2O]	[CO_2]	[H_2]	[CO]	[H_2O]	
1	0.010	0.010	0	0	0.004 0	0.004 0	0.006 0	0.006 0	2.3
2	0.010	0.020	0	0	0.002 2	0.012 2	0.007 8	0.007 8	2.4
3	0.010	0.010	0.001 0	0	0.004 1	0.004 1	0.006 9	0.005 9	2.4
4	0	0	0.020	0.020	0.008 2	0.008 2	0.011 8	0.011 8	2.4

从上面的实验可知,可逆反应无论是正反应开始,或是从逆反应开始,最后都能达到平衡。在实验条件下,虽然平衡时各物质的浓度不同,但[CO][H_2O]与[CO_2][H_2]的比值都相同,是一个常数,在 1 200℃时几乎都是 2.4:

$$\frac{[CO][H_2O]}{[CO_2][H_2]} = 2.4$$

通过大量实验总结出这样的关系,即一定温度下,任何可逆反应达到平衡时,生成物浓度以化学方程式中的系数为指数的乘积与反应物浓度以化学方程式中的系数为指数的乘积之比,是一个常数。例如,对于一般可逆反应

$$mA + nB \rightleftharpoons pC + qD$$

一定温度下,达到平衡时,各物质的浓度按如下形式的特定组合是一个常数:

$$\frac{[C]^p[D]^q}{[A]^m[B]^n} = K_c \tag{2-16}$$

式(2 - 16)就是以浓度表示的化学平衡常数(chemical equilibrium constant)的表达式。

化学平衡常数是反应的特性常数,其数值的大小表示在一定条件下,反应进行的限度。对同类型反应讲,化学平衡常数的值愈大,表示正反应进行的程度愈大,其不因浓度的改变而改变,但是温度的函数,对某一反应来说,一定温度下,平衡常数保持为定值。

2) 实验平衡常数

对于气体间的反应,根据实验测定,一定温度下,平衡时气体生成物分压的乘积与气体反应

物分压的乘积(各气体分压以反应方程式中的系数为指数)之比也是常数。这种用气体分压表示的平衡常数称为分压平衡常数 K_p。例如：

$$m\mathrm{A(g)} + n\mathrm{B(g)} \Longrightarrow p\mathrm{C(g)} + q\mathrm{D(g)}$$

$$K_p = \frac{(p(\mathrm{C}))^p \cdot (p(\mathrm{D}))^q}{(p(\mathrm{A}))^m \cdot (p(\mathrm{B}))^n} \tag{2-17}$$

式中，$p(\mathrm{A})$、$p(\mathrm{B})$、$p(\mathrm{C})$、$p(\mathrm{D})$ 分别表示 A、B、C、D 在平衡时的分压。

[**例 8**]　写出反应 $\mathrm{N_2} + 3\mathrm{H_2} \Longrightarrow 2\mathrm{NH_3}$ 的平衡常数 K_c 和 K_p 的表达式。

解
$$\mathrm{N_2} + 3\mathrm{H_2} \Longrightarrow 2\mathrm{NH_3}$$

$$K_c = \frac{[\mathrm{NH_3}]^2}{[\mathrm{N_2}][\mathrm{H_2}]^3}$$

$$K_p = \frac{(p(\mathrm{NH_3}))^2}{p(\mathrm{N_2}) \cdot (p(\mathrm{H_2}))^3}$$

上式中 K_c 和 K_p 是根据实验数据得到的，称为实验平衡常数。由于平衡常数表达式中各物质的分压(或浓度)都有单位，因此实验平衡常数也可能有单位。当测定分压采用不同单位时(如大气压、帕斯卡、毫米汞柱等)，所得平衡常数的数值也会不同，再加上同一反应既可用 K_c 表示，又可用 K_p 表示，更容易引起混淆。

3) 标准平衡常数

对于溶液，若把其浓度除以标准浓度，即除以 $c^\ominus$，则得到一个比值，这个比值就是相对浓度。所以相对浓度就是浓度相对于标准浓度的倍数。对于气相物质，将其分压除以标准压力 $p^\ominus$，则得到相对分压。相对浓度和相对分压显然都是一个无量纲的物理量。

标准平衡常数又称热力学平衡常数，用符号 $K^\ominus$ 表示。热力学上规定标准平衡常数表达式中有关物质的分压(或浓度)都要用相对分压或相对浓度代入。这样所得平衡常数是一个无量纲的量。例如，气体反应

$$m\mathrm{A(g)} + n\mathrm{B(g)} \Longrightarrow p\mathrm{C(g)} + q\mathrm{D(g)}$$

$$K^\ominus = \frac{(p(\mathrm{C})/p^\ominus)^p \cdot (p(\mathrm{D})/p^\ominus)^q}{(p(\mathrm{A})/p^\ominus)^m \cdot (p(\mathrm{B})/p^\ominus)^n} \tag{2-18}$$

溶液中反应：

$$m\mathrm{A(aq)} + n\mathrm{B(aq)} \Longrightarrow p\mathrm{C(aq)} + q\mathrm{D(aq)}$$

$$K^\ominus = \frac{([\mathrm{C}]/c^\ominus)^p \cdot ([\mathrm{D}]/c^\ominus)^q}{([\mathrm{A}]/c^\ominus)^m \cdot ([\mathrm{B}]/c^\ominus)^n} \tag{2-19a}$$

由于 $c^\ominus = 1\ \mathrm{mol \cdot L^{-1}}$，因此上式常简化为：

$$K^\ominus = \frac{[\mathrm{C}]^p \cdot [\mathrm{D}]^q}{[\mathrm{A}]^m \cdot [\mathrm{B}]^n} \tag{2-19b}$$

由于平衡组分计算时，实际多用标准平衡常数。为此本书所涉及的平衡常数，都是标准平衡常数。标准平衡常数常简称为平衡常数。

4) 书写和应用平衡常数表达式时应注意的事项

应用平衡常数的概念，可进行一些重要的计算，但应用时必须注意下列几点。

（1）平衡常数表达式中各物质的浓度（或分压）都指的是平衡状态时的浓度（或分压）；

（2）在平衡常数表达式中，通常将生成物的浓度（或分压）写在分式的上面，反应物的浓度（或分压）写在分式的下面，式中每种物质的浓度（或分压）的方次数就是化学方程式中该物质的系数；

（3）若同一反应的化学方程式写法不同，则 $K^{\ominus}$ 值将不同。例如，二氧化硫氧化为三氧化硫的反应，其化学方程式可写成：

$$2SO_2(g) + O_2(g) \Longrightarrow 2SO_3(g)$$

则

$$K_1^{\ominus} = \frac{(p(SO_3)/p^{\ominus})^2}{(p(SO_2)/p^{\ominus})^2 \cdot (p(O_2)/p^{\ominus})}$$

如写成：

$$SO_2(g) + \frac{1}{2}O_2(g) \Longrightarrow SO_3(g)$$

则

$$K_2^{\ominus} = \frac{(p(SO_3)/p^{\ominus})}{(p(SO_2)/p^{\ominus}) \cdot (p(O_2)/p^{\ominus})^{1/2}}$$

显然，$K_1^{\ominus} \neq K_2^{\ominus}$，而是 $K_1^{\ominus} = (K_2^{\ominus})^2$。因此，使用平衡常数的数据，必须注意它所对应的化学计量方程式。

（4）对于有固体参加的可逆反应讲，固体分压（或浓度）不包括在平衡常数表达式中。例如，反应

$$Fe_3O_4(s) + 4H_2(g) \Longrightarrow 3Fe(s) + 4H_2O(g)$$

$$K^{\ominus} = \frac{(p(H_2O)/p^{\ominus})^4}{(p(H_2)/p^{\ominus})^4}$$

（5）稀溶液中，有水参加的可逆反应，由于整个过程中水量变化甚微，水的浓度可近似看作常数而合并到 $K^{\ominus}$ 中，因而就不必写进平衡常数表达式中。例如，蔗糖在稀酸水溶液中水解为葡萄糖和果糖的反应

$$C_{12}H_{12}O_{11}(aq) + H_2O(aq) \Longrightarrow \underset{(葡萄糖)}{C_6H_{12}O_6(aq)} + \underset{(果糖)}{C_6H_{12}O_6(aq)}$$

其平衡常数表达式为：

$$K^{\ominus} = \frac{[C_6H_{12}O_6]_{葡} \cdot [C_6H_{12}O_6]_{果}}{[C_{12}H_{12}O_{11}]}$$

有些反应中，虽然有水参加或生成，但其量很小，反应过程中，水的浓度在变化，这种情况下，水的浓度应写入平衡常数表达式中。例如：

$$C_2H_5OH(l) + CH_3COOH(l) \Longrightarrow CH_3COOC_2H_5(l) + H_2O(l)$$

$$K^{\ominus} = \frac{[CH_3COOC_2H_5][H_2O]}{[C_2H_5OH][CH_3COOH]}$$

2.3.3 平衡常数的组合——多重平衡规则

有些反应的平衡常数较难测定或不易从参考书中查得，但可利用已知的有关反应的平衡常

数计算出来。

考察下列反应

$$SO_2(g) + NO_2(g) \rightleftharpoons SO_3(g) + NO(g)$$

$$K^{\ominus} = \frac{(p(SO_3)/p^{\ominus}) \cdot (p(NO)/p^{\ominus})}{(p(SO_2)/p^{\ominus}) \cdot (p(NO_2)/p^{\ominus})}$$

可以假定这个反应分两步进行,而且这两步反应的平衡常数都是已知的。

(1) $SO_2(g) + \dfrac{1}{2}O_2(g) \rightleftharpoons SO_3(g)$　　$K_1^{\ominus} = \dfrac{(p(SO_3)/p^{\ominus})}{(p(SO_2)/p^{\ominus}) \cdot (p(O_2)/p^{\ominus})^{1/2}}$

(2) $NO_2(g) \rightleftharpoons NO(g) + \dfrac{1}{2}O_2(g)$　　$K_2^{\ominus} = \dfrac{(p(NO)/p^{\ominus}) \cdot (p(O_2)/p^{\ominus})^{1/2}}{(p(NO_2)/p^{\ominus})}$

很明显,存在关系 $K_1^{\ominus} \cdot K_2^{\ominus} = K^{\ominus}$。由于 $K_1^{\ominus}$、$K_2^{\ominus}$ 都是已知的,所以可算得 $K^{\ominus}$。

上述讨论表明一个规则:几个反应相加(或相减)得到另一个反应时,则所得反应的平衡常数等于几个反应的平衡常数的乘积(或商)。这个规则称为多重平衡规则[①]。

2.3.4　有关平衡常数的计算

只要测得平衡时反应物、生成物的浓度(或分压),就能直接计算出平衡常数的数值;或者只要能确定最初各物质的浓度(或分压)和平衡时某一种物质的浓度(或分压),也能计算出平衡常数。反之,如果知道了平衡常数,也就可以从反应物的起始浓度(或分压),计算平衡时各反应物和生成物的浓度(或分压)以及反应物的转化率。某反应物的转化率是指平衡时该反应物已转化了的量占起始量的百分率。即

$$转化率 = \frac{某反应物已转化的量}{反应开始时该反应物的量} \times 100\%$$

平衡转化率是在一定条件下,理论上所能达到的最大转化程度。

[例 9]　250℃时,五氯化磷依下式离解:$PCl_5(g) \rightleftharpoons PCl_3(g) + Cl_2(g)$
放置于 2.00 L 密闭容器中的 0.700 mol 的 PCl_5 有 0.200 mol 被分解。试计算该温度下的 $K^{\ominus}$。

分析:计算 $K^{\ominus}$,对于气体反应,须知道平衡时各气体的分压。本题可根据所给条件,先求出平衡时各气体的物质的量,再根据 $pV = nRT$ 求出有关分压。

解　　　　　　　　　　$PCl_5(g) \rightleftharpoons PCl_3(g) + Cl_2(g)$

	PCl_5	PCl_3	Cl_2
开始时物质的量(mol)	0.7	0	0
变化的物质的量(mol)	−0.2	+0.2	+0.2
平衡时物质的量(mol)	0.5	0.2	0.2

应用 $pV = nRT$,可求出平衡时各气体的分压

$$p(PCl_5) = \frac{nRT}{V} = \frac{0.5 \times 8.314 \times 523}{2} = 1\,087.1 \text{ kPa}$$

---

① 多重平衡规则也称为同时平衡规则,即所有存在于反应系统中的各个化学反应都同时达到平衡,这时任何一种物质的平衡浓度或分压,必定同时满足每一个化学反应的标准平衡常数表达式。

$$p(\text{PCl}_3) = \frac{nRT}{V} = \frac{0.2 \times 8.314 \times 523}{2} = 434.8 \text{ kPa}$$

$$p(\text{Cl}_2) = p(\text{PCl}_3) = 434.8 \text{ kPa}$$

$$K^\ominus = \frac{(p(\text{PCl}_3)/p^\ominus) \cdot (p(\text{Cl}_2)/p^\ominus)}{(p(\text{PCl}_5)/p^\ominus)}$$

$$= \frac{(434.8/100)(434.8/100)}{(1\,087.1/100)} = 1.74$$

[例10] 27℃及202.6 kPa下，N_2O_4 有14.3%离解为 NO_2，试计算平衡常数 $K^\ominus$。

分析： 对气体反应来讲，必须用平衡时各物质的分压代入平衡常数表达式，而气体的分压可以用各物质的摩尔分数乘以总压计算。所以解这类题目时应先求出平衡时各气体的物质的量及摩尔分数。

解： 为计算方便，设开始时 N_2O_4 的量为 1 mol，

$$N_2O_4(g) \rightleftharpoons 2NO_2(g)$$

	$N_2O_4(g)$	$2NO_2(g)$
开始时物质的量(mol)	1.00	0
变化的物质的量(mol)	−0.143	+0.286
平衡时物质的量(mol)	0.857	0.286
平衡时物质的量总数(mol)	$n_{总} = 0.857 + 0.286 = 1.143$	

因此平衡时各气体的分压为：

$$p(N_2O_4) = \frac{n(N_2O_4)}{n_{(总)}} \times p_{总} = \frac{0.857}{1.143} \times 202.6$$

$$p(NO_2) = \frac{n(NO_2)}{n_{(总)}} \times p_{总} = \frac{0.286}{1.143} \times 202.6$$

将各分压代入平衡常数表达式，得：

$$K^\ominus = \frac{\left(\dfrac{p(NO_2)}{p^\ominus}\right)^2}{\dfrac{p(N_2O_4)}{p^\ominus}} = \frac{\left(\dfrac{0.286}{1.143} \times \dfrac{202.6}{100}\right)^2}{\dfrac{0.857}{1.143} \times \dfrac{202.6}{100}} = 0.169$$

2.3.5 平衡常数与摩尔反应吉布斯自由能变

1）平衡常数与标准摩尔反应吉布斯自由能变

从讨论反应中的能量关系已经了解，$\Delta_r G_m$ 是判断反应自发性的标准，恒温恒压下，当 $\Delta_r G_m < 0$ 时，反应向正方向自发进行；当 $\Delta_r G_m = 0$ 时，反应到达平衡。而一个反应进行的程度可用平衡常数来表示，因此 $\Delta_r G_m$ 与 $K^\ominus$ 之间存在着密切的关系。

$\Delta_r G_m$ 是任意状态下的摩尔反应吉布斯自由能变，经热力学证明，在恒温恒压下，它与标准摩尔反应吉布斯自由能变之间存在着一定的关系。对于气体反应来说：

$$mA(g) + nB(g) \rightleftharpoons pC(g) + qD(g)$$

$$\Delta_r G_m = \Delta_r G_m^\ominus + RT \ln \frac{(p(C)/p^\ominus)^p \cdot (p(D)/p^\ominus)^q}{(p(A)/p^\ominus)^m \cdot (p(B)/p^\ominus)^n} \tag{2-20}$$

式中，p_A、p_B、p_C、p_D 为任意状态(非平衡状态)时相应各物质的分压。当化学反应达到平衡时，

$$\Delta_r G_m = 0$$

则

$$\Delta_r G_m^\ominus + RT \ln \left\{ \frac{(p(C)/p^\ominus)^p \cdot (p(D)/p^\ominus)^q}{(p(A)/p^\ominus)^m \cdot (p(B)/p^\ominus)^n} \right\}_{平衡} = 0$$

即

$$\Delta_r G_m^\ominus + RT \ln K^\ominus = 0$$

$$\Delta_r G_m^\ominus = -RT \ln K^\ominus \tag{2-21}$$

对于溶液中进行的反应，同样可得 $\Delta_r G_m^\ominus = -RT \ln K^\ominus$

式(2-21)表示了平衡常数与标准摩尔反应吉布斯自由能变的关系。这样，只要知道温度 T 时的 $\Delta_r G_m^\ominus$，就可求得该反应在温度 T 时的平衡常数。

从式 2-21 还可以看出，在一定温度下，对于某一可逆反应，如果 $\Delta_r G_m^\ominus$ 越小，则 $K^\ominus$ 值越大，正反应就进行得越完全；反之，$\Delta_r G_m^\ominus$ 越大，则 $K^\ominus$ 值越小，正反应进行的程度越小或实际上不能进行。

[例 11]　估算下列反应在 500℃时的 $\Delta_r G_m^\ominus$ 和 $K^\ominus$(忽略温度对 $\Delta_r H_m^\ominus$ 及 $\Delta_r S_m^\ominus$ 的影响)

$$N_2(g) + 3H_2(g) \Longrightarrow 2NH_3(g)$$

解
$$\Delta_r H_m^\ominus = 2 \times \Delta_f H_m^\ominus(NH_3, g) = 2 \times (-45.9) = -91.8 \text{ kJ} \cdot \text{mol}^{-1}$$
$$\Delta_r S_m^\ominus = 2 \times S_m^\ominus(NH_3, g) - S_m^\ominus(N_2, g) - 3 \times S_m^\ominus(H_2, g)$$
$$= 2 \times 192.8 - 191.6 - 3 \times 130.7 = -198.1 \text{ J} \cdot \text{mol}^{-1} \cdot \text{K}^{-1}$$
$$\Delta_r G_m^\ominus(773) = \Delta_r H_m^\ominus - T\Delta_r S_m^\ominus$$
$$= -91.8 - 773 \times 10^{-3} \times (-198.1)$$
$$= 61.3 \text{ kJ} \cdot \text{mol}^{-1}$$

根据式(2-21)，773 K 时
$$\ln K^\ominus = -\frac{\Delta_r G_m^\ominus(T)}{RT} = -\frac{61.3 \times 10^3}{8.314 \times 773}$$
$$K^\ominus = 7.2 \times 10^{-5}$$

2) 化学反应等温方程式

将式(2-21)代入式(2-20)，得：

$$\Delta_r G_m = -RT \ln K^\ominus + RT \ln \frac{(p(C)/p^\ominus)^p \cdot (p(D)/p^\ominus)^q}{(p(A)/p^\ominus)^m \cdot (p(B)/p^\ominus)^n}$$

上式中 $\dfrac{(p(C)/p^\ominus)^p \cdot (p(D)/p^\ominus)^q}{(p(A)/p^\ominus)^m \cdot (p(B)/p^\ominus)^n}$ 代表非平衡状态时各生成物的相对分压的乘积与各反应物相对分压的乘积之比，称为反应商，用符号 J 表示。这样，上式可写为：

$$\Delta_r G_m = -RT \ln K^\ominus + RT \ln J \tag{2-22}$$

如果是溶液中的反应，则反应商的表达式中，以反应各组分的相对浓度表示。

式(2-22)称为化学反应等温方程式。它表明等温等压下，反应的摩尔吉布斯自由能变与反

应的 $K^\ominus$ 以及参加反应的各物质的分压(或浓度)的关系。利用等温方程式,将 $K^\ominus$ 与 J 进行比较,可以判断反应进行的方向。

当 $J < K^\ominus$ 时,$\Delta_r G_m < 0$,反应将正方向进行;

$J = K^\ominus$ 时,$\Delta_r G_m = 0$,反应处于平衡状态;

$J > K^\ominus$ 时,$\Delta_r G_m > 0$,反应将逆方向进行。

[例12]　下列可逆反应

$$CO(g) + H_2O(g) \Longrightarrow CO_2(g) + H_2(g)$$

在 1 200℃时,$K^\ominus = 0.417$,如果反应体系中各物质的压力均为 100 kPa,问反应能否正方向进行?

解　　$$J = \frac{(p(CO_2)/p^\ominus) \cdot (p(H_2)/p^\ominus)}{(p(CO)/p^\ominus) \cdot (p(H_2O)/p^\ominus)} = \frac{(100/100) \times (100/100)}{(100/100) \times (100/100)} = 1$$
$$J > K^\ominus$$

所以,反应不能向正方向进行,而是向逆方向进行。

2.4　化学平衡的移动

在一定外界条件下,任何处于化学平衡状态的可逆反应都是一种动态平衡。一旦外界条件发生变化,原平衡状态就遭到破坏。这时体系由平衡状态变为不平衡状态,最后又在新的条件下达到平衡。在新的平衡状态,反应物与生成物的浓度(或分压)与原平衡状态时的浓度(或分压)不同,这种因外界条件改变而使可逆反应体系从一个平衡状态转变到另一个平衡状态的过程称为化学平衡的移动。根据等温方程式,当反应商 J 等于平衡常数 $K^\ominus$ 时,反应达平衡状态,欲使平衡发生移动,只须使 $J \neq K^\ominus$。因此讨论平衡移动时,可以分别从改变反应商 J 和改变平衡常数 $K^\ominus$ 两方面来考虑。

2.4.1　浓度对化学平衡的影响

改变平衡体系中某物质的浓度会使平衡产生移动。例如,溶液中硼酸与甘油的反应:

$$H_3BO_3(aq) + C_3H_5(OH)_3(aq) \Longrightarrow H_3BO_3 \cdot C_3H_5(OH)_3(aq)$$

在一定温度下达到平衡,这时

$$K^\ominus = \frac{[H_3BO_3 \cdot C_3H_5(OH)_3]}{[H_3BO_3] \cdot [C_3H_5(OH)_3]}$$

假定在上述反应达到平衡后,增加反应物 H_3BO_3 或 $C_3H_5(OH)_3$ 的浓度,或者降低生成物 $H_3BO_3 \cdot C_3H_5(OH)_3$ 的浓度,则

$$J < K^\ominus$$

因而体系不再处于平衡状态,反应要向正方向进行,直到 J 重新等于 $K^\ominus$,体系又建立新的平衡。应该注意,在新的平衡状态下,三种物质的浓度不再是原来平衡时的浓度,其中 $[H_3BO_3]$、$[C_3H_5(OH)_3]$ 比原来减小,而 $[H_3BO_3 \cdot C_3H_5(OH)_3]$ 比原来增大,也就是平衡向右移动了。如果在上述平衡中,增加 $H_3BO_3 \cdot C_3H_5(OH)_3$ 的浓度,则

$$J > K^\ominus$$

因而平衡向左移动。因此,要使一个可逆反应向正方向进行得完全些,可采用增加反应物浓度或降低生成物浓度的方法。

[**例 13**]　在水溶液中硼酸与甘油进行反应。

$$H_3BO_3(aq)+C_3H_5(OH)_3(aq) \Longleftrightarrow H_3BO_3 \cdot C_3H_5(OH)_3(aq)$$

$25℃$时, $K^{\ominus}=0.90$。若反应开始时 H_3BO_3 和 $C_3H_5(OH)_3$ 的浓度分别为 $0.1\ mol \cdot L^{-1}$ 和 $1.5\ mol \cdot L^{-1}$,(1) 求达到平衡时各物质的浓度和 H_3BO_3 的转化率。(2) 平衡体系中将 $C_3H_5(OH)_3$ 浓度增至 $2.0\ mol \cdot L^{-1}$,求 H_3BO_3 的总转化率。

解　(1) 设有 $x\ mol \cdot L^{-1}$ 的 H_3BO_3 转化

	$H_3BO_3(aq)$	$+C_3H_5(OH)_3(aq)$	$\Longleftrightarrow H_3BO_3 \cdot C_3H_5(OH)_3(aq)$
开始时浓度(mol·L⁻¹)	0.1	1.5	0
变化的浓度(mol·L⁻¹)	$-x$	$-x$	$+x$
平衡时浓度(mol·L⁻¹)	$0.1-x$	$1.5-x$	x

$$K^{\ominus}=\frac{[H_3BO_3 \cdot C_3H_5(OH)_3]}{[H_3BO_3][C_3H_5(OH)_3]}=\frac{x}{(0.1-x)(1.5-x)}=0.90$$

解得 $x=0.056\ mol \cdot L^{-1}$(另一解 $x=2.66$ 不合理而舍去)

平衡时各物质的浓度为:

$$[H_3BO_3]=0.044\ mol \cdot L^{-1}$$

$$[C_3H_5(OH)_3]=1.444\ mol \cdot L^{-1}$$

$$[H_3BO_3 \cdot C_3H_5(OH)_3]=0.056\ mol \cdot L^{-1}$$

$$H_3BO_3\ 的转化率=\frac{0.056}{0.1} \times 100\%=56\%$$

(2) 平衡体系中使 $C_3H_5(OH)_3$ 浓度增加后,各物质浓度为:

$$[H_3BO_3]=0.044\ mol \cdot L^{-1},[C_3H_5(OH)_3]=2.0\ mol \cdot L^{-1},$$

$$[H_3BO_3 \cdot C_3H_5(OH)_3]=0.056\ mol \cdot L^{-1}$$

则:

$$J=\frac{0.056}{0.044 \times 2.0}=0.64$$

因为 $J<K^{\ominus}$,所以平衡向右移动。

设再次达到平衡时,又有 $y\ mol \cdot L^{-1}$ 的 H_3BO_3 转化

	$H_3BO_3(aq)$	$+C_3H_5(OH)_3(aq)$	$\Longleftrightarrow H_3BO_3 \cdot C_3H_5(OH)_3(aq)$
开始时浓度(mol·L⁻¹)	0.044	2.0	0.056
变化的浓度(mol·L⁻¹)	$-y$	$-y$	$+y$
平衡时浓度(mol·L⁻¹)	$0.044-y$	$2.0-y$	$0.056+y$

$$K^{\ominus}=\frac{[H_3BO_3 \cdot C_3H_5(OH)_3]}{[H_3BO_3][C_3H_5(OH)_3]}=\frac{(0.056+y)}{(0.044-y)(2.0-y)}=0.90$$

解得 $y=0.008$

平衡时各物质的浓度为：$[H_3BO_3]=0.036 \ mol \cdot L^{-1}$

$$[C_3H_5(OH)_3]=1.992 \ mol \cdot L^{-1}$$

$$[H_3BO_3 \cdot C_3H_5(OH)_3]=0.064 \ mol \cdot L^{-1}$$

$$H_3BO_3 \text{ 的总转化率}=\frac{0.056+0.008}{0.1} \times 100\%=64\%$$

计算 H_3BO_3 总转化率时也可直接以各物质的初始浓度代入。设转化浓度为 z，

$$H_3BO_3(aq)+C_3H_5(OH)_3(aq) \rightleftharpoons H_3BO_3 \cdot C_3H_5(OH)_3(aq)$$

开始时浓度(mol·L⁻¹)　　　　0.1　　　　2.0+0.056　　　　　　0

变化的浓度(mol·L⁻¹)　　　　$-z$　　　　　$-z$　　　　　　　　$+z$

平衡时浓度(mol·L⁻¹)　　　0.1$-z$　　　2.056$-z$　　　　　　z

$$K^{\ominus}=\frac{[H_3BO_3 \cdot C_3H_5(OH)_3]}{[H_3BO_3][C_3H_5(OH)_3]}=\frac{z}{(0.1-z)(2.056-z)}=0.90$$

解得 $z=0.064$

即 H_3BO_3 的总转化率 $=\dfrac{0.064}{0.1} \times 100\%=64\%$。

2.4.2　压力对化学平衡的影响

对于有气态物质参加的平衡体系来说，体系压力的改变也会引起平衡的移动。现举例说明压力对平衡的影响。当下列反应达到平衡时：

$$N_2O_4(g) \rightleftharpoons 2NO_2(g)$$

$$K^{\ominus}=\frac{(p(NO_2)/p^{\ominus})^2}{p(N_2O_4)/p^{\ominus}}$$

如果我们将体系总压力增加到原来的 2 倍，因而 N_2O_4、NO_2 的分压力都增加到原来的 2 倍，则

$$J=\frac{(2p(NO_2)/p^{\ominus})^2}{(2p(N_2O_4)/p^{\ominus})}=\frac{4}{2} \ \frac{(p(NO_2)/p^{\ominus})^2}{p(N_2O_4)/p^{\ominus}}=2K^{\ominus}$$

即 $J>K^{\ominus}$

因此，反应要向逆方向进行，即平衡向左移动。

如果在上述平衡体系中，将体系总压力降低为原来的 $\dfrac{1}{2}$，因而 N_2O_4、NO_2 的分压也降为原来的 $\dfrac{1}{2}$，则

$$J=\frac{\left(\frac{1}{2}p(NO_2)/p^{\ominus}\right)^2}{\left(\frac{1}{2}p(N_2O_4)/p^{\ominus}\right)}=\frac{1}{2} \ \frac{(p(NO_2)/p^{\ominus})^2}{p(N_2O_4)/p^{\ominus}}=\frac{1}{2}K^{\ominus}$$

即 $J < K^{\ominus}$

因此,反应要向正方向进行,即平衡向右移动。

通过上例讨论,可以看到问题的关键是在于反应前后气态物质分子总数发生了变化,因而改变压力引起了平衡的移动。增加压力,平衡移向气体分子数较少的一方;降低压力,平衡移向气体分子数较多的一方。显然,如果反应前后气体分子数没有变化,则无论增加或减小压力都不能使平衡移动。

压力对固态或液态物质的体积影响极小。在研究压力对非均相反应的化学平衡的影响时,只要考虑反应前后气态物质分子数的变化。例如反应

$$CO_2(g) + C(s) \Longrightarrow 2CO(g)$$

由于碳在反应条件下是固态物质,因而只要考虑 CO_2 和 CO 的分子数。在上述反应中,正反应是分子数增加的反应,因此增加压力,平衡向左移动。

[例 14] 在例 10 的 $N_2O_4(g) \Longrightarrow 2NO_2(g)$ 的反应中,如果将体系的总压力降到 101.3 kPa,N_2O_4 的转化率将为多少?

解 设开始时用 1.00 mol 的 N_2O_4,其中离解了 x mol

$$N_2O_4(g) \Longrightarrow 2NO_2(g)$$

开始时物质的量(mol)	1.00	0
变化的物质的量(mol)	$-x$	$+2x$
平衡的物质的量(mol)	$1.00-x$	$2x$
平衡时物质的量总数(mol)	$n_{总} = 1.00-x+2x = 1.00+x$	

因此平衡时各气体分压为:

$$p(N_2O_4) = p_{总} \times \frac{n(N_2O_4)}{n_{总}} = 101.3 \times \frac{1.00-x}{1.00+x}$$

$$p(NO_2) = p_{总} \times \frac{n(NO_2)}{n_{总}} = 101.3 \times \frac{2x}{1.00+x}$$

将各数据代入平衡常数表达式,则得

$$K^{\ominus} = \frac{(p(NO_2)/p^{\ominus})^2}{(p(N_2O_4)/p^{\ominus})} = \frac{\left(\frac{2x}{1.00+x} \times \frac{101.3}{100}\right)^2}{\frac{1.00-x}{1.00+x} \times \frac{101.3}{100}} = 0.169$$

解得 $x = 0.200$

所以 N_2O_4 的转化率为 20.0%。

计算结果说明,总压力由 202.6 kPa 降到 101.3 kPa 时,N_2O_4 的离解度为 14.3% 增至 20.0%,表明平衡向着气体分子数增加的方向移动。

2.4.3 温度对化学平衡的影响

温度对化学平衡的影响与浓度、压力的影响有着本质的不同。浓度、压力改变时,平衡常数不变,只是由于体系的组成发生变化改变了反应商而导致平衡的移动;当温度改变时,平衡常数的数值发生改变,从而产生平衡的移动。

根据前述的式(2-15)、式(2-21)：

$$\Delta_r G_m^{\ominus} = \Delta_r H_m^{\ominus} - T\Delta_r S_m^{\ominus}$$

$$\Delta_r G_m^{\ominus} = -RT\ln K^{\ominus}$$

我们可以推导出温度与平衡常数之间的定量关系。由上面两式可得

$$-RT\ln K^{\ominus} = \Delta_r H_m^{\ominus} - T\Delta_r S_m^{\ominus}$$

$$\ln K^{\ominus} = \frac{-\Delta_r H_m^{\ominus}}{RT} + \frac{\Delta_r S_m^{\ominus}}{R}$$

假定某可逆反应在温度 T_1 和 T_2 时的平衡常数分别为 $K_1^{\ominus}$ 和 $K_2^{\ominus}$。又在温度变化不大时，$\Delta_r H_m^{\ominus}$ 和 $\Delta_r S_m^{\ominus}$ 可看作常数，则关系式如下：

(1)
$$\ln K_1^{\ominus} = \frac{-\Delta_r H_m^{\ominus}}{RT_1} + \frac{\Delta_r S_m^{\ominus}}{R}$$

(2)
$$\ln K_2^{\ominus} = \frac{-\Delta_r H_m^{\ominus}}{RT_2} + \frac{\Delta_r S_m^{\ominus}}{R}$$

(2)-(1)得：

$$\ln \frac{K_2^{\ominus}}{K_1^{\ominus}} = \frac{\Delta_r H_m^{\ominus}}{R}\left(\frac{T_2 - T_1}{T_1 \cdot T_2}\right) \quad\quad (2-23)$$

式(2-23)表明了温度对平衡常数的影响：如果是放热反应，$\Delta_r H_m^{\ominus} < 0$，当 $T_2 > T_1$，则 $K_2^{\ominus} < K_1^{\ominus}$，即升高温度，平衡常数减小，平衡向逆方向移动。如果是吸热反应，$\Delta_r H_m^{\ominus} > 0$，当 $T_2 > T_1$，则 $K_2^{\ominus} > K_1^{\ominus}$，即升高温度，平衡常数增大，平衡向正方向移动。由上讨论可知，升高温度，平衡向吸热反应方向移动；降低温度，平衡向放热反应方向移动。

[例15] 合成氨反应

$$N_2(g) + 3H_2(g) \rightleftharpoons 2NH_3(g) \quad\quad \Delta_r H_m^{\ominus} = -91.8 \text{ kJ} \cdot \text{mol}^{-1}$$

已知 773 K 时 $K^{\ominus} = 7.2 \times 10^{-5}$，求该反应在 500 K 时的 $K_2^{\ominus}$。

解 $T_1 = 773$ K，$T_2 = 500$ K，$K_1^{\ominus} = 7.2 \times 10^{-5}$

将已知数据代入式(2-23)，得

$$\ln \frac{K_2^{\ominus}}{7.2 \times 10^{-5}} = \frac{-91.8 \times 10^3}{8.314}\left(\frac{500 - 773}{773 \times 500}\right)$$

$$K_2^{\ominus} = 0.18$$

计算结果说明，当温度由 773 K 降至 500 K 时，$K^{\ominus}$ 值增大，平衡移向正反应方向，即移向放热反应的方向，因此低温有利于氨的合成。

2.4.4 催化剂与化学平衡

催化剂降低了反应的活化能，因此加快了反应的速率。对于任一可逆反应来说，催化剂同等程度地加快正、逆反应的速率，因此，催化剂只是使平衡较快地到达，但不能使平衡移动。

2.4.5 平衡移动的总规律

从以上论述的浓度、压力和温度对平衡的影响可知，如在平衡体系内增加反应物浓度，平衡

就会向着产生生成物,也就是向着减小反应物浓度的方向移动;对有气体参加的反应来说,增大平衡体系的压力,平衡就向着减少气体分子数的方向移动,也就是向减小体系压力的方向移动;如果升高温度,平衡向着吸热方向移动,也就是向降低温度的方向移动。以上这些结论,可用一条普遍的规律来表示:假如改变平衡体系的条件之一(例如,浓度、压力或温度),平衡就向能减弱这个改变的方向移动。这个规律叫做勒夏特列原理(Le Chatelier's principle)。

勒夏特列原理是一条普遍规律,根据此原理可以用来判断平衡移动的方向。它适用于所有的动态平衡(包括物理平衡,例如,冰和水的平衡等)。但必须指出,它只能应用于已达到平衡的体系,而不适用于尚未达到平衡的体系。

复 习 思 考 题

1. 试说明下列各术语的含义:

　(1) 状态函数　(2) 自发反应　(3) 标准态　(4) 标准摩尔生成焓　(5) 标准摩尔燃烧焓

　(6) 标准摩尔生成吉布斯自由能

2. 指出下列公式成立的条件:

　(1) $\Delta H = Q$　(2) $\Delta U = \Delta H$　(3) $\Delta U = Q$

3. 何谓盖斯定律? 如何利用物质的 $\Delta_f H_m^{\ominus}$、$\Delta_c H_m^{\ominus}$ 计算反应的热效应? 试举例说明之。

4. 恒压下,温度对反应的自发性有何影响? 试举例说明之。

5. 试判断下列反应在标准状态下能否自发进行? 为什么?

$$(NH_4)_2Cr_2O_7(s) \longrightarrow Cr_2O_3(s) + N_2(g) + 4H_2O(g) \qquad \Delta_r H_m^{\ominus} = -315 \text{ kJ} \cdot \text{mol}^{-1}$$

6. 符号 $\Delta_r H_m^{\ominus}$、$\Delta_f H_m^{\ominus}$、$\Delta_c H_m^{\ominus}$、$\Delta_r G_m^{\ominus}$、$\Delta_f G_m^{\ominus}$、$\Delta_r S_m^{\ominus}$、$S_m^{\ominus}$ 各代表什么含义? 它们有何联系?

7. 试估计下列各反应属于熵增大反应还是熵减小反应:

　(1) $C(s) + O_2(g) \longrightarrow CO_2(g)$;　　　　(2) $2SO_2(g) + O_2(g) \longrightarrow 2SO_3(g)$;

　(3) $3H_2(g) + N_2(g) \longrightarrow 2NH_3(g)$;　　　(4) $CuSO_4(s) + 5H_2O(l) \longrightarrow CuSO_4 \cdot 5H_2O(s)$。

8. 某个反应在所有温度下都能自发进行的两个条件是什么?

9. 下列说法是否正确,为什么?

　(1) 某化学反应系统的焓变就是该系统的恒压反应热;

　(2) 热力学标准态是指温度为 298 K、气体压力处于 100 kPa,液体和固体均指纯液体和纯固体;

　(3) 所有稳定单质的标准摩尔生成焓、标准熵均为零;

　(4) 某系统经过一系列变化,最后又变到初始状态,则系统的 $Q \neq -W$,$\Delta U = Q + W$,$\Delta H = 0$。

10. 在某温度,压力为 101.3 kPa 时,体积为 1 L 的 PCl_5 部分离解为 PCl_3 和 Cl_2。试说明在下列条件下,PCl_5 的转化率是增大还是减小:

　(1) 减低压力至体积为 2 L;

　(2) 加入 Cl_2 至压力为 202.6 kPa,体积仍为 1 L;

　(3) 以 N_2 混合至体积为 2 L,压力仍为 101.3 kPa;

　(4) 以 N_2 混合至压力为 202.6 kPa,体积仍为 1 L。

习 　 题

1. 某理想气体对恒定外压(93.3 kPa)膨胀,其体积从 50 L 变到 150 L,同时吸收 6.48 kJ 的热量,试计算内能的变化。

2. 苯和氧按下式反应:

$$C_6H_6(l)+7\frac{1}{2}O_2(g)\longrightarrow 6CO_2(g)+3H_2O(l)$$

在 25℃、100 kPa 下，$\frac{1}{4}$ mol 苯与氧作用放出 817 kJ 的热量，求该反应的 $\Delta_r H_m^{\ominus}$ 和 $\Delta_r U_m^{\ominus}$。

3. 已知在 298 K 时，葡萄糖 $C_6H_{12}O_6$ 的标准摩尔燃烧热为 $-2\,815.8$ kJ·mol^{-1}，有反应如下：

$$C_6H_{12}O_6(s)+6O_2(g)\longrightarrow 6CO_2(g)+6H_2O(l)$$

试求葡萄糖的标准摩尔生成焓。

4. 试用附录三提供的 $\Delta_f H_m^{\ominus}$ 数据，计算下列反应的 $\Delta_r H_m^{\ominus}$：
   (1) $2Al(s)+Fe_2O_3(s)\longrightarrow 2Fe(s)+Al_2O_3(s)$
   (2) $2NaOH(s)+CO_2(g)\longrightarrow Na_2CO_3(s)+H_2O(l)$
   (3) $N_2(g)+O_2(g)\longrightarrow 2NO(g)$

5. 已知下列化学反应的反应热，求乙炔的生成热 $\Delta_f H_m^{\ominus}$。

   (1) $C_2H_2(g)+\frac{5}{2}O_2(g)\longrightarrow 2CO_2(g)+H_2O(g)$ $\Delta_r H_m^{\ominus}=-1\,256.2$ kJ·mol^{-1}

   (2) $C(s)+2H_2O(g)\longrightarrow CO_2(g)+2H_2(g)$ $\Delta_r H_m^{\ominus}=+90.1$ kJ·mol^{-1}

   (3) $2H_2O(g)\longrightarrow 2H_2(g)+O_2(g)$ $\Delta_r H_m^{\ominus}=+483.6$ kJ·mol^{-1}

6. 已知 (1) $V(s)+2Cl_2(g)\longrightarrow VCl_4(l)$ $\Delta_r H_m^{\ominus}=-569.4$ kJ·mol^{-1}

   (2) $VCl_3(s)\longrightarrow VCl_2(s)+\frac{1}{2}Cl_2(g)$ $\Delta_r H_m^{\ominus}=128.7$ kJ·mol^{-1}

   (3) $2VCl_3(s)\longrightarrow VCl_2(s)+VCl_4(l)$ $\Delta_r H_m^{\ominus}=140.0$ kJ·mol^{-1}

   计算 $VCl_3(s)$ 的标准摩尔生成焓。

7. 已知 298 K 时 $\Delta_f H_m^{\ominus}(C_2H_5OH,l)=-277.6$ kJ·mol^{-1}，$\Delta_f H_m^{\ominus}(C_2H_5OH,g)=-234.8$ kJ·mol^{-1}，$\Delta_c H_m^{\ominus}(C_2H_5OH,l)=-1\,366.7$ kJ·mol^{-1}，计算：(1) 298 K 时 $C_2H_5OH(l)$ 的蒸发焓；(2) 298 K 时 $C_2H_5OH(g)$ 的燃烧焓。

8. 应用附录中所提供的 $\Delta_f G_m^{\ominus}$ 数据计算下列反应在 25℃ 的 $\Delta_r G_m^{\ominus}$，并判断该温度下当参加反应的各物质均处于热化学标准态时，各反应进行的方向。
   (1) $SiO_2(s,石英)+4HCl(g)\longrightarrow SiCl_4(g)+2H_2O(g)$
   (2) $CO(g)+H_2O(g)\longrightarrow CO_2(g)+H_2(g)$
   (3) $Fe_2O_3(s)+3CO(g)\longrightarrow 2Fe(s)+3CO_2(g)$

9. 应用附录三所提供的 $\Delta_f H_m^{\ominus}$ 和 $S_m^{\ominus}$ 数据，计算下列反应在 298 K 时的 $\Delta_r G_m^{\ominus}$。
   (1) $N_2(g)+3H_2(g)\longrightarrow 2NH_3(g)$
   (2) $2HgO(s)\longrightarrow 2Hg(l)+O_2(g)$
   (3) $CH_4(g)+2O_2(g)\longrightarrow CO_2(g)+2H_2O(l)$

10. 由二氧化锰制备金属锰可采取下列两种方法：
    (1) $MnO_2(s)+2H_2(g)\longrightarrow Mn(s)+2H_2O(g)$

    $$\Delta_r H_m^{\ominus}=36.4 \text{ kJ·mol}^{-1}, \Delta_r S_m^{\ominus}=95.1 \text{ J·mol}^{-1}\cdot\text{K}^{-1}$$

    (2) $MnO_2(s)+2C(s)\longrightarrow Mn(s)+2CO(g)$

    $$\Delta_r H_m^{\ominus}=299.0 \text{ kJ·mol}^{-1}, \Delta_r S_m^{\ominus}=362.9 \text{ J·mol}^{-1}\cdot\text{K}^{-1}$$

    上述两个反应在 25℃、100 kPa 下是否能自发进行？ 如果考虑工作温度愈低愈好的话，则制备锰采取哪一种方法比较好？

11. (1) 应用附录所提供的 $\Delta_f H_m^{\ominus}$、$\Delta_f G_m^{\ominus}$ 数据，计算下列反应在 298 K 时的 $\Delta_r G_m^{\ominus}$ 和 $\Delta_r H_m^{\ominus}$：

$$CuS(s) + H_2(g) \longrightarrow Cu(s) + H_2S(g)$$

(2) 求该反应在 1 000 K 时的 $\Delta_r G_m^{\ominus}(1\ 000\ K)$。

12. 金属镍在一定条件下可以与 CO 生成 $Ni(CO)_4$（四羰基镍）：$Ni + 4CO(g) \longrightarrow Ni(CO)_4(g)$。据此可进行镍的提纯。过程是：在一定温度下以 CO 通过粗镍，生成的 $Ni(CO)_4$，在另一个温度下 $Ni(CO)_4$ 分解为纯镍及 CO。试计算在 100 kPa 下，$Ni(CO)_4$ 的生成和分解温度范围。

〔已知：$Ni(CO)_4$ 的 $\Delta_f H_m^{\ominus}(g) = -602.3\ kJ \cdot mol^{-1}$，$Ni(CO)_4$ 的 $S_m^{\ominus}(g) = 401.7\ J \cdot mol^{-1} \cdot K^{-1}$，Ni 的 $S_m^{\ominus}(s) = 29.9\ J \cdot mol^{-1} \cdot K^{-1}$，其他有关数据可查附录。〕

13. 写出下列化学反应的平衡常数 $K^{\ominus}$ 的表达式：

(1) $2CO_2(g) \Longrightarrow 2CO(g) + O_2(g)$

(2) $CaCO_3(s) \Longrightarrow CaO(s) + CO_2(g)$

(3) $Fe_3O_4(s) + 4H_2(g) \Longrightarrow 3Fe(s) + 4H_2O(g)$

(4) $CH_4(g) + H_2O(g) \Longrightarrow CO(g) + 3H_2(g)$

(5) $2FeCl_3(aq) + 2KI(aq) \Longrightarrow 2FeCl_2(aq) + 2KCl(aq) + I_2(s)$

14. 已知下列反应在 700 K 时的平衡常数：

$$PCl_5(g) \Longrightarrow PCl_3(g) + Cl_2(g) \qquad K_1^{\ominus} = 11.5$$
$$P(s) + 3/2Cl_2(g) \Longrightarrow PCl_3(g) \qquad K_2^{\ominus} = 10^{20}$$

试求反应 $P(s) + 5/2Cl_2(g) \Longrightarrow PCl_5(g)$ 的 $K^{\ominus}$ 值。

15. 甲醛在水溶液中可聚合为葡萄糖：

$$6HCHO(aq) \Longrightarrow C_6H_{12}O_6(aq)$$

理论计算得知，25℃时，上述反应的 $K^{\ominus} = 6 \times 10^{22}$。如果达到平衡时葡萄糖的浓度为 $1.00\ mol \cdot L^{-1}$，求平衡时甲醛的浓度。

16. 25℃下，将 1 mol 纯乙醇（C_2H_5OH, l）和 1 mol 纯乙酸（CH_3COOH, l）混合，达平衡时混合溶液中含酯（$CH_3COOC_2H_5$, l）和水均为 $\dfrac{2}{3}$ mol（反应条件下各物质均为液态）。计算：(1) 25℃时该酯化反应的平衡常数 $K^{\ominus}$；(2) 25℃时反应的 $\Delta_r G_m^{\ominus}$；(3) 若希望使乙酸的转化率达 90%，而其他条件不变，乙醇应加入多少摩尔？

17. 把氨基甲酸铵（$H_2NCOONH_4$）放入真空容器中加热到 30℃ 时，平衡时总压力为 16.7 kPa，试求反应 $H_2NCOONH_4(s) \Longrightarrow 2NH_3(g) + CO_2(g)$ 的平衡常数 $K^{\ominus}$。

18. 硫氢化铵的分解反应如下：

$$NH_4HS(s) \Longrightarrow H_2S(g) + NH_3(g)$$

若在某温度时，把 NH_4HS 固体置于真空容器中使其分解，达到平衡时容器中气体总压力为 6.67 kPa。求在平衡混合物中加入 NH_3，使它平衡时的分压为 107 kPa，试求此时容器中 $H_2S(g)$ 的分压及混合气体的总压。设气体服从理想气体状态方程。

19. 亚硝酰氯（NOCl）是有机合成中的重要试剂，可由 NO 与 Cl_2 在通常条件下反应得到。在 330℃，下列反应在 10 L 密闭容器中进行：

$$2NO(g) + Cl_2(g) \Longrightarrow 2NOCl(g)$$

如果开始时用 1.00 mol NO、0.657 mol Cl_2 和 1.67 mol NOCl，反应达到平衡时，有 2.04 mol NOCl 存在。求该反应的 $K^{\ominus}$。

20. 在 497℃、100 kPa，在某一容器中 $2NO_2(g) \Longrightarrow 2NO(g) + O_2(g)$ 建立平衡，有 56% NO_2 转化为 NO 和 O_2，求 $K^{\ominus}$。若要使 NO_2 转化率增加到 80%，平衡时的压力为多少？

21. 700℃，反应 $C(s) + CO_2(g) \Longrightarrow 2CO(g)$，在 2.0 L 的容器中处于平衡时，其中有 0.10 mol 的 CO、0.20 mol

的 CO_2 和 0.40 mol 的 C。冷却至 600℃时又生成 0.04 mol 的 C。试分别计算 700℃与 600℃时反应的 $K^\ominus$,并问此反应是放热反应还是吸热反应?

22. 在 1 000℃及总压力为 3 039 kPa 下,反应 $CO_2(g)+C(s)\Longrightarrow 2CO(g)$ 到达平衡时,每 100 mol 混合气体中有 17.0 mol CO_2。求:(1) 反应的 $K^\ominus$;(2) 若总压力为 2 026 kPa,平衡时 CO 的摩尔分数应为多少?

23. PCl_5 依下式离解:$PCl_5(g)\Longrightarrow PCl_3(g)+Cl_2(g)$。把 0.04 mol PCl_5 和 0.20 mol Cl_2 放在密闭容器中加热,在 250℃达到平衡时,总压力为 202.6 kPa,PCl_5 的离解度为 51%,求 $K^\ominus$。

24. 反应 $SO_2Cl_2(g)\Longrightarrow SO_2(g)+Cl_2(g)$ 在 375 K 时的平衡常数 $K^\ominus$ 为 2.40。今将 5.40 g 的 SO_2Cl_2 置于 1 L 密闭容器中,并加热到 375 K。

   (1) 假定 SO_2Cl_2 不离解,它的压力将为多少?

   (2) 平衡时,SO_2、Cl_2 和 SO_2Cl_2 的分压各为多少?

25. 25℃时,下述反应 $2H_2O_2(g)\Longrightarrow 2H_2O(g)+O_2(g)$ 的 $\Delta_r H_m^\ominus=-210.9$ kJ $\cdot$ mol^{-1},$\Delta_r S_m^\ominus=131.8$ J $\cdot$ mol^{-1} $\cdot$ K^{-1}。试计算该反应在 25℃和 100℃时的 $K^\ominus$。

26. 在 400℃、总压 1 000 kPa 下,NH_3 的转化率为 98.0%,求反应 $2NH_3(g)\Longrightarrow N_2(g)+3H_2(g)$ 的 $\Delta_r G_m^\ominus(673\ K)$。

27. 潮湿的 Ag_2CO_3 在 110℃下用含有 CO_2 的空气流进行干燥,试计算空气流中 $p(CO_2)$ 为多少时,才能避免 Ag_2CO_3 的分解? 已知 Ag_2CO_3 在 298 K 时 $\Delta_f H_m^\ominus=-501.7$ kJ $\cdot$ mol^{-1},$S_m^\ominus=167.4$ J $\cdot$ mol^{-1} $\cdot$ K^{-1},其余数据查阅附录。

28. 查得 25℃时 $CuSO_4 \cdot 5H_2O(s)$ 和 $CuSO_4 \cdot 3H_2O(s)$ 的 $\Delta_f G_m^\ominus$ 分别为 $-1\ 880$ kJ $\cdot$ mol^{-1} 及 $-1\ 399$ kJ $\cdot$ mol^{-1},大气中水的饱和蒸气压为 3.17 kPa。通过计算说明 $CuSO_4 \cdot 5H_2O(s)$ 能否风化[即失去部分结晶水成为 $CuSO_4 \cdot 3H_2O(s)$]及产生风化的水蒸气分压范围。

第3章 | 化学反应速率

第2章介绍了化学反应中能量变化的基本计算,并讨论了在指定条件下化学反应进行的方向和限度。在研究化学反应时,我们所关心的还有化学反应进行的快慢即化学反应速率(rate of chemical reaction)问题。

在日常生活和化工生产中,我们希望某些反应进行得快一些,例如氨的合成、油漆的干燥等;而对某些不利的反应,如金属的锈蚀、橡胶制品的老化、食物的腐败等,则希望它们尽可能地进行得慢一些。这就必须研究化学反应速率的规律性,以便选择适当的条件来控制反应。

本章将就化学反应速率的一些基本原理做简单介绍。

3.1 化学反应速率

研究化学反应的结果得知各种反应进行的速率极不相同,有的反应进行得非常快,几乎在瞬间完成,例如爆炸反应、酸碱中和反应等。有的反应则进行得非常慢,在通常情况下几乎不被察觉,例如,在常温下氢气和氧气化合成水的反应;又如,石油的形成要经历亿万年。

为了定量地研究反应速率,首先必须确定其表示方法。化学反应的速率定义为:单位时间内反应物或生成物浓度的改变量,通常用正值表示。例如,五氧化二氮在四氯化碳中分解:

$$2N_2O_5 \xrightarrow{\text{在 } CCl_4 \text{ 中}} 4NO_2 + O_2$$

318℃时,反应进行 184 s 后,N_2O_5 的浓度由 2.33 mol·L^{-1} 降到 2.08 mol·L^{-1},同时每升溶液放出 0.500 mol 的 NO_2 和 0.125 mol 的 O_2。则:

$$N_2O_5 \text{ 的消耗速率为:} v(N_2O_5) = -\frac{2.08 - 2.33}{184} = 1.36 \times 10^{-3} \text{ mol·}L^{-1}\text{·}s^{-1} ①$$

$$NO_2 \text{ 的生成速率为:} v(NO_2) = \frac{0.500 - 0}{184} = 2.72 \times 10^{-3} \text{ mol·}L^{-1}\text{·}s^{-1}$$

$$O_2 \text{ 的生成速率为:} v(O_2) = \frac{0.125 - 0}{184} = 6.80 \times 10^{-4} \text{ mol·}L^{-1}\text{·}s^{-1}$$

这样得到的反应速率为某时间段内的平均速率。由上面计算得到的平均速率可知,当选取不同物质表示同一反应的反应速率时可能得到不同的数值,虽然各数值表示的反应速率实际含义相同,但一个反应有几种不同的速率值毕竟不方便,且容易混淆。根据 IUPAC 的推荐和国家标准,对于反应:

$$mA + nB \longrightarrow pC + qD$$

其通式为 $0 = \sum\limits_B \nu_B B$。如果反应前后体积不变(即恒容条件),反应速率 v 定义为:

---

① 如果反应速率比较慢,时间单位也可采用 min(分)、h(小时)等。

$$v = \frac{1}{\nu_B} \cdot \frac{\Delta[B]}{\Delta t} \tag{3-1}$$

式中　ν_B——化学反应计量系数,对反应物取负值,生成物取正值;

　　$\dfrac{\Delta[B]}{\Delta t}$——B物质的量浓度随时间的变化率;

　　v——基于浓度的反应速率,单位为 $mol \cdot L^{-1} \cdot s^{-1}$。

已经知道,任一化学反应存在:

$$\Delta n_A : \Delta n_B : \Delta n_C : \Delta n_D = \nu_A : \nu_B : \nu_C : \nu_D$$

如果反应在恒容下进行,则有:

$$\Delta[A] : \Delta[B] : \Delta[C] : \Delta[D] = \nu_A : \nu_B : \nu_C : \nu_D$$

因此,上述反应速率的定义,具有普遍的适用性,它与所选择的物质无关。上述反应的反应速率为:

$$v = \frac{1}{\nu(O_2)} \times \frac{\Delta[O_2]}{\Delta t} = \frac{1}{\nu(NO_2)} \times \frac{\Delta[NO_2]}{\Delta t} = \frac{1}{\nu(N_2O_5)} \times \frac{\Delta[N_2O_5]}{\Delta t}$$

$$= \frac{1}{1} \times \frac{0.125-0}{184} = \frac{1}{4} \times \frac{0.500-0}{184} = \frac{1}{(-2)} \times \frac{2.08-2.33}{184}$$

$$= 6.80 \times 10^{-4} \; mol \cdot L^{-1} \cdot s^{-1}$$

在实验中,一个化学反应的反应速率往往是通过某一反应物的消耗速率或生成物的生成速率来确定的。很明显,消耗速率或生成速率是分别对反应物或生成物而言的,它与化学计量方程式无关,而反应速率是对特定的化学反应式而言的。因此,反应速率必须指明化学计量方程式,否则是没有意义的。

反应速率固然可用平均速率表示,但更有实际意义的是反应处于某时刻时的反应速率,即瞬时速率。时间的间隔愈短,平均速率愈能表示瞬时速率,当时间间隔趋近于无限小时($\Delta t \to 0$),平均速率才能代表某时刻的瞬时速率。用数学式表示:

$$v = \frac{1}{\nu_B} \lim_{\Delta t \to 0} \frac{\Delta[B]}{\Delta t}$$

以后所提到的反应速率,都是指瞬时反应速率。

3.2　影响反应速率的因素

化学反应速率首先与物质的本性有关。例如,氟和氢化合时,在很低温度下也会爆炸,而溴与氢的反应,在常温下却不能察觉。此外,所有反应的速率都受到反应进行时所处的外界条件(浓度、温度、催化剂)的影响。当反应物确定后,若人为地改变浓度、温度、催化剂等外界条件,则反应速率将随之发生变化。

3.2.1　浓度对反应速率的影响

1) 基元反应和质量作用定律

从实验可知,增加反应物浓度,反应速率就可以加快。例如物质在纯氧中燃烧要比在空气中燃烧快得多,这是由于纯氧的浓度是空气中氧气浓度的 5 倍。人们经过长期实践,总结出简单反应(即基元反应[①],指反应物经一步反应直接变为产物的反应)的反应速率与反应物浓度之间的定量关系:一定温度下,化学反应速率与各反应物浓度幂的乘积成正比,反应物浓度的幂等于化学反应式中各相应物质的系数。这个关系称为质量作用定律(law of mass action)。例如,反应

$$mA + nB \longrightarrow pC + qD$$

如以[A]和[B]分别表示 A 和 B 的浓度,v 表示反应速率,则该反应的质量作用定律表达式为:

$$v = k[A]^m[B]^n \qquad (3-2)$$

式(3-2)中 k 是比例常数,称为速率常数(rate constant)。对某一反应来说,在一定温度下,k 是一个常数。温度改变,速率常数 k 随之改变。但反应物浓度的改变不会影响 k 值。当[A]＝[B]＝1 mol · L^{-1}时,反应速率在数值上与速率常数相等,即

$$k = \frac{1}{[A]^m[B]^n} \cdot v$$

笼统地说,速率常数越大的反应,表明反应进行得越快。但两个反应级数不同的反应,对比它们的速率常数大小毫无意义。

必须指出,质量作用定律只适用于基元反应(elementary reaction),而不适用于复杂反应[②]。

2) 反应速率方程

一个反应方程式只表示最初的反应物和最后的生成物,并不表示反应实际进行的历程,因而不能只根据反应方程式就决定反应速率和浓度的关系,而必须通过实验来确定。因此,对一般反应

$$mA + nB \longrightarrow pC + qD$$

其反应速率与反应物浓度之间的定量关系应是:

$$v = k[A]^x[B]^y \qquad (3-3)$$

式(3-3)称为速率方程式(rate equation)。如果是基元反应,$x＝m$、$y＝n$;如果是非基元反应,x、y 的数值必须通过实验来测定,与 m、n 没有必然的联系。x、y 的值可以是整数、分数,也可以为零。

3) 反应级数

式(3-3)中反应物浓度项指数的总和($x+y$)称为该反应的反应级数。我们还可以对每一种反应物讲反应级数,对反应物 A 来说是 x 级反应,对反应物 B 说是 y 级反应。

反应级数反映了反应物浓度与反应速率的关系。对零级反应,反应速率与反应物浓度无关。如果某反应物是一级反应,则该反应物的浓度增加 1 倍时,反应速率也增加 1 倍;如果某反应物是二级反应,则该反应物浓度增加 1 倍时,反应速率将增为原来的 4 倍,表 3-1 列出几个反应的级数。

---

① 　基元反应也称为元反应。

② 　复杂反应即非基元反应,也称为总包反应。

表 3 - 1 反应的级数

反 应	速 率 方 程 式	反 应 级 数
$N_2O(g) \xrightarrow{Au} N_2(g) + \frac{1}{2}O_2(g)$	$v = k[N_2O]^0$	0
$N_2O_5(g) \longrightarrow 2NO_2(g) + \frac{1}{2}O_2(g)$	$v = k[N_2O_5]$	1
$CHCl_3(g) + Cl_2(g) \longrightarrow CCl_4(g) + HCl(g)$	$v = k[CHCl_3][Cl_2]^{\frac{1}{2}}$	1.5
$NO_2(g) + CO(g) \longrightarrow NO(g) + CO_2(g)$	$v = k[NO_2][CO]$	2
$2NO(g) + 2H_2(g) \longrightarrow N_2(g) + 2H_2O(g)$	$v = k[NO]^2[H_2]$	3

[例1] 在 273℃时,测得下列反应

$$2NO(g) + Br_2(g) \longrightarrow 2NOBr(g)$$

的反应速率,有关实验数据列表如下:

实验编号	初始浓度/(mol·L^{-1})		初始速率/(mol·L^{-1}·s^{-1})
	NO	Br$_2$	
1	0.10	0.10	12
2	0.10	0.20	24
3	0.10	0.30	36
4	0.20	0.10	48
5	0.30	0.10	108

求:(1) 上述反应的速率方程式和反应级数;(2) 速率常数。

解 (1) 该反应的速率方程式可写为

$$v = k[NO]^x[Br_2]^y$$

分析实验数据,可求得 x 和 y 值。当[NO]保持不变时,从实验 1 和实验 2 数据可以看出,[Br$_2$]加倍时,反应速率加倍;由实验 1 和实验 3 数据可以看出,[Br$_2$]增大为原来的 3 倍时,反应速率也增为原来的 3 倍;由此可见 $y = 1$。当[Br$_2$]保持不变时,由实验 1 和实验 4 数据可以看出,[NO]加倍时,反应速率增为原来的 4 倍;由实验 1 和实验 5 数据可以看出,[NO]增大为原来的 3 倍时,反应速率增为原来的 9 倍;由此可见 $x = 2$。因此,该反应的速率方程式为:

$$v = k[NO]^2[Br_2]$$

该反应的级数为

$$x + y = 3$$

(2) 将表中任一实验数据代入速率方程式,即可求得速率常数

$$12 \text{ mol·L}^{-1}\text{·s}^{-1} = k(0.1 \text{ mol·L}^{-1})^2(0.1 \text{ mol·L}^{-1})$$
$$k = 1.2 \times 10^4 \text{ L}^2\text{·mol}^{-2}\text{·s}^{-1} ①$$

---

① 速率常数 k 的量纲可根据速率方程中速率与浓度的关系推导出来,它随反应级数的不同而不同。例如一级反应 k 的量纲为 s^{-1},二级反应的量纲为 L·mol^{-1}·s^{-1}等,即对 n 级反应,速率常数的量纲为 L$^{(n-1)}$·mol$^{(1-n)}$·s^{-1}。

实际工作中,应该取多组 k 的平均值作为该反应的速率常数。

在有气体参加的反应中,由于气体的压力与浓度成正比,因而增加气体的压力,反应速率加快;降低气体的压力,反应速率减慢。

3.2.2　温度对反应速率的影响

对大多数反应,当温度升高时,不管是放热还是吸热反应,其反应速率都会显著增大[①]。如 H_2 和 O_2 在常温下,几年也觉察不到有水生成,当温度升至 500℃ 时,千分之一秒就迅速反应并呈现爆炸现象。又如,天气炎热时,食物容易变质,而把食物储藏在冰箱中,则不易变质。

从速率方程式可以看出,温度对反应速率的影响,主要体现在对速率常数 k 的影响上。温度升高时,k 值增大,反应速率相应加快。实验表明,对一些反应,在一定温度范围内,每升高 10℃,反应速率常数一般增加到原来的 2～4 倍。这个倍数叫做反应的温度系数。假定某一反应的温度系数为 2,则 100℃ 时的反应速率将为 0℃ 时的 $2^{\frac{100}{10}}=1\,024$ 倍,即在 0℃ 时需要 7 天多完成的反应在 100℃ 时约 10 分钟就能完成。

反应的温度系数只能用来粗略地估计温度对反应速率的影响。为了进一步研究温度和反应速率之间的定量关系,在大量实验的基础上,1889 年瑞典化学家阿仑尼乌斯(S. A. Arrhenius)提出了温度和反应速率常数之间的经验关系式,称为阿仑尼乌斯方程式(指数式):

$$k=Ae^{-E_a/RT} \tag{3-4}$$

式中　A——指前因子或频率因子,它是给定反应的特征常数;

　　　　e——自然对数的底(2.718);

　　　　E_a——反应的活化能,单位 $kJ \cdot mol^{-1}$(活化能是一个重要参数[②],将在 3.3 中讨论)。

由于 k 和 T 是一个指数关系,所以 T 的微小改变将会使 k 发生显著的变化。由式(3-4)可知,若反应的活化能愈小或温度愈高,则反应速率愈快。

如果对式(3-4)取对数:

$$\ln k=\ln A-\frac{E_a}{RT}$$

$$\lg k=\lg A-\frac{E_a}{2.303RT} \tag{3-5}$$

由式(3-5)可知以 $\lg k$ 对 $\dfrac{1}{T}$ 作图可得一直线,由直线的斜率 $\left(-\dfrac{E_a}{2.303R}\right)$ 可以求得活化能 E_a,由纵坐标上截距($\lg A$)可求得 A。例如,我们测出反应

$$NO_2(g)+CO(g)\longrightarrow NO(g)+CO_2(g)$$

在某些温度时的速率常数(表 3-2),并将这些数据绘成图(图 3-1)。图 3-1 中直线的斜率为 $-6.99 \times$

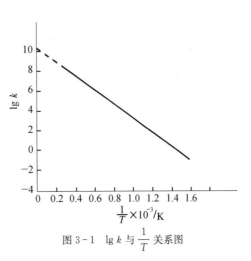

图 3-1　$\lg k$ 与 $\dfrac{1}{T}$ 关系图

---

①　有少数例外,如 $2NO+O_2 \longrightarrow 2NO_2$,温度升高,反应速率减小。

②　在一般温度范围内,认为对给定反应 E_a 不随温度的变化而改变。

10^3，截距为 10.1：

$$-6.99 \times 10^3 = -\frac{E_a}{2.303 \times 8.314} \qquad \lg A = 10.1$$

由此得出：

$$E_a = 134 \text{ kJ} \cdot \text{mol}^{-1} \qquad A = 1.26 \times 10^{10}$$

表 3-2 反应速率常数和温度的关系

$CO(g) + NO_2(g) \Longrightarrow CO_2(g) + NO(g)$					
温 度/K	600	650	700	750	800
速率常数 k	0.028 0	0.220	1.30	6.00	23.0

活化能可通过上述绘图的方法求得，也可以利用阿仑乌斯方程式计算求得。假定某一反应，在温度 T_1 和 T_2 时的速率常数分别为 k_1 和 k_2，则根据式(3-5)可得：

$$\lg k_1 = \lg A - \frac{E_a}{2.303RT_1}$$

$$\lg k_2 = \lg A - \frac{E_a}{2.303RT_2}$$

两式相减，得

$$\lg \frac{k_2}{k_1} = -\frac{E_a}{2.303R}\left(\frac{1}{T_2} - \frac{1}{T_1}\right)$$

$$\lg \frac{k_2}{k_1} = \frac{E_a}{2.303R}\left(\frac{T_2 - T_1}{T_1 T_2}\right) \tag{3-6}$$

式(3-6)可用来求反应的活化能。如果反应的活化能和某一温度下的 k 值已知，就可算出其他温度下的 k 值。

[例 2] 反应 $2HI \rightarrow H_2 + I_2$ 在 600 K 和 700 K 时的速率常数分别为 2.75×10^{-6} 和 5.50×10^{-4} L·mol^{-1}·s^{-1}。计算：(1) 反应的活化能；(2) 该反应在 800 K 时的速率常数。

解 (1) 将题中已知条件代入式(3-6)：

$$T_1 = 600 \text{ K} \qquad k_1 = 2.75 \times 10^{-6} \text{ L} \cdot \text{mol}^{-1} \cdot \text{s}^{-1}$$

$$T_2 = 700 \text{ K} \qquad k_2 = 5.50 \times 10^{-4} \text{ L} \cdot \text{mol}^{-1} \cdot \text{s}^{-1}$$

$$\lg \frac{5.50 \times 10^{-4}}{2.75 \times 10^{-6}} = \frac{E_a}{2.303 \times 8.314}\left(\frac{700 - 600}{600 \times 700}\right)$$

$$E_a = 1.85 \times 10^5 \text{ J} \cdot \text{mol}^{-1}$$

(2) 根据式(3-6)：

$$\lg \frac{5.50 \times 10^{-4}}{k} = \frac{185\,000}{2.303 \times 8.314}\left(\frac{700 - 800}{700 \times 800}\right)$$

$$k = 2.91 \times 10^{-2} \text{ L} \cdot \text{mol}^{-1} \cdot \text{s}^{-1}$$

3.2.3　催化剂对反应速率的影响

众所周知,过氧化氢的分解反应: $H_2O_2 \longrightarrow H_2O + \dfrac{1}{2}O_2$,在通常情况下进行缓慢,但只要加入少量二氧化锰,反应就在瞬息之间发生,反应后 MnO_2 的组成和质量都没有发生变化。MnO_2 在此仅起了催化作用,它是催化剂(catalyst)。

若在 H_2O_2 水溶液中,加入磷酸或尿素等物质,能减慢 H_2O_2 的分解速率,这种能使反应速率减慢的物质叫做负催化剂。为防止橡胶制品的老化而掺入的防老剂,为延缓金属腐蚀而使用的缓蚀剂,及防止油脂败坏的抗氧剂,均可认为是负催化剂。一般说的催化剂都是指能加快反应速率的正催化剂。

有的反应,它的生成物本身可作为反应的催化剂。例如,高锰酸根离子在酸性溶液中氧化过氧化氢的反应:

$$2MnO_4^- + 5H_2O_2 + 6H^+ \longrightarrow 2Mn^{2+} + 8H_2O + 5O_2$$

在含有硫酸的过氧化氢溶液中,慢慢滴加高锰酸钾溶液,开始时高锰酸钾的紫红色褪去很慢,但随着反应中 Mn^{2+} 的生成和积累,反应就进行得越来越快,使继续滴入的高锰酸钾紫红色溶液很快褪色。反应产物 Mn^{2+} 就是这个反应的催化剂。这类反应称为自动催化反应。在化工生产中,催化剂的使用占很重要的地位,许多进行得很慢的反应,在工业生产上没有应用价值,由于使用了催化剂,反应速率大大增加,因而在生产上就变为切实可行。例如,硫酸工业中,二氧化硫转化为三氧化硫的反应是很慢的,由于使用五氧化二钒作催化剂,就可用催化氧化法大量生产硫酸。据统计,现代化学工业中,使用催化剂的反应约占 85%。在生命过程中,催化剂也起着重要的作用,生物体中进行的各种化学反应如食物的消化、细胞的合成等几乎都是在酶①的催化作用下进行的。

催化剂具有选择性,即一个反应有它的独特的催化剂。例如五氧化二钒对二氧化硫的氧化反应是有效的催化剂,而对合成氨的反应却无效。因此,目前要选用某一反应的有效催化剂,除微观结构理论预测外,还必须经过实验探索。

若反应物可以同时发生几个不同的反应时,则可选用某一种催化剂,它只能催化其中某一反应,而对其他反应没有显著的影响。例如,甲酸可以发生下列两个平行的反应:

如果用 Al_2O_3 作催化剂,则反应按(1)式进行,产生脱水反应;如果用 ZnO 作催化剂,则反应按(2)式进行,产生脱氢反应。因此,利用催化剂具有特殊的选择性,在化工生产上可以选择适当的催化剂,加速主要反应的进行而抑制某一副反应的发生。

3.2.4　影响多相反应速率的因素

以上讨论的各种不同条件对反应速率的影响,所涉及的反应大都是单相体系的反应。对多相体系的反应,除上述的影响外,还有其他因素。

---

① 酶是由生物体的细胞产生的具有催化能力的蛋白质,又能在有机体所能忍受的常温下,加速生物体内的许多化学反应。

在研究的体系中,任何一个性质完全相同的均匀部分称为相(phase)。不同相之间有明显的界面隔开。气体混合物、溶液等体系,由于整个体系性质相同,完全均匀,因此都是只有一个相。互不相溶的两种液体混合物之间有界面分开,每一种液体性质相同,完全均匀,所以每一种液体是一个相。固体混合物,每一种固体是一个相。含有一个相的体系称为单相体系或均匀体系(homogeneous system),例如,空气、食盐水溶液、乙醇水溶液等,都只有一个相,都是单相体系;含有两个或两个以上相的体系称为多相体系或非均匀系(heterogeneous system),例如,油和水的混合物、铁粉和硫黄的混合物都是含有两个相的非均匀系。冰、水和它们上面的水蒸气组成一个三相的非均匀体系。

在多相体系的反应中,由于反应物质处于不同的相,反应只在相和相之间接触的界面上进行,因此多相体系的反应速率还和相与相之间的接触面大小有关。接触面愈大,反应速率愈快。例如,锌粉和酸的作用要比锌粒和酸的作用快,煤屑的燃烧要比大块煤的燃烧快,煤矿中的"粉尘"超过安全系数时会快速氧化而燃烧甚至引起爆炸。决定多相反应速率的另一个重要因素是扩散作用。由于扩散,反应物可以不断地进入界面,生成物可以不断地离开界面,所以利用搅拌和摇动,可以加快多相反应速率。煤燃烧时,鼓风比不鼓风要烧得旺,这就是由于鼓风加快扩散作用的结果。

由于固态物质起反应时,反应只是在固体表面上进行,因此反应速率与固体浓度[1]无关,因而,速率方程式中不包括固体的浓度,例如,煤的燃烧反应:

$$C(s) + O_2(g) \Longrightarrow CO_2(g)$$

实验证明,对于一定大小的煤块,在一定温度下的燃烧速率只与氧的浓度成正比:

$$v = k[O_2]$$

而速率常数的大小除与温度有关外,还与煤的粉碎程度有关。所以若给出 k 值,应指出煤的粉碎程度。

3.3 反应速率理论和反应机理

上节讨论了影响化学反应速率的因素,下面将从物质分子的性质来解释反应速率的宏观现象,简要介绍反应速率理论和反应机理。

3.3.1 有效碰撞理论 活化能

有效碰撞理论认为,反应物分子间的相互碰撞是发生反应的先决条件。然而,并不是所有碰撞都能产生反应。在千万次的碰撞中,大多数碰撞并不发生反应,只有少数分子间的碰撞才能发生反应。这种能发生反应的碰撞称为有效碰撞(effective collision)。

在一定温度下,气体分子具有一定的平均能量。气体内有的分子的能量比平均能量低,有的比平均能量高,其中有少数分子的能量比平均能量要高得多,它们的碰撞才能导致原有化学键破裂而发生反应。这种分子被称为活化分子。

气体分子能量分布情况与气体分子速率分布情况类似(见1.1.3节)。图3-2表示出一定温度下气体分子能量分布曲线,横坐标表示分子能量 E,纵坐标表示具有一定能量的分子百分数,

---

[1] 纯固体本身的浓度可看作是一常数。

即 $\dfrac{\Delta N}{N\Delta E}$，其中 ΔN 为能量在 E 到 $E+\Delta E$ 之间的分子

数，N 为总分子数，$\dfrac{\Delta N}{N\Delta E}$ 表示单位能量区间内，具有能

量 E 到 $E+\Delta E$ 之间的分子在总分子中所占百分数。
图 3-2 中 $E_{平}$ 表示在该温度下的分子平均能量，E_0 是活
化分子必须具有的最低能量，能量高于 E_0 的分子才能
产生有效碰撞。活化分子所具有的最低能量与分子的
平均能量之差称为活化能 E_a[①]。活化能（activated
energy）可以理解为要使 1 mol 具有平均能量的分子变成

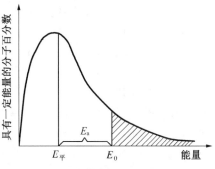

图 3-2　气体分子能量分布曲线

活化分子所需吸收的最低能量。不同的反应具有不同的活化能。从数学上可以证明 E_0 右边曲线
下的面积表示活化分子所占的百分数，如果反应活化能越大，E_0 横坐标的位置越向右移，活化分子
所占的百分数就少，活化分子数目就越小，因而反应速率就慢。反之，如果活化能越小，反应速率就
越快。

　　要产生有效碰撞，反应物分子除了具有足够能量（即是活化分子）外，碰撞时还一定要有适当
的取向。例如，二氧化氮与一氧化碳的反应：

$$NO_2(g)+CO(g)\longrightarrow NO(g)+CO_2(g)$$

　　只有当 NO_2 中的氧原子与 CO 中的碳原子靠近，并且沿着 N—O⋯C—O 直线方向上碰撞，
才能产生反应，见图 3-3(a)；如果 NO_2 中氮原子与 CO 中的碳原子相撞，则不会产生反应，见
图 3-3(b)。因此，反应物分子必须具有足够的能量和适当的碰撞方向，才能产生反应。

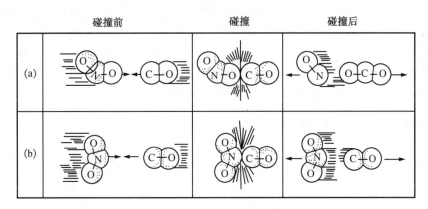

(a) 适当碰撞方向　　　　　　(b) 不适当的碰撞方向

图 3-3　碰撞方向和化学反应

3.3.2　过渡态理论

　　过渡态理论又称活化配合物（activated complex）理论。这个理论认为：化学反应并不是通

[①]　关于活化能的定义，通常有两种提法：

(1) 活化分子所具有的最低能量与反应物分子平均能量之差；

(2) 活化分子的平均能量与反应物分子的平均能量之差。本书采用第一种定义。

过反应物之间的简单碰撞完成,而是必须经过一个中间过渡状态(transition state)。这个理论着眼于反应过程中的能量变化。

现以一般反应 $A+BC \longrightarrow AB+C$ 来说明。当反应物分子的能量至少等于活化分子的最低能量,并且按适当的取向碰撞时,由于分子间的相互作用,分子 BC 中的键被削弱,而 A 和 BC 之间有了不太牢固的联系,这样就形成了活化配合物 $A \cdots B \cdots C$。活化配合物是一种能量高、不稳定、寿命短的反应原子的组合,它一经形成,就很快分解,它可分解成为较稳定的生成物,也可以分解成为原来的反应物。

$$A+BC \Longrightarrow A \cdots B \cdots C \longrightarrow AB+C$$

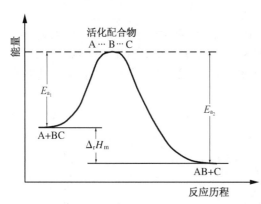

图 3-4　反应过程的能量关系

图 3-4 表示上述反应中的能量变化。纵坐标表示反应体系的能量,横坐标表示反应历程,这个坐标上各个点代表反应进行的不同阶段。由图 3-4 可以看出,反应物要成为活化配合物,它的能量必须比反应物的能量高出 E_{a_1},E_{a_1} 就是反应的活化能。还可以看出,生成物的平均能量较反应物为低,因此,这个反应是一个放热反应。

如果上述反应向逆方向进行,即 $AB+C \longrightarrow A+BC$,也是要先形成 $A \cdots B \cdots C$ 活化配合物,然后再分解为产物 A 和 BC。从图 3-4 可以看出逆反应的活化能为 E_{a_2},逆反应是一个吸热反应。由于 $E_{a_2} > E_{a_1}$,所以吸热反应的活化能总是大于放热反应的活化能。由图 3-4 还可以看出,反应热效应等于正逆反应活化能之差,即 $\Delta_r H_m = E_{a_1} - E_{a_2}$。

由上讨论可知,反应物分子必须具有足够的能量以翻越一个能量的高峰,才能转变为产物分子。如果反应的活化能越大,能峰就越高,能越过能峰的反应物分子比例就越少,反应速率就慢;如果反应的活化能越小,能峰就越低,则反应速率就越快。

3.3.3　活化能与反应速率的关系

应用活化能、活化分子的概念,可以说明反应物的本性、浓度、温度和催化剂等因素对反应速率的影响。

不同的化学反应具有不同的活化能,因而化学反应速率也就不同。活化能的大小是由反应物的本性所决定,因此活化能是决定化学反应速率的内在因素。活化能可以通过实验测定,一般化学反应的活化能在 $60 \sim 250 \ kJ \cdot mol^{-1}$ 之间。活化能小于 $40 \ kJ \cdot mol^{-1}$ 的反应,其反应速率非常快,可瞬间完成;活化能大于 $400 \ kJ \cdot mol^{-1}$ 的反应,其反应速率就非常慢。

对某一反应来说,一定温度下,反应物分子中活化分子所占的百分数是一定的。因此单位体积内的活化分子数与单位体积内反应物分子的总数即该反应物的浓度成正比。当反应物浓度增大时,单位体积内分子总数增加,活化分子数也相应增多,这样就使单位时间内反应物分子间的有效碰撞次数增多,反应速率就加快。

温度升高,分子运动速率加快,分子间碰撞频率增加,因此反应速率加快,但根据气体分子运动论计算,当温度增加 10℃ 时,碰撞次数增加 2% 左右,而实际反应速率一般增大约 200%～400%。这是因为,温度增加,不仅使分子间碰撞频率增加,更主要的原因是升高温度会使更多的分子获得能量而成活化分子,因而增加了活化分子百分数。结果,单位时间内有效碰撞次数显著增加,从而大大加快了反应速率。从不同温度下的能量分布曲线也可以看出,升高温度,活化分子百分数将增加。图 3-5 中两条曲线分别代表温度 t_1 和 t_2($t_2 > t_1$)下的能量分布曲线。t_1 温度下活化分子百分数相当于阴影面积 A,t_2 温度下活化分子百分数相当于阴影面积 $A+B$。由此可见,温度升高,活化分子百分数增加。

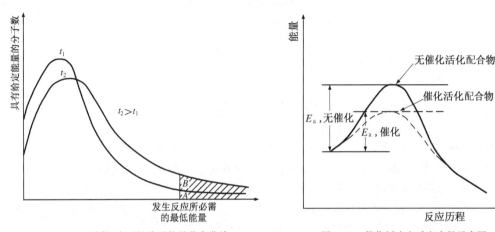

图 3-5　不同温度下的分子能量分布曲线　　　　图 3-6　催化剂改变反应途径示意图

　　催化剂能加快化学反应速率,主要是由于改变了反应的途径,在新的反应途径中,形成另一种能量较低的活化配合物,因而降低了反应所需的活化能,相应增加了活化分子百分数,反应速率也就加快了,如图 3-6 所示。

　　由于催化剂的使用,反应活化能的降低,反应速率加快的倍数是非常惊人的。例如:

$$2SO_2 + O_2 \Longleftrightarrow 2SO_3$$

反应在 500℃ 进行,无催化剂时,活化能为 251 kJ · mol^{-1};当以铂为催化剂时,活化能为 63 kJ · mol^{-1},活化能降低了 188 kJ · mol^{-1},因而使反应速率增大了约 5×10^{12} 倍。增加的倍数可由阿仑尼乌斯公式求出。

　　根据式 $\ln k = \ln A - \dfrac{E_a}{RT}$,设反应中的 A 值不变,E_{a_1} 和 E_{a_2} 分别为催化反应和非催化反应的活化能,则可得:

$$\ln k_1 = \ln A - \frac{E_{a_1}}{RT} \tag{1}$$

$$\ln k_2 = \ln A - \frac{E_{a_2}}{RT} \tag{2}$$

式(2)−式(1),得

$$\ln k_2 - \ln k_1 = \frac{-E_{a_2}}{RT} - \frac{-E_{a_1}}{RT}$$

$$\ln \frac{k_2}{k_1} = \frac{E_{a_1} - E_{a_2}}{RT}$$

由于 $\ln \dfrac{v_2}{v_1} = \ln \dfrac{k_2}{k_1}$，所以 $\ln \dfrac{v_2}{v_1} = \dfrac{E_{a1} - E_{a2}}{RT}$

当 $T = 773$ K，可得

$$\ln \frac{v_2}{v_1} = \frac{(251 - 63) \times 1\,000 \text{ J} \cdot \text{mol}^{-1}}{8.314 \text{ J} \cdot \text{mol}^{-1} \cdot \text{K}^{-1} \times 773 \text{ K}} = 29.25$$

$$\frac{v_2}{v_1} = 5.06 \times 10^{12}$$

复 习 思 考 题

1. 化学反应速率如何表示？什么叫平均反应速率？什么叫瞬时反应速率？

2. 什么叫基元反应、复杂反应及反应机理？试举例说明质量作用定律只适用于基元反应的理由。

3. 反应速率理论主要有哪两个？它们的要点是什么？

4. 什么叫活化能？活化能大小和反应速率有什么关系？

5. 影响反应速率的因素有哪些？试结合活化分子概念给予解释。

6. 下列说法是否正确？为什么？

  (1) 某一反应分几步进行，则整个反应速率决定于最慢的一步；

  (2) 反应速率常数的大小即反应速率的大小；

  (3) 若一个化学反应的速率方程式符合质量作用定律，则这个反应必定是基元反应。

7. 可逆反应 $A(g) + B(s) \Longleftrightarrow 2C(g)$ 的 $\Delta_r H_m^{\ominus} < 0$，达到平衡时，如果改变下述各项条件，试将其他各项发生的变化填入表中：

改 变 条 件	正反应速率	速率常数 $k_{正}$	平衡常数	平衡移动的方向
增加 A 的分压				
增加压力				
降低温度				
使用催化剂				

习   题

1. 反应 $2A + B \longrightarrow A_2B$ 是一基元反应。某温度时，当两反应物的浓度均为 0.01 mol $\cdot$ L^{-1}，则初始反应速率为 2.5×10^{-3} mol $\cdot$ L$^{-1} \cdot$ s^{-1}。若 A 的浓度为 0.015 mol $\cdot$ L^{-1}，B 的浓度为 0.030 mol $\cdot$ L^{-1} 时，初始反应速率为若干？

2. 如果浓度单位取 mol $\cdot$ L^{-1}，时间单位取 s，推导出下列各类反应的速率常数 k 的单位。

  (1) 零级反应；(2) 一级反应；(3) 二级反应；(4) 三级反应；(5) $\dfrac{1}{2}$ 级反应。

3. 通过实验，得到反应 $A + B + C \longrightarrow$ 产品的一些数据如下：

编　　号	A	B	C	初始反应速率/ $(mol \cdot L^{-1} \cdot s^{-1})$
1	0.01	0.01	0.01	0.05
2	0.01	0.02	0.01	0.05
3	0.01	0.05	0.01	0.05
4	0.01	0.05	0.02	0.20
5	0.01	0.05	0.03	0.45
6	0.02	0.01	0.01	0.10
7	0.03	0.01	0.01	0.15

求：(1) 反应的速率方程式和反应级数；

(2) 速率常数；

(3) A、B、C 的浓度均为 0.50 mol·L^{-1}时的初始反应速率。

4. 在工业废水中，硫化氢是一种常见和麻烦的污染物，除去 H_2S 的一种方法是用 Cl_2 处理废水。在这种情况下，产生下列反应：

$$H_2S(aq) + Cl_2(aq) \Longrightarrow S(s) + 2H^+(aq) + 2Cl^-(aq)$$

该反应的反应速率可假定与$[Cl_2(aq)]$无关，且为一级反应。在 25℃时，反应速率常数为 3.5×10^{-2} s^{-1}。假定在某瞬间$[H_2S] = 1.6 \times 10^{-4}$ mol·L^{-1}，求 Cl$^-$ 的生成速率。

5. 某一化学反应，当温度由 300 K 升高到 310 K 时，其反应速率增加一倍。求此反应的活化能。

6. 反应 $2NOCl(g) \longrightarrow 2NO(g) + Cl_2(g)$ 的活化能为 101 kJ·mol^{-1}，已知 300 K 时的速率常数 k 为 2.80×10^{-5} mol^{-1}·L·s^{-1}。求 400 K 时的 k。

7. H_2 和 I_2 在气相中形成 HI。反过来，HI 又能分解为 H_2 和 I_2。在 100℃左右时查得两反应的活化能分别为 163 kJ·mol^{-1} 和 184 kJ·mol^{-1}，试估算 100℃时气相反应 $H_2 + I_2 \Longrightarrow 2HI$ 的 $\Delta_r H_m^{\ominus}$。

8. 右图表示反应 $Br + H_2 \Longrightarrow HBr + H$ 的能量与反应历程的关系，试求：

(1) 上述反应的反应热 $\Delta_r H_m$ 为多少？

(2) 正反应活化能和逆反应活化能各是多少？

(3) 当催化剂加入此反应，对曲线的形状有何影响？

(4) 在曲线的哪一部分表示活化配合物的存在？

(5) $HBr + H \longrightarrow Br + H_2$ 是放热反应还是吸热反应？

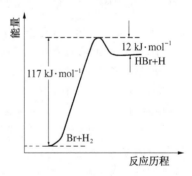

第4章 原子结构和元素周期系

我们生活在一个品种繁多、五光十色而又千变万化、不断发展的物质世界中。组成这个物质世界的基本单位是数以千万计的不同分子。为数如此众多的分子又是由一百多种原子以不同数目、不同结构方式组成的。物质发生化学变化时，原子核外电子运动状态的差异导致原子间结合方式的改变，从而形成性质各异的物质。本章重点讨论原子核外电子运动状态及其变化规律，从而认识元素性质周期性变化的内在本质。

4.1 原子结构理论的早期发展

在 19 世纪末叶以前，原子被认为是构成物质的不可再分的微粒。但在 19 世纪末，物理学上一系列的新发现，特别是电子的发现和 α 粒子的散射实验，打破了原子不可分割的旧观点，从而证实原子本身也是很复杂的。

19 世纪末，英国物理学家(J. J. Thomson)在研究阴极射线管中放电现象时发现了电子(electron)。此外，金属在加热或受光照射时，也有可能放出电子。这些事实说明一切原子的组成中都含有电子，因此原子是由比它更小的粒子组成。电子是一种带负电荷的粒子流。1909 年，美国物理学家密立根(R.A.Millikan)通过油滴实验测出电子的电量为 1.602×10^{-19} C(库仑)，借助于汤姆生测出的荷质比，得到电子的质量为 9.109×10^{-29} g。电子的质量约为氢原子质量的 $\frac{1}{1\,840}$。1904 年，汤姆生提出了葡萄干布丁(plum pudding)原子模型(也称"西瓜式"原子结构模型)。

随着电子的发现，物理学家开始对原子结构(atomic structure)作更深入的研究。由于电子被证明是原子的一个组成部分，而整个原子又是电中性的，因此，原子中必须还含有带正电的组成部分。1911 年，英国物理学家卢瑟福(E. Rutherford)根据 α 粒子散射实验，证实了原子中带正电部分的存在，并在这个实验基础上提出含核原子模型。

卢瑟福用一束平行的 α 射线射向金属薄片，结果发现，绝大多数 α 粒子穿过金属薄片而不改变行进的方向，只有极少数的 α 粒子产生偏转，其中个别粒子偏转程度较大，甚至反方向折回。这种现象称为 α 粒子的散射。

根据 α 粒子散射实验，卢瑟福提出含核原子模型。他认为原子的中心有一个带正电的原子核(atomic nucleus)，电子在它的周围旋转，由于原子核和电子在整个原子中只占有很小的空间，因此原子中绝大部分是空的。原子的直径约为 10^{-10} m，电子的直径约为 10^{-15} m，原子核的直径约在 $10^{-16} \sim 10^{-14}$ m。又由于电子的质量极小，所以原子的质量几乎全部集中在核上，当 α 粒子正遇核即被折回，擦过核边产生偏转，穿空间则直行。原子核上正电荷数(以电子电量为一个单位)等于核外电子数，所以整个原子是中性的。

卢瑟福虽然提出含核原子模型，但他的理论不能精确指出原子核上的正电荷数，这在原子结构理论发展初期，是一个急需解决的问题。而且由于整个原子是电中性的，所以确定了原子的核电荷数，也就确定了核外的电子数。1913 年，卢瑟福的学生莫塞莱(H. G. J. Moseley)研究 X 射线谱，解决了这个问题。

X 射线(X-ray)是由 X 射线管产生的,如图 4-1 所示。在白炽钨丝(阴极)和对阴极(阳极)之间通以高压电,从阴极射出的高速电子碰撞到对阴极的靶上,就产生 X 射线。把它通过一种晶体的衍射光栅,并投到照相底板上,就可以得到 X 射线谱。

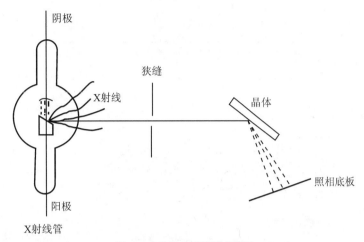

图 4-1　研究 X 射线谱的装置

X 射线也是一种电磁辐射,波长比紫外光还要短。它包括一系列波长不同的射线,但其中有几条射线特别强,这几条较强的射线随所用对阴极的物质不同而不同,这就是说,各种元素有它自己的特征 X 射线。

莫塞莱研究了从铝到金各元素的 X 射线谱,发现元素的原子序数(atomic number)Z 与它们所产生的 X 射线频率 ν 的平方根成直线关系:

$$\sqrt{\nu}=a(Z-b) \tag{4-1}$$

式中,a、b 是常数。

上述关系称为莫塞莱定律,根据莫塞莱定律可以测定元素的原子序数。

经过莫塞莱和查德维克(J. Chadwick)的研究,证明元素的原子序数等于核上正电荷数,因此莫塞莱定律可以用来测定原子的核电荷,故核外电子数也可测知。而人们对核外电子运动状况的认识也是逐步发展的,是由最初的玻尔模型发展到近代的量子力学模型。

4.2　原子的玻尔模型

原子是由原子核和电子所组成。由于在化学反应中,原子核并不发生变化,而只是核外电子发生变化。因此,对化学学科来说,主要是研究核外电子的运动状况。对核外电子运动状况描述最早的是玻尔理论。

20 世纪初所得到的氢原子光谱,在红外区、紫外区和可见光区都有几根不同波长的特征谱线。氢光谱在可见光范围内有五根比较明显的谱线:一条红、一条青、一条蓝、两条紫,如图 4-2 所示,通常用 H_{α}、H_{β}、H_{γ}、H_{δ}、H_{ε} 来表示,它们的波长依次为 656.3、486.1、434.0、410.2 和 397.0 nm [①],是线状光谱(line spectra)。

_____

① nm 称作纳米,1 nm=10^{-9} m。

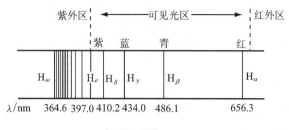

氢原子光谱

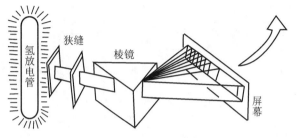

图 4-2 氢原子光谱实验

卢瑟福含核原子模型不能解释氢光谱的规律性,而且与原子光谱的事实有矛盾。因按经典电磁学理论,电子绕核旋转,必然会发射电磁波,则电子的能量越来越小,电子逐渐向核靠近,最后落到核上,原子毁灭。又由于绕核旋转的电子不断地放出能量,因此,发射出电磁波的频率应该是连续的,即产生的光谱应是连续光谱。上述结论与事实矛盾,因为原子既没有毁灭,产生的光谱也不是连续的,而是线状光谱。直到 1913 年卢瑟福的学生、丹麦青年物理学家玻尔(N. Bohr)提出原子结构的新理论才解决了这个矛盾,也解释了氢光谱。

4.2.1 玻尔理论

玻尔理论建立在卢瑟福含核原子模型和普朗克(M. Planck)量子论的基础上。我们知道,经典物理学认为能量是连续的,普朗克量子论则认为:辐射能的放出或吸收并不是连续的,而是按照一个基本量或基本量的整数倍被物质放出或吸收,这种情况称为量子化。这个最小的基本量称为量子(quantum)或光子(photon)。量子的能量 E 与辐射能的频率 ν 成正比,即

$$E = h\nu \tag{4-2}$$

h 称普朗克常数,其量纲为能量乘以时间。如果 E 的单位为 J,则 h 等于 6.626×10^{-34} J·s。

玻尔为了解释原子光谱,将普朗克量子论应用于含核原子模型,他根据辐射的不连续性和氢原子光谱有间隔的特性,推论原子中电子的能量也不可能是连续的,而是量子化的。他大胆地提出下面的假设。

(1) 在原子中,电子不能沿着任意轨道绕核旋转,而只能沿着符合一定条件(从量子论导出的条件)的轨道旋转。电子在这种轨道上旋转时,完全不放出能量,这些轨道称为稳定轨道。沿着这条稳定轨道旋转的电子,是处于一种稳定态。

(2) 电子在不同轨道上旋转时具有不同的能量,电子运动时所处能量状态称为能级(energy level)。

电子在轨道上运动时所具有的能量只能取某些不连续的数值,也就是电子的能量是量子化的。玻尔推算出氢原子的允许能量 E 只限于下式给出的数值:

$$E = -\frac{B}{n^2} \tag{4-3}$$

上式中 n 称为量子数(quantum number)，其值可取 $1,2,3$ 等任何正整数。B 的值为 2.18×10^{-18} J。当 $n=1$，轨道离核最近，能量最低，这时的能量状态叫氢原子的基态(ground state)或最低能级。$n=2,3,4\cdots\cdots$，轨道依次离核渐远，能量逐渐升高。这些能量状态的氢原子被称为处于激发态(excited state)或较高能级。氢原子中各轨道的能级示于图 4-3。

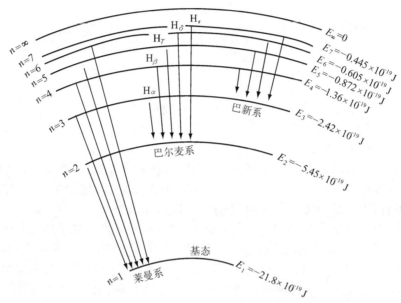

图 4-3　氢原子能级和氢光谱谱线产生的示意图

（3）只有当电子从某一轨道跃迁到另一轨道时，才有能量的吸收或放出。当电子从能量较高(E_2)的轨道跃迁到能量较低(E_1)的轨道时，原子就放出能量。放出的能量转变成为 1 个辐射能的量子，其频率 ν 可由两个轨道的能量差 ΔE 决定：

$$E_2 - E_1 = \Delta E = h\nu$$

$$\nu = \frac{E_2 - E_1}{h} \tag{4-4}$$

4.2.2　玻尔理论的应用

玻尔理论的成就在于它能很好地解释了氢原子光谱。光谱不连续性正来自原子中电子能量的不连续性。氢原子在正常状态总是处于能量最低的基态，当原子受到光照射或放电等作用时，吸收能量，原子中的电子跳到能量较高的激发态。原子处于这种激发态总是不稳定的，总是倾向于回到能级较低的轨道。当电子由能量较高的各轨道跳回到能量较低的各轨道时，放出能量而成为不同频率的光，因而产生许多系列的谱线。玻尔认为，氢光谱可见光区各谱线(巴尔麦系)的产生是由于电子由能级较高的轨道跳回到 $n=2$ 的轨道放出辐射能的结果。他对这些谱线的波长进行计算，计算值与实验值十分吻合。

［例 1］　试计算氢原子中，电子由 $n=3$ 轨道跳回到 $n=2$ 轨道时，所产生谱线的波长。

解 $n=2$ 能级的能量为：

$$E_2=-\frac{2.18\times10^{-18}}{2^2}=-5.45\times10^{-19}\ \text{J}$$

$n=3$ 能级的能量为：

$$E_3=-\frac{2.18\times10^{-18}}{3^2}=-2.42\times10^{-19}\ \text{J}$$

$$\nu=\frac{E_3-E_2}{h}=\frac{-2.42\times10^{-19}-(-5.45\times10^{-19})}{6.626\times10^{-34}}=4.57\times10^{14}\ \text{s}^{-1}$$

$$\lambda=\frac{c}{\nu}=\frac{3\times10^8}{4.57\times10^{14}}=6.56\times10^{-7}\ \text{m}=656\ \text{nm}$$

这根谱线的波长,就是氢光谱的可见光部分的一根红线(H_α)的波长。如果电子从 $n=4,5,6,7$ 等轨道跳回到 $n=2$ 的轨道,计算出来的波长分别等于 486.1、434.0、410.2、397.0 nm,即为氢光谱中可见光部分的 H_β、H_γ、H_δ、H_ε 的波长,见图 4-3。如果电子从其他能级跳回 $n=1$ 能级,由于放出的能量大,光的频率高,波长短,就得到紫外光区的谱线(莱曼系)。如果电子从其他能级跳回到 $n\geqslant3$ 的能级时,由于放出的能量小,光的频率低,波长长,就得到红外光区的谱线,巴新系就是电子由其他较高能级跳回到 $n=3$ 能级时所产生的谱线系列。

玻尔理论在原子中引入能级的概念,成功地解释了氢原子光谱,在原子结构理论发展中起了重要的作用。但是,玻尔提出的原子模型是有局限性的,它不能说明多电子原子光谱,也不能说明氢原子光谱的精细结构[①]。这是由于电子是微观粒子,不同于宏观物体,电子运动不遵守经典力学的规律,而有它本身的特征和规律。玻尔理论虽然引入了量子化,但并没有完全摆脱经典力学的束缚,它的电子绕核运动的固定轨道的观点不符合微观粒子运动的特性,因此原子的玻尔模型不可避免地要被新的模型即原子的量子力学模型所代替。

4.3 原子的量子力学模型

量子力学是研究电子、原子、分子等微粒运动规律的科学。微观粒子运动不同于宏观物体运动,其主要特点是量子化和波粒两象性。

4.3.1 微观粒子的波粒两象性

1) 德布罗依波

光的波动性和粒子性经过了几百年的争论,到了 20 世纪初,人们对光的本性有了比较正确的认识。光的干涉、衍射等现象说明光具有波动性;而光电效应、原子光谱等现象又说明光具有粒子性。因此,光是具有波动和粒子的两重性质,称为光的波粒两象性(dual waveparticle nature)。

光的波粒两象性及有关争论启发了法国物理学家德布罗依(L. de Broglie)。他指出,在整个 19 世纪,物理学界对光的研究只看到了波动性,而忽略了光的粒子性,因而对实物的研究也就可能只看到粒子性,而忽略了它的波动性。因此,他在 1924 年提出一个大胆的假设:实物微粒都具有波粒两象性,也就是说,实物微粒除具有粒子性外,还具有波的性质,这种波称为德布罗依波

---

① 氢原子光谱的精细结构是在精密分光镜下观测谱线发现的,这时每一条谱线可分解成若干条波长相差极小的谱线。

或物质波。

　　德布罗依认为,对于质量为 m、速度为 v 的微粒,其波长 λ 可用下式求得:

$$\lambda = \frac{h}{mv} \tag{4-5}$$

　　德布罗依的假设在 1927 年为电子衍射实验所证实。戴维逊(C. T. Divission)和革麦(L. H. Germeer)采用一束电子流,通过镍晶体(作为光栅),结果得到和光衍射相似的一系列衍射圆环,见图 4-4。根据衍射实验得到的电子波的波长也与按德布罗依公式计算出来的波长相符。衍射是波的典型特征,因此上述实验证实了电子的波动性。以后又证明中子、质子等其他微粒都具有波动性。

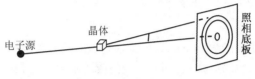

图 4-4　电子衍射示意图

　　物质波是一种怎样的波呢? 可根据电子衍射实验来讨论。人们发现把电子束通过晶体可以得到衍射圆环图像。如果用较强的电子流,则可在较短时间得到电子衍射图像,如果用较弱的电子流,也可以得到同样的衍射图像,不过需要的时间较长。对于这样的情况,我们可以这样设想,假定电子流很弱,弱到电子一个一个地到达底片上。当一个电子到达后,在底片上出现一个感光点,见图 4-5(a),这表现了电子的粒子性。随着时间的增加,电子到达多了,在底片上出现了较多的点,但这些点并不重合,也看不出规律性,如图 4-5(b)所示。如果时间足够长,则在底片上出现一张完整的衍射图像,如图 4-5(c)所示,这表现了电子的波动性。由此可见伴随物质的波动是抽象的波动,它是大量微粒运动(或者是一个粒子的千万次运动)所表现出来的性质,是微粒行为统计性的结果。

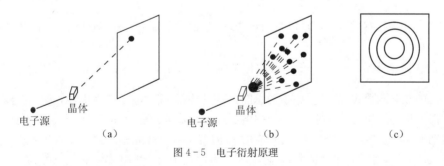

图 4-5　电子衍射原理

　　从电子衍射图像可以看出,衍射强度(即电子波强度)大的地方,电子出现的机会多,即电子出现的概率大;衍射强度小的地方,电子出现的概率小。也就是说,空间任一点波的强度和微粒(电子)出现的概率成正比,所以物质波又称概率波。

　　2) 不确定原理

　　具有波粒两象性的微粒和宏观物体(不表现出波动性)的运动规律有很大的不同。我们知道,对于飞机、火车、行星等宏观物体的运行,根据经典力学,可以指出它们在某一瞬间的速度和位置。例如,我们可以准确地知道火车在行进中的位置和速度,可以正确地预测出日食发生在何时、何地,并持续多久。但对于具有波粒两象性的微粒如电子等来说,它的运动情况不同于宏观物体,不能用经典力学来描述。1927 年,海森堡(W. Heisenberg)指出,对于具有波粒两象性的微粒来说,不能同时准确测定它们在某瞬间的位置和速度(或动量),如果微粒的运动位置测得愈准确,则相应的速度愈不易测准,反之亦然。这就是不确定原理(uncertainty principle)。

由上可知,我们不可能同时准确地测出某一瞬间电子运动的位置和速度。如果非常准确地知道电子的速度,也就是准确地知道电子的能量,那就不能准确地知道它的位置。由于原子的能级是非常重要的,因此现代需要对电子准确地描述其能量,这样就不可能知道电子的准确位置。由此可知,玻尔固定轨道的概念是不正确的。但必须指出,这并不是说微粒运动规律是不可知的,不确定原理只是反映微粒具有波动性,不服从经典力学规律,而是遵循量子力学所描述的运动规律。

4.3.2　核外电子运动状态的近代描述

1) 薛定锷方程

我们知道,电磁波可用波函数(wave function)ψ(读作波赛)来描述。量子力学从微观粒子具有波粒两象性出发,认为微粒的运动状态也可用波函数来描述。要研究微观粒子的运动规律,就要用微观粒子运动的波函数的图像与粒子的运动规律建立联系。对微粒讲,它是在三维空间中做运动,因此,它的运动状况必须用三维空间伸展的波来描述,也就是说,这种波函数是空间坐标 x、y、z 的函数 $\psi(x,y,z)$。波函数不是一个具体数值,它是一个描述波的数学函数式,量子力学上用它来描述核外电子的运动状态。波函数可通过解量子力学的基本方程——薛定锷方程求得。

1926 年,奥地利科学家薛定锷(E Schrödinger)在考虑实物微粒的波粒两象性的基础上,通过光学和力学的对比,把微粒的运动用类似于表示光波动的运动方程来描述。

薛定锷方程是描述微观粒子运动的基本方程,它是一个二阶偏微分方程:

$$\frac{\partial^2 \psi}{\partial x^2}+\frac{\partial^2 \psi}{\partial y^2}+\frac{\partial^2 \psi}{\partial z^2}+\frac{8\pi^2 m}{h^2}(E-V)\psi=0 \tag{4-6}$$

式中,E 是体系的总能量,V 是体系的势能,m 是微粒的质量,$\frac{\partial^2 \psi}{\partial x^2}$ 是微积分中的符号,它表示 ψ 对 x 的二阶偏导数,$\frac{\partial^2 \psi}{\partial y^2}$,$\frac{\partial^2 \psi}{\partial z^2}$ 具有类似的意义。对于氢原子来说,ψ 是描述氢原子核外电子运动状态的数学函数式,E 是氢原子的总能量,V 是原子核对电子的吸引能,m 是电子的质量。

薛定锷方程可以作为处理原子、分子中电子运动的基本方程,它的每一个合理的解 ψ 都描述该电子运动的某一稳定状态,与这个解相应的 E 值就是粒子在此稳定状态下的能量。在大学一年级的无机化学中,既没有足够的数理基础,又没有解这个方程的必要。我们只是为了了解量子力学处理原子结构问题的思路,引出描述电子运动状态的四个量子数及有关概念才做一简单介绍的。

解薛定锷方程时,为了方便起见,将直角坐标(x,y,z)变换为球极坐标(r,θ,ϕ)[①],它们之间的变换关系如图 4-6 所示,(图中 P 为空间中的一点):

ψ 原是直角坐标的函数 $\psi(x,y,z)$。经变换后,则成为球极坐标的函数 $\psi(r,\theta,\phi)$。在数学

---

① r 为 P 点到坐标原点 O 的距离;θ 为 z 轴与 OP 线之间的夹角,是从 z 轴算起的角度;ϕ 为 P 在 xy 平面上的投影 OP' 与 x 轴间的夹角,是从 x 轴算起的角度。

上,与几个变数有关的函数可以分成几个只含有一个变数的函数的乘积:

$$\psi(r,\theta,\phi)=R(r)\Theta(\theta)\Phi(\phi) \qquad (4-7)$$

其中,R 是电子离核距离 r 的函数,Θ、Φ 则分别是角度 θ 和 ϕ 的函数。解薛定锷方程就是分别求得此三个函数的解,再将三者相乘,就得波函数 ψ。

通常把与角度有关的两个函数合并为 $Y(\theta、\phi)$,则:

$$\psi(r、\theta、\phi)=R(r)Y(\theta、\phi) \qquad (4-8)$$

波函数是 r、θ、ϕ 的函数,分成 $R(r)$ 和 $Y(\theta、\phi)$ 两部分后,$R(r)$ 只与电子离核的距离有关,所以 $R(r)$ 称为波函数的径向部分,$Y(\theta、\phi)$ 只与 θ,ϕ 两个角度有关,所以 $Y(\theta、\phi)$ 称为波函数的角度部分。

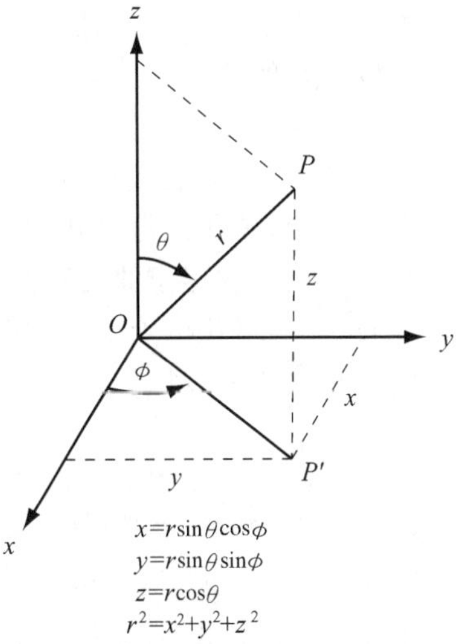

$$x=r\sin\theta\cos\phi$$
$$y=r\sin\theta\sin\phi$$
$$z=r\cos\theta$$
$$r^2=x^2+y^2+z^2$$

图 4-6 球极坐标与直角坐标的关系

2) 波函数与原子轨道

薛定锷方程有非常多的解,但是数学上的解,在物理意义上并不是每一个都合理、都能表示电子运动的一个稳定状态。解薛定锷方程时,要引入三个量子数。为了使所求的解合理,这三个量子数只能取如下的数值:

主量子数 $n=1,2,3,\cdots,\infty$。

角量子数 $l=0,1,2,\cdots,n-1$。共可取 n 个数值。

磁量子数 $m=0,\pm1,\pm2,\cdots,\pm l$。共可取 $2l+1$ 个数值。

用一套三个量子数(n、l、m)解薛定锷方程,可得波函数的径向部分 $R_{nl}(r)$[①]和角度部分 $Y_{lm}(\theta,\phi)$[②]的解,将两者相乘,便得一个波函数的数学函数式,例如,对氢原子来说,用 $n=1,l=0,m=0$ 解薛定锷方程,可得:

$$R_{nl}(r)=R_{10}(r)=2\left(\frac{1}{a_0}\right)^{3/2}e^{-r/a_0}$$

$$Y_{lm}(\theta、\phi)=Y_{00}(\theta、\phi)=\sqrt{\frac{1}{4\pi}} \qquad (4-9)$$

$$\psi_{100}(r、\theta、\phi)=R_{10}(r)Y_{00}(\theta、\phi)=\sqrt{\frac{1}{\pi a_0^3}}e^{-r/a_0}。$$

上式中的 a_0 称为玻尔半径,其值等于 52.9 pm[③]。

由上可知,波函数可用一组量子数 n、l、m 来描述它,每一个由一组量子数所确定的波函数表示电子的一种运动状态。在量子力学中,把三个量子数都有确定值的波函数称为 1 个原子轨道(atomic orbital)。例如,$n=1,l=0,m=0$ 所描述的波函数 ψ_{100},称为 1s 原子轨道。波函数和原子轨道是同义词。必须注意,这里原子轨道的含义不同于宏观物体的运动轨道,也不同于玻尔所说的固定轨道,它指的是电子的一种空间运动状态。

我们知道,电磁波的波函数 ψ 直接描述了电磁场振动的大小。但微观粒子(如电子)的波函

---

① 波函数的径向部分只与主量子数 n 和角量子数 l 有关,因此其下标只需用两个量子数表示,$R_{nl}(r)$。

② 波函数的角度部分只与角量子数 l 和磁量子数 m 有关,因此其下标只需用两个量子数表示,$Y_{lm}(\theta,\phi)$。

③ pm 称作皮米,1 pm$=10^{-12}$ m。

数本身则没有这样直观的物理意义,它的物理意义是通过 ψ^2 来理解,ψ^2 代表微粒在空间某点出现的概率密度[①]。

3) 概率密度和电子云

根据量子力学的理论,电子不是沿着固定轨道绕核旋转,而是在原子核周围的空间很快地运动着,因此,我们不能肯定电子在某一瞬间处在空间的什么位置上。但是,这并不是说电子运动没有规律性,大量电子的运动或者一个电子的千百万次运动具有一定的规律性。这就是说可用统计的方法推算出电子在核外空间各处出现概率的大小。电子在原子核外各处出现的概率是不同的。电子的运动具有一定的概率分布规律,因此,量子力学对电子运动情况的描述是具有统计性的。

电子在核外某处单位微体积内出现的概率(probability)称该处的概率密度(probability density)。我们常把电子在核外出现的概率密度大小用小黑点的疏密来表示,电子出现概率密度大的区域用密集的小黑点表示,电子出现概率密度小的区域用稀疏的小黑点来表示,这样得到的图像称为电子云,它是电子在核外空间各处出现概率密度大小的形象化描绘。电子的概率密度又称电子云密度。图 4-7 是氢原子 1s 电子云示意图。

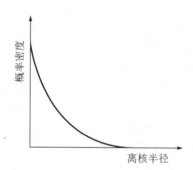

图 4-7　氢原子 1s 电子云的示意图　　　图 4-8　氢原子 1s 的概率密度与离核半径的关系

从图 4-7 可以看出,在氢原子中,电子的概率密度随离核距离的增大而减小,也就是电子在单位体积出现的概率以接近原子核处为最大,图 4-8 示出氢原子 1s 电子的概率密度随离核半径变化的情况。

电子在核外的概率分布,也可用壳层概率分布来表示,壳层概率指离核半径为 r、厚度为 dr 的薄球壳层中出现的概率(图 4-9)。壳层概率等于球壳体积乘上概率密度,由于球壳体积随半径增大而增大,而概率密度则随半径的增大而减小,两个因素的趋势正好相反,因此,壳层概率在离核某一个地方出现最大值。对于基态氢原子来讲,根据量子力学计算,在半径等于 52.9 pm 的薄球壳中电子出现的概率最大(图 4-10),这个数值正好等于玻尔计算出来的氢原子在基态($n=1$)时的轨道半径——玻尔半径。量子力学与玻尔理论描述基态氢原子中电子运动状态的区别在于:玻尔理论认为电子只能在半径为 52.9 pm 的平面圆形轨道上运动,而量子力学则认为电子在半径为 52.9 pm 的球壳薄层内出现的概率最大,但在半径大于或小于 52.9 pm 的空间区域中也有电子出现,只是概率小些罢了。

---

①　按照光的传播理论,波函数 ψ 描写电场或磁场的大小,ψ^2 与光的强度即光子密度成正比。由于实物微粒,如电子,能产生与光相似的衍射图像,因此,可以认为电子波的 ψ^2 代表电子在空间出现的概率密度。

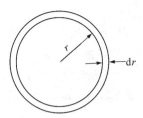

图 4-9 离核距离为 r 的球壳薄层

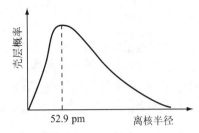

图 4-10 氢原子 1s 电子的壳层概率与离核半径的关系

电子云是没有明确边界的,在离核很远的地方,电子仍有出现的可能,但实际上在离核 200~300 pm 以外的区域,电子出现的概率已是微不足道,可以忽略不计。因此,通常取一个等密度面[即将电子云密度相同的各点连成的曲面,如图 4-11(a)所示,图中小黑点通常略去],使界面内电子出现的概率达到 90%,来表示电子云的形状,这样的图像称为电子云界面图,如图 4-11(b) 所示。

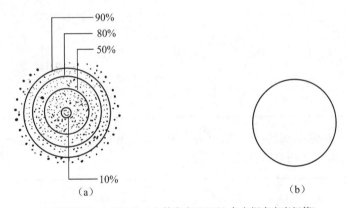

(a) 氢原子 1s 电子云的 4 个等密度面(面上各点概率密度相等)
(b) 氢原子 1s 电子云的界面图(界面内电子云出现概率达 90%)

图 4-11 氢原子电子云的等密度面和界面图

4) 四个量子数

解薛定锷方程只能得出 3 个量子数 n、l、m。对于三维运动的电子来说,三个量子数就可以描述其运动状态。但根据实验和理论的进一步研究,电子还做自旋运动,因此,还需要第四个量子数——自旋量子数 m_s 来描述。

原子中的每一个电子都具有一套量子数 n、l、m、m_s。原子中电子的运动状态可用四个量子数来描述。在量子力学兴起以前,为了说明光谱现象,早就提出过四个量子数,而后来应用了量子力学,则它们可以从理论上自然导出。下面我们对四个量子数分别加以讨论。

(1) 主量子数(n) 核外电子能量的高低主要决定于主量子数(principal quantum number),它的数值取从 1 开始的任何整数:$n=1,2,3,\cdots$。当 $n=1$ 时,电子处于最低能级,能量也最低。n 数值增加,能量逐渐升高。

氢原子中电子的能量完全由 n 来决定:

$$E^① = -\frac{2.18 \times 10^{-18}}{n^2} \text{J} \tag{4-10}$$

主量子数也决定电子离核的平均距离,也就是决定电子在核外空间出现概率最大处离核的远近。当 $n=1$ 时,电子离核的平均距离最近,n 值增大,电子离核的平均距离增大。

根据核外电子处于高低不同的能级,习惯上常说成电子在原子核外分为若干电子层。$n=1$,叫做第一层;$n=2$,叫做第二层,等等。不同的电子层也常用字母来表示:

$$n \qquad 1 \quad 2 \quad 3 \quad 4 \quad 5 \quad 6 \quad \cdots$$
$$电子层 \quad K \quad L \quad M \quad N \quad O \quad P \quad \cdots$$

(2)角量子数(l)　　根据光谱实验结果和理论推导,发现在多电子原子中,同一电子层的电子的能量还稍有差别,原子轨道和电子云的形状也不相同。也就是同一电子层还可以分成几个亚层。角量子数(azimuthal quantum number)用来描述电子所处的亚层。l 的取值受到 n 值限制,可以取从 0 到 $n-1$ 的正整数,l 值和 n 值之间存在如下的关系:

n 值	l 值
1	0
2	0,1
3	0,1,2
4	0,1,2,3
...	...

每一个 l 值代表一个亚层,因此,第一层可有一个亚层,第二层可有两个亚层……目前最高亚层数到 4 为止。亚层常用光谱符号表示:

l	0	1	2	3	4	...
电子亚层	s	p	d	f	g	...

同一电子层中,s 亚层能量最低,p、d、f 亚层能量依次升高。

每一种 l 值还表示电子云的形状。$l=0$,即 s 电子,电子云呈球形对称;$l=1$,即 p 电子,电子云呈哑铃形(图 4-12);$l=2$,即 d 电子,电子云呈花瓣形;f 电子云形状更为复杂。

(3)磁量子数(m)　　同一亚层可有一个或更多个轨道,或者说,原子轨道和电子云不仅有确定的形状,还有一定的伸展方向,磁量子数(magnetic quantum number)用来描述它们在空间的伸展方向。m 数值受 l 值的限制,它可取从 $+l$ 到 $-l$,包括 0 在内的整数值。所以 l 确定后 m 可有 $2l+1$ 个取值。当 $l=0$ 时,$m=0$,即 s 电子只有一种空间取向(球形对称的电子云,没有方向性);当 $l=1$ 时,$m=+1$、0、-1,p 电子可有三种空间取向,电子云沿着直角坐标的 x、y、z 三个轴的方向伸展,分别称为 p_x、p_y、p_z[②](图 4-12);当 $l=2$ 时,$m=+2$、$+1$、0、-1、-2,d 电子可有 5 种空间取向,分别表示为 d_{z^2}、d_{xz}、d_{yz}、d_{xy}、$d_{x^2-y^2}$。

---

① 此式与玻尔推算出的氢原子的允许能量式(4-3)完全一样。但量子力学上能量量子化是解薛定锷方程的自然结果,不像玻尔理论中的量子化是人为地加上去的。

② 对应于 $m=+1$、0、-1,应有三种空间取向:p_{+1}、p_0、p_{-1},由于 p_{+1}、p_{-1} 含有复数,不好作图,常把它们经过数学处理(线性组合)成为不含复数的 p_x,p_y。$p_x \neq p_{+1}$,$p_y \neq p_{-1}$,$p_z = p_0$。同样,对于 d 电子、f 电子,也是这样处理的。

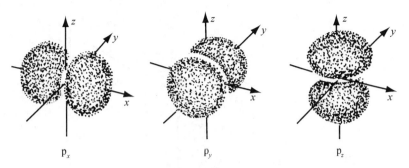

图 4-12　2p 电子云在空间的三种取向

　　我们常把电子层、电子亚层和空间取向都确定(也就是电子的 n、l、m 都确定)的运动状态称作原子轨道,则 s 亚层只有 1 个原子轨道,p 亚层可有 3 个原子轨道,d 亚层可有 5 个原子轨道,f 亚层有 7 个原子轨道,见表 4-1。空间的取向不同,并不影响电子的能量,因此,同一亚层的几个原子轨道能量是完全相同的,这样的轨道称为 等价轨道(equivalent orbital)或简并轨道(degenerate orbital)。如同一亚层的 3 个 p 轨道、5 个 d 轨道或 7 个 f 轨道,都是等价轨道[①]。

表 4-1　量子数与原子轨道

n	l	轨　　道	m	轨　道　数	
1	0	1s	0	1	1
2	0	2s	0	1	
2	1	2p	$+1,0,-1$	3	4
3	0	3s	0	1	
3	1	3p	$+1,0,-1$	3	9
3	2	3d	$+2,+1,0,-1,-2$	5	
4	0	4s	0	1	
4	1	4p	$+1,0,-1$	3	16
4	2	4d	$+2,+1,0,-1,-2$	5	
4	3	4f	$+3,+2,+1,0,-1,-2,-3$	7	

　　(4) 自旋量子数(m_s)　电子除绕核运转外,还有自旋运动。一般将之比喻为如地球除绕太阳运转外,还有绕本身的轴自旋运转。"电子自旋"只是表明电子自身存在两种不同的运动状态,用自旋量子数(spin quantum number)m_s 加以描述。电子自旋量子数只有两个取值,$+\dfrac{1}{2}$ 和 $-\dfrac{1}{2}$。通常用向上和向下的箭头(↑ 和 ↓)来表示。1926 年斯脱恩(O. Stern)和格拉赫(W. Gerlach)将 Ag 原子束通过一个不均匀的磁场,结果原子束一分为二,偏向两边。由于 Ag 原子中未成对的 $5s^1$ 电子的磁量子数 m_s 值不同,有两个相反的自旋方向,才会导致通过磁场时发生分裂(图 4-13)。

　　上述四个量子数总合起来,可以说明电子在原子中所处的状态。例如,对原子中某一电子来说,如果只指出 $n=2$,这是不够明确的,因为 $n=2$ 的电子,可以是 s 电子,也可以是 p 电子。如果指出它的 $l=1$,则是 p 电子,但这还是不够明确的,因为 p 电子云可以有三种不同的空间伸展方

---

　　① 对氢原子讲,同一电子层的原子轨道都是等价轨道。

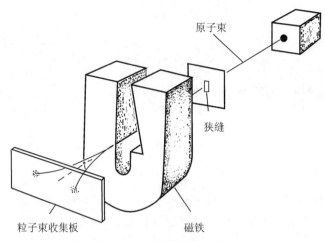

图 4-13 电子自旋实验示意图

向,所以还必须指出 m 值。最后,还必须指出电子的自旋方向,即 m_s 是 $+\frac{1}{2}$ 还是 $-\frac{1}{2}$。总之,四者如果缺一,就不能完全说明某一个电子的运动状态。

4.3.3 原子轨道和电子云的图像

我们知道波函数 ψ 是通过解薛定锷方程得来的。那么,能否将波函数 ψ 的图像画出来呢?由于 ψ 是 r,θ,ϕ 三个变数的函数,所以要画出它们的图像是极其困难的。但我们常常为了不同的目的而从不同的角度来考察它们的性质,这就是说,我们可以从不同的角度画得原子轨道和电子云的图像的。

波函数可分离为角度部分和径向部分的乘积:

$$\psi_{nlm}(r,\theta,\phi)=R_{nl}(r)Y_{lm}(\theta,\phi)$$

因此,我们就可从角度部分和径向部分两个侧面来画原子轨道和电子云的图形。由于角度分布图对化学键的形成和分子构型都很重要,所以下面将对原子轨道和电子云的角度分布图加以介绍。

1) 原子轨道的角度分布图

这种图是表示波函数角度部分 $Y(\theta,\phi)$ 随 θ 和 ϕ 变化的情况。这种图的作法是先按照有关波函数角度部分的数学表达式(由解薛定锷方程得出)找出 θ 和 ϕ 变化时的 $Y(\theta,\phi)$ 值,再以原子核为原点,引出方向为 (θ,ϕ) 的直线,直线的长度为 Y 值。将所有这些直线的端点连接起来,在空间形成的一个曲面,就是原子轨道角度分布图。

[例 2] 画出 s 轨道的角度分布图$\Big($由薛定锷方程解得 s 轨道波函数的角度部分 Y_s 为 $\sqrt{\dfrac{1}{4\pi}}\Big)$[①]。

解 $Y_s=\sqrt{\dfrac{1}{4\pi}}$

---

① 由于波函数的角度部分 Y 只与角量子数 l、磁量子数 m 有关,而与主量子数 n 无关,因此,只要量子数 l、m 相同,它们的原子轨道角度分布图都是相同的。如 1s、2s、3s 的角度分布图都是一样,可统称为 s 轨道角度分布图。又如 2p$_z$、3p$_z$、4p$_z$ 的角度分布图也是一样的,可统称为 p$_z$ 轨道角度分布图。

由于 Y_s 是一个常数，与 θ,ϕ 无关，所以 s 原子轨道角度分布图为一球面，其半径为 $\sqrt{\dfrac{1}{4\pi}}$。

[**例 3**] 画出 p_z 轨道的角度分布图$\left(\text{已知} p_z \text{轨道波函数的角度部分} Y_{p_z} \text{为} \sqrt{\dfrac{3}{4\pi}}\cos\theta\right)$。

解 $Y_{p_z}=\sqrt{\dfrac{3}{4\pi}}\cos\theta=R\cos\theta\left(R \text{ 代表常数} \sqrt{\dfrac{3}{4\pi}}\right)$

Y_{p_z} 值随 θ 的变化而改变。在作图前，先求出 θ 为某些角度时的 Y_{p_z} 值。

θ	0°	30°	45°	60°	90°	120°	135°	150°	180°
$\cos\theta$	1	0.866	0.707	0.5	0	-0.5	-0.707	-0.866	-1
Y_{p_z}	R	$0.866R$	$0.707R$	$0.5R$	0	$-0.5R$	$-0.707R$	$-0.866R$	$-R$

然后，如图 4-14 所示，从原点引出与 z 轴成一定 θ 角的直线，令直线长度等于相应的 Y_{p_z} 值，连接所有直线的端点，再把所得到图形绕 z 轴转 360°，所得空间曲面即为 p_z 轨道的角度分布图。这样的图像应该是立体的，但一般是取剖面图。Y_{p_z} 图在 z 轴上出现极值，所以称为 p_z 轨道。此图形在 xy 平面上 $Y_{p_z}=0$，即角度分布值等于 0，这样的平面叫节面。必须指出，图中节面上下的正负号仅表示 Y 值是正值还是负值，并不代表电荷。

其他原子轨道的角度分布图，也可根据各自的数学函数式，$\left[\text{如} Y_{p_x}=\sqrt{\dfrac{3}{4\pi}}\sin\theta\times\cos\phi、Y_{d_{z^2}}=\sqrt{\dfrac{5}{16\pi}}(3\cos^2\theta-1)\right]$，用类似的方法作图。原子轨道的角度分布图示于图 4-15 中。从图可以看出，Y_{p_x}、Y_{p_y} 图形和 Y_{p_z} 一样，都是哑铃形，只有空间取向不同。Y_{p_x} 和 Y_{p_y} 分别在 x 轴和 y 轴上出现极值。至于 d 轨道，都呈花瓣形，其中 $Y_{d_{xy}}$、$Y_{d_{yz}}$、$Y_{d_{xz}}$ 分别在 x 轴和 y 轴、y 轴和 z 轴、x 轴和 z 轴之间，夹角为 45° 的方向上出现极值；$Y_{d_{z^2}}$ 在 z 轴上，$Y_{d_{x^2-y^2}}$ 在 x 轴上和 y 轴上出现极值。

图 4-15 列出了 s、p、d 原子轨道的角度分布图。

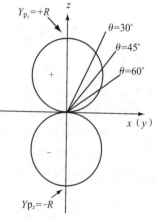

图 4-14 p_z 原子轨道的角度分布图

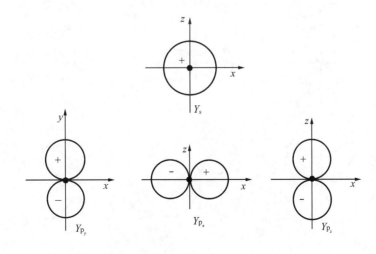

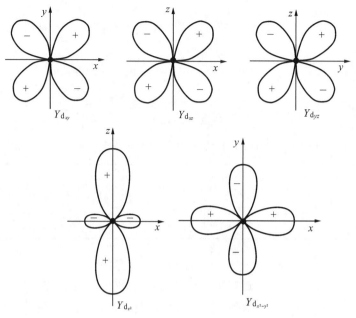

图 4-15 s、p、d 原子轨道的角度分布图

2) 电子云的角度分布图

电子云是电子在核外空间出现的概率密度分布的形象化描述,而概率密度的大小可用 ψ^2 来表示,因此以 ψ^2 作图,可以得到电子云的图像。将 ψ^2 的角度部分 Y^2 随 θ、ϕ 变化的情况作图,就得到电子云的角度分布图。电子云的角度分布图和相应的原子轨道的角度分布图是相似的,它们之间主要区别有两点:① 由于 $Y<1$,因此 Y^2 一定小于 Y,因而电子云的角度分布图要比原子轨道角度分布图"瘦"些;② 原子轨道角度分布图有正、负之分,而电子云角度分布图全部为正,这是由于 Y 平方后,总是正值(图 4-16)。

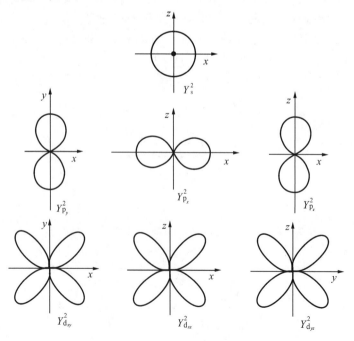

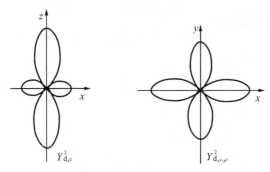

图 4 - 16　s、p、d 电子云角度分布图

4.4　原子核外电子的排布

通过关于原子的量子力学模型的简单讨论,可以了解原子核外电子运动状态的基本情况。至于核外电子是如何分布在各个轨道上的,这就要讨论核外电子的排布(arrangement of extranuclear electrons)。对于氢原子而言,其核外只有一个电子,通常总是处于基态的 1s 轨道上。关于核外电子的排布问题,实际上就是要讨论多电子原子的核外电子的排布问题。

4.4.1　多电子原子的能级

氢原子的核外只有一个电子,原子的基态和激发态的能量都决定于主量子数,与角量子数无关。也就是说,主量子数相同的氢原子轨道的能量是相同的,因此,在氢原子中,能级的次序为:

$$1s<2s=2p<3s=3p=3d<4s=4p=4d=4f<5s=5p=5d=5f\cdots\cdots$$

在多电子原子中,由于电子之间的相互排斥作用,使得主量子数相同的各轨道产生分裂,因而主量子数相同各轨道的能量不再相等。因此多电子原子中各轨道的能量不仅决定于主量子数,还和角量子数有关。原子中各轨道的能级的高低主要是根据光谱实验结果得到的。

1) 鲍林近似能级图

鲍林(L. Pauling)根据光谱实验结果总结出多电子原子中各轨道能级相对高低的情况,并用图近似地表示出来,见图 4 - 17。图中圆圈表示原子轨道,其位置的高低表示各轨道能级的相对高低。这样的图称为鲍林近似能级图(approximate energy level diagram),它反映了核外电子填充的一般顺序。

由图 4 - 17 可以看出,多电子原子的能级不仅与主量子数 n 有关,还和角量子数 l 有关。当 l 相同时,n 愈大,则能级愈高。因此

$$E_{1s}<E_{2s}<E_{3s}\cdots\cdots$$

当 n 相同,l 不同时,l 愈大,能级愈高。因此

$$E_{ns}<E_{np}<E_{nd}<E_{nf}$$

这种现象称为能级分裂(energy level splitting)。

对于 n 和 l 值都不同的原子轨道的能级高低,我国化学家徐光宪归纳出这样的规律,即用该轨道的 $(n+0.7l)$ 值来判断:$(n+0.7l)$ 值愈小,能级愈低。例如:4s 和 3d 两个能级,它们的 $(n+0.7l)$ 值

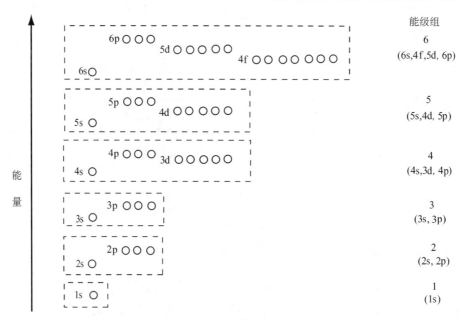

图 4-17　近似能级图

分别为 4 和 4.4,因此 $E_{4s} < E_{3d}$。从图 4-17 可以看出 ns 能级均低于 $(n-1)$d,这种 n 值大的亚层的能量反而比 n 值小的亚层的能量低的现象称为能级交错(energy level overlap)。

根据原子中各轨道能量大小相近的情况,常在图 4-17 中,把原子轨道划分为七个能级组(图中分别用虚线方框表示,第七个能级组未画出)。相邻两个能级组之间的能量差比较大,而同一能级组中各轨道的能量差较小或很接近。这种能级组的划分与元素周期系中元素划分为七个周期是一致的,这就是说,元素周期系中元素划分为周期的本质原因是能量关系。

2) 屏蔽效应

上面讨论的能级交错现象可用屏蔽效应来解释。

在多电子原子中,电子不仅受到原子核的吸引,而且电子和电子之间存在着排斥作用。斯莱脱(J. C. Slater)认为,在多电子原子中,某一电子受其余电子排斥作用的结果,与原子核对该电子的吸引作用正好相反。因此,可以认为,其余电子屏蔽或削弱了原子核对该电子的吸引作用。也就是说,该电子实际上所受到核的引力要比相应数值上等于原子序数 Z 的核电荷的引力为小,因此,要从 Z 中减去一个 σ 值,σ 称为屏蔽常数(screening constant)。通常把电子实际上所受到的核电荷称为有效核电荷(effective nuclear charge),用 Z^* 表示,则:

$$Z^* = Z - \sigma \tag{4-11}$$

这种将其他电子对某个电子的排斥作用,归结为抵消一部分核电荷的作用,称为屏蔽效应。在原子中,如果屏蔽效应大,就会使得电子受到的有效核电荷减少,因而电子具有的能量就增大。

要计算原子中某一电子所受到的有效核电荷,必须知道屏蔽常数 σ 的值。斯莱脱提出了计算 σ 值的经验规则,因而可以计算出有效核电荷。斯莱脱为了确定 σ 值,将电子分成几个轨道组:

$$1s;2s、2p;3s、3p;3d;4s、4p;4d;4f;5s、5p\cdots\cdots$$

在多电子原子中,某一电子所受到屏蔽作用的大小(σ)与该电子所处的状态,以及对该电子发生屏蔽作用的其余电子的数目和状态有关。斯莱脱认为 σ 值是下列各项之和:

(1) 任何位于所考虑电子的外面的轨道组,其 $\sigma=0$;

（2）同一轨道组的每个其他电子的 σ 一般为 0.35，但在 1s 情况下为 0.3；

（3）$(n-1)$ 层的每个电子对 n 层电子的 σ 为 0.85，更内层则为 1.00；

（4）对于 d 或 f 轨道上的电子讲，前面轨道组的每一个电子对它的 $\sigma=1.00$。

根据屏蔽效应计算出的有效核电荷，可以很好地解释能级交错现象。我们知道钾原子的电子层结构为：$1s^2\,2s^2\,2p^6\,3s^2\,3p^6\,4s^1$，而不是 $1s^2\,2s^2\,2p^6\,3s^2\,3p^6\,3d^1$，即在钾原子中，4s 的能级低于 3d，能级是交错的。下面我们根据斯莱脱规则来计算有效核电荷。

假定钾原子上最后填入的 1 个电子是在 4s 上，则该电子受到的有效核电荷为：

$$Z^* = Z - \sigma = 19 - (0.85\times8 + 1.00\times10) = 2.20$$

如果最后填入的电子是在 3d 上，则该电子受到的有效核电荷为：

$$Z^* = 19 - (18\times1.00) = 1.00$$

由此可看到电子在 4s 上受到的有效核电荷比在 3d 上受到的大，因此 $E_{4s} < E_{3d}$，即 4s 能级较 3d 为低。

4.4.2　核外电子排布的规则

根据光谱实验结果和量子力学的理论，总结出核外电子排布要遵循的三个原则：

1）能量最低原理

我们知道，自然界任何体系的能量越低，则所处的状态越稳定，对电子进入原子轨道讲也是如此。因此，核外电子在原子轨道上的排布，应使整个原子的能量处于最低状态。这就是说，填充电子时，是按照近似能级图中各能级的顺序由低到高填充的。这一原则，称为能量最低原理。

2）泡利不相容原理

能量最低原理把电子排入轨道的次序确定了，但每一轨道上的电子数是有一定限制的。关于这一点，1925 年泡利（W. Pauli）根据原子的光谱现象和考虑到周期系中每一周期的元素的数目，提出一个原则，称为不相容原理（exclusion principle）：在同一原子中，不可能有两个电子具有完全相同的四个量子数。如果原子中电子的 n、l、m 三个量子数都相同，则第四个量子数 m_s 一定不同，即同一轨道上最多能容纳 2 个自旋方向相反的电子。

应用泡利不相容原理，可以推算出某一电子层或亚层中的最大容量。例如，在原子的第一电子层（K 层）中，$n=1$，$l=0$，$m=0$，但 m_s 可为 $+\dfrac{1}{2}$、$-\dfrac{1}{2}$。因此这层最多可有 2 个电子，它们都是 1s 电子（即第一电子层的 s 亚层上的电子）；同样，可以推算出第 2、3、4 层中电子的最大容量各为 8，18，32（表 4-2）。如以 n 代表电子层号数，每层中电子的最大容量则为 $2n^2$。

表 4-2　电子层最大容量

电子层 n	K 1	L 2		M 3			N 4			
电子亚层 l	s 0	s 0	p 1	s 0	p 1	d 2	s 0	p 1	d 2	f 3
亚层中轨道数	1	1	3	1	3	5	1	3	5	7
亚层中电子数	2	2	6	2	6	10	2	6	10	14
每层中电子的最大容量（$2n^2$）	2	8		18			32			

3）洪特规则

洪特（F. Hund）根据大量光谱实验结果，总结出一个普遍规则：在同一亚层的各个轨道（即等价轨道）上，电子的排布将尽可能分占不同的轨道，并且自旋方向相同。这个规则叫洪特规则，也称最多轨道规则。根据量子力学理论推算，也证明这样的排布可以使体系能量最低。例如，碳原子核外有 6 个电子，其电子排布式为 $1s^2\,2s^2\,2p^2$，由于 p 亚层有 3 个轨道，这两个电子是以怎样的方式排入 p 轨道的呢？按照洪特规则，其轨道表示式应为：

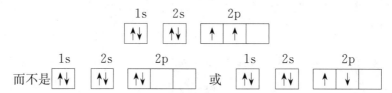

上述原子核外电子排布的三个原则，可以作为原子中的电子充填原子轨道的基本规则，也称为构造原理。

4.4.3 核外电子排布的表示方式

元素原子的核外电子排布有三种表示方式：

（1）按电子在原子核外各亚层中的分布情况表示，即标明能级和该能级中的电子数。这种表示方式是按照鲍林近似能级图，按能级由低到高，将电子充填进去，称为电子排布式或电子结构式，也称电子构型（electron configuration）。例如碳、氮、氧原子的电子排布式可写成：

$$C：1s^2\,2s^2\,2p^2 \qquad N：1s^2\,2s^2\,2p^3 \qquad O：1s^2\,2s^2\,2p^4$$

表 4-3 列出了元素周期表中原子序数 1 至 109 各元素原子的电子排布。该表中所列的电子结构，常把内层已达到稀有气体元素原子的电子结构，用该稀有气体元素的符号加上方括号表示，称为原子实（原子芯）。如[He]表示具有 He 原子的电子结构 $1s^2$ 的原子实，[Ne]表示具有 Ne原子的电子结构 $1s^2\,2s^2\,2p^6$ 的原子实。这样，碳、氧、硫原子的电子结构便可写成：

$$C：[He]2s^2\,2p^2 \qquad O：[He]2s^2\,2p^4 \qquad S：[Ne]3s^2\,3p^4$$

余可类推。

观察表 4-3 可以看到一些原子的电子排布并非如一般规定所预期的一样，而显得有些特殊，如铬原子和铜原子的电子结构：

Cr：$[Ar]3d^5 4s^1$ 而不是 $[Ar]3d^4 4s^2$；Cu：$[Ar]3d^{10} 4s^1$ 而不是 $[Ar]3d^9 4s^2$，在表 4-3 中还有一些类似情况。由这些情况可以归纳为一个规律：等价轨道在全充满、半充满或全空的状态是比较稳定的，亦即下列电子结构是比较稳定的：

$$全充满：p^6 \text{ 或 } d^{10} \text{ 或 } f^{14}$$
$$半充满：p^3 \text{ 或 } d^5 \text{ 或 } f^7$$
$$全\ \ 空：p^0 \text{ 或 } d^0 \text{ 或 } f^0$$

这些状态可看作洪特规则的特例。表 4-3 中还有少数元素（如某些原子序数较大的过渡元素和镧系、锕系中的某些元素）的电子排布更为复杂，既不符合鲍林能级图的排布顺序，也不符合全充满、半充满及全空规律。表 4-3 所列的各元素原子核外电子排布情况，是由光谱实验结果得出的，我们应该尊重光谱实验事实。对于核外电子排布，只要掌握一般规律，注意少数例外即可。

表 4-3　原子的电子排布**

周期	原子序数	元素符号	电子结构
1	1	H	$1s^1$
1	2	He	$1s^2$
2	3	Li	$[He]2s^1$
2	4	Be	$[He]2s^2$
2	5	B	$[He]2s^22p^1$
2	6	C	$[He]2s^22p^2$
2	7	N	$[He]2s^22p^3$
2	8	O	$[He]2s^22p^4$
2	9	F	$[He]2s^22p^5$
2	10	Ne	$[He]2s^22p^6$
3	11	Na	$[Ne]3s^1$
3	12	Mg	$[Ne]3s^2$
3	13	Al	$[Ne]3s^23p^1$
3	14	Si	$[Ne]3s^23p^2$
3	15	P	$[Ne]3s^23p^3$
3	16	S	$[Ne]3s^23p^4$
3	17	Cl	$[Ne]3s^23p^5$
3	18	Ar	$[Ne]3s^23p^6$
4	19	K	$[Ar]4s^1$
4	20	Ca	$[Ar]4s^2$
4	21	Sc	$[Ar]3d^14s^2$
4	22	Ti	$[Ar]3d^24s^2$
4	23	V	$[Ar]3d^34s^2$
4	24	Cr	$[Ar]3d^54s^1$
4	25	Mn	$[Ar]3d^54s^2$
4	26	Fe	$[Ar]3d^64s^2$
4	27	Co	$[Ar]3d^74s^2$
4	28	Ni	$[Ar]3d^84s^2$
4	29	Cu	$[Ar]3d^{10}4s^1$
4	30	Zn	$[Ar]3d^{10}4s^2$
4	31	Ga	$[Ar]3d^{10}4s^24p^1$
4	32	Ge	$[Ar]3d^{10}4s^24p^2$
4	33	As	$[Ar]3d^{10}4s^24p^3$
4	34	Se	$[Ar]3d^{10}4s^24p^4$
4	35	Br	$[Ar]3d^{10}4s^24p^5$
4	36	Kr	$[Ar]3d^{10}4s^24p^6$
5	37	Rb	$[Kr]5s^1$
5	38	Sr	$[Kr]5s^2$
5	39	Y	$[Kr]4d^15s^2$
5	40	Zr	$[Kr]4d^25s^2$
5	41	Nb	$[Kr]4d^45s^1$
5	42	Mo	$[Kr]4d^55s^1$
5	43	Tc	$[Kr]4d^55s^2$
5	44	Ru	$[Kr]4d^75s^1$
5	45	Rh	$[Kr]4d^85s^1$
5	46	Pd	$[Kr]4d^{10}$
5	47	Ag	$[Kr]4d^{10}5s^1$
5	48	Cd	$[Kr]4d^{10}5s^2$
5	49	In	$[Kr]4d^{10}5s^25p^1$
5	50	Sn	$[Kr]4d^{10}5s^25p^2$
5	51	Sb	$[Kr]4d^{10}5s^25p^3$
5	52	Te	$[Kr]4d^{10}5s^25p^4$
5	53	I	$[Kr]4d^{10}5s^25p^5$
5	54	Xe	$[Kr]4d^{10}5s^25p^6$
6	55	Cs	$[Xe]6s^1$
6	56	Ba	$[Xe]6s^2$
6	57	La	$[Xe]5d^16s^2$
6	58	Ce	$[Xe]4f^15d^16s^2$
6	59	Pr	$[Xe]4f^36s^2$
6	60	Nd	$[Xe]4f^46s^2$
6	61	Pm	$[Xe]4f^56s^2$
6	62	Sm	$[Xe]4f^66s^2$
6	63	Eu	$[Xe]4f^76s^2$
6	64	Gd	$[Xe]4f^75d^16s^2$
6	65	Tb	$[Xe]4f^96s^2$
6	66	Dy	$[Xe]4f^{10}6s^2$
6	67	Ho	$[Xe]4f^{11}6s^2$
6	68	Er	$[Xe]4f^{12}6s^2$
6	69	Tm	$[Xe]4f^{13}6s^2$
6	70	Yb	$[Xe]4f^{14}6s^2$
6	71	Lu	$[Xe]4f^{14}5d^16s^2$
6	72	Hf	$[Xe]4f^{14}5d^26s^2$
6	73	Ta	$[Xe]4f^{14}5d^36s^2$
6	74	W	$[Xe]4f^{14}5d^46s^2$
6	75	Re	$[Xe]4f^{14}5d^56s^2$
6	76	Os	$[Xe]4f^{14}5d^66s^2$
6	77	Ir	$[Xe]4f^{14}5d^76s^2$
6	78	Pt	$[Xe]4f^{14}5d^96s^1$
6	79	Au	$[Xe]4f^{14}5d^{10}6s^1$
6	80	Hg	$[Xe]4f^{14}5d^{10}6s^2$
6	81	Tl	$[Xe]4f^{14}5d^{10}6s^26p^1$
6	82	Pb	$[Xe]4f^{14}5d^{10}6s^26p^2$
6	83	Bi	$[Xe]4f^{14}5d^{10}6s^26p^3$
6	84	Po	$[Xe]4f^{14}5d^{10}6s^26p^4$
6	85	At	$[Xe]4f^{14}5d^{10}6s^26p^5$
6	86	Rn	$[Xe]4f^{14}5d^{10}6s^26p^6$
7	87	Fr	$[Rn]7s^1$
7	88	Ra	$[Rn]7s^2$
7	89	Ac	$[Rn]6d^17s^2$
7	90	Th	$[Rn]6d^27s^2$
7	91	Pa	$[Rn]5f^26d^17s^2$
7	92	U	$[Rn]5f^36d^17s^2$
7	93	Np	$[Rn]5f^46d^17s^2$
7	94	Pu	$[Rn]5f^67s^2$
7	95	Am	$[Rn]5f^77s^2$
7	96	Cm	$[Rn]5f^76d^17s^2$
7	97	Bk	$[Rn]5f^97s^2$
7	98	Cf	$[Rn]5f^{10}7s^2$
7	99	Es	$[Rn]5f^{11}7s^2$
7	100	Fm	$[Rn]5f^{12}7s^2$
7	101	Md	$[Rn]5f^{13}7s^2$
7	102	No	$[Rn]5f^{14}7s^2$
7	103	Lr	$[Rn]5f^{14}6d^17s^2$
7	104	Rf	$[Rn]5f^{14}6d^27s^2$
7	105	Db	$[Rn]5f^{14}6d^37s^2$
7	106	Sg	$[Rn]5f^{14}6d^47s^2$
7	107	Bh	$[Rn]5f^{14}6d^57s^2$
7	108	Hs	$[Rn]5f^{14}6d^67s^2$
7	109	Mt	$[Rn]5f^{14}6d^77s^2$

* 单框中的元素是过渡元素，双框中的元素是镧系或锕系元素。

(2) 按核外电子在原子轨道中的分布情况表示。这种表示方法又称轨道图（orbital diagram）。即 s 亚层有 1 个轨道，p、d、f 亚层分别有 3、5、7 个轨道，每个轨道可容纳自旋状态不同的 2 个电子。例如氩原子核外电子排布的轨道图可表示为：

$$1s^2 \quad 2s^2 \quad 2p^6 \quad 3s^2 \quad 3p^6$$

Ar　↑↓　　↑↓　　↑↓ ↑↓ ↑↓　　↑↓　　↑↓ ↑↓ ↑↓

一般内层轨道已充满的可用适当的原子实表示，外层才是其特征的轨道，如铬原子核外电子排布的轨道图就可表示为：

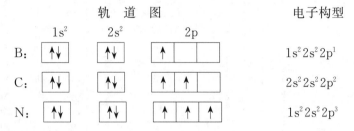

表示了按洪特规则,电子尽可能分占各等价轨道,且自旋平行(自旋状态相同)。

　　(3) 按电子所处状态用整套量子数表示。原子核外的每个电子,均可用 4 个量子数来确定其运动状态。通常,最简便的方法是由轨道图来着手确定量子数。例如对于硼、碳、氮三元素,它们的原子核外电子排布可表示如下:

	轨　道　图			电子构型
	$1s^2$	$2s^2$	2p	
B:	↑↓	↑↓	↑	$1s^2 2s^2 2p^1$
C:	↑↓	↑↓	↑ ↑	$2s^2 2s^2 2p^2$
N:	↑↓	↑↓	↑ ↑ ↑	$1s^2 2s^2 2p^3$

对于硼原子,我们很容易写出其前四个电子的整套量子数:

$$1,0,0,+\frac{1}{2}; 1,0,0,-\frac{1}{2}; 2,0,0,+\frac{1}{2}; 2,0,0,-\frac{1}{2}$$

其在 2p 轨道的第五个电子的磁量子数 m,取值可以是 1、0 或 -1,则其第五个电子的整套量子数为 $2,1,1,+\frac{1}{2}; 2,1,0,+\frac{1}{2}; 2,1,-1,+\frac{1}{2}; 2,1,1,-\frac{1}{2}; 2,1,0,-\frac{1}{2}; 2,1,-1,-\frac{1}{2}$ 这六种表示方法中的任意一种。同理,对于氮原子核外 2p 轨道的三个电子,其整套量子数应为 $2,1,1,+\frac{1}{2}; 2,1,0,+\frac{1}{2}; 2,1,-1,+\frac{1}{2}$ 或 $2,1,1,-\frac{1}{2}; 2,1,0,-\frac{1}{2}; 2,1,-1,-\frac{1}{2}$。我们可以将氮原子核外每个电子的量子数表示为:

	1s		2s		2p		
	↑↓		↑↓		↑	↑	↑
n	1	1	2	2	2	2	2
l	0	0	0	0	1	1	1
m	0	0	0	0	1	0	-1
m_s	$+\frac{1}{2}$	$-\frac{1}{2}$	$+\frac{1}{2}$	$-\frac{1}{2}$	$+\frac{1}{2}$	$+\frac{1}{2}$	$+\frac{1}{2}\left(或都为-\frac{1}{2}\right)$

这样的表示与电子构型、轨道图都相一致,也体现了洪特规则。

　　整套量子数的表示方法,对于明确表示体现元素原子电子结构特征的外层电子构型也较为常用。例如,对铬原子而言,其电子构型为 Cr:$[Ar]3d^5 4s^1$,按其外层电子构型为 $3d^5 4s^1$。五个 3d 轨道上的电子整套量子数可表示为:$3,2,2,+\frac{1}{2}; 3,2,1,+\frac{1}{2}; 3,2,0,+\frac{1}{2}; 3,2,-1,+\frac{1}{2}; 3,2,-2,+\frac{1}{2}$ 或 $3,2,2,-\frac{1}{2}; 3,2,1,-\frac{1}{2}; 3,2,0,-\frac{1}{2}; 3,2,-1,-\frac{1}{2}; 3,2,-2,-\frac{1}{2}$。这五个电子的自旋量子数 m_s 应都取 $+\frac{1}{2}$ 或都取 $-\frac{1}{2}$,以示它们的自旋状态相同,符合洪特规则。

　　应该指出,上述关于原子核外电子排布的三种表示方法可以从不同侧面反映原子核外电子的排布情况,体现排布规则。它们所表示的都只是孤立的气态原子处于基态时的电子排布情况,不可随意外推。

前已述及,表 4-3 所列的元素周期系中各原子的电子排布,除极少数外,其顺序是按照鲍林近似能级图进行电子充填的。为便于记忆,可以把这个电子充填顺序总结为一个简图(图 4-18),此图上的顺序与鲍林近似能级图的顺序是一致的。

鲍林能级图是假定原子轨道能级高低次序对所有元素的原子都是一样的。但事实上,原子轨道能级次序并非是一成不变的,原子轨道的能量在很大程度上决定于原子序数。随着原子序数的增加,核对电子的吸引力增加,因而原子轨道的能量逐渐下降。反映原子轨道能量与原子序数关系的能级图已发表不少种,一般教科书中较常引用的科顿(F. A. Cotton)原子轨道能级图(图 4-19)。由图 4-19 可以看出,随

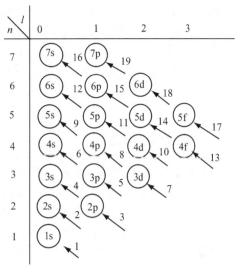

图 4-18　电子进入各亚层的先后次序

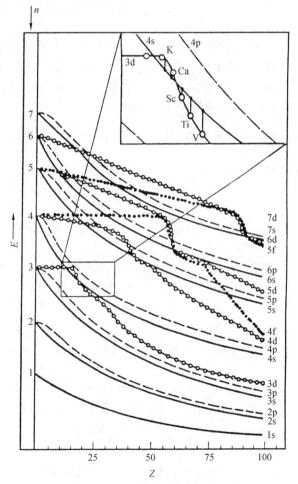

图 4-19　科顿原子轨道能级图
* 右上角的方框内是 $Z=20$ 附近的原子能级次序的放大图

着原子序数的增大,原子轨道能量逐渐下降。由于下降的幅度不同,所以产生能级交错(图 4 - 19 右上角放大了一处)。科顿能级图还反映了主量子数相同的氢原子(原子序数为 1)轨道的能量是相同的(即具有简并性)。但是,这一能级图比较复杂,因为鲍林近似能级图简明易懂,也能反映核外电子排布的一般规律,所以在讨论原子核外电子排布时,一般以采用鲍林近似能级图较为简便。

4.5　元素周期系

早在 18 世纪中叶至 19 世纪中叶,随着生产和科学研究的发展,一系列新的化学元素相继被发现,到 1869 年已经有 63 种元素被人们所认识。在此期间,关于元素性质变化规律的研究,也不断提出各种成果。其中最重要的是俄国化学家门捷列夫(Д. И. Менделеев)根据对元素的相对原子质量与元素性质(如金属性、非金属性、化合价等)的研究、分析和总结,提出元素性质周期性变化的规律——元素周期律,并于 1869 年和 1871 年提出了两张化学元素周期表。元素周期律的发现意义重大,被恩格斯誉为"完成了科学上的一个勋业"(《自然辩证法》)。由元素周期律而确立的元素周期系,对于研究物质结构具有一定的启发。而从 19 世纪后期到 20 世纪初,有关原子和分子等物质结构的科学实验和理论研究的迅速发展,又促进人们对元素周期系内在本质的认识和理解。

现代关于元素性质差异的根本原因在于它们的原子核电荷不同,从而总结出关于元素周期律的更确切的表述:元素以及由它们所形成的单质和化合物的性质,随着元素的原子序数,即原子核电荷数的递增而呈现周期性的变化规律。元素性质周期性变化的本质在于随着元素的原子核电荷的递增,其最外层电子结构呈现周期性的变化。

4.5.1　原子的电子层结构和元素周期系

1) 周期表中各元素的电子层结构

第一、二、三周期都是短周期。在短周期中,随着元素原子序数的递增,电子依次充填于能级最低的亚层,并且新增电子都充填在最外电子层上。所以每个元素的外层电子结构分别为 $1s^{1-2}$,$2s^{1-2}2p^{1-6}$,$3s^{1-2}3p^{1-6}$。到第 18 号元素氩(Ar),一层、二层以及三层的 s、p 亚层均已填满。稀有气体氩的电子层结构为 $1s^2 2s^2 2p^6 3s^2 3p^6$。

第四周期开始的各周期都是长周期,核外电子排布的情况要比短周期复杂。

第四周期元素从钾(K,Z=19)开始,出现了第四个电子层,这是因为 4s 能级低于 3d,所以电子先进入 4s 亚层。钾和钙(Ca,Z=20)的最外层电子结构分别为 $4s^1$ 和 $4s^2$。此后,由于 3d 能级低于 4p,因此从钪(Sc,Z=21)开始,新增电子开始布入次外层的 3d 亚层(其电子结构为 $1s^2 2s^2 2p^6 3s^2 3p^6 3d^1 4s^2$)[①],一直到锌(Zn,Z=30),共 10 个元素,把 3d 亚层全部填满。像这些最后一个电子布入次外层的 d 亚层(或者说最外两个电子层未布满)的元素,称为过渡元素[②] (transition elements)。紧接在锌后面元素镓(Ga,Z=31),新增电子开始布入 4p 亚层,一直到稀有气体氪(Kr,Z=36),才把 4p 亚层填满。第四周期元素原子的外层电子结构为 $4s^{1-2}3d^{1-10}4p^{1-6}$。所以第四周期共有 18 个元素。

---

① 在填充电子时,由于能级交错,3d 能级高于 4s。但当 4s 填充电子后,由于核和电子所组成的力场发生变化,4s 能级上升,因此失去电子时,则先失去 4s 电子,后失去 3d 电子。

② 过渡元素包括了所有副族元素,但有的书刊将ⅠB,ⅡB 族元素不包括在过渡元素之内。

第五周期从铷(Rb, $Z=37$)到氙(Xe, $Z=54$)一共也是 18 个元素。其原子核外电子排布和第四周期元素十分相似。从铷开始,原子核外出现第五个电子层,到钇(Y, $Z=39$),电子开始布入 4d 亚层,一直到镉(Cd, $Z=48$),5s 和 4d 亚层全部填满了电子。从钇到镉共 10 个元素,组成第五周期的过渡元素。镉后面的元素原子核外电子布入 5p 亚层,到稀有气体氙,5p 亚层填满。第五周期元素原子的外层电子结构为 $5s^{1\sim2}4d^{1\sim10}5p^{1\sim6}$。

第六周期从铯(Cs, $Z=55$)开始,原子核外出现第六个电子层。这个周期中元素原子的电子层结构,除了与第四、五周期有相似的变化规律外,还出现了一个新情况,即从第三个元素镧(La, $Z=57$)开始一直到镱(Yb, $Z=70$),共有 14 个元素,原子的新增电子布入由外向内数第三层的 4f 亚层。这 14 个元素性质极为相似,在周期表中放在同一位置,称为镧系元素(lanthanides),并且常把它们另列一横行,放在周期表下面。镱后面的元素从镥(Lu, $Z=71$)开始,新增电子依次充填 5d、6p 亚层,到稀有气体氡,5p 填满。由于镧系元素的存在,第六周期元素总数为 32。这一周期各元素的外层电子结构分别为 $6s^{1\sim2}4f^{1\sim14}5d^{1\sim10}6p^{1\sim6}$,其中 14 个镧系元素布满 4f 亚层,10 个过渡元素布满 5d 亚层。

2015 年 12 月 30 日国际纯粹和应用化学/物理联合会(IUPAC & IUPAP)正式向世人宣布:由日本、俄罗斯和美国科学家最新发现创造的第 113 号、第 115 号、第 117 号和第 118 号人造化学新元素被正式确认,至此,门捷列夫元素周期表中的第七周期所有元素全部被人类发现或发明。从此以后,人类将正式开始进入发现化学元素第八周期的时代。第七周期原子核外电子结构的变化规律与第六周期基本类似。从第三个元素锕(Ac, $Z=89$)开始,一直到锘(No, $Z=102$)的 14 个元素,它们的性质也彼此很相似,称为锕系元素(Actinides),在周期表中也放在同一位置,并且把它们另列一横行,放在周期表底部镧系元素的下面[①]。

2) 原子的电子层结构和元素周期律

从以上讨论可以看出,原子的电子层结构与元素周期系有着密切的关系。在归纳原子的电子结构并比较它们和元素周期系的关系时,可以得出如下认识:

(1) 当原子的核电荷依次增大时,原子的最外层电子周期性地重复着相同的排布。因此元素性质周期性的变化规律,正是原子周期性地重复最外层电子排布的结果。这就是元素周期律的实质。

(2) 元素周期系中每一周期开始,原子核外都出现一个新的电子层。因此元素原子的电子层数等于该元素在周期表中所处的周期数,也就是说原子的最外层电子的主量子数代表该元素所在的周期数。例如铁原子的电子结构是 $1s^2 2s^2 2p^6 3s^2 3p^6 3d^6 4s^2$,就可知道铁应处于第四周期。

(3) 各周期中元素的数目等于相应能级组(图 4-17)中各原子轨道所能容纳的电子总数,它们之间的关系可以从表 4-4 看出。

表 4-4 各周期元素与相应能级组的关系

周期	元素数目	能级组	能级组中的原子轨道	电子最大容量
1	2	1	1s	2
2	8	2	2s2p	8

---

① 周期表中镧系和锕系应该如何划分,应包括哪些元素? 近年来颇受人们关注。本书自第二版起即采用近年来研究的新形式,把 La 到 Yb(57 号~70 号)14 个元素作为镧系,Ac 到 No(89 号~102 号)14 个元素作为锕系,71 号 Lu 和 103 号 Lr 作为ⅢB族。过去一般书都把从 La 到 Lu 15 个元素作为镧系,从 Ac 到 Lr 15 个元素作为锕系,57 号 La 和 89 号 Ac 作为ⅢB族。

周期	元素数目	能级组	能级组中的原子轨道	电子最大容量
3	8	3	3s3p	8
4	18	4	4s3d4p	18
5	18	5	5s4d5p	18
6	32	6	6s4f5d6p	32
7	32	7	7s5f6d7p	32

（4）周期系中元素的分族是原子的电子层结构所作分类的结果。

周期表中把性质相似的元素排成纵行,叫做族,共有 8 个族（Ⅰ族～Ⅷ族）。每一族又分为主族(A 族)和副族(B 族)。由于ⅧB族包括三个纵行,所以共有 18 个纵行①。

周期系中同一族元素的电子层数虽然不同,但它们的外层电子结构相同。

对主族元素来说,族数等于最外层电子数。例如ⅤA族元素,它们最外层电子数都是 5,最外层电子结构也相似:

$$
\begin{array}{lll}
N & [He] & 2s^2 2p^3 \\
P & [Ne] & 3s^2 3p^3 \\
As & [Ar] & 3d^{10} 4s^2 4p^3 \\
Sb & [Kr] & 4d^{10} 5s^2 5p^3 \\
Bi & [Xe] & 4f^{14} 5d^{10} 6s^2 6p^3
\end{array}
$$

周期表中第 18 列为零族(有人建议称ⅧA族)元素。

对副族元素讲,次外层电子数在 8 到 18 之间,其族数等于最外层电子数与次外层 d 电子数之和。例如ⅦB族,最外层电子数与次外层 d 电子数之和是 7,外电子层结构也相似:

$$
\begin{array}{lll}
Mn & [Ar] & 3d^5 4s^2 \\
Tc & [Kr] & 4d^5 5s^2 \\
Re & [Xe] & 4f^{14} 5d^5 6s^2
\end{array}
$$

上述规则,对Ⅷ不完全适用。

位于周期表下面的镧系元素和锕系元素,按其所在族来讲应属于ⅢB,因其性质特殊而单列。

（5）根据电子排布的情况及元素原子的外层电子构型,可以把周期表划分成五个区(blocks),如图 4-20 所示。

4.5.2　原子结构与元素性质的周期性

元素性质取决于原子的内部结构。周期系中元素性质呈现周期性的变化规律,就是原子结构周期性变化的体现。

1) 原子参数

原子的某些基本性质,如有效核电荷、原子半径、电离能等,都与原子结构有关,并对元素的物理和化学性质有重大影响。通常把表征原子基本性质的物理量称为原子参数。

（1）有效核电荷。元素原子序数增加时,原子的核电荷呈线性关系依次增加,但有效核电荷 Z^* 却呈周期性的变化。这是由于屏蔽常数的大小与电子层结构有关,而电子层结构呈周期性变

---

① 1988 年 IUPAC 建议,周期系中元素不再分为 A、B 副族,而用 1～18 阿拉伯数字表示 18 个纵行。

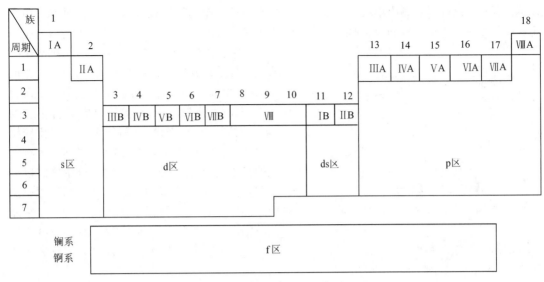

图 4-20　周期表分区示意图

s 区元素：最外电子层的构型为 ns^{1-2}，包括 I A 和 II A 族的元素即 1,2 纵列。

p 区元素：最外电子层的构型为 ns^2np^{1-6}，包括 III A 到 VIII A 族的元素，即 13,14,15,16,17,18 纵列。

d 区元素：外电子层的构型为 $(n-1)d^{1-9}ns^{1-2}$（Pd 为 $(n-1)d^{10}ns^0$），包括 III B 到 VIII B 族的元素，即 3,4,5,6,7,8,9,10 纵列。

ds 区元素：外电子层的构型为 $(n-1)d^{10}ns^{1-2}$，包括 I B 和 II B 族的元素，即 11,12 纵列。

f 区元素：电子填入外数第三层 f 亚层，外电子层的构型为 $(n-2)f^{1-14}(n-1)d^{0-2}ns^2$，包括镧系元素和锕系元素。

化。由于元素性质主要决定于最外层电子，下面就讨论原子的最外层电子的有效核电荷在周期表中的变化。

在短周期从左到右的元素中，电子依次填充到最外层，即加在同一电子层中，由于同层电子间屏蔽作用弱，因此，有效核电荷显著增加。在长周期中，从第三个元素开始，电子依次加到次外层，增加的电子进入次外层所产生的屏蔽作用比这个电子进入最外层要增大一些，因此有效核电荷增加不多；当次外层填满 18 个电子时，由于 18 电子层屏蔽作用较大，因此有效核电荷略有下降；但在长周期的后半部，电子又填充到最外层，因而有效核电荷又显著增大。

同一族由上到下的元素中，虽然核电荷增加较多，但相邻两元素之间依次增加一个电子内层，因而屏蔽作用也较大，结果有效核电荷增加不显著。

有效核电荷随原子序数的变化如图 4-21 所示[1]。

（2）原子半径。由于电子云没有明确界面，因此原子大小的概念是比较模糊不清的，但可以用物理量原子半径来量度。任何原子半径的测定是基于下面的假定，即原子呈球形，在固体中原子间相互接触，

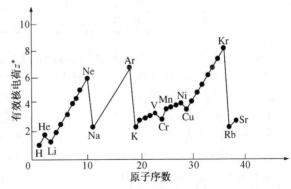

图 4-21　有效核电荷的周期性变化

---

① 该图的有效核电荷系根据斯莱脱规则计算得出的。一些学者曾对斯莱脱规则进行修改，因此所得有效核电荷不是完全相同，又根据光谱实验结果亦可计算有效核电荷，所得数值也有不同，但各种计算值在周期表中变化趋势基本一致。

以球面相切。这样只要测出单质在固态下相邻两原子核间距的一半就是原子半径。例如,由于金属晶体可看成是由球状的金属原子堆积而成,所以在锌晶体中,测得了相邻两原子的核间距为266 pm,则锌原子的金属半径为133 pm。如果某一元素的两原子以共价单键结合时,它们的核间距的一半,称为该原子的共价半径。例如氯分子中两原子的核间距等于198 pm,则氯原子的共价半径为99 pm。对同一元素来说,这两种半径一般比较接近。原子半径除了共价半径和金属半径外,还有一种范德瓦尔斯半径。在分子晶体中,分子之间以范德瓦尔斯力相互接近,这种非键的两个同种原子的核间距的一半称为范德瓦尔斯半径。同一元素原子的范德瓦尔斯半径大于共价半径(图4-22)。

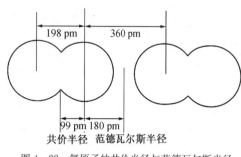

图4-22 氯原子的共价半径与范德瓦尔斯半径

周期系中各元素的原子半径列于表4-5,其中金属为金属半径(配位数为12),非金属为共价半径,稀有气体为范德瓦尔斯半径。

表4-5 元素的原子半径 r/pm

原子半径的大小主要决定于原子的有效核电荷和核外电子的层数。在周期系的同一短周期中,从碱金属到卤素,由于原子的有效核电荷逐渐增加,而电子层数保持不变,因此核对电子的吸力逐渐增大,原子半径逐渐减小。在长周期中,从第三个元素开始,原子半径减小比较缓慢,而在后半部的元素(例如,第四周期从 Cu 开始),原子半径反而略为增大,但随即又逐渐减小。这是由于在长周期过渡元素的原子中,有效核电荷增大不多,核和外层电子的吸力也增加较少,因而原子半径减小较慢。而到了长周期的后半部,即自 I B 族开始,由于次外层已充满 18 个电子,新加的电子要加在最外层,半径又略为增大。当电子继续填入最外层时,由于有效核电荷的增加,原子半径又逐渐减小。各周期末稀有气体的原子半径相应变大,是由于它们外电子层为 8 个电子而全部充满,是单原子分子,其半径为范德瓦尔斯半径。

长周期中的内过渡元素,如镧系元素,也是从左到右原子半径大体逐渐减小的,只是幅度更小,这是由于新增加的电子填入外数第三层上,对外层电子的屏蔽效应更大,外层电子所受到的有效核电荷增加更小,因此半径减小更慢。镧系元素从镧到镥整个系列的原子半径缩小的现象称为镧系收缩(lanthanide contraction)。由于镧系收缩,造成第 5、6 周期中镧系以后的同族元素 Zr 与 Hf,Nb 与 Ta,Mo 与 W 的原子半径非常接近。因而这些同族元素的性质十分相似,在自然界常共生在一起,难以分离。

第五周期元素	Zr	Nb	Mo
原子半径	160 pm	143 pm	136 pm
第六周期元素	Hf	Ta	W
原子半径	159 pm	143 pm	137 pm

同一主族,从上到下,由于同一族中电子层构型相同,有效核电荷相差不大,因而电子层增加的因素占主导地位,所以原子半径逐渐增加。副族元素的原子半径,从第四周期过渡到第五周期是增大的,但第五周期和第六周期同一族中的过渡元素的原子半径很相近。

(3)电离能。从原子中移去电子,必须消耗能量以克服核电荷的吸力。元素的气态原子在基态时失去一个电子成为一价气态正离子所消耗的能量称为该元素的第一电离能(ionization potential)I_1;从一价气态正离子再失去一个电子成为二价正离子所需要的能量称为第二电离能 I_2,以此类推,还可以有第三电离能 I_3、第四电离能 I_4 等。随着原子逐步失去电子,离子正电荷越来越大,因而失去电子逐渐变难。因此,第二电离能大于第一电离能,第三电离能大于第二电离能……即 $I_1 < I_2 < I_3 < I_4$……例如:

$$Al(g) - e \longrightarrow Al^+(g) \qquad I_1 = 578 \text{ kJ} \cdot \text{mol}^{-1}$$
$$Al^+(g) - e \longrightarrow Al^{2+}(g) \qquad I_2 = 1\,823 \text{ kJ} \cdot \text{mol}^{-1}$$
$$Al^{2+}(g) - e \longrightarrow Al^{3+}(g) \qquad I_3 = 2\,751 \text{ kJ} \cdot \text{mol}^{-1}$$

通常讲的电离能,如果不加标明,指的都是第一电离能。表 4-6 列出了周期系各元素的第一电离能。

表 4-6　周期系中各元素的第一电离能/kJ·mol^{-1}

H 1311.9																	He 2372.2
Li 520.2	Be 899.4											B 800.6	C 1086.4	N 1402.2	O 1313.9	F 1680.9	Ne 2080.5
Na 495.8	Mg 737.9											Al 577.5	Si 786.4	P 1018.7	S 999.5	Cl 1251.1	Ar 1520.4
K 418.8	Ca 589.8	Sc 631	Ti 658	V 650	Cr 652.8	Mn 717.3	Fe 759.3	Co 758	Ni 736.6	Cu 745.4	Zn 906.3	Ga 578.8	Ge 762.1	As 946	Se 940.9	Br 1139.8	Kr 1350.6
Rb 403.0	Sr 549.5	Y 616	Zr 660	Nb 664	Mo 684.9	Tc 702	Ru 711	Rh 720	Pd 805	Ag 730.9	Cd 867.6	In 558.2	Sn 708.6	Sb 833.6	Te 869.2	I 1008.3	Xe 1170.3
Cs 356.4	Ba 502.9	*Lu 523.4	Hf 642	Ta 743.1	W 768	Re 759.4	Os 840	Ir 878	Pt 868	Au 890.0	Hg 1007.0	Tl 589.1	Pb 715.5	Bi 703.2	Po 812	At	Rn 1037.0
Fr	Ra 509.3	Lr															

	La 538.1	Ce 528	Pr 523	Nd 530	Pm 536	Sm 549	Eu 546.7	Gd 592	Tb 564	Dy 571.9	Ho 581	Er 589	Tm 596.7	Yb 603.8
*														

电离能的大小反映了原子失去电子的难易。电离能愈大,原子失去电子时吸收能量愈大,原子失去电子愈难;反之,电离能愈小,原子失去电子愈易。电离能的大小主要决定于原子的有效核电荷、原子半径和原子的电子层结构。

元素的电离能在周期和族中都呈有规律的变化。同一周期中,从左到右,从碱金属到卤素,元素的有效核电荷逐渐增加,原子半径逐渐减小,原子的最外层电子数逐渐增多,因此总的说来,元素的电离能逐渐增大。稀有气体由于具有稳定的电子层结构,在同一周期的元素中,电离能最大。在长周期的中部元素(即过渡元素)由于电子加到次外层,有效核电荷增加不多,原子半径减小较慢,电离能增加不显著。虽然,同一周期中,从左到右,电离能总的变化趋势是增大的,但也稍有起伏。例如,第二周期中 Be 和 N 的电离能比后面的元素 B 和 O 的电离能反而大(图 4-23),这是由于 Be 的外电子层结构为 $2s^2$,电子已经成对;N 的外电子层结构为 $2s^2 2p^3$,是半充满状态,都是比较稳定的结构,失去电子较难,因此电离能也就大些。

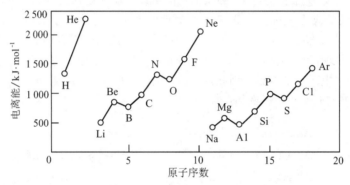

图 4-23 元素第一电离能的周期性变化(短周期)

同一主族从上到下,最外层电子数相同,有效核电荷增加不多,则原子半径的增大起主要作用,因此核对外层电子的吸力逐渐减弱,电子逐渐易于失去,电离能逐渐减小。

(4) 电子亲和能。原子失去电子要消耗能量,反过来,原子得到电子就要放出能量。元素的气态原子在基态时得到一个电子成为一价气态负离子所放出的能量称电子亲和能(electron affinity 简写为 E_A)。电子亲和能也有第一、第二等级,如果不加注明,都是指的第一电子亲和能。当负一价离子获取电子时,要克服负电荷之间的排斥力,因此需要吸收能量[1]。所以,原子的第二级电子亲和能通常为正值。例如:

$$O(g) + e \longrightarrow O^-(g) \qquad E_{A_1} = -141.0 \text{ kJ} \cdot \text{mol}^{-1}$$

$$O^-(g) + e \longrightarrow O^{2-}(g) \qquad E_{A_2} = +844.2 \text{ kJ} \cdot \text{mol}^{-1}$$

非金属原子的第一电子亲和能总是负值,而金属原子的电子亲和能一般负值较小(或为正值)。电子亲和能的测定比较困难,一般常用间接方法计算,因此,它们的数值的准确度和完整性要比电离能差。表 4-7 列出主族元素的电子亲和能。

电子亲和能的大小反映了原子得到电子的难易。电子亲和能负值愈大,原子得到电子时放出的能量愈多,因此愈容易得到电子。电子亲和能的大小也主要决定于原子的有效核电荷、原子半径和原子的电子层结构。

---

[1] 由于历史原因,有些书(包括本书前两版)把放出能量的电子亲和能用正号表示,正、负号与此正好相反,也与相应反应的焓变数值相等、符号相反。

表 4-7 主族元素的电子亲和能 E_A/kJ·mol^{-1}

H −72.7							He +48.2
Li −59.6	Be +48.2	B −26.7	C −121.9	N +6.75	O −141.0(844.2)	F −328.0	Ne +115.8
Na −52.9	Mg +38.6	Al −42.5	Si −133.6	P −72.1	S −200.4(531.6)	Cl −349.0	Ar +96.5
K −48.4	Ca +28.9	Ga −28.9	Ge −115.8	As −78.2	Se −195.0	Br −324.7	Kr +96.5
Rb −46.9	Sr +28.9	In −28.9	Sn −115.8	Sb −103.2	Te −190.2	I −295.1	Xe +77.2

本表数据依据 H. Hotop and W. C. Linebrger, *J. Phys. Chem. Ref. Data*, 14, 731(1985)
括号内数值为第二电子亲和能。

　　同周期元素中,从左到右,原子的有效核电荷逐渐增大,原子半径逐渐减小,同时由于最外层电子数逐渐增多,易与电子结合形成 8 电子稳定结构。因此,元素的电子亲和能逐渐增大。同一周期中以卤素的电子亲和能负值最大。氮族元素由于原子的价电子层结构为 ns^2np^3,比较稳定,电子亲和能负值较小。又如稀有气体,其原子具有 ns^2np^6 的稳定电子层结构,因而元素的电子亲和能均为正值。

　　同一主族元素中,从上到下,元素的电子亲和能不如同周期变化规则。大部呈现电子亲和能负值逐渐变小(代数值变大)的趋势。但第二周期一些元素如 N、O、F 的电子亲和能的负值反而比第三周期同族各元素要小,这可认为是由于 N、O、F 的原子半径很小,电子云密度大,进入电子受到原有电子较强的排斥的缘故。N 原子的电子亲和能为 +6.75 kJ·mol^{-1},比较特殊。除了原子半径小之外,其 $2s^2 2p^3$ 的外层电子结构比较稳定,得电子能力减弱。两个因素造成得到电子时吸收的能量要略大于放出的能量。元素的电子亲和能周期性变化规律(图 4-24)。

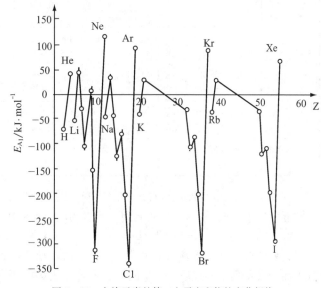

图 4-24 主族元素的第一电子亲和能的变化规律

　　(5) 电负性。电离能和电子亲和能都各自从一个方面反映原子得失电子的能力,但都不够全面。为了全面衡量分子中原子争夺电子的能力,引入了元素电负性的概念。

　　元素的电负性(electronegativity)是指原子在分子中吸引电子的能力。电负性的概念首先由鲍林在 1932 年提出,他指定氟的电负性为 4.0,并根据热化学数据比较各元素原子吸引电子的能力,得出其他元素的电负性 X_P。元素的电负性数值愈大,表示原子在分子中吸引电子的能力愈强。

　　1934 年密立根(R. S. Mulliken),从电离能和电子亲和能综合考虑,将元素的电负性 X_M 定义

为电离能与电子亲和能的平均值:

$$X_M = \frac{1}{2}(I + E_A) \qquad (4-12)$$

这样得到的数值为绝对电负性,密立根电负性数值 X_M 与鲍林电负性数值 X_P 间有一定关系,如果电离能 I 和电子亲和能 E_A 的单位均用电子伏特[①],则:

$$X_M/2.7 = X_P$$
$$0.18(I + E_A) = X_P \qquad (4-13)$$

1956 年,阿雷德(A. L. Allred)和罗丘(E. G. Rochow)根据原子核对电子的静电吸引,也计算出一套电负性数据。关于电负性的标度有 20 种左右,这些数值是根据物质的不同性质计算得来的,各种标度的数值虽不同,但在电负性系列中元素的相对位置大致相同。通常采用的是鲍林电负性标度,见表 4-8。

表 4-8　元素的电负性

H 2.2																
Li 1.0	Be 1.5											B 2.0	C 2.6	N 3.0	O 3.5	F 4.0
Na 0.9	Mg 1.3											Al 1.5	Si 1.9	P 2.2	S 2.6	Cl 3.2
K 0.8	Ca 1.0	Sc 1.3	Ti 1.5	V 1.6	Cr 1.7	Mn 1.6	Fe 1.8	Co 1.9	Ni 1.9	Cu 1.9	Zn 1.7	Ga 1.8	Ge 2.0	As 2.2	Se 2.6	Br 3.0
Rb 0.8	Sr 1.0	Y 1.2	Zr 1.3	Nb 1.6	Mo 2.0	Tc 1.9	Ru 2.2	Rh 2.3	Pd 2.2	Ag 1.9	Cd 1.7	In 1.8	Sn 1.8	Sb 2.1	Te 2.1	I 2.7
Cs 0.8	Ba 0.9	La~Lu 1.0~1.2	Hf 1.3	Ta 1.5	W 1.7	Re 1.9	Os 2.2	Ir 2.2	Pt 2.2	Au 2.4	Hg 1.9	Tl 1.8	Pb 1.9	Bi 1.9	Po 2.0	At 2.2
Fr 0.7	Ra 0.9	Ac~No 1.1~1.3														

在周期系中,电负性也呈有规律的递变。同一周期中,从左到右,从碱金属到卤素,元素的电负性逐渐增大。同一主族中,从上到下元素的电负性依次减小。

2) 元素的金属性和非金属性

元素的金属性是指其原子失去电子而变成正离子的性质,元素的非金属性是指其原子得到电子而变成负离子的性质。元素的原子愈容易失去电子,金属性愈强;愈容易获得电子,非金属性愈强。影响元素金属性和非金属性强弱的因素和影响电离能、电子亲和能大小的因素一样,因此我们常用电离能来衡量原子失去电子的难易,用电子亲和能衡量原子和电子结合的难易。

同一周期中,从左到右,从碱金属到卤素,元素的电离能和电子亲和能都逐渐增大,因此元素的金属性逐渐减弱,非金属性逐渐增强;同一主族中从上到下,元素的电离能和电子亲和能都逐渐减小,因此元素的金属性逐渐增强,非金属性逐渐减弱。

---

① 1 eV(电子伏特)=1.602×10⁻¹⁹ J

1 eV · mol⁻¹=1.602×10⁻²² kJ×6.022×10²³ mol⁻¹=96.47 kJ · mol⁻¹

式(4-12)中,放热时,电子亲和能 E_A 取正值,吸热时 E_A 取负值。

元素的金属性和非金属性的强弱也可以用电负性来衡量。元素的电负性数值愈大,原子在分子中吸引电子的能力愈强,因而非金属性也愈强。一般来讲,非金属的电负性大于 2,金属的电负性小于 2。

应该指出,原子愈难失去电子,不一定愈易与电子结合。例如,稀有气体原子由于具有稳定的电子层结构,既难失去电子又不易与电子结合。

3) 氧化值

元素所呈现的氧化值[①]与其原子结构有密切的关系。

元素参加化学反应时,原子常失去或获得电子以使其最外电子层达到 2,8 或 18 个电子的稳定结构。在化学反应中,可能参与化学键形成的电子称为价电子(valence electron)。元素的氧化值决定于价电子的数目,而价电子的数目则决定于原子的外电子层结构。

显然,元素的最高正氧化值等于价电子的总数。对于价电子总数与外电子层结构的关系,我们按主族元素和副族元素分别讨论。

对于主族元素来说,次外电子层已经饱和,因此,最外层电子是价电子。主族元素从ⅠA 到ⅦA,最外电子层结构从 ns^1 过渡到 ns^2np^5,最外层电子数从 1 个逐渐增至 7 个,因此,ⅠA 到ⅦA 各主族元素的最高正氧化值从 +1 逐渐升高至 +7。也就是说,元素呈现的最高正氧化值等于该元素所属的族数。

对于副族元素来说,除了最外层电子是价电子外,未饱和的次外层的 d 电子也是价电子。现将各副族元素的价电子构型和最高氧化值列表如下:

表 4-9　副族元素的价电子构型和最高氧化值

副　族	ⅢB	ⅣB	ⅤB	ⅥB	ⅦB	Ⅷ	ⅠB	ⅡB
价电子构型	$(n-1)d^1$ ns^2	$(n-1)d^2$ ns^2	$(n-1)d^3$ ns^2	$(n-1)d^4$ ns^2	$(n-1)d^5$ ns^2	$(n-1)d^{6\sim8}$ ns^2	$(n-1)d^{10}$ ns^1	$(n-1)d^{10}$ ns^2
最高氧化值	+3	+4	+5	+6	+7	+8	/	+2

从表 4-9 可以看出,ⅢB 到ⅦB 元素的价电子结构为 $(n-1)d^1ns^2$ 到 $(n-1)d^5ns^2$,因此最高正氧化值从 +3 逐渐增至 +7,也等于元素所在族数。Ⅷ元素中只有 Ru 和 Os 达到 +8 氧化值。至于ⅠB、ⅡB,d 亚层已填满 10 个电子,即次外层为 18 个电子,也是稳定结构,所以一般只失去最外层 s 电子,而显 +1,+2 氧化值,也分别等于它们所在的族数。但ⅠB 元素有例外,元素最高正氧化值不是 +1。

由于元素周期性地重复它的外电子层结构,因此最高正氧化值的变化也是呈周期性的。

复 习 思 考 题

1. 试区别:
   (1) 基态和激发态
   (2) 概率和概率密度
2. 试述下列各名词的意义:
   (1) 能级交错　(2) 量子化　(3)屏蔽效应

---

①　参阅 7.1.1。

3. 在原子结构理论发展中,玻尔理论有何贡献? 有何局限性?

4. 电子等微粒运动具有哪些特点? 电子的波动性是通过什么实验得到证实的?

5. 设原子核位于 $x=y=z=0$,(1) 如果 $x=a$,$y=z=0$ 所围成的微体积内 s 电子出现的概率为 1.0×10^{-3},问在 $x=z=0$,$y=a$ 所围成的相同大小的体积内该电子出现的概率为多少? (2) 如果这个电子是 p_x 电子,问在第二个位置上的概率为多少? 并加以解释。

6. 试述四个量子数的意义和它们取值的规则。对于一个原子轨道要用哪几个量子数来描述?

7. 回答下述问题: 在 $3s$、$3p_x$、$3p_y$、$3p_z$、$3d_{xz}$、$3d_{yz}$、$3d_{xy}$、$3d_{z^2}$、$3d_{x^2-y^2}$ 等轨道中,
   (1) 对氢原子讲,哪些是等价轨道?
   (2) 对多电子原子讲,哪些是等价轨道?

8. 原子轨道角度分布和电子云角度分布的含义有什么不同? 这两种图像有什么相似和区别?

9. 什么叫电离能? 它的大小取决于哪些因素? 如何用元素的电离能来衡量元素金属性的强弱? 为什么元素的逐级电离能依次增大?

10. 何谓电负性,通常采用哪一种电负性标度? 如何用电负性来衡量元素的金属性和非金属性的强弱?

11. 简要解释下列事实:
    (1) 周期系中,短周期元素从左到右,原子半径依次减小;同一主族从上到下原子半径依次增大;
    (2) 周期系中同一过渡系从左到右原子半径只略有减小;
    (3) 当原子失去电子变成正离子和得到电子变成负离子时,半径分别有什么变化?

12. 电子亲和能为什么有正值也有负值? 分别主要表现为哪些元素?

13. 判断下列叙述是否正确,试说明原因:
    (1) 价电子层排布为 ns^1 的元素都是碱金属元素;
    (2) 第四周期过渡元素原子充填电子时先充填 $3d$ 亚层后充填 $4s$ 亚层,所以失去电子时也是按照这个顺序;
    (3) $O(g)+e \longrightarrow O^-(g)$,$O^-(g)+e \longrightarrow O^{2-}(g)$ 都是放热过程。

14. 什么是"镧系收缩"? "镧系收缩"对元素的性质产生哪些影响?

15. 试解释:
    (1) H 的第一电离能比 Na 的第一电离能大得多;
    (2) 第五主族元素 N、P 等的第一电子亲和能比周期表中在它们左、右两边相邻元素的第一电离能都要大(代数值)。

习　题

1. 氢原子的可见光谱中有一条谱线,是电子从 $n=5$ 跳回到 $n=2$ 的轨道时放出辐射能所产生的。试计算该谱线的波长及两个能级的能量差。

2. (1) 氢原子中的 $1s$ 和 $2p$ 轨道间的能量差为多少? (2) 在铜原子中,当一个电子从 $2p$ 跳到 $1s$ 轨道时,发射出波长为 1.54×10^{-7} m 的射线,问铜原子中 $1s$ 和 $2p$ 轨道间的能量差为多少?

3. 下列的电子运动状态是否存在? 为什么?
   (1) $n=2$　$l=2$　$m=0$　$m_s=+\dfrac{1}{2}$　　　(2) $n=3$　$l=1$　$m=2$　$m_s=-\dfrac{1}{2}$

   (3) $n=4$　$l=2$　$m=0$　$m_s=+\dfrac{1}{2}$　　　(4) $n=2$　$l=1$　$m=1$　$m_s=+\dfrac{1}{2}$

4. 写出 Ni 原子最外两个电子层中每个电子的四个量子数。

5. 试将某一多电子原子中具有下列各套量子数的电子,按能量由低到高排一顺序,如能量相同,则排在一起。

	n	l	m	m_s
(1)	3	2	1	$+\dfrac{1}{2}$
(2)	4	3	2	$-\dfrac{1}{2}$
(3)	2	0	0	$+\dfrac{1}{2}$
(4)	3	2	0	$+\dfrac{1}{2}$
(5)	1	0	0	$-\dfrac{1}{2}$
(6)	3	1	1	$+\dfrac{1}{2}$

6. 对下列各组轨道,填充合适的量子数:

(1) $n=?$　$l=3$　$m=2$　$m_s=+\dfrac{1}{2}$　　　　(2) $n=2$　$l=?$　$m=1$　$m_s=-\dfrac{1}{2}$

(3) $n=4$　$l=0$　$m=?$　$m_s=+\dfrac{1}{2}$　　　　(4) $n=1$　$l=0$　$m=0$　$m_s=?$

7. 画出下列各元素原子的价电子层结构的轨道表示式:

(1) P　　(2) Se　　(3) Co

8. 写出 $_{48}$Cd 的电子排布式,并画出 Cd 原子最外两层电子的原子轨道角度分布图。

9. 若元素最外层仅有一个电子,该电子的量子数为 $n=4,l=0,m=0,m_s=+\dfrac{1}{2}$。问:

(1) 符合上述条件的元素可以有几个? 原子序数各为多少?

(2) 写出相应元素原子的电子层结构,并指出在周期表中所处的区域和位置。

10. 试用 s、p、d、f 符号来表示下列各元素原子的电子层结构,并指出它们各属于第几周期? 第几族?

(1) $_{18}$Ar　　(2) $_{26}$Fe　　(3) $_{53}$I　　(4) $_{47}$Ag

11. 已知四种元素的原子的价电子层结构分别为:

(1) $4s^2$　　(2) $3s^2 3p^5$　　(3) $3d^2 4s^2$　　(4) $5d^{10} 6s^2$

试指出:(1) 它们在周期系中各处于哪一区? 哪一周期? 哪一族?

(2) 它们的最高正氧化值各为多少?

12. 第四周期某元素,其原子失去 3 个电子,在次外层的角量子数为 2 的轨道内的电子恰好为半充满,试推断该元素的原子序数,并指出该元素的名称。

13. 已知甲元素是第三周期 p 区元素,其最低氧化值为 -1,乙元素是第四周期 d 区元素,其最高氧化值为 $+4$。试填下表:

元　素	价电子构型	族	金属或非金属	电负性相对高低
甲				
乙				

14. 指出相应于下列每一特征元素的名称:

(1) 具有 $1s^2 2s^2 2p^6 3s^2 3p^5$ 电子层结构的元素;

(2) 碱金属族中原子半径最大的元素;

(3) ⅡA 族中具有最大电离能的元素;

（4）ⅦA 族中具有最大电子亲和能的元素；

（5）+2 价离子具有[Ar]3d^5 结构的元素。

15. 试解释下列事实：

（1）从混合物中,分离 V 与 Nb 容易,而分离 Nb 和 Ta 难。

（2）K 的第一电离能小于 Ca,而第二电离能则大于 Ca。

（3）Be 的第一电子亲和能为正值而 B 为负值；Cl 的第一电子亲和能负值大于 F。

16. 波长为 242 nm 的辐射能恰好足够使钠原子最外层的 1 个电子完全移出。试计算钠的电离能（kJ·mol^{-1}）。

17. 写出下列离子的电子层结构,并确定它们基态时未成对的电子数：

$$_{22}Ti^{3+}、_{24}Cr^{2+}、_{27}Co^{3+}、_{48}Cd^{2+}$$

18. 下列电子构型中,哪些是基态？哪些是激发态？哪些是不可能的？

（1）$1s^2 2s^2$；　　　（2）$1s^2 2s^2 3s^1$；　　　（3）$[Ne]3s^2 3p^8 4s^1$；

（4）$[He]2s^2 2p^6 2d^2$；　　（5）$[Ar]3d^3 4s^2$；　　（6）$[Ne]3s^2 3p^5 4s^1$

19. 砷原子的下列轨道中各有多少个电子？

（1）$n=4,l=1,m=0$；

（2）$n=3,l=2$；

（3）$n=3,l=2,m=-1$。

20. 预测 113 号元素原子的电子层结构和该元素在周期表中的位置（在周期系中处于哪一区？哪一周期？哪一族？）

21. 试根据原子结构理论预测：

（1）第八周期将包括多少种元素？

（2）核外出现第一个 $5g$ 电子的元素其原子序数是多少？

（3）第 114 号元素属于第几周期？第几族？

第5章 化学键和分子结构

化学上把紧密相邻的相同或不同原子(离子)之间强烈的相互吸引称为化学键(chemical bond),化学键主要分为离子键、共价键和金属键三种类型。

关于化学键的本质一直是化学工作者研究和探索的重大课题。1916年,德国化学家柯塞尔(W. Kossel)根据稀有气体原子具有稳定结构的事实提出了离子键(ionic bond)理论,他认为原子失去或得到电子成为具有8电子(或2电子)稳定结构的正负离子,这些正负离子以静电引力相互吸引形成离子化合物,这一理论可用来说明电负性差别大的那些元素原子之间相互结合的原因。就在柯塞尔提出离子键理论的同年,美国化学家路易斯(G. Lewis)提出了共价键(covalent bond)理论,他认为原子间可以通过共用一对或几对电子形成稳定的分子,这种分子称为共价型分子。路易斯的共价键理论也称为经典共价键理论,他对于电负性差别不大的元素或电负性相同的非金属性元素间形成化学键的原因进行了初步的解释。

20世纪30年代前后量子力学理论的建立及其在化学领域的应用,使得化学键理论及分子结构的研究工作得到飞速发展,1927年英国物理学家海特勒(W. Heitler)和德国物理学家伦敦(F. London)成功地用量子力学处理氢分子结构。1931年前后,美国化学家鲍林和斯莱特将量子力学处理氢分子的方法推广应用于其他分子体系而发展成为价键理论(valence bond theory),简称VB法或称电子配对法。继而,鲍林和斯莱特在电子配对法的基础上又提出杂化轨道理论(hybrid orbital theory),以解决多原子分子(包括配合物分子)的成键概念和分子的几何构型。1932年前后由莫立根(R. S. Mulliken)、洪特(F. Hund)和伦纳德-琼斯(J. E. Lennard Jones)等人提出了分子轨道理论(molecular orbital theory),简称MO法,解释了氧分子的顺磁性和奇电子分子或离子的稳定存在等问题。1940年,西奇维克(N. Y. Sidgwick)等人在总结一系列已知分子的空间构型的基础上,发现分子中的中心原子最外层电子对数与该分子(或离子)的形状有关。后经吉勒斯匹(R. J. Gilespie)等人归纳整理,于1957年提出可以预测分子或离子几何构型的价层电子对互斥理论(Valence Shell Electron Pair Repulsion Theory),简称VSEPR理论。人们对分子内部结构的认识还将不断地探究和深化。

由相同或不相同原子通过化学键形成分子后,这些分子间还产生一定的结合力,使得小分子结合成液体或固体,我们把这种力叫做分子间力(intermolecular force)。本章除在原子结构的基础上,讨论各种化学键理论及分子的构型、晶体的结构外,也将探讨分子间力,介绍它们与物质的物理、化学性质的关系。

5.1 离子键理论

由活泼的金属原子和活泼的非金属原子所形成的化合物通常都是离子型化合物,如 NaCl、CsCl、MgO 等。它们一般都具有较高的熔点和沸点,在熔融状态或溶于水后其水溶液均能导电。

5.1.1 离子键的形成

离子键理论认为当电离能小的活泼金属元素原子和电子亲和能大的活泼非金属元素原子相

互接近时,金属原子上的电子转移到非金属原子上,分别形成具有稀有气体稳定电子结构的正、负离子。正离子和负离子之间通过静电引力结合在一起,形成离子化合物。这种正、负离子间的静电吸引力就叫作离子键。如氯化钠形成过程,钠原子失去一个电子变成钠离子,氯原子得到一个电子变为氯离子,分别形成了具有氖和氩稀有气体原子稳定结构的离子,钠离子和氯离子通过静电引力而形成了氯化钠晶体。

在离子键模型中,把正、负离子看作半径不同的球体。根据库仑定律,两个距离为 r,带有相反电荷的 Na^+ 和 Cl^- 之间的势能如图 5-1 曲线所示,图中横坐标 r 是核间距,纵坐标 V 是体系的势能,其零点为当 r 无穷大时即两核之间无限远时的势能。

当 $r > r_0$ 时,随着 r 的减少,体系的势能 V 不断减小,体系趋于稳定。正负离子之间体现的主要是静电引力。当 $r = r_0$ 时,体系的势能 V 有极小值,此时体系最稳定,表明形成离子键。当 $r < r_0$ 时,随着 r 的减少,体系的势能 V 急剧上升。因为 Na^+ 和 Cl^- 彼此再接近时,电子云之间的斥力急剧增加,导致势能迅速增大。所以,离子之间保持一定距离时,体系最稳定,也就是形成了离子键。

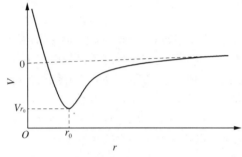

图 5-1　NaCl 体系的势能与核间距之间的关系

形成离子键的两个原子,电负性要相差比较大,一般将两原子电负性相差大于 1.7 的化合物看作是离子型化合物,将两原子电负性相差小于 1.7 的化合物看作为共价型化合物。化合物中不存在 100% 的离子键,即使是 CsF 中的化学键,离子性百分数占 92%,也就是说铯离子和氟离子之间的键仍有 8% 的共价性。

5.1.2　离子键的特征

1. 离子键的作用力是静电引力

静电引力 F 为:

$$F \propto \frac{q_1 \cdot q_2}{r^2} \tag{5-1}$$

式中,q_1、q_2 分别为正、负离子所带电荷量;r 为正、负离子的核间距离。

2. 离子键无方向性和饱和性

一个离子与任何方向的电性不同的离子都有吸引力,所以离子键无方向性。任何正、负离子之间都存在吸引力,所以离子键无饱和性。

5.1.3　离子键的强度

离子键的强度一般用晶格能(lattice energy)来表示。晶格能的定义:在标准状态下,破坏一摩尔的离子晶体使变为气态正离子和气态负离子时所须吸收的能量 U。例如:

$$MX(s) \longrightarrow M^+(g) + X^-(g) \qquad \Delta_r H_m^\ominus = U$$

晶格能数值的大小,常用来比较离子键的强度和晶体的稳定性。晶格能愈大,则破坏离子晶体时所须消耗的能量愈多,离子晶体愈稳定。晶格能大的离子晶体一般有较高的熔点和较大的硬度。如表 5-1 和表 5-2 所示。

表 5 - 1　晶格能和离子晶体的熔点

晶　体	NaI	NaBr	NaCl	NaF	CaO	MgO
晶格能/(kJ·mol^{-1})	692	740	780	920	3 513	3 889
熔点/℃	660	747	801	996	2 570	2 852

表 5 - 2　晶格能和离子晶体的硬度

晶　体	BeO	MgO	CaO	SrO	BaO
晶格能/(kJ·mol^{-1})	4 521	3 889	3 513	3 310	3 152
莫氏硬度①	9.0	6.5	4.5	3.5	3.3

晶格能不能直接测定,需要实验方法或理论方法估算,计算晶格能的方法很多,常用的有以下两种方法。

1. 玻恩-哈伯循环法

1919 年,玻恩和哈伯设计了一种由热化学循环的方法求算离子晶体的晶格能,该法称为玻恩-哈伯循环(Bron - Haber cycle)法。

例如由固态的钠和气态的氟生成氟化钠晶体的晶格能计算,可以通过设计两种不同途径求算,图 5 - 2 示出有关步骤及相应的焓变:

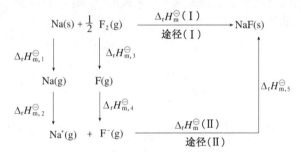

图 5 - 2　氟化钠晶格能计算步骤与焓变

途径 I　1 mol 固态钠和 $\frac{1}{2}$ mol 气态氟在标准状态下直接化合生成 1 mol 的氟化钠晶体,反应所放出的热量就是氟化钠晶体的标准生成焓 $\Delta_f H_m^{\ominus}(NaF)$

$$Na(s) + \frac{1}{2}F_2(g) \longrightarrow NaF(s)$$

$$\Delta_r H_m^{\ominus}(I) = \Delta_f H_m^{\ominus}(NaF) = -576.6 \text{ kJ·mol}^{-1}$$

途径 II　假定分下列五步进行(都在标准状态下)

(1) 1 mol 固态钠升华为气态钠,过程中所吸收的热量即为钠的升华热 $\Delta_s H_m^{\ominus}$

$$Na(s) \longrightarrow Na(g)$$

---

①　莫氏硬度是由德国矿物学家莫氏(F. Mohs)提出。他把常见的 10 种矿物按其硬度依次排列,将最软的滑石的硬度定为 1,最硬的金刚石的硬度定为 10。10 种矿物的硬度按由小到大的次序排列为:1. 滑石 2. 石膏 3. 方解石 4. 莹石 5. 磷灰石 6. 正长石 7. 石英 8. 黄玉 9. 刚玉 10. 金刚石。测定莫氏硬度用刻划法,例如能被石英刻出划痕而不能被正长石刻出划痕的矿物,其硬度在 6～7 之间。

$$\Delta_r H_{m,1}^{\ominus} = \Delta_s H_m^{\ominus} = 107.7 \text{ kJ} \cdot \text{mol}^{-1}$$

（2）1 mol 气态钠原子电离成气态钠离子，过程中所吸收的热量即为钠的电离能 I。

$$Na(g) \longrightarrow Na^+(g)$$

$$\Delta_r H_{m,2}^{\ominus} = I = 495.8 \text{ kJ} \cdot \text{mol}^{-1}$$

（3）$\frac{1}{2}$ mol 气态氟离解为气态氟原子，过程中所吸收的热量等于氟的离解能 D 的一半。

$$\frac{1}{2}F_2(g) \longrightarrow F(g)$$

$$\Delta_r H_{m,3}^{\ominus} = \frac{1}{2}D = \frac{1}{2} \times 159 \text{ kJ} \cdot \text{mol}^{-1}$$

（4）1 mol 气态氟原子与电子结合成为气态氟离子，此过程放出的能量就是氟的电子亲和能 E_A。

$$F(g) \longrightarrow F^-(g)$$

$$\Delta_r H_{m,4}^{\ominus} = E_A = -328.0 \text{ kJ} \cdot \text{mol}^{-1}$$

（5）气态氟离子与气态钠离子结合生成 1 mol 氟化钠晶体，所放出的能量数值上等于 NaF 的晶格能 U，但符号相反。

$$Na^+(g) + F^-(g) \longrightarrow NaF(s)$$

$$\Delta_r H_{m,5}^{\ominus} = -U$$

途径 Ⅱ 总焓量为：

$$\Delta_r H_m^{\ominus}(\text{Ⅱ}) = \Delta_r H_{m,1}^{\ominus} + \Delta_r H_{m,2}^{\ominus} + \Delta_r H_{m,3}^{\ominus} + \Delta_r H_{m,4}^{\ominus} + \Delta_r H_{m,5}^{\ominus}$$

即

$$\Delta_r H_m^{\ominus}(\text{Ⅱ}) = \Delta_s H_m^{\ominus} + I + \frac{1}{2}D + E_A + (-U)$$

根据盖斯定律

$$\Delta_r H_m^{\ominus}(\text{Ⅰ}) = \Delta_r H_m^{\ominus}(\text{Ⅱ})$$

$$\Delta_f H_m^{\ominus}(NaF) = \Delta_s H_m^{\ominus} + I + \frac{1}{2}D + E_A - U$$

$$-576.6 = 107.7 + 495.8 + \frac{1}{2} \times 159 - 328.0 - U$$

$$U = +931.6 \text{ kJ} \cdot \text{mol}^{-1}$$

即 NaF 的晶格能为 931.6 kJ·mol⁻¹。

2. 玻恩-朗德公式

由于电子亲和能（即上面循环中的 $\Delta_r H_{m,4}^{\ominus}$）测定比较困难，而且误差也比较大，所以用玻恩-哈伯循环的方法来计算晶格能受到了一定的限制。因此晶格能也可以用下面的玻恩（M. Born）和朗德（A. Lande）导出的理论公式来计算。

$$晶格能\ U = \frac{138\ 490A\ Z_1 Z_2}{R_0}\left(1 - \frac{1}{n}\right) \qquad (5-2)$$

式中 R_0——正、负离子半径之和,采用 pm 为单位;

Z_1、Z_2——正、负离子电荷的绝对值;

A——马德隆(E. Madelung)常数,由晶体构型决定:

CsCl 型 $A = 1.763$

NaCl 型 $A = 1.748$

ZnS 型 $A = 1.638$

n——玻恩指数,由离子的电子构型决定(表 5-3)。晶格能 U 的单位是 $kJ \cdot mol^{-1}$。

表 5-3 离子的电子构型和玻恩指数的关系

离子的电子构型	He	Ne	Ar 或 Cu$^+$	Kr 或 Ag$^+$	Xe 或 Au$^+$
n	5	7	9	10	12

如果正、负离子的构型不同,则在计算时,n 取它们的平均值。仍以求 NaF 的晶格能为例:

由于 NaF 晶体属 NaCl 型 $\left(\dfrac{r_+}{r_-} = 0.699\right)$ 则 $A = 1.748$

Na$^+$ 和 F$^-$ 均为一价离子 $Z_1 = Z_2 = 1$

Na$^+$ 半径为 95 pm,F$^-$ 半径为 136 pm $R_0 = 231$ pm

Na$^+$ 和 F$^-$ 的电子构型均属 Ne 型 $n = 7$

NaF 的晶格能为: $\dfrac{138\ 490 \times 1.748}{231}\left(1 - \dfrac{1}{7}\right) = 898.3\ kJ \cdot mol^{-1}$

上述两种方法计算的结果接近。

从公式 5-2 中,可以归纳出影响离子晶体晶格能的各种因素。它们是:正、负离子的半径、电荷和电子构型,以及晶体的构型。离子半径愈小,离子电荷愈多,配位数愈大,正、负离子间的吸引力愈大,破坏离子晶体所消耗的能量愈大,则晶体的晶格能愈大。

5.1.4 离子晶体

1. 晶体的基本概念

固体可分为晶体和非晶体两类,它们在一些物性上表现不同。自然界中绝大多数固态物质以晶体形式存在,晶体的特性是晶体内部结构的反映。

(1) 晶格和晶胞

根据 X 射线研究,晶体内部粒子(原子、分子或离子)是有规则排列的。在研究晶体内粒子的排列时,可以把粒子当成几何的点,晶体由这些点在空间按一定规则排列而成,这些点的总和称为晶格(lattice)。晶格上的点称为结点,见图 5-3。在晶体中的粒子实际排列得很密,例如在 1 mm^3 的 NaCl 晶体中,就排列着约 5×10^{18} 个 Na$^+$ 和 Cl$^-$。

为了研究晶格的特征,在晶体中切割出一个能代表晶格一切特征的最小部分,这个最小部分称为晶胞(unit cell),晶胞在三维空间

图 5-3 晶格
(图中每个点代表一个粒子)

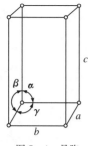

图 5-4 晶胞

中的无限重复就形成了晶格。晶胞的特征通常可用六个常数来描述,这六个常数分别是 a、b、c 和 α、β、γ,如图 5-4,从图可看出,晶胞是一个平行六面体,a、b、c 是三个棱的长,α、β、γ 是棱边的夹角。

根据晶胞的特征,可以划分成七个晶系(crystal systems),它们是立方晶系(cubic class)、四方晶系(tetragonal class)、六方晶系(hexagonal class)、菱形晶系(rhombohedral class)、斜方晶系(orthorhombic class)、单斜晶系(monoclinic class)和三斜晶系(triclinic class)。现将七种晶系列于表 5-4。

表 5-4 七种晶系的性质

晶 系	边 长	角 度	实 例
立方晶系	$a=b=c$	$\alpha=\beta=\gamma=90°$	岩盐(NaCl)
四方晶系	$a=b\neq c$	$\alpha=\beta=\gamma=90°$	白锡
六方晶系	$a=b\neq c$	$\alpha=\beta=90°$ $\gamma=120°$	石墨
菱形晶系	$a=b=c$	$\alpha=\beta=\gamma\neq90°(<120°)$	方解石($CaCO_3$)
斜方晶系	$a\neq b\neq c$	$\alpha=\beta=\gamma=90°$	斜方硫
单斜晶系	$a\neq b\neq c$	$\alpha=\gamma=90°$ $\beta>90°$	单斜硫
三斜晶系	$a\neq b\neq c$	$\alpha\neq\beta\neq\gamma$	重铬酸钾

每一晶系可分为若干种晶格,目前已知七种晶系共有 14 种晶格。其中最简单的立方晶系有三种晶格,即简单立方晶格(simple or primitive cubic lattice)、体心立方晶格(body-centered cubic lattice)和面心立方晶格(face-centered cubic lattice)。

简单立方晶格。晶胞是个立方体,结点分布在晶胞立方体的 8 个角顶上[图 5-5(a)]。

体心立方晶格。晶胞也是个立方体,结点共有 9 个,其中 8 个排在晶胞立方体的 8 个角顶上,另一个排在晶胞的中心,见图 5-5(b)。

面心立方晶格。晶胞也是个立方体,结点共有 14 个,除了 8 个排在晶胞的 8 个角顶上以外,还有 6 个排在晶胞立方体 6 个面的中心[图 5-5(c)]。

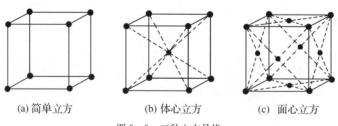

(a) 简单立方   (b) 体心立方   (c) 面心立方

图 5-5 三种立方晶格

除上述三种晶格外,常见的晶格还有属于六方晶系的六方晶格(图 5-6)。

(2) 晶体的基本类型

晶格结点上的粒子靠它们之间的结合力联系在一起而成晶体。晶体的性质不仅和粒子的排列规律有关,更主要的还和粒子的种类(即结合力的性质)有密切关系。根据晶格结点上粒子的种类,可把晶体分成四大基本类型:离子晶体、原子晶体、分子晶体和金属晶体。除了上述四种典型的晶体外,还有混合型晶体,例如石墨等。

图 5-6 六方晶格

2. 三种典型的离子晶体

在离子晶体的晶格结点上,交替排列着正、负离子。由于正、负离子间有很强的离子键(静电引力)作用,所以离子晶体有较高的熔点和较大的硬度,常呈现硬而脆的性质。在离子晶体中,正负离子的排列有一定规律,离子排列形式要受到离子半径、离子电荷、离子的电子层结构的影响,因此是多种多样的,下面对立方晶系 AB 型(正、负离子电荷绝对值相等)离子晶体中的三种最常见的排列进行讨论。

(1) CsCl 型

CsCl 的晶胞是个立方体,如图 5-7(a)所示。每个 Cs^+(或 Cl^-)处于立方体的中心,被立方体 8 个异号离子所包围,形成一个简单立方晶格。由于角顶上离子属于 8 个晶胞所共有,也就是角顶上离子只有 1/8 属于一个晶胞中。所以在一个 CsCl 晶胞中实有 1 个 Cs^+ 和 1 个 Cl^-。在晶体中,与一个粒子相邻最近的其他粒子数称为配位数。对于 CsCl 晶体来讲,配位数为 8,由于正、负离子的配位数都是 8,所以称为 8 : 8 配位。属于 CsCl 型的离子晶体还有 CsBr、CsI 等。

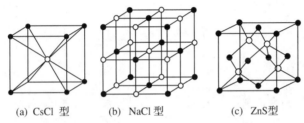

(a) CsCl 型　　　(b) NaCl 型　　　(c) ZnS型

图 5-7　三种 AB 型晶体的结构

(2) NaCl 型

NaCl 的晶胞也是个立方体,图 5-7(b)所示。晶胞上的结点比较多,中心离子(Na^+ 或 Cl^-)处于立方体的中心,在中心离子附近,排列着 6 个异号离子,它们分布在晶胞立方体 6 个面的中心处,这些离子又分别为 6 个与它们异号的离子所包围。所以在 NaCl 晶胞中,Na^+(或 Cl^-)位于立方体的体心和 12 条边的中点,Cl^-(或 Na^+)位于立方体的 8 个角顶和 6 个面的面心。在立方体边中点上的离子属于相邻 4 个晶胞所共有,体心的离子只为 1 个晶胞所有,所以 1 个 NaCl 晶胞中 Na^+ 个数为 $12 \times \frac{1}{4} + 1 = 4$ 个;另外角顶离子属于 8 个晶胞所共有,立方体面中心上的离子属于 2 个晶胞所共有,所以 1 个 NaCl 晶胞中 Cl^- 个数为 $8 \times \frac{1}{8} + 6 \times \frac{1}{2} = 4$ 个。从图 5-7(b)可以看出,每个离子均处于 6 个异号离子包围之中,配位数为 6,采用 6 : 6 配位。属于 NaCl 型的晶体有 NaF、AgBr、BaO 等。

(3) ZnS 型

ZnS 的晶胞也是立方体,如图 5-7(c)所示。晶胞内的结点分布更加复杂,中心离子(Zn^{2+} 或 S^{2-})处于把晶胞平均分成 8 个小正立方体的互不相邻的 4 个的中心,异号离子则分布在晶胞的 8 个顶角和 6 个面的面心处。因此每个晶胞中有 4 个 Zn^{2+} 和 4 个 S^{2-}。从图 5-7(c)可看出,每个离子均处于 4 个异号离子包围中,配位数为 4,采用 4 : 4 配位。属于 ZnS 型的晶体还有 ZnO、AgI 等。

3. 离子半径和配位比

为什么离子晶体会采取配位比不同的空间结构? 这主要决定于正负离子半径的相对大小。

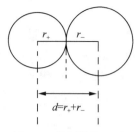

图 5-8　核间距等于正负
离子半径之和

由于电子云没有明确的界面,因此严格地说,离子半径是无法确定的。我们现在所说的离子半径,是假定晶体中正、负离子是互相接触的球体,因此两原子核间的距离(即核间距 d)就等于正、负离子半径之和,即 $d=r_+ + r_-$,如图 5-8 所示。

虽然核间距可根据 X 射线分析实验测得,但不能直接由核间距求出各单个离子的半径。不过,经过一定方法的推算,可以将核间距合理划分给正负两个离子。一种方法是按两种离子的折射率与其半径的关系,计算出 F^-(或 O^{2-})的离子半径,再以 F^-(或 O^{2-})半径为起点,推算出其他离子的半径。例如,实验测得 NaF 的核间距为 231 pm,F^- 半径为 136 pm,则 Na^+ 半径=231-136=95 pm。常见的离子半径列于表 5-5。

表 5-5　常见的离子半径

离　子	半径/pm	离　子	半径/pm	离　子	半径/pm
Li^+	60	Cr^{3+}	64	Hg^{2+}	110
Na^+	95	Mn^{2+}	80	Al^{3+}	50
K^+	133	Fe^{2+}	76	Sn^{2+}	102
Rb^+	148	Fe^{3+}	64	Sn^{4+}	71
Cs^+	169	Co^{2+}	74	Pb^{2+}	120
Be^{2+}	31	Ni^{2+}	72	O^{2-}	140
Mg^{2+}	65	Cu^+	96	S^{2-}	184
Ca^{2+}	99	Cu^{2+}	72	F^-	136
Sr^{2+}	113	Ag^+	126	Cl^-	181
Ba^{2+}	135	Zn^{2+}	74	Br^-	196
Ti^{4+}	68	Cd^{2+}	97	I^-	216

形成离子晶体时,正、负离子总是尽可能紧密地排列而使它们之间的自由空间为最小,这样才可能使晶体稳定存在。而离子能否紧密相靠是与正、负离子半径之比 $\dfrac{r_+}{r_-}$ 有关。一般负离子半径大于正离子半径,因此,最紧密的排列应该是正、负离子互相接触,而负离子也两两接触,这是最稳定的排列。图 5-9 示出了在配位数为 6 的晶体中的某一层,其中正、负离子作最紧密的排列,则:

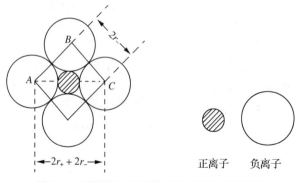

图 5-9　配位数为 6 的晶体中正负离子的紧密排列

$\triangle ABC$ 是一个等腰直角三角形，因此 $\dfrac{AB}{AC}=\sin 45°=0.707$，而 $\dfrac{AC}{AB}=\dfrac{2\,r_++2\,r_-}{2\,r_-}=\dfrac{r_+}{r_-}+1$，则

$$\frac{r_+}{r_-}=0.414$$

由上可知，当 $\dfrac{r_+}{r_-}=0.414$ 时，正、负离子互相接触，负离子之间也两两接触，可得最稳定的排

列。如果 $\dfrac{r_+}{r_-}$ 值大于(或小于)0.414，则晶体中正、负离子接触情况将有所改变。当 $\dfrac{r_+}{r_-}>0.414$

时，负离子彼此不接触，而正、负离子仍然接触，这
种情况可以稳定存在[图 5-10(a)]。但如果

$\dfrac{r_+}{r_-}>0.732$ 时，正离子表面就有可能紧靠上更多
的负离子，也就是说晶体将向配位数为 8 的 CsCl

型转变。当 $\dfrac{r_+}{r_-}<0.414$ 时，晶体中负离子两两接

触，而正负离子不接触，这种构型排斥力大，吸引
力小，不能稳定存在，如图 5-10(b)所示。如果配

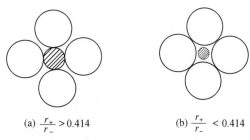

(a) $\dfrac{r_+}{r_-}>0.414$ (b) $\dfrac{r_+}{r_-}<0.414$

图 5-10 离子半径比与配位数的关系

位数减小，正、负离子就可以相互接触，因此晶体将向配位数为 4 时的 ZnS 型转变。但如果 $\dfrac{r_+}{r_-}<$

0.225 时，作为 ZnS 型的晶体也不能稳定存在，这时晶体要向配位数为 3 的构型转变。

根据上述讨论，将正、负离子半径比与配位数关系归纳于表 5-6。

表 5-6 AB 型离子晶体半径比与配位数的关系

$\dfrac{r_+}{r_-}$	配位数	构 型	晶 体 实 例
0.225～0.414	4	ZnS 型	BeO(0.22)、CuCl(0.53)、HgS(0.60)、ZnO(0.54)等
0.414～0.732	6	NaCl 型	NaBr(0.49)、AgCl(0.70)、MgO(0.46)、BaS(0.73)等
0.732～1.00	8	CsCl 型	CsBr(0.86)、CsI(0.78)、TlCl(0.83)、NH_4Cl(0.82)等

如果知道离子晶体中正、负离子的半径比，就可推测该晶体的构型。例如，我们在表 5-5 中
查得 Mg^{2+} 和 O^{2-} 的半径分别为 65 pm 和 140 pm，则半径比为

$$\frac{r_+}{r_-}=\frac{65}{140}=0.464$$

根据表 5-6，就可推测出 MgO 晶体属于配位数为 6 的 NaCl 型结构。但应注意，由于离子半径的
数据还不够精确，加上离子间相互作用的影响，以致上述推测的结果和实际晶体构型有时不符。

5.2 共价键理论

5.2.1 价键理论

1927 年海特勒和伦敦应用量子力学合理地回答了两个氢原子为什么能稳定地结合而形成

氢分子的问题,从而揭示了共价键的本质。

1. 共价键的本质

用量子力学处理两个氢原子所组成的体系可以假定有下列两种情况:

(1)假定 A、B 两个氢原子的电子自旋方向相反。当 A、B 两原子相互接近时,此时 A 原子的电子不但受 A 原子核的吸引,同时也受 B 原子核的吸引,同样 B 原子的电子也同时受到 B 原子核和 A 原子核的吸引,使两个氢原子的 1s 原子轨道发生重叠,电子概率密度在两核间增大,致使整个体系的能量要比两个单独存在的氢原子能量低。海特勒和伦敦运用量子力学原理将两个氢原子相互作用的能量作为核间距的函数进行计算,得到图 5-11 中的能量曲线 E_I。由图可见,曲线有一最低点,该点的能量比单独存在的氢原子能量低 303 kJ·mol^{-1},核间距离为 86.9 pm(后经实验测得该点能量为 -436 kJ·mol^{-1},核间距为 74.2 pm)。当 A、B 两氢原子继续接近时两核间的排斥力占主导地位,这时体系能量逐渐升高。两个氢原子在能量最低点时形成稳定的 H_2 分子,这种状态为 H_2 分子的稳定态,称为基态。

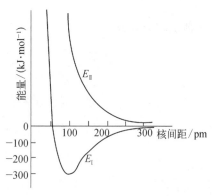

图 5-11　氢分子的能量曲线

(2)假定 A、B 两个氢原子的电子自旋方向相同。当 A、B 两原子相互接近时,可得体系能量与核间距关系曲线,如图 5-11 中 E_{II}。由能量曲线可知,体系能量均高于单独存在的氢原子能量,体系处于不稳定态,称为排斥态,这时不可能形成稳定的 H_2 分子。

将量子力学处理氢分子的方法,推广应用到其他分子体系而发展成为电子配对法,又称价键法。其基本要点如下。

① 自旋方向相反的成单电子互相结合(配对)可以形成共价键。若 A、B 两原子各有 1 个未成对电子,且自旋方向相反,则配对成键,共用电子对仅为一对的称为共价单键(A—B);若 A、B 两原子各有 2 或 3 个未成对电子,则可形成双键(A=B)或三键(A≡B),共用电子对数目超过二的称为多重键(multiple bond);若 A 原子有 2 个未成对电子,B 原子有 1 个,则 A 与两个 B 结合而成 AB_2 分子。

② 成键电子的原子轨道重叠越多,两核间电子的概率密度也越大,形成共价键越稳固。因此,在形成共价键时原子轨道总是尽可能地达到最大限度的重叠。

根据上述基本要点,可以推断共价键有两个特征。

2. 共价键的特征

第一个特征是共价键的饱和性。根据自旋方向相反的单电子可以配对成键的论点,在形成共价键时,一个原子有几个未成对电子只能和几个自旋方向相反的单电子配对成键,这便是共价键的饱和性。例如,一个氮原子其电子层结构为 $1s^2 2s^2 2p^3$,有 3 个未成对的电子,可以和另一个氮原子自旋方向相反的 3 个电子配对,结合成 N_2 分子。

第二个特征是共价键的方向性。根据原子轨道重叠体系能量下降的论点,在形成共价键时,两个原子的成键电子在可能范围内一定采取电子的概率密度最大的方向重叠,这就称为共价键的方向性。例如一个氯原子和一个氢原子结合形成氯化氢分子的过程中,若氯原子的一个成单 p 电子位于 $3p_x$ 轨道,根据最大重叠原理,氢原子的 1s 轨道必采取图 5-12 所示的方向和 $3p_x$ 轨道重叠,形成 Cl—H 共价键。

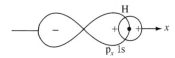

图 5-12　HCl 分子成键示意图

3. 共价键的类型

共价键的形成是由原子与原子接近时它们的原子轨道相互重叠的结果,重叠程度愈大,共价键愈稳定。但是原子轨道的重叠并非都是有效的,只有原子轨道有效的重叠才能成键。

原子轨道都有一定的对称性,所以重叠时必须对称性合适。所谓对称性合适就是两原子轨道以同符号部分(+与+或-与-)重叠才能有效成键,这种重叠称为正重叠,见图 5 - 13(a)(b)(c)(d)(e);反之,以不同符号部分(+与-或-与+)重叠无效,难以成键,称为负重叠,见图 5 - 13(f)(g)(h)。有时,同号重叠部分和异号重叠部分正好抵消,也为无效,不能成键,称为零重叠,见图 5 - 13(i)(j)。

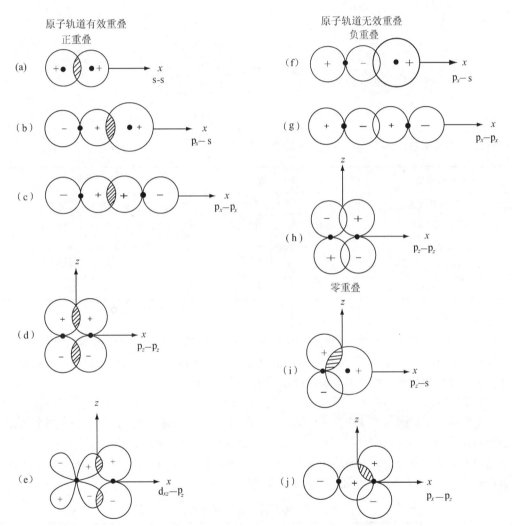

图 5 - 13　原子轨道重叠的几种方式(图中·为核所在位置)

原子轨道有效重叠的结果,使体系的能量降低,能够成键。在有效重叠中,按对称性可以将共价键分成两种类型——σ 键(sigma bonds)和 π 键(Pi bonds)。

(1) σ 键

σ 键的形成见图 5 - 13(a)(b)(c)。图中(a)为两个球形对称的 s 轨道沿 x 轴相互接近;(b)为 p_x 轨道(该轨道对 x 轴对称即绕 x 轴旋转任何角度,轨道的形状和符号都不变)与 s 轨道沿 x 轴相互接近;(c)为 p_x 与 p_x 沿 x 轴相互接近,它们的共同特点是:"头对头"相碰而达到原子轨道的最大重叠。重叠部分集中在两核之间,对称于键轴且通过键轴[①],这种重叠方式形成的键称为 σ 键。

(2) π 键

π 键的形成,见图 5-13(d)(e)。图中(d)为 2 个 p_z 轨道(该轨道与 x 轴反对称)沿 x 轴相互接近;(e)为 1 个 p_z 轨道与 1 个 d_{xz} 轨道沿 x 轴相互接近,它们的共同特点是:"肩并肩"相碰而达到原子轨道的最大重叠。重叠部分集中在键轴的上方和下方,这种重叠方式形成的键称为 π 键。

从电子云分布情况来看,σ 键的电子云密集在键轴处,呈圆柱形对称;π 键的电子云集中在键轴的上下,呈双冬瓜形,通过键轴可以插一平面,此平面称节面(nodal plane),在节面上电子云密度为零(图 5-14)。

图 5-14 σ 键和 π 键示意图

现将共价键型总结如下:

共价键类型	σ 键	π 键
AO[②] 重叠方式	"头对头"	"肩并肩"
AO 重叠部位	两原子核之间,在键轴处	键轴上方和下方,键轴处为零
电子云分布形状	圆柱形,对称于键轴	双冬瓜形,键轴处有一节面
键的强度	较 大	较 小
键 能	大 些	小 些

4. 键参数

化学键具有一些表征其性质的物理量,如键长、键角、键能、键级、键型等,这些物理量,统称键参数(parameter of bond)。键参数可以粗略而方便地定性、半定量或定量地确定分子的形状和解释分子的热稳定性等性质。本节将对键长、键能、键角加以讨论。

(1) 键长(l)

分子中两原子核间的平衡距离称为键长(bond lengths)或键距。例如,氢分子中两个氢原子的核间距为 74.2 pm,所以 H—H 键的键长就是 74.2 pm。用电子衍射、X 射线衍射等技术已能相当精确地实验测定各类分子和晶体中原子间的距离即键长,用量子力学近似方法也可以从理论上求算键长。表 5-7 列出一些化学键的键长数据。

表 5-7 某些键长和键能的数据

共 价 键	键长/pm	键能/(kJ·mol^{-1})	共 价 键	键长/pm	键能/(kJ·mol^{-1})
H—H	74.2	436	F—F	141.8	155
H—F	91.8	565	Cl—Cl	198.8	240

---

① 键轴就是连接两原子核的直线,图 5-14 中键轴就在 x 轴上。

② AO 为原子轨道 Atomic Orbital 的缩写。

续 表

共 价 键	键长/pm	键能/(kJ·mol^{-1})	共 价 键	键长/pm	键能/(kJ·mol^{-1})
H—Cl	127.4	428	Br—Br	228.4	190
H—Br	140.8	362	I—I	266.6	149
H—I	160.8	295	C—C	154	346
O—H	96	459	C=C	134	602
S—H	134	363	C≡C	120	835
N—H	101	386	N—N	145	167
C—H	109	411	N≡N	110	946

从表 5 - 7 数据可见,H—F、H—Cl、H—Br、H—I 键长依次渐增,表示核间距离增大,两原子相互结合能力渐减,即键的强度减弱,因而从 H—F 到 H—I 分子的热稳定性逐渐减小。另外碳原子间形成单键、双键、三键的键长渐次缩短,键的强度渐增,越加稳定。但是,通常化学键的强度是用打断这个键所需要的能量来衡量的。

(2) 键能(E)

以能量标志化学键强弱的物理量称键能(bond energies),可用以说明拆开一个键或形成一个键的难易程度。所以,不同类型的化学键有不同的键能,如离子键的键能是晶格能;金属键的键能为内聚能等。本章仅讨论共价键的键能。

在 298 K 和 100 kPa 下,破裂 1 mol 键所需要的能量称为键能 E,单位为 kJ·mol^{-1}。

对于双原子分子而言,在上述温度压力下,将 1 mol 理想气态分子离解为理想气态原子所需要的能量称离解能 D,离解能就是键能 E。键能常从测定键离解时的焓变求得[①]。例如:

$$H_2(g) \longrightarrow 2H(g) \qquad \Delta_r H_m^{\ominus} = D_{H-H} = E_{H-H} = 436 \text{ kJ·mol}^{-1}$$
$$N_2(g) \longrightarrow 2N(g) \qquad \Delta_r H_m^{\ominus} = D_{N\equiv N} = E_{N\equiv N} = 946 \text{ kJ·mol}^{-1}$$

对于多原子分子,要断裂其中的键成为单个原子,需要多次离解,因此离解能不等于键能,而是多次离解能的平均值才等于键能,所以是平均键能。例如:

$$
\begin{aligned}
BF_3(g) &\longrightarrow BF_2(g) + F(g) & \Delta_r H_m^{\ominus} &= D_1 = 557 \text{ kJ·mol}^{-1} \\
BF_2(g) &\longrightarrow BF(g) + F(g) & \Delta_r H_m^{\ominus} &= D_2 = 523 \text{ kJ·mol}^{-1} \\
+) \quad BF(g) &\longrightarrow B(g) + F(g) & \Delta_r H_m^{\ominus} &= D_3 = 766 \text{ kJ·mol}^{-1} \\
\hline
BF_3(g) &\longrightarrow B(g) + 3F(g) & \Delta_r H_m^{\ominus} &= D_{总} = 1\ 846 \text{ kJ·mol}^{-1}
\end{aligned}
$$

$$E_{B-F} = \frac{D_{总}}{3} = \frac{1\ 846}{3} = 615 \text{ kJ·mol}^{-1}$$

键能值通常可由光谱实验测定,而近来由热化学数据计算得到的键能值正日渐增多。通常共价键的键能指的是平均键能,一般键能愈大,表明键愈牢固,由该键构成的分子也就愈稳定。

键长和键能虽可判别化学键的强弱,但要反映分子的几何形状尚需键角这个参数。

(3) 键角(θ)

分子中键与键之间的夹角称为键角(bond angles)。

对于双原子分子无所谓键角,分子的形状总是直线型的。

---

① 此处假定离解反应中体积功很小,可以忽略不计,严格地说,$\Delta_r H_m^{\ominus} \approx E$。

对于多原子分子,由于分子中的原子在空间排布情况不同就有不同的几何构型。表 5 - 8 列出一些分子的键长、键角和分子的几何形状。

由此可见,知道一个分子的键角和键长,即可确定分子的几何构型。

表 5 - 8　一些分子的键长、键角和分子构型

分子式	键长(pm,实验值)	键角 θ(实验值)	分 子 构 型
H_2S	134	93.3°	H — 93.3° — H，S，134 pm　角型
CO_2	116.2	180°	O — 180° — C — O，116.2 pm　直线型
NH_3	101	107°	N，101 pm，H，107°，H，H　三角锥型
CH_4	109	109.5°	H，C，H，109.5°，109 pm，H，H　正四面体型

5. 价键理论的应用

应用价键理论可以说明一些简单分子的内部结构。例如,HCl 分子是由 H 原子的 1s 电子与 Cl 原子外电子层($3s^2 3p_z^2 3p_y^2 3p_x^1$)中未成对的 $3p_x$ 电子的原子轨道以"头对头"互相重叠而成,所以 HCl 分子中有 1 根 σ 键,如图 5 - 15(a)所示。

又如 N_2 分子是由两个 N 原子的价电子层($2s^2 2p_z^1 2p_y^1 2p_x^1$)中 3 个未成对的 2p 电子的原子轨道互相重叠而成。其中两个 p_x 原子轨道以头对头互相重叠成一根 σ 键;两个 p_y 原子轨道和两个 p_z 原子轨道分别各自以"肩并肩"互相重叠而成两根 π 键,如图 5 - 15(b)所示。

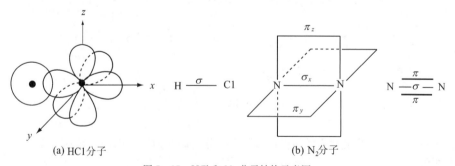

(a) HCl分子　　　　(b) N_2分子

图 5 - 15　HCl 和 N_2 分子结构示意图

5.2.2　价层电子对互斥理论

1940 年,西奇维克(N. Y. Sidgwick)等人对一系列已知分子的空间构型做研究分析后发现,

分子中的中心原子最外层电子对数与该分子（或离子）的形状有关。后经吉勒斯匹（R. J. Gilespie）等人归纳整理，于 1957 年提出可以判断 AB_n 型（A 表示中心原子，B 表示配位原子，n 表示配位原子的个数）或者可以看成 AB_n 分子或离子的几何构型的理论，称为价层电子对互斥理论（Valence Shell Electron Pair Repulsion Theory），简称 VSEPR 理论。

1. VSEPR 理论要点

AB_n 型分子（离子）的几何构型取决于中心原子 A 的价层电子对之间的排斥作用，各电子对之间互相排斥，彼此应保持尽可能远的距离，使静电排斥力最小，分子最为稳定。价层电子对包括成键电子对和未成键的孤电子对。

（1）中心原子价层电子对数

① 中心原子价层电子对数可按下式计算：

$$价层电子对数 \; m = \frac{1}{2}(中心原子 A 的价电子数 + 配位原子 B 在成键过程中提供的电子数)$$

例如：

$$SF_6 \; 价层电子对数 \; m = \frac{1}{2}(S 的价电子总数为 6 + F 在成键时提供的电子数 \; 1 \times 6) = 6$$

$$PCl_5 \; 价层电子对数 \; m = \frac{1}{2}(5 + 1 \times 5) = 5$$

② 氧族元素的原子作中心时，价电子数为 6，如在 H_2O 和 H_2S 中，氧是中心原子，电子数为 6。作配体时，提供的电子数为 0，如在 CO_2 中，氧为配位原子，电子数为 0。

③ 价层电子对数是分数时进位上去，如 NO_2 分子中，N 的价层电子对数是：$\frac{1}{2}(5 + 0 \times 2) = 2.5$，电子对数 m 取 3。

（2）电子对数与电子对空间构型的关系

假定把中心原子周围的价电子层看作一个球面，价层电子成对分布于球面上，各电子对之间互相排斥，彼此保持尽可能远的距离，使静电排斥力最小，则分子最为稳定。价层电子对最可能排布的几何形状见图 5-16。

（3）分子构型与电子对空间构型的关系

如果配体 B 的个数 n 和价层电子对数 m 一致，即价层电子对都是成键电子对，则分子构型和价层电子对空间构型一致。

分子中价层电子对并不一定全部成键。如果配位原子 B 的个数 n 小于 A 的价层电子对数 m 时，即有孤电子对存在，孤电子对数目等于价层电子对数 m - 配位原子数 n。确定出孤电子对的位置，就可以知道分子构型。

确定孤电子对的位置要考虑电子对之间的排斥力。当孤电子对的位置只有一种选择时，分子空间构型容易确定。当孤电子对的位置有两种或者两种以上选择时，要考虑选择排斥力最小的状态。排斥力大小与两方面因素有关。

① 电子对与电子对之间的角度：角度越小，电对距离近，排斥作用力越大。

② 电子对种类：角度相同时，排斥力大小依次为：

孤对电子与孤对电子间 > 孤对电子与键对电子间 > 键对电子与键对电子间

所以，首先要尽量避免具有最大排斥力的"孤对电子-孤对电子"分布在互成 90° 的方向上。

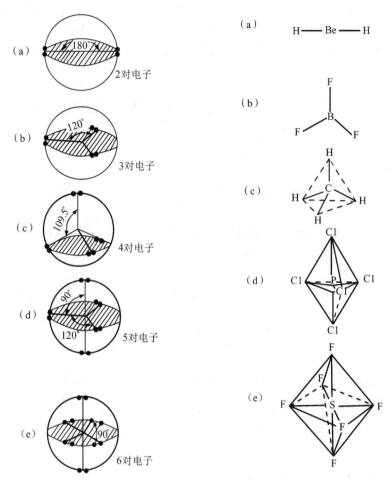

图 5-16　简单电子对互斥几何分布和对应分子的几何结构

其次要避免"孤对电子-键对电子"分布在互成 90°的方向上。中心原子有 5 对或 6 对电子的分子几何构型见图 5-17。

分子类型	电子对总　数	键电子对　数	孤电子对　数	电子对空间图像	分子的几何构型	实　例
AB_5	5	5	0		三角双锥型	PCl_5
AB_4	5	4	1		变形四面体型	SF_4

续　图

分子类型	电子对总数	键电子对数	孤电子对数	电子对空间图像	分子的几何构型	实　例
AB_3	5	3	2	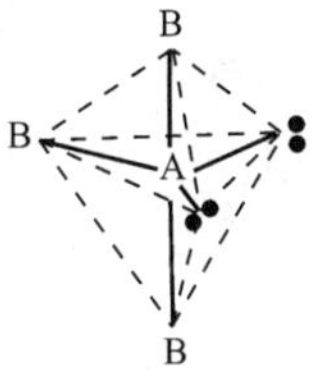	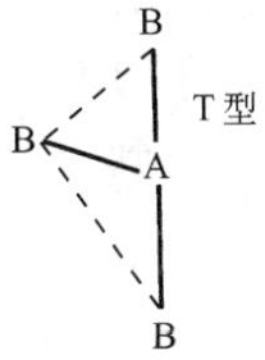 T 型	ClF_3
AB_2	5	2	3	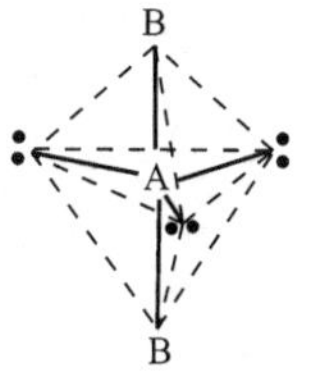	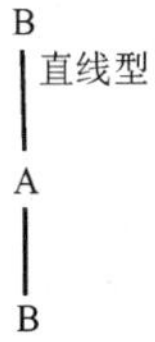 直线型	I_3^-
AB_6	6	6	0	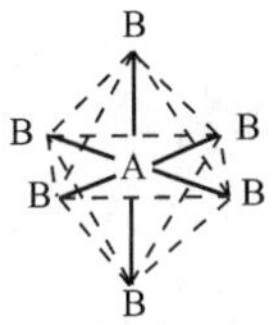	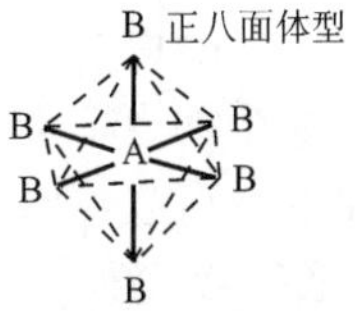 正八面体型	SF_6
AB_5	6	5	1	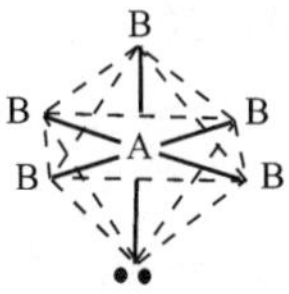	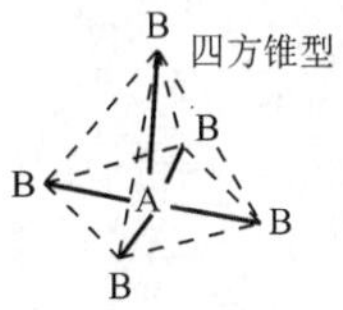 四方锥型	IF_5
AB_4	6	4	2	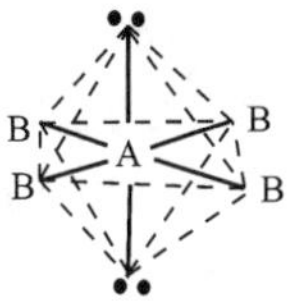	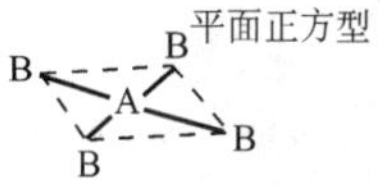 平面正方型	XeF_4

图 5-17　中心原子有 5 对或 6 对电子的分子几何构型

以 NH_3 和 H_2O 分子为例:

NH_3 分子中价层电子对数为 $(5+1\times3)/2=4$,应取四面体结构,但 4 对电子中有 1 对是孤对电子,3 对是键对电子,由于孤对电子与键对电子之间排斥力大于键对电子与键对电子之间的排斥力,致使 N—H 键间夹角缩小为 $107°$(图 5-18)。

H_2O 分子中价层电子对数亦为 $(6+1\times2)/2=4$,亦应正四面体结构,但它有 2 对孤对电子和 2 对成键电子,相比之下孤对电子间斥力最大,致使 O—H 键间夹角变得更小为 $104.5°$(图 5-18)。

可见价层电子对数为 4 的分子中随孤对电子数目增多分子结构畸变,键角逐渐缩小。必须注意,在描绘分子结构时只表示原子的位置,孤对电子不成键只要给予一个标记(本书用 2 个小黑点表示)。当存在孤对电子时,分子的几何结构可以认为是在价层电子对的几何构型基础上削角后成为实际构型,如 NH_3 为正四面体削去一个角而成三角锥形,而 H_2O 为削去两个角,形成角形分子。

2. VSEPR 理论的应用

应用价层电子对互斥理论可以推测 AB_n 型分子(离子)的几何构型。应用时首先确定中心原子周围价层电子对总数,按此即可得价层电子对空间分布的几何图像。再考虑分子中有无孤电子对,即可得到分子的几何构型。

例如:IF_5 分子

价层电子对数 $m=\dfrac{1}{2}(7+5\times1)=6$

成键电子对数 $n=5$

孤电子对数是 $6-5=1$

因此正八面体消失一个角,使 IF_5 分子几何构型成为四方锥型(图5-17)。

VSEPR 理论同样能用于处理复杂离子的构型。如果是正离子,在计算中心原子价电子总数时要减去离子所带的电荷数;如果是负离子则加上离子所带的电荷数。

例如:计算 NH_4^+

价层电子对数 $m=\dfrac{1}{2}(5+4\times1-1)=4$

成键电子对数 $n=4$

孤电子对数是 $4-4=0$

因而预测该离子为正四面体形状。

又例如:计算 I_3^-

价层电子对数 $m=\dfrac{1}{2}(7+2\times1+1)=5$

成键电子对数 $n=2$

孤电子对数是 $5-2=3$

该离子为三角双锥型,消失三角而成直线型(图5-17)。

现将价层电子对数与分子几何构型的对应关系总结列于表5-9中。

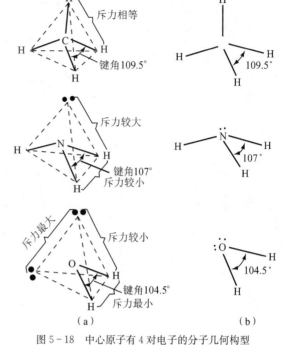

图5-18　中心原子有4对电子的分子几何构型

表5-9　价层电子对数与分子的空间几何构型的对应关系

价层电子对总数	键电子对数	孤电子对数	价电子对构型	分子的空间几何构型	实　例
2	2	0	直线型	直线型	$BeCl_2$,CO_2,$HgCl_2$
3	3	0	平面三角型	平面三角型	BF_3,SO_3,CO_3^{2-}
	2	1	平面三角型	V型	SO_2,$SnCl_2$,NO_2
4	4	0	四面体型	四面体型	CH_4,NH_4^+,SO_4^{2-}
	3	1	四面体型	三角锥型	NH_3,NF_3,SO_3^{2-}
	2	2	四面体型	V型	H_2O,SCl_2,ClO_2

续　表

价层电子 对总数	键电子 对数	孤电子 对数	价电子对构型	分子的空间 几何构型	实　　例
5	5	0	双三角锥型	双三角锥型	PCl_5、AsF_5
	4	1	双三角锥型	四面体型	$TeCl_4$、SF_4
	3	2	双三角锥型	T 型	ClF_3
	2	3	双三角锥型	直线型	XeF_2、I_3^-
6	6	0	八面体型	八面体型	SF_6、$[SiF_6]^{2-}$
	5	1	八面体型	四方锥型	IF_5、$[SbF_5]^{2-}$
	4	2	八面体型	平面四方型	XeF_4

注意用 VSEPR 理论处理具有双键的分子时,可以把双键当作一个单键来处理。例如,SO_2分子中价层电子对数为 3,键对电子数为 2,孤对电子数为 1,所以空间图像为正三角形消失一角而成角型。

价层电子对互斥理论对判断 AB_n 型分子或离子的空间结构比较简便,而对于某些复杂的多元化合物则无法处理,也不能说明成键原理和键的相对稳定性。事实上影响分子几何构型的因素很多,价层电子对之间的互斥仅是其中之一,因此应用时有一定的局限性。

5.2.3　杂化轨道理论

价层电子对互斥理论可以用来判断 AB_n 型分子或离子的几何构型,但说明不了分子和离子的几何构型的形成过程。

如多原子分子 CH_4 是 1 个 C 原子和 4 个 H 原子结合而成。按照 VSEPR 理论:价层电子对数为 $(4+4\times1)/2=4$,孤对电子数为 0,预测该分子为正四面体形状,与实验结果是一致的,但 VSEPR 理论不能说明成键原理。按照价键理论,从 C 原子的价电子层结构 $2s^2 2p_x^1 2p_y^1$ 来看,只有两个未耦合的电子,按照电子配对法,必须将 2s 上的电子激发到空着的 2p 轨道上去,才能具备 4 个成单电子,与 4 个 H 原子的 1s 电子配对。

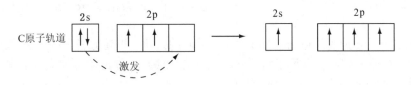

C 原子的 1 个 2s 原子轨道可以在任何方向与 1 个 H 原子的 1s 原子轨道重叠构成 σ_{s-s} 共价键,C 原子的 $2p_x$、$2p_y$、$2p_z$ 3 个原子轨道互成 90°,与 3 个 H 原子的 1s 原子轨道分别以"头对头"相互重叠构成 3 个 σ_{p-s} 共价键,由此可以推论 CH_4 分子中的 1 根 σ_{s-s} 键与另 3 根 σ_{p-s} 键应该有所不同。但是,实验结果这 4 根共价键是完全等同的,而且测得 CH_4 为正四面体结构,键间的夹角互成 109.5°,没有一个夹角是 90°的,价键理论也不能圆满解释 CH_4 分子结构,1931 年鲍林提出了杂化轨道理论,成功地解释了分子或离子的立体结构,杂化轨道理论是发展了的价键理论。

1. 杂化轨道概念的形成及其理论要点

杂化轨道的概念是从电子具有波动性,波可以叠加的观点出发的。认为 1 个原子和周围原子成键时所用轨道不是原来纯粹的 s 轨道或 p 轨道。而是若干个能量相近的原子轨道经过叠加混杂,重新分配能量和调整空间方向以满足化学结合的需要,成为成键能力更强的新的原子轨道,这种过程称为原子轨道的"杂化"(hybridization),所得新的原子轨道称为杂化原子轨道,或简称杂化轨道(hybrid orbitals)。

例如 1 个 s 原子轨道和 1 个 p 原子轨道,经杂化而形成 2 个 sp 杂化轨道。s 原子轨道和 p 原子轨道的杂化示意图(图 5-19)。图中所示 s,p 两原子轨道是同一原子中的两个轨道,其形状如(a),经杂化后形成 2 个等同的 sp 杂化轨道如(b),可以简记为 $(sp)_1$、$(sp)_2$。这两个新轨道已完全消除了 s 原子轨道和 p 原子轨道之间的差别,每一个 sp 杂化轨道形状变得一头大、一头小,从而使它与另一原子配对时,原子轨道重叠的能力增强,也就是杂化后的新轨道成键能力比较大。

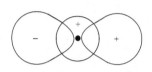 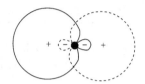

(a) 杂化前的 s 和 p 的原子轨道　　　(b) 杂化后的 2 个 sp 杂化轨道

图 5-19　s、p 原子轨道杂化示意图

必须注意:孤立原子本身并不会杂化,因而不会出现杂化轨道。只有当原子在相互结合的过程中须发生原子轨道的最大重叠,才会使原子内原来的轨道发生杂化以发挥更强的成键能力。

杂化轨道理论的基本要点如下:

(1) 同一原子中能量相近的几个原子轨道可以通过叠加混杂,形成成键能力更强的新轨道,即杂化轨道。

(2) 原子轨道杂化时,一般使成对电子激发到空轨道而成单个电子,其所需的能量完全可用成键时放出的能量予以补偿。

(3) 一定数目的原子轨道,杂化后可得相同数目的杂化轨道。但杂化后的新轨道完全消除了原来原子轨道之间的明显差别,这些新轨道的能量是等同的。

2. s 和 p 原子轨道杂化的三种方式

s 和 p 原子轨道杂化的方式通常有三种,就是 sp^3、sp^2、sp 杂化,现分别扼要介绍如下。

(1) sp^3 杂化

sp^3 杂化是 1 个 s 原子轨道和 3 个 p 原子轨道间的杂化。甲烷分子中的 C 原子就是取这种杂化方式。当 C 原子与 4 个 H 原子结合时,由于 C 原子的 2s 和 2p 轨道的能量比较相近,2s 电子首先被激发到 2p 轨道上,然后 1 个 s 轨道与 3 个 p 轨道杂化而成能量等同的 4 个 sp^3 杂化轨道,可以简记为 $(sp^3)_1$、$(sp^3)_2$、$(sp^3)_3$、$(sp^3)_4$。杂化过程示意如下:

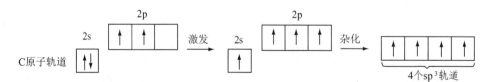

每一个 sp^3 杂化轨道的形状也是一头大、一头小,含有 $\frac{1}{4}$ s 和 $\frac{3}{4}$ p 的成分。这 4 个杂化轨道在空间的分布如图 5-20(a)所示,它们分别指向正四面体的四个顶点,各 sp^3 杂化轨道之间的夹角为 109.5°。

4 个氢原子的 s 轨道分别与 C 原子的 4 个 sp^3 杂化轨道沿四面体的四个顶点"头碰头"地互相重叠(也是电子配对),形成 4 根等同的 C—H σ 键,键角为 $109.5°$,所以甲烷分子具有如图 5-20(b) 所示的正四面体结构。由此可见杂化轨道理论圆满地解释了 CH_4 分子内部四根 C—H 键是等同的;其键角是 $109.5°$,而不是 $90°$。

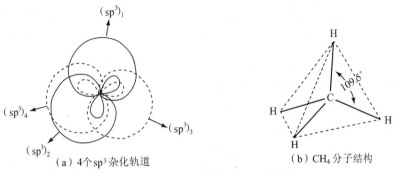

(a) 4 个 sp^3 杂化轨道   (b) CH_4 分子结构

图 5-20   4 个 sp^3 杂化轨道与 CH_4 分子结构

除 CH_4 分子外,CCl_4、SiH_4 及 C_2H_6 等分子的空间结构也能用 sp^3 杂化轨道概念得到说明。

(2) sp^2 杂化

sp^2 杂化是 1 个 s 原子轨道和 2 个 p 原子轨道间的杂化。BF_3 分子中的 B 就是采用了这种杂化方式。当 B 原子与 3 个 F 原子结合时,其价电子首先被激发成 $2s^1 2p^2$,然后杂化为能量等同的 3 个 sp^2 杂化轨道,简记为 $(sp^2)_1$、$(sp^2)_2$、$(sp^2)_3$。杂化过程示意如下:

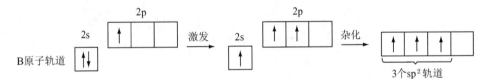

每一个杂化轨道的形状也是一头大、一头小,含有 $\dfrac{1}{3}$ s 和 $\dfrac{2}{3}$ p 的成分。这 3 个 sp^2 杂化轨道在空间的分布如图 5-21(a) 所示,指向正三角形的三个顶点,各 sp^2 杂化轨道间的夹角为 $120°$。在 BF_3 分子中,3 个 F 原子的 2p 轨道与 B 原子的 3 个杂化轨道形成 3 根等同的 B—F σ 键,整个分子呈平面正三角形结构,如图 5-21(b) 所示。

用 sp^2 杂化轨道概念,也能说明 BCl_3、C_2H_4 等分子的空间结构。

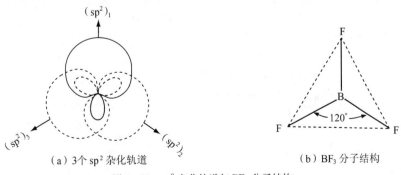

(a) 3 个 sp^2 杂化轨道   (b) BF_3 分子结构

图 5-21 sp^2 杂化轨道与 BF_3 分子结构

（3）sp 杂化

sp 杂化是 1 个 s 原子轨道与 1 个 p 原子轨道间的杂化。例如，$HgCl_2$ 分子中的 Hg 原子价电子层原子轨道取 sp 杂化，形成 2 个 sp 杂化轨道，简记为 $(sp)_1$、$(sp)_2$。杂化过程示意如下：

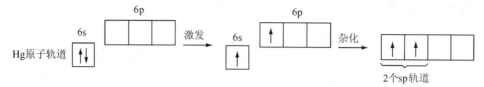

每一个 sp 杂化轨道的形状为一头大一头小，含有 $\frac{1}{2}$ s 和 $\frac{1}{2}$ p 的成分，这 2 个杂化轨道在空间的分布如图 5-22(a)所示，呈直线形，2 个 sp 杂化轨道间的夹角为 180°。

Hg 原子的 2 个 sp 杂化轨道与 Cl 原子的 p 轨道"头对头"重叠而成 2 根等同的 Hg—Cl σ 键，键角为 180°。$HgCl_2$ 分子的结构见图 5-22(b)。

此外，$BeCl_2$ 及 C_2H_2 等分子的空间结构同样可用 sp 杂化轨道概念得到解释。

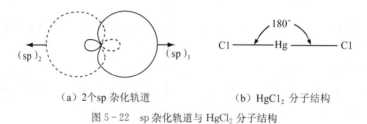

（a）2 个 sp 杂化轨道　　　　　　（b）$HgCl_2$ 分子结构

图 5-22　sp 杂化轨道与 $HgCl_2$ 分子结构

以上讨论的三种 s—p 杂化方式中，每一种方式的各杂化轨道之间的能量相同，且所含 s 及 p 的成分也相等，成键能力必相等，这样的杂化轨道称为等性杂化轨道（equivalent hybrid orbital）。

不仅 s、p 原子轨道可以杂化，d 原子轨道也可参与杂化，得 s—p—d 杂化轨道（在后续配位化合物章节讨论）。1950 年我国结构化学家唐敖庆等提出 f 原子轨道参与杂化的新概念而得 s—p—d—f 杂化轨道，使这个理论更为完善。

3. 等性杂化和不等性杂化轨道

原子轨道杂化可以是等性的，也可以是不等性的。当若干个能量相近的原子轨道混杂后形成的各新原子轨道中所含 s 和 p 的成分不相等，这样的杂化轨道称为不等性杂化轨道（unequivalent hybrid orbital）。例如，氨分子中的氮原子，其价电子层结构为 $2s^2 2p^3$。成键时先进行杂化，1 个 s 轨道和 3 个 p 轨道进行杂化形成 4 个 sp^3 杂化轨道。但由于 s 轨道中含一对孤对电子，而不是 1 个未成对的电子（其他 3 个 p 轨道中都是 1 个未成对的电子，如图 5-23 所示）。因此，杂化后 4 个 sp^3 杂化轨道中所含 s 与 p 的成分不完全相等，其中 1 根含孤对电子的杂化轨道与另外 3 根杂化轨道所含 s 和 p 的成分不同。杂化过程如下：

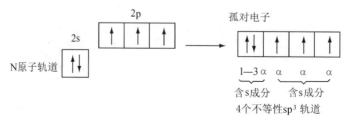

图 5-23　氮原子的不等性杂化

　　成键时,3 根杂化轨道与氢的原子轨道重叠形成 N—H 键,而 1 根含孤对电子的杂化轨道没有参加成键。由于孤对电子对成键电子的排斥作用使 N—H 键之间的键角∠HNH 不是 109.5°而是 107°,氨分子呈三角锥形(图 5-24)。

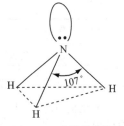

图 5-24　氨分子结构

　　上述所涉及的 CH_4 和 NH_3 分子中的中心原子都取 sp^3 杂化方式,前者为等性杂化,后者为不等性杂化。成键杂化轨道中等性杂化的 s 成分含量为 25%,而不等性杂化的 s 成分含量却为 22.6%[①]。成键轨道的夹角分别为 109.5°和 107°。可见键角随 s 成分的减少而相应缩小。

　　上述讨论还表明,杂化轨道有利于形成 σ 键,却不能形成 π 键。但是,随着中心原子杂化方式的不同可以形成多重键。例如乙炔(CH_2＝CH_2)分子,两个中心碳原子采取 sp^2 杂化,3 个 sp^2 杂化轨道分别与两个氢原子和另一个碳原子的 1 个电子形成 σ 键,每个碳原子还有一个未参与杂化的 p 轨道上,与 sp^2 杂化轨道构成的平面垂直,这两个轨道肩并肩靠拢形成一个 π 键。因此两个碳原子之间形成一个 σ 键,一个 π 键。从而构成了 $H_2C\frac{\sigma}{\pi}CH_2$ 中的双键(图 5-25)。

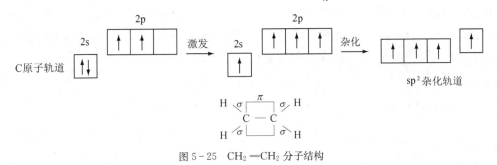

图 5-25　CH_2＝CH_2 分子结构

　　4. 杂化轨道理论与价层电子对互斥理论之间的关系

　　(1) 电子对构型与杂化方式的关联

　　电子对构型的直线形、正三角形、正四面体、三角双锥和正八面体依次对应于 sp、sp^2、sp^3、sp^3d、sp^3d^2 杂化。

　　(2) 等性杂化体现在价层电子对互斥理论中,属于价层电子对数和配体数相等的情况。不等性杂化体现在价层电子对互斥理论中,属于价层电子对数大于配体数的情况。

　　(3) 杂化轨道理论中的单电子成键,对应价层电子对互斥理论中的成键电子对,未参与杂化的电子与重键的形成有关。

　　例 1　判断下列分子和离子的几何构型:H_3O^+、CS_2

分子(离子)	H_3O^+	CS_2
电子总数	8	4
电子对数	4	2
电子对构型	正四面体型	直线型

---

　　① 根据键角 θ 可按公式 $\cos\theta = -\dfrac{\alpha}{1-\alpha}$ 计算不等性杂化轨道中的 s 成分 α。如图 6-11 所示,已知氨分子中 θ=107°,算得 α=0.226 即含 s 成分为 22.6%。由此推论含 p 成分为 77.4%。另一根含孤对电子的杂化轨道中 s 成分为 1-3α,即 1-3×0.226 得 0.322,其中含 s 成分为 32.2%,则含 p 成分为 67.8%。

续　表

分子(离子)	H_3O^+	CS_2
分子构型	三角锥型	直线型
杂化方式	sp^3 不等性杂化	sp 等性杂化

　　杂化轨道理论和价键理论都是以电子配对为基础,没有未成对的电子,由此推论一切分子都应呈现反磁性,但某些分子(如 O_2)实验测定却显现顺磁性。分子为什么能产生顺磁性?什么是顺磁性?

　　物质的磁性是指它在外磁场中所表现的性质。顺磁性物质放在外磁场中将被外磁场所吸引,反磁性物质则被外磁场所排斥。

　　从经典电磁学来看,电子绕核运动相当于电流在一个小线圈上流动,会产生磁矩。分子磁矩 μ 等于分子中各电子产生的磁矩的总和 $(\sum \mu_i)$。若分子中电子均因自旋相反而两两成对耦合,则所产生的磁矩 $\sum \mu_i = 0$,这样的物质放在外磁场,将被外磁场所排斥,因而具有反磁性(diamagnetism);若分子中有未成对的电子,则 $\sum \mu_i \neq 0$,这样的物质将被外磁场吸引,因而具有顺磁性(paramagnetism)。顺磁性物质的 $\mu > 0$,主要由电子自旋引起的,若只考虑电子自旋运动,则磁矩 μ 的数值随未成对电子数 n 的增多而增大,可由"唯自旋"公式进行计算:

$$\mu = \sqrt{n(n+2)} \text{ BM} \tag{5-3}$$

按此公式可以计算出相当于 n 为 $1 \sim 5$ 的 μ 值(理论值),单位为玻尔磁子。

未成对电子数 n	1	2	3	4	5
磁矩/BM	1.73	2.83	3.87	4.90	5.92

　　经实验测定氧分子的磁矩为 2.83 BM,可以从上述计算推断其中必有 2 个未成对的电子,氧分子是顺磁性物质。这个事实用价键理论和杂化轨道理论无法解释。此外有些奇数电子分子或离子(如 H_2^+、O_2^+、NO、NO_2 等)的稳定存在,价键理论和杂化轨道理论也无法说明,从而促使人们探求新的理论。

5.2.4　分子轨道理论

　　1932 年前后,莫立根、洪特和伦纳德-琼斯等人先后提出了分子轨道理论(molecular orbital theory),简称 MO 法,从而弥补了价键理论的不足。

　　1. 分子轨道理论的基本要点

　　MO 法的基本观点是:把分子看成一个整体,由分子中各原子间互相对应的原子轨道重叠组成若干分子轨道,然后将电子安排在一系列分子轨道上(如同原子中将电子安排在原子轨道上一样),电子属于整个分子。

　　这里显然和 VB 法的基本观点不同,VB 法是成键原子价电子层中自旋相反的未成对电子的原子轨道重叠,电子定域在两个成键原子轨道中,仍分属各原子。

　　MO 法的基本要点:

　　(1)分子轨道是由原子轨道组合而成,n 个原子轨道组合后可得 n 个分子轨道。

　　(2)电子逐个填入分子轨道,其填充顺序所遵循的规则与填入原子轨道相同,也遵循能量最低、泡利不相容原理和洪特规则。

（3）原子轨道有效地组成分子轨道必须符合能量近似、轨道最大重叠及对称性匹配这三个成键原则。关于成键三原则将结合分子轨道的形成予以阐明。

2. 分子轨道的形成

现以氢原子形成氢分子为例说明分子轨道的形成过程。

两个氢原子的核是相同的，原子轨道的符号是相同的，且能量也是等同的，当它们互相靠近时，两个原子轨道可以组合成两个分子轨道（图 5-26）。当电子进入下面一种分子轨道，电子概率密度在两核间增大，密集于两核之间，形成成键分子轨道（bonding orbital），其能量低于组成它的任一原子轨道，用 σ_{1s} 表示；若电子进入上面一种分子轨道，电子概率密度分布偏于两核外侧，两核间稀疏，有一个节面，不利于原子的键合，形成反键分子轨道（antibonding orbital），其能量高于组成它的任一原子轨道，用 σ_{1s}^* 表示。此处成键和反键轨道的分布均呈圆柱形对称，对称轴就是连接两个原子核的键轴。这种转动键轴而不会改变轨道符号和大小的分子轨道称为 σ 轨道。

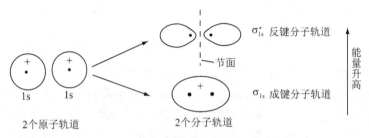

图 5-26 由 s 和 s 原子轨道组成 σ 分子轨道示意图

通过上述讨论知道 2 个 1s 原子轨道可以组合成 2 个分子轨道（σ_{1s} 和 σ_{1s}^*），成键分子轨道无节面，反键分子轨道有一个节面。同理，2 个 2s 原子轨道可以组合成 2 个分子轨道（σ_{2s} 和 σ_{2s}^*）；2 个 3s 原子轨道可以组成 2 个分子轨道（σ_{3s} 和 σ_{3s}^*），余类推，它们的分子轨道示意图均与图 5-26 类同。

2p 原子轨道有 3 个（$2p_x$、$2p_y$、$2p_z$），若与另一原子的 3 个 2p 原子轨道两两对应组合，可以形成 6 个分子轨道：

由 $2p_x$ 与 $2p_x$ 原子轨道组合成 2 个 σ 分子轨道即 σ_{2p_x} 和 $\sigma_{2p_x}^*$（图 5-27）；

由 $2p_y$ 与 $2p_y$ 原子轨道组合成 2 个 π 分子轨道即 π_{2p_y} 和 $\pi_{2p_y}^*$（图 5-28）；

由 $2p_z$ 与 $2p_z$ 原子轨道又组合成 2 个 π 分子轨道即 π_{2p_z} 和 $\pi_{2p_z}^*$（图 5-28）。

π_{2p_y} 和 $\pi_{2p_y}^*$ 与 π_{2p_z} 和 $\pi_{2p_z}^*$ 两组 π 分子轨道图形相同，但相差 90°，互相垂直。

从图 5-27 可见，成键分子轨道 σ_{2p_x} 的特征是沿键轴呈圆柱形对称，没有节面（非键轴方向有

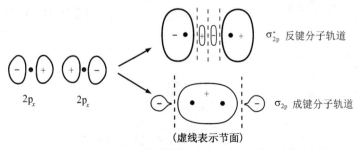

图 5-27 由 $2p_x$ 和 $2p_x$ 原子轨道组成 σ_{2p_x} 和 $\sigma_{2p_x}^*$ 分子轨道示意图

节面),能量较低,位于图的下方;而反键分子轨道 $\sigma_{2p_x}^*$,能量较高,位于图的上方。若 $3p_x$ 和 $3p_x$,可组合成 σ_{3p_x} 和 $\sigma_{3p_x}^*$,余类推。图形与图 5-27 类同。

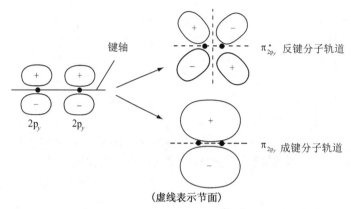

图 5-28　由 $2p_y$ 和 $2p_y$ 原子轨道组成 $\begin{matrix} \pi_{2p_y} \text{ 和 } \pi_{2p_y}^* \\ \pi_{2p_z} \text{ 和 } \pi_{2p_z}^* \end{matrix}$ 分子轨道示意图

从图 5-28 可见,假定键轴为 x 轴,则 2 个 $2p_y$(或 $2p_z$)原子轨道沿键轴方向肩并肩重叠相加,得键轴两侧电子概率密度较大、能量较低的成键 π_{2p_y}(或 π_{2p_z})分子轨道。成键 π 分子轨道的特征与通过键轴的平面呈反对称,有一个通过键轴的节面,当 2 个 $2p_y$(或 $2p_z$)原子轨道重叠相减时,得两个节面(一个通过键轴,一个垂直于键轴),能量较高的反键 $\pi_{2p_y}^*$(或 $\pi_{2p_z}^*$)分子轨道。若 2 个 $3p_y$(或 $3p_z$)则组合成 π_{3p_y} 和 $\pi_{3p_y}^*$(或 π_{3p_z} 和 $\pi_{3p_z}^*$)分子轨道,余类推,它们的图形均与图 5-28 类同。

由于 y 和 z 方向的 π 分子轨道互相垂直,为简便起见常用 π_{2p} 直接表示 π_{2p_y} 和 π_{2p_z},用 π_{2p}^* 直接表示 $\pi_{2p_y}^*$ 和 $\pi_{2p_z}^*$。

3. 分子轨道能级图与应用示例

(1) 分子轨道能级图

由上面讨论可知,两个能量等同的基态氢原子轨道可以组合成两个分子轨道,即一个为成键分子轨道,能量要比基态氢原子的低;另一个为反键分子轨道,能量要比基态氢原子的高。若用

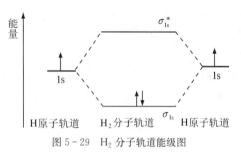

图 5-29　H_2 分子轨道能级图

能量高低来表示分子轨道,可得分子轨道能级图(energy level diagram),如图 5-29 所示,左右两边表示 2 个氢原子轨道的基态能级各有 1 个电子占据,中间为分子轨道的能级,低能级为成键 σ_{1s} 轨道,其能量比 1s 原子轨道低 q;高能级为反键 σ_{1s}^* 轨道,其能量比 1s 原子轨道高 q。分子轨道按能量由低到高填充电子,每个轨道可以容纳两个电子,为此氢分子中两个电子必定先填入 σ_{1s} 分子轨道。

每个分子轨道都有特定的能量,这些轨道相对能量大小的顺序如下:

在一定条件下相互颠倒

$$\sigma_{1s} < \sigma_{1s}^* < \sigma_{2s} < \sigma_{2s}^* < \sigma_{2p_x} < \overbrace{\begin{matrix} \pi_{2p_y} \\ \pi_{2p_z} \end{matrix}} < \begin{matrix} \pi_{2p_y}^* \\ \pi_{2p_z}^* \end{matrix} < \sigma_{2p_x}^*$$

能量相同　能量相同

相互垂直　相互垂直

对于周期系第二周期元素的同核双原子分子常用的能级图如图 5-30 所示。

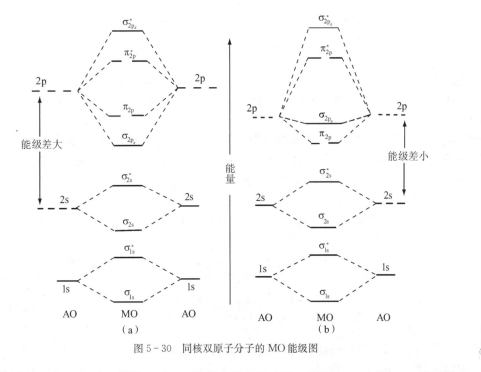

图 5-30　同核双原子分子的 MO 能级图

比较图 5-30(a)和(b)，可见 σ_{2p} 和 π_{2p} 能级次序有了变化，在图 5-30(a)中，σ_{2p} 能级低于 π_{2p_y} 和 π_{2p_z} (图上合称为 π_{2p})；在图 5-30(b)中，σ_{2p} 能级高于 π_{2p}。这是由于 2s 和 2p 原子轨道之间的能级差随元素的不同而不同。在第二周期元素中，从左到右即从 B 到 F，原子中 2s 和 2p 轨道能量差逐个递增，原子轨道之间的相互作用越来越小。对 O、F 来说可以不考虑原子轨道与原子轨道之间的相互影响，所以图 5-30(a)适用于 O_2、F_2 分子；而 B、C 等原子的 2s 和 2p 轨道能量差小，它们之间的相互作用不能忽视，因而对原子轨道的组合产生了影响，结果使分子轨道能级次序发生变化。所以图 5-30(b)适用于 B_2、C_2 等分子。

(2) 分子轨道法处理同核双原子分子（或离子）

分子轨道理论可以应用于处理双原子分子或离子（同核、异核）的结构，多原子分子的结构，解释分子的磁性、稳定性等。本节以周期系第二周期元素为例进行说明。

① F_2 分子，它是由 2 个 F 原子组成。已知 F 原子的电子层结构为 $1s^2 2s^2 2p^5$，所以 F_2 分子的电子总数为 18，按电子填入分子轨道的原则，F_2 分子的 18 个电子，按图 5-30(a)填入，得 F_2 分子轨道能级图（图 5-31）。

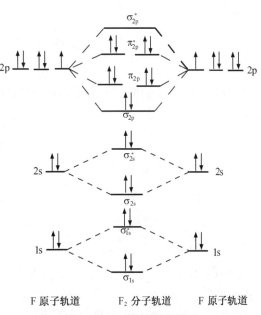

图 5-31　F_2 分子轨道能级图

在 F_2 分子轨道中的电子的排布顺序为：

$$F_2:[(\sigma_{1s})^2(\sigma_{1s}^*)^2(\sigma_{2s})^2(\sigma_{2s}^*)^2(\sigma_{2p_x})^2(\pi_{2p_y})^2(\pi_{2p_z})^2(\pi_{2p_y}^*)^2(\pi_{2p_z}^*)^2]$$

KK 内层　　　抵消　　成键　　　抵消　　抵消

这种按分子轨道能级高低填充电子而得的顺序称为分子轨道表示式（或称分子的电子构型）。由于原子组成分子主要是外层价电子的相互作用，所以在分子轨道表达式中内层电子常用简单符号代替（当 $n=1$ 时，用 KK；$n=2$ 时用 LL 等）。如果价电子填满相对应的成键和反键分子轨道，则因成键轨道能量的降低值与反键轨道能量的升高值相等，相互抵消而对成键没有贡献。对 F_2 分子而言，其中只有 σ_{2p_x} 轨道上占有一对电子起成键作用（其余均已抵消）。所以 F_2 分子中两个 F 原子间以 1 个 σ 键（或单键）相结合。

F_2 分子的结构式：F—F

键级：在分子轨道法中，分子中净成键电子数的一半，或成键轨道电子总数减去反键轨道电子总数的一半称为键级（bond order）。

$$键级 = \frac{成键轨道电子数-反键轨道电子数}{2} = \frac{净成键电子数}{2} \qquad (5-4)$$

$$F_2 \text{ 分子键级} = \frac{8-6}{2} = \frac{2}{2} = 1$$

由于键级这个键参数与键能有关，所以通常键级大，键能也大，共价键越牢固，分子也趋稳定。因而它可用以衡量分子的稳定性。

由于 F_2 分子中没有成单电子，所以是反磁性分子。

② O_2 分子，它的价电子总数为 12，按图 5-30(a)能级顺序填充，得 O_2 分子的电子构型为：

三电子 π 键

三电子 π 键

$$O_2[KK(\sigma_{2s})^2(\sigma_{2s}^*)^2(\sigma_{2p_x})^2(\pi_{2p_y})^2(\pi_{2p_z})^2(\pi_{2p_y}^*)^1(\pi_{2p_z}^*)^1]$$

抵消　　　　　对成键有贡献

分析上述电子构型可见 O_2 分子内有一个 σ 键，两个三电子 π 键。

$$O_2 \text{ 分子的结构式为 } O \overset{\cdots}{\underset{\cdots}{-}} O$$

因为三电子键是由两个成键电子和一个反键电子组成，经抵消得一个净的成键电子，所以一个三电子键相当于 $\frac{1}{2}$ 键级。

$$O_2 \text{ 分子键级} = \frac{8-2-1-1}{2} = \frac{2+1+1}{2} = 2$$

由于 O_2 分子中有两个三电子 π 键，而具有两个成单电子，自旋平行，所以 O_2 分子有顺磁性，由此揭示了实验测得 O_2 分子有磁矩的内在原因。

③ B_2 分子，它的价电子总数为 6，按图 5-30(b)能级顺序填充，得 B_2 分子的电子构型为：

$$B_2\left[KK(\sigma_{2s})^2(\sigma_{2s}^*)^2\underbrace{(\pi_{2p_y})^1(\pi_{2p_z})^1}_{\text{对成键有贡献}}\right]$$
$$\underbrace{\phantom{(\sigma_{2s})^2(\sigma_{2s}^*)^2}}_{\text{抵消}}$$

可见 B_2 分子内有两个单电子 π 键。

$$B_2\text{ 分子的键级}=\frac{2+1+1-2}{2}=\frac{1+1}{2}=1$$

由于 B_2 分子中具有两个成单电子,所以具有顺磁性。

④ Be_2 分子,至今尚未发现存在,用 MO 法从理论上可以得到解释。假定有 Be_2 分子,则它的价电子总数为 4,按图 5 - 30(b)能级顺序填充,得 Be_2 分子的电子构型为:

$$Be_2\left[KK\underbrace{(\sigma_{2s})^2(\sigma_{2s}^*)^2}_{\text{抵消}}\right]$$

可见成键的电子数和反键的电子数相等,在能量效应上互相抵消,没有成键效应,可以预示这种分子不能稳定存在。

应用 MO 法处理同核双原子分子的结构,可以阐明分子内价键的数量和类型;预测分子可否存在;判断分子是否有磁性;还能比较分子的稳定性等。

用分子轨道理论同样可以处理同核双原子离子的结构。以 O_2^+ 为例,它有 11 个价电子,电子构型为:

$$O_2^+\left[KK(\sigma_{2s})^2(\sigma_{2s}^*)^2(\sigma_{2p})^2(\pi_{2p_y})^2(\pi_{2p_z})^2(\pi_{2p_y}^*)^1\right]$$

在该离子中有一根 σ 键、一根 π 键、一根三电子 π 键。

$$O_2^+\text{ 的键级}=\frac{8-3}{2}=2.5$$

键级为 2.5,比中性 O_2 分子的键级 2.0 大,所以 O_2^+ 中的键相应要强些。已知有 O_2^+ 存在的盐,如 O_2PtF_6。

运用分子轨道理论,除了可处理同核双原子分子及离子外,还可以处理异核双原子分子结构及复杂的配合物分子结构。本书限于工科大学一年级的化学,这里不再深入讨论。

综上所述,分子轨道理论可以弥补价键理论之不足,对分子内部结构能较好地进行定性描述,扩大了人们对共价键的认识。共价键除了有双电子键外,还有三电子键和单电子键,且这类键合电子虽属整个分子但定域在组成分子的两个原子核之间。

5.3　金属键理论

金属晶体中原子之间的化学作用力叫做金属键。目前已经发展起来的说明金属键本质的理论主要有两种,分别是金属的改性共价键理论和能带理论。

5.3.1　金属的改性共价键理论

金属晶体中的金属键可看作是一种特殊的共价键,这种共价键称为金属的改性共价键(modified covalent bond)。这种键有些像共价键,因为它的本质是晶体内晶格的结点上的原子和离子共用晶体内的自由电子,但它又和一般的共价键不同。首先,它们共用的电子不属于某个或某几个原子,而是属于整个晶体,它们没有一定的狭小运动范围,因此称为非定域(nonlocalized)的自由电子,形象地讲,可以把金属键说成是"金属原子和离子浸泡在电子海洋中";其次,由于在金属晶体内的自由电子大都是 s 电子,也就是说金属键是由数目众多的 s 轨道组成,而 s 轨道是没有方向性的,这样的金属键也没有方向性。所以金属键和共价键不同,它不具有方向性和饱和性。

应用金属的改性共价键理论,可以解释金属的许多特殊性质,例如由于金属中的自由电子可以吸收可见光,然后把各种波长的光大部分反射出来,所以大部分金属显示出有银白色的光泽,而且对各种辐射均有良好的反射性。又金属中自由电子的运动是无规则的,但在外加电场的影响下,可按一定方向(向正极)运动,因此金属具有良好的导电性。由于金属晶格结点上的原子和离子的振动会妨碍自由电子的流动,所以金属具有一定的电阻。当温度升高,原子和离子的振动加剧,电阻加大,结果导电性降低;如果降低温度,则电阻减小。这个理论还可解释金属的延展性,当金属受到外力作用时,由于自由电子的存在,各层的离子和原子容易做相对滑动,但仍保持着金属键的结合力,因此金属发生变形时不致破裂。

5.3.2　能带理论

金属键的能带理论是在分子轨道理论基础上发展起来的,下面以具体例子说明金属键的成键情况。对金属锂来说,高温时可形成气态双原子分子 Li_2,锂原子的电子构型为 $1s^2 2s^1$,根据分

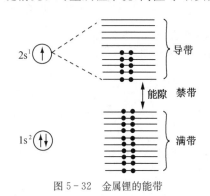

图 5-32　金属锂的能带

子轨道理论,2 个 2s 原子轨道可组成 2 个分子轨道,分别为成键分子轨道 σ_{2s} 和反键分子轨道 σ_{2s}^*,其分子轨道表达式可写成 $Li_2[(\sigma_{1s})^2(\sigma_{1s}^*)^2(\sigma_{2s})^2]$。随着锂原子数增多,组成的分子轨道数也相应增多,而且各分子轨道之间的能级相差极小,它们之间的能级已难以区分,几乎连成一片,这些能量十分接近的分子轨道的集合称为能带。金属锂的能带示意如图 5-32。

由图 5-32 可知,下面能带相当于 Li_2 分子中的 σ_{1s} 和 σ_{1s}^* 分子轨道,此能带上填满电子,叫作满带。上面能带相当于 Li_2 分子中的 σ_{2s} 和 σ_{2s}^* 分子轨道,这个能带上电子为半充满,这种部分被电子占据的能带称为导带。在满带和导带之间有一段能量间隙,电子不能处于这个能量间隙中,因此这段能量间隙称作禁带。金属锂的禁带很窄,位于满带上的电子并不需要消耗多少能量即可跃迁到邻近导带上,因而金属锂具有导电性。

对于金属镁,镁原子的价层电子构型为 $3s^2$,同样可用分子轨道表达式写成 $Mg_2[KKLL(\sigma_{3s})^2(\sigma_{3s}^*)^2]$,因此镁的 3s 能量为满带,似乎金属镁是非导电体,其实不然,它是电的良导体。这是由于镁的 3s 能带(满带)和 3p 能带(空带)部分重叠,如图 5-33 所示,满带上的电子很容易进入空带,因此金属镁依然是导电体。

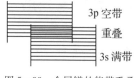

图 5-33　金属镁的能带重叠

根据能带中电子的填充情况和能带结构中禁带宽度,固体可分为电的导体、半导体和绝缘体。

一般金属导体的价电子能带为半充满,或价电子能带虽为满带,但有空带,且满带和空带发生部分重叠,如图 5-34 中(a)和(b)。当有外加电场时,电子很容易进入未充满电子的能带,因此很容易导电。导电体随着温度升高,金属原子的振动加剧,使电子运动受阻,增加了电子跃迁的困难,因而电阻增大,导电性减弱。

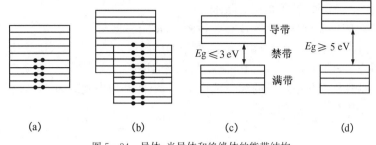

图 5 - 34　导体、半导体和绝缘体的能带结构

半导体(如 Si、Ge 等)中,满带被电子充满,导带为空带,能隙较小($Eg \leqslant 3$ eV),在光照或外电场作用下,位于满带上的电子容易吸收能量跃迁到空带上,故能导电。半导体在低温时为绝缘体,随着温度升高,电子容易激发到空带而导电,因此半导体的导电性随温度升高而增强。

而绝缘体(如金刚石等)不导电,这是由于禁带能隙较大($Eg \geqslant 5$ eV),在外加电场作用下,电子难以越过禁带进入导带,因此不能导电。

5.3.3　金属晶体的紧密堆积结构

金属原子只有少数价电子能用来成键,为使这些电子尽量满足键的要求,金属在形成晶体时,总是倾向于组成尽可能紧密的结构,采取紧密堆积(close packing)的方式以使每个原子与尽可能多的其他原子相接触,以保证轨道最大限度的重叠,结构尽可能稳定。

金属晶体的紧密堆积有三种方式:六方紧密堆积、面心立方紧密堆积和体心立方紧密堆积。

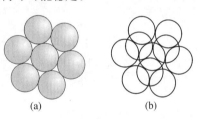

金属的原子可以看成圆球。由半径相等的圆球以最紧密排列的一个层总是如图 5 - 35(a)所示。每一个球都与六个球相切,有六个空隙。为了保持最紧密的堆积,第二层球应放在第一层的空隙上,但只能用去三个空隙,如图 5 - 35(b)所示。

图 5 - 35　等径圆球的密堆积层

在第二个密堆积层上放上第三层时,则有两种放法。一种是第三层上每个球正好在第一层球的上方,这样密堆积就成 $ABABAB\cdots\cdots$ 的重复方式,如图 5 - 36 的(a)和(b)。这就是六方密堆积结构[图 5 - 36(c)]。这种密堆积中原子的配位数为 12。空间利用率[①]约为 74%,属于这一

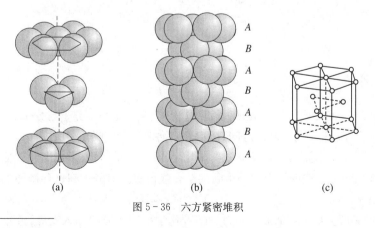

图 5 - 36　六方紧密堆积

① 空间利用率指空间被晶格粒子占满的百分数,空间利用率愈大,粒子堆积得愈紧密。

类的有钇、镁、铪、锆、镉、钛、钴等金属的晶体。

　　在第二个密堆积层上放第三层时还有一种放法,即第三层与第一层、第二层都是错开的,也就是第三层放在第一层另一半的空隙位置上,而第四层的球才正好在第一层球的上方,这样密堆积就成 $ABCABC\cdots\cdots$ 的重复方式,如图 5 - 37 的(a)和(b)。这就是面心立方紧密堆积结构,如图 5 - 37(c)所示。这种密堆积中原子的配位数也是 12,空间利用率也约为 74%,属于这一类的有钙、锶、铅、银、铝、铜、镍等金属的晶体。

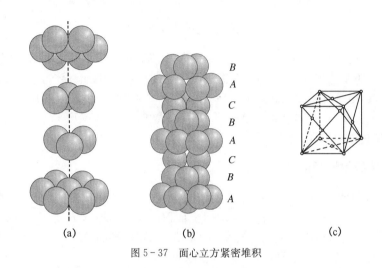

图 5 - 37　面心立方紧密堆积

　　除了上述两种密堆积以外,还有一种配位数为 8 的次密堆积方法,其空间利用率约 68%,这就是体心立方紧密堆积结构,如图 5 - 38 的(a)和(b)所示。属于这一类的有锂、钠、钾、铷、铯、铬、钼、钨和铁等金属的晶体。

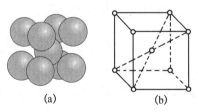

图 5 - 38　体心立方紧密堆积

5.4　分子间力

　　除原子与原子之间形成的化学键(离子键、共价键、金属键)外,分子与分子之间,基团与基团之间,或者小分子与大分子内的基团之间,还存在着各种各样的作用力,总称为分子间力。相对于化学键,分子间力是一类弱作用力,一般在几个 $kJ \cdot mol^{-1}$,而通常共价键能量约为 150~500 $kJ \cdot mol^{-1}$,可见原子间的结合比分子间的结合强得多。但分子间这种微弱的结合对物质的熔点、沸点、稳定性都有相当大的影响。分子间力的本质是一种电性引力,范德瓦尔斯(Vander Waals)力和氢键是两类最常见的分子间力。随着化学结构研究的深入发展,近年来不断有新型分子间力报道。

5.4.1　范德瓦尔斯力

早在 1873 年,荷兰物理学家范德瓦尔斯在他提出为描述真实气体的行为而对理想气体状态方程所作的修正项,就与分子间作用力有关,后来人们把这种分子间的作用力称为范德瓦尔斯力。

1. 键的极性与分子的极性

共价键有非极性键和极性键之分。由共价键构建的分子有非极性分子和极性分子之分。

度量共价键的极性大小可以用偶极矩(μ)表示,又叫做共价键的键矩。当两原子间形成化学键时,由于共用电子对偏向电负性较大的一方并形成极性共价键。如 HCl 分子(图 5-39),共用电子对偏向电负性较大的 Cl,Cl 带部分负电荷而 H 带部分正电荷,键矩 μ 为:

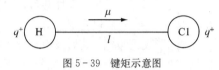

图 5-39　键矩示意图

$$\mu = q \cdot l \tag{5-5}$$

式中,q 是元素所带部分电荷的电量,单位用 C(库仑);l 为核间距即键长,单位用 m(米);偶极矩单位为 C·m(库·米)。键矩是一个矢量,其方向规定为从正到负,键矩 $\mu = 0$ 的共价键叫做非极性共价键;键矩 $\mu \neq 0$ 的共价键叫做极性共价键。两原子电负性差值越大,键矩越大,键的极性越强。

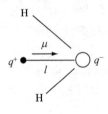

图 5-40
分子偶极矩
示意图

分子的偶极矩是分子中所有键矩的总和。分析各种分子中电荷的分布情况,发现有的分子正、负电荷中心不重合,正电荷集中的点为"正电荷中心",即"+"极,负电荷集中的点为"负电荷中心",即"-"极,这样分子产生了偶极,分子极性的大小就用分子的偶极矩(dipole moments)来衡量,分子偶极矩 μ 定义为:分子中电荷中心(正电荷中心 q^+ 或负电荷中心 q^-)上的电荷量 q 与正、负电荷中心间距离 l 的乘积:$\mu = q \cdot l$(图 5-40)。

分子的偶极矩 $\mu \neq 0$,称为极性分子(polar molecules);有的分子正、负电荷中心重合,不产生偶极,偶极矩 $\mu = 0$,称为非极性分子(nonpolar molecules)。

化学键的偶极矩和分子的偶极矩都可以通过实验测定,也可以用量子化学方法计算得到。表 5-10 为某些气态分子的偶极矩的实验值。

表 5-10　某些分子的偶极矩和分子的几何构型

分　子	$\mu/(10^{-30}$ C·m$)$	几何构型	分　子	$\mu/(10^{-30}$ C·m$)$	几何构型
H_2	0.0	直线型	HF	6.40	直线型
N_2	0.0	直线型	HCl	3.61	直线型
CO_2	0.0	直线型	HBr	2.63	直线型
CS_2	0.0	直线型	HI	1.27	直线型
BF_3	0.0	平面三角型	H_2O	6.23	角　型
CH_4	0.0	正四面体型	H_2S	3.67	角　型
CCl_4	0.0	正四面体型	SO_2	5.33	角　型
CO	0.33	直线型	NH_3	5.00	三角锥型
NO	0.53	直线型	PH_3	1.83	三角锥型

由表5-10可见偶极矩与分子结构直接相关。对于双原子分子,分子的极性和键的极性是一致的,均为直线型结构,分子的偶极矩只与化学键的极性有关。同核双原子分子如 H_2 和 N_2 等,由于两元素的电负性相同,所以两个原子对共用电子对的吸引能力相同,是非极性共价键,同核双原子分子的正、负电中心也必然重合,分子的偶极矩为零($\mu=0$),所以是非极性分子。对于异核双原子分子如 HCl、CO、NO 等,由于两元素的电负性不相同,其中电负性大的元素的原子吸引电子的能力较强,负电中心必靠近电负性大的一方,而正电中心则较靠近电负性小的一方,正、负电中心不重合,因此是极性共价键,异核双原子分子的正、负电中心也必然不重合,分子的偶极矩不为零($\mu\neq0$),所以是极性分子。μ 值愈大,分子的极性愈强。

对于多原子分子,其偶极矩与分子的几何构型有关,凡正负电中心重合的分子偶极矩为零,偶极矩等于零的分子为非极性分子,偶极矩不等于零的分子都是极性分子,且 μ 值愈大,分子的极性愈强。如水分子中,O—H 键有极性,又由于水分子具有角形结构,这种结构不是直线对称,各个键的极性不能抵消,因而正、负电荷中心不重合,所以水分子是极性分子。而 CCl_4 分子中,C—H 键有极性,但 CCl_4 分子是正四面体对称结构,正、负电荷中心重合,是非极性分子。因此,可以从分子的几何构型,推断分子的偶极矩是否等于零,或者根据分子偶极矩推断分子的几何构型。

2. 分子的变形性和极化率

在外电场作用下,分子内部的电荷分布将发生相应的变化。如果将图5-41(a)中的非极性分子放在电容器的两个平板之间(图5-41(b)),分子中带正电荷的核将被引向负电板,而带负电荷的电子云将被引向正电板。结果,核和电子云产生相对位移,分子发生变形,称为分子的变形性(deformability)。这样,非极性分子原来重合的正、负电荷中心,在电场影响下互相分离,产生了偶极,此过程称为分子的变形极化,所形成的偶极称为诱导偶极(induction dipole)。电场愈强分子变形愈大,诱导出来的偶极长度也愈长。若取消外电场,诱导偶极即消失,此时分子重新变为非极性分子。所以诱导偶极($\mu_{诱导}$)与外电场强度 E 成正比。

$$\mu_{诱导}\propto E$$
$$\mu_{诱导}=\alpha \cdot E \tag{5-6}$$

式中,α 为比例常数,表示诱导偶极与外电场强度的比值,称为极化率(polarizability)。如外电场强度一定,则极化率愈大,$\mu_{诱导}$ 愈大,分子的变形性也愈大,所以分子极化率可表征分子外层电子云的可移动性或可变形性。

图5-41 非极性分子在电场中变形极化

对于极性分子来说,本身就存在着偶极,此偶极称为固有偶极或永久偶极(permanent dipole),它们通常都做不规则的热运动,如图5-42(a)所示。若在外电场的作用下,其正极转向负电板,负极转向正电板,依照电场的方向取一定的方位排列,如图5-42(b)所示,此过程称为取向。在电场进一步作用下,使正、负电中心之间的距离拉大,分子发生变形,产生诱导偶极,所以此时分子的偶极为固有偶极和诱导偶极之和,如图5-42(c)所示。

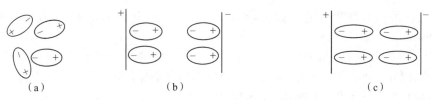

图 5 - 42　极性分子在电场中的取向和变形

不论非极性分子或极性分子,它们的极化率 α 可由实验测得(表 5 - 11)。表中数据表明,随分子中电子数的增多以及电子云弥散,α 值相应加大。以周期系同族元素的有关分子为例,从 He 到 Xe;从 HCl 到 HI,从上到下 α 值增大,分子的变形性必然增大。

表 5 - 11　某些分子的极化率

分　子	$\alpha/10^{-30}$ m³	分　子	$\alpha/10^{-30}$ m³
He	0.203	HCl	2.56
Ne	0.392	HBr	3.49
Ar	1.63	HI	5.20
Kr	2.46	H_2O	1.59
Xe	4.01	H_2S	3.64
H_2	0.81	CO	1.93
O_2	1.55	CO_2	2.59
N_2	1.72	NH_3	2.34
Cl_2	4.50	CH_4	2.60
Br_2	6.43	C_2H_6	4.50

3. 分子间的三种范德瓦尔斯力

分子的取向、极化和变形,不仅在电场中发生,在分子相互邻近时也可以发生,因为极性分子的固有偶极就相当于无数个微电场,所以当极性分子与极性分子、极性分子与非极性分子相互邻近时,都将由于取向和极化变形而使分子间处于异极相邻而互相吸引。伦敦指出非极性分子虽无固有偶极,但当它们相邻时也会相互作用。至今人们认识到分子间共存在着三种作用力。

(1) 色散力。既然非极性分子的偶极矩等于零,非极性分子间似乎不应有相互的作用。但实际上 Cl_2、N_2、CO_2 等非极性分子,不只是气态,而且在一定条件下,当它们各自的分子相邻得很近的距离(300～500 pm)时,会相互吸引而呈液态,甚至固态,这个现象至 1930 年才得到合理的解释。自量子力学兴起后,才知道分子在运动过程中,其中电子云分布不是始终均匀的。每瞬间,分子内带负电的部分(电子云)和带正电的部分(核)不时地发生相对位移,致使电子云在核的周围摇摆,分子发生瞬时变形极化(图 5 - 42[①]),产生了瞬间变换的偶极 称为瞬时偶极(instantanous dipole)。因而非极性分子始终处于异极相邻状态。这种

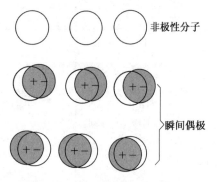

非极性分子

瞬间偶极

图 5 - 43　非极性分子产生瞬时偶极示意图

---

① 这种瞬时变形极化发生在核周围的三维空间内,瞬息变换。

瞬时偶极之间的相互作用称为色散力(dispersion force)。此力为伦敦所阐明,又称伦敦力(London force)。

色散力的大小与分子中电子数有关,分子中电子数愈多,电子云更加弥散,分子容易变形,极化率 α 加大,则分子间的色散力也相应增大。色散力不仅是所有分子都有的最普遍存在的范德瓦尔斯力,而且也常是范德瓦尔斯力的主要构成。

(2) 诱导力。当极性分子与非极性分子相邻时,则非极性分子受极性分子的诱导而分子变形极化,产生了诱导偶极,这种固有偶极与诱导偶极之间的相互作用称为诱导力(induction force),此力为 1920 年德拜所提出,又称德拜力(debye force)。

诱导力的大小与分子的固有偶极矩以及分子的极化率有关,极性分子偶极矩愈大、极性与非极性两种分子的极化率愈大,则诱导力也大。当相同极性分子与不同的非极性分子相邻时,则诱导力主要决定于非极性分子的极化率。

(3) 取向力。当极性分子与极性分子相邻时,极性分子的固有偶极间必然发生同极相斥、异极相吸,从而先取向后变形,这种固有偶极与固有偶极间的相互作用称为取向力(orientation force)。此力在 1912 年由葛生所提出,又称葛生力(Keeson force)。

取向力只存在于极性分子与极性分子之间。取向力大小,与分子的偶极矩和极化率均有关,但主要取决于固有偶极,即分子的偶极矩愈大,分子间的取向力也大。对大多数极性分子,取向力仅占其范德瓦尔斯力构成中的很小部分,只有少数强极性分子例外。

综上所述,范德瓦尔斯力的三种不同作用力,均为电性引力。它们既没有方向性也没有饱和性,根据不同情况,存在于各种类型分子之间。当非极性分子与非极性分子相邻时,它们之间只存在色散力;当非极性分子与极性分子相邻,它们之间存在诱导力同时还存在色散力(因为任何分子内部由于运动,核与电子始终产生着瞬息变换的瞬时偶极);当极性分子与极性分子相邻,它们之间存在着取向力又同时存在着诱导力(因为取向后进一步变形极化)和色散力。所以,范德瓦尔斯力是这三种力的总和,但分子间相互作用的范围不大,约在 300~500 pm 之间,小于 300 pm 斥力迅速增大,大于 500 pm 作用力显著减弱。表 5 - 12 列出某些分子的范德瓦尔斯构成,通过这些数据可以对三种范德瓦尔斯力的相对大小做一比较和分析。

表 5 - 12　某些物质的分子间力

(两分子间距离＝500 pm,温度＝298 K)

物　　质	两分子间的相互作用力		
	取向力/10^{-22} J	诱导力/10^{-22} J	色散力/10^{-22} J
He	0	0	0.05
Ar	0	0	2.9
Xe	0	0	18
CO	0.000 21	0.003 7	4.6
HCl	1.2	0.36	7.8
HBr	0.39	0.28	15
HI	0.021	0.10	33
NH_3	5.2	0.63	5.6
H_2O	11.9	0.65	2.6

4. 范德瓦尔斯力对物质熔点、沸点的影响

从范德瓦尔斯力的大小,可以说明稀有气体、卤化氢(除 HF 外)等物质的熔、沸点随原子序数(粗略讲,随相对分子质量)的增加而升高的原因。稀有气体是非极性分子,分子间只存在色散

力。从 He 到 Xe 相对分子质量增大,分子中电子数增多,极化率增大,因而分子间色散力增大(表 5 - 12)。当固体熔化或液体气化时,对于相对分子质量大的物质要多消耗能量来克服分子间吸引力。因此,在稀有气体中,从 He 到 Xe 的熔点和沸点逐渐升高。

对于卤化氢,它是极性分子,分子间存在着取向力、诱导力和色散力,但主要是色散力,见表 5 - 12。从 HCl 到 HI,随着相对分子质量的增大,色散力增大,分子间力增强,因此,它们的熔点、沸点逐渐升高。

虽然从 HCl 到 HI,熔沸点呈规律性的递增,但 HF 的熔、沸点却反常得高,这是由于 HF 分子间除了正常的范德瓦尔斯力外,还存在着氢键。

5.4.2　氢键

氢键是已经以共价键与其他原子键合的氢原子与另一个原子之间产生的分子间作用力,是除范德瓦尔斯力外的另一种常见分子间作用力。一般键能在 $20\sim40$ kJ·mol^{-1},也是一种相当微弱的电性引力,通常发生氢键作用的氢原子两边的原子必须是强电负性原子。

1. 氢键的形成

当氢原子与电负性很大而半径很小的原子(例如 F、O、N)形成的共价型氢化物时,它们之间才能形成氢键。这是由于原子间共用电子对的强烈偏移,氢原子几乎变成带正电荷的核,所以这个氢原子还可以和另一个分子中电负性很大且含有孤对电子的原子相吸引,这种引力称为氢键(hydrogen bonds)。

在同种分子间,例如液体 HF 中,一个分子中的氢原子可以和另一个分子中的氟原子互相吸引形成氢键[图 5 - 44(a)虚点为氢键];又液体水分子中也可以形成氢键[图 5 - 44(b)]。

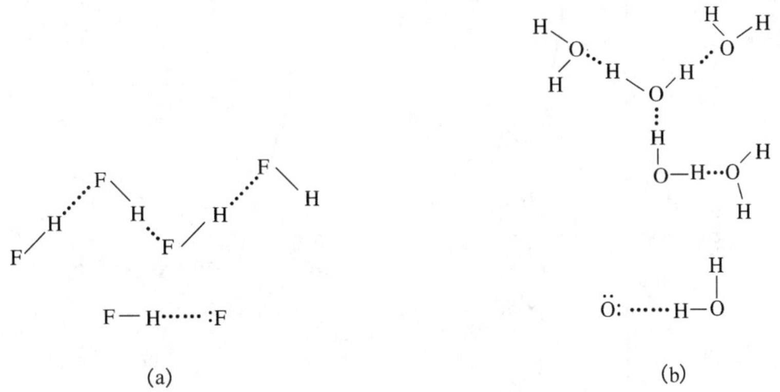

(a)　　　　　　　　　　　(b)

图 5 - 44　液态 HF 及液态 H_2O 的氢键示意图

此外,不同分子间也可形成氢键,例如水和氨分子的结合;生物体中腺嘌呤和胸腺嘧啶的结合:

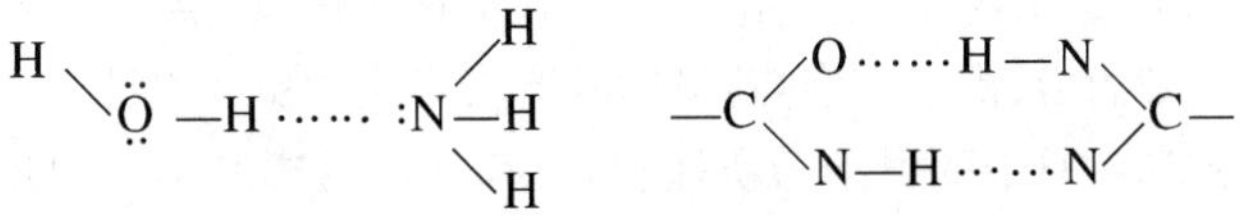

还有不少结晶水合物的形成都依赖于氢键,可见氢键的存在比较普遍。

氢键的组成可用 X—H…:Y 通式表示,式中,X、Y 代表 F、O、N 等电负性大而半径小的原子,X 和 Y 可以是同种元素也可以不同种。H…：Y 间的键为氢键[①],H…：Y 间的长度为氢键的键长,拆开一摩尔 H…：Y 键所需之能量为氢键的键能。

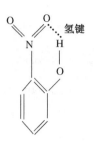

图 5-45
邻硝基苯酚分子
内氢键示意图

氢键不同于分子间力,有饱和性和方向性。氢键的饱和性是由于氢原子半径比 X 或 Y 的原子半径小得多,当 X—H 分子中的 H 与 Y 形成氢键后,已被负电子云所包围,这时若有另一个 Y 靠近时必被排斥,所以每一个 X—H 只能和一个 Y 相吸引而形成氢键。氢键的方向性是由于 Y 吸引 X—H 形成氢键时,将取 H—X 键轴的方向,即 Y…H—X 在一直线上(图 5-44)。这样的方位使 X 与 Y 电子云之间的斥力最小,可以稳定地形成氢键。

氢键除在分子间形成外,也可以在分子内形成。典型的例子为邻硝基苯酚中羟基 O—H 可与硝基的氧原子生成分子内氢键(图 5-45)。

对于受环状结构中其他原子键角的限制,分子内氢键 X—H…Y 不能在同一直线上。通常分子内氢键多见于有机化合物中,在无机化合物中较少存在。

2. 氢键对物质性质的影响

分子间氢键的形成可以使物质的熔点和沸点升高,溶解度增大,液体的密度增大。

(1) 对熔点、沸点的影响。HF 在卤化氢中,分子量最小,因此熔点、沸点应该是最低的,但事实上却反常得高,这就是由于 HF 能形成氢键,而 HCl、HBr、HI 却不能。当固态 HF 液化或液态 HF 气化时,必须破坏氢键,需要消耗较多的能量,所以熔点、沸点较高,而其余物质由于只须克服分子间力,因此熔点、沸点较低,见图 5-46。

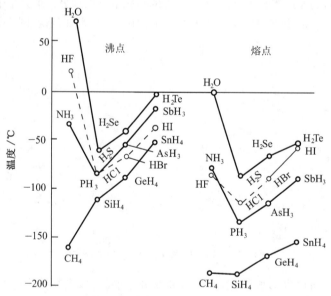

图 5-46   氢键对熔点、沸点的影响

由图 5-46 可见氧族氢化物、氮族氢化物与卤族氢化物熔点、沸点变化趋势相同,也是因为 H_2O 和 NH_3 都形成氢键而熔、沸点特别高。另外,碳族氢化物由于 CH_4 中 C 的电负性不太大,且半径也不小,H 原子被 C 原子的电子云所掩盖,没有条件形成氢键。CH_4 分子间主要以分子间力聚集在一起,为此 CH_4 的熔点、沸点在同族元素的氢化物中最低的。碳族元素的氢化物,按

①   有的书上将 X—H…Y 整个定为氢键,键长指 X 到 Y 的距离,所以在选用氢键键长数据时应加以注意。

CH_4—SiH_4—GeH_4—SnH_4，随着分子量的增大，熔点、沸点逐渐递增。

（2）对溶解度的影响。如果溶质分子与溶剂分子间能形成氢键，将有利于溶质分子的溶解，例如，NH_3 易溶于 H_2O 就是形成氢键的缘故。

（3）对液体密度的影响。液体分子间如能形成氢键，则液体分子就发生缔合，而使液体的密度增大，例如 n 个 HF 小分子可以因氢键组合成较大的分子，或称缔合分子（associated molecule）。

$$n\mathrm{HF} \underset{离解}{\overset{缔合}{\rightleftharpoons}} (\mathrm{HF})n + 热 \qquad n = 2,3,4\cdots\cdots$$

分子的缔合是放热过程，根据平衡移动原理，温度升高，不利于分子的缔合，温度降低有利于缔合，所以能形成氢键的液体在低温时形成氢键更多，密度更大。

5.4.3　离子的极化

理想的离子键是不存在的，所谓理想离子键就是 100% 的离子键，即正负离子的电子完全归己所有，完全不共用的理想状态，即使是 CsF 中的离子键，离子性百分数占 92%，也就是说仍有 8% 的共价性。当形成离子键的两原子电负性差越来越小时，它们之间就会发生一定程度的电子对共用，离子键中的共价键成分越来越高，离子键有向共价键过渡的情况。从相反的角度看，非极性共价键中的共用电子对是不偏不移地被两个原子共用的，当形成共价键的两原子电负性不同时，共用电子对就要偏向电负性较大的原子一侧，使共价键呈现一定的极性。形成共价键的两原子电负性相差越大，共价键的极性越大。当两原子电负性相差过大时，共用电子对因偏移而完全不能共用了，就变成了离子键，离子键可以看成是极性共价键的极限。离子键向共价键过渡的情况，与离子的互相极化有关。

1. 离子的极化力和变形性

简单离子的正负电荷中心重合，因此没有极性，如图 5-47(a)所示。复杂离子有时由于离子内电荷分布得不均衡而具有极性（如 OH⁻）。但是所有离子在外电场中，就会像分子一样，其中核和电子发生相对位移，产生诱导偶极，如图 5-47(b)所示。这种过程称为离子的极化（ionic polarization）。离子极化的结果使离子发生变形。

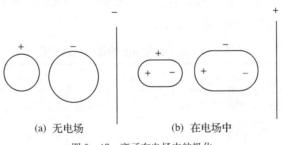

(a) 无电场　　　　　　　(b) 在电场中

图 5-47　离子在电场中的极化

离子极化不仅在外电场作用下发生，当离子充分靠近时，也可以相互极化。由于离子具有电荷，本身就可以产生电场。在正负离子组成的离子型晶体中，正离子吸引负离子的电子而排斥其核，负离子吸引正离子的核而排斥其电子，由于相互吸引和排斥，产生了极化变形，如图 5-48 所示。

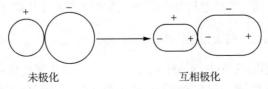

未极化　　　　　　　　　互相极化

图 5-48　离子的相互极化

在离子相互极化时,离子具有双重性质:作为电场,能使周围异电荷离子极化而变形,即具有极化力;作为被极化的对象,本身被极化而变形。

(1) 离子的极化力。离子的极化力和离子的电荷、半径以及外电子层结构有关。离子的电荷愈大、半径愈小,所产生电场的强度愈大,离子的极化力愈大,例如 $Al^{3+}>Mg^{2+}>Na^+$;如果电荷相等,半径相近,则离子的极化力决定于外电子层结构,其关系为:18 电子和$(18+2)$电子构型$>9\sim17$电子构型>8电子构型。18 电子构型离子如 Cu^+、Ag^+、Zn^{2+}、Cd^{2+} 和 Hg^{2+} 等;$(18+2)$电子构型离子如 Pb^{2+}、Sb^{3+} 和 Sn^{2+} 等;$9\sim17$ 电子构型离子如 Cr^{3+}、Mn^{2+} 和 Fe^{2+} 等;8 电子构型离子如 Na^+、Ca^{2+} 和 Mg^{2+} 等。

(2) 离子的变形性。离子的变形性主要决定于离子半径的大小,离子半径大,核电荷对电子云的吸力较弱,因此离子变形性大,例如 $I^->Br^->Cl^->F^-$。离子的电荷对变形性也有影响,对正离子来说,离子电荷愈大,变形性愈小;而对负离子来说,离子电荷愈大,变形性愈大。当半径相近、电荷相等时,最外层有 d 电子的离子的变形性一般比较大,例如,Hg^{2+} 的变形性大于 Sr^{2+}。

一般来说,负离子由于半径大,外层具有 8 个电子,所以它们的极化力较弱,变形性比较大。相反,正离子具有较强的极化力,变形性却不大。所以当正负离子相互作用时,主要是正离子对负离子的极化作用,使负离子发生变形。但一些最外层为 18 电子构型的正离子如 Cu^+、Cd^{2+} 离子等的变形性也比较大,因此在这种情况,必须考虑正离子的变形性。

2. 离子极化对化学键型的影响

在正、负离子结合成的离子型分子中,如果正、负离子间完全没有极化作用,则它们之间的化学键纯粹属于离子键。但实际上正、负离子间或多或少存在着极化作用,离子极化使离子的电子云变形并相互重叠(图 5-49),在原有的离子键上附加一些共价键成分。离子相互极化程度愈大,共价键成分愈多,离子键就逐渐向共价键过渡。

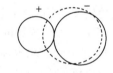

图 5-49
由于离子极化产生的电子云的重叠(虚线代表电子云的变化)

3. 离子极化对化合物性质的影响

离子极化对化学键类型产生了影响,因而对相应化合物的性质也产生一定的影响。表 5-13 列出了离子极化引起卤化银一些性质的变化。

表 5-13 离子极化引起的物质性质变化

晶 体	AgF	AgCl	AgBr	AgI
离子半径之和/pm	262	307	322	342
实测键长/pm	246	277	288	299
键 型	离子键	过渡型	过渡型	过渡为共价键
晶体构型	NaCl	NaCl	NaCl	ZnS
溶解度/$(mol \cdot L^{-1})$	易 溶	1.34×10^{-5}	7.07×10^{-7}	9.11×10^{-9}
颜 色	白 色	白 色	淡 黄	黄

(1) 晶型的转变。由于离子相互极化,离子的电子云相互重叠,键的共价成分增加,键长也缩短了(实测键长较正负离子半径之和为小)。键长的缩短是由于正离子部分地钻入负离子的电子云,这样 $\dfrac{r_+}{r_-}$ 就变小,因此当离子相互作用很强时,晶体就会由于离子极化而向配位数较小的构型转变。例如,银的卤化物,从 AgF 到 AgI,由于 Ag^+ 具有 18 电子层结构,极化力和变形性都很大,随着负离子变形性增大,离子相互极化的趋势逐渐突出,电子云间的重叠程度也逐渐增加,离

子键中加入共价键成分逐渐增多,到 AgI 已过渡为共价键,键长缩短逐渐明显,晶体构型由 6 配位的 NaCl 型过渡到 4 配位的 ZnS 型。

(2) 化合物的溶解度。键型的过渡引起晶体在水中溶解度的改变。离子晶体大都易溶于水,当离子极化引起键型的转化时,晶体的溶解度也会相应降低。从表 5-13 可以看出,典型离子晶体 AgF 易溶,而从 AgCl、AgBr 过渡到 AgI,随着共价键成分的增大,溶解度越来越低。

(3) 晶体的熔点。键型的改变也使晶体的熔点发生变化,一般讲,由离子所组成的晶体较由共价键构成的分子所组成的晶体具有较高的熔点。例如 NaCl 和 AgCl 虽然具有相同的晶体构型,但是 NaCl 熔点为 801℃,而 AgCl 的熔点却只有 455℃,这是由于 Ag^+ 的极化力和变形性都很大,Ag^+ 和 Cl^- 相互极化作用大,键的共价性增多的缘故。

(4) 化合物的颜色。离子极化还会导致离子晶体颜色的加深,由表 5-13 可以看出从 AgCl、AgBr 到 AgI,颜色由白色、淡黄色加深至黄色。又如 Pb^{2+}、Hg^{2+} 和 I^- 均为无色离子,但形成 PbI_2 和 HgI_2 后,由于离子极化明显,使 PbI_2 呈金黄色,HgI_2 呈朱红色。

离子极化概念是离子键理论的重要补充,在无机化学的许多方面都有应用。但它存在很大的局限性,如没有考虑 d,f 电子数和介质的影响等,因此在应用时会遇到许多例外甚至矛盾的现象,一般只适用于对同系列化合物做定性的比较。

复习思考题

1. 结合原子结构中(1) 元素的电负性数值;(2) 元素在周期表中的位置,指出哪些元素之间可能形成离子键,哪些元素之间可能形成共价键。

2. 解释下列各点:
   (1) 实验测得 AgI 晶体的配位比为 4 : 4,与半径比结果不一致;
   (2) 石灰石敲打易碎,金属如 Al、Ag 能打成薄片;
   (3) MgO 可作为耐火材料;
   (4) BaI_2 易溶于水,而 HgI_2 难溶于水。

3. 下列说法是否正确,为什么?
   (1) CsCl 型晶体属体心立方晶胞,而 NaCl 型晶体属简单立方晶胞;
   (2) 金属银为面心立方密堆积结构,配位数为 12,一个晶胞含银原子数为 13 个;
   (3) 金属铁为体心立方密堆积结构,配位数为 8,一个晶胞内含铁原子数为 2 个;
   (4) TlCl 为体心立方晶体,在一个 TlCl 晶胞中含 Tl^+ 和 Cl^- 分别为 1 个和 8 个。

4. 共价键的强度可用什么物理量加以衡量? 试比较下列各物质的共价键强度,并由弱到强依次排列:

$$H_2、F_2、O_2、HBr、N_2、C_2$$

5. 区别下列各词和术语:
   (1) 孤对电子—键对电子;有效重叠—无效重叠
   (2) 原子轨道—分子轨道;成键轨道—反键轨道;σ 键—π 键;键能—键级
       单键—单电子键;三键—三电子键;极性键—非极性键
   (3) 电子结构式—价键结构式—分子轨道表达式(即分子的电子构型);
       分子的电子构型—分子的几何构型
   (4) 偶极矩—极化率;取向—变形;极性分子—非极性分子;固有偶极—诱导偶极—瞬时偶极
   (5) 氢键—分子间力—化学键

6. 实验测得 H_2O 分子的键角比 NH_3 分子小,应用杂化轨道理论解释之。

7. 用杂化轨道理论说明 CO_2 分子为直线形,而 $SnCl_2$ 分子为角形。

8. 按键角由大到小顺序排列下列分子或离子:

$$PCl_3, PH_4^+, BCl_3, CS_2$$

9. 用分子轨道法解释 O_2 分子具顺磁性的原因。

10. 下列说法是否正确? 为什么?

(1) 极性分子之间只存在取向力,极性分子与非极性分子之间只存在诱导力,非极性分子之间只存在色散力;

(2) 氢键就是氢和其他元素间形成的化学键;

(3) 极性键组成极性分子,非极性键组成非极性分子;

11. 用分子间力说明下列事实:

(1) 常温下氟、氯是气体,溴是液体,碘是固体;

(2) HCl、HBr、HI 的熔点和沸点随相对分子质量增大而升高;

(3) 稀有气体 He—Ne—Ar—Kr—Xe 的沸点随相对分子质量增大而升高。

12. 什么叫离子极化? 离子极化会引起晶体性质的哪些变化?

习　题

1. 推测下列物质的熔点大小的顺序,并加以必要的说明。

$$O_2、NH_3、AgBr、NaF$$

2. 从半径比推测下列晶体的配位比及构型:

$$LiCl、CaS、RbBr、RbCl、MgO、LiI$$

3. 试根据下表数据,从晶格能的变化来讨论化合物熔点随半径、电荷变化而变化的规律性。

化合物	NaF	NaCl	NaBr	NaI	KCl	RbCl	CaO	MgO
熔点/℃	996	801	747	660	768	717	2 570	2 852

4. 已知　　　　　　　$Ag(g)+Cl(g) \longrightarrow AgCl(g)$　　　$\Delta_r H_m^{\ominus} = -301 \text{ kJ} \cdot \text{mol}^{-1}$

　　　　　　　　　$AgCl(s) \longrightarrow AgCl(g)$　　　$\Delta_r H_m^{\ominus} = 226 \text{ kJ} \cdot \text{mol}^{-1}$

又 Ag 的电离能为 730.9 kJ·mol^{-1},Cl 的电子亲和能为 -349.0 kJ·mol^{-1}。试用玻恩-哈柏循环计算 AgCl 的晶格能。

5. 从影响晶格能大小因素考虑,判断下列各组中熔点最高和最低的物质:

(1) MgO,CaO,SrO,BaO;　　　　　　(2) KF,KCl,KBr,KI。

6. 下列各组物质中,何者熔点较高? 为什么?

(1) SiC 与 I_2　　　　　　　　(2) 干冰(CO_2)与水

(3) HCl 与 KCl　　　　　　　　(4) $MgCl_2$ 与 MgI_2

(5) KI 与 CuI

7. 用价层电子对互斥理论判断:

物　质	成键电子对数	孤电子对数	分子或离子的形状
XeF_4			
AsO_4^{3-}			

8. 已知下列物质为非极性分子,偶极矩为零:SiF_4、BCl_3、HgI_2。试用中心原子轨道杂化的概念,指出它们可能采取的杂化轨道以预测这些分子的几何构型。

9. 由实验测得 CH_4 和 CO_2 的偶极矩为零，H_2O 为 $6.23 \times 10^{-30} C \cdot m$。试结合组成元素的原子结构和杂化轨道理论解释为什么键角依下列次序增大？

$$\angle H—O—H < \angle H—C—H < \angle O—C—O$$

10. 实验测定 BF_3 为三角形构型，而 $[BF_4]^-$ 为四面体构型。试用原子轨道杂化的概念说明硼的杂化轨道类型有何不同？

11. 指出下列各对化合物中哪一种化合物的键角要大些，并简单说明理由。
    (1) H_2S 和 $HgCl_2$；　　　(2) OF_2 和 OCl_2；　　　(3) NH_3 和 NF_3；
    (4) PH_3 和 NH_3；　　　(5) PH_3 和 PH_4^+；　　　(6) H_2O 和 H_2S

12. 列出下列两组物质中物质的键的极性大小顺序，并指出哪些物质的偶极矩为零，哪些不等于零。
    (1) $LiCl, BeCl_2, BCl_3, CCl_4$；
    (2) CF_4, CCl_4, CBr_4, CI_4

13. 用原子轨道杂化概念说明 NH_3 分子的空间构型为三角锥形，而 NH_4^+ 为正四面体；H_2O 分子为角形，H_3O^+ 为三角锥形。

14. 写出下列分子(或离子)的分子轨道表达式，并根据键级推断它们能否存在：

$$Be_2, N_2, N_2^-, He_2^+, O_2^{3-}$$

15. 写出下列同核双原子分子的分子轨道表达式，并说明这些分子的磁性、键级及稳定性：

$$Li_2, C_2, O_2, B_2$$

16. 氧分子及其离子的 O—O 核间距离(pm)如下：

$$\begin{array}{cccc} O_2^+ & O_2 & O_2^- & O^{2-} \\ 112 & 121 & 130 & 148 \end{array}$$

    (1) 试用分子轨道理论解释它们的核间距为什么依次增大。
    (2) 指出它们是否都有顺磁性并比较顺磁性的强弱。
    (3) 列出它们的键级并比较它们的稳定性。

17. 试判断下列分子的空间构型和分子的极性，并说明理由。

$$CO_2 、Cl_2 、HF、NO、PH_3 、SiH_4 、H_2O、NH_3 、BF_3$$

18. 判断下列各组分子间存在哪些分子间力：
    (1) 碘和四氯化碳　(2) 氯化氢和水　(3) 氦和水　(4) 氟化氢和氟化氢

19. 比较下列各对物质沸点的高低，并简要说明理由。
    (1) CO_2, SO_2；　　　(2) SO_2, SO_3；　　　(3) H_2S, H_2O；
    (4) HF, HI；　　　(5) HF, NH_3；　　　(6) SiH_4, SiF_4

20. (1) 试比较下列各离子极化力的相对大小：$Fe^{2+}, Sn^{2+}, Sn^{4+}, Sr^{2+}$；
    (2) 试比较下列各离子变形性的相对大小：O^{2-}, F^-, S^{2-}。

21. 根据离子极化观点，比较下列物质的熔点高低：
    (1) $CaCl_2, AlCl_3$；　(2) $BeCl_2, NaCl$；　(3) $ZnCl_2, CaCl_2$；　(4) $FeCl_3, FeCl_2$

22. 指出下列各化合物中共价性强弱次序，并估计各物质的熔点高低次序。
    $CaCl_2, MgCl_2, BeCl_2, SrCl_2, BaCl_2$

23. 判断 $Na^+, Mg^{2+}, Al^{3+}, Si^{4+}$ 极化力大小及变形性大小顺序，并简单说明理由。

24. 对于离子型化合物 $NaF, NaCl, NaBr$ 和 NaI 从晶格能大小推测它们在水中溶解度大小顺序。

25. 试从离子极化概念推测下列各组物质在水中的溶解度相对大小。
    (1) $HgCl_2, HgI_2$　　(2) $PbCl_2, PbI_2$

第6章 酸碱和离子平衡

科学实验和化工生产中,许多化学反应是在水溶液中进行的,因为水作为溶剂具有许多不可替代的优良特性。如很宽的液态范围(0~100℃)、极丰富的资源且较易于纯化及广泛而良好的溶解性能等。

在水溶液中发生反应的无机物质主要是酸碱盐,它们都是电解质,其中相当多的物质溶于水后,在溶剂水分子的作用下可以部分或完全解离成带电的离子。因而水溶液中很多化学反应实质上是溶质溶于水后所形成的离子间的反应。这类反应具有一些共同的特点:反应的活化能较低(一般在 40 kJ·mol^{-1}以下)而反应速率较快;反应受压力的影响很小故常可忽略;反应的热效应较小,温度对有关反应的平衡常数影响也较小而可不予考虑。因此,讨论这类反应的平衡问题显得比速率问题更为重要,而且影响平衡诸因素中浓度的影响最为重要。在涉及溶液中离子反应的平衡问题时,主要有酸碱平衡、沉淀平衡、氧化还原平衡以及配位平衡。本章首先对酸碱平衡和沉淀-溶解平衡进行讨论,其他两大平衡将在本书第7~8章中加以阐述。

6.1 电解质溶液

人们在研究物质水溶液的导电性时,提出了电解质和非电解质的概念。凡在水溶液中或熔融状态能导电的物质称为电解质(electrolytes),例如酸、碱、盐;凡水溶液或熔融状态不能导电的物质称为非电解质(nonelectrolytes),例如苯、乙醇以及许多有机化合物。通常还把在水溶液中导电能力强的电解质称为强电解质(strong electrolytes),例如强酸、强碱和大多数盐;在水溶液中导电能力弱的电解质称为弱电解质(weak electrolytes),如弱酸和弱碱等。

1887 年瑞典化学家阿仑尼乌斯提出的解离理论认为:当电解质溶于水后,它们的分子便或多或少地形成带有正、负电荷的离子,并把这种过程称为解离(dissociation),也称电离(ionization)。电解质溶液的导电性,正是它们能解离成带电离子的结果。电解质在溶液中解离后,正离子所带的正电荷总和等于负离子所带的负电荷总和,因此整个溶液仍呈电中性。

阿仑尼乌斯理论认为电解质在水中部分解离成离子,因此,在电解质溶液中存在着未解离的分子和解离生成的离子之间的平衡。对弱电解质来说是符合实际的。例如,醋酸(CH$_3$COOH,通常简写为 HAc)在水溶液中部分解离成氢离子 H$^+$和醋酸根离子 Ac$^-$,溶液中存在着下列平衡:

$$HAc \rightleftharpoons H^+ + Ac^-$$

到达平衡时,溶液中已解离的溶质分子占解离前溶质分子总数的百分比叫做解离度(degree of dissociation)。弱电解质的解离度一般很小。但对强电解质而言是不符合实际的,强电解质在水中是完全解离的,在强电解质溶液中不存在未解离的分子和解离生成的离子之间的平衡。但是,根据溶液导电性的实验所测得的解离度却都小于 100%(表 6-1)。

表 6-1　一些强电解质的表观解离度($0.1\ mol \cdot L^{-1}$,25℃)

电解质	HCl	HNO_3	H_2SO_4	NaOH	$Ba(OH)_2$	KCl	$ZnSO_4$
表观解离度/%	92	92	61	91	81	86	40

也就是说,强电解质在溶液中又似乎不是完全解离的。对于这一矛盾现象应该怎样认识呢?

1923 年,德拜(P. J. W. Debye)和休格尔(E. Huckel)用离子相互作用理论解释了离子化合物在水溶液中似乎没有完全解离的现象。他们认为强电解质在水溶液中虽然完全解离,但是带有电荷的离子之间有着相互作用的力。由于相同电荷的离子互相排斥,不同电荷的离子互相吸引,因此溶液中每个离子的周围分布着较多的带有相反电荷的离子,结果在正离子周围有负离子组成的离子氛(ion atmosphere),负离子周围也有正离子组成的离子氛(图 6-1),在这种情况下,溶液中的离子不是完全自由的,而是彼此有着相互牵制

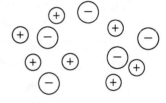

图 6-1　离子氛示意图

作用。这种牵制作用使得单位体积的电解质溶液内所含离子数,显得比按完全解离所计算出来的离子数要少,因而表现出来似乎没有完全解离。

由上述可见,强电解质解离度的意义与弱电解质不同:弱电解质的解离度是达到解离平衡时解离了的分子百分数;而强电解质的解离度却是反映其溶液中离子相互牵制作用的强弱程度,因此称为表观解离度。

当溶液稀释时,离子的浓度降低,离子间平均距离增大、相互的牵制作用减弱,因此逐渐接近于实际的完全解离。

由于溶液中离子间的相互牵制作用,使得溶液中表现出来能自由运动的离子浓度小于它的真实浓度。例如 $0.1\ mol \cdot kg^{-1}$ NaCl 溶液中,Na^+ 和 Cl^- 所表现出来的浓度都只有 0.08 mol $\cdot$ kg^{-1}。因此,人们引入了活度的概念。溶液中离子的活度是离子在参加化学反应时所表现出来的有效浓度。活度 a 与浓度 c 的关系为:

$$a = \gamma c \qquad\qquad (6-1)$$

式中,γ 为活度系数[①](或活度因子)。

在电解质溶液中,由于离子在溶液中的运动受到牵制,$\gamma < 1$,离子的活度小于离子浓度。活度系数愈小,表明离子间的相互作用愈强,离子的活度也愈小。因此活度系数反映了溶液中离子间相互作用的程度。

影响活度系数 γ 大小的因素有溶液的浓度和离子的电荷。溶液的浓度越大,活度 a 与浓度 c 就越远,γ 就越小;溶液的浓度越小,活度 a 与浓度 c 就越近,γ 就越大,越接近于 1。离子的电荷越高,离子氛作用就越大,活度 a 和浓度 c 偏离大,γ 就越小;离子的电荷低,则离子氛作用小,活度 a 与浓度 c 就越近,γ 就越接近于 1。

离子的活度和浓度之间一般存在差异,在精确计算时,应采用活度。溶液的浓度愈稀,活度系数愈接近于 1。这样对于稀溶液、弱电解质溶液和难溶电解质溶液来说,由于溶液中离子的实际浓度都很小,活度系数接近于 1,可以直接用浓度来进行计算而不致造成较大的误差。

---

① 活度系数的严格定义:对于溶液中溶质 B 可表示为:$\gamma_B = a_B/(m_B/m^\ominus)$ 或 $\gamma_B = a_{c,B}/(c_B/c^\ominus)$。本书用后者。为简便起见而略去标准浓度 $c^\ominus$(1 mol $\cdot$ L^{-1})。m 为质量摩尔浓度,$m^\ominus$ 为标准质量摩尔浓度(1 mol $\cdot$ kg^{-1})。

6.2 近代酸碱理论简介

人们对于酸碱的认识,最初是从现象的观察而产生的感性认识开始的。1685 年,受到恩格斯高度评价"把化学确立为科学"的英国化学家和物理学家波义耳(Robert Boyle)提出:"酸类能使一些植物浸液的颜色变为红色,还能使已事先被碱改变了颜色的浸液恢复其原来的颜色。"也许这就是关于酸碱最早的明确描述了。大约一个世纪后,人们才从物质的组成上来认识酸和碱。1777 年法国化学家拉瓦锡(A. L. Lavoisier)首先从物质组成上提出所有的酸中都含有氧元素,并把氧看作是"成酸的元素"。这是从感性现象认识深入到物质组成成分上的一大进步。到了 19 世纪初期,盐酸、氢碘酸、氢氰酸等相继被发现,它们的组成中并没有氧。1810 年,英国化学家戴维(H. Davy)提出氢是酸中的基本元素。直到 19 世纪后期,瑞典化学家阿仑尼乌斯在电解质溶液理论的基础上,提出了关于酸碱的第一个明确定义,才开始了近代酸碱理论的发展,先后有水-离子论、溶剂理论、质子理论、电子理论等。

6.2.1 酸碱的水-离子理论

酸碱的水-离子理论也称为酸碱的解离理论。根据阿仑尼乌斯解离理论:酸是在水溶液中解离生成的正离子全部是 H^{+}[①]的化合物;碱是在水溶液中解离生成的负离子全部是 OH^{-} 的化合物。酸碱中和反应的实质就是 H^{+} 离子和 OH^{-} 离子结合成 H_2O 的反应。例如,盐酸和氢氧化钠的反应:

酸: $\qquad HCl \Longrightarrow H^{+} + Cl^{-}$

碱: $\qquad NaOH \Longrightarrow Na^{+} + OH^{-}$

中和作用: $\qquad H^{+} + OH^{-} \Longrightarrow H_2O$

酸碱的解离理论自 1887 年提出,对化学的发展起到了很大的作用,至今仍在普遍采用。但有其局限性,它把酸碱局限在水溶液中,并把碱限制为氢氧化物。随着化学的发展,很多化学反应是在非水体系中进行,不含 H^{+} 离子和 OH^{-} 离子成分的物质也表现酸和碱的性质。这些都说明,酸碱解离理论还不够完善,因而推动了对酸碱理论的继续研究。

6.2.2 酸碱的溶剂理论

从水能解离出 H^{+} 和 OH^{-} 的角度来看,可知水-离子理论的酸就是能解离出和水相同的正离子的物质,而碱就是能解离出与水相同的负离子的物质。由于除水以外有些溶剂(如 NH_3 等)也能解离为正、负离子,这启发人们将酸碱的概念加以扩大。

1905 年富兰克林(E. C. Franklin)将水溶液中的酸碱定义扩充到非水溶液体系,提出酸碱溶剂理论。这个理论认为:凡能解离出溶剂正离子的物质为酸,能解离出溶剂负离子的物质为碱。酸碱中和反应就是正离子和负离子结合成溶剂分子。例如,液态氨按下式解离:

$$2NH_3(l) \Longrightarrow NH_4^{+} + NH_2^{-}$$

则 NH_4Cl 在液氨中为酸,因为它在液氨中产生了溶剂(NH_3)的正离子 NH_4^{+}:

$$NH_4Cl \Longrightarrow NH_4^{+} + Cl^{-}$$

---

① 实际上应该是水合氢离子 H_3O^{+},为简便起见,写成 H^{+}。

而 $NaNH_2$ 在液氨中为碱,因为它在液氨中产生了溶剂(NH_3)的负离子 NH_2^-:

$$NaNH_2 \rightleftharpoons Na^+ + NH_2^-$$

酸碱中和反应就是正离子 NH_4^+ 和负离子 NH_2^- 结合为溶剂分子 NH_3 的反应:

$$NH_4^+ + NH_2^- \rightleftharpoons 2NH_3(l)$$

也就是

$$\underset{(酸)}{NH_4Cl} + \underset{(碱)}{NaNH_2} \rightleftharpoons \underset{(盐)}{NaCl} + \underset{(溶剂)}{2NH_3(l)}$$

又如液态 SO_2 可解离为亚硫酰离子 SO^{2+} 和亚硫酸根离子 SO_3^{2-}:

$$2SO_2(l) \rightleftharpoons SO^{2+} + SO_3^{2-}$$

则 $SOCl_2$ 在液态 SO_2 中为酸,因为它在液态 SO_2 中产生 SO^{2+}:

$$SOCl_2 \rightleftharpoons SO^{2+} + 2Cl^-$$

Na_2SO_3 在液态 SO_2 中为碱,因它在液态 SO_2 中产生 SO_3^{2-}:

$$Na_2SO_3 \rightleftharpoons 2Na^+ + SO_3^{2-}$$

酸碱中和反应就是 SO^{2+} 与 SO_3^{2-} 结合为 SO_2 分子的反应:

$$\underset{(酸)}{SOCl_2} + \underset{(碱)}{Na_2SO_3} \rightleftharpoons \underset{(盐)}{2NaCl} + \underset{(溶剂)}{2SO_2(l)}$$

酸碱溶剂理论包括了水-离子理论的酸碱概念,并扩充到非水溶液中,因此扩大了酸碱范围。但由于该理论对不能解离的溶剂,如苯、四氯化碳等,以及无溶剂的酸碱反应都不能说明,为此该理论很少被应用,其后不久兴起了酸碱质子理论。

6.2.3 酸碱的质子理论

1923 年布朗斯特(J. N. Bronsted)和劳莱(T. M. Lowry)提出了酸碱的质子理论。该理论认为:凡能给出质子 H^+ 的物质都是酸,凡能接受质子的物质都是碱。HCl、HAc、NH_4^+、HSO_4^- 都是酸,因为它们都能给出质子。Cl^-、Ac^-、NH_3、SO_4^{2-} 等都是碱,因为它们都能接受质子。由上可知,质子理论的酸碱概念不但包括分子,也包括了离子。有些物质既能给出质子,又能接受质子,就是既是酸又是碱,称为两性物质。

1. 酸碱的定义及共轭关系

根据酸碱质子理论,酸给出质子后剩下的部分就是碱,碱接受质子后就变成酸。它们的关系可用下式表示:

$$\underset{\text{共轭酸碱对}}{\underbrace{酸 \rightleftharpoons 碱 + H^+}}$$

酸和碱的这种对应情况称为共轭关系。它们的关系是质子的"授受"。也就是:

$$酸 \rightleftharpoons 质子 + 碱$$
$$HAc \rightleftharpoons H^+ + Ac^-$$
$$NH_4^+ \rightleftharpoons H^+ + NH_3$$
$$HSO_4^- \rightleftharpoons H^+ + SO_4^{2-}$$

$$NH_3 \rightleftharpoons H^+ + NH_2^-$$

右方所列的碱是左方所列酸的共轭碱;左方各酸又是右方各碱的共轭酸,可见质子论中是没有盐的概念的。酸越强,其对应的共轭碱越弱;酸越弱,其对应的共轭碱越强。例如,HCl 是很强的酸,而 Cl^- 就是很弱的碱;NH_3 是很弱的酸,而 NH_2^- 就是强碱。表 6-2 列出一些常见的共轭酸碱对。

表 6-2 常见的共轭酸碱对

		共轭酸	共轭碱		
酸性渐减	强酸	$HClO_4$ HI HCl HNO_3 H_2SO_4 HSO_4^- H_3O^+	ClO_4^- I^- Cl^- NO_3^- HSO_4^- SO_4^{2-} H_2O	极弱碱	碱性渐增
	中强酸或弱酸	H_3PO_4 HNO_2 HAc H_2CO_3 NH_4^+	$H_2PO_4^-$ NO_2^- Ac^- HCO_3^- NH_3	弱碱或中强碱	
	极弱酸	H_2O NH_3	OH^- NH_2^-	强碱	

由表 6-2 可知,有些分子或离子既是酸,又是碱(表中有～～～者,如 H_2O、NH_3、HSO_4^- 等)。当其给出质子时为酸,而接受质子时又为碱。

2. 酸碱反应

根据酸碱质子理论,酸碱反应是非共轭的酸碱之间的质子传递反应。例如:

$$\underset{\underset{(强)}{酸_1}}{HCl} + \underset{\underset{(中强)}{碱_2}}{NH_3} \longrightarrow \underset{\underset{(弱)}{酸_2}}{NH_4^+} + \underset{\underset{(弱)}{碱_1}}{Cl^-}$$

上述反应是共轭酸碱对 $HCl-Cl^-$ 和共轭酸碱对 $NH_4^+-NH_3$ 之间发生质子传递过程的结果。HCl 是强酸,放出质子给 NH_3 成为较弱酸 NH_4^+,同时生成 Cl^-,Cl^- 和 NH_3 都是碱,它们在争夺质子,由于 NH_3 的碱性比 Cl^- 强,所以取得了质子,因而反应向右进行。这就是说,酸碱反应总是由较强的酸和较强的碱反应,朝生成较弱的碱和较弱的酸的方向进行。

按照质子理论,酸碱中和仅仅是与较弱的碱结合的质子转移给较强的碱,因此酸碱的含义和反应就不局限于水溶液,而可扩大到一些非水溶液和气体间的反应。例如,上述 NH_3 和 HCl 的反应,不论在水溶液,还是非水溶液或气相中进行,都是质子的传递反应,HCl 是酸放出质子给 NH_3。但是,由于质子理论的基础是质子转移,对于非质子溶剂中的酸碱反应就难以说明,而且像 SO_3、BF_3 等非质子物质具有酸性的事实也不能包括。因此质子理论也有其局限性。

6.2.4　酸碱的电子理论

在质子理论提出的同年,路易斯(G. N. Lewis)根据化学反应中电子对的给予和接受的关系,提出了酸碱的电子理论。电子理论定义:酸是在反应中能接受电子对的分子或离子(即电子对接受体),碱是能给出电子对的分子或离子(即电子对给予体)。据此,酸碱反应的本质就是形成配位键并产生酸碱配合物:

$$B\!:\ +\ A \Longrightarrow\ B\!\rightarrow\!A$$
$$\text{(碱)}\quad\text{(酸)}\qquad\text{(酸碱配合物)}$$

$$:F^- + \ \underset{F}{\overset{F}{B}}\!-\!F \Longrightarrow \left[F\!\rightarrow\!\underset{F}{\overset{F}{B}}\!-\!F\right]^-$$

$$:NH_3 + H^+ \Longrightarrow \left[H\!-\!\underset{H}{\overset{H}{N}}\!\rightarrow\!H\right]^+$$

$$2(:NH_3)+Ag^+ \Longrightarrow [H_3N\!\rightarrow\!Ag\!\leftarrow\!NH_3]^+$$

$$:OH^- + H^+ \Longrightarrow HO\!\rightarrow\!H$$

符合此定义的酸和碱常称为路易斯酸和路易斯碱。由于化合物中配位键广泛存在,显然路易斯酸碱的范围也十分广泛。凡金属离子都是酸,与金属离子结合的不论是负离子或中性分子都是碱。这样,一切盐类、金属氧化物以及大多数无机化合物几乎都可看作是酸碱配合物。

电子理论把酸碱概念扩大到无质子授受的反应,既不受解离过程的限制,又不受溶剂的束缚,所包括的范围确实十分广泛,但不足之处也就随之而生。主要是过于笼统,不易区分各种酸碱的差别,更不能像水-离子论和质子理论那样做定量处理。在溶液(包括水溶液和非水溶液)体系中,质子理论可以做出很好的处理和应用,因而在基础化学中,我们宜着重掌握这种理论的基本概念和处理方法,并能加以运用。

6.3　弱酸、弱碱的解离平衡

本节主要讨论质子酸碱在水溶液中的解离平衡,计算溶液中各种离子的浓度等。

6.3.1　水的解离和溶液的酸碱性

1. 水的离子积

按照酸碱质子理论,H_2O 既是质子酸,又是质子碱,作为酸的 H_2O 可以跟作为碱的 H_2O 通过传递质子而发生酸碱反应:

$$\underset{\text{碱1}}{H_2O}\ +\ \underset{\text{酸2}}{H_2O}\ \Longrightarrow \underset{\text{酸1}}{H_3O^+}+\ \underset{\text{碱2}}{OH^-}$$

这一平衡叫做水的自偶平衡,简写为:$H_2O \Longrightarrow H^+ + OH^-$。

纯水是一种极弱的电解质，标准平衡常数为：$K^{\ominus} = \{[H^+]/c^{\ominus}\} \times \{[OH^-]/c^{\ominus}\}$。

因为 $c^{\ominus} = 1\ mol \cdot L^{-1}$，为了简化形式，常常忽略不写（以后均忽略），即简化写为：$K^{\ominus} = [H^+][OH^-]$ 此平衡常数称为水的离子积常数，简称水的离子积（ion product of water），用 $K_w^{\ominus}$ 表示。温度升高，$K_w^{\ominus}$ 值增大，其改变比一般弱电解质的解离常数更显著。这是因为水解离时要吸收较多的热量，所以温度对 $K_w^{\ominus}$ 的影响较大。不同温度下水的离子积列于表 6-3。通常在常温下做一般计算时，可以认为：

$$K_w^{\ominus} = [H^+][OH^-] = 1.0 \times 10^{-14} \tag{6-2}$$

表 6-3　不同温度下水的离子积常数

温　度/℃	$K_w^{\ominus}$	温　度/℃	$K_w^{\ominus}$
0	0.13×10^{-14}	30	1.47×10^{-14}
10	0.29×10^{-14}	40	2.92×10^{-14}
15	0.45×10^{-14}	60	9.62×10^{-14}
20	0.68×10^{-14}	80	25.2×10^{-14}
24	1.00×10^{-14}	100	55.1×10^{-14}

2. 溶液的酸碱性、pH 和 pOH

水的离子积公式(6-2)表明了溶液中的 $[H^+]$ 和 $[OH^-]$ 的相互关系，并且：

$$[H^+] = \frac{K_w^{\ominus}}{[OH^-]} \qquad [OH^-] = \frac{K_w^{\ominus}}{[H^+]}$$

根据这种关系，可以用一个统一的标准来衡量溶液的酸碱性强弱（H^+ 或 OH^- 浓度的大小）。通常规定：

$$pH = -lg[H^+]/c^{\ominus} \tag{6-3}$$

为简便起见，可表示为：

$$pH = -lg[H^+] \tag{6-4}$$

与 pH 相对应，还有 pOH，即

$$pOH = -lg[OH^-] \tag{6-5}$$

由式(6-2)很容易得到

$$-lg\ K_w^{\ominus} = -lg[H^+] - lg[OH^-]$$

令 $pK_w^{\ominus} = -lg\ K_w^{\ominus}$，在常温时，则

$$pK_w^{\ominus} = 14.00$$

也就是说

$$pK_w^{\ominus} = pH + pOH = 14.00$$

通常就以 pH 值作为水溶液酸碱性的一种标度。pH 值愈小，溶液中 H^+ 浓度愈大，溶液的酸性愈强（碱性愈弱）；pH 值愈大，溶液中 H^+ 浓度愈小，溶液的碱性愈强（酸性愈弱）。常温时，溶液的酸碱性与 pH 值的关系为：

中性溶液　　　　$[H^+]=10^{-7}\ mol \cdot L^{-1}=[OH^-]$　　　　$pH=7=pOH$

酸性溶液　　　　$[H^+]>10^{-7}\ mol \cdot L^{-1}>[OH^-]$　　　　$pH<7<pOH$

碱性溶液　　　　$[H^+]<10^{-7}\ mol \cdot L^{-1}<[OH^-]$　　　　$pH>7>pOH$

用 pH 值表示溶液的酸碱性,一般用于$[H^+]$或$[OH^-]$小于 1 mol·L^{-1}的溶液。当$[H^+]>$1 mol·L^{-1},则 pH<0;而$[OH^-]>$1 mol·L^{-1},则 pH>14。对于这样的溶液,通常直接用 H^+ 或 OH^- 的浓度,而不用 pH 值来表示其酸碱性。应当指出,溶液的酸性强弱与强酸或弱酸是两个不同的概念。例如 0.10 mol·L^{-1} HAc 溶液的 pH 值为 2.9,0.000 1 mol·L^{-1} HCl 溶液的 pH 值为 4。前者的酸性比后者强,但 HAc 是弱酸,HCl 则是强酸。

在生产实际和科学实验中,严格控制溶液的 pH 值是许多化学反应顺利进行的条件。例如,在精制硫酸铜时,为除去粗硫酸铜溶液中的杂质 Fe^{3+},必须严格控制 pH=4 左右,才能收到良好效果。在抗生素生产中,控制一定的 pH 值是微生物生长的主要条件之一。人体血液的 pH 值在 7.35~7.45 之间,超出这一范围,就意味着中毒病变,如果 pH>7.8 或 pH<7.0,则人将死亡。尿液也有同样情况。另外,一些食物饮料也有其相应的 pH 值范围(表 6-4),若超出范围就是变质而不可食用。因此,测定和控制溶液的 pH 值十分重要。

表 6-4　一些常见溶液的 pH 值

柠檬汁	2.2~2.4	啤　酒	4~5	人　尿	4.8~8.4
葡萄酒	2.8~3.8	乳　酪	4.8~6.4	人唾液	6.5~7.5
食　醋	3.0	牛　奶	6.3~6.6	人血液	7.35~7.45
番茄汁	3.5	饮用水	6.5~8.0	海　水	8.3

强酸强碱在水溶液中是完全解离的,即能够完全释放或者完全接受质子。而弱酸弱碱在水溶液中释放质子或者接受质子的能力是不同的,在弱酸(弱碱)的水溶液中,除了弱酸(弱碱)解离的 $H^+(OH^-)$外,还有水自身的解离,但由于水是很弱的两性物质,$K_w^{\ominus}=1.0\times10^{-14}$,只要弱酸(弱碱)的浓度($c$)不是太小,弱酸(弱碱)的强度与水相比不是太弱,即$cK_a^{\ominus}\geqslant20K_w^{\ominus}$($cK_b^{\ominus}\geqslant20K_w^{\ominus}$)时,可以不计水的自偶平衡,下面在讨论弱酸弱碱在水溶液中的解离平衡问题时,都忽略了水的自偶平衡。

6.3.2　弱酸弱碱的解离平衡常数

1. 一元弱酸弱碱的解离平衡常数

一元弱酸醋酸(HAc)在溶液中可建立下列平衡:

$$HAc+H_2O \Longleftrightarrow H_3O^++Ac^-$$

简化为:

$$HAc \Longleftrightarrow H^++Ac^-$$

其平衡常数可表示为:

$$K_a^{\ominus}=\frac{[H^+][Ac^-]}{[HAc]}$$

式中,$K_a^{\ominus}$ 为酸解离常数(dissociation constant)。

通常,弱酸的解离常数用 $K_a^{\ominus}$ 表示,弱碱的解离常数用 $K_b^{\ominus}$ 表示。例如,一元弱碱氨水的解离过程和解离常数可表示为:

$$NH_3 \cdot H_2O \Longrightarrow NH_4^+ + OH^-$$

$$K_b^\ominus = \frac{[NH_4^+][OH^-]}{[NH_3 \cdot H_2O]}$$

解离常数 $K_i^\ominus$ 值的大小反映弱电解质解离成离子的能力。$K_i^\ominus$ 值越大,表示解离倾向越大。通常把 $K_i^\ominus < 10^{-4}$ 的电解质称为弱电解质,$K_i^\ominus$ 在 $10^{-2} \sim 10^{-3}$ 之间的称为中强电解质,$K_i^\ominus < 10^{-7}$ 的则可称为极弱电解质。

对于一对共轭酸碱对,共轭酸碱的酸常数和碱常数之间存在着关系:

$$K_a^\ominus \times K_b^\ominus = K_w^\ominus \qquad\qquad (6-6)$$

推导过程(以 HAc—Ac⁻ 为例):

$$HAc + H_2O \Longrightarrow H_3O^+ + Ac^- \qquad K_a^\ominus(HAc)$$

$$Ac^- + H_2O \Longrightarrow OH^- + HAc \qquad K_b^\ominus(Ac^-)$$

两式相加:

$$H_2O + H_2O \Longrightarrow OH^- + H_3O^+ \qquad K_w^\ominus$$

得到水的自偶平衡,根据多重平衡规则:

$$K_a^\ominus(HAc) \times K_b^\ominus(Ac^-) = K_w^\ominus$$

[例 1]　已知 NH_3 的碱常数为 1.76×10^{-5},求其共轭酸 NH_4^+ 的酸常数。

解:因为 $NH_3 + H_2O \Longrightarrow NH_4^+ + OH^-$,$NH_3$ 和 NH_4^+ 是一对共轭酸碱对,所以:

$$K_a^\ominus(NH_4^+) \times K_b^\ominus(NH_3) = K_w^\ominus$$

$$K_a^\ominus(NH_4^+) = \frac{K_w^\ominus}{K_b^\ominus(NH_3)} = \frac{1.0 \times 10^{-14}}{1.76 \times 10^{-5}}$$

$$= 5.68 \times 10^{-10}$$

2. 多元弱酸弱碱的解离平衡常数

多元弱酸弱碱的解离特点是分级(分步)进行的,每一步有一个相应的解离常数表示式。现以 H_2S 为例加以讨论。H_2S 是二元弱酸,在水溶液中分二级解离。

第一级解离是:

$$H_2S \Longrightarrow H^+ + HS^-$$

$$K_{a1}^\ominus = \frac{[H^+][HS^-]}{[H_2S]} = 1.07 \times 10^{-7}$$

第二级解离是:

$$HS^- \Longrightarrow H^+ + S^{2-}$$

$$K_{a2}^\ominus = \frac{[H^+][S^{2-}]}{[HS^-]} = 1.26 \times 10^{-13}$$

一级解离常数远大于二级解离常数,这是由于带 2 个负电荷的 S^{2-} 对 H^+ 的吸引比带 1 个负电荷的 HS^- 对 H^+ 的吸引要强得多,所以二级解离要从 HS^- 中分出 H^+ 就比一级解离困难得多。

注意：多元共轭酸碱的酸常数和碱常数之间的关系(以 H_2S 为例)如下,自行推导。

$$K_{a_1}^{\ominus}(H_2S) \times K_{b_2}^{\ominus}(S^{2-}) = K_w^{\ominus}$$

$$K_{a_2}^{\ominus}(H_2S) \times K_{b_1}^{\ominus}(S^{2-}) = K_w^{\ominus}$$

从以上讨论可知,解离平衡常数可用热力学函数进行计算,也可以用实验测定,一种酸越强,其共轭碱越弱;反之亦然。但不能认为弱酸的共轭碱一定是强碱,弱碱的共轭酸一定是强酸。共轭酸碱的酸常数和碱常数是可以互求的,化学手册上一般只列出 $K_a^{\ominus}$ (或 $K_b^{\ominus}$)的值。表 6-5 列出了一些常见弱电解质的解离常数。

表 6-5　某些弱电解质的解离常数(25℃)

名　称	解　离　方　程　式	解　离　常　数 $K_i^{\ominus}$
醋　酸	$CH_3COOH \Longrightarrow H^+ + CH_3COO^-$	1.75×10^{-5}
碳　酸	$H_2CO_3 \Longrightarrow H^+ + HCO_3^-$	$K_{a_1}^{\ominus} = 4.45 \times 10^{-7}$
	$HCO_3^- \Longrightarrow H^+ + CO_3^{2-}$	$K_{a_2}^{\ominus} = 4.69 \times 10^{-11}$
氢氰酸	$HCN \Longrightarrow H^+ + CN^-$	6.16×10^{-10}
蚁　酸	$HCOOH \Longrightarrow H^+ + HCOO^-$	1.77×10^{-4}
氢硫酸	$H_2S \Longrightarrow H^+ + HS^-$	$K_{a_1}^{\ominus} = 1.07 \times 10^{-7}$
	$HS^- \Longrightarrow H^+ + S^{2-}$	$K_{a_2}^{\ominus} = 1.26 \times 10^{-13}$
亚硝酸	$HNO_2 \Longrightarrow H^+ + NO_2^-$	7.24×10^{-4}
磷　酸	$H_3PO_4 \Longrightarrow H^+ + H_2PO_4^-$	$K_{a_1}^{\ominus} = 7.11 \times 10^{-3}$
	$H_2PO_4^- \Longrightarrow H^+ + HPO_4^{2-}$	$K_{a_2}^{\ominus} = 6.34 \times 10^{-8}$
	$HPO_4^{2-} \Longrightarrow H^+ + PO_4^{3-}$	$K_{a_3}^{\ominus} = 4.79 \times 10^{-13}$
亚硫酸	$H_2SO_3 \Longrightarrow H^+ + HSO_3^-$	$K_{a_1}^{\ominus} = 1.20 \times 10^{-2}$
	$HSO_3^- \Longrightarrow H^+ + SO_3^{2-}$	$K_{a_2}^{\ominus} = 6.16 \times 10^{-8}$
次氯酸	$HClO \Longrightarrow H^+ + ClO^-$	2.90×10^{-8}
氨　水	$NH_3 \cdot H_2O \Longrightarrow NH_4^+ + OH^-$	1.76×10^{-5}

$K_i^{\ominus}$ 具有平衡常数的一般属性。它与解离平衡体系中各组分的浓度无关,但随温度而改变。由于弱电解质解离过程的热效应不大,所以温度对 $K_i^{\ominus}$ 的影响也不大。在室温范围内可不考虑温度对 $K_i^{\ominus}$ 值的影响。

3. 拉平效应和区分效应

我们知道,在水溶液中 HCl、H_2SO_4、$HClO_4$ 都是强酸,同浓度的 HCl、H_2SO_4、$HClO_4$ 水溶液的 pH 相同,水拉平了这些酸在水中给出质子的能力,不能分辨出这些酸的强弱。但是如果将这些酸放在比水难于接受质子的溶剂中,如冰醋酸,就可以分辨出它们给出质子能力的强弱了,它们的酸常数如下：

$$HCl + HAc \Longrightarrow Cl^- + H_2Ac^+ \qquad K_a^{\ominus} = 1.26 \times 10^{-9}$$

$$H_2SO_4 + HAc \Longrightarrow HSO_4^- + H_2Ac^+ \qquad K_a^{\ominus} = 5.75 \times 10^{-8}$$

$$HClO_4 + HAc \Longrightarrow ClO_4^- + H_2Ac^+ \qquad K_a^{\ominus} = 1.35 \times 10^{-5}$$

酸性强弱为 $HClO_4 > H_2SO_4 > HCl$。某溶剂能够将酸的强度拉平的效应简称拉平效应,该溶剂称为拉平溶剂。某溶剂能够将酸的强度显出差别的效应简称区分效应,该溶剂称为区分溶剂。对于上面三种酸,水就是拉平溶剂,具有拉平效应,冰醋酸就是区分溶剂,具有区分效应。对大多数较弱的酸来说,区分溶剂是水,可以根据它们在水中的解离平衡常数的大小比较酸碱强弱。

6.3.3 一元弱酸弱碱的解离平衡计算

根据一元弱酸(或弱碱)的 $K_a^\ominus$(或 $K_b^\ominus$)以及它们的起始浓度,就可以计算溶液中的 $[H^+]$(或 $[OH^-]$)。

如:浓度为 c mol·L^{-1} 的弱酸 HA 溶液,在溶液中建立下列解离平衡式,设平衡时 $[H^+]$ 为 x mol·L^{-1}

$$HA \rightleftharpoons H^+ + A^-$$

开始时浓度(mol·L^{-1})　　　c　　　0　　　0

平衡时浓度(mol·L^{-1})　　　$c-x$　　　x　　　x

$$K_a^\ominus = \frac{[H^+] \times [A^-]}{[HA]} = \frac{x \times x}{c-x}$$

$$x^2 + K_a^\ominus x - cK_a^\ominus = 0$$

$$[H^+] = x = \frac{-K_a^\ominus + \sqrt{(K_a^\ominus)^2 + 4cK_a^\ominus}}{2} \quad (cK_a^\ominus \geqslant 20K_w^\ominus) \tag{6-7}$$

若 $K_a^\ominus$ 值较小,浓度 c 较大,则 HA 解离掉的量很少,产生的 $[H^+]$ 也较小,当 $c/K_a^\ominus \geqslant 500$[①] 时,$c-x \approx c$,$K_a^\ominus \approx \dfrac{x^2}{c}$

$$[H^+] = x = \sqrt{cK_a^\ominus} \quad (cK_a^\ominus \geqslant 20K_w^\ominus, c/K_a^\ominus \geqslant 500) \tag{6-8}$$

式(6-8)是计算一元弱酸溶液酸度的最简式,使用最简式的判据是 $c/K_a^\ominus \geqslant 500$,如果 $c/K_a^\ominus \leqslant 500$,则必须用式(6-7)计算。

同理可以推导出一元弱碱溶液中 $[OH^-]$ 的计算公式:

近似公式: 　　$$[OH^-] = \frac{-K_b^\ominus + \sqrt{(K_b^\ominus)^2 + 4cK_b^\ominus}}{2} \quad (cK_b^\ominus \geqslant 20K_w^\ominus) \tag{6-9}$$

最简式: 　　　$$[OH^-] = \sqrt{cK_b^\ominus} \quad (cK_b^\ominus \geqslant 20K_w^\ominus, c/K_b^\ominus \geqslant 500) \tag{6-10}$$

解离常数和解离度都能反映弱电解质解离能力的大小,但解离常数是平衡常数的一种形式,不随浓度的变化而变化,而解离度则相当于转化率,随浓度的改变而改变。因此,解离常数应用比解离度广泛。

$$解离度 \ \alpha = \frac{c_{解离}}{c_{初始}} \times 100\%$$

---

① 关于已解离出来的离子浓度到什么程度才可被忽略,取决于对计算结果所要求的精确程度,按照 $\dfrac{c}{K_i} = 500$ 为标准,相对误差约在 2% 左右。

解离常数 $K^{\ominus}$ 和解离度 α 之间有一定的关系：

如果一元弱酸（弱碱）解离出的 $[H^+]$（或 $[OH^-]$）计算满足最简公式，则

$$c_{\text{解离}} = [H^+] = \sqrt{cK_a^{\ominus}} \quad (c_{\text{解离}} = [OH^-] = \sqrt{cK_b^{\ominus}})$$

$$\alpha = \frac{c_{\text{解离}}}{c_{\text{初始}}} = \frac{\sqrt{cK_{a(b)}^{\ominus}}}{c},$$

$$\alpha = \sqrt{\frac{K_{a(b)}^{\ominus}}{c}} \tag{6-11}$$

从式(6-11)可以看出，解离度 α 随起始浓度的变化而变化，解离常数 $K^{\ominus}$ 不随浓度的改变而变化。对于同一弱电解质，随着浓度的变小，解离度 α 增大。

[例2] 试计算浓度为(1) 0.100 mol·L^{-1}；(2) 0.010 mol·L^{-1}；(3) 1.0×10^{-5} mol·L^{-1} HAc 溶液的 H^+ 浓度和解离度 α。

解 HAc 的溶液中建立下列解离平衡式：

$$HAc \Longrightarrow H^+ + Ac^-$$

$$K_a^{\ominus} = \frac{[H^+][Ac^-]}{[HAc]} = 1.75 \times 10^{-5}$$

上式中的平衡浓度：$[H^+] = [Ac^-]$，$[HAc] = c - [H^+]$（c 为醋酸的原始浓度），则

$$K_a^{\ominus} = \frac{[H^+]^2}{c - [H^+]} = 1.75 \times 10^{-5}$$

(1) 由于 $\frac{c}{K_a^{\ominus}} > 500$，$c \gg [H^+]$，因此可近似地看作 $c - [H^+] \approx c$，则

$$K_a^{\ominus} = \frac{[H^+]^2}{c - [H^+]} = \frac{[H^+]^2}{c} = 1.75 \times 10^{-5}$$

$$[H^+] = \sqrt{K_a^{\ominus} \cdot c} = \sqrt{1.75 \times 10^{-5} \times 0.100} = 1.32 \times 10^{-3} \text{ mol·L}^{-1}$$

$$\alpha = \frac{[H^+]}{c} \times 100\% = \frac{1.32 \times 10^{-3}}{0.100} \times 100\% = 1.32\%$$

(2) 同样由于 $\frac{c}{K_a^{\ominus}} > 500$，$c \gg [H^+]$，因此可用近似式求解

$$[H^+] = \sqrt{K_a^{\ominus} \cdot c} = \sqrt{1.75 \times 10^{-5} \times 0.010} = 4.18 \times 10^{-4} \text{ mol·L}^{-1}$$

$$\alpha = \frac{[H^+]}{c} \times 100\% = \frac{4.18 \times 10^{-4}}{0.010} \times 100\% = 4.18\%$$

(3) 由于 $\frac{c}{K_i} < 500$，不能近似地看作 $c - [H^+] = c$

则须按下式求解

$$\frac{[H^+]^2}{c - [H^+]} = 1.75 \times 10^{-5}$$

上式系一元二次方程,以 $c=1.0\times10^{-5}$ mol·L^{-1},代入求根公式精确解得

$$[H^+]=7.1\times10^{-6} \text{ mol·L}^{-1} \quad (\text{已舍去不合理根})$$

$$\alpha=\frac{[H^+]}{c}\times100\%=\frac{7.1\times10^{-6}}{1.0\times10^{-5}}\times100=71\%$$

如果本小题按近似式求解,即

$$[H^+]=\sqrt{K_a^\ominus\cdot c}=\sqrt{1.75\times10^{-5}\times1.0\times10^{-5}}=1.32\times10^{-5} \text{ mol·L}^{-1}$$

$[H^+]$竟比 c 还要大,这一不合理的结果正表明这里必须用精确法求解。

由上例不难得到下述启示:

① 对于同一电解质,随着溶液的稀释,其电离度将增大。

② 随溶液的稀释而电离度增大,不应错误地认为溶液中离子的浓度也增大。上例(1)(2)(3)三小题中电离度 α 值逐渐增大。但是溶液稀释时,溶液体积增大,使单位体积的溶液中所含的 H^+ 数目减小。由于后者影响大于前者,因而$[H^+]$逐渐减小。

[例3] 计算 0.500 mol·L^{-1} NaAc 溶液的 pH 值和解离度。

解 NaAc 在水中解离为 Na^+ 和 Ac^-,Ac^- 能接受一个质子生成 HAc 分子,因此 Ac^- 是一元弱碱,设溶液中的$[OH^-]=x$ mol·L^{-1},解离平衡式如下:

$$Ac^-+H_2O\Longleftrightarrow HAc+OH^-$$

平衡浓度(mol·L^{-1}) 　　　0.500$-x$ 　　　　　　x 　　　x

$$K_b^\ominus(Ac^-)=\frac{K_w^\ominus}{K_a^\ominus(HAc)}=\frac{1.0\times10^{-14}}{1.75\times10^{-5}}$$

$$=5.71\times10^{-10}$$

$$K_b^\ominus(Ac^-)=\frac{x^2}{0.500-x}=5.71\times10^{-10}$$

由于$c/K_b^\ominus=0.500/(5.71\times10^{-10})\geqslant500$,可以认为 $0.500-x\approx0.500$,用最简式:

$$[OH^-]=x=\sqrt{cK_b^\ominus}=\sqrt{5.71\times10^{-10}\times0.500}$$

$$[OH^-]=1.69\times10^{-5} \text{ mol·L}^{-1}$$

即 　　　　　　　　　$pOH=4.77$ 　　　$pH=14-4.77=9.23$

解离度: 　　　　　　$\alpha=\frac{1.69\times10^{-5}}{0.500}\times100\%=0.0034\%$

6.3.4　多元弱酸弱碱的解离平衡计算

多元弱酸弱碱的解离特点是分级(分步)进行的,每一步有一个相应的解离常数表示式。一般多元弱酸弱碱的 $K_{a_1}^\ominus(K_{b_1}^\ominus)$ 都远大于 $K_{a_2}^\ominus(K_{b_2}^\ominus)$,其倍数为 $10^4\sim10^7$。因此,由多元弱酸弱碱的二级解离或三级解离所产生的氢离子(氢氧根离子)的浓度很小,可以忽略。多元弱酸弱碱溶液中的$[H^+]$($[OH^-]$)离子浓度可以近似地由 $K_{a_1}^\ominus(K_{b_1}^\ominus)$ 来求得。

[例4] 试计算室温下 0.100 mol·L^{-1}硫化氢溶液中的 H^+ 浓度和 S^{2-} 浓度。

已知:H_2S 的 $K_{a_1}^\ominus=1.07\times10^{-7}$,$K_{a_2}^\ominus=1.26\times10^{-13}$

解　(1) 由于 H_2S 的 $K_{a_1}^{\ominus} \gg K_{a_2}^{\ominus}$，所以计算 $[H^+]$ 时，只考虑一级解离。设 $[H^+]=x$，则

$$H_2S \rightleftharpoons H + HS^-$$

平衡浓度 $(mol \cdot L^{-1})$ 　　　　$0.100-x$　　　x　　　x

$$K_{a_1}^{\ominus} = \frac{x^2}{0.100-x}$$

由于 $\dfrac{c}{K_{a_1}^{\ominus}} > 500$，所以 x 很小，$0.100-x \approx 0.100$，代入上式即得：

$$\frac{x^2}{0.100} = 1.07 \times 10^{-7} \qquad x = [H^+] = 1.03 \times 10^{-4} \ mol \cdot L^{-1}$$

(2) S^{2-} 由 H_2S 的第二步解离产生：设 $[S^{2-}]=y$，则

$$HS^- \rightleftharpoons H^+ + S^{2-}$$

平衡浓度 $(mol \cdot L^{-1})$ 　　　$x-y$　　　$x+y$　　　y

$$K_{a_2}^{\ominus} = \frac{(x+y)y}{x-y}$$

由于 $K_{a_2}^{\ominus}$ 很小，HS^- 解离很少，即 y 非常小，则：

$$x-y \approx x, \quad x+y \approx x, \quad y = K_{a_2}^{\ominus}$$

由此可见，H_2S 溶液中 S^{2-} 浓度在数值上与 $K_{a_2}^{\ominus}$ 相等：

$$[S^{2-}] = 1.26 \times 10^{-13} \ mol \cdot L^{-1}$$

　　由上例 4 可见，在多元弱酸溶液中，H^+ 主要来自第一级解离反应，计算溶液中 H^+ 浓度时可以按一元弱酸的解离平衡处理。另一个重要结果是，在单纯二元弱酸 H_2A 溶液中，酸根离子 (A^{2-}) 的浓度在数值上与其第二级解离常数 $K_{a_2}^{\ominus}$ 相等，而与 H_2A 的起始浓度无关，条件是 $K_{a_1}^{\ominus}$ 比 $K_{a_2}^{\ominus}$ 大 10^3 以上，对于多数多元弱酸而言都能满足，因而这一结果具有普遍意义。

　　对于 H_2S 溶液，根据多重平衡规则，将 H_2S 的两步解离加和，可得：

$$H_2S \rightleftharpoons 2H^+ + S^{2-} \qquad K^{\ominus} = K_{a_1}^{\ominus} \cdot K_{a_2}^{\ominus}$$

$$\frac{[H^+]^2[S^{2-}]}{[H_2S]} = K_{a_1}^{\ominus} \cdot K_{a_2}^{\ominus} = 1.07 \times 10^{-7} \times 1.26 \times 10^{-13} = 1.35 \times 10^{-20}$$

　　必须指出，上式只是表明 H_2S 溶液中达平衡时 H_2S、H^+ 和 S^{2-} 三者浓度之间的关系，并不意味着 H_2S 在溶液中是按 $H_2S \rightleftharpoons 2H^+ + S^{2-}$ 方式一步解离的。也就是说，在 H_2S 溶液达解离平衡时，溶液中氢离子浓度 $[H^+]$ 决不是硫离子浓度 $[S^{2-}]$ 的两倍。

　　在常温常压下，H_2S 饱和溶液的浓度约为 $0.1 \ mol \cdot L^{-1}$，则上式可写成：

$$[H^+]^2[S^{2-}] = 0.1 \times K_{a_1}^{\ominus} \cdot K_{a_2}^{\ominus} = 1.35 \times 10^{-21}$$

此式表明：在 H_2S 饱和溶液中，$[S^{2-}]$ 与 $[H^+]^2$ 成反比。如果在溶液中加入强酸，H^+ 浓度增大，必然使 S^{2-} 浓度减小；如果在溶液中加入碱，H^+ 浓度降低，则 S^{2-} 浓度增大。因此，调节 H_2S 溶液的酸度，就能控制溶液中 S^{2-} 的浓度。这对于溶液中金属硫化物沉淀的生成和溶解以及金属离

子的鉴定和分离具有实用意义。

6.3.5 同离子效应

解离平衡和所有化学平衡一样,当条件(温度、浓度等)一定时,平衡保持不变;条件改变时,则将按勒夏特列原理预示的那样平衡发生移动,例如在氨水溶液中存在着下列平衡:

$$NH_3 \cdot H_2O \Longrightarrow NH_4^+ + OH^-$$

如果在此溶液中加入铵盐(例如 NH_4Cl),盐类完全解离:

$$NH_4Cl \Longrightarrow NH_4^+ + Cl^-$$

也就是在溶液中加入相同的离子(NH_4^+),这时平衡就会向着生成 $NH_3 \cdot H_2O$ 的方向移动。结果,溶液中 OH^- 浓度要减少,而 $NH_3 \cdot H_2O$ 的解离度必然降低。

同样,在弱电解质 HAc 溶液中,加入含有共同离子的盐(例如 NaAc)时,必然降低 HAc 的解离度,而且溶液中氢离子浓度也将降低。

由上讨论可以得出这样的结论:

在弱电解质溶液中,加入含有相同离子的强电解质时,可使弱电解质的解离度降低。这种现象称为同离子效应(common ion effect)。

由于一定温度下弱电解质的解离常数的数值保持不变,如果在弱电解质溶液中加入一定量的含有共同离子的盐类后,所引起的另一离子浓度的变化,可以通过下例说明。

[**例 5**] 在 1.00 L 0.100 mol·L^{-1} 氨水溶液中加入 0.200 mol 的固体 NH_4Cl(假定溶液的体积未发生变化),问溶液中 OH^- 的浓度将有怎样的变化?

解 (1) 未加入 NH_4Cl 时:

设溶液中 $[OH^-] = x$ mol·L^{-1},则

$$NH_3 \cdot H_2O \Longrightarrow NH_4^+ + OH^-$$

平衡时浓度(mol·L^{-1}) $0.100 - x$ x x

将这些数值代入解离常数式中,得:

$$K_b^{\ominus}(NH_3 \cdot H_2O) = \frac{[NH_4^+][OH^-]}{[NH_3 \cdot H_2O]}$$

$$1.76 \times 10^{-5} = \frac{x^2}{0.100 - x}$$

由于 $\dfrac{c}{K_b^{\ominus}} > 500$,$0.100 - x \approx 0.100$

$$x^2 = 1.76 \times 10^{-6} \qquad x = [OH^-] = 1.33 \times 10^{-3} \text{ mol·L}^{-1}$$

(2) 加入 NH_4Cl:

由于 NH_4Cl 是强电解质,完全解离,因此它提供了 0.200 mol·L^{-1} 的 NH_4^+,使氨水的电离平衡向左移动,则溶液中 $[OH^-]$ 降低而小于 1.33×10^{-3} mol·L^{-1}。

设溶液中已解离的 $NH_3 \cdot H_2O$ 浓度为 x'mol·L^{-1},根据下列关系:

	$NH_3 \cdot H_2O$	$\Longrightarrow$	NH_4^+	+	OH^-
起始浓度(mol·L^{-1})	0.100		0.200		0
平衡浓度(mol·L^{-1})	$0.100 - x'$		$0.200 + x'$		x'

$$K_b^{\ominus}(NH_3 \cdot H_2O) = \frac{[NH_4^+][OH^-]}{[NH_3 \cdot H_2O]} = \frac{(0.200+x')x'}{0.100-x'} = 1.76 \times 10^{-5}$$

由于平衡向左移动，x' 一定比 x 值更小，也可忽略不计。所以

$$0.100 - x' \approx 0.100, \qquad 0.200 + x' \approx 0.200$$

$$\frac{0.200x'}{0.100} = 1.76 \times 10^{-5}$$

$$x' = 8.8 \times 10^{-6} \text{ mol} \cdot L^{-1}$$

与未加入 NH_4Cl 的同浓度的氨水相比，当加入 NH_4Cl 后，溶液中的 $[OH^-]$ 由 1.33×10^{-3} mol·L^{-1} 降低到 8.8×10^{-6} mol·L^{-1}，即降低到原来的 $\frac{1}{150}$。可见同离子效应的影响是相当大的，常被人们用来控制溶液中的有关平衡。在弱酸溶液中加入强酸，则因同离子效应大大降低弱酸的酸根离子的浓度，在 6.3.4 中所述的调节 H_2S 溶液的酸度，可以控制溶液中 S^{2-} 的浓度也是同离子效应的一种应用。

通常的酸碱指示剂（acid-base indicator）本身就是一种弱的有机酸或碱，在溶液中存在着其自身的解离平衡。当溶液的酸碱度改变时，溶液中的共轭酸碱对的浓度发生变化，指示剂会呈现不同的颜色，因而可指示人们据此判断溶液的 pH 值范围。这也是同离子效应的一个实例。

例如甲基橙（以 HIn 表示）在水溶液中的解离平衡为：

$$HIn \rightleftharpoons H^+ + In^-$$

红色　　　　　黄色

$$K_a^{\ominus} = \frac{[H^+][In^-]}{[HIn]}$$

将上式改写为：

$$\frac{[HIn]}{[In^-]} = \frac{[H^+]}{K_a^{\ominus}}$$

当溶液中 $[H^+]$ 增大（pH 减小）时，HIn 的解离平衡向左移动，溶液中 $[HIn]$ 增大。若 $[H^+]$ 在数值上大于 $10K_a^{\ominus}$ 时，溶液的 pH $\leqslant pK_a^{\ominus}-1$，指示剂 90% 以上以弱酸 HIn 形式存在，溶液呈现 HIn 的颜色（对甲基橙而言为红色）。反之，当溶液中 $[H^+]$ 减小（pH 增大）时，HIn 的解离平衡向右移动，溶液中 $[In^-]$ 增大。若 $[H^+]$ 在数值上小于 $1/10K_a^{\ominus}$ 时，溶液的 pH $\geqslant pK_a^{\ominus}+1$，指示剂 90% 以上以 In$^-$ 形式存在，溶液呈现 In$^-$ 的颜色（对甲基橙而言为黄色）。而当 $[H^+]$ 在数值上与 $K_a^{\ominus}$ 相等时，溶液的 pH $= pK_a^{\ominus}$，指示剂的 HIn 与 In$^-$ 形式各占 50%，溶液应呈现中间色（对甲基橙而言为橙色）。

由上述可见，含有指示剂的溶液颜色，由 $[HIn]$ 与 $[In^-]$ 的比值决定，而这一比值又取决于溶液的酸度（pH 值），即溶液颜色的变色范围为：

$$pH = pK_a^{\ominus} \pm 1$$

当溶液的 pH 值由 $pK_a^{\ominus}-1$ 变化至 $pK_a^{\ominus}+1$（$[H^+]$ 在数值上由 $10K_a^{\ominus}$ 变化至 $1/10K_a^{\ominus}$）时，就能明显地看到指示剂由酸色变为碱色（甲基橙由红色变为黄色）。这一原理对于弱碱型指示剂同样适用，只是相应的 pH 变色范围应是 $pK_b^{\ominus} \pm 1$。表 6-6 列出了几种常用酸碱指示剂的 pH 变色范围。

表 6-6   几种常用指示剂的变色范围*

指示剂	$pK_{HIn}^{\ominus}$	变色范围 pH	颜色变化	指 示 剂 浓 度	用量 (滴/10 mL 试液)
百里酚蓝	1.7	1.2～2.8	红～黄	0.1％的 20％乙醇溶液	1～2
甲基橙	3.4	3.1～4.4	红～黄	0.05％的水溶液	1
溴酚蓝	4.1	3.0～4.6	黄～紫	0.1％的 20％乙醇溶液或其钠盐水溶液	1
甲基红	5.0	4.4～6.2	红～黄	0.1％的 60％乙醇溶液或其钠盐水溶液	1
溴百里酚蓝	7.3	6.2～7.6	黄～蓝	0.1％的 20％乙醇溶液或其钠盐水溶液	1
中性红	7.4	6.8～8.0	红～黄橙	0.1％的 60％乙醇溶液	1
酚 酞	9.1	8.0～10.0	无～红	0.5％的 90％乙醇溶液	1～3
百里酚酞	10.0	9.4～10.6	无～蓝	0.1％的 90％乙醇溶液	1～2

  * 这里列出的是室温下水溶液中几种指示剂的变色范围。实际上温度的改变或溶剂的不同时,指示剂的变色范围会移动。此外,溶液中盐类的存在也会使指示剂变色范围发生移动。

6.4 缓冲溶液

如果在 100 mL 的 0.1 mol·L^{-1} HAc 和 0.1 mol·L^{-1} NaAc 的混合溶液中,加入少量 HCl、NaOH 或用水稀释时,经测定其溶液的 pH 值始终在 4.7 左右,即 pH 值几乎不变。溶液的这种能抵抗外来的少量酸、碱或稀释的影响,而使其 pH 值保持稳定的本领称为缓冲作用(buffer action)。具有缓冲作用的溶液称为缓冲溶液(buffer solution)。弱酸和它的共轭碱(如 HAc－NaAc)的水溶液,或者弱碱和它的共轭酸(如 NH$_3$·H$_2$O—NH$_4$Cl)的水溶液,都是缓冲溶液,组成缓冲溶液的共轭酸碱对又称缓冲对。

6.4.1 缓冲作用原理

缓冲溶液为什么具有缓冲作用呢? 现以 HAc 和 NaAc 组成的缓冲溶液为例来说明。在含有 HAc 和 NaAc 的溶液中,存在着下列解离:

(1) $HAc \rightleftharpoons H^+ + Ac^-$

(2) $NaAc \rightleftharpoons Na^+ + Ac^-$

HAc 只能部分解离为 H$^+$ 和 Ac$^-$,NaAc 完全解离生成 Na$^+$ 和 Ac$^-$。由于 Ac$^-$ 的同离子效应,使 HAc 的解离程度降低。因此在这个溶液中存在着大量的 HAc 分子和 Ac$^-$,而 H$^+$ 浓度很小,并且它们之间仍按(1)式建立着平衡。

当在此溶液中加入少量的强酸时,由于溶液中大量存在着 Ac$^-$,它便和 H$^+$ 结合成为难解离的 HAc 分子。使醋酸的解离平衡向左移动,结果溶液中的 H$^+$ 离子浓度几乎没有升高。这就是说 Ac$^-$ 在此具有抗酸的作用。

当在此溶液中加入少量的强碱时,溶液中的 H$^+$ 和碱中的 OH$^-$ 结合成为难解离的 H$_2$O 分子。当 H$^+$ 稍有减少时,由于溶液中存在大量的 HAc 分子,它立即解离出 H$^+$ 来进行补充,使溶液中的 H$^+$ 浓度几乎保持稳定。这就是说 HAc 分子具有抗碱的作用。

当在此溶液中加入少量的水稀释时,则由于溶液中[HAc]和[Ac$^-$]降低倍数相等,故 $\dfrac{[HAc]}{[Ac^-]}$ 的比值不变,根据 $[H^+] = \dfrac{[HAc]}{[Ac^-]} \times K^{\ominus}(HAc)$,可知[H$^+$]仍无变化。

由上讨论可知,HAc－NaAc 溶液的缓冲作用是由于溶液中大量存在着抗酸(Ac$^-$)和抗碱

(HAc 分子)的一对共轭酸碱对的缘故。

显然,当加入大量的酸或碱时,溶液中的 Ac⁻ 或 HAc 将被耗尽,抗酸或抗碱能力趋于丧失,就不再具有缓冲作用。若稀释程度太大,对 HAc 的解离度有影响。$\dfrac{[\text{HAc}]}{[\text{Ac}^-]}$ 比值将改变,pH 值因而也发生变化。

一元弱碱和其共轭酸的混合溶液、多元酸的正盐和酸式盐的混合溶液都具有缓冲作用。例如,在含有 Na_2CO_3 和 $NaHCO_3$ 的溶液中,就存在着下列平衡:

$$HCO_3^- \rightleftharpoons H^+ + CO_3^{2-}$$

溶液中含有大量的 HCO_3^- 和 CO_3^{2-}。CO_3^{2-} 具有抗酸作用,因为它能与外来酸中的 H^+ 结合成 HCO_3^-,即上述平衡向左方移动,使溶液中的$[H^+]$(或 pH 值)几乎不变;HCO_3^- 具有抗碱能力,当有外来碱加入,溶液中 H^+ 浓度降低时,HCO_3^- 解离出 H^+ 来补充,即上述平衡向右移动,使溶液中的$[H^+]$(或 pH 值)几乎不变。

6.4.2 缓冲溶液 pH 值的计算

在缓冲溶液中存在着弱酸(弱碱)的解离平衡,同时由于同离子效应,其解离度降低,因此缓冲溶液的 H^+ 或 OH^- 浓度的计算方法和上节所述同离子效应的计算相同。

[例 6] 计算含有 $0.100\ \text{mol} \cdot \text{L}^{-1}$ HAc 和 $0.100\ \text{mol} \cdot \text{L}^{-1}$ NaAc 溶液的 pH 值。

解 设溶液中 H^+ 浓度为 $x\ \text{mol} \cdot \text{L}^{-1}$。根据下列关系:

$$\begin{array}{ccccc} \text{HAc} & \rightleftharpoons & H^+ & + & Ac^- \\ 0.100-x & & x & & x \\ \text{NaAc} & = & Na^+ & + & Ac^- \\ & & & & 0.100 \end{array}$$

可知平衡时$[\text{HAc}]=0.100-x$,$[H^+]=x$,$[\text{Ac}^-]=0.100+x$,将平衡时各组分浓度代入解离常数关系式,则得:

$$K_a^\ominus(\text{HAc}) = \frac{x(0.100+x)}{0.100-x} = 1.75 \times 10^{-5}$$

由于 x 的数值极小,所以 $0.100+x \approx 0.100$,$0.100-x \approx 0.100$,则 $x = [H^+] = 1.75 \times 10^{-5}\ (\text{mol} \cdot \text{L}^{-1})$

$$pH = -\lg 1.75 \times 10^{-5} = 4.76$$

对于缓冲溶液 pH 值的计算可以用较简便的公式。现用弱酸及其共轭碱(HA - MA)所组成的缓冲溶液为例来导出。在上述缓冲溶液中,存在着下列解离:

$$HA \rightleftharpoons H^+ + A^-$$
$$MA = M^+ + A^-$$

则,$K_a^\ominus = \dfrac{[H^+][A^-]}{[HA]}$

$$[H^+] = K_a^\ominus \frac{[HA]}{[A^-]}$$

由于 HA 为弱酸,加入 A^- 产生同离子效应,使 HA 解离度更小,因此平衡时的[HA]可认为等于弱酸开始的浓度 $c_{酸}$,而不考虑已解离的微小部分,即[HA]=$c_{酸}$,又由 HA 解离出来的 A^- 很少,所以平衡时[A^-]可认为等于溶液中共轭碱的浓度,即[A^-]=$c_{碱}$。则上式可写为:

$$[H^+]=K_a^\ominus \times \frac{c_{酸}}{c_{碱}} \qquad (6-12)$$

两边取负对数

$$-\lg[H^+]=-\lg K_a^\ominus -\lg \frac{c_{酸}}{c_{碱}}$$

$$pH=pK_a^\ominus -\lg \frac{c_{酸}}{c_{碱}} \qquad (6-13)$$

[**例 7**]　取例 6 的缓冲溶液三份,每份 90.0 mL。分别加入(1) 0.010 mol · L^{-1} HCl 溶液 10.0 mL;(2) 0.010 mol · L^{-1} NaOH 溶液 10.0 mL;(3) 水 10.0 mL。试计算它们的 pH 值。

解　假设混合后三份溶液的体积为混合前体积之和,则混合后三份溶液均为 100 mL。体积改变,浓度也改变。

(1)
$$c(HAc)=c(NaAc)=\frac{0.100\times 90.0}{100}=0.090 \text{ mol} \cdot L^{-1}$$

$$c(HCl)=\frac{0.010\times 10.0}{100}=0.001 \text{ mol} \cdot L^{-1}$$

HCl 溶液的加入与 Ac^- 反应生成 HAc,则溶液中 $c(HAc)$ 约增大 0.001 mol · L^{-1};$c(NaAc)$ 约减小 0.001 mol · L^{-1}。代入式(6-12)得:

$$[H^+]=K_a^\ominus \times \frac{c_{酸}}{c_{碱}}$$

$$=1.75\times 10^{-5}\times \frac{(0.090+0.001)}{(0.090-0.001)}$$

$$=1.79\times 10^{-5} \text{ mol} \cdot L^{-1}$$

$$pH=4.75$$

$$\Delta pH=4.75-4.76=-0.01$$

(2) 按 (1) 可知,NaOH 溶液的加入,与 HAc 反应生成 NaAc,则 $c(HAc)$ 约减少 0.001 mol · L^{-1},NaAc 约增大 0.001 mol · L^{-1}。同样可得:

$$[H^+]=K_a^\ominus \times \frac{c_{酸}}{c_{碱}}$$

$$=1.75\times 10^{-5}\times \frac{(0.090-0.001)}{(0.090+0.001)}$$

$$=1.71\times 10^{-5} \text{ mol} \cdot L^{-1}$$

$$pH=4.77$$

$$\Delta pH=4.77-4.76=0.01$$

(3) 加入 10.0 mL 水,则 $c(HAc)=c(NaAc)=0.090$ mol · L^{-1},显然

$$[H^+]=K_a^\ominus \times \frac{c_{\text{酸}}}{c_{\text{碱}}}=1.75\times10^{-5}\times\frac{0.090}{0.090}=1.75\times10^{-5}$$
$$pH=4.76$$

可见缓冲溶液中加入少量酸、碱,或用少量水稀释,溶液的 pH 值可维持基本不变。

同样,如果我们在 90 mL 纯水中,加入 0.01 mol·L^{-1} HCl 溶液(或 NaOH 溶液)10.0 mL,则 H$^+$(或 OH$^-$ 的浓度)约为 $\frac{0.01\times10.0}{90.0+10.0}=0.001$ mol·L^{-1},这将引起水的 pH 值由 7 变化到 3(或由 7 变化到 11),变化 4 个单位,说明纯水不能缓解外来酸、碱的影响。

对于弱碱及其共轭酸所组成的缓冲溶液,其 pOH 值的计算公式可用类似方法推导出来。

$$[OH^-]=K_b^\ominus \times \frac{c_{\text{碱}}}{c_{\text{酸}}} \tag{6-14}$$

$$pOH=pK_b^\ominus-\lg\frac{c_{\text{碱}}}{c_{\text{酸}}}\quad \text{则 } pH=14-pK_b^\ominus+\lg\frac{c_{\text{碱}}}{c_{\text{酸}}} \tag{6-15}$$

[例 8]　在 1.0 L 的 0.10 mol·L^{-1} 的 NH$_3$·H$_2$O 中加入 0.10 mol(NH$_4$)$_2$SO$_4$ 固体,问所得溶液的 pH 值为多少?假定固体的加入不改变溶液的体积。

解　氨水中加入(NH$_4$)$_2$SO$_4$ 后,为一缓冲溶液。其中 $c_{\text{碱}}$=[NH$_3$·H$_2$O]=0.10 mol·L^{-1},由于 0.10 mol(NH$_4$)$_2$SO$_4$ 溶于水后产生 0.20 mol 的 NH$_4^+$,因此 $c_{\text{酸}}$=0.20 mol·L^{-1},则:

$$[OH^-]=K_b^\ominus \times \frac{c_{\text{碱}}}{c_{\text{酸}}}$$
$$=1.76\times10^{-5}\times\frac{0.10}{0.20}=8.8\times10^{-6}$$
$$pH=8.9$$

6.4.3　缓冲物质的选择和缓冲溶液的配制

不同弱酸(或弱碱)及其共轭碱(酸)所组成的缓冲溶液 pH 值是不同的。所以,在实际工作中应根据具体需要的 pH 值来选择缓冲物质,配制缓冲溶液。

由式(6-13)和式(6-15)可知,缓冲溶液的 pH 值决定于 p$K_a^\ominus$(或 p$K_b^\ominus$),以及弱酸(或弱碱)与其共轭碱(酸)的浓度比。当弱酸(或弱碱)确定后,$K_a^\ominus$(或 $K_b^\ominus$)为一常数。那么,在不大的范围内改变 $c_{\text{酸}}/c_{\text{碱}}$(或 $c_{\text{碱}}/c_{\text{酸}}$)的比值,便可调节缓冲溶液本身的 pH 值。现以 HAc-NaAc 和 NH$_3$-NH$_4$Cl 缓冲对为例示表如下:

HAc-NaAc 缓冲溶液	$c_{\text{酸}}/c_{\text{碱}}$	0.1/0.1	0.1/1.0	1.0/0.1	10～0.1
	pH	4.76	5.76	3.76	3.76～5.76
NH$_3$-NH$_4$Cl 缓冲溶液	$c_{\text{碱}}/c_{\text{酸}}$	0.1/0.1	0.1/1.0	1.0/0.1	0.1～10
	pH	9.24	8.24	10.24	8.24～10.24

当 $c_{\text{酸}}/c_{\text{碱}}$(或 $c_{\text{碱}}/c_{\text{酸}}$)的比值为 1 时,溶液的 pH=p$K_a^\ominus$(或 pH=14-p$K_b^\ominus$)。当比值在 0.1～10 之间改变时,缓冲溶液的 pH 变化幅度在 2 个 pH 单位之内。即:

$$pH=pK_a^\ominus\pm1 \quad \text{或} \quad pH=14-pK_b^\ominus\mp1$$

这就是缓冲溶液的有效缓冲范围或称为缓冲范围。这样,便可根据所需要控制的 pH 值,选择 pH 与 $pK_a^\ominus$ 相近(或与 $14-pK_b^\ominus$ 相近)的缓冲物质,通过调节 $c_{酸}/c_{碱}$(或 $c_{碱}/c_{酸}$)为 $0.1\sim10$ 来达到要求。例如需要控制溶液的 pH 为 $4\sim6$ 的缓冲溶液,可以选择 HAc‐NaAc 作缓冲物质;pH 为 $8\sim10$ 则可选择 NH_3‐NH_4Cl 作缓冲物质。一些常用缓冲溶液及其缓冲范围列于表 6‐7 中。

表 6‐7 常用缓冲溶液及其缓冲范围

缓 冲 溶 液	共 轭 酸	共 轭 碱	$pK^\ominus$	pH 范围
$HCOOH-HCOONa$	$HCOOH$	$HCOO^-$	$pK_a^\ominus=3.75$	$2.75\sim4.75$
$HAc\sim NaAc$	HAc	Ac^-	$pK_a^\ominus=4.76$	$3.76\sim5.76$
六次甲基四胺$-HCl$(少)	$(CH_2)_6NH^+$	$(CH_2)_6N$	$pK_b^\ominus=8.85$	$4.15\sim6.15$
$NaH_2PO_4-Na_2HPO_4$	$H_2PO_4^-$	HPO_4^{2-}	$pK_{a_2}^\ominus=7.20$	$6.20\sim8.20$
NH_3-NH_4Cl	NH_4^+	NH_3	$pK_b^\ominus=4.75$	$8.25\sim10.25$
$NaHCO_3-Na_2CO_3$	HCO_3^-	CO_3^{2-}	$pK_{a_2}^\ominus=10.93$	$9.93\sim11.93$
$H_3BO_3-B(OH)_4^-$	H_3BO_3	$B(OH)_4^-$	$pK_a^\ominus=9.24$	$8.24\sim10.24$

在根据所需用缓冲溶液的 pH 值,选定了缓冲物质之后,就可根据溶液的 pH 值,计算出配制缓冲溶液时所需酸(或碱)和共轭碱(酸)的量。

[**例 9**] 配制 1.0 L $pH=9.8$,$c(NH_3)=0.10\ mol\cdot L^{-1}$ 的缓冲溶液,需用 $6.0\ mol\cdot L^{-1}$ 氨水多少毫升和固体 NH_4Cl 多少克?

解 按式(6‐15) $\quad pH=14-pK_b^\ominus+\lg\dfrac{c_{碱}}{c_{酸}}$

$$9.8=14+\lg 1.76\times10^{-5}+\lg\dfrac{0.10}{c_{酸}}$$

可以解得

$$c_{酸}=0.028\ mol\cdot L^{-1}$$

所以加入 NH_4Cl 质量为: $\quad 0.028\times53.5=1.5\ g$

氨水用量: $\quad \dfrac{1\ 000}{6.0}\times0.10=17\ mL$

称取 1.5 g 固体 NH_4Cl 溶于适量水中,加入 17 mL $6.0\ mol\cdot L^{-1}$ 氨水,然后将此溶液用水稀释至 1.0 L 即可。

缓冲溶液在工业生产、化学和生物学等方面都有重要意义。例如土壤中就因含有磷酸、碳酸、腐蚀酸及其盐等缓冲体系,使土壤维持一定的 pH(约 $5\sim8$),从而保证植物能够正常生长。人体血液的 pH 能维持在 $7.35\sim7.45$,就是依靠血液中含有 H_2CO_3‐$NaHCO_3$ 和 NaH_2PO_4‐Na_2HPO_4 等所组成的缓冲溶液的缓冲作用。超过这个 pH 范围就会造成不同程度的酸中毒或碱中毒,甚至危及生命。化工生产上也经常用到缓冲溶液来保证有关反应的正常进行。此外,在化学分析的分离、鉴定及定量测定中也广泛使用缓冲溶液。

应该指出,缓冲溶液一般用于缓解少量酸碱的冲击,维持溶液的 pH 在一定范围,而且通常以 $c_{酸}/c_{碱}$(或 $c_{碱}/c_{酸}$)愈接近于 1 时,缓冲能力愈强。如果 $c_{酸}/c_{碱}$ 愈大于 1,则抗碱能力愈强于抗酸能力;反之则抗酸能力强而抗碱能力弱。此外,$c_{酸}$(或 $c_{碱}$)及 $c_{碱}$(或 $c_{酸}$)要适当地大,才能保证有较强的缓冲容量。

6.5　沉淀-溶解平衡

　　在一定温度下,含有难溶强电解质[①]固体的饱和溶液中,存在着电解质固体与由它解离而进入溶液的离子之间的平衡,常称为难溶强电解质的沉淀-溶解平衡,简称沉淀平衡,这是一种多相动态平衡。例如在 $CaCl_2$ 溶液中加入 Na_2CO_3 溶液,很容易产生白色的 $CaCO_3$ 沉淀。这类在溶液中溶质间相互作用而析出难溶性固态物质的反应,称为沉淀反应(precipitation reaction)。如果在含有 $CaCO_3$ 沉淀的溶液中加入盐酸,便可使沉淀溶解,称为溶解反应(dissolution reaction)。在科学实验和化工生产中,常须利用沉淀的生成和溶解来制备所需的产品、进行离子分离、除去杂质以及做质量分析等。怎样判断沉淀能否生成或溶解,如何使沉淀的生成和溶解更加完全,又如何创造条件在含有几种离子的溶液中只使某种离子生成沉淀等,这些都是实际工作中常会遇到的问题。

6.5.1　溶度积和溶度积规则

1. 溶度积常数

　　如同弱电解质在溶液中的解离过程一样,难溶电解质的溶解过程也是一个可逆过程。在一定温度下,把难溶电解质 AgCl 放入水中,则 AgCl 固体表面的 Ag^+ 和 Cl^-,因受到附近水分子的吸引,成为水化离子而进入溶液。同时,进入溶液的 Ag^+ 和 Cl^-,由于不断运动,其中有些接触到 AgCl 固体表面而又产生沉淀,此可逆过程可以表示如下:

$$AgCl(s) \underset{沉淀}{\overset{溶解}{\rightleftharpoons}} Ag^+ + Cl^-$$

　　当溶解和沉淀的速度相等时,便建立了固体和溶液中离子间的平衡(此时溶液为饱和溶液),其平衡常数表达式为:

$$K_{sp}^{\ominus} = [Ag^+][Cl^-]$$

　　作为平衡常数,$K_{sp}^{\ominus}$ 与一般平衡常数的意义完全相同,只是表明专指沉淀-溶解平衡而称为溶度积常数,简称溶度积(下标"sp"是英文 solubility product 的缩写)。溶度积与固体难溶电解质的溶解度有关,而溶解度会随温度而改变。因此,温度改变,溶度积也随之改变。一般在使用溶度积时,应标明温度。表 6-8 列出了某些难溶电解质的溶度积。

表 6-8　某些难溶物质的溶度积(25℃)

物　质	溶　度　积	物　质	溶　度　积
AgCl	1.77×10^{-10}	Ag_2S	6.3×10^{-50}
AgBr	5.35×10^{-13}	$BaCO_3$	2.58×10^{-9}
AgI	8.52×10^{-17}	$BaSO_4$	1.1×10^{-10}
Ag_2CrO_4	1.12×10^{-12}	$CaCO_3$	3.36×10^{-9}

---

　　① 关于"难溶",尚无统一明确的界定。一般将溶解度小于 0.1 g/100 g H_2O 的物质称为难溶物,溶解度大于 1 g/100 g H_2O 者称为可溶物,介于两者之间的称为微溶物。

物　　质	溶　度　积	物　　质	溶　度　积
$CaSO_4$	4.93×10^{-5}	$PbCrO_4$	2.8×10^{-13}
CaF_2	3.45×10^{-11}	PbI_2	9.8×10^{-9}
$Cu(OH)_2$	2.2×10^{-20}	$PbSO_4$	2.53×10^{-8}
CuS	6.3×10^{-36}	PbS	8.0×10^{-28}
$Fe(OH)_2$	4.87×10^{-17}	$SrCO_3$	5.6×10^{-10}
$Fe(OH)_3$	2.79×10^{-39}	$SrSO_4$	3.44×10^{-7}
$HgS(黑)$	1.6×10^{-52}	$Zn(OH)_2$	3.0×10^{-17}
$Mg(OH)_2$	5.61×10^{-12}	$\beta-ZnS$	2.5×10^{-22}

如果难溶电解质解离生成 2 个或更多个相同离子,例如:

$$Ag_2CrO_4(s)\Longrightarrow2Ag^++CrO_4^{2-}$$

则: $K_{sp}^{\ominus}(Ag_2CrO_4)=[Ag^+]^2\cdot[CrO_4^{2-}]$

$$Ca_3(PO_4)_2(s)\Longrightarrow3Ca^{2+}+2PO_4^{3-}$$

则: $K_{sp}^{\ominus}[Ca_3(PO_4)_2]=[Ca^{2+}]^3\cdot[PO_4^{3-}]^2$

通式: $A_mB_n(s)\Longrightarrow mA^{n+}+nB^{m-}$

则: $K_{sp}^{\ominus}(A_mB_n)=[A^{n+}]^m\cdot[B^{m-}]^n$ 　　　　　(6-16)

可见,溶度积等于沉淀-溶解平衡时有关离子浓度幂的乘积,而每种离子浓度的幂与化学计量式中的计量数(即配平的化学方程式中离子的系数)相等。

溶度积 $K_{sp}^{\ominus}$ 只与难溶电解质的本性和温度有关,而与沉淀量的多少和溶液中离子浓度的变化无关。溶液中离子浓度的改变只能导致平衡移动,而不会改变 $K_{sp}^{\ominus}$。溶度积 $K_{sp}^{\ominus}$ 作为化学平衡常数,可以通过热力学方法计算得到,也可以通过实验方法测定得到。

2. 溶度积和溶解度

(1) 溶度积和溶解度的相互换算

溶解度和溶度积都可代表一定温度下,难溶电解质的溶解能力。因此,难溶电解质的溶度积可以从它的溶解度求得。反之,从溶度积也可以求算溶解度。在换算时,浓度单位采用 $mol\cdot L^{-1}$。难溶化合物的溶解度都很小,溶液极稀,换算时可把饱和溶液的密度看作与纯水的密度($1\ g\cdot mL^{-1}$)一样,不致引起较大误差。

[例 10] 25℃时,$BaSO_4$ 的溶解度是 $2.44\times10^{-3}\ g\cdot L^{-1}$,求 $K_{sp}^{\ominus}(BaSO_4)$。

解　　　　　　　　　$BaSO_4(s)\Longrightarrow Ba^{2+}\ SO_4^{2-}$

$$K_{sp}^{\ominus}=[Ba^{2+}][SO_4^{2-}]$$

1 mol $BaSO_4$ 为 233.4 g,故 1 L 水中可溶解的 $BaSO_4$ 为: $\dfrac{2.44\times10^{-3}}{233.4}=1.05\times10^{-5}$ mol。而 1 mol $BaSO_4$ 溶解就生成 1 mol Ba^{2+} 和 1 mol SO_4^{2-}。因此 $BaSO_4$ 饱和溶液中:

$$[Ba^{2+}]=[SO_4^{2-}]=1.05\times10^{-5}\ mol\cdot L^{-1}$$

由此可得

$$K_{sp}^{\ominus}(BaSO_4)=[Ba^{2+}][SO_4^{2-}]=1.05\times10^{-5}\times1.05\times10^{-5}=1.1\times10^{-10}$$

[例 11] 已知 25℃时,250 mL 水中只能溶解 CaF_2 4.00×10^{-3} g,求 $K_{sp}^{\ominus}(CaF_2)$。

解
$$CaF_2 \Longrightarrow Ca^{2+} + 2F^-$$
$$K_{sp}^{\ominus} = [Ca^{2+}][F^-]^2$$

CaF_2 的摩尔质量为 $78.08\ g \cdot mol^{-1}$，所以 1 L 水中溶解的 CaF_2 为：

$$\frac{4.00 \times 10^{-3}}{78.08 \times 0.25} = 2.05 \times 10^{-4}\ mol$$

即 $[Ca^{2+}] = 2.05 \times 10^{-4}\ mol \cdot L^{-1}$，$[F^-] = 2 \times 2.05 \times 10^{-4} = 4.10 \times 10^{-4}\ mol \cdot L^{-1}$
所以，

$$K_{sp}^{\ominus} = [Ca^{2+}] \cdot [F^-]^2 = (2.05 \times 10^{-4}) \times (4.10 \times 10^{-4})^2 = 3.45 \times 10^{-11}$$

[例 12]　已知 25℃时，Ag_2CrO_4 的溶度积是 1.12×10^{-12}，问 Ag_2CrO_4 的溶解度为多少($g \cdot L^{-1}$)?

解　设 Ag_2CrO_4 的溶解度为 $x\ mol \cdot L^{-1}$，根据

$$Ag_2CrO_4 \Longrightarrow 2Ag^+ + CrO_4^{2-}$$

可知达到平衡时，$[Ag^+] = 2x\ mol \cdot L^{-1}$，$[CrO_4^{2-}] = x\ mol \cdot L^{-1}$

$$K_{sp}^{\ominus} = [Ag^+]^2[CrO_4^{2-}] = (2x)^2 \cdot x = 1.12 \times 10^{-12}$$
$$x = 6.54 \times 10^{-5}\ mol \cdot L^{-1}$$

Ag_2CrO_4 的摩尔质量为 $331.7\ g \cdot mol^{-1}$，所以溶解度为：

$$6.54 \times 10^{-5} \times 331.7 = 2.17 \times 10^{-2}\ g \cdot L^{-1}$$

现将上述三例中的 $BaSO_4$、CaF_2、Ag_2CrO_4 以及 $AgCl$ 的溶解度和溶度积列表如下：

电解质类型	电 解 质	溶解度 $s/(mol \cdot L^{-1})$	溶　度　积	换算关系式
AB	AgCl BaSO$_4$	1.34×10^{-5} 1.05×10^{-5}	1.77×10^{-10} 1.1×10^{-10}	$K_{sp}^{\ominus} = |s|^2$
AB$_2$	CaF$_2$	2.05×10^{-4}	3.45×10^{-11}	$K_{sp}^{\ominus} = 4|s|^3$
A$_2$B	Ag$_2$CrO$_4$	6.54×10^{-5}	1.12×10^{-12}	$K_{sp}^{\ominus} = 4|s|^3$

由上表可以看出，对相同类型的电解质来说，溶解度大，溶度积也大，因此可以根据溶度积来直接比较它们的溶解度（或反之），例如 $AgCl$ 和 $BaSO_4$（同为 AB 型，一个"分子"在溶液中都解离出 2 个离子）、CaF_2 和 Ag_2CrO_4（一个"分子"在溶液中都解离出 3 个离子）。但对不同类型的电解质，就不能这样加以比较。例如，$AgCl$ 的溶解度为 $1.34 \times 10^{-5}\ mol \cdot L^{-1}$，$Ag_2CrO_4$ 的溶解度为 $6.54 \times 10^{-5}\ mol \cdot L^{-1}$，$AgCl$ 的溶解度小于 Ag_2CrO_4，而 $K_{sp}^{\ominus}(AgCl)$ 却大于 $K_{sp}^{\ominus}(Ag_2CrO_4)$。

（2）同离子效应和盐效应

上面讨论的是难溶电解质在纯水中的溶解情况，如果溶液中有易溶电解质存在，则难溶电解质的溶解度将有所改变。

① 同离子效应　在 $AgCl$ 的饱和溶液中，固体 $AgCl$ 与 Ag^+、Cl^- 处于平衡状态，$[Ag^+][Cl^-] = K_{sp}^{\ominus}(AgCl)$。当加入少量 $NaCl$ 后，则由于 $[Cl^-]$ 增大，$[Ag^+][Cl^-] > K_{sp}^{\ominus}(AgCl)$，破坏了原来的平衡状态，使平衡向着生成 $AgCl$ 沉淀方向移动。

$$AgCl(s) \Longrightarrow Ag^+ + Cl^-$$

$$Cl^- + Na^+ \Longleftarrow NaCl$$

平衡移动的结果,AgCl 的溶解度降低。由此可见,在难溶电解质的饱和溶液中,加入含有同离子的强电解质,能使难溶电解质溶解度降低,也称为同离子效应,是多相离子平衡中的同离子效应。

[例 13] 求 25℃ 时,AgCl 在纯水中和 0.010 mol $\cdot$ L^{-1} KCl 溶液中的溶解度[已知 $K_{sp}^{\ominus}(AgCl) = 1.77 \times 10^{-10}$]。

解 (1) 设 AgCl 在纯水中的溶解度为 x mol $\cdot$ L^{-1},

$$AgCl(s) \Longrightarrow Ag^+ + Cl^-$$
$$\qquad\qquad x \qquad x$$
$$[Ag^+][Cl^-] = K_{sp}^{\ominus}(AgCl)$$
$$x^2 = 1.77 \times 10^{-10}$$
$$x = 1.33 \times 10^{-5} \text{ mol} \cdot \text{L}^{-1}$$

(2) 设 AgCl 在 0.010 mol $\cdot$ L^{-1} KCl 溶液中的溶解度为 y mol $\cdot$ L^{-1},则 $[Ag^+] = y$ mol $\cdot$ L^{-1},$[Cl^-] = (y+0.010)$ mol $\cdot$ L^{-1}。

$$AgCl(s) \Longrightarrow Ag^+ + Cl^-$$
$$\qquad\qquad y \qquad y+0.010$$
$$[Ag^+][Cl^-] = K_{sp}^{\ominus}(AgCl)$$
$$y \times (y+0.010) = K_{sp}^{\ominus} = 1.77 \times 10^{-10}$$

因为 y 值与 0.010 相比,非常小,所以 $y+0.010 \approx 0.010$

$$0.010y = 1.77 \times 10^{-10}$$
$$y = 1.77 \times 10^{-8} \text{ mol} \cdot \text{L}^{-1}$$

比较上例(1)(2)的计算结果 $\dfrac{1.33 \times 10^{-5}}{1.77 \times 10^{-8}} = 7.5 \times 10^2$ 倍,可见由于加入含有相同离子的强电解质后,使难溶电解质的溶解度大为降低。同离子效应在分析化学上应用很广,例如在利用沉淀反应分离或检定某些离子时,常利用同离子效应加入过量的沉淀剂,以使某些离子的沉淀趋于完全,经过滤即可从溶液中分离出去。严格地说,任何沉淀反应都是不会绝对完全的。因为溶液中的沉淀溶解平衡始终存在,不论加入的沉淀剂如何过量,总会有极少量被沉淀离子残留在溶液中。通常将溶液中被沉淀离子的残余浓度小于 10^{-5} mol $\cdot$ L^{-1} 时,定为已沉淀完全了。这是基于如此低浓度的残余离子,已不会对其他反应造成影响。

② 盐效应 如果在 AgCl 的饱和溶液中,加入与 AgCl 没有相同的离子的强电解质,例如 KNO_3,则 AgCl 的溶解度将比在纯水中略为增大。这种由于加入强电解质而使难溶电解质溶解度增大的效应,也称为盐效应。

盐效应产生的原因是由于电解质溶液中离子间的相互作用。在 AgCl 饱和溶液中加入 KNO_3 后,溶液中离子浓度增大,离子间相互牵制作用增强,离子的自由行动程度下降。因而离子的有效浓度降低,平衡被破坏,平衡向着溶解的方向移动。达到新的平衡时,难溶电解质的溶解度略为增加。

由于盐效应的存在,在使用过量沉淀剂来使沉淀完全时,不宜过量太多。因为沉淀剂的加入,除产生同离子效应外,同时还会产生盐效应,起了不利于沉淀完全的作用。但因为同离子效应比盐效应大得多,所以一般只考虑同离子效应。

3. 溶度积规则

溶度积 $K_{sp}^{\ominus}$ 是一种平衡常数,难溶强电解质的沉淀-溶解平衡是一种有条件的动态平衡,当条件改变时,平衡就可能会发生移动。同样可以应用反应商 J 和 $K_{sp}^{\ominus}$ 的比较来判断反应进行的方向。例如,当温度一定时,对于含有难溶强电解质固体 A_mB_n 的溶液:

$$A_mB_n(s) \Longrightarrow mA^{n+} + nB^{m-}$$

其反应商为:

$$J = [A^{n+}]^m \cdot [B^{m-}]^n$$

这个反应商通常称为离子积。根据平衡移动原理,将 J 与 $K_{sp}^{\ominus}$ 比较,可以得到下列规则:

① $J < K_{sp}^{\ominus}$,即离子积小于溶度积,溶液未饱和,无沉淀析出。若体系已有固体存在,则固体溶解,直至建立平衡,使离子积等于溶度积($J = K_{sp}^{\ominus}$);

② $J = K_{sp}^{\ominus}$,即离子积等于溶度积,溶液饱和,处于动态平衡;

③ $J > K_{sp}^{\ominus}$,即离子积大于溶度积,溶液过饱和[①],溶液中将有沉淀析出,直至重新建立平衡,使离子积等于溶度积($J = K_{sp}^{\ominus}$)。

以上规则称为溶度积规则(the rule of solubility product),应用溶度积规则可以判断沉淀的生成和溶解。

6.5.2 沉淀的生成和溶解

1. 沉淀的生成

根据溶度积规则,在难溶电解质的溶液中,如果离子积 J 大于该难溶物质的溶度积 $K_{sp}^{\ominus}$ 时,这种物质的沉淀就会产生。

[例 14] 如果将 10 mL 0.010 mol·L^{-1} $BaCl_2$ 溶液和 30 mL 0.005 mol·L^{-1} Na_2SO_4 溶液相混合,是否会产生 $BaSO_4$ 沉淀? [已知 $K_{sp}^{\ominus}(BaSO_4) = 1.1 \times 10^{-10}$]

解 10 mL 0.01 mol·L^{-1} $BaCl_2$ 溶液和 30 mL 0.005 mol·L^{-1} Na_2SO_4 溶液相混,可以认为总体积为 40 mL,则各离子浓度为

$$[Ba^{2+}] = \frac{0.010 \times 10}{40} = 2.5 \times 10^{-3} \text{ mol} \cdot L^{-1}$$

$$[SO_4^{2-}] = \frac{0.005 \times 30}{40} = 3.8 \times 10^{-3} \text{ mol} \cdot L^{-1}$$

$$J = [Ba^{2+}][SO_4^{2-}] = (2.5 \times 10^{-3})(3.8 \times 10^{-3}) = 9.4 \times 10^{-6} > K_{sp}^{\ominus}(BaSO_4)$$

所以有 $BaSO_4$ 沉淀生成。

[例 15] 0.20 mol·L^{-1} 氨水与等体积 0.20 mol·L^{-1} $MnSO_4$ 溶液相混合,能否生成 $Mn(OH)_2$ 沉淀? [已知 $K_{sp}^{\ominus}(Mn(OH)_2) = 1.9 \times 10^{-13}$]

解 两溶液等体积混合,则浓度均为原来的一半,即氨水、$MnSO_4$ 均为 0.10 mol·L^{-1}。由

---

① 溶解的溶质量超过溶解度时,溶液为过饱和,这里指离子积大于溶度积。过饱和溶液是不平衡的亚稳状态,很容易析出相应沉淀。

$NH_3 \cdot H_2O$ 解离产生的 OH^- 为：

$$[OH^-] = \sqrt{c(NH_3 \cdot H_2O)K_b^{\ominus}(NH_3 \cdot H_2O)} = \sqrt{0.10 \times 1.78 \times 10^{-5}}$$
$$= 1.33 \times 10^{-3} \text{ mol} \cdot L^{-1}$$
$$[Mn^{2+}] = 0.10 \text{ mol} \cdot L^{-1}$$
$$J = [Mn^{2+}][OH^-]^2 = 0.10 \times (1.33 \times 10^{-3})^2 = 1.78 \times 10^{-7} > K_{sp}^{\ominus}[Mn(OH)_2]$$

所以能生成 $Mn(OH)_2$ 沉淀。

大多数金属氢氧化物都是难溶的，但它们的溶解度千差万别，在化学处理中，常用生成沉淀的方法，使某种离子浓度降低到不易发生一般化学反应的程度，称为沉淀完全。按溶度积规则，金属氢氧化物 $M(OH)_n$ 沉淀完全的条件是：

$$[OH^-] = \left(\frac{K_{sp}^{\ominus}[M(OH)_n]}{[M^{n+}]}\right)^{1/n} = \left(\frac{K_{sp}^{\ominus}[M(OH)_n]}{10^{-5}}\right)^{1/n}$$

根据 $pH = 14 - pOH$，很容易求出相应的 pH 值。因此，通过控制溶液的 pH，可以使有的金属离子沉淀，有的金属离子不沉淀，达到分离的目的。

[例 16] 在制备 $ZnSO_4$ 时，为提高其纯度须从溶液中分离掉杂质 Fe^{3+}。假定溶液中 $[Zn^{2+}] = 0.10 \text{ mol} \cdot L^{-1}$，为了沉淀分离出 $Fe(OH)_3$，溶液的 pH 值应控制在什么范围？

解 从附录中查得 $K_{sp}^{\ominus}[Fe(OH)_3] = 2.79 \times 10^{-39}$，$K_{sp}^{\ominus}[Zn(OH)_2] = 3 \times 10^{-17}$

欲使 $Fe(OH)_3$ 沉淀完全，即 $[Fe^{3+}] \leqslant 10^{-5} \text{ mol} \cdot L^{-1}$，则 $[Fe^{3+}] \cdot [OH^-]^3 \geqslant K_{sp}^{\ominus}[Fe(OH)_3]$

$$[OH^-] \geqslant \left\{\frac{K_{sp}^{\ominus}[Fe(OH)_3]}{[Fe^{3+}]}\right\}^{1/3} = \left(\frac{2.79 \times 10^{-39}}{10^{-5}}\right)^{1/3} = 6.5 \times 10^{-12} \text{ mol} \cdot L^{-1}$$

$$pH = 14 - pOH = 14 + \lg 6.5 \times 10^{-12} = 2.8$$

欲使 Zn^{2+} 不生成 $Zn(OH)_2$ 沉淀，则须：$[Zn^{2+}] \cdot [OH^-]^2 \leqslant K_{sp}^{\ominus}[Zn(OH)_2]$

$$[OH^-] \leqslant \left\{\frac{K_{sp}^{\ominus}[Zn(OH)_2]}{[Zn^{2+}]}\right\}^{1/2} = \left(\frac{3 \times 10^{-17}}{0.10}\right)^{1/2} = 1.7 \times 10^{-8} \text{ mol} \cdot L^{-1}$$

$$pH = 14 - pOH = 14 + \lg 1.7 \times 10^{-8} = 6.2$$

所以，要使 Fe^{3+} 沉淀完全而 Zn^{2+} 不沉淀，需要控制 $6.2 \geqslant pH \geqslant 2.8$，即可达到分离提纯目的。

2. 沉淀的溶解

在含有难溶电解质沉淀的溶液中，沉淀与其组成离子处于平衡状态，离子积等于难溶物质的溶度积。若加入某一物质，能降低组成沉淀的正离子或负离子的浓度，使 $J < K_{sp}^{\ominus}$，平衡便向溶解方向移动。若有关离子的浓度降得愈低，则沉淀溶解愈多，直至离子积等于或小于溶度积时，沉淀便完全溶解。沉淀发生溶解常须借助化学反应来完成。如：

① $Al(OH)_3(s) + 3H^+ \rightleftharpoons Al^{3+} + 3H_2O$

② $Al(OH)_3(s) + OH^- \rightleftharpoons [Al(OH)_4]^- (AlO_2^- + 2H_2O)$

③ $CaCO_3(s) + 2H^+ \rightleftharpoons Ca^{2+} + CO_2 + H_2O$

④ $3CuS(s) + 8H^+ + 2NO_3^- \rightleftharpoons 3Cu^{2+} + 3S + 2NO + 4H_2O$

⑤ $AgCl(s) + 2NH_3 \rightleftharpoons [Ag(NH_3)_2]^+ + Cl^-$

其中①②③是借助酸碱反应来完成的，④⑤分别是借助氧化还原反应和配位反应来完成的，本节主要介绍借助酸碱反应使沉淀溶解的情况，其他两种情况在后续章节中介绍。

（1）生成水

难溶的金属氢氧化物如 $Mg(OH)_2$、$Fe(OH)_3$、$Cu(OH)_2$ 等不溶于水，但能溶于强酸，就是由于它们和强酸反应生成弱电解质 H_2O 的缘故。例如，在含有 $Mg(OH)_2$ 固体的饱和溶液中，存在着 $Mg(OH)_2$ 固体和解离出来的 Mg^{2+}、OH^- 之间的平衡。当加入盐酸时，H^+ 和 OH^- 结合生成弱电解质 H_2O，其反应如下：

$$Mg(OH)_2(s) \Longrightarrow Mg^{2+} + 2OH^-$$
$$2HCl \Longrightarrow 2Cl^- + 2H^+$$
$$\Downarrow$$
$$2H_2O$$

这样溶液中 OH^- 浓度降低，使 $[Mg^{2+}][OH^-]^2 < K_{sp}^{\ominus}[Mg(OH)_2]$，$Mg(OH)_2$ 固体与 Mg^{2+}、OH^- 之间的平衡被破坏，平衡向着 $Mg(OH)_2$ 沉淀溶解的方向移动，若有足够量的盐酸加入时，所有 $Mg(OH)_2$ 将全部溶解，其离子方程式为：

$$Mg(OH)_2(s) + 2H^+ \Longrightarrow Mg^{2+} + 2H_2O$$

由上式可见反应的实质是 Mg^{2+} 和 H^+ 在争夺 OH^-，由于 H_2O 是极弱电解质，OH^- 在 H_2O 中要比在 $Mg(OH)_2$ 中束缚得更牢固，所以平衡移向 $Mg(OH)_2$ 溶解的方向。

上述 $Mg(OH)_2$ 溶解于酸的反应，可以看为下列两个反应之和：

$$Mg(OH)_2(s) \Longrightarrow Mg^{2+} + 2OH^- \qquad K_1^{\ominus} = K_{sp}^{\ominus}[Mg(OH)_2]$$

$$2OH^- + 2H^+ \Longrightarrow 2H_2O \qquad K_2^{\ominus} = \frac{1}{(K_w^{\ominus})^2}$$

应用多重平衡规则，$Mg(OH)_2$ 溶解于酸的反应平衡常数为：

$$K^{\ominus} = \frac{[Mg^{2+}]}{[H^+]^2} = K_1^{\ominus} \cdot K_2^{\ominus} = \frac{K_{sp}^{\ominus}[Mg(OH)_2]}{(K_w^{\ominus})^2}$$

对于 $M(OH)_n$ 型难溶金属氢氧化物，溶于酸的反应为：

$$M(OH)_n(s) + nH^+ \Longrightarrow M^{n+} + nH_2O$$

其平衡常数可表示为：

$$K^{\ominus} = \frac{K_{sp}^{\ominus}[M(OH)_n]}{(K_w^{\ominus})^n} \qquad\qquad (6-17)$$

由上述可见，难溶金属氢氧化物的 $K_{sp}^{\ominus}$ 愈大，溶解于酸的倾向也愈大。

（2）生成弱碱

例如，$Mg(OH)_2$ 也能溶于铵盐中，就是由于生成弱碱 $NH_3 \cdot H_2O$，其反应如下：

$$Mg(OH)_2(s) \Longrightarrow Mg^{2+} + 2OH^-$$
$$+$$
$$2NH_4Cl \Longrightarrow 2Cl^- + 2NH_4^+$$
$$\Downarrow$$
$$2NH_3 \cdot H_2O$$

溶解反应方程式为：

$$Mg(OH)_2(s) + 2NH_4^+ \Longrightarrow Mg^{2+} + 2NH_3 \cdot H_2O$$

$$K^{\ominus} = \frac{[Mg^{2+}][NH_3 \cdot H_2O]^2}{[NH_4^+]^2} = \frac{K_{sp}^{\ominus}[Mg(OH)_2]}{[K_b^{\ominus}(NH_3 \cdot H_2O)]^2}$$

上述反应进行的难易程度决定于 $Mg(OH)_2$ 的溶度积和 $NH_3 \cdot H_2O$ 的解离常数,也就是难溶的金属氢氧化物溶于铵盐的反应,其进行的难易程度与难溶氢氧化物的溶度积有关,溶度积愈大,反应愈易进行。$Mg(OH)_2$、$Mn(OH)_2$ 溶度积较大,因此能溶于铵盐,而 $Fe(OH)_3$、$Al(OH)_3$ 溶度积很小,不能溶于铵盐。$Fe(OH)_3$、$Al(OH)_3$ 虽不溶于铵盐,但都能溶于酸,加入酸后,由于 H^+ 和 OH^- 结合生成比 $NH_3 \cdot H_2O$ 更难解离的 H_2O,有效地束缚住 OH^-,大大降低了 OH^- 浓度,使难溶氢氧化物溶解。

[例17] 要使 $0.10 \text{ mol } Mg(OH)_2$ 完全溶解在 $1.0 \text{ L } NH_4Cl$ 溶液中,计算所需 NH_4Cl 的最小浓度。$\{K_{sp}^{\ominus}[Mg(OH)_2] = 5.61 \times 10^{-12}, K_b^{\ominus}(NH_3 \cdot H_2O) = 1.76 \times 10^{-5}\}$

解

$$Mg(OH)_2(s) + 2NH_4^+ \rightleftharpoons 2NH_3 \cdot H_2O + Mg^{2+}$$

平衡 $c/(\text{mol} \cdot \text{L}^{-1})$ \qquad\qquad $x - 0.20$ \qquad\qquad 0.20 \qquad\qquad 0.10

$$K^{\ominus} = \frac{K_{sp}^{\ominus}[Mg(OH)_2]}{[K^{\ominus}(NH_3 \cdot H_2O)]^2} = \frac{5.61 \times 10^{-12}}{(1.78 \times 10^{-5})^2} = 1.77 \times 10^{-2}$$

$$K^{\ominus} = \frac{0.10 \times 0.20^2}{(x - 0.20)^2} = 1.77 \times 10^{-2}$$

$$x = 0.68$$

$$c(NH_4^+) = 0.68 \text{ mol} \cdot \text{L}^{-1}$$

(3) 生成弱酸

$CaCO_3$、FeS 和 CaC_2O_4 等难溶弱酸盐都溶于强酸。因为它们能和强酸生成弱电解质(弱酸)。例如,在含有 $CaCO_3$ 固体的饱和溶液中加入 HCl,则 CO_3^{2-} 与 H^+ 结合生成弱酸 H_2CO_3,因而降低 CO_3^{2-} 浓度。H_2CO_3 又易分解成弱电解质 H_2O 和微溶气体 CO_2,更有利于 CO_3^{2-} 浓度的降低。如果 $[Ca^{2+}][CO_3^{2-}] < K_{sp}^{\ominus}(CaCO_3)$,平衡向着 $CaCO_3$ 溶解的方向移动,其反应表示如下:

$$CaCO_3(s) \rightleftharpoons Ca^{2+} + CO_3^{2-}$$
$$+$$
$$2HCl \rightleftharpoons 2Cl^- + 2H^+$$
$$\Updownarrow$$
$$H_2CO_3 \longrightarrow H_2O + CO_2 \uparrow$$

溶解反应方程式为:

$$CaCO_3(s) + 2H^+ \rightleftharpoons CO_2 \uparrow + H_2O + Ca^{2+}$$

这一反应可以看作下列反应之和:

$$CaCO_3(s) \rightleftharpoons Ca^{2+} + CO_3^{2-} \qquad\qquad K_1^{\ominus} = K_{sp}^{\ominus}(CaCO_3)$$

$$CO_3^{2-} + H^+ \rightleftharpoons HCO_3^- \qquad\qquad K_2^{\ominus} = \frac{1}{K_{a_2}^{\ominus}(H_2CO_3)}$$

$$HCO_3^- + H^+ \rightleftharpoons H_2CO_3 \qquad\qquad K_3^{\ominus} = \frac{1}{K_{a_1}^{\ominus}(H_2CO_3)}$$

则 $CaCO_3$ 溶于酸反应的平衡常数为：

$$K^{\ominus}=\frac{[Ca^{2+}][H_2CO_3]}{[H^+]^2}=K_1^{\ominus}\cdot K_2^{\ominus}\cdot K_3^{\ominus}=\frac{K_{sp}^{\ominus}(CaCO_3)}{K_{a_1}^{\ominus}(H_2CO_3)\cdot K_{a_2}^{\ominus}(H_2CO_3)}$$

由上式可以看出,难溶弱酸盐溶解于强酸的反应进行的难易程度与难溶盐的溶度积和弱酸的解离常数有关,溶度积越大,解离常数越小,反应愈易进行。

$CaCO_3$ 不但能溶于强酸 HCl,还能溶于弱酸 HAc,这是由于 H_2CO_3 较 HAc 更弱,而 CaC_2O_4 只能溶于 HCl,不能溶于 HAc,这是因为 $H_2C_2O_4$ 较 HAc 为强。

大部分金属离子可与 S^{2-} 形成沉淀。这些沉淀常具有特征的颜色,并且溶度积的差别很大,见表 6-9,这些性质常被用来分离和鉴定金属离子。

表 6-9　金属硫化物的颜色和溶解性

溶于水的硫化物			不溶于水,溶于稀盐酸的硫化物			不溶于水和稀盐酸的硫化物		
化学式	颜 色	$K_{sp}^{\ominus}$	化学式	颜 色	$K_{sp}^{\ominus}$	化学式	颜 色	$K_{sp}^{\ominus}$
Na_2S	白	/	MnS(无定形)	肉色	2.5×10^{-10}	SnS	棕	1.0×10^{-25}
K_2S	白	/	FeS	黑	6.3×10^{-18}	CdS	黄	8.0×10^{-27}
BaS	白	/	β-ZnS	白	2.5×10^{-22}	PbS	黑	8.0×10^{-28}
			α-NiS	黑	3.2×10^{-19}	CuS	黑	6.3×10^{-36}
						Ag_2S	黑	6.3×10^{-50}
						HgS	黑	1.6×10^{-52}

按照金属硫化物的溶解性,大体可分为三大类：

(1) 易溶于水的硫化物,如 Na_2S、BaS 等。

(2) 不溶于水、可溶于稀盐酸的硫化物,如 MnS、FeS、ZnS 等。这些硫化物的溶解度较小,溶度积较小,不溶于水。但在酸性溶液中,$[H^+]$ 增大,因形成弱酸 H_2S 而使 $[S^{2-}]$ 降低,造成 $[M^{2+}][S^{2-}]<K_{sp}^{\ominus}$,因而这类硫化物能溶于稀盐酸中。

根据硫化物的溶度积和氢硫酸的解离常数,可以计算出溶解一定量的金属硫化物时所需的酸度。

[例 18]　在 1.0 L 盐酸溶液中溶解 0.10 mol 的 ZnS,溶液的最低酸度为多少?

解　ZnS 溶于酸的反应可以看作下列反应的加和：

$$ZnS(s) \Longrightarrow Zn^{2+}+S^{2-} \qquad\qquad K_1^{\ominus}=K_{sp}^{\ominus}(ZnS)$$

$$S^{2-}+2H^+ \Longrightarrow H_2S \qquad\qquad K_2^{\ominus}=\frac{1}{K_{a_1}^{\ominus}\cdot K_{a_2}^{\ominus}}$$

总反应 $ZnS(s)+2H^+ \Longrightarrow Zn^{2+}+H_2S \qquad K^{\ominus}=K_1^{\ominus}\cdot K_2^{\ominus}=\frac{K_{sp}^{\ominus}(ZnS)}{K_{a_1}^{\ominus}\cdot K_{a_2}^{\ominus}}$

即

$$K^{\ominus}=\frac{[Zn^{2+}][H_2S]}{[H^+]^2}=\frac{K_{sp}^{\ominus}(ZnS)}{K_{a_1}^{\ominus}\cdot K_{a_2}^{\ominus}}=\frac{2.5\times10^{-22}}{1.35\times10^{-20}}=0.018\ 5$$

0.1 mol ZnS 溶解在 1 L 盐酸溶液中,生成的 $[H_2S]=0.1\ mol\cdot L^{-1}$,$[Zn^{2+}]=0.1\ mol\cdot L^{-1}$,代入上式,得：$\frac{0.1\times0.1}{[H^+]^2}=0.018\ 5$,$[H^+]=0.735\ mol\cdot L^{-1}$,由于反应需要消耗掉 H^+,因此：

起始 HCl 的浓度为： $0.1 \times 2 + 0.735 = 0.935 \ mol \cdot L^{-1}$

也就是 1.0 L 浓度为 0.935 $mol \cdot L^{-1}$ 的盐酸溶液就可以溶解 0.10 mol 的 ZnS,可见较低的酸度就能使 FeS 溶解。

(3) 不溶于水和稀酸的硫化物,如 PbS、CuS 等。由于它们的溶度积很小,即使在酸性溶液中,$[S^{2-}]$ 不太高的情况下,仍然 $[M^{2+}][S^{2-}] > K_{sp}^{\ominus}$,因此它们不溶于稀酸。

[例 19] 在 1.0 L 盐酸溶液中溶解 0.10 mol 的 CuS,溶液的最低酸度为多少?

解 按照上例相同的方法计算:

$$CuS(s) + 2H^+ \Longrightarrow Cu^{2+} + H_2S$$

$$K^{\ominus} = \frac{[Cu^{2+}][H_2S]}{[H^+]^2} = \frac{K_{sp}^{\ominus}(CuS)}{K_{a_1}^{\ominus} \cdot K_{a_2}^{\ominus}} = \frac{6.3 \times 10^{-36}}{1.35 \times 10^{-20}} = 4.67 \times 10^{-16}$$

假设 0.1 mol CuS 溶解在 1 L 盐酸溶液中,生成的 $[H_2S] = 0.1 \ mol \cdot L^{-1}$,$[Cu^{2+}] = 0.1 \ mol \cdot L^{-1}$,代入上式,得: $\frac{0.1 \times 0.1}{[H^+]^2} = 4.67 \times 10^{-16}$,$[H^+] = 4.63 \times 10^6 \ mol \cdot L^{-1}$

起始 HCl 的浓度为： $0.1 \times 2 + 4.63 \times 10^6 \approx 4.63 \times 10^6 \ mol \cdot L^{-1}$

这样高的酸度实际上是不可能达到的,所以 CuS 不能溶于浓盐酸。

对于 CuS 等溶度积很小的硫化物虽不能溶于盐酸,但可溶于硝酸,因为硝酸把 S^{2-} 氧化为 S,则 S^{2-} 浓度降低,使 $[Cu^{2+}][S^{2-}] < K_{sp}^{\ominus}(CuS)$,CuS 沉淀发生了溶解:

$$3CuS + 8HNO_3 \Longrightarrow 3Cu(NO_3)_2 + 2NO\uparrow + 3S\downarrow + 4H_2O$$

对于溶度积极其小的硫化物,如 HgS,在 HNO_3 中也不能溶解,但能溶于王水(aqua regia)。这是由于王水中的硝酸能氧化 S^{2-} 成为 S 而使 $[S^{2-}]$ 降低;同时王水中的 Cl^- 又能与 Hg^{2+} 形成稳定的配离子 $[HgCl_4]^{2-}$,从而又降低了溶液中的 Hg^{2+} 浓度,最后使 $[Hg^{2+}][S^{2-}] < K_{sp}^{\ominus}(HgS)$,HgS 便得以溶解。

6.5.3 分步沉淀和沉淀转化

1. 分步沉淀

在实际工作中常会遇到有几种离子同时存在的混合溶液。当加入某种试剂时,会出现有几种沉淀产生的复杂情况。例如在含有 Cl^- 和 I^- 的混合溶液中,逐滴加入 $AgNO_3$ 溶液,先是产生浅黄色的 AgI 沉淀,后来才会出现白色的 AgCl 沉淀。这种混合溶液中的离子发生先后沉淀的现象,称为分步沉淀(fractional precipitation)。

为什么沉淀会有先后呢?可以根据溶度积原理加以分析。假定混合溶液中 Cl^-、I^- 的浓度都是 0.01 $mol \cdot L^{-1}$,在此溶液中加入 $AgNO_3$ 溶液,由于 AgCl 和 AgI 的溶度积不同,相应沉淀开始时所需的 Ag^+ 浓度也就不同,开始生成 AgI 和 AgCl 沉淀所需 Ag^+ 浓度分别是:

$$[Ag^+]_{AgI} = \frac{K_{sp}^{\ominus}(AgI)}{[I^-]} = \frac{8.52 \times 10^{-17}}{0.01} = 8.52 \times 10^{-15} \ mol \cdot L^{-1}$$

$$[Ag^+]_{AgCl} = \frac{K_{sp}^{\ominus}(AgCl)}{[Cl^-]} = \frac{1.77 \times 10^{-10}}{0.01} = 1.77 \times 10^{-8} \ mol \cdot L^{-1}$$

可见沉淀 I^- 所需 Ag^+ 的最低浓度比沉淀 Cl^- 所需要的要小得多。显然,哪一种银盐的离子积先超过溶度积,则该银盐就先沉淀,因此 AgI 先沉淀。

在用 $AgNO_3$ 沉淀 I^- 时,由于 AgI 的不断析出,溶液中 I^- 浓度逐渐降低,若要继续析出沉淀,必须使溶液中 Ag^+ 的浓度不断增加。当 Ag^+ 增加到 AgCl 开始沉淀所需的浓度时,则 AgI 和 AgCl 同时沉淀,溶液存在着两个固相。此时,溶液对 AgI 和 AgCl 均属饱和,因此 Ag^+ 浓度必须同时满足下列两个关系式:

$$[Ag^+][I^-] = K_{sp}^{\ominus}(AgI)$$
$$[Ag^+][Cl^-] = K_{sp}^{\ominus}(AgCl)$$

即

$$[Ag^+] = \frac{K_{sp}^{\ominus}(AgI)}{[I]} = \frac{K_{sp}^{\ominus}(AgCl)}{[Cl]}$$

也可写成

$$\frac{[I^-]}{[Cl^-]} = \frac{K_{sp}^{\ominus}(AgI)}{K_{sp}^{\ominus}(AgCl)} = \frac{8.52 \times 10^{-17}}{1.77 \times 10^{-10}} = 4.81 \times 10^{-7}$$

因此,当 I^- 和 Cl^- 浓度的比值 $\dfrac{[I^-]}{[Cl^-]} = 4.81 \times 10^{-7}$ 时,若溶液加入 Ag^+ 此两种离子会发生同时沉淀。

当 AgCl 开始沉淀时,$[Cl^-] = 0.01 \ mol \cdot L^{-1}$,则溶液中剩余的 I^- 浓度为

$$[I^-] = 4.81 \times 10^{-7} \times 1.0 \times 10^{-2} = 4.81 \times 10^{-9} \ mol \cdot L^{-1}$$

这就是说 AgCl 开始沉淀时,I^- 已沉淀得很完全(因为 $[I^-]$ 已小于 $10^{-5} \ mol \cdot L^{-1}$),说明 I^- 和 Cl^- 可以通过分步沉淀分离开来。

从上面讨论可以看出,如果是同一类型的难溶电解质,溶度积数值差别越大,混合离子越易分离。此外,沉淀的顺序也和溶液中各离子浓度有关。如果两种沉淀溶度积相差不大时,则改变溶液中离子浓度可以改变沉淀次序。

在实际工作中,常利用分步沉淀原理控制条件,以达到分离离子的目的。

[例 20] (1)某溶液中含有 Pb^{2+} 和 Ba^{2+},其浓度都是 $0.10 \ mol \cdot L^{-1}$,加入 Na_2SO_4 试剂,哪一种离子先沉淀?两者有无分离的可能?

(2)若溶液中 Pb^{2+} 的浓度为 $0.001 \ mol \cdot L^{-1}$,Ba^{2+} 的浓度仍为 $0.10 \ mol \cdot L^{-1}$,两者有无分离的可能? $[K_{sp}^{\ominus}(PbSO_4) = 2.53 \times 10^{-8}, K_{sp}^{\ominus}(BaSO_4) = 1.1 \times 10^{-10}]$

解 (1) 沉淀 Pb^{2+} 所需 $[SO_4^{2-}] = \dfrac{2.53 \times 10^{-8}}{0.10} = 2.53 \times 10^{-7} \ mol \cdot L^{-1}$

沉淀 Ba^{2+} 所需 $[SO_4^{2-}] = \dfrac{1.1 \times 10^{-10}}{0.10} = 1.1 \times 10^{-9} \ mol \cdot L^{-1}$

因为沉淀 Ba^{2+} 需要的 $[SO_4^{2-}]$ 低,所以 Ba^{2+} 先沉淀。而当 $PbSO_4$ 也开始沉淀时,

$$\frac{[Ba^{2+}]}{[Pb^{2+}]} = \frac{1.1 \times 10^{-10}}{2.53 \times 10^{-8}} = 4.35 \times 10^{-3}$$

这时溶液中$[Ba^{2+}]=4.35\times10^{-3}\times0.1=4.35\times10^{-4}\ mol\cdot L^{-1}$

　　由于 $PbSO_4$ 开始沉淀时，$[Ba^{2+}]>10^{-5}\ mol\cdot L^{-1}$，所以 Ba^{2+} 尚未沉淀完全。因此，用 Na_2SO_4 作沉淀剂，若 Ba^{2+} 和 Pb^{2+} 的浓度相同，则不能分离。

　　(2) 若溶液中 Pb^{2+} 的浓度为 $0.001\ mol\cdot L^{-1}$，当 $PbSO_4$ 开始沉淀时，

$$\frac{[Ba^{2+}]}{[Pb^{2+}]}=4.35\times10^{-3}$$

即$[Ba^{2+}]=4.35\times10^{-3}\times0.001=4.35\times10^{-6}<10^{-5}\ mol\cdot L^{-1}$，因此 Ba^{2+} 已沉淀完全，即两种离子可以分离。

　　2. 沉淀转化

　　工业上锅炉用水，日久锅炉底部结了锅垢，如不及时清除，传热不匀，容易发生危险，燃烧耗费也多。由于锅垢中含有的 $CaSO_4$ 既不溶于水，又不溶于酸，很难除去。但是可以加入一种试剂，把 $CaSO_4$ 转化为 $CaCO_3$ 沉淀，由于 $CaCO_3$ 可溶于酸，锅垢由此除去。这种把一种沉淀转化为另一种沉淀的过程，称为沉淀转化(inversion of precipitate)。

　　$CaSO_4$ 转化为 $CaCO_3$ 的反应如下：

　　(1) $CaSO_4(s)\Longrightarrow Ca^{2+}+SO_4^{2-}$　　　　$K_1^{\ominus}=K_{sp}^{\ominus}(CaSO_4)$

　　　　$Na_2CO_3\Longrightarrow 2Na^++CO_3^{2-}$

　　(2) $Ca^{2+}+CO_3^{2-}\Longrightarrow CaCO_3(s)$　　　　$K_2^{\ominus}=\dfrac{1}{K_{sp}^{\ominus}(CaCO_3)}$

　　为什么难溶于水和酸的 $CaSO_4$ 可以转化为可溶于酸的 $CaCO_3$ 呢？因为 $CaSO_4$ 和 $CaCO_3$ 是 AB 型难溶电解质，而且 $K_{sp}^{\ominus}(CaSO_4)(4.93\times10^{-5})>K_{sp}^{\ominus}(CaCO_3)(3.36\times10^{-9})$。原来溶液中存在平衡(1)，随着 Na_2CO_3 的加入，溶液中 Ca^{2+} 就和 CO_3^{2-} 生成 $CaCO_3$，溶液中 Ca^{2+} 浓度降低，这就使得 $CaSO_4$ 继续溶解。由于两者溶度积相差较大，如果 Na_2CO_3 的量足够的话，将使 $CaSO_4$ 全部转化为 $CaCO_3$ 沉淀。沉淀转化完全与否和两者的溶度积大小有关。现将上面的平衡(1)和(2)合并，即得：

$$CaSO_4(s)+CO_3^{2-}\Longrightarrow CaCO_3(s)+SO_4^{2-}$$

$$K^{\ominus}=\frac{[SO_4^{2-}]}{[CO_3^{2-}]}=K_1^{\ominus}\cdot K_2^{\ominus}=\frac{K_{sp}^{\ominus}(CaSO_4)}{K_{sp}^{\ominus}(CaCO_3)}$$

代入有关溶度积数据即得 $K^{\ominus}=1.47\times10^4$。可见这一沉淀转化反应向右进行的趋势相当大。

　　应该指出，要使一种难溶电解质转化为另一种难溶电解质是有条件的，由一种难溶物质转化为另一种更难溶的物质是比较容易的，两种物质的溶度积相差愈大，转化愈完全。反之，由一种溶解度较小的物质转化为溶解度较大的物质，就比较困难，若两种物质的溶度积相差愈大，则愈难转化，甚至不可能转化。例如 AgCl 的溶度积比 AgI 的溶度积大得多$[K_{sp}^{\ominus}(AgI)=8.52\times10^{-17},K_{sp}^{\ominus}(AgCl)=1.77\times10^{-10}]$，因此要把 AgCl 转化为 AgI 非常容易，相反要把 AgI 转化为 AgCl 则非常困难。这可从该转化反应的平衡常数看出：

$$AgI(s)+Cl^-\Longrightarrow AgCl(s)+I^-$$

$$K^{\ominus}=\frac{[I^-]}{[Cl^-]}=\frac{K_{sp}^{\ominus}(AgI)}{K_{sp}^{\ominus}(AgCl)}=\frac{8.52\times10^{-17}}{1.77\times10^{-10}}=4.81\times10^{-7}$$

这个反应的平衡常数是如此之小，因此在实际上反应不能向右进行，实现转化是不可能的。

同样，要使 AgI 转化为 Ag_2CrO_4 ($K_{sp}^{\ominus}=1.12\times10^{-12}$)，其转化反应及平衡常数为：

$$2AgI(s)+CrO_4^{2-}\Longleftrightarrow Ag_2CrO_4(s)+2I^-$$

$$K^{\ominus}=\frac{[I^-]^2}{[CrO_4^{2-}]}=\frac{[K_{sp}^{\ominus}(AgI)]^2}{K_{sp}^{\ominus}(Ag_2CrO_4)}=\frac{(8.52\times10^{-17})^2}{1.12\times10^{-12}}=6.5\times10^{-21}$$

这一转化反应更难实现，而将 Ag_2CrO_4 转化为 AgI 则很容易。

[**例 21**]　用 1.0 L 1.6 mol·L^{-1} Na_2CO_3 溶液处理 0.10 mol $BaSO_4$ 沉淀，能否使该沉淀完全转化为 $BaCO_3$？

解　查溶度积表得 $K_{sp}^{\ominus}(BaSO_4)=1.1\times10^{-10}$，$K_{sp}^{\ominus}(BaCO_3)=2.58\times10^{-9}$

沉淀转化反应为：

$$BaSO_4(s)+CO_3^{2-}\Longleftrightarrow BaCO_3(s)+SO_4^{2-}$$

$$K^{\ominus}=\frac{K_{sp}^{\ominus}(BaSO_4)}{K_{sp}^{\ominus}(BaCO_3)}=\frac{1.1\times10^{-10}}{2.58\times10^{-9}}=0.043$$

设转化的 $BaSO_4$ 为 x mol，则平衡时

$$[SO_4^{2-}]=x\ mol\cdot L^{-1}，\quad [CO_3^{2-}]=(1.6-x)mol\cdot L^{-1}，代入 K^{\ominus} 得$$

$$K^{\ominus}=\frac{[SO_4^{2-}]}{[CO_3^{2-}]}=\frac{x}{1.6-x}=0.043$$

$$x=0.066，\quad [SO_4^{2-}]=0.066\ mol\cdot L^{-1}$$

即在给定条件下，只能使 0.066 mol $BaSO_4$ 转化为 $BaCO_3$，可见一次处理尚不能使 $BaSO_4$ 沉淀完全转化为 $BaCO_3$。但应看到，该转化反应的 $K^{\ominus}$ 不是很小，只要改变条件，也可使 $BaSO_4$ 完全转化为 $BaCO_3$ 沉淀。实际操作中，可以将沉淀转化后的溶液分离取出，在沉淀中继续加入 1.6 mol·L^{-1} 的 Na_2CO_3 溶液重复处理。如此只要处理两次，便能将 0.1 mol 的 $BaSO_4$ 完全转化为 $BaCO_3$ 沉淀。当然，也可在开始时使用浓度适当大于 1.6 mol·L^{-1} 的 Na_2CO_3 溶液处理，也可达到目的。

复 习 思 考 题

1. 什么是电解质？为什么实验测得的强电解质在溶液中的解离度不是 100%？

2. 根据酸碱质子理论，下列物质哪些是酸？哪些是碱？哪些既是酸又是碱？并写出它们的共轭酸、共轭碱。

$$HCl、H_2CO_3、NH_3、HSO_4^-、NH_4^+、H_2O、HCO_3^-、CO_3^{2-}、Ac^-$$

3. 弱电解质溶液的解离度随溶液的稀释而增大，那么其溶液中离子的浓度是否也增大？为什么？

4. 什么叫同离子效应？如何应用平衡移动原理来解释？

5. 配制一定 pH 值的缓冲溶液应如何选择弱电解质及其盐？

6. 下列情况下，溶液的 pH 值是否有变化？若有变化，则 pH 值是增大还是减小？

（1）醋酸溶液中加入醋酸钠　　（2）氨水溶液中加入硫酸铵

（3）盐酸溶液中加入氯化钾　　（4）稀硫酸溶液中加入碳酸钠

7. 下列说法是否正确，为什么？

（1）一元弱酸的共轭碱必定是强碱；

（2）相同浓度的 HCl 和 HAc 溶液 pH 值相同。pH 值相同的 HCl 和 HAc 溶液的浓度也相同；

(3) 高浓度的强酸或强碱溶液也是缓冲溶液。

8. 下列说法是否正确，为什么？

    (1) 难溶电解质的溶解度越小，其溶度积也越小；

    (2) 离子分步沉淀的顺序是，只要溶度积小就必定先沉淀，而溶度积大就必定后沉淀。

9. 什么是分步沉淀？它与物质的溶度积和离子的浓度的关系如何？

10. 什么是沉淀的转化？要实现沉淀的转化应具备什么样的条件？

11. 向含有 AgCl 沉淀的饱和溶液中加入：(1) $AgNO_3$，(2) AgCl，(3) NaCl，(4) H_2O。上述各种情况下，沉淀溶解平衡朝何方向移动？$[Ag^+]$ 和 $[Cl^-]$ 是增大还是减小？两者乘积是否变化？

习 题

1. $0.50\ mol \cdot L^{-1}$ 蚁酸(HCOOH)溶液中 H^+ 离子浓度等于 $0.01\ mol \cdot L^{-1}$，求蚁酸的解离常数。

2. 含 $0.86\%\ NH_3$、密度为 $0.99\ g \cdot mL^{-1}$ 的 $NH_3 \cdot H_2O$ 中 OH^- 浓度和 pH 值各为多少？

3. 在 $0.30\ mol \cdot L^{-1}$ 的 HCl 溶液中，通入 H_2S 至饱和(此时 H_2S 浓度为 $0.10\ mol \cdot L^{-1}$)，求此溶液的 pH 值和 S^{2-} 浓度。

4. pH 须控制在 10.0 左右的缓冲溶液，问溶液中 $NH_3 \cdot H_2O$ 和 NH_4Cl 的物质的量之比应为若干？

5. 欲制备 100 mL pH 为 5.0，并且含有 Ac^- 浓度为 $0.50\ mol \cdot L^{-1}$ 的缓冲溶液，问须加入密度 $1.049\ g \cdot mL^{-1}$，含 HAc 100% 的醋酸多少毫升和 $NaAc \cdot 3H_2O$ 多少克？

6. 在 100 mL $1.0\ mol \cdot L^{-1}$ HAc 溶液中加入 2.3 g KOH，问溶液的 pH 值为多少？

7. (1) 将 $0.300\ mol \cdot L^{-1}$ NaOH 50 mL 与 $0.450\ mol \cdot L^{-1}\ NH_4Cl$ 100 mL 混合，计算所得溶液的 pH 值；

    (2) 若在上述混合溶液中加入 1.00 mL $2.00\ mol \cdot L^{-1}$ 的 HCl，问 pH 值有何变化？

8. 若用氨水配制 pH=9.0 的缓冲溶液 1.0 L，并使溶液中 $NH_3 \cdot H_2O$ 及其盐的总浓度为 $1.00\ mol \cdot L^{-1}$，问需密度为 $0.90\ g \cdot mL^{-1}$，含 NH_3 27% 的氨水多少毫升和 NH_4Cl 多少克？

9. 试计算下列盐溶液的 pH 值：

    (1) $0.10\ mol \cdot L^{-1}$ NaCN 溶液；

    (2) $0.50\ mol \cdot L^{-1}\ Na_2CO_3$ 溶液；

    (3) $0.01\ mol \cdot L^{-1}\ NH_4Cl$ 溶液。

10. $0.10\ mol \cdot L^{-1}$ NaAc 溶液的 pH 值为 8.9，试求 HAc 的解离常数。

11. 已知 $Pb_3(PO_4)_2$ 的溶解度等于 $1.37 \times 10^{-4}\ g \cdot L^{-1}$，计算 $Pb_3(PO_4)_2$ 的溶度积。

12. 已知 20℃时，$PbSO_4$ 和 PbS 的溶度积分别为 2.53×10^{-8} 和 8.0×10^{-28}，求在它们的饱和溶液中，Pb^{2+} 的浓度各为多少？

13. 试通过计算说明下列情况有无沉淀产生？

    (1) 等体积混合 $0.01\ mol \cdot L^{-1}\ Pb(NO_3)_2$ 和 $0.01\ mol \cdot L^{-1}$ KI 溶液；

    (2) 混合 20 mL $0.05\ mol \cdot L^{-1}\ BaCl_2$ 溶液和 30 mL $0.5\ mol \cdot L^{-1}\ Na_2CO_3$ 溶液；

    (3) 在 100 mL $0.01\ mol \cdot L^{-1}\ AgNO_3$ 溶液中加入 NH_4Cl 0.535 g；

    (4) 在 1 L 水中含 $[Mg^{2+}]=10^{-7}\ mol \cdot L^{-1}$，加入 $1\ mol \cdot L^{-1}$ NaOH 溶液 1 滴$\left(约 \dfrac{1}{20}\ mL\right)$。

14. CaF_2 溶度积为 3.45×10^{-11}，在 500 mL CaF_2 的饱和溶液中有多少克 Ca^{2+}？在含有 9.5 g F^- 的 500 mL 溶液中允许溶解 CaF_2 多少克(以不生成 CaF_2 沉淀为限)？

15. 根据 AgCl 和 Ag_2CrO_4 的溶度积计算这两种物质：(1) 在纯水中的溶解度；(2) 在 $0.10\ mol \cdot L^{-1}$ $AgNO_3$ 溶液中的溶解度。

16. 如果在 $BaCl_2$ 溶液中加入：(1) 等摩尔的 H_2SO_4；(2) 过量的 H_2SO_4，使沉淀作用完毕后溶液中

$[SO_4^{2-}] = 0.01\ mol \cdot L^{-1}$。问沉淀作用完毕后溶液中余留的 Ba^{2+} 浓度各为多少?

17. 在 100 mL 含有 0.91 g 新生成的 CoS 沉淀（$K_{sp}^{\ominus} = 4.0 \times 10^{-21}$）的溶液中，至少应加入多少毫升 6.0 $mol \cdot L^{-1}$ 的 HCl 溶液，才能使 CoS 沉淀完全溶解?（不考虑 HCl 的加入所引起的体积变化）

18. 一含有 Fe^{2+} 和 Co^{2+} 的溶液，它们的浓度均为 0.1 $mol \cdot L^{-1}$，
    (1) 将 H_2S 缓缓通入该溶液时，先生成何种沉淀?
    (2) 当第二种离子刚能生成沉淀时，第一种离子的浓度为多少?

19. 在含有 0.030 $mol \cdot L^{-1}$ Pb^{2+} 和 0.020 $mol \cdot L^{-1}$ Cr^{3+} 的溶液中，逐滴加入 NaOH 溶液（忽略体积变化）使 pH 值升高，问哪种离子先沉淀? 若要使溶液中残留的 Cr^{3+} 浓度小于 2×10^{-6} $mol \cdot L^{-1}$，而 Pb^{2+} 又不致沉淀出来，问 pH 应该维持在什么范围内?

20. 试计算下列沉淀转化的平衡常数:
    (1) $ZnS(s, \beta - ZnS) + 2Ag^+ \Longrightarrow Ag_2S(s) + Zn^{2+}$
    (2) $ZnS(s, \beta - ZnS) + Pb^{2+} \Longrightarrow PbS(s) + Zn^{2+}$
    (3) $PbCl_2(s) + CrO_4^{2-} \Longrightarrow PbCrO_4(s) + 2Cl^-$

21. 草酸铅（PbC_2O_4）沉淀在 NaI 溶液中可转化为 PbI_2 沉淀。如欲在 1.0 L NaI 溶液中使 0.01 mol PbC_2O_4 沉淀完全转化，NaI 溶液的最初浓度至少应是多少 $mol \cdot L^{-1}$?

22. 在 1.0 L 含 1 $mol \cdot L^{-1}$ HAc 和 0.01 $mol \cdot L^{-1}$ HNO_3 的溶液中加入多少克固体 $AgNO_3$，才能使 AgAc 开始产生沉淀?

23. 在 0.50 $mol \cdot L^{-1}$ 镁盐溶液中，加入等体积 0.10 $mol \cdot L^{-1}$ 氨水，问能否产生 $Mg(OH)_2$ 沉淀? 如果有 $Mg(OH)_2$ 沉淀生成，需要在每升氨水中再加入 NH_4Cl 固体若干，才能恰好不产生 $Mg(OH)_2$ 沉淀?

24. 在含有 0.100 $mol \cdot L^{-1}$ HCl 及 0.001 $mol \cdot L^{-1}$ $Pb(NO_3)_2$ 的溶液中，通入 H_2S 至饱和，是否有沉淀产生?

第7章 氧化还原平衡

从化学反应过程中有无电子转移来看,化学反应可以分为两大类。一类是前面几章讨论的酸碱反应和沉淀反应等,这类反应过程中没有涉及电子转移,称为非氧化还原反应;另一类反应过程中涉及电子从一种物质转移到另一种物质,称为氧化还原反应(redox reaction)。

氧化还原反应所涉面很广。从金属的冶炼、作为能源的各种燃料的燃烧到许多化工产品的生产过程,从动物的呼吸、植物的光合作用到许多生化过程都与氧化还原反应有关。将化学反应的化学能转化为电能的化学电池,利用电能促使某些化学反应发生的电解作用都是与氧化还原反应密切相关。因此氧化还原反应对于制备新物质、获取化学能和电能、金属材料及其产品的制取、腐蚀和防护等社会生产和人类生活方面都起着十分重要的作用。

以氧化还原反应为基础的电化学已经成为化学学科的一个分支学科。本章将对氧化还原反应的基本概念、电化学的基础知识和氧化还原反应平衡的基本原理做一个初步讨论。

7.1 氧化还原反应

7.1.1 氧化值和化合价

为了便于讨论氧化还原反应,在化学中引入了氧化态(oxidation state)的概念,用以表示原子的带电状态。元素的氧化态用一定的代数值表示,称为氧化值或氧化数(oxidation number)。1970 年 IUPAC 明确氧化值的定义为:元素的氧化值表示化合态的一个原子所带的形式电荷数,该电荷是假定每一个化学键中成键电子归于电负性更大的原子而求得。例如在 NaCl 中,氯元素的电负性较钠大,所以氯原子获得一个电子而氧化值为 -1,钠的氧化值为 $+1$;在 H_2O 分子中,两对成键电子都归于电负性大的氧原子,因而氧的氧化值为 -2,氢的氧化值则为 $+1$。确定氧化值有如下一般规则:

(1) 在单质中元素的氧化值为零。

(2) 在单原子离子中,元素的氧化值等于离子所带的电荷数。

(3) 氧在化合物中的氧化值一般为 -2。仅在过氧化物(如 H_2O_2、Na_2O_2 等)中为 -1;在超氧化物(如 KO_2)中为 $-\dfrac{1}{2}$;在 OF_2 中为 $+2$;氟在化合物中的氧化值都为 -1。

(4) 氢在化合物中的氧化值一般为 $+1$。仅在与活泼金属生成的离子型氢化物(如 NaH、CaH_2)中为 -1。碱金属和碱土金属在化合物中的氧化值分别为 $+1$ 和 $+2$。

(5) 在任何化合物分子中,各元素氧化值的代数和等于零;在多原子离子中各元素氧化值的代数和等于该离子所带的电荷数。

以 $K_2Cr_2O_7$ 为例,其中 K 的氧化值为 $+1$,O 的氧化值为 -2,设 Cr 的氧化值为 x,则:

$$2\times(+1)+2x+7\times(-2)=0$$
$$x=6$$

同样在 $Cr_2O_7^{2-}$ 中,设 Cr 的氧化值为 x,也可有

$$2x+7\times(-2)=-2$$
$$x=6$$

不论在 $K_2Cr_2O_7$、K_2CrO_4 或是 CrO_3 中,Cr 的氧化值均为+6,它们都是 Cr 的同一氧化态的化合物,常统称为 Cr(Ⅵ)化合物。括号中的罗马字用来表示其前面元素的氧化态。

在中学阶段曾经讲到,一种元素一定数目的原子与其他元素一定数目的原子化合的性质,叫做这种元素的化合价。化合价和分子、离子的微观结构有关,从微观结构出发得到的化合价只能为整数,但氧化值却可以为整数也可以为分数。氧化值概念非常适用于讨论氧化还原反应,在化学反应中,凡元素的氧化值升高的过程称为氧化(oxidation),元素的氧化值降低的过程称为还原(reduction)。氧化还原反应就是指有元素氧化值改变的化学反应。

7.1.2　氧化还原反应方程式的配平—离子-电子法

在氧化还原反应中,元素的氧化值升高或降低与电子的得失有关。氧化还原的本质就是电子的得失或转移,而且氧化和还原的过程必定是同时发生。失去电子的物质称还原剂(reducing agent),获得电子的物质称为氧化剂(oxidizing agent)。

物质的氧化还原性质常常是相对的。有时,同一种物质和强的氧化剂作用时,它表现出还原性;而和强还原剂作用时,则又表现出氧化性。例如二氧化硫和氯水的反应:

$$SO_2+Cl_2+2H_2O\!=\!=\!=\!H_2SO_4+2HCl$$

这里 SO_2 是还原剂,因为 Cl_2 具有强氧化性。当 SO_2 和 H_2S 作用时:

$$SO_2+2H_2S\!=\!=\!=\!3S\downarrow+2H_2O$$

SO_2 却是氧化剂,因为 H_2S 具有强还原性。

氧化还原反应方程式往往比较复杂,反应物除了氧化剂和还原剂之外,常常还有介质(酸、碱和水等)参加,反应物和生成物的化学计量数有时较大,要配平这类方程式必须按一定步骤进行。中学阶段曾经学习过氧化还原反应方程式的配平,要根据氧化数的变化来判断电子转移数。因此以前的学习的配平法成为氧化数法。现在我们将学习一种新的配平方法即离子-电子法。

离子-电子法必须遵循一个原则,即氧化剂获得的电子总数必须与还原剂失去的电子总数相等。这种方法的关键是把氧化还原反应表示成两个半反应。分别配平两个半反应,再将其合成为一个配平的氧化还原反应方程式。现以 $K_2Cr_2O_7$ 和 KI 在稀硫酸溶液中的反应为例,说明离子-电子法配平步骤。

(1)写出反应物和生成物的化学式,并将氧化值有变化的物质写成一个没有配平的离子方程式。

$$K_2Cr_2O_7+KI+H_2SO_4\longrightarrow Cr_2(SO_4)_3+I_2+H_2O+K_2SO_4$$
$$Cr_2O_7^{2-}+I^-\longrightarrow Cr^{3+}+I_2$$

(2)将上面未配平的离子方程式分写为两个半反应式,一个代表氧化剂的还原反应;另一个代表还原剂的氧化反应。

$$Cr_2O_7^{2-}\longrightarrow Cr^{3+}\quad(未配平)\qquad I^-\longrightarrow I_2\quad(未配平)$$

(3)将两个半反应式配平。配平半反应式,不但要使两边的各种原子的总数相等,也要使两

边的净电荷数相等。方法是首先配平原子数,然后在半反应的左边或右边加上适当的电子数来配平电荷数。这个反应显然是在酸性介质中进行的。

酸性介质中,配平 $Cr_2O_7^{2-} \longrightarrow Cr^{3+}$

① 将氧化数有变化的元素的原子(和氧化数不变的非氢、非氧原子)配平。

$$Cr_2O_7^{2-} \longrightarrow 2Cr^{3+}$$

② 在缺少 n 个氧原子的一侧加上 n 个水分子,以平衡氧原子。

$$Cr_2O_7^{2-} \longrightarrow 2Cr^{3+} + 7H_2O$$

③ 缺少 n 个氢原子的一侧加上 n 个 H^+,以平衡氢原子。

$$Cr_2O_7^{2-} + 14H^+ \longrightarrow 2Cr^{3+} + 7H_2O$$

④ 加电子平衡电荷,完成半反应式配平。

$$Cr_2O_7^{2-} + 14H^+ + 6e^- \rightleftharpoons 2Cr^{3+} + 7H_2O \qquad (i)$$

配平 $I^- \longrightarrow I_2$

$$2I^- \rightleftharpoons I_2 + 2e \qquad (ii)$$

(4) 调整两个半反应中电子的计量数。使其均等于最小公倍数

$(i) \times 1$:$Cr_2O_7^{2-} + 14H^+ + 6e \longrightarrow 2Cr^{3+} + 7H_2O$

$(ii) \times 3$:$6I^- \longrightarrow 3I_2 + 6e$

(5) 两式相加:$Cr_2O_7^{2-} + 14H^+ + 6I^- \longrightarrow 2Cr^{3+} + 7H_2O + 3I_2$

(6) 加上原来未参与氧化还原的离子,写成分子方程式:

$$K_2Cr_2O_7 + 6KI + 7H_2SO_4 \longrightarrow Cr_2(SO_4)_3 + 3I_2 + 7H_2O + 4K_2SO_4$$

再举一个在碱性条件下发生的氧化还原反应的例子,用离子电子法配平离子方程式:

$$MnO_4^- + SO_3^{2-} + H_2O \longrightarrow MnO_2 + SO_4^{2-} + OH^-$$

(1) 将未配平的离子方程式分写为两个半反应式:

$$MnO_4^- \longrightarrow MnO_2 \quad (未配平) \qquad SO_3^{2-} \longrightarrow SO_4^{2-} \quad (未配平)$$

(2) 配平两个半反应式,根据离子方程式可以判断该反应是在碱性条件下进行的。

碱性介质中,配平 $MnO_4^- \longrightarrow MnO_2$

① 将氧化数有变化的元素的原子(和氧化数不变的非氢、非氧原子)配平

$$MnO_4^- \longrightarrow MnO_2$$

② 在缺少 n 个氧原子的一侧加上 n 个水分子,以平衡氧原子。

$$MnO_4^- \longrightarrow MnO_2 + 2H_2O$$

③ 缺少 n 个氢原子的一侧加上 n 个 H_2O,同时在另一侧加上 n 个 OH^-,以平衡氢原子。

$$4H_2O + MnO_4^- \longrightarrow MnO_2 + 2H_2O + 4OH^-$$

$$2H_2O + MnO_4^- \longrightarrow MnO_2 + 4OH^-$$

④ 加电子平衡电荷,完成半反应式配平。

$$MnO_4^- + 2H_2O + 3e \Longrightarrow MnO_2 + 4OH^- \tag{i}$$

配平 $SO_3^{2-} \longrightarrow SO_4^{2-}$

① 将氧化数有变化的元素的原子(和氧化数不变的非氢、非氧原子)配平

$$SO_3^{2-} \longrightarrow SO_4^{2-}$$

② 在缺少 n 个氧原子的一侧加上 n 个水分子,以平衡氧原子。

$$H_2O + SO_3^{2-} \longrightarrow SO_4^{2-}$$

③ 缺少 n 个氢原子的一侧加上 n 个 H_2O,同时在另一侧加上 n 个 OH^-,以平衡氢原子。

$$2OH^- + H_2O + SO_3^{2-} \longrightarrow SO_4^{2-} + 2H_2O$$
$$2OH^- + SO_3^{2-} \longrightarrow SO_4^{2-} + H_2O$$

④ 加电子平衡电荷,完成半反应式配平。

$$2OH^- + SO_3^{2-} \Longrightarrow SO_4^{2-} + H_2O + 2e \tag{ii}$$

(3) 调整两个半反应中电子的计量数,使其均等于最小公倍数

(i) $\times 2$：$2MnO_4^- + 4H_2O + 6e \Longrightarrow 2MnO_2 + 8OH^-$

(ii) $\times 3$：$6OH^- + 3SO_3^{2-} \Longrightarrow 3SO_4^{2-} + 3H_2O + 6e$

(4) 两式相加：$2MnO_4^- + H_2O + 3SO_3^{2-} \Longrightarrow 2MnO_2 + 2OH^- + 3SO_4^{2-}$

由上讨论可知配平半反应式是用原子和电荷守恒的原理,至于反应物和生成物的氢原子数或者氧原子数的不同,则可结合溶液的酸碱性,在半反应式中加入 H^+、H_2O 和 OH^- 以使方程式两边氢原子数或者氧原子数相等。

在有些反应中氧化剂和还原剂是同一种物质,这种反应称为自氧化自还原反应(又称歧化反应)。例如,Cl_2 通到热的 $NaOH$ 溶液中,生成 $NaCl$ 和 $NaClO_3$ 的反应：

$$Cl_2 + NaOH \longrightarrow NaCl + NaClO_3 + H_2O$$
$$Cl_2 + OH^- \longrightarrow Cl^- + ClO_3^- + H_2O$$

这个反应可配平为如下的两个半反应式：

$$Cl_2 + 12OH^- \Longrightarrow 2ClO_3^- + 6H_2O + 10e \qquad \times 1$$
$$+) \quad Cl_2 + 2e \Longrightarrow 2Cl^- \qquad\qquad\qquad \times 5$$

$$6Cl_2 + 12OH^- \Longrightarrow 2ClO_3^- + 6H_2O + 10Cl^-$$

化简,得

$$3Cl_2 + 6OH^- \Longrightarrow ClO_3^- + 5Cl^- + 3H_2O$$

分子方程式为：

$$3Cl_2 + 6NaOH \Longrightarrow NaClO_3 + 5NaCl + 3H_2O$$

离子-电子法配平时不需要知道元素的氧化值,对于配平水溶液中有介质参加的复杂反应比较方便。此法不仅对书写半反应式而且对书写电极和电池反应、有关电化学的平衡计算,以及根据反应设计电池等都很有帮助。

7.2　原电池和电极电势

通过上节讨论,已阐明了氧化还原反应的本质是发生了电子的转移。一个氧化还原反应必然有氧化剂和还原剂(有时还包括介质)同时参加反应,那么怎样的氧化剂和还原剂才能发生反应? 反应又可能达到怎样的程度? 如何衡量不同的氧化剂和还原剂的氧化还原能力强弱? 氧化还原反应过程中有电子的转移,必定与电现象有一定的联系,如何将氧化还原反应与电子的转移、电流相联系? 这些就是本节需要讨论的内容。

化学能与电能之间的转变通常可以分为两类,一类是通过原电池,把化学能转变为电能,利用氧化还原反应产生电流,这类反应体系的吉布斯自由能变是减小的($\Delta_r G_m < 0$),反应可以自发进行;另一类是通过电解,使电流通过电解质溶液或熔盐,在电极上产生氧化还原反应,把电能转变成化学能,这类反应体系的吉布斯自由能变是增加的($\Delta_r G_m > 0$),反应不能自发进行。上述无论哪一类反应都涉及电子转移过程,都是氧化还原反应。因此,氧化还原反应是电化学的基础,电化学的研究又可定量地阐明氧化还原反应的规律。

7.2.1　原电池

若把一块锌放入某种铜盐(例如 $CuSO_4$)的溶液中,则锌开始溶解,而铜从溶液中析出。反应式可用下式来表示:

$$Zn + CuSO_4 \Longrightarrow ZnSO_4 + Cu$$

或者用离子方程式来表示:

$$Zn + Cu^{2+} \Longrightarrow Zn^{2+} + Cu$$

这是一个典型的氧化还原反应,它的实质是 Zn 原子失去电子变为 Zn^{2+},Cu^{2+} 得到电子变为 Cu 原子。由于锌和铜盐直接相接触,电子就直接从 Zn 原子转移到 Cu^{2+} 上。这样在反应过程中,化学能转变为热能而放出($\Delta_r H_m^\ominus = -217 \text{ kJ} \cdot \text{mol}^{-1}$)。如果采用一个装置使电子转移不是直接地进行,而是经过金属导线,使电子定向地从锌移向铜,这样就可以得到电流。这种将化学能转变为电能的装置称为原电池(primary cell)。

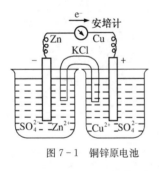

图 7-1 铜锌原电池

图 7-1 是原电池的结构简图。在两个烧杯中,分别放入锌盐(例如 $ZnSO_4$)溶液和铜盐(例如 $CuSO_4$)溶液。在锌盐溶液中插入锌片,在铜盐溶液中插入铜片。两个烧杯中的溶液用倒置的 U 形管来连接。管中装着饱和的 KCl 溶液(也可用其他电解质,如 $NaCl$、KNO_3 等)和琼脂制成的胶冻,这种可使溶液不致流出,而离子则可以自由移动的装满胶冻的 U 形管称为盐桥(salt bridge)。再用金属导线将两金属片连接起来,则串联在两片金属间的安培计指针发生偏移,说明有电流产生。按指针偏转的方向可以确定电流的方向。

用上述装置所以能产生电流的原因,是由于 Zn 比 Cu 活泼,Zn 易放出电子成为 Zn^{2+} 进入溶液:

$$Zn \Longrightarrow Zn^{2+} + 2e$$

电子沿金属导线移向 Cu,溶液中的 Cu^{2+} 在其上接受电子变成金属铜:

$$Cu^{2+} + 2e \Longrightarrow Cu$$

电子定向地由 Zn 流向 Cu 因而形成电子流(电流的方向则相反,从 Cu 流向锌)。

把上述两个反应式相加,则得到 Cu - Zn 原电池的总反应:

$$Zn+ Cu^{2+} \Longrightarrow Zn^{2+} +Cu$$

这个反应式和锌置换铜盐所起的氧化还原反应完全一样。所不同的是,在原电池中氧化剂和还原剂互不接触,氧化还原是分开进行的,这样电子沿着金属导线定向地运动形成了电子流——电流,使化学能变成电能。而普通的氧化还原反应,由于氧化剂和还原剂放在一起,电子运动是无秩序的,化学能变成了热能。

在原电池中,放出电子的一极称负极(negative electrode),负极上发生氧化反应;电子进入的一极称为正极(positive electrode),正极上发生还原反应。在 Cu - Zn 原电池中,Zn 是负极,在负极上 Zn 失去电子而氧化;Cu 是正极,在正极上 Cu^{2+} 得到电子而还原。一般说来,由两种金属所构成的原电池中,较活泼的金属是负极,较不活泼的金属是正极。负极失去电子成为离子进入溶液,所以负极金属总是逐渐溶解,而正极金属则逐渐沉积出来。

原电池中的盐桥起了使整个装置构成通路的作用。若将盐桥取出,安培计指针即复原;放入盐桥,则指针又发生偏转就表明了这一作用。同时,盐桥的作用还在于使两边的溶液保持电中性,否则锌盐溶液由于锌溶解成 Zn^{2+} 而会带上正电;铜盐溶液由于铜的析出使 Cu^{2+} 减少而会带上负电,这都会阻碍电子从锌到铜的移动。由于盐桥的存在,随着反应的进行,盐桥中的负离子(例如 Cl^-)移向锌盐溶液,正离子(例如 K^+)移向铜盐溶液,这样使锌盐溶液和铜盐溶液保持电中性,锌的溶解和铜的析出得以继续进行。

由上所述可知,原电池是由两个半电池组成的。在铜-锌原电池中,铜和锌各在其盐溶液中形成了铜半电池和锌半电池。半电池有时也被称为电极。每个半电池都由同一元素不同氧化态的两种物质组成。一种是可作还原剂的物质(氧化值较低),称为还原型物质,例如锌半电池中的 Zn(或铜半电池中的 Cu);另一种是可作为氧化剂的物质(氧化值较高),称为氧化型物质,例如上述锌半电池中的 Zn^{2+} (或铜半电池中的 Cu^{2+})。还原型物质和氧化型物质组成氧化还原电对(redox couple),分别在两个半电池中发生氧化或还原反应,称为半(电池)反应或电极反应,氧化和还原的总反应称为电池反应。电对也常用"氧化型/还原型"符号式样表示,例如锌半电池和铜半电池的电对分别表示为 Zn^{2+}/Zn 和 Cu^{2+}/Cu。

一个氧化还原电对,原则上都可以组成原电池中的一个半电池,也表示一个半反应。一般书写半反应都用还原反应式表示

$$氧化型+ne \Longrightarrow 还原型$$

例如电对 Zn^{2+}/Zn 和 Cu^{2+}/Cu 相应的半反应表示为:

$$Zn^{2+} +2e \Longrightarrow Zn$$
$$Cu^{2+} +2e \Longrightarrow Cu$$

同样,任何一个自发的氧化还原反应,原则上也都可用来组成一个原电池。原电池的负极发生氧化反应,正极发生还原反应。将负极和正极反应加和,就得到电池反应,即一个氧化还原反应。如 Cu - Zn 原电池中:

$$
\begin{aligned}
&负极反应 \qquad Zn \Longrightarrow Zn^{2+} +2e \\
+)\ &正极反应 \qquad Cu^{2+} +2e \Longrightarrow Cu \\
\hline
&电池反应 \qquad Zn+Cu^{2+} \Longrightarrow Zn^{2+} +Cu
\end{aligned}
$$

不同氧化态的同一种金属离子也可构成氧化还原电对,例如,Fe^{3+}/Fe^{2+}和Sn^{4+}/Sn^{2+}。非金属元素和它们各自相应的离子也可以构成氧化还原电对,例如,Cl_2/Cl^-和O_2/OH^-。

在用Fe^{3+}/Fe^{2+},Sn^{4+}/Sn^{2+},Cl_2/Cl^-,O_2/OH^-等电对作为半电池时,可用金属铂或其他惰性导体作电极。

原电池的装置可用电池符号来表示,例如Cu-Zn电池可表示为:

$$(-)\quad Zn\,|\,ZnSO_4(c_1)\,\|\,CuSO_4(c_2)\,|\,Cu\quad(+)$$

上述符号中,"|"表示界面,"‖"表示盐桥,c_1,c_2分别表示$ZnSO_4$和$CuSO_4$的浓度,(+)、(−)分别表示正极和负极,习惯上把负极写在左边,正极写在右边。又如,把Cu和Cu^{2+}溶液组成的半电池与Fe^{3+}/Fe^{2+}溶液组成的半电池,构成的一个原电池,其表示式为:

$$(-)\quad Cu\,|\,Cu^{2+}(c_1)\,\|\,Fe^{3+}(c_2),Fe^{2+}(c_3)\,|\,Pt\quad(+)$$

对这一原电池,有关反应为:

$$\begin{array}{ll}\text{负极反应} & Cu \Longrightarrow Cu^{2+}+2e \\ (+)\quad\text{正极反应} & 2Fe^{3+}+2e \Longrightarrow 2Fe^{2+} \\ \hline \text{电池反应} & Cu+2Fe^{3+} \Longrightarrow Cu^{2+}+2Fe^{2+}\end{array}$$

不难看出,原电池的负极由还原剂电对构成,还原剂给出电子,转变为对应的氧化型;正极由氧化剂电对构成,氧化剂得到电子,转变为对应的还原型。电池反应中的还原剂在负极发生氧化反应,电池反应中的氧化剂在正极发生还原反应,这就是原电池及电池反应的一般规律。

在原电池的装置中,如果把两个半电池的电极用导线连接起来,就可有电流通过。可见两个电极之间存在着电势差,或者说,构成原电池的两个半电池的电极电势是不相等的。

7.2.2 电极电势

如果把金属放入其盐溶液中,则金属和其盐溶液之间产生了电势差,此即称为金属的电极电势(electrode potential),它可以衡量在溶液中金属失去电子能力的强弱或金属的正离子获得电子能力的强弱。早在1889年,德国化学家能斯特(H. W. Nernst)提出的一个理论,可以用来说明金属和其盐溶液之间的电势差,以及原电池产生电流的机理。

1. 双电层理论

按照能斯特的理论,当金属放入它的盐溶液中,由于金属晶体中的金属正离子受到水的极性分子作用和本身的热运动,金属正离子有离开金属进入溶液的趋势,金属愈活泼,这种趋势愈大;另一方面,溶液中的金属离子,由于受到金属表面自由电子的吸引,有从溶液沉积到金属表面上来的趋势,溶液中金属离子的浓度愈大,这种趋势也愈大。最后,这两种相反的过程会达到平衡。

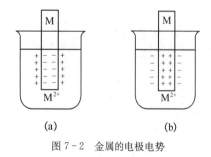

图7-2 金属的电极电势

在一定浓度的溶液中,如果前一种趋势大于后一种趋势,则平衡时,由于金属离子进入溶液,使金属带负电,而溶液带正电。因为正、负电荷的吸引,金属离子不是均匀地分布在整个溶液中,而主要是聚集在金属表面的近旁,形成了双电层,见图7-2(a)。这样就在金属和溶液之间产生电势差。如果前一种倾向小于后一种倾向,则在达到平衡时,金属带正电,而溶液带负电,同样可形成双电层,产生电势差,见图7-2(b)。金属的电极电势就是金属和其溶液之间因形成双电层所产生的电势差。必须指出,无论从金属进入溶液的离子或从溶液沉积到金属上的离子的量都非常少,用化学或物理方法还不能测定。

根据双电层理论可以说明 Cu-Zn 原电池产生电流的机理。由于金属锌失去电子的趋势比铜大,因此锌片上形成了双电层如图 7-2(a);铜片上也形成了双电层如图 7-2(b)。这时锌片上有过剩的电子,铜片上则缺少电子,若用导线把锌片和铜片连接起来,电子就从锌片移向铜片。锌片上电子的流出,破坏了它和溶液中 Zn^{2+} 之间的平衡,锌就有可能不断地把离子投向溶液;同理,铜片上电子的流入,就使 Cu^{2+} 有可能不断地和电子结合而形成金属铜。这样,电子就不断地从锌片流向铜片,从而产生了电流。

2. 标准电极电势及其测定

由于现在还无法测出电极电势的绝对值,只能采用某种电极作为标准,其他电极与之比较,而求出相对电势的数值。为此,化学上规定用标准氢电极作为基准。标准氢电极就是将铂片镀上一层蓬松的铂(称铂黑),并把它放入 H^+ 浓度为 $1\ mol \cdot L^{-1}$ 的稀硫酸中,见图 7-3。在 25℃ 时不断通入压力为 100 kPa 的纯氢气流,这时氢被铂黑所吸附,此被氢饱和了的铂片就像由氢气构成的电极一样[①]。氢电极上的 H_2 和稀硫酸溶液中的 H^+ 建立了如下平衡:

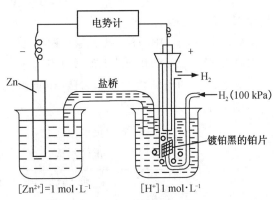

图 7-3　测定金属标准电极电势的装置

$$2H^+ + 2e \Longleftrightarrow H_2$$

标准氢气和具有上述浓度的 H^+ 溶液之间的电势差称为标准氢电极的电极电势,用 $E^{\ominus}(H^+/H_2)$ 表示,并规定它为零,即 $E^{\ominus}(H^+/H_2) = 0.000\ V$。

在标准态下,即溶液中组成电极的离子浓度为 $1\ mol \cdot L^{-1}$(若为气体,则其分压为 100 kPa,液体和固体则均应为纯物质),温度为 25℃(298 K)时的电极电势称为标准电极电势(standard electrode potential),用符号 $E^{\ominus}$(电极)表示,单位为 V(伏)。

标准电极电势的测定,通常是将待测电极与氢电极组成一个原电池,在标准态下测定该原电池的电动势 $E^{\ominus}$,根据标准氢电极的电极电势为零,便可求得待测电极的标准电极电势。

原电池的电动势,在理论上应是没有电流通过的情况下两个电极的电极电势之差:

$$E = E_{正} - E_{负}$$

标准态下为

$$E^{\ominus} = E^{\ominus}_{正} - E^{\ominus}_{负} \qquad (下标正、负分别表示正、负极)$$

例如,测定锌电极的标准电极电势,可以采用图 7-3 的装置。从电势计指针偏转的方向,可知电子从锌电极经外电路流向氢电极,则锌电极为负极(发生氧化反应),氢电极为正极(发生还原反应)。该原电池的符号可表示为:

$$(-)\quad Zn|Zn^{2+}(1.0\ mol \cdot L^{-1})\ \|\ H^+(1.0\ mol \cdot L^{-1})|H_2(100\ kPa)|Pt\quad(+)$$

---

① 金属插在其离子溶液中可组成一个半电池,但我们不能把气体插入其离子溶液中组成半电池。因此,这里把吸附了氢气的铂片插在氢离子溶液中组成氢电极,使 H_2 和 H^+ 保持接触。Pt 是惰性材料,在此起导体作用。

有关反应为：

$$\begin{array}{ll} \text{负极反应} & Zn \Longrightarrow Zn^{2+}+2e \\ \text{＋）　正极反应} & 2H^{+}+2e \Longrightarrow H_2 \\ \hline \text{电池反应} & Zn+2H^{+} \Longrightarrow Zn^{2+}+H_2 \end{array}$$

由电势计可测得该原电池的电动势 $E^{\ominus}$ 为 0.761 8 V，则

$$E^{\ominus}=E^{\ominus}_{正}-E^{\ominus}_{负}=E^{\ominus}(H^{+}/H_2)-E^{\ominus}(Zn^{2+}/Zn)$$
$$=0.000\ V-E^{\ominus}(Zn^{2+}/Zn)=0.761\ 8\ V$$

所以 $E^{\ominus}(Zn^{2+}/Zn)=-0.761\ 8\ V$

　　如果将图 7-3 中的锌半电池换成铜半电池，由电势计指针的偏转方向可知电子由氢电极经外电路流向铜电极，则相应的电池符号为：

（－）　$Pt|H_2(100\ kPa)|H^{+}(1.0\ mol\cdot L^{-1})\parallel Cu^{2+}(1.0\ mol\cdot L^{-1})|Cu$　（＋）

有关反应为：

$$\begin{array}{ll} \text{负极反应：} & H_2 \Longrightarrow 2H^{+}+2e \\ \text{＋）　正极反应：} & Cu^{2+}+2e \Longrightarrow Cu \\ \hline \text{电池反应：} & H_2+Cu^{2+} \Longrightarrow Cu+2H^{+} \end{array}$$

测得电池的电动势为 0.341 9 V，则

$$E^{\ominus}=E^{\ominus}_{正}-E^{\ominus}_{负}=E^{\ominus}(Cu^{2+}/Cu)-E^{\ominus}(H^{+}/H_2)$$
$$=E^{\ominus}(Cu^{2+}/Cu)-0.000\ V=0.341\ 9\ V$$

所以 $E^{\ominus}(Cu^{2+}/Cu)=0.341\ 9\ V$

　　由上述讨论可见，氧化还原电对的标准电极电势 $E^{\ominus}_{(电极)}$，就是该电对组成的标准电极与标准氢电极所构成的原电池的标准电动势。当被测电极为正极时，其 $E^{\ominus}_{(电极)}$ 为正值；当被测电极为负极时，则其 $E^{\ominus}_{(电极)}$ 为负值。

　　用类似的方法，可以测得一系列其他金属元素（如 Fe^{3+}/Fe、Sn^{2+}/Sn）、非金属元素（如 Cl_2/Cl^{-}、S/S^{2-}）、同一种元素不同氧化值的离子（如 Fe^{3+}/Fe^{2+}、MnO_4^{-}/Mn^{2+}）等电极的标准电极电势 $E^{\ominus}$。图 7-4(a)(b)分别表示 Cl_2/Cl^{-} 半电池和 Fe^{3+}/Fe^{2+} 半电池。

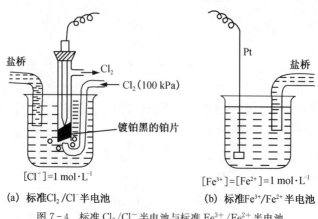

图 7-4　标准 Cl_2/Cl^{-} 半电池与标准 Fe^{3+}/Fe^{2+} 半电池

表 7 - 1 一些电对的标准电极电势(25℃)

电极	电极反应			电对	$E^{\ominus}_{电对}$/V
	氧化型	电子数	还原型		
$Li^+\|Li$	Li^+	$+e$	$\rightleftharpoons$	Li	Li^+/Li	$-3.040\,1$
$Na^+\|Na$	Na^+	$+e$	$\rightleftharpoons$	Na	Na^+/Na	-2.71
$OH^-,H_2O\|H_2\|Pt$	$2H_2O$	$+2e$	$\rightleftharpoons$	H_2+2OH^-	H_2O/H_2	$-0.827\,7$
$Zn^{2+}\|Zn$	Zn^{2+}	$+2e$	$\rightleftharpoons$	Zn	Zn^{2+}/Zn	$-0.761\,8$
$Fe^{2+}\|Fe$	Fe^{2+}	$+2e$	$\rightleftharpoons$	Fe	Fe^{2+}/Fe	-0.447
$SO_4^{2-}\|PbSO_4(s)\|Pb$	$PbSO_4$	$+2e$	$\rightleftharpoons$	$Pb+SO_4^{2-}$	$PbSO_4/Pb$	$-0.358\,8$
$I^-\|AgI(s)\|Ag$	AgI	$+e$	$\rightleftharpoons$	$Ag+I^-$	AgI/Ag	$-0.152\,24$
$Sn^{2+}\|Sn$	Sn^{2+}	$+2e$	$\rightleftharpoons$	Sn	Sn^{2+}/Sn	$-0.137\,7$
$Pb^{2+}\|Pb$	Pb^{2+}	$+2e$	$\rightleftharpoons$	Pb	Pb^{2+}/Pb	$-0.126\,2$
$H^+\|H_2\|Pt$	$2H^+$	$+2e$	$\rightleftharpoons$	H_2	H^+/H_2	0
$Br^-\|AgBr(s)\|Ag$	$AgBr$	$+e$	$\rightleftharpoons$	$Ag+Br^-$	$AgBr/Ag$	$0.071\,33$
$Cu^{2+},Cu^+\|Pt$	Cu^{2+}	$+e$	$\rightleftharpoons$	Cu^+	Cu^{2+}/Cu^+	0.163
$Cl^-\|AgCl(s)\|Ag$	$AgCl$	$+e$	$\rightleftharpoons$	$Ag+Cl^-$	$AgCl/Ag$	$0.222\,33$
$Cu^{2+}\|Cu$	Cu^{2+}	$+2e$	$\rightleftharpoons$	Cu	Cu^{2+}/Cu	$0.341\,9$
$OH^-\|Ag_2O(s)\|Ag$	Ag_2O+H_2O	$+2e$	$\rightleftharpoons$	$2OH^-+2Ag$	Ag_2O/Ag	0.342
$OH^-\|O_2\|Pt$	O_2+2H_2O	$+4e$	$\rightleftharpoons$	$4OH^-$	O_2/OH^-	0.401
$Cu^+\|Cu$	Cu^+	$+e$	$\rightleftharpoons$	Cu	Cu^+/Cu	0.521
$I^-\|I_2(s)\|Pt$	I_2	$+2e$	$\rightleftharpoons$	$2I^-$	$I_2/I-$	$0.535\,3$
$Fe^{3+},Fe^{2+}\|Pt$	Fe^{3+}	$+e$	$\rightleftharpoons$	Fe^{2+}	Fe^{3+}/Fe^{2+}	0.771
$Hg_2^{2+}\|Hg$	Hg_2^{2+}	$+2e$	$\rightleftharpoons$	$2Hg$	Hg_2^{2+}/Hg	$0.797\,1$
$Ag^+\|Ag$	Ag^+	$+e$	$\rightleftharpoons$	Ag	Ag^+/Ag	$0.799\,6$
$H^+,H_2O\|O_2\|Pt$	$4H^++O_2$	$+4e$	$\rightleftharpoons$	$2H_2O$	O_2/H_2O	1.229
$Cr_2O_7^{2-},Cr^{3+},H^+\|Pt$	$Cr_2O_7^{2-}+14H^+$	$+6e$	$\rightleftharpoons$	$2Cr^{3+}+7H_2O$	$Cr_2O_7^{2-}/Cr^{3+}$	1.232
$Cl^-\|Cl_2(g)\|Pt$	Cl_2	$+2e$	$\rightleftharpoons$	$2Cl^-$	Cl_2/Cl^-	$1.358\,27$
$MnO_4^-,Mn^{2+},H^+\|Pt$	$MnO_4^-+8H^+$	$+5e$	$\rightleftharpoons$	$Mn^{2+}+4H_2O$	MnO_4^-/Mn^{2+}	1.507
$S_2O_8^{2-},SO_4^{2-}\|Pt$	$S_2O_8^{2-}$	$+2e$	$\rightleftharpoons$	$2SO_4^{2-}$	$S_2O_8^{2-}/SO_4^-$	2.010
$F^-\|F_2\|Pt$	F_2	$+2e$	$\rightleftharpoons$	$2F^-$	F_2/F^-	2.866

有些电对例如 Na^+/Na 或 F_2/F^- 的电极电势不能直接测定,可以用间接方法推算出来。将实验测得(或推算)的氧化还原电对的标准电极电势数值,按其代数值由小到大的顺序排列成表,则得一些电对的标准电极电势表(表 7 - 1)。更详细的标准电极电势表参见附录六。表 7 - 1 中与 $E^{\ominus}_{电极}$ 相应的半反应均写成还原反应的形式,电对符号为"氧化型/还原型",这样的标准电极电势称为标准还原电势。现在一般使用的标准电极电势表都采用还原电势。例如:

$$Zn^{2+}+2e \rightleftharpoons Zn \qquad E^{\ominus}=-0.761\,8\ V$$

$$2H^++2e \rightleftharpoons H_2 \qquad E^{\ominus}=0.000\ V$$

$$Cu^{2+}+2e \rightleftharpoons Cu \qquad E^{\ominus}=0.341\,9\ V$$

这样,在应用标准电极电势表书写原电池反应时,应将查得的正极半反应和负极半反应相减,相应的标准电动势为正极标准电极电势与负极标准电极电势之差。仍以 Cu - Zn 原电池为例:

$$正极半反应　　　Cu^{2+}+2e \Longrightarrow Cu　　　E^{\ominus}(Cu^{2+}/Cu)=0.341\ 9\ V$$
$$-)\ 负极半反应　　　Zn^{2+}+2e \Longrightarrow Zn　　　E^{\ominus}(Zn^{2+}/Zn)=-0.761\ 8\ V$$

$$电池反应　　　Cu^{2+}+Zn \Longrightarrow Zn^{2+}+Cu$$

电动势为:

$$E^{\ominus}=E^{\ominus}(Cu^{2+}/Cu)-E^{\ominus}(Zn^{2+}/Zn)=1.103\ 7\ V$$

在表 7 - 1 中,愈上面的电对,$E_{电极}$ 越小,其还原型物质越容易失去电子,是越强的还原剂,而其对应的氧化型物质则越难得到电子,是越弱的氧化剂;愈下面的电对,$E_{电极}$ 越大,其氧化型物质越容易得到电子,是越强的氧化剂,而其对应的还原型物质,越难失去电子,是越弱的还原剂。因此,还原型的还原能力自上而下依次减弱,氧化型的氧化能力自上而下依次增强。在表 7 - 1 中 Li 是最强的还原剂,Li^{+} 是最弱的氧化剂;F_2 是最强的氧化剂,F^{-} 几乎不具还原性。

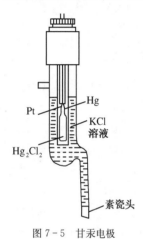

图 7 - 5　甘汞电极

在实际测定电极电势时,由于标准氢电极使用很不方便,所以常使用参比电极。参比电极使用方便,而且电势值稳定。通常采用的参比电极为甘汞电极,它的电极电势可用标准氢电极测定。甘汞电极是由 Hg、Hg_2Cl_2(固体)及 KCl 溶液组成,见图 7 - 5,其电极电势主要决定于 Cl^{-} 的浓度,当 KCl 为饱和溶液时称为饱和甘汞电极,其电极电势是 0.241 2 V。

在使用标准电极电势表时,应注意下列几点:

(1) 本书采用的标准电极电势为还原电势。按 IUPAC 确认的惯例,H^{+}/H_2 以上的电对,如 Zn^{2+}/Zn,其 $E^{\ominus}$ 为负值;H^{+}/H_2 以下的电对,如 Cu^{2+}/Cu,其 $E^{\ominus}$ 为正值,且不随电极反应写法而改变。如对于 Zn^{2+}/Zn,无论电极反应 $Zn \Longrightarrow Zn^{2+}+2e$ 还是 $Zn^{2+}+2e \Longrightarrow Zn$,其 $E^{\ominus}(Zn^{2+}/Zn)$ 总是等于 $-0.761\ 8$ V。

(2) $E_{电极}^{\ominus}$ 是电极反应处于平衡态时所表现出的特征值,它与平衡到达的快慢,即与反应速率无关。

(3) $E_{电极}^{\ominus}$ 值只适用于标准态下水溶液中,对于非水溶液、高温,以及固相反应或气固相反应不可使用 $E_{电极}^{\ominus}$。

(4) 电极反应的电极电势是强度性质,其值与参与反应的物质的量无关,即与半反应方程式的化学计量系数无关,例如:

$$2H^{+}+2e \Longrightarrow H_2　　　　E_{(H^{+}/H_2)}^{\ominus}=0.000\ V$$

$$H^{+}+e \Longrightarrow \frac{1}{2}H_2　　　　E_{(H^{+}/H_2)}^{\ominus}=0.000\ V$$

(5) 有些电对在不同介质(酸碱)中,电极反应和 $E^{\ominus}$ 值有不同。例如,ClO_3^{-}/Cl 在酸性溶液中电极反应和 $E^{\ominus}$ 值为:

$$ClO_3^{-}+6H^{+}+6e \Longrightarrow Cl^{-}+3H_2O　　　　E_A^{\ominus}=1.451\ V$$

在碱性溶液中电极反应和 $E^{\ominus}$ 值为:

$$ClO_3^- + 3H_2O + 6e \Longleftrightarrow Cl^- + 6OH^- \qquad E_B^\ominus = 0.62 \text{ V}$$

还有,相同氧化态的物质,在酸性和碱性溶液中存在的状态也不同,例如:

$$Fe^{3+} + e \Longleftrightarrow Fe^{2+} \qquad\qquad E_A^\ominus = 0.771 \text{ V}$$

$$Fe(OH)_3 + e \Longleftrightarrow Fe(OH)_2 + OH^- \qquad E_B^\ominus = -0.56 \text{ V}$$

很明显,溶液的酸碱性对不少电极电势有影响,所以一般标准电极电势表常分为酸表和碱表(也简记为 A 表和 B 表),酸表表示在酸性溶液([H^+]=1.0 mol·L^{-1}或 pH=0)中的标准电极电势 $E_A^\ominus$;碱表表示在碱性溶液([OH^-]=1.0 mol·L^{-1}或 pH=14)中的标准电极电势 $E_B^\ominus$。对于一些不受溶液酸碱性影响的电极反应,其电对的标准电极电势也都列入酸表中,在查表时应予注意。

3. 影响电极电势的因素

电极电势不仅决定于电对中氧化型和还原型物质的本性,而且决定于它们的浓度(或分压)。

电极电势与浓度(或分压)的关系可以用能斯特方程式(Nernst equation)来表示:

若半电池反应为:

$$p \text{ 氧化型} + ze \Longleftrightarrow q \text{ 还原型} \qquad\qquad (7-1)$$

则

$$E_{电极} = E_{电极}^\ominus + \frac{RT}{zF} \ln \frac{[\text{氧化型}]^p}{[\text{还原性}]^q} \qquad\qquad (7-2)$$

或

$$E_{电极} = E_{电极}^\ominus - \frac{RT}{zF} \ln \frac{[\text{还原型}]^q}{[\text{氧化型}]^p} \qquad\qquad (7-3)$$

式中　$E_{电极}$——氧化型和还原型在某一浓度(或分压)时的电极电势;

$E_{电极}^\ominus$——标准电极电势;

z——电极反应中所转移的电子数;

p、q——分别为电极反应式(7-1)中氧化型和还原型物质的化学计量系数;

R——气体常数(8.314 J·mol^{-1}·K^{-1});

T——绝对温度(K),由于 $E_{电极}^\ominus$ 已指 25℃(298 K),因此这里取 $T=298$ K;

F——法拉第常数(964 85 C·mol^{-1},一般计算中常用 96 500 C·mol^{-1});[氧化型]和[还原型]分别表示氧化型物质和还原型物质的相对浓度[①]。如果是气态物质,则用相对标准态的相对压力,即 $p/p^\ominus$。若是固态物质或纯液体,它们的浓度不包括在方程式中。

将各常数值代入式(7-2),则在 25℃时,上式可改写为

$$E_{电极} = E_{电极}^\ominus + \frac{8.314 \text{ J·K}^{-1}·\text{mol}^{-1} \times 298.2 \text{ K} \times 2.303}{z \times 96\,485 \text{ C·mol}^{-1}} \lg \frac{\{[\text{氧化型}]/c^\ominus\}^p}{\{[\text{还原型}]/c^\ominus\}^q}$$

简化为:

$$E_{电极} = E_{电极}^\ominus + \frac{0.059\,2 \text{ V}}{z} \lg \frac{[\text{氧化型}]^p}{[\text{还原型}]^q} \qquad\qquad (7-4)$$

(1) 浓度的影响

[**例1**]　试计算锌在[Zn^{2+}]=0.001 mol·L^{-1}的溶液中的电极电势。

---

① 　即[氧化型]/$c^\ominus$或[还原型]/$c^\ominus$,这里省去了标准浓度 $c^\ominus$。$\dfrac{[\text{氧化型}]^p}{[\text{还原型}]^q}$ 即为电极反应的反应商。

解
$$Zn^{2+} + 2e \Longrightarrow Zn$$

由表 7-1 查得 $E^{\ominus}(Zn^{2+}/Zn) = -0.761\ 8\ V$

$$E(Zn^{2+}/Zn) = E^{\ominus}(Zn^{2+}/Zn) + \frac{0.059\ 2\ V}{2}lg[Zn^{2+}]$$

$$= -0.761\ 8 + \frac{0.059\ 2}{2}lg\ 0.001 = -0.850\ 6\ V$$

[例2] 当 $[Cl^-] = 0.100\ mol \cdot L^{-1}$，$Cl_2$ 的分压 $= 300\ kPa$ 时，求所组成电对的电极电势。

$$Cl_2 + 2e \Longrightarrow 2Cl^-$$

$$E^{\ominus}(Cl_2/Cl^-) = E^{\ominus}(Cl_2/Cl^-) + \frac{0.059\ 2\ V}{2}lg\ \frac{p(Cl_2)/p^{\ominus}}{[Cl^-]^2}$$

$$= 1.358 + \frac{0.059\ 2}{2}lg\ \frac{300/100}{(0.100)^2} = 1.428\ V$$

如果在电极反应中，除氧化型、还原型物质外，还有 H^+（或 OH^-）参加，则其浓度也应表示在能斯特方程中，这样 H^+（或 OH^-）浓度改变时，也就是酸度改变时，电对的电极电势将随之改变。

（2）酸度的影响

[例3] 下列电极反应：

$$MnO_4^- + 8H^+ + 5e \Longrightarrow Mn^{2+} + 4H_2O$$

如果 $[MnO_4^-]$ 和 $[Mn^{2+}]$ 都固定为 $1.0\ mol \cdot L^{-1}$，试计算当 $[H^+]$ 分别为 $0.1\ mol \cdot L^{-1}$ 和 $3.0\ mol \cdot L^{-1}$ 时，上述电对的电极电势。

解
$$E(MnO_4^-/Mn^{2+}) = E^{\ominus}(MnO_4^-/Mn^{2+}) + \frac{0.059\ 2\ V}{5}lg\ \frac{[MnO_4^-][H^+]^8}{[Mn^{2+}]}$$

当 $[H^+] = 0.10\ mol \cdot L^{-1}$ 时

$$E(MnO_4^-/Mn^{2+}) = 1.507 + \frac{0.059\ 2}{5}lg(0.10)^8 = 1.41\ V$$

当 $[H^+] = 3.0\ mol \cdot L^{-1}$ 时

$$E(MnO_4^-/Mn^{2+}) = 1.507 + \frac{0.059\ 2}{5}lg(3.0)^8 = 1.55\ V$$

由上例可见，溶液的酸度对电对的电极电势的影响。对于电对 MnO_4^-/Mn^{2+} 而言，随着溶液酸度的增强，其电极电势值也增大，氧化型物质 MnO_4^- 的氧化性也增强。因此，实际工作中使用 MnO_4^-、$Cr_2O_7^{2-}$ 等含氧酸根作氧化剂时，总是要将溶液酸化，以保持在酸性条件下充分发挥这类氧化剂的氧化性能。

（3）有难溶物生成的影响

如果在电极反应中有难溶电解质生成，由于离子浓度发生改变，电极电势也将改变。例如，$E^{\ominus}(Ag^+/Ag) = 0.799\ 6\ V$，如果在这个电对体系中加入 NaBr，则产生 AgBr 沉淀，使 $[Ag^+]$ 下降。

$$Ag^+ + Br^- \Longrightarrow AgBr$$

由于 $$[Ag^+][Br^-] = K_{sp}^{\ominus}(AgBr)$$

所以 $$[Ag^+] = \frac{K_{sp}^{\ominus}(AgBr)}{[Br^-]}$$

由附录中可查得 $K_{sp}^{\ominus}(AgBr) = 5.35 \times 10^{-13}$。若 $[Br^-] = 1.0$ mol·L^{-1}，则 $[Ag^+] = 5.35 \times 10^{-13}$ mol·L^{-1}。在这样小的 $[Ag^+]$ 下，电极电势 $E(Ag^+/Ag)$ 可按下列计算求得：

$$\begin{aligned}
E(Ag^+/Ag) &= E^{\ominus}(Ag^+/Ag) + \frac{0.059\,2\ V}{1}\lg[Ag^+] \\
&= E^{\ominus}(Ag^+/Ag) + \frac{0.059\,2\ V}{1}\lg\frac{K_{sp}^{\ominus}(AgBr)}{[Br^-]} \\
&= E^{\ominus}(Ag^+/Ag) + \frac{0.059\,2\ V}{1}\lg K_{sp}^{\ominus}(AgBr) \\
&= 0.799\,6 + 0.059\,2\lg(5.35 \times 10^{-13}) = 0.073\,1\ V
\end{aligned}$$

计算所得的电极电势，就是电对 AgBr/Ag 的标准电极电势。这是由于加入 NaBr 生成 AgBr 沉淀后，在溶液中实际上是 AgBr 和 Ag 成平衡组成了电对，所以计算出来的是 $E^{\ominus}(AgBr/Ag)$。

由计算可以看出，$E^{\ominus}(AgBr/Ag)$ 比 $E^{\ominus}(Ag^+/Ag)$ 小得多，也就是说，AgBr 的氧化性比 Ag^+ 弱得多，而 Ag 的还原性则因此大为增强。如果生成的难溶物 $K_{sp}^{\ominus}$ 愈小，则此种改变愈为显著。

7.3　电极电势的应用

除比较氧化剂和还原剂的相对强弱外，电极电势主要有下列应用。

7.3.1　判断原电池的正负极和计算原电池的电动势 E

在组成原电池的两个半电池中，电极电势代数值较大的一个半电池是原电池的正极，代数值较小的一个半电池是原电池的负极。原电池的电动势等于正极的电极电势减去负极的电极电势。

$$E = E_{正极} - E_{负极}$$

[例 4]　计算下列原电池的电动势，并指出何者为正极，何者为负极。

$$Zn|Zn^{2+}(0.100\ mol·L^{-1}) \parallel Cu^{2+}(2.00\ mol·L^{-1})|Cu$$

解　先计算两极的电极电势

$$\begin{aligned}
E(Zn^{2+}/Zn) &= E^{\ominus}(Zn^{2+}/Zn) + \frac{0.059\,2\ V}{2}\lg[Zn^{2+}] \\
&= -0.761\,8 + \frac{0.059\,2}{2}\lg 0.100 = -0.791\ V \quad （负极）
\end{aligned}$$

$$\begin{aligned}
E(Cu^{2+}/Cu) &= E^{\ominus}(Cu^{2+}/Cu) + \frac{0.059\,2\ V}{2}\lg[Cu^{2+}] \\
&= 0.341\,9 + \frac{0.059\,2}{2}\lg 2.00 = 0.351\ V \quad （正极）
\end{aligned}$$

$$E = E_{正极} - E_{负极} = 0.351 - (-0.791) = 1.142\ V$$

7.3.2 判断氧化还原反应进行的方向

我们已经知道,锌能置换铜,反应可以自发进行,而铜则不能置换锌,反应是非自发的。

$$Zn + Cu^{2+} \rightleftharpoons Cu + Zn^{2+}$$

现在就从电极电势来分析这个问题:

由 $E^{\ominus}(Zn^{2+}/Zn) = -0.761\,8\ V$,$E^{\ominus}(Cu^{2+}/Cu) = 0.341\,9\ V$ 可知,Zn 是较强的还原剂,Zn^{2+} 是较弱的氧化剂,Cu^{2+} 是较强的氧化剂,Cu 是较弱的还原剂。也就是说,从氧化剂和还原剂的相对强弱来看,锌置换铜反应的实质是:

$$\begin{array}{ccccc} Zn & + & Cu^{2+} & \rightleftharpoons & Cu & + & Zn^{2+} \\ \text{还原剂1} & & \text{氧化剂2} & & \text{还原剂2} & & \text{氧化剂1} \\ \text{(较强)} & & \text{(较强)} & & \text{(较弱)} & & \text{(较弱)} \end{array}$$

因此,可以得到一个一般性规律,即在通常情况下,氧化还原反应总是由较强的氧化剂与较强的还原剂自发反应,向着生成较弱的氧化剂与较弱的还原剂的方向进行。

如果从电极电势数值来看,$E^{\ominus}(Cu^{2+}/Cu) > E^{\ominus}(Zn^{2+}/Zn)$ 可见氧化剂电对的电势大于还原剂电对的电势,反应就可自发进行。也就是在标准电极电势表中,如果所用还原剂位于氧化剂的上方,反应就可以自发进行(标准状态下)。

氧化还原反应进行的方向还可以根据其组成的原电池的电动势来计算。任何氧化还原反应可以分解为两个电极反应,并组成原电池,原电池的电动势 $E^{\ominus} = E^{\ominus}_{正} - E^{\ominus}_{负}$。其中 $E^{\ominus}_{正}$ 就是在反应中作氧化剂的电对的标准电极电势($E^{\ominus}_{氧}$)。$E^{\ominus}_{负}$ 就是还原剂的电对的标准电极电势($E^{\ominus}_{还}$)。在锌置换铜的反应中,$E^{\ominus} = 0.341\,9 - (-0.761\,8) = 1.103\,7\ V > 0$,这就是说,氧化还原反应组成的原电池的电动势 $E^{\ominus} > 0$ 反应可自发进行。若 $E^{\ominus} < 0$,反应就逆向自发进行(标准状态下)。

[例5] 判断反应 $2Fe^{3+} + Cu \rightleftharpoons Cu^{2+} + 2Fe^{2+}$ 在标准状态下能否按正方向自发进行。

解 $Fe^{3+} + e \rightleftharpoons Fe^{2+}$ $\quad E^{\ominus}(Fe^{3+}/Fe^{2+}) = 0.771\ V$

$Cu^{2+} + 2e \rightleftharpoons Cu$ $\quad E^{\ominus}(Cu^{2+}/Cu) = 0.341\,9\ V$

$E^{\ominus} = E^{\ominus}(正) - E^{\ominus}(负) = 0.771 - 0.341\,9 = 0.429\,1\ V > 0$

因此,反应能按正方向自发进行(标准状态下)。

[例6] 银为不活泼金属,不能与 HCl 或稀 H_2SO_4 反应放出 H_2,如果将 Ag 与 $1.0\ mol \cdot L^{-1}$ 氢碘酸 HI 反应,能否放出 H_2? 试通过计算说明。

解 假设 HI 与 Ag 按下式反应放出 H_2:

$$Ag + 2HI(1.0\ mol \cdot L^{-1}) \rightleftharpoons AgI\downarrow + H_2\uparrow(100\ kPa)$$

将上述反应组成下列原电池:

$$Ag \mid AgI(s) \mid I^-(1.0\ mol \cdot L^{-1}) \parallel H^+(1.0\ mol \cdot L^{-1}) \mid H_2(100\ kPa) \mid Pt$$

正极反应 $\quad 2H^+ + 2e \rightleftharpoons H_2$ $\qquad E^{\ominus}(H^+/H_2) = 0.000\ V$

$\underline{+)\ \text{负极反应} \quad 2Ag + 2I^- \rightleftharpoons 2AgI + 2e \quad E^{\ominus}(AgI/Ag) = E^{\ominus}(Ag^+/Ag) + \dfrac{0.059\,2\ V}{1}\lg K^{\ominus}_{sp}(AgI)}$

电池反应 $\quad 2Ag + 2HI \rightleftharpoons 2AgI\downarrow + H_2\uparrow$

电池电动势 $\quad E^{\ominus} = E^{\ominus}(正) - E^{\ominus}(负) = E^{\ominus}(H^+/H_2) - E^{\ominus}(AgI/Ag)$

$$= E^{\ominus}(H^+/H_2) - \left[E^{\ominus}(Ag^+/Ag) + \dfrac{0.059\,2\ V}{1}\lg K^{\ominus}_{sp}(AgI)\right]$$

$$=0.000-0.799\,6-0.059\,2\lg(8.52\times10^{-17})$$
$$=0.152\ \text{V}$$

电动势为正值,此反应可按正方向进行(标准状态下),即 Ag 能与 $1.0\ \text{mol} \cdot \text{L}^{-1}$ HI 反应放出 H_2。可见,由于生成的 AgI $K_{sp}^{\ominus}$ 很小,使 Ag 的还原性大为增强,以至可以还原出 H_2。

由于电极电势的大小不仅与 $E^{\ominus}$ 有关,还与参加反应的物质浓度、酸度有关,因此,如果有关物质的浓度不是 $1.00\ \text{mol} \cdot \text{L}^{-1}$ 时,则须按能斯特方程分别算出氧化剂和还原剂的有关电势,然后再判断反应进行的方向。但在大多数情况下,可以直接用 $E^{\ominus}$ 值来判断,因为在一般情况下,$E^{\ominus}$ 值在 E 中占主要部分,当电动势 $E^{\ominus}>0.5\ \text{V}$ 时,一般不会因浓度变化而使 E 值改变符号。而 $E^{\ominus}<0.2\ \text{V}$ 时,离子浓度改变时,氧化还原反应的方向可能会逆转。

[例 7]　判断下列反应能否自发进行

$$Pb^{2+}+Sn \Longrightarrow Pb+Sn^{2+}$$
$$0.10\ \text{mol} \cdot \text{L}^{-1} \qquad\qquad 1.0\ \text{mol} \cdot \text{L}^{-1}$$

解　先计算电动势 $E^{\ominus}$

$$Pb^{2+}+2e \Longrightarrow Pb \qquad E^{\ominus}(Pb^{2+}/Pb)=-0.126\,2\ \text{V}$$
$$Sn^{2+}+2e \Longrightarrow Sn \qquad E^{\ominus}(Sn^{2+}/Sn)=-0.137\,7\ \text{V}$$

在反应式中,Pb^{2+} 为氧化剂,Sn 为还原剂,因此

$$E^{\ominus}=E^{\ominus}_{氧}-E^{\ominus}_{还}=-0.126\,2-(-0.137\,7)=0.011\,5\ \text{V}$$

从标准电动势 $E^{\ominus}$ 来看,虽大于零,但数值很小($E^{\ominus}<0.2\ \text{V}$),所以浓度改变很可能改变 E 值符号。在这种情况下,必须计算 E 值,才能判别反应进行方向

$$E_{氧}=E(Pb^{2+}/Pb)=E^{\ominus}(Pb^{2+}/Pb)+\frac{0.059\,2\ \text{V}}{2}\lg[Pb^{2+}]=-0.126+\frac{0.059\,2}{2}\times\lg 0.10=-0.156\ \text{V}$$

$$E_{还}=E(Sn^{2+}/Sn)=E^{\ominus}(Sn^{2+}/Sn)+\frac{0.059\,2\ \text{V}}{2}\lg[Sn^{2+}]=-0.137\,7+\frac{0.059\,2}{2}\times\lg 1.0=-0.137\,7\ \text{V}$$

$$E=E_{氧}-E_{还}=-0.156\,2-(-0.137\,7)=-0.018\,5\ \text{V}<0$$

因此上述反应不能按正方向自发进行。

7.3.3　计算氧化还原反应的平衡常数

氧化还原反应的平衡常数可根据有关电对的标准电极电势来计算。现以 Cu‐Zn 原电池的电池反应来说明。

Cu‐Zn 原电池的电池反应为:

$$Zn+Cu^{2+} \Longrightarrow Zn^{2+}+Cu$$

其平衡常数
$$K^{\ominus}=\frac{[Zn^{2+}]}{[Cu^{2+}]}$$

这个反应能自发进行。随着反应的不断进行,$[Zn^{2+}]$ 不断增加,$[Cu^{2+}]$ 不断减少,根据能斯特方程:

$$E_{还}=E(Zn^{2+}/Zn)=E^{\ominus}(Zn^{2+}/Zn)+\frac{0.059\,2\ \text{V}}{2}\lg[Zn^{2+}]$$

$$E_{氧}=E(Cu^{2+}/Cu)=E^{\ominus}(Cu^{2+}/Cu)+\frac{0.059\,2\ \text{V}}{2}\lg[Cu^{2+}]$$

即 $E(Zn^{2+}/Zn)$ 代数值逐渐增大，$E(Cu^{2+}/Cu)$ 代数值逐渐减小。最后，当 $E(Zn^{2+}/Zn)=E(Cu^{2+}/Cu)$ 时，反应达到平衡，即：$E_{还}=E_{氧}$

$$E^{\ominus}(Zn^{2+}/Zn)+\frac{0.059\ 2\ V}{2}\lg[Zn^{2+}]=E^{\ominus}(Cu^{2+}/Cu)+\frac{0.059\ 2\ V}{2}\lg[Cu^{2+}]$$

$$\frac{0.059\ 2\ V}{2}\lg\frac{[Zn^{2+}]}{[Cu^{2+}]}=E^{\ominus}(Cu^{2+}/Cu)-E^{\ominus}(Zn^{2+}/Zn)$$

$$\lg K^{\ominus}=\frac{2}{0.059\ 2}[0.341\ 9-(-0.761\ 8)]$$

$$K^{\ominus}=1.95\times10^{37}$$

$K^{\ominus}$ 值很大，说明反应可进行得很完全。由上可见，根据标准电极电势可以计算氧化还原反应的平衡常数。$K^{\ominus}$ 和 $E^{\ominus}$ 的关系可以写成下面的通式：

$$\lg K^{\ominus}=\frac{n(E_{氧}^{\ominus}-E_{还}^{\ominus})}{0.059\ 2\ V}=\frac{nE^{\ominus}}{0.059\ 2\ V} \tag{7-5}$$

式中，$E_{氧}^{\ominus}$、$E_{还}^{\ominus}$ 分别为氧化剂和还原剂两个电对的标准电极电势，n 为电子转移数。从上式可以看出，氧化还原反应平衡常数的大小，与 $E_{氧}^{\ominus}-E_{还}^{\ominus}$ 的差值有关，差值愈大，$K^{\ominus}$ 愈大。也就是氧化剂和还原剂在标准电极电势表中的位置相距愈远，反应可进行得愈完全。上式是用电化学方法测定平衡常数的基本方程，具有普遍性。

[例 8]　计算下列反应的平衡常数。

$$2Fe^{3+}+Cu \Longrightarrow Cu^{2+}+2Fe^{2+}$$

$$\lg K^{\ominus}=\frac{n(E_{氧}^{\ominus}-E_{还}^{\ominus})}{0.059\ 2\ V}=\frac{(0.771-0.341\ 9)\times2}{0.059\ 2}$$

$$K^{\ominus}=3.11\times10^{14}$$

必须注意，根据电极电势虽可以判断氧化还原反应进行的方向和计算平衡常数，但不能决定反应的速率。一般来说，氧化还原反应的速率比中和反应和沉淀反应的速率要慢一些，特别是结构复杂的含氧酸盐参加的反应，更是如此。有时一个氧化还原反应，氧化剂的电势与还原剂的电势相差足够大，反应应该进行得很完全，但由于速率很慢，实际上却几乎察觉不到反应的进行。例如，在酸性 $KMnO_4$ 溶液中，加入纯 Zn 粉，虽然反应的电动势 $E^{\ominus}=2.27\ V$，但并不容易使 $KMnO_4$ 紫色褪掉，只有在上述溶液中加入少量 Fe^{3+}（作催化剂），才能看到下列反应的发生：

$$2MnO_4^-+5Zn+16H^+ \xrightarrow{\ Fe^{3+}\ } 2Mn^{2+}+5Zn^{2+}+8H_2O$$

通过电极电势及其应用的讨论，使我们对本节开头所提出的一些问题得以很好的解决，从而也认识到电化学原理对于定量阐述氧化还原反应规律的重要意义。

7.4　吉布斯自由能变和电池电动势以及平衡常数之间的关系

7.4.1　吉布斯自由能变和电池电动势的关系

在第 2 章已述，判断反应自发性的标准是有用功。一个反应产生有用功的本领可用反应的

$\Delta_r G_m$ 来衡量。即等温等压下,反应的吉布斯自由能变的减小等于反应所能做的最大有用功。

$$-\Delta_r G_m = W_{最大}$$

如果把一个氧化还原反应放在原电池装置中进行,则在等温等压下,氧化还原反应吉布斯自由能变减小等于电池所输出的最大有用功 $W_电$

$$-\Delta_r G_m = W_电$$

而电池输出的电功 $W_电$,等于电池的电动势 E 和通过电量 Q 的乘积。

$$W_电 = E \cdot Q$$

如果电池反应中转移的电子数为 n,则有:

$$\Delta_r G_m = -nFE \tag{7-6}$$

当电池中所有物质都处于标准态时,上式变为:

$$\Delta G_m^\ominus = -nFE^\ominus = -nF(E_氧^\ominus - E_还^\ominus) \tag{7-7}$$

$$即\ \Delta G_m^\ominus = -96\ 485\ nE^\ominus$$

$\Delta_r G_m^\ominus$ 的单位为 $J \cdot mol^{-1}$。如果知道了电动势,根据式(7-6)、式(7-7),可以计算出反应的 $\Delta_r G_m$ 或 $\Delta_r G_m^\ominus$。反之,亦然。

[例9] 已知 $E^\ominus(Cu^{2+}/Cu) = 0.341\ 9\ V$ $\qquad E^\ominus(Zn^{2+}/Zn) = -0.761\ 8\ V$
计算铜锌原电池的 $E^\ominus$ 和 $\Delta_r G_m^\ominus$。

解 在铜锌原电池中锌是负极,铜是正极,电池反应为:

$$Zn + Cu^{2+} \Longleftrightarrow Zn^{2+} + Cu$$
$$E^\ominus = E^\ominus(Cu^{2+}/Cu) - E^\ominus(Zn^{2+}/Zn) = 0.341\ 9 - (-0.761\ 8) = 1.103\ 7\ V$$
$$\Delta_r G_m^\ominus = -96\ 485 nE^\ominus = -96\ 485 \times 2 \times 1.103\ 7 = -2.13 \times 10^5\ J \cdot mol^{-1}$$

当原电池是由某一电极与标准氢电极组成时,由于标准氢电极的电极电势等于零,因此原电池的 $E^\ominus$ 就等于该电极的 $E^\ominus$(电极),即对电池反应有

$$\Delta_r G_m^\ominus = -nFE^\ominus(电极) \tag{7-8}$$

7.4.2 标准电动势 $E^\ominus$ 与原电池反应的平衡常数 $K^\ominus$ 之间的关系

$E^\ominus$ 与 $K^\ominus$ 的关系已在电极电势的应用中导出见式(7-5)。但也可用 $\Delta_r G_m^\ominus$ 与 $K^\ominus$ 之间的关系导出:

$$\Delta_r G_m^\ominus = -RT\ln K^\ominus$$

现将 $\Delta_r G_m^\ominus = -nFE^\ominus$ 代入,并把自然对数换成以 10 为底的对数

$$-nFE^\ominus = -RT\ln K^\ominus$$

$$\lg K^\ominus = \frac{nFE^\ominus}{2.303RT}$$

如果反应在 25℃下进行,则同样可以得到式(7-9):

$$\lg K^{\ominus} = \frac{nE^{\ominus}}{0.0592\ \text{V}} = \frac{n(E^{\ominus}_{氧} - E^{\ominus}_{还})}{0.0592\ \text{V}} \qquad (7-9)$$

7.5　元素电势图及其应用

许多元素具有多种氧化态,因此可组成多种氧化还原电对,例如,Cu 具有 0、+1、+2 三种氧化值,可以组成下列三种电对:

$$Cu^{2+} + 2e \Longrightarrow Cu \qquad E^{\ominus}(Cu^{2+}/Cu) = 0.3419\ \text{V}$$
$$Cu^{2+} + e \Longrightarrow Cu^{+} \qquad E^{\ominus}(Cu^{2+}/Cu^{+}) = 0.163\ \text{V}$$
$$Cu^{+} + e \Longrightarrow Cu \qquad E^{\ominus}(Cu^{+}/Cu) = 0.521\ \text{V}$$

为了可以直观地比较各种氧化态的氧化还原性,常把同一个元素不同氧化态的物质,按氧化值由大到小顺序排列,并将它们相互组成电对,在两个物质之间的连线上,写上该电对的标准电极电势的数值。如:

$$E^{\ominus}_{A}/\text{V} \qquad Cu^{2+} \xrightarrow{0.163} Cu^{+} \xrightarrow{0.521} Cu$$
$$\underset{0.3419}{\rule{4cm}{0.4pt}}$$

这种表明元素各种氧化态之间电势变化的关系图称元素电势图或拉铁摩(W. M. Latime)图。元素电势图在无机化学中有重要的用途。

7.5.1　判断歧化反应能否自发进行

歧化反应就是自氧化自还原反应(7.1.2)。当一个元素处于中间氧化态时,它一部分作氧化剂,还原为低氧化态;一部分作还原剂,氧化为高氧化态,这类反应就称歧化反应。例如 Cu^{+} 的氧化态处于 Cu^{2+} 和 Cu 之间,一部分 Cu^{+} 氧化了另一部分 Cu^{+},成为 Cu^{2+},而本身被还原为 Cu:

$$2Cu^{+} \Longrightarrow Cu^{2+} + Cu$$

现在结合铜的元素电势图来分析 Cu^{+} 发生歧化反应的原因:

Cu^{+} 作为氧化剂:　$Cu^{+} + e \Longrightarrow Cu \qquad E^{\ominus}(Cu^{+}/Cu) = 0.521\ \text{V}$

Cu^{+} 作为还原剂:　$Cu^{+} \Longrightarrow Cu^{2+} + e \qquad E^{\ominus}(Cu^{2+}/Cu^{+}) = 0.163\ \text{V}$

由于 $E^{\ominus}_{氧} - E^{\ominus}_{还} > 0$,所以反应自发进行,即 Cu^{+} 可以歧化为 Cu^{2+} 和 Cu。

把上例推广,我们可以得出判断歧化反应能否自发进行的规则。假定某一元素具有三种不同氧化态:A、B、C,按氧化值由高到低排列如下:

$$A \xrightarrow{E^{\ominus}_{左}} B \xrightarrow{E^{\ominus}_{右}} C$$
$$\underset{氧化值降低}{}$$

假定 B 能产生歧化反应,生成较低氧化态 C 和较高氧化态 A,B 转化为 C 时,B 作为氧化剂,B 转化为 A 时,B 作还原剂。由于 $E^{\ominus}_{氧} - E^{\ominus}_{还} > 0$,反应才可自发进行,因此,从元素电势图来看,$E^{\ominus}_{右} > E^{\ominus}_{左}$ 就可以产生歧化反应。反之,$E^{\ominus}_{右} < E^{\ominus}_{左}$,则不能产生歧化反应。

[**例 10**]　根据汞的电势图

$$E_A^\ominus/V \qquad Hg^{2+} \xrightarrow{0.905} Hg_2^{2+} \xrightarrow{0.797\,1} Hg$$

试说明：(1) Hg_2^{2+} 在溶液中能否歧化；

　　　　　(2) $Hg + Hg^{2+} \rightleftharpoons Hg_2^{2+}$ 反应能否进行。

解　(1) 因为 Hg_2^{2+} 右边电势小于左边电势($E_右^\ominus < E_左^\ominus$)，所以 Hg_2^{2+} 在溶液中不会歧化(标准态时)。

(2) 在 $Hg + Hg^{2+} \rightleftharpoons Hg_2^{2+}$ 的反应中，

$$Hg^{2+} 作氧化剂(生成 Hg_2^{2+})，E^\ominus(Hg^{2+}/Hg_2^{2+}) = 0.905\ V$$

$$Hg 作还原剂(生成 Hg_2^{2+})，E^\ominus(Hg_2^{2+}/Hg) = 0.797\,1\ V$$

$$E^\ominus = E_氧^\ominus - E_还^\ominus = 0.905 - 0.797\,1 = 0.107\,9\ V > 0$$

所以反应能按正方向自发进行(标准态时)。

7.5.2　计算不同氧化值之间电对的标准电极电势

由于电极电势没有加和性，而吉布斯自由能变是有加和性的。因此可利用吉布斯自由能变与电极电势之间的关系推导有关的计算公式。

例如，已知某元素的电势图

$$M_1 \xrightarrow[n_1]{E_1^\ominus} M_2 \xrightarrow[n_2]{E_2^\ominus} M_3 \xrightarrow[n_3]{E_3^\ominus} M_4$$
$$\underbrace{\phantom{M_1 \xrightarrow{E_1^\ominus} M_2 \xrightarrow{E_2^\ominus} M_3 \xrightarrow{E_3^\ominus} M_4}}_{\displaystyle \frac{E^\ominus}{n_1 + n_2 + n_3}}$$

图中 M_1、M_2、M_3、M_4 代表元素所处的不同的氧化态，$E_1^\ominus$、$E_2^\ominus$、$E_3^\ominus$ 分别为相邻电对的标准电极电势，n_1、n_2、n_3 为对应电对中电子转移数，根据吉布斯自由能变与电极电势之间关系。得：

(1)　　　　　$\Delta_r G_{m,1}^\ominus = -n_1 F E_1^\ominus$

(2)　　　　　$\Delta_r G_{m,2}^\ominus = -n_2 F E_2^\ominus$

(3)　　　　　$\Delta_r G_{m,3}^\ominus = -n_3 F E_3^\ominus$

(4)　　　　　$\Delta_r G_m^\ominus = -(n_1 + n_2 + n_3) F E^\ominus$

(1)+(2)+(3)得：

$$\Delta_r G_{m,1}^\ominus + \Delta_r G_{m,2}^\ominus + \Delta_r G_{m,3}^\ominus = -(n_1 E_1^\ominus + n_2 E_2^\ominus + n_3 E_3^\ominus) F$$

由于 $\Delta_r G_m^\ominus$ 是状态函数，所以具有加和性：

$$\Delta_r G_m^\ominus = \Delta_r G_{m,1}^\ominus + \Delta_r G_{m,2}^\ominus + \Delta_r G_{m,3}^\ominus$$

所以　　　(5)　　　　$\Delta_r G_m^\ominus = -(n_1 E_1^\ominus + n_2 E_2^\ominus + n_3 E_3^\ominus) F$

将式(4)、式(5)整理，得：

$$E^\ominus = \frac{n_1 E_1^\ominus + n_2 E_2^\ominus + n_3 E_3^\ominus}{n_1 + n_2 + n_3} \qquad\qquad (7-10)$$

[例 11]　已知氯在酸性溶液中的电势图，计算 $E^\ominus(ClO_4^-/Cl^-)$。

$$E_A^\ominus/V:\ ClO_4^- \xrightarrow{1.189} ClO_3^- \xrightarrow{1.43} HClO \xrightarrow{1.61} Cl_2 \xrightarrow{1.36} Cl^-$$

解
$$E^{\ominus}_{(ClO_3^-/Cl^-)} = \frac{1.189 \times 2 + 1.43 \times 4 + 1.61 \times 1 + 1.36 \times 1}{2 + 4 + 1 + 1} = 1.383\,5\ V$$

复习思考题

1. 在离子-电子法配平氧化还原反应方程式时如何考虑介质条件的影响?

2. 构成原电池的条件是什么? 为什么需要这些条件? 试举例说明。

3. 什么是电极电势? 什么是电动势? 试归纳确定 $E^{\ominus}_{(电极)}$ 及 $E^{\ominus}$ 的方法。

4. 怎样确定原电池的正极和负极? 它们在原电池中各发生什么反应?

5. 试选择适当的电对,讨论当改变氧化型、还原型以及 H^+ 的浓度时对电极电势的影响和对相应物质氧化还原能力的影响。

6. 判断氧化还原反应的方向应该用 E 还是 $E^{\ominus}$ 值? 什么情况下 E 和 $E^{\ominus}$ 值都可以用? 求算氧化还原反应的平衡常数应用 E 还是 $E^{\ominus}$ 值? 为什么?

习　题

1. 用离子-电子法配平下列在酸性介质中反应的离子方程式(必要时添加反应介质):

(a) $Zn + NO_3^- \longrightarrow Zn^{2+} + NH_4^+$

(b) $Ag + NO_3^- \longrightarrow Ag^+ + NO$

(c) $I_2 + H_2S \longrightarrow I^- + S$

2. 用离子-电子法配平下列在碱性介质中反应的离子方程式(必要时添加反应介质):

(a) $Cl_2 + OH^- \longrightarrow Cl^- + ClO^-$

(b) $SO_3^{2-} + Cl_2 \longrightarrow Cl^- + SO_4^{2-}$

(c) $Al + NO_3^- + OH^- \longrightarrow [Al(OH)_4]^- + NH_3$

3. 对于下列氧化还原反应:

(1) 指出哪个是氧化剂,哪个是还原剂? 写出有关的半反应;

(2) 以这些反应组成原电池,并写出电池符号表示式。

(a) $Ag^+ + Cu(s) \longrightarrow Cu^{2+} + Ag(s)$

(b) $Pb^{2+} + Cu(s) + S^{2-} \longrightarrow Pb(s) + CuS(s)$

(c) $Pb(s) + 2H^+ + 2Cl^- \longrightarrow PbCl_2(s) + H_2(g)$

4. 查出下列电对的标准电极电势值,判断各组中哪一种物质是最强的氧化剂? 哪一种物质是最强的还原剂?

(1) MnO_4^-/Mn^{2+}, Fe^{3+}/Fe^{2+}

(2) $Cr_2O_7^{2-}/Cr^{3+}$, $CrO_4^{2-}/Cr(OH)_3$

(3) Cu^{2+}/Cu, Fe^{3+}/Fe^{2+}, Fe^{2+}/Fe

5. 根据电对 Cu^{2+}/Cu, Fe^{3+}/Fe^{2+}, Fe^{2+}/Fe 的标准电极电势值,指出下列各组物质中,哪些可以共存,哪些不能共存,说明理由。

(1) Cu^{2+}, Fe^{2+}　　(2) Fe^{3+}, Fe　　(3) Cu^{2+}, Fe　　(4) Fe^{3+}, Cu　　(5) Cu, Fe^{2+}

6. 求下列电极在 25℃时的电极电势:

(1) 金属铜放在 0.50 mol·L^{-1} 的 Cu^{2+} 溶液中;

(2) 在 1 L 上述(1)的溶液中加入 0.50 mol 固体 Na_2S;

(3) 在上述(1)的溶液中加入固体 Na_2S,使溶液中的 $[S^{2-}] = 1.0$ mol·L^{-1}。

(忽略加入固体所引起的溶液体积变化)

7. 求下列电极在 25℃时的电极电势:

(1) 100 kPa 氢气通入 0.10 mol·L^{-1} 的 HCl 溶液中;

(2) 在 1 L 上述(1)的溶液加入 0.1 mol 固体 NaOH;

(3) 在 1 L 上述(1)的溶液中加入 0.1 mol 固体 NaAc。

(忽略加入固体所引起的溶液体积变化)

8. 计算下列电对的标准电极电势(25℃):

(1) $Ag_2CrO_4 + 2e \Longrightarrow 2Ag + CrO_4^{2-}$

(2) $Fe(OH)_3 + e \Longrightarrow Fe(OH)_2 + OH^-$

9. 计算下列原电池的电动势,指出正、负极,并写出电极反应和电池反应的反应式:

(1) $Ag|Ag^+(0.1 \ mol·L^{-1}) \parallel Cu^{2+}(0.01 \ mol·L^{-1})|Cu$

(2) $Cu|Cu^{2+}(1 \ mol·L^{-1}) \parallel Zn^{2+}(0.001 \ mol·L^{-1})|Zn$

(3) $Pb|Pb^{2+}(0.1 \ mol·L^{-1}) \parallel S^{2-}(0.1 \ mol·L^{-1})|CuS|Cu$

(4) $Hg|Hg_2Cl_2|Cl^-(0.1 \ mol·L^{-1}) \parallel H^+(1 \ mol·L^{-1})|H_2(p(H_2))=100 \ kPa)|Pt$

(5) $Zn|Zn^{2+}(0.1 \ mol·L^{-1}) \parallel HAc(0.1 \ mol·L^{-1})|H_2(p(H_2))=100 \ kPa)|Pt$

10. 已知下列电池

$$Zn|Zn^{2+}(x \ mol·L^{-1}) \parallel Ag^+(0.1 \ mol·L^{-1})|Ag$$

的电动势 $E = 1.51$ V。求 Zn^{2+} 的浓度。

11. 为了测定 $PbSO_4$ 的溶度积,设计了下列原电池:

$(-)$ $Pb|PbSO_4|SO_4^{2-}(1.0 \ mol·L^{-1}) \parallel Sn^{2+}(1.0 \ mol·L^{-1})|Sn$ $(+)$

在 25℃时测得其电动势 $E^\ominus = 0.22$ V,求 $K_{sp}^\ominus(PbSO_4)$。

12. 计算下列氧化还原反应的平衡常数 $K^\ominus$:

(1) $Fe + 2Fe^{3+} \Longrightarrow 3Fe^{2+}$

(2) $H_3AsO_3 + I_2 + H_2O \Longrightarrow H_3AsO_4 + 2I^- + 2H^+$

(3) $MnO_2 + 2Cl^- + 4H^+ \Longrightarrow Mn^{2+} + Cl_2 + 2H_2O$

(4) $3Cu + 2NO_3^- + 8H^+ \Longrightarrow 3Cu^{2+} + 2NO + 4H_2O$

13. 根据铬在酸性介质中的电势图:

$$E^\ominus/V \quad Cr_2O_7^{2-} \underline{\quad 1.23 \quad} Cr^{3+} \underline{\quad -0.407 \quad} Cr^{2+} \underline{\quad -0.913 \quad} Cr$$

(1) 计算 $E^\ominus(Cr_2O_7^{2-}/Cr^{2+})$ 和 $E^\ominus(Cr^{3+}/Cr)$;

(2) 判断 Cr^{3+} 在酸性溶液中是否稳定。

14. 已知 $MnO_4^- + 8H^+ + 5e \Longrightarrow Mn^{2+} + 4H_2O$

$$E^\ominus(MnO_4^-/Mn^{2+}) = 1.51 \ V$$

$MnO_4^- + 4H^+ + 3e \Longrightarrow MnO_2 + 2H_2O$

$$E^\ominus(MnO_4^-/MnO_2) = 1.68 \ V$$

试求电极反应 $MnO_2 + 4H^+ + 2e \Longrightarrow Mn^{2+} + 2H_2O$ 的 $E^\ominus(MnO_2/Mn^{2+})$。

15. (1) 计算下列原电池反应的电动势 $E^\ominus$ 和 $\Delta_r G_m^\ominus$:

$$Cr_2O_7^{2-} + 6Cl^- + 14H^+ \Longrightarrow 2Cr^{3+} + 3Cl_2 + 7H_2O$$

(2) 当 $[Cl^-] = [H^+] = 12 \ mol·L^{-1}$,其他离子浓度为 1 mol·L^{-1},$p(Cl_2) = 100 \ kPa$ 时,E 为多少? 对计算所得的 $E^\ominus$ 和 E 试做说明。

16. 拟装置下列原电池:

$(-)$ $Pt|Sn^{2+}(1 \ mol·L^{-1}), Sn^{4+}(1 \ mol·L^{-1}) \parallel Cl^-(1 \ mol·L^{-1})|AgCl|Ag$ $(+)$

(1) 试写出电池反应；

(2) 求反应的 $\Delta_r G_m^{\ominus}$，判断电池反应能否自发进行。

17. 试为下述反应设计一原电池（标准状态下）：

$$Fe^{3+} + I^- \Longrightarrow Fe^{2+} + \frac{1}{2}I_2$$

求电池在 298 K 时的 $E^{\ominus}$，电池反应的 $K^{\ominus}$ 及 $\Delta_r G_m^{\ominus}$。又如将反应写成：

$$2Fe^{3+} + 2I^- \Longrightarrow 2Fe^{2+} + I_2$$

再计算 $E^{\ominus}$、$K^{\ominus}$、$\Delta_r G_m^{\ominus}$。从计算结果你可以得到哪些启示？

18. 设有一原电池，正极为氢电极（$p(H_2) = 100$ kPa，溶液的 pH=4.01），负极的电极电势为一恒定值，测得该原电池的电动势 $E = 0.412$ V。若将氢电极的溶液改为一缓冲溶液，$p(H_2)$ 不变，重新测得原电池的电动势为 0.428 V。求该缓冲溶液的 pH 值。若缓冲溶液由 HA 及 A^- 组成，它们的浓度均为 0.50 mol·L^{-1}。求该弱酸 HA 的解离常数。

19. 试由电对 Fe^{3+}/Fe^{2+} 和 Ag^+/Ag 组成原电池，

(1) 写出原电池符号，正、负极反应和电池反应方程式，计算原电池的电动势 $E^{\ominus}$；

(2) 计算原电池反应的平衡常数 $K^{\ominus}$；

(3) 当 Fe^{3+} 和 Fe^{2+} 的浓度相等时，求电池电动势为零时 Ag^+ 的浓度（mol·L^{-1}）。

第8章 | 配位化合物和配位平衡

配位化合物(简称配合物)是一大类化合物的总称,对配位化合物的研究已发展成一个重要的化学分支——配位化学,它是在无机化学的基础上发展起来的,配位化合物数量巨大,组成和结构复杂。我们在中学已接触过了一些配合物,溶液中的白色 AgCl 沉淀可以溶于氨水而转化为无色溶液,就是由于生成配离子$[Ag(NH_3)_2]^+$;淡蓝色的 $CuSO_4$ 溶液中,加入过量氨水而转化为深蓝色的溶液,也是因为生成配离子$[Cu(NH_3)_4]^{2+}$ 的缘故,蒸发浓缩该溶液可以得到深蓝色的$[Cu(NH_3)_4]SO_4 \cdot H_2O$ 晶体。配位化合物几乎涉及化学科学的各个领域。配位化学的发展推动了分析化学、有机化学、物理化学和生物化学等分支学科的发展。如现代分离技术、配位催化和化学模拟生物固氮等都与配位化合物有着密切的关系。本章主要介绍配位化合物的基本概念、基础结构理论和配位解离平衡的计算。

8.1 配位化合物的基本概念

8.1.1 配位化合物的组成

在 $CuSO_4$ 溶液中加入过量氨水得到的深蓝色溶液,现已证明该蓝色物质是 Cu^{2+} 和 NH_3 结合形成的复杂离子$[Cu(NH_3)_4]^{2+}$,相对于 Cu^{2+} 而言,$[Cu(NH_3)_4]^{2+}$ 组成复杂,称为配离子。在$[Cu(NH_3)_4]^{2+}$ 中,铜离子处于中心,称为中心离子(有时是原子)又称配合物形成体,与配合物形成体 Cu^{2+} 结合的 NH_3 称为配(位)体,中心离子(原子)与配体通过配位键相结合。因此对于配合物可以这样简单地理解:由中心离子(或原子)与一定数目的配位体(分子或离子)以配位键相结合,形成具有一定空间几何构型的复杂离子{如$[Cu(NH_3)_4]^{2+}$ 或者分子[如 $Ni(CO)_4$],统称为配位单元。含有配位单元的化合物称为配位化合物(coordination compounds)。

配位化合物一般由内界和外界两部分组成。配位单元为内界,而带有与内界异号电荷的离子为外界。例如在配合物$[Cu(NH_3)_4]SO_4$ 中,$[Cu(NH_3)_4]^{2+}$ 是配合物的内界,SO_4^{2-} 是外界;而中性配位单元 $Ni(CO)_4$ 或 $Fe(CO)_5$ 则无外界。当配合物溶于水时,外界离子容易解离出来,而配离子很稳定,很难解离。$[Cu(NH_3)_4]SO_4$ 溶于水时,按下式解离:

$$[Cu(NH_3)_4]SO_4 \rightleftharpoons [Cu(NH_3)_4]^{2+} + SO_4^{2-}$$

因此,在$[Cu(NH_3)_4]SO_4$ 溶液中加入 $BaCl_2$ 溶液便产生 $BaSO_4$ 沉淀,而加入少量 NaOH,并不产生 $Cu(OH)_2$ 沉淀。只有内界而没有外界的配合物在水溶液中几乎不解离出离子。为了更好地认识配位化合物(特别是内界)的组成,下面对有关概念分别加以讨论。

1. 中心离子或原子

中心离子或原子在配合物的内界,通常是带正电荷的离子(或原子),又称为配合物的形成体。配合物形成体以过渡金属离子居多;某些金属原子及高氧化态的非金属元素也可作为配合物形成体,如$Ni(CO)_4$ 及 $Fe(CO)_5$ 中的 Ni 原子及 Fe 原子,$[SiF_6]^{2-}$ 中的 Si(Ⅳ)。

2. 配位体

在配合物中，与中心离子（或原子）以配位键结合的离子或分子称为配位体，简称配体（ligand）。例如$[Cu(NH_3)_4]^{2+}$中的NH_3分子，$[Fe(CN)_6]^{4-}$中的CN^-，它们与中心原子结合成为配合物的内界。另外水分子、氢氧根离子、卤素离子等都可以作为配位体：

$$\overset{..}{N}H_3 \quad \overset{..}{O}H_2 \quad 、[\,:O\!-\!H\,]^- 、[\,:F\,]^- 、[\,:Cl\,]^- 、[\,:C\!\equiv\!N\,]^-$$

在配位体分子或离子中给出孤对电子的原子称为配位原子，如NH_3中的N、H_2O和OH^-中的O、CN^-中的C等原子。

配位体按其分子或离子中所含配位原子数的个数分为单基（单齿）配体和多基（多齿）配体。单基配体只含一个配位原子且与中心离子只形成一个配位键，其组成比较简单，如上述的NH_3、H_2O、OH^-、CN^-、F^-、I^-等。多基配体含有两个或两个以上的配位原子，它们与中心离子可以形成多个配位键，其组成常较复杂，多数是有机化合物。其中较简单的如乙二胺（$H_2\overset{..}{N}\!-\!CH_2\!-\!CH_2\!-\!\overset{..}{N}H_2$，常用符号 en 表示），在它的分子中有两个配位原子 N。再如草酸根离子（$-\overset{..}{O}\!-\!\overset{O}{\overset{\|}{C}}\!-\!\overset{O}{\overset{\|}{C}}\!-\!\overset{..}{O}-$，常用符号 OX 表示），含有两个配位原子 O。由多基配体与同一中心离子形成的配合物又称螯合物。能与中心离子形成螯合物的配位体称为螯合剂，螯合剂必须具两个或两个以上配位原子。氨基羧酸类化合物是最常见的螯合剂，如氨基乙酸、乙二胺四乙酸等，它们的结构简式分别为：

$$H_2\overset{..}{N}CH_2CO\overset{..}{O}H$$

$$\overset{H\overset{..}{O}OCH_2C}{\underset{H\overset{..}{O}OCH_2C}{\Large\diagdown\diagup}}\overset{..}{N}\!-\!CH_2\!-\!CH_2\!-\!\overset{..}{N}\overset{CH_2CO\overset{..}{O}H}{\underset{CH_2CO\overset{..}{O}H}{\Large\diagup\diagdown}}$$

其中应用最广泛的是乙二胺四乙酸及其盐。乙二胺四乙酸及其二钠盐或四钠盐，一般都用简写 EDTA 表示，在化学方程式中常用 H_4Y 表示酸、Na_2H_2Y 表示二钠盐、Na_4Y 表示四钠盐。这是一种六基配位体，其中 2 个氨基氮和 4 个羧基氧都可提供电子对，与金属离子结合成六配位、五个五原子环的螯合物。

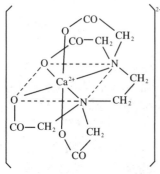

图 8-1 $[CaY]^{2-}$的空间结构

EDTA 可以与除了 Na^+、K^+、Rb^+、Cs^+ 等离子以外的大多数金属离子形成螯合物，其中许多具有很好的稳定性。Ca^{2+}、Mg^{2+} 等离子一般不易形成配合物，但与 EDTA 能形成较稳定的螯合物：

$$Ca^{2+}+H_2Y^{2-}\Longrightarrow[CaY]^{2-}+2H^+$$

所形成的螯合离子$[CaY]^{2-}$的空间构型示意如图 8-1。利用这一性质可以测定水中 Ca^{2+}、Mg^{2+} 等离子的含量，也可用来去除水中的 Ca^{2+}、Mg^{2+}，使水软化。

3. 配位数

在配位体中，直接与中心离子（或原子）结合成键的配位原子的数目称为中心离子的配位数(coordination number)，一般中心离子的配位数为偶数，而最常见的配位数为 6，配离子具有八面体构型。配位数为 4 的也较常见，配离子有平面正方形或四面体的构型。而 Ag^+、Cu^+、Au^+ 等离子则大多形成配位数为 2 的配离子，并具有直线形构型。具有一定配位数和特定几何构型，是配合物的特征之一。表 8-1 列出了一些金属离子形成配合物时的配位数和几何构型。

表 8-1　一些常见的配位化合物

配　合　物	形成体	配(位)体	配位原子	配位数	空间构型
$[Ag(NH_3)_2]^+$	Ag^+	$:NH_3$	N	2	直线型
$[Ag(CN)_2]^-$	Ag^+	$:CN^-$	C	2	直线型
$[Ni(CN)_4]^{2-}$	Ni^{2+}	$:CN^-$	C	4	平面正方型
$[Zn(NH_3)_4]^{2+}$	Zn^{2+}	$:NH_3$	N	4	正四面体型
$[FeF_6]^{3-}$	Fe^{3+}	$:F^-$	F	6	正八面体型
$[Co(NH_3)_6]^{3+}$	Co^{3+}	$:NH_3$	N	6	正八面体型

由单基配体形成的配合物，中心离子的配位数就是与它配位的配体个数，而含有多基配体时，则不能仅从与中心离子结合的配体个数来确定配位数。

4. 配离子电荷

配位化合物应呈电中性，即净电荷数为零。在配合物的内界，可以带正电荷而称为配阳离子，也可以带负电荷而称为配阴离子，或者不带电荷。而一个配离子所带的电荷，应等于中心离子和所有配体电荷的代数和。如 $[Pt(NH_3)_4]^{2+}$ 中，中心是 Pt^{2+}，配体是中性分子 NH_3，所以配离子的电荷是 +2。配离子都应与电荷数相等的异号离子相结合，才能形成电中性的配合物，因此配离子的电荷数也可以从外界离子的电荷数来确定。如 $K_2[HgI_4]$ 中，配离子的电荷应为 -2。

综上所述，我们可以 $[Cu(NH_3)_4]SO_4$ 为例，把配位化合物的组成图示如下：

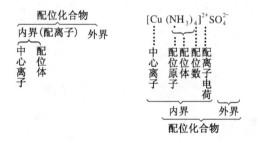

8.1.2　配位化合物的命名

配位化合物的命名，服从无机化合物命名的一般原则。但由于配合物的组成的复杂性，必然造成命名上的复杂性，主要表现在对配合物的内界有本身的命名原则，对较简单的配合物的命名，大体归纳有如下规则[①]。

(1) 外界的命名：内外界之间先阴离子后阳离子。配合物的外界是阴离子则命名在前，如氯化……，硫酸……，或氢氧化……；外界是阳离子则命名在后，如……酸钾，……酸钠，……酸。

———————————

① 中国化学会：《化学命名原则》，科学出版社 1984 年版。

（2）内界的命名：先配体后中心。配位体个数—配位体名称—合—中心离子(氧化值)。配位体前用二、三、四……表示该配体的个数，不同配位体之间用圆点(·)分开，配位体和中心离子(或原子)之间加"合"字，中心后面加()，内用罗马数字标明其氧化值。

（3）当配位体不止一种时，其列出顺序有如下规定：

① 既有无机配体，又有有机配体时，则无机配体在前，有机配体在后。

② 在无机和有机配体中，先列出阴离子，后列出中性分子。

③ 同类配体的名称，按配位原子元素符号的英文字母顺序排列。

下面列出一些配合物的命名实例：

$[Pt(NH_3)_6]Cl_4$	四氯化六氨合铂（Ⅳ）	
$[Cu(NH_3)_4]SO_4$	硫酸四氨合铜（Ⅱ）	
$[CoCl_2(NH_3)_3H_2O]Cl$	氯化二氯·三氨·水合钴（Ⅲ）	
$[Zn(OH)(H_2O)_3]Cl$	氯化羟·三水合锌（Ⅱ）	配位盐
$K_4[Fe(CN)_6]$	六氰合铁（Ⅱ）酸钾	
$K[FeCl_2(OX)(en)]$	二氯·草酸根·乙二胺合铁（Ⅲ）酸钾	
$K[Au(OH)_4]$	四羟合金（Ⅲ）酸钾	
$H[AuCl_4]$	四氯合金（Ⅲ）酸	
$H_2[PtCl_4]$	四氯合铂（Ⅱ）酸	配位酸
$H_2[PtCl_6]$	六氯合铂（Ⅳ）酸	
$[Ag(NH_3)_2]OH$	氢氧化二氨合银（Ⅰ）	配位碱
$[Cu(NH_3)_4](OH)_2$	氢氧化四氨合铜（Ⅱ）	
$[CoCl_3(NH_3)_3]$	三氯·三氨合钴（Ⅲ）	中性配合物
$[Cr(OH)_3(H_2O)(en)]$	三羟·水·乙二胺合铬（Ⅲ）	

有些配合物有其习惯上沿用的名称，不一定符合命名规则，例如：

$[Cu(NH_3)_4]^{2+}$	铜氨(配)离子
$K_4[Fe(CN)_6]$	亚铁氰化钾(黄血盐)
$K_3[Fe(CN)_6]$	铁氰化钾(赤血盐)

8.2　配位化合物中的化学键

配位化合物的主体是内界，配位化合物的化学键理论主要讨论内界中配位体与中心离(原)子之间的化学键，以及由此而形成的空间几何构型，即配位单元的空间构型。自 20 世纪 20 年代提出配位键概念以后，对于配合物中化学键的本质，已发展的主要理论有：价键理论、晶体场理论、配位场理论和分子轨道理论。本书将对价键理论作和晶体场理论做一简介。

8.2.1　价键理论

1. 配位键

在配位化合物中，配位体中的配位原子提供孤对电子进入中心离子(或原子)空的轨道形成配位键。通常以 L→M 表示，其中配位体 L 为电子对给予体，配合物中心离子 M 为电子对接受体。例如铜氨配离子$[Cu(NH_3)_4]^{2+}$中配位体NH_3分子与中心离子Cu^{2+}之间就是靠NH_3分子中 N 原子提供孤对电子进入Cu^{2+}的空轨道而与Cu^{2+}共用，形成$Cu\leftarrow NH_3$配位键，进而形成稳定的配离子：

$$\left[\begin{array}{c} NH_3 \\ \downarrow \\ H_3N\rightarrow Cu \leftarrow NH_3 \\ \uparrow \\ NH_3 \end{array}\right]^{2+}$$

1928 年鲍林把杂化轨道理论应用到配合物中，提出了配合物的价键理论。

2. 杂化轨道与配合物的磁性及空间构型

配位化合物的空间构型是指配位单元的空间构型。在配位单元中，由于配体之间的排斥作用，配体之间应尽可能远离，保持能量最低。按照价键理论，在配合物形成时，除了配位体具有孤对电子和中心离子（或原子）具有空的价层轨道外，中心离子（或原子）的空轨道必须首先经过杂化，形成具有特征空间构型的简并轨道。配体的孤电子对向这些简并轨道配位，形成具有特定空间构型的配位单元。因此，配位单元的构型由中心空轨道的杂化方式决定的。对于常见不同配位数的过渡金属配合物，其特定空间构型和磁性，很容易用鲍林的杂化轨道理论来说明。

（1）二配位的配离子。配位数为 2 的配离子常呈直线形构型。例如，$[Ag(NH_3)_2]^+$、$[Cu(NH_3)_2]^+$和$[Au(CN)_2]^-$等，现以$[Ag(NH_3)_2]^+$为例来讨论。

Ag^+的外电子层结构为：

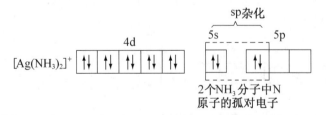

实验测得，$[Ag(NH_3)_2]^+$的磁矩为 0，和Ag^+一样，没有未成对电子。可以看出，Ag^+与 2 个NH_3分子形成配离子时，将提供 1 个 5s 空轨道和 1 个 5p 空轨道来接受NH_3分子中的孤对电子。

为了增加成键能力，$[Ag(NH_3)_2]^+$中的Ag^+采取 sp 杂化，形成了 2 个 sp 杂化轨道，分别与 2 个NH_3分子形成配位键，因此$[Ag(NH_3)_2]^+$具有直线形构型。

（2）四配位的配离子。配位数为 4 的配离子的空间构型有两种：四面体和平面正方形。例如$[Ni(NH_3)_4]^{2+}$、$[Zn(NH_3)_4]^{2+}$具有正四面体构型；$[Ni(CN)_4]^{2-}$、$[Pt(NH_3)_4]^{2+}$具有平面正方形构型。现以$[Ni(NH_3)_4]^{2+}$和$[Ni(CN)_4]^{2-}$为例来讨论：

Ni^{2+}的外电子层结构为：

从实验测得 Ni^{2+} 和 $[Ni(NH_3)_4]^{2+}$ 的磁矩,知道 Ni^{2+} 和 $[Ni(NH_3)_4]^{2+}$ 的电子层结构中都有两个未成对电子,这就是说,Ni^{2+} 与 NH_3 形成 $[Ni(NH_3)_4]^{2+}$ 时,3d 轨道上电子排布没有发生变化,因此 Ni^{2+} 将提供 1 个 4s 轨道和 3 个 4p 轨道来接受 NH_3 分子中 N 的孤对电子:

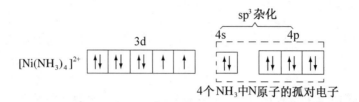

为了增加成键能力,$[Ni(NH_3)_4]^{2+}$ 中的 Ni^{2+} 采取 sp^3 杂化,形成了 4 个 sp^3 杂化轨道与 4 个 NH_3 成键,因此 $[Ni(NH_3)_4]^{2+}$ 具有正四面体构型。

对于 $[Ni(CN)_4]^{2-}$,实验测得 $\mu=0$,说明其中已没有未成对的电子,可以推知 Ni^{2+} 的 3d 轨道上两个未成对的电子将偶合成对,而空出 1 个 3d 轨道。因此 Ni^{2+} 与 4 个 CN^- 形成配离子时,将提供 1 个 3d 轨道、1 个 4s 轨道和 2 个 4p 轨道来接受 CN^- 中 C 原子的孤对电子。

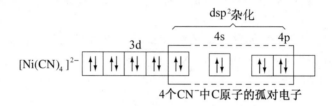

为了增加成键能力,$[Ni(CN)_4]^{2-}$ 中 Ni^{2+} 的 1 个 3d 轨道、1 个 4s 轨道、2 个 4p 轨道采取 dsp^2 杂化,4 根 dsp^2 杂化轨道指向平面正方形的四个顶点,所以 $[Ni(CN)_4]^{2-}$ 具有平面正方形构型。

(3) 六配位的配离子。配位数为 6 的配离子大多为八面体构型。例如,$[CoF_6]^{3-}$、$[Co(NH_3)_6]^{3+}$、$[FeF_6]^{3-}$ 和 $[Fe(CN)_6]^{4-}$ 等,现以 $[CoF_6]^{3-}$ 和 $[Co(NH_3)_6]^{3+}$ 为例来讨论。

Co^{3+} 的外电子层结构为:

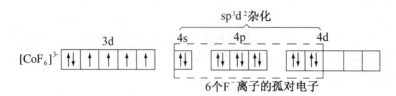

实验测得 $[CoF_6]^{3-}$ 与 Co^{3+} 有相同的磁矩,所以它应具有与 Co^{3+} 相等的未成对电子数,其电子排布必定是:

即 6 个 F^- 的孤对电子进入中心离子杂化了的 sp^3d^2 轨道。而 $[Co(NH_3)_6]^{3+}$ 显示逆磁性,应该没有未成对电子,它的电子排布是:

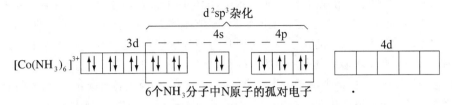

这里中心离子接受电子对的是 d^2sp^3 杂化轨道。即原来 Co^{3+} 3d 轨道中的 6 个电子都偶合成对，空出 2 个 3d 轨道参与杂化。

在这些六配位的配合物中，用来接受配位体孤对电子的中心离子的原子轨道都是 2 个 d 轨道、1 个 s 轨道和 3 个 p 轨道，这 6 个原子轨道相互混合组成 6 个相等的杂化轨道（分别为 sp^3d^2 和 d^2sp^3）。这些杂化轨道指向正八面体的 6 个顶点以接受配位体提供的孤对电子，形成正八面体构型的配合物。

3. 外轨型配合物和内轨型配合物

在配离子 $[Ni(NH_3)_4]^{2+}$、$[CoF_6]^{3-}$ 中，中心离子 Ni^{2+}、Co^{3+} 分别以 ns、np 和 ns、np、nd 轨道组成 sp^3 和 sp^3d^2 杂化轨道与配位体成键。这种情况下，中心离子原来的电子构型并未改变，配位体的孤对电子好像只是简单地"投入"中心离子的外层轨道，这样形成的配合物称外轨型配合物。外轨型配合物中的配位键共价性较弱，离子性较强。又由于外轨型配合物的中心离子仍保持原有的电子构型，未成对的电子数没有改变，故磁矩较大。

在配离子 $[Ni(CN)_4]^{2-}$ 和 $[Co(NH_3)_6]^{3+}$ 中，中心离子 Ni^{2+}、Co^{3+} 均以 $(n-1)d$、ns、np 轨道分别组成 dsp^2、d^2sp^3 杂化轨道与配位体成键。这种情况下，中心离子原来的电子构型发生改变，配位体的电子好像"插入"了中心离子的内层轨道，这样形成的配合物称为内轨型配合物。内轨型配合物中配位键的共价性较强，离子性较弱。同时内轨型配合物因中心离子的电子构型发生改变，未成对电子减少，甚至电子完全成对，磁矩降低，甚至变为零，呈逆磁性。

由于 $(n-1)d$ 轨道比 nd 轨道的能量低，所以一般内轨型配合物比外轨型配合物较为稳定。

[例 1] 实验测得 $[FeF_6]^{3-}$ 的磁矩 $\mu=5.88$ BM，试据此推测此配离子的 (1) 空间构型；(2) 未成对电子数；(3) 中心离子轨道杂化方式；(4) 属内轨型还是外轨型配合物。

解 (1) 由题给配离子的化学式可知是六配位配离子，应为正八面体空间构型。

(2) 按 $\mu=\sqrt{n(n+2)}=5.88$，可以解得 $n=4.96$，非常接近 5，一般按自旋公式求得的 n 取其最接近的整数，即为未成对电子数。这样，$[FeF_6]^{3-}$ 中的未成对电子数应为 5。

(3) 根据未成对电子数为 5，对 $[FeF_6]^{3-}$ 而言，这 5 个电子必然自旋平行分占 Fe^{3+} 的 5 个 d 轨道，所以中心离子 Fe^{3+} 只能采取 sp^3d^2 的杂化方式，形成 6 个 sp^3d^2 杂化轨道来接受 6 个配体 F^- 提供的孤对电子，其外电子层结构为

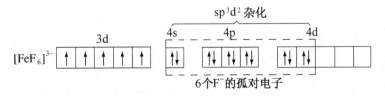

(4) 中心离子 Fe^{3+} 采用 sp^3d^2 杂化方式，配体提供的孤对电子进入中心离子的外层杂化轨道，所以是外轨型配合物。

　　总起来说,价键理论认为,配合物形成过程中,配位体的孤对电子并非简单地进入中心离子原来的空轨道,而是经过中心离子空轨道的杂化,配位体的孤对电子进入杂化后的空轨道,形成一定数目的配位键。中心离子的各个杂化轨道具有相等的能量,所以配合物中各配位键通常也是等价的。每一个杂化轨道还具有一定的方向性,配位体的孤对电子只能按照一定方向靠近每一杂化轨道而形成配位键,结果由于杂化轨道的类型不同就构成了各种配位数、各种特定空间构型的配合物。又由于轨道杂化时常会改变中心离子的未成对电子数,使所构成的配合物的磁性也常与中心离子原来的磁性有很大的改变。因此,配合物中心离子的配位数、配离子的空间构型及其磁性等都与形成配位键时所用的杂化轨道有关。表 8-2 列出了中心离子配位数、杂化轨道类型及离子空间构型的关系,同时列出具有相同空间构型的简单化合物,以资比较。

表 8-2　杂化轨道与配合物空间构型的关系

配位数	杂化轨道类型	空间构型	配合物举例	简单化合物举例
2	sp	直线型	$[Ag(NH_3)_2]^+$　$[Ag(CN)_2]^-$　4d　5s　5p　sp	$BeCl_2$
3	sp^2	平面三角型	$[CuCl_3]^{2-}$　$[Cu(CN)_3]^{2-}$　3d　4s　4p　sp^2	BF_3
4	dsp^2	平面正方型	$[Ni(CN)_4]^{2-}$　Pt(Ⅱ)Pd(Ⅱ)配合物　$(n-1)d$　ns　np　dsp^2	XeF_4
	sp^3	正四面体型	$[Co(SCN)_4]^{2-}$　Zn(Ⅱ)Cd(Ⅱ)配合物　3d　4s　4p　sp^3	CH_4　$SiCl_4$
5	dsp^3	三角双锥体型	$[Ni(CN)_5]^{3-}$　$Fe(CO)_5$　3d　4s　4p　dsp^3	PCl_5
6	sp^3d^2	正八面体型	$[CoF_6]^{3-}$　$[FeF_6]^{4-}$　4s　4p　4d　sp^3d^2	SF_6
	d^2sp^3		$[Fe(CN)_6]^{4-}$　$[Co(NH_3)_6]^{3+}$　3d　4s　4p　d^2sp^3	

鲍林的价键理论成功地说明了配合物的结构和磁性，也得到磁矩测定的实验佐证，因而至今仍常常应用。但是，由于价键理论仅着重考虑配合物的中心离子轨道的杂化情况，而没有考虑到配位体对中心离子的影响，因此在说明配合物的一系列性质时，就会遇到困难。譬如，配合物为什么会有外轨型和内轨型之分？一些配离子的特征颜色是怎样产生的？在配合物的形成过程中，某些热力学性质又是如何计算的等。这些都是价键理论无法做出合理解释的，而晶体场理论却可进一步做出较好的说明。

8.2.2　晶体场理论

晶体场理论(crystal field theory)是由贝蒂(H. Bethe)和范·弗雷克(J. H. Van Vleck)于1929 年首先提出的。

1. 晶体场理论的基本要点

(1) 晶体场理论认为，配合物的中心(正)离子与配位体(负离子或偶极分子的负端)之间的作用，类似于离子晶体中正、负离子之间的静电作用力，带正电的中心离子处于配位体的负电荷所形成的晶体场之中，晶体场理论也因此得名。

(2) 晶体场理论认为中心离子价电子层中的 d 电子，会受到配位体所形成的非球形对称电场力的作用，造成原来能量相同的 5 个 d 轨道的能量发生分裂，形成能级不同的几组轨道，这就是 d 轨道的能级分裂。

(3) 由于 d 轨道的分裂，d 轨道上的电子将重新排布，优先占据能量最低的轨道，往往使体系的总能量有所降低。

2. 中心离子 d 轨道的分裂、分裂能

现以八面体构型的配合物为例来讨论。我们已经学过 d 轨道在空间的分布状态有五种，这五个不同空间伸展方向的 d 轨道具有相同的能量。在球形对称的负静电场作用下，由于静电排斥作用，这五个 d 轨道的能量会升高，但由于球形对称场各个方向所产生的排斥作用相等，所以五个 d 轨道的能量升高也相等，因而不会产生分裂，如图 8-2(a)及图 8-2(b)所示。在八面体构型的配合物中，当六个配位体(负离子或 NH_3、H_2O 等极性分子的负端)沿 $\pm x$、$\pm y$、$\pm z$ 的方向接近中心离子时配位体便形成一个八面体晶体场。在此晶体场中，中心离子的 d_{z^2} 和 $d_{x^2-y^2}$ 轨道正好与配位体处于迎头相撞(图 8-3)，其电子云受到配位体负电的排斥作用最大，因而这两个轨道的能量比在球形对称场中的能量要高[图 8-2(c)]。而 d_{xy}、d_{yz}、d_{xz} 则恰巧处于配位体的空隙之间，所以这三个轨道的电子云受到的排斥作用较小，因此这三个轨道能量比在球形对称场中的能量要低，如图 8-3 和图 8-2(c)所示，这样便造成 d 轨道的分裂。五个能量相等的 d 轨道分裂成两组：一组是能量较高的 d_{z^2} 和 $d_{x^2-y^2}$，称为 d_γ[或(e_g)]轨道；另一组是能量较低的 d_{xy}、d_{xz}、d_{yz}，称为 d_ε(或 t_{2g})轨道[图 8-2(c)]。d_ε 和 d_γ 为光谱学符号；e_g 和 t_{2g} 是群论符号。这两组轨道之间的能量差称为分裂能(splitting energy)，通常用符号 Δ 表示。对八面体的分裂能，用 Δ_0 表示，也可将 Δ_0 分为 10 等分，每等分为 $1D_q$，则 $\Delta_0 = 10D_q$。以球形场中的 5 个简并的 d 轨道的能量为零点，可以计算出在晶体场中分离后的 d 轨道的能量，电场对称性的改变不影响 d 轨道的总能量，d 轨道分裂后，5 个 d 轨道的总能量仍与球形场的总能量一致，等于零。即所有 d_γ 和 d_ε 的轨道的总能量等于零，因此有：

$$分裂能 \qquad \Delta_0 = E_{d_\gamma} - E_{d_\varepsilon} = 10D_q$$
$$总能量 \qquad 2E_{d_\gamma} + 3E_{d_\varepsilon} = 0 \qquad (d_\gamma 有两个轨道，d_\varepsilon 有三个轨道)$$

将上面两式联立求解，即得每一个 d_γ(或 d_ε)轨道的能量(即 E_{d_γ} 和 E_{d_ε})：

$$E_{d_r} = \frac{3}{5}\Delta_0 = 6D_q \quad (\text{比分裂前高 } 6D_q)$$

$$E_{d_\varepsilon} = -\frac{2}{5}\Delta_0 = -4D_q (\text{比分裂前低 } 4D_q)$$

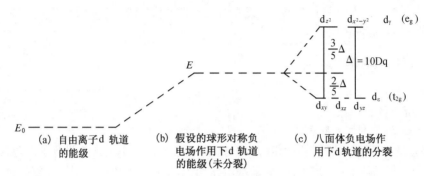

图 8-2　八面体场中 d 轨道的分裂

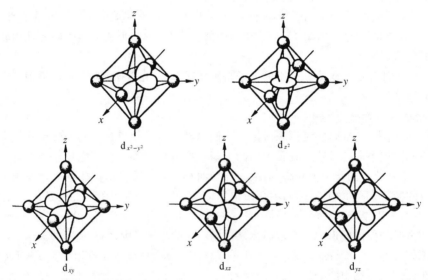

图 8-3　正八面体配位化合物中心离子的 d 轨道和配位体的相对位置

影响分裂能的因素主要有中心离子的电荷和半径、配位体的性质，大体有如下规律：

（1）中心离子的电荷和半径。当配位体相同时，同一中心离子的电荷越高，分裂能 Δ_0 值越大，一般三价水合离子比二价水合离子的 Δ_0 值约大 $40\%\sim80\%$。例如：

$$[Fe(H_2O)_6]^{2+} \qquad \Delta_0 = 10\ 400\ cm^{-1}①$$

$$[Fe(H_2O)_6]^{3+} \qquad \Delta_0 = 13\ 700\ cm^{-1}$$

电荷相同的中心离子，半径越大，d 轨道离核越远，越易在外电场作用下改变其能量，分裂能 Δ_0 值也越大。同族同价离子的 Δ_0 值，第五周期大于第四周期（约增大 $40\%\sim50\%$），第六周期大于第五周期（约增大 $20\%\sim30\%$），例如：

---

① 分裂能可从光谱实验数据求得，其单位常用 cm^{-1} 或 $kJ\cdot mol^{-1}$ 表示，两者换算关系为：$1\ cm^{-1} \approx 1.196\ 2\times 10^{-2}\ kJ\cdot mol^{-1}$，$1\ kJ\cdot mol^{-1} = 83.6\ cm^{-1}$。

$$[Co(NH_3)_6]^{3+} \qquad \Delta_0 = 22\ 900\ cm^{-1}$$

$$[Rh(NH_3)_6]^{3+} \qquad \Delta_0 = 34\ 100\ cm^{-1}$$

$$[Ir(NH_3)_6]^{3+} \qquad \Delta_0 = 41\ 000\ cm^{-1}$$

（2）配位体的性质。对相同的中心离子而言，分裂能 Δ_0 值可因配位体场的强弱不同而异，场的强度愈高，Δ_0 值愈大。对八面体配合物讲，不同配位体的场强按下列顺序增大：

$$I^- < Br^- < Cl^- \sim SCN^- < F^- < OH^- \sim NO_2 \sim HCOO^- （甲酸根）$$

$$< C_2O_4^{2-} （草酸根）< H_2O < NCS^- < EDTA < NH_3 < en（乙二胺）< SO_3^{2-} < NO_2^- < CN^- < CO$$

该顺序是总结了配合物光谱实验数据而得，因而称为光谱化学序列或分光化学序列（spectrochemical series）。由此序列可见，配位体可分为强场配位体（如 CN^-）和弱场配位体（如 I^-、Br^-、Cl^-、SCN^-[①]、F^- 等）。但是要将配体强弱划分明确界线是困难的。

若按配位原子而言，Δ_0 的大小有如下大体规律：

$$I < Br < Cl < F < O < N < C$$

3. 分裂后中心离子的 d 电子排布与配合物的磁性

中心离子的 d 电子在分裂后 d 轨道中的排布，除应遵守能量最低原理和洪特规则外，还会受到分裂能的影响。

在八面体场中，当中心离子具有 1～3 个 d 电子时，这些电子必然都排布在能级较低的 d_ε 轨道上，而且自旋平行，不受轨道分裂的影响。

若中心离子的 d 电子数为 4，则可能有两种不同的排布方式：一种是第四个电子进入能级较高的 d_γ 轨道，形成具有未成对电子数较多的高自旋排布，这个电子必须具有克服分裂能 Δ_0 的能量才能进入；另一种是第四个电子挤进一个 d_ε 轨道，与原来的一个电子偶合成对，形成未成对电子数较少的低自旋排布，这个电子势必受到原有电子的排斥，因而必须具有克服排斥作用的能量，才能进入轨道与原有电子偶合成对，这个能量称为电子成对能（pairing energy），常用 P 表示。究竟是形成高自旋排布还是低自旋排布，就取决于轨道分裂能 Δ_0 与电子成对能 P 的相对大小。

若 $\Delta_0 > P$，按能量最低原理，电子进入 d_ε 轨道，未成对电子数减少，形成的配合物是低自旋的，磁矩较小；

若 $\Delta_0 < P$，电子进入 d_γ 轨道，未成对电子数增多，形成的配合物是高自旋的，磁矩较大。在正八面体配位场中 d^4 电子排布情况如图 8-4 所示。

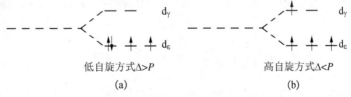

低自旋方式 $\Delta > P$ 　　　　　高自旋方式 $\Delta < P$

(a) 　　　　　　　　　　(b)

图 8-4　在正八面体配位场中 d^4 电子排布情况

不同的中心离子，电子成对能 P 不同，但相差不大。但分裂能则因中心离子的不同而相差较大，尤其是随配位体场的强弱不同而有较大差异。这样，分裂后 d 轨道中电子的排布便主要

[①]　硫氰根 SCN^- 中的 S、N 原子都可作为配位原子，视中心离子不同而异，可参阅软硬酸碱理论的资料。

取决于分裂能 Δ_0 的大小,亦即主要取决于配位体场的强弱。在弱场配位体作用下,Δ_0 值较小,电子将尽可能地分占不同轨道并保持自旋相同,这样才能减少电子成对能的需要而保持能量最低。因此弱场配位体形成的配合物将具有高自旋的结构,磁矩也较大。在强场配位体作用下,Δ_0 值较大,电子进入能级较低的 d_ε 轨道配对更能保持能量最低,所以强场配位体形成的配合物将具有低自旋的结构,磁矩也较小。表 8-3 列出了八面体场作用下中心离子 d 电子的排布情况。

从表 8-3 可以看出,对于八面体配合物,具有 $d^{1\sim3}$ 及 $d^{8\sim10}$ 电子的离子,不论配位体场的强弱,其 d 电子排布都一样(不可能有两种排布)。而具有 $d^{4\sim7}$ 电子的离子,则因配位体场强弱的不同,会有两种不同的 d 电子排布,形成的配合物磁性也不同。这正是 d 轨道在配位体场作用下发生分裂,而分裂能 Δ_0 与成对能 P 的相对大小不同所导致的必然结果。

表 8-3　在强弱配位场中 d^n 电子排布情况

构　型	d电子数	弱　场　排　布		强　场　排　布	
		d_ε	d_γ	d_ε	d_γ
正八面体	1	↑		↑	
	2	↑ ↑		↑ ↑	
	3	↑ ↑ ↑		↑ ↑ ↑	
	4	↑ ↑ ↑	↑	↑↓ ↑ ↑	
	5	↑ ↑ ↑	↑ ↑	↑↓ ↑↓ ↑	
	6	↑↓ ↑ ↑	↑ ↑	↑↓ ↑↓ ↑↓	
	7	↑↓ ↑↓ ↑	↑ ↑	↑↓ ↑↓ ↑↓	↑
	8	↑↓ ↑↓ ↑↓	↑ ↑	↑↓ ↑↓ ↑↓	↑
	9	↑↓ ↑↓ ↑↓	↑↓ ↑	↑↓ ↑↓ ↑↓	↑↓ ↑
	10	↑↓ ↑↓ ↑↓	↑↓ ↑↓	↑↓ ↑↓ ↑↓	↑↓ ↑↓

4. 晶体场稳定化能

在配位体场的作用下,中心离子 d 轨道发生分裂,d 电子进入分裂后各轨道的总能量通常要比未分裂前(即球形场中)的总能量低。这样就使生成的配合物具有一定的稳定性。而这一总能量降低,就称为晶体场稳定化能(Crystal Field Stabilization Energy,用 CFSE 表示)。例如 Fe^{2+} 离子有 6 个 d 电子,它在弱八面体场{如$[Fe(H_2O)_6]^{2+}$}中,因 $\Delta_0 < P$ 而采取高自旋结构 $d_\varepsilon^4 d_\gamma^2$,其总能量即为:

$$CFSE = 4E_{d_\varepsilon} + 2E_{d_\gamma} = 4 \times (-4D_q) + 2 \times 6D_q = -4D_q$$

这表明分裂后比分裂前($E=0$)的总能量下降 $4D_q$。如果 Fe^{2+} 在强八面体场{如$[Fe(CN)_6]^{4-}$中},因 $\Delta_0 > P$ 而采取低自旋结构 $d_\varepsilon^6 d_\gamma^0$,其总能量为

$$CFSE = 6 \times (-4D_q) + 2P = -24D_q + 2P$$

总能量下降更多,表明配合物更稳定。事实上$[Fe(CN)_6]^{4-}$ 确比$[Fe(H_2O)_6]^{2+}$ 稳定得多。表 8-4 列出了 $d^{0\sim10}$ 离子的晶体场稳定化能。

表 8-4　八面体场中离子的稳定化能 CFSE

d^n	d^0	d^1	d^2	d^3	d^4	d^5	d^6	d^7	d^8	d^9	d^{10}
弱场	$0D_q$	$-4D_q$	$-8D_q$	$-12D_q$	$-6D_q$	$0D_q$	-4	-8	-12	-6	0
强场	$0D_q$	$-4D_q$	$-8D_q$	$-12D_q$	$-16D_q+P$	$-20D_q+2P$	$-24D_q+2P$	$-18D_q+P$	$-12D_q$	$-6D_q$	$0D_q$

由配位体的晶体场作用于中心离子而产生的晶体场稳定化能,是所形成的配离子具有相当稳定性的能量基础。

5. 晶体场理论应用示例

(1) 配合物的颜色。过渡金属配合物一般具有颜色,这可用晶体场理论来解释。

我们知道,物质的颜色是由于它选择性地吸收可见光(波长 400~700 nm)中某些波长的光线而产生的。当白光投射到物体上,如果全部被物体吸收,就呈黑色;如果全部反射出来,物体就呈白色;如果只吸收可见光中某些波长的光线,则剩余的未被吸收的光线的颜色就组成该物体的颜色。图 8-5 表示物质的颜色与它所吸收的色光波长的关系。

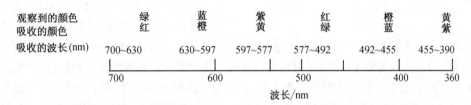

图 8-5　吸收光的波长与物质颜色的关系

配合物的颜色也是由于它选择性地吸收了可见光中一定波长的光线。过渡金属离子一般具有未充满的 d 轨道,而在配位体场作用下又发生了能级分裂,因此电子就有可能从较低能级的轨道向较高能级的轨道跃迁(如八面体场中电子从 $d_ε$ 轨道向 $d_γ$ 轨道跃迁)。这种跃迁称为 d-d 跃迁。发生 d-d 跃迁所需的能量就是轨道的分裂能 Δ_0,尽管不同配合物的 Δ 不同,但其数量级一般都在近紫外和可见光的能量范围之内。不同配合物(晶体或溶液)由于分裂能 Δ 的不同,发生 d-d 跃迁所吸收光的波长也不同,结果便产生不同的颜色。例如 $[Ti(H_2O)_6]^{3+}$ 的吸收光谱在 490.2 nm 处有一最大吸收峰(图 8-6)。相当于吸收了白光的蓝绿成分,而吸收最少的是紫色及红色成分,结果使 $[Ti(H_2O)_6]^{3+}$ 呈紫红色,而这一最大吸收的能量相当于 20 400 cm^{-1},它就是电子从 $d_ε$ 跃迁到 $d_γ$ 时吸收的能量,所以 $[Ti(H_2O)_6]^{3+}$ 的分裂能 $\Delta_0 = 20\ 400\ cm^{-1}$ (244 kJ·mol^{-1})。

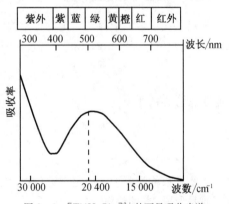

图 8-6　$[Ti(H_2O)_6]^{3+}$ 的可见吸收光谱

(2) 过渡金属离子的水合热。

对于第四周期的 +2 价金属离子而言,都容易与水形成六配位八面体构型的水合离子 $[M(H_2O)_6]^{2+}$ 而放出能量,从 Ca^{2+} 到 Zn^{2+},其中 d 电子数从 0 增大到 10,离子半径逐渐减小,因此,它们的水合离子中,金属离子与水分子将结合得愈牢,其水合热应有规律地增大,见图 8-7 中的虚线。但是实验测得的水合热并非如此,而是如图 8-7 中实线所示,出现了两个小"山峰"。这一"反常"现象可以从晶体场稳定化能得到满意的定量解释。

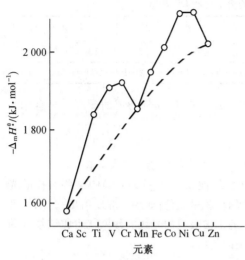

图 8-7 第四周期过渡元素离子 $M^{2+}(g)$ 的水合热

由前面表 8-4 所述的晶体场稳定化能可见，对于弱八面体场的水合离子来说，$d^0(Ca^{2+})$、$d^5(Mn^{2+})$ 和 $d^{10}(Zn^{2+})$ 的 CFSE=0，这些离子的水合热是"正常"的，其实验值均落在图中的虚线上。其他离子（相应于 $d^{2\sim4}$ 及 $d^{6\sim9}$）的水合热，由于都有相应的稳定化能，而使实验结果成为图中实线那样出现"双峰"现象。如果把各个水合离子的 CFSE 从水合热的实验值中一一扣去，相应的各点将落在图中虚线上。这就证明实验曲线之所以"反常"，是由晶体场稳定化能所造成的，它正反映了配离子的 CFSE 是随 d 电子数目的变化而变化的规律，同时，也是晶体场理论具有一定定量准确性的又一例证。

晶体场理论能够说明配合物的磁性、颜色及某些热力学性质，并有一定的定量准确性，这无疑要比价键理论大大地前进了一步。然而它也有明显的不足之处。如晶体场理论把配位体与中心离子之间的作用看为纯粹静电性的，这显然与许多配合物中明显的共价性质不相符合的，尤其不能解释像 $Fe(CO)_5$ 这类中性原子形成的配合物，另外也无法解释由晶体场理论导出的光谱化学序列等，后来在该理论的基础上又形成了配位场理论和分子轨道理论，在本书中对此不做介绍。

8.3 配合物在水溶液中的平衡

8.3.1 配合物的稳定常数

配离子在水溶液中存在一定的稳定性，但也能发生少量解离。向硫酸铜溶液中加入过量氨水，将形成配位单元 $[Cu(NH_3)_4]^{2+}$，它和中心离子 Cu^{2+} 及配体 NH_3 之间存在下列平衡：

$$Cu^{2+}+4NH_3 \rightleftharpoons [Cu(NH_3)_4]^{2+}$$

其平衡常数表达式为

$$K_{\text{稳}}^{\ominus}=\frac{[Cu(NH_3)_4^{2+}]}{[Cu^{2+}][NH_3]^4}$$

这个平衡常数称配离子的稳定常数（或形成常数），通常用 $K_{\text{稳}}^{\ominus}$（或 $K_{\text{f}}^{\ominus}$）来表示，$K_{\text{稳}}^{\ominus}$ 越大，表示配离子越易形成，本身越稳定。

在溶液中配离子的形成一般是分步进行的，相应于配离子的各步形成，在溶液中存在一系列的平衡，对应于这些平衡也有一系列的稳定常数。仍以 $[Cu(NH_3)_4]^{2+}$ 为例。则有：

$$Cu^{2+}+NH_3 \rightleftharpoons [Cu(NH_3)]^{2+}$$

$$K_1^{\ominus}=\frac{[Cu(NH_3)^{2+}]}{[Cu^{2+}]\times[NH_3]}$$

$$[Cu(NH_3)]^{2+}+NH_3 \rightleftharpoons [Cu(NH_3)_2]^{2+}$$

$$K_2^\ominus = \frac{[\text{Cu}(\text{NH}_3)_2^{2+}]}{[\text{Cu}(\text{NH}_3)^{2+}] \times [\text{NH}_3]}$$

$$[\text{Cu}(\text{NH}_3)_2]^{2+} + \text{NH}_3 \rightleftharpoons [\text{Cu}(\text{NH}_3)_3]^{2+}$$

$$K_3^\ominus = \frac{[\text{Cu}(\text{NH}_3)_3^{2+}]}{[\text{Cu}(\text{NH}_3)_2^{2+}] \times [\text{NH}_3]}$$

$$[\text{Cu}(\text{NH}_3)_3]^{2+} + \text{NH}_3 \rightleftharpoons [\text{Cu}(\text{NH}_3)_4]^{2+}$$

$$K_4^\ominus = \frac{[\text{Cu}(\text{NH}_3)_4^{2+}]}{[\text{Cu}(\text{NH}_3)_3^{2+}] \times [\text{NH}_3]}$$

$K_1^\ominus$、$K_2^\ominus$、$K_3^\ominus$、$K_4^\ominus$ 称为配离子的逐级稳定常数。逐级稳定常数的连乘积等于总稳定常数,即 $K_稳^\ominus$

$$K_稳^\ominus = K_1^\ominus \cdot K_2^\ominus \cdot K_3^\ominus \cdot K_4^\ominus$$

有时也用配合物的不稳定常数来表示配位解离平衡,如:

$$[\text{Cu}(\text{NH}_3)_4]^{2+} \rightleftharpoons \text{Cu}^{2+} + 4\text{NH}_3$$

其平衡常数表达式为

$$K_{不稳}^\ominus = \frac{[\text{Cu}^{2+}][\text{NH}_3]^4}{[\text{Cu}(\text{NH}_3)_4^{2+}]}$$

这个平衡常数称配离子的不稳定常数(或解离常数),通常用 $K_{不稳}^\ominus$(或 $K_d^\ominus$)来表示。$K_{不稳}^\ominus$ 愈大,表示配离子越易解离,即愈不稳定。

实质上,不稳定常数和稳定常数只是表示同一事物的两个方面,它们互为倒数,因此对于任何配合物而言,只须用一种常数来表示它在水溶液中的稳定性即可。一些常见配离子的稳定常数列于表 8 - 5 和附录中。

表 8 - 5　某些配离子的稳定常数

配　离　子	$K_稳^\ominus$	配　离　子	$K_稳^\ominus$
$[\text{Ag}(\text{CN})_2]^-$	1.0×10^{21}	$[\text{Cu}(\text{CN})_2]^-$	1.0×10^{24}
$[\text{Ag}(\text{NH}_3)_2]^+$	1.12×10^7	$[\text{Fe}(\text{CNS})_2]^+$	2.29×10^3
$[\text{Ag}(\text{SCN})_2]^-$	3.72×10^7	$[\text{Fe}(\text{CN})_6]^{4-}$	1×10^{35}
$[\text{Ag}(\text{S}_2\text{O}_3)_2]^{3-}$	2.88×10^{13}	$[\text{Fe}(\text{CN})_6]^{3-}$	1×10^{42}
$[\text{AlF}_6]^{3-}$	6.31×10^{19}	$[\text{FeF}_6]^{3-}$	1×10^{16}
$[\text{Ca-EDTA}]^{2-}$	1.0×10^{10}	$[\text{HgCl}_4]^{2-}$	1.74×10^{15}
$[\text{Cd}(\text{CN})_4]^{2-}$	6.03×10^{18}	$[\text{HgI}_4]^{2-}$	6.76×10^{29}
$[\text{Cd}(\text{NH}_3)_4]^{2+}$	1.32×10^7	$[\text{Mg-EDTA}]^{2-}$	4.37×10^8
$[\text{Co}(\text{SCN})_4]^{2-}$	1.00×10^3	$[\text{Ni}(\text{CN})_4]^{2-}$	2.0×10^{31}
$[\text{Co}(\text{NH}_3)_6]^{2+}$	1.29×10^5	$[\text{Ni}(\text{NH}_3)_6]^{2+}$	5.50×10^8
$[\text{Co}(\text{NH}_3)_6]^{3+}$	1.58×10^{35}	$[\text{Zn}(\text{NH}_3)_4]^{2+}$	2.88×10^9
$[\text{Cu}(\text{NH}_3)_4]^{2+}$	2.09×10^{13}	$[\text{Zn}(\text{CN})_4]^{2-}$	3.98×10^{21}

配离子的逐级稳定常数相差不大,故要计算溶液中离子浓度时,必须考虑各级配离子的存在,计算比较复杂,但在实际工作中,一般总是使用过量的配位剂,即让配体过量,这样中心离子大部分处在最高配位数状态,而其他低配位数的各级配离子可忽略不计,只需用 $K_稳^\ominus$ 计算就大为

简化。

[例2] 已知 $[Cu(NH_3)_4]^{2+}$ 的 $K_{稳}^{\ominus}=2.09\times10^{13}$。若在 1.0 L、6.0 mol·$L^{-1}$ 氨水溶液中溶解 0.10 mol $CuSO_4$，求溶液中各组分的浓度。(假设溶解 $CuSO_4$ 后溶液的体积不变)

解 $CuSO_4$ 完全解离为 Cu^{2+} 及 SO_4^{2-}，假定所得的 Cu^{2+} 因有过量 NH_3 的存在完全生成 $[Cu(NH_3)_4]^{2+}$，则溶液中 $[Cu(NH_3)_4]^{2+}$ 的浓度应为 0.1 mol·L^{-1}，剩余的 $[NH_3]$ 浓度为：

$$[NH_3]=(6.0-0.10\times4)\text{mol·}L^{-1}=5.6\text{ mol·}L^{-1}$$

由于 $[Cu(NH_3)_4]^{2+}$ 在溶液中还存在解离平衡，设平衡时溶液中 $[Cu^{2+}]=x$ mol·L^{-1}，则：

$$Cu^{2+}+4NH_3\Longleftrightarrow[Cu(NH_3)_4]^{2+}$$

平衡浓度/mol·L^{-1} $\qquad\qquad x\quad 5.6+4x\qquad 0.1-x$

代入稳定常数表达式得：

$$K_{稳}^{\ominus}=\frac{[Cu(NH_3)_4^{2+}]/c^{\ominus}}{\{[Cu^{2+}]/c^{\ominus}\}\{[NH_3]/c^{\ominus}\}^4}=\frac{0.1-x}{x(5.6+4x)^4}=2.09\times10^{13}$$

由于 $K_{稳}^{\ominus}$ 很大，$[Cu(NH_3)_4]^{2+}$ 解离出来的离子一定很少，即 x 必然很小，可以认为：

$$0.10-x\approx0.10;5.6+4x\approx5.6,\text{于是可得：}$$

$$\frac{0.1}{x5.6^4}=2.09\times10^{13}$$

$$x=\frac{0.1}{5.6^4\times2.09\times10^{13}}=4.87\times10^{-18}$$

因此，溶液中各组分的浓度为：

$$[Cu^{2+}]=x=4.87\times10^{-18}\text{ mol·}L^{-1}$$

$$[NH_3]=5.6+4.87\times10^{-18}\times4\approx5.6\text{ mol·}L^{-1}$$

$$[Cu(NH_3)_4^{2+}]=0.10-4.87\times10^{-18}\approx0.10\text{ mol·}L^{-1}$$

$$[SO_4^{2-}]=0.10\text{ mol·}L^{-1}$$

[例3] 在上例溶液中，(1) 加入 1.0 mol·L^{-1} NaOH 10 mL，有无 $Cu(OH)_2$ 沉淀生成? (2) 加入 0.10 mol·L^{-1} Na_2S 1.0 mL，有无 CuS 沉淀生成? {已知，$K_{sp}^{\ominus}[Cu(OH)_2]=2.2\times10^{-20}$，$K_{sp}^{\ominus}(CuS)=6.3\times10^{-36}$}

解 (1) 加入 1.0 mol·L^{-1} NaOH 10 mL 溶液中 $[OH^-]$ 为

$$[OH^-]=\frac{1.0\times10}{1\,000+10}\approx0.10\text{ mol·}L^{-1}$$

$$[Cu^{2+}][OH^-]^2=4.87\times10^{-18}\times(0.01)^2=4.87\times10^{-22}<K_{sp}^{\ominus}[Cu(OH)_2]$$

所以无 $Cu(OH)_2$ 沉淀生成。

(2) 加入 0.10 mol·L^{-1} Na_2S 1.0 mL，溶液中 $[S^{2-}]$ 为

$$[S^{2-}]=\frac{1.0\times0.1}{1\,000+1.0}\approx10^{-4}\text{ mol·}L^{-1}$$

$$[Cu^{2+}][S^{2-}]=4.87\times10^{-18}\times10^{-4}=4.87\times10^{-22}>K_{sp}^{\ominus}(CuS)$$

所以有 CuS 沉淀生成。

如果 Na_2S 的量足够,便足以使 $[Cu(NH_3)_4]^{2+}$ 配离子完全破坏,$[Cu(NH_3)_4]^{2+}$ 配离子能几乎完全转化为 CuS 沉淀。

8.3.2　配位平衡与沉淀溶解平衡

许多金属离子,在溶液中会生成氢氧化物、硫化物或卤化物等沉淀。利用这些沉淀的生成,可以破坏溶液中的配离子。如上面例题中所述,在 $[Cu(NH_3)_4]^{2+}$ 配离子溶液中加入 Na_2S 生成 CuS 沉淀就是　例。同样,如果加入大量浓的 NaOH 也会生成 $Cu(OH)_2$ 沉淀而使 $[Cu(NH_3)_4]^{2+}$ 配离子被破坏。反之,利用配离子的生成也可使某些沉淀溶解。例如在 AgCl 沉淀中加入氨水,则由于生成了配离子 $[Ag(NH_3)_2]^+$,使溶液中 $[Ag^+]$ 降低,导致 $[Ag^+][Cl^-]<K_{sp}^{\ominus}(AgCl)$,当加入的 NH_3 足够时,可使 AgCl 沉淀完全溶解:

$$AgCl(s)+2NH_3 \Longrightarrow [Ag(NH_3)_2]^+ +Cl^-$$

如果在生成了 $[Ag(NH_3)_2]^+$ 的溶液中再引进 I^-(加入 KI),则由于 AgI 的 $K_{sp}^{\ominus}$ 比 AgCl 的小而生成 AgI 沉淀。在这个体系中再加入 KCN,则因 CN^- 可与 Ag^+ 形成更稳定的配离子 $[Ag(CN)_2]^-$ 而使 AgI 沉淀再溶解。这里不同的配离子与不同的沉淀交替形成,其实质是配位剂(NH_3 及 CN^-)与沉淀剂(Cl^- 及 I^-)对金属离子的争夺,究竟是生成配离子,还是生成沉淀,与配位剂和沉淀剂的争夺能力及其浓度有关。争夺能力的大小主要取决于配离子的稳定常数 $K_{稳}^{\ominus}$ 和难溶物的溶度积常数 $K_{sp}^{\ominus}$,哪一种能使游离金属离子浓度降得更低体系便向哪一方转化。

基于这一规律,Ag^+ 在水溶液中可以发生如下的沉淀及溶解转化:

$$Ag^+ \xrightarrow{Cl^-} AgCl\downarrow \xrightarrow{NH_3} [Ag(NH_3)_2]^+ \xrightarrow{Br^-} AgBr\downarrow \xrightarrow{S_2O_3^{2-}} [Ag(S_2O_3)_2]^{3-}$$
$$\text{(白色)} \qquad\qquad\qquad\qquad\qquad \text{(浅黄色)}$$
$$\xrightarrow{I^-} AgI\downarrow \xrightarrow{CN^-} [Ag(CN)_2]^- \xrightarrow{S^{2-}} Ag_2S\downarrow$$
$$\text{(黄色)} \qquad\qquad\qquad\qquad \text{(黑色)}$$

由上列转化可以看出争夺和束缚 Ag^+ 能力的次序为:

$$Cl^-<NH_3<Br^-<S_2O_3^{2-}<I^-<CN^-<S^{2-}$$

[例 4]　(1) 在 1.0 L 0.10 mol·L^{-1} $AgNO_3$ 溶液中加入 0.10 mol KCl,生成 AgCl 沉淀。若要使 AgCl 沉淀恰好溶解,问溶液中 NH_3 的浓度至少为多少?

(2) 在上述已溶解了 AgCl 沉淀的溶液中,加入 0.10 mol KI。问能否产生 AgI 沉淀?如能生成沉淀则至少须加入多少 KCN 才能使 AgI 沉淀恰好溶解?(假设在加入各试剂时溶液的体积不变)

已知:$K_{sp}^{\ominus}(AgCl)=1.77\times10^{-10}$;　　　　　$K_{sp}^{\ominus}(AgI)=8.52\times10^{-17}$
$K_{稳}^{\ominus}[Ag(NH_3)_2^+]=1.12\times10^7$;　　　　$K_{稳}^{\ominus}[Ag(CN)_2^-]=1.0\times10^{21}$

解　(1) AgCl 沉淀溶于氨水形成 $[Ag(NH_3)_2]^+$ 达到平衡时,$[Ag^+]$ 必须同时满足下列两个平衡关系式:

$$AgCl \Longrightarrow Ag^+ +Cl^- \qquad\qquad K_1^{\ominus}=[Ag^+][Cl^-]=K_{sp}^{\ominus}(AgCl)$$

$$Ag^+ +2NH_3 \Longrightarrow [Ag(NH_3)_2]^+ \qquad K_2^{\ominus}=\frac{[Ag(NH_3)_2^+]}{[Ag^+][NH_3]^2}=K_{稳}^{\ominus}[Ag(NH_3)_2^+]$$

两式相加即得 AgCl 溶于氨水的反应式

$$AgCl+2NH_3 \rightleftharpoons [Ag(NH_3)_2]^+ + Cl^-$$

$$K^\ominus = K_1^\ominus \cdot K_2^\ominus = K_{sp}^\ominus(AgCl) \times K_{稳}^\ominus[Ag(NH_3)_2^+]$$

要使 AgCl 完全溶解,则 Ag^+ 应基本上全部转化为 $[Ag(NH_3)_2]^+$ 配离子。因此可以假定溶液中 $[Ag(NH_3)_2^+]=[Cl^-]=0.10 \text{ mol} \cdot L^{-1}$,代入上式得

$$K^\ominus = \frac{[Ag(NH_3)_2^+][Cl^-]}{[NH_3]^2} = \frac{0.10 \times 0.10}{[NH_3]^2} = 1.12 \times 10^7 \times 1.77 \times 10^{-10} = 1.98 \times 10^{-3}$$

可解得 $[NH_3]=2.2 \text{ mol} \cdot L^{-1}$

考虑到生成 $0.10 \text{ mol} \cdot L^{-1} [Ag(NH_3)_2]^+$,还需 $0.20 \text{ mol} \cdot L^{-1} NH_3$,因此开始时溶液中 NH_3 的总浓度至少应在 $2.2+0.1 \times 2=2.4 \text{ mol} \cdot L^{-1}$ 以上,才能使 AgCl 沉淀完全溶解。

(2) AgCl 溶解后,溶液中 $[NH_3]$ 为 $2.2 \text{ mol} \cdot L^{-1}$,则 $[Ag^+]$ 应为:

$$K_{稳([Ag(NH_3)_2]^+)}^\ominus = \frac{[Ag(NH_3)_2^+]}{[Ag^+] \cdot [NH_3]^2} = \frac{0.1}{[Ag^+] \cdot 2.2^2}$$

$$[Ag^+]=1.8 \times 10^{-9} \text{ mol} \cdot L^{-1}$$

溶液中加入 0.10 mol KI 时,$[I^-]=0.10 \text{ mol} \cdot L^{-1}$,则:

$$[Ag^+][I^-]=1.8 \times 10^{-9} \times 0.10 = 1.8 \times 10^{-10} > K_{sp}^\ominus(AgI)$$

所以有 AgI 沉淀生成。

假定生成的 $0.10 \text{ mol} \cdot L^{-1}$ AgI 溶于 KCN,形成 $[Ag(CN)_2]^-$,达到平衡后:

$$AgI+2CN^- \longrightarrow [Ag(CN)_2]^- + I^-$$

$$K^\ominus = K_{sp}^\ominus(AgI) \times K_{稳}^\ominus[Ag(CN)_2^-]$$

$$= 8.52 \times 10^{-17} \times 1.0 \times 10^{21} = 8.52 \times 10^4$$

$$\frac{0.10 \times 0.10}{[CN^-]^2} = 8.52 \times 10^4$$

按照解(1)的同样方法,可求得溶液中 $[CN^-]$ 为 $0.000\,34 \text{ mol} \cdot L^{-1}$。则每升溶液中加入的 KCN 至少应为 $(0.2+0.000\,34) \text{ mol}$,才能使 AgI 溶解。

上面所述,实际上是配位平衡与沉淀平衡组成的多重平衡关系。在生产实际和科学实验中有广泛的应用。例如,摄影胶片上未感光的 AgBr 乳胶,应用 $Na_2S_2O_3$ 溶液来溶解而不宜用氨水;含有 $[Ag(S_2O_3)_2]^{3-}$ 配离子的废定影液,或者含有 $[Ag(CN)_2]^-$ 配离子的废电镀液,可以用转化为 Ag_2S 沉淀的方法来富集和回收银等。

8.3.3　配离子之间的平衡

当溶液中存在两种能与同一金属离子配位的配位体时,或者存在两种能与同一配位体配位的金属离子时,都会发生相互间的争夺及平衡转化。这种竞争及平衡转化主要取决于配离子稳定性的大小。一般平衡总是向生成配离子稳定性较大的方向转化,而两个配离子的稳定常数相差愈大,转化愈完全。

[例 5]　试求下列配离子转化反应的平衡常数,并讨论之:

$$(1)\ [Ag(NH_3)_2]^+ + 2CN^- \rightleftharpoons [Ag(CN)_2]^- + 2NH_3$$

$$(2)\ [Ag(NH_3)_2]^+ + 2SCN^- \rightleftharpoons [Ag(SCN)_2]^- + 2NH_3$$

已知：$K_{稳}^{\ominus}[Ag(NH_3)_2^+] = 1.12 \times 10^7$

　　　$K_{稳}^{\ominus}[Ag(CN)_2^-] = 1.0 \times 10^{21}$

　　　$K_{稳}^{\ominus}[Ag(SCN)_2^-] = 3.72 \times 10^7$

解　(1) 反应 $[Ag(NH_3)_2]^+ + 2CN^- \rightleftharpoons [Ag(CN_2)]^- + 2NH_3$ 的平衡常数表达方式：

$$K^{\ominus} = \frac{[Ag(CN)_2^-] \cdot [NH_3]^2}{[Ag(NH_3)_2^+] \cdot [CN^-]^2} = \frac{[Ag(CN)_2^-] \cdot [NH_3]^2}{[Ag(NH_3)_2^+] \cdot [CN^-]^2} \times \frac{[Ag^+]}{[Ag^+]}$$

$$= \frac{K_{稳}^{\ominus}[Ag(CN)_2^-]}{K_{稳}^{\ominus}[Ag(NH_3)_2^+]} = \frac{1.0 \times 10^{21}}{1.12 \times 10^7} = 8.9 \times 10^{13}$$

(2) 按(1)的同样方法。可求得反应

$$[Ag(NH_3)_2]^+ + 2SCN^- \rightleftharpoons [Ag(SCN)_2]^- + 2NH_3$$

的平衡常数：

$$K^{\ominus} = \frac{[Ag(SCN)_2^-] \cdot [NH_3]^2}{[Ag(NH_3)_2^+] \cdot [SCN^-]^2} = \frac{[Ag(SCN)_2^-] \cdot [NH_3]^2}{[Ag(NH_3)_2^+] \cdot [SCN^-]^2} \times \frac{[Ag^+]}{[Ag^+]}$$

$$= \frac{K_{稳}^{\ominus}[Ag(SCN)_2^-]}{K_{稳}^{\ominus}[Ag(NH_3)_2^+]} = \frac{3.72 \times 10^7}{1.12 \times 10^7} = 3.3$$

由上可知,配离子间转化反应的平衡常数等于转化后和转化前配离子的稳定常数之比。反应(1)中 $K_{稳}^{\ominus}[Ag(CN)_2^-]$ 比 $K_{稳}^{\ominus}[Ag(NH_3)_2^+]$,而且大得多,所以反应向右进行的倾向也大得多。反应(2)则由于两种配离子的稳定性相差不大,平衡常数也就不大,配离子的转化倾向也不太大。这类配离子之间的转化反应,是比较普通的,事实上,水溶液中的金属离子,基本上都是水合离子,因而一般配离子的形成反应也可看为水合配离子转化为特定配位体的配离子。例如反应：

$$[Fe(H_2O)_6]^{3+} + 6F^- \rightleftharpoons [FeF_6]^{3-} + 6H_2O$$

只是通常书写反应式时把 H_2O 省去而已。

8.3.4　配位平衡与氧化还原平衡

我们把金属 Cu 放在 Hg^{2+} 盐溶液中,Hg 就被置换出来：

$$Cu + Hg^{2+} \longrightarrow Hg + Cu^{2+}$$

但金属 Cu 铜却不能从含有 $[Hg(CN)_4]^{2-}$ 的溶液置换出 Hg,这是由于 Hg^{2+} 形成配离子 $[Hg(CN)_4]^{2-}$ 后,溶液中 Hg^{2+} 浓度大为降低,氧化能力因而也大为降低。这也可从它们的电极电势看出：

$$Hg^{2+} + 2e \rightleftharpoons Hg \qquad\qquad E^{\ominus} = 0.851\ V$$

$$[Hg(CN)_4]^{2-} + 2e \rightleftharpoons Hg + 4CN^- \qquad E^{\ominus} = -0.37\ V$$

金属离子形成配离子后，如同形成沉淀一样，溶液中离子浓度降低，因此氧化能力降低。这就是说，金属配离子-金属组成的电对，其电极电势比该金属离子-金属组成电对的电极电势要低。而形成的配离子愈稳定，则电极电势降低得愈多。因此，配离子的稳定常数和配离子-金属组成电对的电极电势之间有一定的关系，知道其中一个数值，可求算另一个数值。

[例6] 已知 $E^{\ominus}(Hg^{2+}/Hg)=0.851\ V$

$$K^{\ominus}_{稳}[Hg(CN)_4^{2-}]=2.51\times10^{41}$$

求算：$E^{\ominus}[Hg(CN)_4^{2-}/Hg]$。

解 本例可有几种不同求解方法。

解法一：由平衡 $[Hg(CN)_4]^{2-}\Longrightarrow Hg^{2+}+4CN^-$ 可得

$$K^{\ominus}_{稳}[Hg(CN)_4^{2-}]=\frac{[Hg(CN)_4^{2-}]}{[Hg^{2+}][CN^-]^4}$$

$$[Hg^{2+}]=\frac{[Hg(CN)_4^{2-}]}{K^{\ominus}_{稳}[Hg(CN)_4^{2-}]\cdot[CN^-]^4}$$

当 $[Hg(CN)_4^{2-}]$ 和 $[CN^-]$ 均为 $1\ mol\cdot L^{-1}$ 时，得

$$[Hg^{2+}]=\frac{1}{K^{\ominus}_{稳}[Hg(CN)_4^{2-}]}$$

代入电对 Hg^{2+}/Hg 的电极电势表达式，得

$$E(Hg^{2+}/Hg)=E^{\ominus}(Hg^{2+}/Hg)+\frac{0.059\ 2\ V}{2}\lg[Hg^{2+}]$$

$$=E^{\ominus}(Hg^{2+}/Hg)-\frac{0.059\ 2\ V}{2}\lg K^{\ominus}_{稳}[Hg(CN)_4^{2-}]$$

此电极电势就是电对 $[Hg(CN)_4]^{2-}/Hg$ 的标准电极电势，即

$$E^{\ominus}[Hg(CN)_4^{2-}/Hg]=E^{\ominus}(Hg^{2+}/Hg)-\frac{0.059\ 2\ V}{2}\lg K^{\ominus}_{稳}[Hg(CN)_4^{2-}]$$

$$=0.851-\frac{0.059\ 2\ V}{2}\lg(2.51\times10^{41})=-0.37\ V$$

解法二：$[Hg(CN)_4]^{2-}$ 在溶液中存在下列平衡

$$Hg^{2+}+4CN^-\Longrightarrow[Hg(CN)_4]^{2-}$$

将上述平衡两边各加上一个金属 Hg，则得

$$Hg^{2+}+4CN^-+Hg\Longrightarrow[Hg(CN)_4]^{2-}+Hg$$

此反应分解为两个电对，组成的原电池：

$$(-)Hg|[Hg(CN)_4]^{2-}(c^{\ominus}),CN^-(c^{\ominus})\parallel Hg^{2+}(c^{\ominus})|Hg(+)$$

正极反应为　　　$Hg^{2+}+2e\Longrightarrow Hg$　　　　　　　　$E_{正}=0.851\ V$

负极反应为　　　$Hg+4CN^-\Longrightarrow[Hg(CN)_4]^{2-}+2e$　　　$E_{负}=?$

电池反应为　　　$Hg^{2+}+4CN^-\Longrightarrow[Hg(CN)_4]^{2-}$　　　　$K^{\ominus}=K^{\ominus}_{稳}[Hg(CN)_4^{2-}]$

电池反应的平衡常数为

$$\lg K^{\ominus} = \frac{nE^{\ominus}}{0.059\ 2\ \text{V}} = \frac{n(E^{\ominus}_{\text{正}} - E^{\ominus}_{\text{负}})}{0.059\ 2\ \text{V}}$$

$$\lg(2.51 \times 10^{41}) = \frac{2 \times (0.851 - E^{\ominus}_{\text{负}})}{0.059\ 2}$$

解得 $E^{\ominus}_{\text{负}} = E^{\ominus}[\text{Hg(CN)}_4^{2-}/\text{Hg}] = -0.37\ \text{V}$

上述两种方法所得结果相同,表明只要基本概念清楚,可以通过不同途径来达到同样的求解结果。

由上例结果可见,金属离子形成配离子后,氧化能力降低,金属的还原性增强。例如:

金属离子氧化能力减弱 ↓

$$\text{Ag}^+ + \text{e} \rightleftharpoons \text{Ag} \qquad\qquad E^{\ominus} = 0.799\ \text{V}$$

$$[\text{Ag(NH}_3)_2]^+ + \text{e} \rightleftharpoons \text{Ag} + 2\text{NH}_3 \qquad E^{\ominus} = 0.373\ \text{V}$$

$$K^{\ominus}_{\text{稳}} = 1.12 \times 10^7$$

$$[\text{Ag(S}_2\text{O}_3)_2]^{3-} + \text{e} \rightleftharpoons \text{Ag} + 2\text{S}_2\text{O}_3^{2-} \qquad E^{\ominus} = 0.01\ \text{V}$$

$$K^{\ominus}_{\text{稳}} = 2.88 \times 10^{13}$$

$$[\text{Ag(CN)}_2]^- + \text{e} \rightleftharpoons \text{Ag} + 2\text{CN}^- \qquad E^{\ominus} = -0.30\ \text{V}$$

$$K^{\ominus}_{\text{稳}} = 1.0 \times 10^{21}$$

金属的还原能力增强 ↓

可见,Ag^+ 形成的配离子越稳定($K^{\ominus}_{\text{稳}}$ 越大),相应的 $E^{\ominus}$ 越小,金属 Ag 失去电子的倾向也越大。工业上将含有 Ag、Au 等贵金属的矿粉用含 CN^- 溶液处理,使 Ag、Au 溶解而加以富集提取,或者难溶盐的溶解就是应用这一原理。

如果同一种金属具有两种氧化态,则当它们分别与同一配体组成配位数相同的配合物时,其电极电势也将有所改变。

[例 7]　已知:$E^{\ominus}(\text{Fe}^{3+}/\text{Fe}^{2+}) = +0.771\ \text{V}$

$$K^{\ominus}_{\text{稳}}[\text{Fe(CN)}_6^{3-}] = 1 \times 10^{42}$$

$$K^{\ominus}_{\text{稳}}[\text{Fe(CN)}_6^{4-}] = 1 \times 10^{35}$$

求:$E^{\ominus}\{[\text{Fe(CN)}_6]^{3-}/[\text{Fe(CN)}_6]^{4-}\}$

解　根据已知条件,可设计一个原电池:

$$(-)\text{Pt}\,|\,[\text{Fe(CN)}_6]^{4-}(c^{\ominus}),[\text{Fe(CN)}_6]^{3-}(c^{\ominus})\,\|\,\text{Fe}^{3+}(c^{\ominus}),\text{Fe}^{2+}(c^{\ominus})\,|\,\text{Pt}(+)$$

电池反应为　$\text{Fe}^{3+} + [\text{Fe(CN)}_6]^{4-} \rightleftharpoons \text{Fe}^{2+} + [\text{Fe(CN)}_6]^{3-}$

相应的平衡常数为

$$K^{\ominus} = \frac{[\text{Fe}^{2+}][\text{Fe(CN)}_6^{3-}]}{[\text{Fe}^{3+}][\text{Fe(CN)}_6^{4-}]} = \frac{K^{\ominus}_{\text{稳}}[\text{Fe(CN)}_6^{3-}]}{K^{\ominus}_{\text{稳}}[\text{Fe(CN)}_6^{4-}]}$$

$$= \frac{1 \times 10^{42}}{1 \times 10^{35}} = 10^7$$

又根据自发电池反应有:

$$\lg K^{\ominus} = \frac{nE^{\ominus}}{0.059\ 2\ \text{V}} = \frac{n(E^{\ominus}_{\text{正}} - E^{\ominus}_{\text{负}})}{0.059\ 2\ \text{V}}$$

则

$$\lg 10^7 = \frac{1 \times (0.771 - E_\ominus^\ominus)}{0.059\ 2}$$

$$E_{负}^\ominus = E^\ominus \{[Fe(CN)_6]^{3-} / [Fe(CN)_6]^{4-}\} = 0.357\ V$$

除上述方法外,当然也可通过其他方法求解。

8.3.5　配位平衡与酸碱平衡

许多配体如 F^-、CN^-、SCN^- 和 NH_3 以及有机酸根离子,都能与 H^+ 结合,形成难解离的弱酸。因此,H^+ 在溶液中可以与金属离子争夺配体,造成配位平衡与酸碱平衡的相互竞争。例如,AgCl 沉淀可溶于氨水而生成 $[Ag(NH_3)_2]^+$,当向溶液中加入 HNO_3 时,会使 $[Ag(NH_3)_2]^+$ 被破坏,溶液中又生成 AgCl 的白色沉淀,这正是两种平衡竞争转化的结果。

$$AgCl(s) + 2NH_3 \longrightarrow [Ag(NH_3)_2]^+ + Cl^-$$
$$+$$
$$2HNO_3 \longrightarrow 2H^+ + 2NO_3^-$$
$$\downarrow$$
$$AgCl(s) + 2NH_4^+ + 2NO_3^-$$

总反应可表示为:

$$[Ag(NH_3)_2]Cl + 2HNO_3 \longrightarrow AgCl\downarrow + 2NH_4NO_3$$

或

$$[Ag(NH_3)_2]^+ + 2H^+ \longrightarrow Ag^+ + 2NH_4^+$$

这里,反应的实质是 H^+ 与 Ag^+ 争夺配体 NH_3。再如 Fe^{3+} 和 F^- 可以生成配离子 $[FeF_6]^{3-}$:

$$Fe^{3+} + 6F^- \longrightarrow [FeF_6]^{3-}$$

而 F^- 又易与 H^+ 结合成弱酸 HF,同样存在着 H^+ 与 Fe^{3+} 争夺配体 F^- 的平衡转化。

上述增大溶液的酸度(即增大 H^+ 的浓度或降低 pH)导致溶液中配离子的稳定性降低而破坏的现象,称为配体的酸效应。为了避免酸效应的影响,常要求溶液中形成某些配合物时,应控制一定的酸度(pH 值)范围,这是应用配合物的形成,进行一些定性鉴定或定量分析时常须注意的重要条件之一。

8.4　配位化合物应用简介

配位化合物极为普遍,已经渗透到许多自然科学领域和重要工业部门,如在分析化学、生物化学、医学、催化反应,以及染料、电镀、湿法冶金、半导体、原子能等工业中都得到广泛应用。

1. 分析化学中的应用

在分析化学中,常应用许多配合物具有特征的颜色来鉴定某些离子的存在。例如 $[Fe(NCS)_n]^{3-n}$ 呈血红色,$[Cu(NH_3)_4]^{2+}$ 为深蓝色,$[Co(NCS)_4]^{2-}$ 在丙酮中显鲜蓝色,等等。它们形成时产生的特征颜色常被认为是有关金属离子存在的依据。丁二肟可与 Ni^{2+} 形成鲜红色的沉淀,这个反应在氨碱性条件下具有灵敏度高、选择性强的特点,这种配位剂也可称为特效试剂。

在分析鉴定中,常会因某种离子的存在而发生干扰,影响鉴定工作的正常进行。例如,Fe^{3+}的存在对用 NCS^- 鉴定 Co^{2+} 就会发生干扰,因为 NCS^- 与 Fe^{3+} 和 Co^{2+} 都能配位分别形成血红色和鲜蓝色的配合物,所以鉴定 Co^{2+} 受到了 Fe^{3+} 的妨碍而无法观察清楚。但只要在溶液中加入 NaF,F^- 与 Fe^{3+} 可以形成更稳定的无色配离子$[FeF_6]^{3-}$,使 Fe^{3+} 不再与 NCS^- 配位,也就是说,把Fe^{3+}"掩蔽"起来,避免了对 Co^{2+} 鉴定的干扰。

容量分析中的配位滴定法(络合滴定法),是测定金属含量的常用方法之一,依据的原理就是配合物的形成与相互转化,而最常用的分析试剂就是 EDTA。

2. 电镀工业中的应用

许多金属制件,常用电镀法镀上一层既耐腐蚀、又增加美观的 Zn、Cu、Ni、Cr、Ag 等金属。在电镀时必须控制电镀液中的上述金属离子以很小的浓度,并使它在作为阴极的金属制件上源源不断地放电沉积,才能得到均匀、致密、光洁的镀层。配合物能较好地达到此要求。CN^- 可以与上述金属离子形成稳定性适度的配离子。所以电镀工业中曾长期采用氰配合物电镀液,但是由于含氰废电镀液有剧毒、容易污染环境、造成公害,近年来已找到可代替氰化物作配位剂的焦磷酸盐、柠檬酸、氨三乙酸等,并已建立无毒电镀新工艺。

3. 湿法冶金中的应用

配合物的形成,对于一些贵金属的提取起着重要的作用。我们知道,贵金属很难氧化,但有配位剂存在时可形成配合物而溶解。金、银等贵金属的提取就是应用这个原理。用稀的 NaCN 溶液在空气中处理已粉碎的含金、银的矿石,金、银便可形成配合物而转入溶液:

$$4Au+8NaCN+2H_2O+O_2 \longrightarrow 4Na[Au(CN)_2]+4NaOH$$
$$4Ag+8NaCN+2H_2O+O_2 \longrightarrow 4Na[Ag(CN)_2]+4NaOH$$

然后用活泼金属(如锌)还原,可得单质金或银:

$$2[Au(CN)_2]^- +Zn \longrightarrow [Zn(CN)_4]^{2-} +2Au$$

贵金属铂的提取是利用王水溶解含铂矿粉,铂便转化为氯铂酸 $H_2[PtCl_6]$,再将 $H_2[PtCl_6]$转化为氯铂酸铵沉淀。将沉淀分离出来在高温下分解便可制得海绵状金属铂:

$$3Pt+18HCl+4HNO_3 \longrightarrow 3H_2[PtCl_6]+4NO+8H_2O$$
$$H_2[PtCl_6]+2NH_4Cl \longrightarrow (NH_4)_2[PtCl_6]\downarrow +2HCl$$
$$3(NH_4)_2[PtCl_6]\xrightarrow{800℃}3Pt+16HCl+2NH_4Cl+2N_2$$

上述提取贵金属的过程,不同于高温火法冶炼金属,是在溶液中进行,因而称为湿法冶金。除金、银、铂以外,一些稀有金属的提取,也有采用湿法进行的。

4. 配位催化

利用配合物的形成,对反应所起的催化作用称为配位催化(络合催化),有些已应用于工业生产。例如,以二氯化钯 $PdCl_2$ 作催化剂,在常温常压下可催化乙烯氧化为乙醛:

$$C_2H_4+\frac{1}{2}O_2 \xrightarrow[\text{在稀盐酸中}]{PdCl_2、CuCl_2} CH_3CHO$$

这一反应就是利用 C_2H_4 与 Pd^{2+} 形成配合物而后分解,产生 CH_3CHO 和金属 Pd,Pd 与 $CuCl_2$ 反应又生成 $PdCl_2$。

配位催化具有活性高、反应条件温和(常不需要高温高压)等优点,在有机合成、高分子合成中已有重要的工业化应用。

5. 生物化学中的作用

金属配合物在生物化学中具有广泛而重要的作用。生物体中对各种生化反应起特殊催化作用的各种各样的酶,许多都含有复杂的金属配合物。生命体内的各种代谢作用、能量的转换以及氧的输送,也与金属配合物有密切关系。以 Mg^{2+} 为中心离子的复杂配合物叶绿素,在进行光合作用时将 CO_2、H_2O 合成为复杂的糖类,使太阳能转化为化学能加以贮存供生命之需。使血液呈红色的血红素也是典型的金属配合物,它与有机大分子球蛋白结合成一种蛋白质称为血红蛋白。血红蛋白与水结合是蓝色,水分子能被氧分子可逆地置换,产物称为氧合血红蛋白,具有鲜红的颜色。这就解释了为什么动脉血呈鲜红色(含氧量高),而静脉血则带蓝色(含氧量低)。

$$\text{血红蛋白} \cdot H_2O + O_2 \rightleftharpoons \text{血红蛋白} \cdot O_2 + H_2O$$
$$\text{(蓝色)} \qquad\qquad\qquad \text{(鲜红色)}$$

上列平衡对氧的浓度很敏感,在肺部因有大量的 O_2,平衡右移。氧以血红蛋白配合物的形式为红细胞所吸收,并输送给各种细胞组织,以供应新陈代谢所需要的氧。某些分子或负离子如 CO 或 CN^-,可以与血红蛋白形成比血红蛋白 $\cdot O_2$ 更稳定的配合物,可以使血红蛋白中断输氧,造成组织缺氧而中毒,这就是煤气(含 CO)及氰化物(含 CN^-)中毒的基本原理。

另外,人体生长和代谢必需的维生素 B_{12} 是钴的配合物,起免疫等作用的血清蛋白是铜和锌的配合物;植物固氮菌中的固氮酶是含铁、钼的配合物(铁、钼蛋白)等。目前,世界各国的科学家都在致力于这些配合物的组成、结构、性能和有关反应机理的研究,探索某些仿生新工艺,这显然是一个十分重要和备受关注的科学研究领域。

复 习 思 考 题

1. 解释下列名词,并举例说明之。
   (1) 配位体　　　(2) 配位原子　　　(3) 螯合剂　　　(4) 配位数　　　(5) 内轨型配合物
   (6) 外轨型配合物　(7) 分裂能　　　(8) d_ε 轨道　　(9) d_γ 轨道　　(10) 弱场配位体
   (11) 强场配位体

2. 已知某金属离子在形成配合物时,所测得的磁矩可以是 5.92 B.M.,也可以是 1.73 B.M.,问中心离子可能是下列中的哪一个,试举例说明,并画出电子轨道表示式。
   (1) Cr^{3+}　　　(2) Fe^{3+}　　　(3) Fe^{2+}　　　(4) Co^{2+}

3. 试解释过渡金属元素的配离子为什么往往带有颜色?

4. 已知 $[NiCl_4]^{2-}$ 具有顺磁性,$[Ni(CN)_4]^{2-}$ 具有逆磁性。试用杂化轨道理论说明它们的几何构型。

5. 什么叫做螯合物? 螯合物有什么特点? 试举例说明。

6. $[Ni(H_2O)_6]Cl_2$ 呈绿色,$[Ni(NH_3)_6]Cl$ 呈紫色。试推测两种配合物吸收光波长的长短、分裂能 Δ_0 的大小,以及 H_2O 和 NH_3 在光谱化学序列中的相对位置。

7. 试解释下列现象:
   (1) 在含有 $[Cu(NH_3)_4]^{2+}$ 的溶液中加入 H_2SO_4,溶液由深蓝色转变为浅蓝色;
   (2) 衣服上沾有黄色铁锈斑点时可用草酸去除。

习　　题

1. 指出下列配合物的中心离子(或原子)、配位体、配位数、配离子电荷及名称(列表表示):
   (1) $[Cu(NH_3)_4](OH)_2$　　　(2) $[CrCl(NH_3)_5]Cl_2$　　　(3) $[CoCl(NH_3)(en)_2]Cl_2$
   (4) $[PtCl_2(OH)_2(NH_3)_2]$　　(5) $Ni(CO)_4$　　　(6) $K_3[Fe(CN)_5(CO)]$

2. 写出下列配合物的化学式,并指出其内界、外界以及单基、多基配位体。

　　(1) 氯化二氯·水·三氨合钴(Ⅲ)　　　　　(2) EDTA 合钙(Ⅱ)酸钠

　　(3) 四硫氰·二氨合铬(Ⅲ)酸铵　　　　　(4) 三羟·水·乙二胺合铬(Ⅲ)

　　(5) 六氯合铂(Ⅳ)酸钾

3. 无水 $CrCl_3$ 可与 NH_3 作用形成两种配合物,其组成分别为 $CrCl_3 \cdot 6NH_3$ 和 $CrCl_3 \cdot 5NH_3$。$AgNO_3$ 水溶液能从第一种配合物溶液中将几乎所有的氯沉淀为 $AgCl$,而从第二种配合物溶液中仅能使组成中2/3的氯生成 $AgCl$ 沉淀。写出这两种配合物的结构式,并命名之。

4. 下面列出一些配合物磁矩的测定值,试按价键理论判断(1)下列各配离子的成键轨道,电子分布和空间构型;(2)哪几种属于内轨型,哪几种属于外轨型。(列表表示)

　　(1) $[FeF_6]^{3-}$　　　　　5.90 BM　　　　　(2) $[Fe(CN)_6]^{4-}$　　　　0 BM

　　(3) $[Fe(H_2O)_6]^{2+}$　　5.30 BM　　　　　(4) $[Co(NH_3)_6]^{3+}$　　　0 BM

　　(5) $[Co(NH_3)_6]^{2+}$　　4.26 BM　　　　　(6) $[Mn(CN)_6]^{4-}$　　　1.80 BM

5. 下面列出一些配合物磁矩的测定值,按晶体场理论,指出各中心离子 d 轨道分裂后的 d 电子排布情况,并求算相应的晶体场稳定化能。(列表表示)

　　(1) $[CoF_6]^{3-}$　　　　　5.26 BM　　　　　(2) $[Co(NH_3)_6]^{3+}$　　　0 BM

　　(3) $[Co(NH_3)_6]^{2+}$　　4.26 BM　　　　　(4) $[Mn(CN)_6]^{4-}$　　　1.80 BM

6. (1) 试应用价键理论说明所有 Ni^{2+} 的八面体配合物都属于外轨型配合物;

　　(2) 试应用晶体场理论说明 Ni^{2+} 的八面体配合物都是高自旋配合物。

7. 将 40.0 mL 0.10 $mol \cdot L^{-1}$ $AgNO_3$ 溶液和 20.0 mL 6.0 $mol \cdot L^{-1}$ 氨水混合并稀释至 100 mL。试计算:

　　(1) 平衡时溶液中 Ag^+、$[Ag(NH_3)_2]^+$ 和 NH_3 的浓度;

　　(2) 在混合稀释后的溶液中加入 0.010 mol KCl 固体,是否有 $AgCl$ 沉淀产生?

　　(3) 若要阻止 $AgCl$ 沉淀生成,则应该取 12.0 $mol \cdot L^{-1}$ 氨水多少毫升和 40.0 mL 0.10 $mol \cdot L^{-1}$ $AgNO_3$ 溶液混合稀释到 100 mL?

8. (1) 在 0.10 $mol \cdot L^{-1}$ $K[Ag(CN)_2]$ 溶液中,分别加入 KCl 或 KI 固体,使 Cl^- 或 I^- 的浓度为 1.0×10^{-2} $mol \cdot L^{-1}$,问能否产生 $AgCl$ 或 AgI 沉淀?

　　(2) 如果在 0.10 $mol \cdot L^{-1}$ $K[Ag(CN)_2]$ 溶液中加入 KCN 固体,使溶液中自由 CN^- 的浓度$[CN^-]=$ 0.10 $mol \cdot L^{-1}$,然后分别加入 KI 或 Na_2S 固体,使 I^- 或 S^{2-} 浓度为 0.10 $mol \cdot L^{-1}$,问是否会产生 AgI 或 Ag_2S 沉淀?

9. 已知 $Cu^+ + e \Longrightarrow Cu$　　　　　　　　$E^\ominus = +0.521$ V

　　　　$[Cu(NH_3)_2]^+ + e \Longrightarrow Cu + 2NH_3$　　$E^\ominus = -0.11$ V

　　试求$[Cu(NH_3)_2]^+ \Longrightarrow Cu^+ + 2NH_3$ 的不稳定常数。

10. 试计算下列反应的平衡常数:

　　(1) $[Ag(CN)_2]^- + 2NH_3 \Longrightarrow [Ag(NH_3)_2]^+ + 2CN^-$

　　(2) $[FeF_6]^{3-} + 6CN^- \Longrightarrow [Fe(CN)_6]^{3-} + 6F^-$

11. 今有四种含氨的钴配合物,其组成如下:

　　(1) $CoCl_3 \cdot 6NH_3$(橙黄色)　　　　　　　(2) $CoCl_3 \cdot 5NH_3$(紫色)

　　(3) $CoCl_3 \cdot 4NH_3$(绿色)　　　　　　　(4) $CoCl_3 \cdot 3NH_3$(绿色)

　　若用 $AgNO_3$ 溶液沉淀上列配合物中的 Cl^-,测得沉淀的含氯量依次相当于总含氯量的 $\frac{3}{3}$,$\frac{2}{3}$,$\frac{1}{3}$,0。

　　根据这一实验测定结果,推测这四种钴配合物的化学式。

12. 计算下列反应的平衡常数,并预测它们在标准状态下的反应方向:

　　(1) $AgBr(s) + 2NH_3 \Longrightarrow [Ag(NH_3)_2]^+ + Br^-$

　　(2) $Ag_2S(s) + 4CN^- \Longrightarrow 2[Ag(CN)_2]^- + S^{2-}$

(3) $[Ag(S_2O_3)_2]^{3-} + Cl^- \rightleftharpoons AgCl(s) + 2S_2O_3^{2-}$

(4) $[Cu(NH_3)_4]^{2+} + S^{2-} \rightleftharpoons CuS(s) + 4NH_3$

13. 测得下列电池的电动势为 1.34 V：

$-$）$Pt(H_2)(100\ kPa)|H^+(1.0\ mol \cdot L^{-1}) \parallel [AuCl_2]^-(1.0\ mol \cdot L^{-1}), Cl^-(1.0\ mol \cdot L^{-1})|Au$（$+$

试求算$[AuCl_2]^-$的 $K_稳^{\ominus}$［已知 $E^{\ominus}(Au^+/Au) = 1.692\ V$］。

14. 已知下列原电池

$$Zn|Zn^{2+}(0.010\ mol \cdot L^{-1}) \parallel Cu^{2+}(0.010\ mol \cdot L^{-1})|Cu$$

(1) 先向右半电池中通入过量 NH_3，使游离$[NH_3] = 1.00\ mol \cdot L^{-1}$，测得电动势 $E_1 = 0.714\ V$，求 $[Cu(NH_3)_4]^{2+}$ 的 $K_稳^{\ominus}$（假定 NH_3 的通入不改变溶液体积）；

(2) 然后向左半电池中加入过量 Na_2S，使$[S^{2-}] = 1.00\ mol \cdot L^{-1}$，求算此时原电池的电动势 E_2（已知 ZnS 的 $K_{sp}^{\ominus} = 1.6 \times 10^{-24}$，假定 Na_2S 的加入也不改变溶液的体积）；

(3) 用原电池符号表示经(1)、(2)处理后的新原电池，并标出正、负极；

(4) 写出新原电池的电极反应和电池反应；

(5) 计算新原电池反应的平衡常数 $K^{\ominus}$ 和 $\Delta_r G_m^{\ominus}$。

第9章 | s区元素——氢、碱金属和碱土金属

s区元素位于周期表的最左侧,其最外层电子构型为 $ns^{1\sim2}$。该区元素包括周期系第一主族ⅠA、第二主族ⅡA和氢。ⅠA族元素包括锂(lithium)、钠(sodium)、钾(potassium)、铷(rubidium)、铯(cerium)和钫(fracium)。由于这些元素的氧化物和氢氧化物都易溶于水而呈强碱性,所以统称为碱金属。ⅡA族包括铍(beryllium)、镁(magnesium)、钙(calcium)、锶(strontium)、钡(barium)和镭(radium)六个元素。由于钙、锶、钡的氧化物既有碱性(与碱金属相似),又有土性(与黏土中的氧化铝相似,熔点高又难溶于水),所以称为碱土金属。在这两族中,钫和镭是放射性元素,本章不做介绍。

9.1 氢

氢是周期系中第一个元素,它在所有元素中原子体积最小,原子结构最简单。在地球大气中,氢的含量极微,在海洋上方的大气中氢含量也只有 0.000 05%(体积比)。氢有三种同位素,分别是 ^1H(气,符号 H)、^2H(氘,符号 D)和 ^3H(氚,符号 T),其中 H 同位素原子质量分数占99.98%,D 同位素原子质量分数占 0.016%,而 T 的存在量仅为 H 的 10^{-17}。

9.1.1 氢在周期表中的位置和性质

氢原子的电子层结构为 $1s^1$,从价电子数来看,氢可以划归ⅠA族。氢与碱金属相似,失去它的 1s 电子成为 H^+,实际上就是氢原子核或质子,由于 H^+ 半径极小,除气态的质子流外,并不存在自由的质子,它总是同别的原子或分子结合在一起,如在溶液中形成 +1 氧化值的水合离子 H_3O^+(或其他溶剂化离子)。另一方面,氢原子可以获得一个电子形成 -1 氧化值的负离子,这与ⅦA族相似。但氢只能与很活泼的金属(ⅠA、ⅡA中的一部分以及某些稀土金属等)反应才能获得电子形成负离子,而这类活泼金属氢化物具有很强的反应活性,对水蒸气或水很敏感,会立即生成氢气,因而不会形成 -1 氧化值的水合离子,H^- 仅存在于离子氢化物型的晶体中,这又与ⅦA族卤素有很大差别。

单质氢是所有气体中最轻的,在标准状况下,它的密度为 0.09 g·L^{-1}。氢的凝固点(-259.2℃)和沸点(-252.7℃)也很低。氢在水中的溶解度很小,在0℃时,1体积水只溶解0.02体积的氢。但某些金属(如钯、铂、铑)却能溶解很多氢,如1体积的钯约能吸收900体积的氢,1体积的铑约能吸收2 900体积的氢,被吸收后的氢有很强的化学活泼性,因此对许多氢参加的化学反应来说,铂、铑、钯等这类金属常是良好的催化剂。

氢在纯氧或空气中燃烧时生成水,并放出大量的热。由于反应非常剧烈,常常产生爆炸,所以使用氢气时,必须注意安全。实验测知,氢与空气的混合物中氢的体积百分比在 4%～74% 之间,点燃时就会发生爆炸,若低于 4% 或高于 74%,则不会发生爆炸。这种要发生爆炸的比例范围称为爆炸范围。每种可燃气体与氧(或空气)的混合物都有一定的爆炸范围。

由于氢在燃烧时放出大量的热,如果用特殊的燃烧管,并以过量的氧通入氢的火焰,则可达3 000℃的高温。在这种火焰中,几乎所有的金属都能熔化,因此,氢氧焰常用于熔接和切割

金属。

氢分子的离解能相当大，$D_{H_2} = 436 \text{ kJ} \cdot \text{mol}^{-1}$，常温下分子氢不活泼，在常温下能与单质氟于暗处迅速反应生成 HF，但不与其他卤素和氧发生反应。

高温时，氢气是一种非常好的还原剂，能从许多金属氧化物中将金属还原出来。例如：

$$H_2 + CuO = Cu + H_2O$$
$$4H_2 + Fe_3O_4 = 3Fe + 4H_2O$$
$$3H_2 + WO_3 = W + 3H_2O$$

这类反应可以用于获得高纯金属。

此外，氢也可以从某些非金属化合物中将非金属单质还原出来，例如：

$$SiCl_4 + 2H_2 = Si + 4HCl$$

9.1.2 氢化物

氢与其他元素的二元化合物称为氢化物（hydride）。氢化物有不同的类型，主要取决于元素的电负性，一般可分为三大类：

1. 离子型氢化物

电负性很低的活泼金属，如碱金属、碱土金属的 Ca、Sr、Ba，以及某些稀土金属（如 La）等，在加热时可与氢生成离子型氢化物（ionic hydride）。氢得到一个电子，成为氧化值为 -1 的阴离子 H^-：

$$2Li + H_2 = 2LiH$$
$$Ca + H_2 = CaH_2$$

这类氢化物具有盐类的离子晶体结构，又称类盐型氢化物（saline hydride）。它们都具有较高的熔点，熔融时能导电，电解时在阳极上放出氢气，在阴极上得到金属。因而证实它们含有 H^- 离子。离子型氢化物呈强碱性。

2. 共价型氢化物

高电负性元素与氢形成共价型氢化物（covalent hydride）。除稀有气体外，几乎所有非金属元素都可与氢形成这类氢化物：

$$H_2 + F_2 = 2HF$$
$$2H_2 + O_2 = 2H_2O$$
$$3H_3 + N_2 = 2NH_3$$

这类氢化物中，氢与非金属元素形成极性共价键。它们具有熔点、沸点低，易挥发，不导电等特性。共价型氢化物在周期表中自左至右呈酸性增强的变化趋势。

3. 金属型氢化物

d 区和 f 区元素和氢形成的二元化合物，常具有金属的外貌和传导性，因此称为金属型氢化物（metallic hydride）。过去曾认为在这类氢化物中氢是间充在金属晶格的空隙中，现已明确大多数这类氢化物的结构不同于母体金属的结构。过渡金属吸收氢后往往发生晶格膨胀，使生成的氢化物密度小于母体金属。氢能被金属可逆地吸收，它们的组成是可变的，也就是它们形成非化学计量化合物。如 $PbH_{0.8}$、$LaH_{2.76}$、$CeH_{2.69}$、$TaH_{0.76}$ 等。这类金属（包括其合金）的非化学计量氢化物可望用作为储氢材料。

9.1.3　氢的制备和氢能源

氢在自然界主要以化合状态存在,因此制备的方法都是把它从化合物中释放出来,现将常见制氢方法列表归纳如下,见表 9‒1。

表 9‒1　氢 气 的 制 法

制 氢 方 法	方 法 举 例
活泼金属与稀酸反应	$Zn + H_2SO_4 == ZnSO_4 + H_2\uparrow$
硅或两性金属(铝、锌等)与强碱的浓溶液反应	$Si + 2NaOH + H_2O == Na_2SiO_3 + 2H_2\uparrow$ $2Al + 2NaOH + 2H_2O == 2NaAlO_2 + 3H_2\uparrow$
电解水	$2H_2O \xrightarrow{\text{电解}} \underset{\text{阴极}}{2H_2\uparrow} + \underset{\text{阳极}}{O_2\uparrow}$
电解食盐水溶液的副产品	$2NaCl + 2H_2O \xrightarrow{\text{电解}} \underset{\text{阴极}}{2NaOH + H_2\uparrow} + \underset{\text{阳极}}{Cl_2\uparrow}$
红热焦炭与水蒸气反应	$C + H_2O(g) \xrightarrow{100℃} CO\uparrow + H_2\uparrow$
水蒸气与烃类反应	$C_nH_{2n+2} + nH_2O(g) \xrightarrow[\text{Ni 催化剂}]{900℃} nCO\uparrow + (2n+1)H_2\uparrow$
盐型氢化物水解	$NaH + H_2O \longrightarrow NaOH + H_2\uparrow$ $CaH_2 + 2H_2O == Ca(OH)_2 + 2H_2\uparrow$

对于以上各种制氢方法,应根据使用要求和资源情况等条件,从实际出发选择合适的方法。

由于世界对能源的需求日益增长,并且要求增长速度愈来愈快。煤炭、石油和天然气的耗量日益增大,储量愈来愈少。因此人们迫切地寻求新的能源,而氢是一种理想的未来新能源。

氢作为燃料有很大的优越性:

(1) 氢的热值很高,1 kg 氢燃烧放出的热量为 1 kg 汽油的 3 倍;

(2) 氢燃烧的产物是水,不会造成环境污染;

(3) 与煤气、天然气一样,可采用管道输送;

(4) 与电能不同,氢可以储存起来,在需要时使用。因此,氢能源已引起广泛的重视和研究。

氢与电一样,是一种二级能源,即需要先消耗能量来生产它。电解水可制得氢气,氢燃烧又生成水,一直可以循环往复。电解水必须消耗电能,如何降低制氢的能耗已成为许多国家致力研究的课题。如研制高转化率的催化剂,用于由水蒸气制氢等。

9.2　碱金属和碱土金属

9.2.1　碱金属和碱土金属的通性

碱金属和碱土金属元素的一些主要性质分别列于表 9‒2 和表 9‒3。

表 9 – 2　碱金属的性质

元　素	锂　Li	钠　Na	钾　K	铷　Rb	铯　Cs
原子序数	3	11	19	37	55
价电子层结构	$2s^1$	$3s^1$	$4s^1$	$5s^1$	$6s^1$
氧化值	+1	+1	+1	+1	+1
熔点/℃	180.6	97.8	63.7	39	28.8
沸点/℃	1 336	881.4	765.5	694	678.5
金属原子半径/pm	152	185	227.2	247.5	265.4
M^+半径/pm	60	95	133	148	169
第一离子能/$(kJ \cdot mol^{-1})$	520.2	495.8	418.8	403.0	272.5
第二离子能/$(kJ \cdot mol^{-1})$	7 298	4 563	3 051	2 632	2 422
电负性	1.0	0.9	0.8	0.8	0.7

表 9 – 3　碱土金属的性质

元　素	铍　Be	镁　Mg	钙　Ca	锶　Sr	钡　Ba
原子序数	4	12	20	38	56
价电子层结构	$2s^2$	$3s^2$	$4s^2$	$5s^2$	$6s^2$
氧化值	+2	+2	+2	+2	+2
熔点/℃	1 277	650	850	769	725.1
沸点/℃	2 484	1 105	1 487	1 381	1 849
金属原子半径/pm	110	160	197.3	215.1	217.3
M^{2+}半径/pm	31	65	99	113	135
第一离子能/$(kJ \cdot mol^{-1})$	899.4	737.9	589.8	549.5	502.9
第二离子能/$(kJ \cdot mol^{-1})$	1 757	1 451	1 145	1 064	965.3
电负性	1.5	1.2	1.0	1.0	0.9

　　碱金属元素的原子中仅有一个价电子可参与形成金属键,且半径较大,因此碱金属的金属键较弱,它们具有较低的熔点,如金属铯在较高室温下即可熔化。碱土金属元素的价电子比碱金属多一个,原子半径较同周期碱金属小,因此碱土金属键较邻近的碱金属强,它们的熔点也较高。

　　碱金属和碱土金属均具有硬度小、柔软性好的特点,除金属铍和镁,均可以用刀子切割。锂、钠、钾密度很小,能浮在水面上。

　　在ⅠA和ⅡA的同族元素中,随着元素原子序数的增加,金属性、活泼性依次增强。

　　这两族金属的表面都具有银白色光泽。它们在空气中都容易与氧化合,这种作用在同一族中从上到下逐渐增强,在同一周期中,碱金属比碱土金属更易被氧化。碱金属新切开的表面,在空气中迅速失去光泽,就是被氧气氧化生成氧化物的缘故。所以贮存这些金属时不能使其与水和空气接触,通常放在煤油中。碱金属和钙、锶、钡都能和冷水作用放出氢气。这类反应在同一族越往下越剧烈,锂与水反应不及钠剧烈;钠与水反应猛烈,放出的热量可使钠熔化;钾、铷、铯遇水就发生燃烧,甚至爆炸。按同周期比较,钙、锶、钡和冷水作用的剧烈程度远不及相应的碱金属。铍和镁虽然能与水反应,但由于表面上形成一层难溶的氢氧化物,阻止与水进一步反应,因此它们实际上和冷水几乎没有作用。

碱金属和碱土金属还能和许多非金属直接反应。表 9 - 4 归纳了这两族元素的一些重要反应。从表 9 - 4 中可以看出,碱金属比碱土金属具有更强的化学活泼性。

表 9 - 4 碱金属及碱土金属的一些重要反应

与金属反应的物质	重 要 反 应	发生反应的金属
氢	$2M(s)+H_2(g)\!=\!=\!2MH(s)$	I A 全部
卤素	$2M(s)+X_2\!=\!=\!2MX(s)$	全部
氮	$6M(s)+N_2(g)\!=\!=\!2M_3N(s)$	Li
硫	$2M(s)+S(s)\!=\!=\!M_2S(s)$	全部
氧	$4M(s)+O_2(g)\!=\!=\!2M_2O(s)$	Li
	$2M(s)+O_2(g)\!=\!=\!M_2O_2(s)$	Na
	$M(s)+O_2(g)\!=\!=\!MO_2(s)$	K、Rb、Cs
水	$2M(s)+2H_2O(l)\!=\!=\!2M^++2OH^-+H_2(g)$	全部
氢	$M(s)+H_2(g)\!=\!=\!MH_2(s)$	II A Ca、Sr、Ba
卤素	$M(s)+X_2\!=\!=\!MX_2(s)$	全部
氮	$3M(s)+N_2(g)\!=\!=\!M_3N_2(s)$	Mg、Ca、Sr、Ba
硫	$M(s)+S(s)\!=\!=\!MS(s)$	Mg、Ca、Sr、Ba
氧	$2M(s)+O_2(g)\!=\!=\!2MO(s)$	全部
	$M(s)+O_2(g)\!=\!=\!MO_2(s)$	Ca、Sr、Ba
水	$M(s)+2H_2O(l)\!=\!=\!M^{2+}+2OH^-+H_2(g)$	Ca、Sr、Ba
	$M(s)+H_2O(g)\!=\!=\!MO(s)+H_2(g)$	Mg

9.2.2 碱金属和碱土金属的一般制备方法

碱金属和碱土金属都是活泼金属,它们只能以化合态存在于自然界中,由于它们本身是强还原剂,不能用任何涉及水溶液的方法制取,必须采取强有力的还原手段。一般常用电解熔盐制得,也有用活泼金属发生还原作用制取。

1. 电解法

为了降低熔点,常电解加入助熔剂的混合熔盐(利用凝固点下降原理)。如电解氯化钠(熔点为 800℃)熔盐常加入氯化钙,这样不仅可以降低熔点(混合熔盐熔点为 600℃),而且可以使金属的分散性减少,因为熔融混合物的密度比金属钠大,钠易浮于表面。这样制得的钠中溶有少量的钙(低于 1%),但当钠渐渐冷却的过程中,钙在其中的溶解度降低而结晶出来,去除后即得很纯的钠。

$$2NaCl \xrightarrow[\text{CaCl}_2 \text{ 共熔}]{\text{电解}} 2Na+Cl_2$$

用电解熔盐的方法还可制备锂、铍、镁、钙等金属单质。

2. 热还原法

由于钾较易挥发,而且在助剂熔融液中溶解度较大,因此钾的制取一般不用上述电解法,而是在一定温度条件下用金属钠与 KCl 发生置换反应得到:

$$KCl(l) + Na(g) = NaCl(l) + K(g)$$

碱金属中的铷和铯也可用类似反应制取。

除了用活泼金属作还原剂外,也有用碳作还原剂的。如镁既可用熔化的无水氯化镁进行电解制备外,工业上也常采用热还原法,碳是常用的还原剂。

$$MgO + C \xrightarrow{2\,000℃} CO + Mg$$

Ca、Sr、Ba 可用铝热剂法制取。

$$3SrO + 2Al = 3Sr + Al_2O_3$$

9.2.3　碱金属和碱土金属的化合物

除铍以外,这两族元素所形成的化合物,大都是离子化合物。它们的氢氧化物一般是强碱,它们的盐大都是强电解质。

1. 氢化物

前已述及碱金属和钙、锶、钡在加热时都能与氢直接化合生成离子型氢化物:

$$2Na + H_2 = 2NaH$$
$$Sr + H_2 = SrH_2$$

离子型氢化物容易被水分解放出氢气,例如:

$$NaH + H_2O = NaOH + H_2$$

在上述反应中,氢化物中的 H^- 与水中的 H^+ 结合成 H_2,并在溶液中留下 OH^-:

$$Na^+ + H^- + H^+OH^- = H_2 + Na^+ + OH^-$$

因此,这类氢化物可作为氢气发生剂,并且是重要的还原剂。

离子型氢化物可与 BF_3,$AlCl_3$ 等形成复杂氢化物,其中最主要的是氢化铝锂 $LiAlH_4$,它可按下式制备:

$$4LiH + AlCl_3 \xrightarrow{乙醚溶液} LiAlH_4 + 3LiCl$$

$LiAlH_4$ 在 120℃ 以下,在干燥空气中是稳定的,但它与水发生猛烈反应:

$$LiAlH_4 + 4H_2O = Al(OH)_3 + LiOH + 4H_2 \uparrow$$

$LiAlH_4$ 在有机合成上用作还原剂,在无机合成上用于制备一些氢化物:

$$4BCl_3 + 3LiAlH_4 \xrightarrow{乙醚} 2B_2H_6 + 3AlCl_3 + 3LiCl$$

2. 氧化物

碱金属和碱土金属元素能和氧生成多种氧化物(oxide):氧化物(其中含 O^{2-},由于氧显其正常 -2 氧化值,所以也叫正常氧化物)、过氧化物(其中含 O_2^{2-})、超氧化物(其中含 O_2^-)和臭氧化物(其中含 O_3^-)。碱金属和碱土金属的氧化物列于表 9-5。

表 9-5　碱金属和碱土金属的氧化物

	碱　金　属	碱　土　金　属
正常氧化物	M_2O	MO
过氧化物	M_2O_2	MO_2（除 Be、Mg 外）
超氧化物	MO_2（除 Li 外）	MO_4（除 Be、Mg 外）
臭氧化物	MO_3（除 Li、Na 外）	

　　（1）正常氧化物。碱金属中除锂外，其他金属都不能直接与氧化合生成正常氧化物（钠在空气中燃烧生成 Na_2O_2，钾、铷、铯在空气中燃烧生成超氧化物 MO_2），因而只能用间接的方法制备。例如，用金属钠还原过氧化钠，可以制得白色氧化钠固体：

$$Na_2O_2 + 2Na \longrightarrow 2Na_2O$$

　　在室温或加热情况下，碱土金属与氧直接化合成正常氧化物，也可以通过它们的碳酸盐或硝酸盐的热分解而制得氧化物。例如，煅烧石灰石可制得氧化钙：

$$CaCO_3 \longrightarrow CaO + CO_2$$

　　除氧化锂、氧化钠外，其余碱金属的氧化物在未达到熔点之前即开始分解，但所有碱土金属的氧化物受热都难以分解，它们都是白色难熔粉末。由于氧化铍和氧化镁的熔点很高（BeO 2 508℃；MgO 2 825℃），因此用于制造耐火材料。

　　碱金属氧化物和钙、锶、钡的氧化物与水反应生成相应的氢氧化物。

　　（2）过氧化物。碱金属和钙、锶、钡都可形成过氧化物（peroxide），其中具有实际意义的主要为 Na_2O_2 和 BaO_2。

　　将金属钠加热到 300℃，并通以不含二氧化碳的干燥空气流，可以制得淡黄色的过氧化钠粉末。在碱性介质中过氧化钠是强氧化剂，常用做分解矿石的熔剂，使不溶于水和酸的矿石，被氧化分解为可溶于水的化合物。例如：

$$Cr_2O_3 + 3Na_2O_2 \xrightarrow{\text{共熔}} 2Na_2CrO_4 + Na_2O$$

$$MnO_2 + Na_2O_2 \xrightarrow{\text{共熔}} Na_2MnO_4$$

由于 Na_2O_2 呈强碱性，熔融时不可使用瓷制或石英容器，宜用铁、镍器皿。又由于 Na_2O_2 具有强氧化性，熔融时遇有铝粉、炭粉或棉花等还原性物质就会发生爆炸，使用时应注意安全。过氧化钠与水或稀酸作用产生过氧化氢：

$$Na_2O_2 + 2H_2O \longrightarrow 2NaOH + H_2O_2$$

$$Na_2O_2 + H_2SO_4 \longrightarrow Na_2SO_4 + H_2O_2$$

过氧化钠与二氧化碳产生下列反应：

$$2Na_2O_2 + 2CO_2 \longrightarrow 2Na_2CO_3 + O_2$$

基于这个反应，过氧化钠应用于高空飞行和水下工作时的二氧化碳吸收剂和供氧剂，以此来吸收人体呼出的二氧化碳和补充吸入的氧气。

　　氧化钡在空气中或氧气中加热到 500℃～700℃，就转变为过氧化钡：

$$2BaO + O_2 \longrightarrow 2BaO_2$$

与过氧化钠相似,BaO_2 遇酸可产生 H_2O_2,这是实验室中制 H_2O_2 的方法。

（3）超氧化物和臭氧化物。钾、铷、铯在过量氧气中燃烧,可制得黄色至橙色的固体超氧化物(superoxide)MO_2。由于 RbO_2 和 CsO_2 太昂贵,所以早期使用的超氧化物主要是 KO_2。而实际上金属钾的生产主要用于制造 KO_2。超氧化钾具有强氧化性,与水、二氧化碳反应产生氧气:

$$2KO_2 + 2H_2O \rightleftharpoons O_2 + 2K^+ + 2OH^- + H_2O_2$$

$$4KO_2 + 2CO_2 \rightleftharpoons 2K_2CO_3 + 3O_2$$

干燥的 K、Rb、Cs 的氢氧化物固体与臭氧反应可生成臭氧化物(ozonide)如:

$$3KOH(s) + 2O_3(g) \rightleftharpoons 2KO_3(s) + KOH \cdot H_2O(s) + \frac{1}{2}O_2(g)$$

KO_3 在室温下放置,即会缓慢分解成 KO_2 和 O_2:

$$2KO_3 \rightleftharpoons 2KO_2 + O_2$$

KO_2、KO_3 和 Na_2O_2 一样,多用作宇航、水下、矿井、高山工作时需用的 CO_2 吸收剂和供氧剂。

3. 氢氧化物

碱金属和碱土金属的氢氧化物(hydroxide)都是白色固体,容易潮解,在空气中易与二氧化碳反应生成碳酸盐。这两族氢氧化物的碱性都是按原子序数的增加,即按 Li 到 Cs 和 Be 到 Ba 的顺序而增强,其中 $Be(OH)_2$ 是两性氢氧化物,LiOH 和 $Mg(OH)_2$ 是中强碱,其余都是强碱。$Be(OH)_2$ 与 $Al(OH)_3$ 相似,既能溶于酸,又能溶于碱:

$$Be(OH)_2 + 2H^+ \rightleftharpoons Be^{2+} + 2H_2O$$

$$Be(OH)_2 + 2OH^- \rightleftharpoons Be(OH)_4^{2-}$$

碱金属的氢氧化物对于纤维、皮肤有强烈的腐蚀作用,因此叫苛性碱。碱金属的氢氧化物中以氢氧化钠实际用途最大。它常用电解 NaCl 水溶液的方法来制备,也可用熟石灰碱化碳酸钠的方法制备。

$$Na_2CO_3 + Ca(OH)_2 \longrightarrow 2NaOH + CaCO_3 \downarrow$$

碱土金属的氢氧化物中,以 $Ca(OH)_2$ 较重要。生石灰 CaO 与水作用可制得熟石灰 $Ca(OH)_2$。$Ca(OH)_2$ 在水中溶解度不大,其饱和溶液就是石灰水。通常使用的是 $Ca(OH)_2$ 在水中的悬浮液或浆状物称为石灰乳。由于石灰乳价廉易得,大量被用于建筑业和化学工业中。

含氧酸、氢氧化物都可用简化通式 R—O—H 表示。在水中可有两种解离方式:

$$R—\vdots—OH \longrightarrow R^+ + OH^- \qquad \text{碱式解离}$$

$$R—O—\vdots—H \longrightarrow RO^- + H^+ \qquad \text{酸式解离}$$

氢氧化物的酸碱性取决于它的解离方式,而这又与元素 R 的电荷数 z 和半径 r 的比值 $\phi = z/r$（称为"离子势"）有关。当 R 的电荷数小、半径大,则 ϕ 值小时,R—O 键比 O—H 键弱,ROH 将倾向于碱式解离,氢氧化物呈碱性;反之,若 R 的电荷数大、半径小,则 ϕ 值也大,R—O 键强于 O—H 键,ROH 倾向于酸式解离,氢氧化物呈酸性。

有人曾提出判断氢氧化物酸碱性的经验规则如下（R 的半径 r 以 pm 为单位）:

$$\sqrt{\phi} < 0.22 \qquad \text{ROH 呈碱性}$$

$$\sqrt{\phi} \text{ 在 } 0.22 \sim 0.32 \text{ 之间} \qquad \text{ROH 呈两性}$$

$$\sqrt{\phi} > 0.32 \qquad \text{ROH 呈酸性}$$

在周期表同一周期中,自左至右,R 的电荷增大,r 减小,使 ϕ 值趋于增大,氢氧化物也从碱性过渡到酸性,对于同一主族元素而言,其离子的最外层电子构型相同,离子的电荷也相同,从上到下,离子半径增大,ϕ 值变小,因而氢氧化物碱性增强。碱金属与同周期的碱土金属相比,离子的电荷小,半径大,ϕ 值相对较小,所以它们氢氧化物的碱性比相邻的碱土金属的更强。而同一族中自上而下,氢氧化物碱性增强,这在碱土金属中表现更为明显。表 9-6 列出了 ⅠA,ⅡA 族 R^{n+} 的 $\sqrt{\phi}$ 及 $M(OH)_n$ 的酸碱性。

表 9-6　ⅠA,ⅡA 族 R^{n+} 的 $\sqrt{\phi}$ 及 $M(OH)_n$ 的酸碱性

MOH	LiOH	NaOH	KOH	RbOH	CsOH
R^{n+}	Li^+	Na^+	K^+	Rb^+	Cs^+
r/pm	60	95	133	148	169
$\sqrt{\phi}$	0.13	0.10	0.09	0.08	0.08
酸碱性	中强碱	←────────────────── 强　碱 ──────────────────→			

$M(OH)_2$	$Be(OH)_2$	$Mg(OH)_2$	$Ca(OH)_2$	$Sr(OH)_2$	$Ba(OH)_2$
R^{n+}	Be^{2+}	Mg^{2+}	Ca^{2+}	Sr^{2+}	Ba^{2+}
r/pm	31	65	99	113	135
$\sqrt{\phi}$	0.25	0.18	0.14	0.13	0.12
酸碱性	两性	中强碱	强碱	强碱	强碱

碱金属的氢氧化物都易溶于水,仅 LiOH 的溶解度较小。碱土金属的氢氧化物的溶解度则较小。随着离子半径的增大,碱土金属氢氧化物的溶解度由 Be 到 Ba 依次增大,这与它们的碱性增强是一致的,如 $Be(OH)_2$(是两性氢氧化物)和 $Mg(OH)_2$ 都是难溶于水的,而氢氧化钡则很易溶于水。

4. 盐类

碱金属、碱土金属的盐(salts)最常见的有卤化物、碳酸盐、硫酸盐、硝酸盐等。这里主要讨论它们的一些共性,并简单介绍几种重要的盐。

(1) 性质

① 绝大多数盐都是离子化合物。碱金属和碱土金属的盐类大多数是离子化合物,它们具有较高的熔点。熔化时能导电,在水中完全解离,离子都是无色的,有色的盐一般都是由负离子带有颜色而引起的。

锂和铍的某些盐类表现出一定的共价性。例如,LiCl 和 $BeCl_2$ 可溶于酒精、乙醚等溶剂中就是一个例证。

② 焰色反应。碱金属和钙、锶、钡的挥发性盐在灼热时能使火焰显特征的颜色(表 9-7)。物质在灼烧时使火焰呈特征颜色的性质称焰色反应(flame color test),利用焰色反应可检验这些元素的存在。例如钠的黄色火焰,是最灵敏的焰色反应,在 100 万份试样中含 1 份钠也可检验出来。

表 9-7　碱金属和碱土金属火焰颜色

元　素	Li	Na	K	Rb	Cs	Ca	Sr	Ba
火焰颜色	洋红	黄	紫	紫	紫红	橙红	猩红	黄绿

③ 热稳定性。碱金属碳酸盐(除 Li_2CO_3 外)可熔化而不发生分解,而碱土金属碳酸盐在常温下稳定,但强热时均可分解为相应的金属氧化物和二氧化碳。

$$MCO_3(s) \stackrel{\triangle}{=\!=\!=} MO(s) + CO_2(g)$$

某物质的热稳定性优劣可根据其分解温度的高低判断。碱土金属碳酸盐的热分解温度如下($BeCO_3$ 的分解温度小于 $100℃$):

$MgCO_3$	$CaCO_3$	$SrCO_3$	$BaCO_3$
540℃	900℃	1 290℃	1 360℃

可见,从 $MgCO_3$ 到 $BaCO_3$ 热稳定性的顺序依次增大。这个变化顺序可以用热力学数据进行说明,而且它们的热分解温度也可利用 $\Delta_r H_m^{\ominus}$、$\Delta_r S_m^{\ominus}$ 值从理论上予以估算,见表 9-8。

表 9-8　ⅡA 族碳酸盐分解温度的估算*

碳酸盐	$\Delta_r H_m^{\ominus}/$ $(kJ \cdot mol^{-1})$	$\Delta_r S_m^{\ominus}/$ $(kJ \cdot mol^{-1} \cdot K^{-1})$	$T\Delta_r S_m^{\ominus}/$ $[kJ \cdot mol^{-1}$ $(298\ K)]$	$\Delta_r G_{m,298}^{\ominus}/$ $(kJ \cdot mol^{-1})$	$\Delta_r G_{m,T}^{\ominus}=0$(平衡态) T(分解温度)$\approx \dfrac{\Delta_r H_m^{\ominus}}{\Delta_r S_m^{\ominus}}/K$
$MgCO_3$	100.7	0.175	52.2	48.5	575
$CaCO_3$	179.2	0.160	47.7	131.5	1 120
$SrCO_3$	234.6	0.171	50.9	183.7	1 372
$BaCO_3$	271.5	0.174	51.8	219.7	1 560

* 由于忽略了温度对 $\Delta_r H_m^{\ominus}$、$\Delta_r S_m^{\ominus}$ 的影响,所以计算结果比较粗略。

由表 9-8 可见,从热力学数据计算得ⅡA 族碳酸盐热分解反应的吉布斯自由能变($\Delta_r G_m^{\ominus}$)值都依次增大,表示它们的热稳定性顺序增大,与实验所得趋势一致,而且计算所得的热分解温度值与实测的温度值也较相近。碱土金属碳酸盐的热稳定性顺序还可用离子极化观点给以说明。

④ 溶解度。碱金属的盐大多易溶于水,只有少数几种难溶于水,除 Li 由于离子半径小,有一些难溶外,还有锑酸二氢钠 NaH_2SbO_4,醋酸铀酰锌钠 $NaAc \cdot Zn(Ac)_2 \cdot 3UO_2(Ac)_2 \cdot 9H_2O$,偏铋酸钠 $NaBiO_3$,钾、铷、铯的高氯酸盐和氯铂酸盐,其中铷和铯盐比相应的钾盐还要难溶。

碱土金属的盐大多是难溶的,除硝酸盐、氯化物外,其他的如碳酸盐、草酸盐和硫酸盐等也都是难溶的。硫酸盐、铬酸盐的溶解度按 Ca—Sr—Ba 的顺序降低。

碱土金属盐类溶解度小的性质常应用于分析化学和试剂生产中。现举例如下。

如定量测定镁、钙、钡,常在一定条件下,将它们分别沉淀为溶解度很小的 CaC_2O_4、$MgNH_4PO_4$ 和 $BaSO_4$。

$$Mg^{2+} + NH_3 \cdot H_2O + HPO_4^{2-} =\!=\!= MgNH_4PO_4 \downarrow + H_2O$$
$$Ca^{2+} + C_2O_4^{2-} =\!=\!= CaC_2O_4 \downarrow$$
$$Ba^{2+} + SO_4^{2-} =\!=\!= BaSO_4 \downarrow$$

将所得沉淀灼烧,$MgNH_4PO_4$ 和 CaC_2O_4 分解:

$$2MgNH_4PO_4 \stackrel{\triangle}{=\!=\!=} Mg_2P_2O_7 + 2NH_3 + H_2O$$
$$\text{(焦磷酸镁)}$$

$$CaC_2O_4 \stackrel{\triangle}{=\!=\!=} CaO + CO + CO_2$$

根据所得 $Mg_2P_2O_7$、CaO 和 $BaSO_4$ 的质量即可计算镁、钙、钡的含量。

（2）某些重要的盐

① 碳酸盐。碱金属碳酸盐中最重要的是碳酸钠（sodium carbonate）。碳酸钠又称苏打（soda），俗称纯碱，是基本化工产品之一。常用索尔维（E. Solvay，比利时工业化学家）法或氨碱法生产。此法的关键步骤是将 CO_2 通入含有 NH_3 的 NaCl 饱和溶液中，即发生下列反应：

$$NaCl + NH_3 + CO_2 + H_2O \longrightarrow NaHCO_3 \downarrow + NH_4Cl$$

由于 $NaHCO_3$ 在水中的溶解度较小，可从溶液中析出。将 $NaHCO_3$（俗称小苏打）煅烧即分解生成 Na_2CO_3：

$$2NaHCO_3 \xrightarrow{200℃} Na_2CO_3 + CO_2 \uparrow + H_2O \uparrow$$

析出 $NaHCO_3$ 后，母液中的 NH_4Cl 用消石灰来回收氨以循环使用：

$$2NH_4Cl + Ca(OH)_2 \longrightarrow NH_3 \uparrow + CaCl_2 + 2H_2O$$

所需的 CO_2 和石灰由煅烧石灰石制取：

$$CaCO_3 \xrightarrow{煅烧} CaO + CO_2$$

索尔维法的优点是原料经济，能连续生产，副产物 NH_3 和 CO_2 可循环使用。缺点是大量的 $CaCl_2$ 用途不大，致使 NaCl 随之损耗，食盐利用率不高（仅 70%）。

我国著名化学工程学家侯德榜于 1942 年对索尔维法作了重大改革，创立了新的制碱流程，称为侯氏制碱法（Hou's process）。该法是在除去 $NaHCO_3$ 沉淀后的母液中加入磨细的 NaCl 固体，利用低温时 NH_4Cl 的

图 9-1　中国著名化学工程学家侯德榜

溶解度比 NaCl 小以及同离子效应，使 NH_4Cl 从母液中析出。NH_4Cl 可作肥料等用途，母液中的 NaCl 则可循环使用。这样就消除了索尔维法的缺点，把食盐的利用率提高到 96%。侯氏制碱法把制碱和制氨联合起来，所以该法又称联合制碱法或联碱法。用合成氨的氨和生产过程中过剩的 CO_2 供应制碱，革除了用石灰石制取 CO_2；又用碱厂过剩的 Cl^- 溶液来吸收 NH_3 生成 NH_4Cl。因此侯氏制碱法既提高了食盐的利用率，又获得有用的副产品 NH_4Cl。由于工艺上形成了一个闭路循环，做到物尽其用，基本上没有污染物排出。联碱生产工艺流程示意如下：

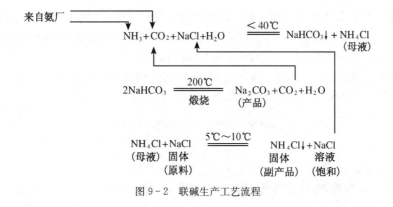

图 9-2　联碱生产工艺流程

侯氏制碱法不仅是制碱工业上一大成就，也是享有国际盛誉的科学技术创新，为中华民族在国际科技界争得荣誉。

制造碳酸钾不能用索尔维法，这是因为 $KHCO_3$ 在含氨的水溶液中溶解度极大。碳酸钾一般是用二氧化碳通入氢氧化钾溶液中来制取：

$$CO_2 + 2KOH \Longrightarrow K_2CO_3 + H_2O$$

碳酸钙是生产重要建筑材料 CaO 的原料。碳酸钙难溶于水，但可溶于稀酸（包括较 H_2CO_3 为强的 HAc）中：

$$CaCO_3 + 2H^+ \Longrightarrow Ca^{2+} + H_2O + CO_2 \uparrow$$
$$CaCO_3 + 2HAc \Longrightarrow Ca(Ac)_2 + H_2O + CO_2 \uparrow$$

碳酸钙也很容易溶解在溶有二氧化碳的水中，形成比较容易溶解的碳酸氢钙：

$$CaCO_3 + CO_2 + H_2O \Longrightarrow Ca(HCO_3)_2$$

基于上述反应，含有 CO_2 的水流经石灰岩，就把它溶解了，而且在一定条件下，含有 $Ca(HCO_3)_2$ 的水流经岩石又会分解：

$$Ca(HCO_3)_2 \Longrightarrow CaCO_3 + CO_2 + H_2O$$

这样就产生了钟乳累累、石笋林立的石灰岩溶洞，我国桂林芦笛岩就是世界驰名的石灰岩溶洞。

② 氯化物。氯化钠（sodium chloride）广泛存在于自然界，氯化钠可自海水或盐湖中晒制而得，这样直接得到的食盐，其中含有硫酸钙和硫酸镁等杂质而被称作粗盐。把粗盐溶于水，加入适量的氢氧化钠、碳酸钠和氯化钡，使溶液中的 Ca^{2+}、Mg^{2+}、SO_4^{2-} 等离子形成沉淀析出，则得精盐。

$$Ca^{2+} + CO_3^{2-} \Longrightarrow CaCO_3 \downarrow$$
$$Mg^{2+} + 2OH^- \Longrightarrow Mg(OH)_2 \downarrow$$
$$Ba^{2+} + SO_4^{2-} \Longrightarrow BaSO_4 \downarrow$$

氯化钠是制造所有其他钠、氯的化合物的常用原料，在日常生活中和工业生产中都是不可缺少的。我国有漫长的海岸线和丰富的内陆盐湖资源，四川自贡等地区还有含大量食盐的地下卤水，以及许多盐矿。1987 年在江苏淮阴地区又发现了食盐藏量比著名盐都自贡大十倍以上的大盐矿，这些资源为我国人民生活和工业用盐提供了丰富的原料。

氯化镁 $MgCl_2 \cdot 6H_2O$ 是无色晶体，无水 $MgCl_2$ 是生产金属镁的主要原料。$MgCl_2$ 可从光卤石 $KCl \cdot MgCl_2 \cdot 6H_2O$ 或海水中制取。

氯化钙在工业上是作为索尔维法制碳酸钠的副产品而得到。它从水溶液中结晶出来为六水化合物 $CaCl_2 \cdot 6H_2O$，在加热时失水，得到无水氯化钙。无水氯化钙可用做干燥剂，但不能用来干燥 NH_3，因为它将与氨作用生成化合物 $CaCl_2 \cdot 6NH_3$。

工业上制备氯化钡是将硫酸钡、碳和氯化钙的混合物加热制得，在高温（1 100℃～1 200℃）时 $BaSO_4$ 被 C 还原为 BaS，BaS 与 $CaCl_2$ 作用得 $BaCl_2$：

$$BaSO_4 + 4C \Longrightarrow BaS + 4CO$$
$$BaS + CaCl_2 \Longrightarrow BaCl_2 + CaS$$

然后用水溶出 $BaCl_2$，经蒸发结晶得 $BaCl_2 \cdot 2H_2O$ 无色晶体。

③ 硫酸盐。以硫酸处理氢氧化钠或碳酸钠可制硫酸钠（sodium sulfate），它用于玻璃、纸张、

染料等制造中。当温度低于 32.4℃硫酸钠结晶从溶液中析出时,含有十个结晶水 $Na_2SO_4 \cdot 10H_2O$,这个水合物叫芒硝(glaubers salt)。如果温度高于 32.4℃,即析出无水盐。十水合物的溶解度随温度升高而增加,无水物的溶解度随温度的升高而下降,32.4℃叫转变温度,这个转变温度非常恒定,所以可作校正温度计的一个固定温度点。

硫酸钾可从天然盐矿制得,它可用作肥料及用于明矾制造上。

硫酸钙的二水合物 $CaSO_4 \cdot 2H_2O$ 叫石膏,加热到 120℃左右,部分失水成为 $CaSO_4 \cdot \frac{1}{2}H_2O$ 叫烧石膏(plaster):

$$CaSO_4 \cdot 2H_2O =\!\!=\!\!= CaSO_4 \cdot \frac{1}{2}H_2O + 1\frac{1}{2}H_2O$$

烧石膏细粉与少量水混合,可逐渐硬化并膨胀,故用来铸造模型。

钡主要以难溶的硫酸盐形式(重晶石 $BaSO_4$)存在于自然界,因此,硫酸钡是制造其他钡盐的原料。一般都是在高温用 C 把它还原为 BaS,再由 BaS 制造其他钡盐。硫酸钡也可做白色涂料,它是唯一无毒的钡盐而又能强烈地吸收 X 射线,因而用于肠胃病检查中。

④ 硝酸盐。以硝酸处理氢氧化物或碳酸盐可得相应的硝酸盐。硝酸钠存在于自然界,智利拥有大量储量,所以硝酸钠又称智利硝石(sodium nitrate or chile nitre)。硝酸钾是用硝酸钠与氯化钾复分解反应来制得:

$$NaNO_3 + KCl =\!\!=\!\!= NaCl + KNO_3$$

先将 $NaNO_3$ 和 KCl 溶于热水,然后将溶液沸腾蒸发,由于高温时 NaCl 溶解度小于 KNO_3,所以在热溶液中 NaCl 析出,过滤掉 NaCl 后,将溶液冷却,由于 NaCl 的溶解度在冷水和热水中差不多,而 KNO_3 的溶解度随温度降低而大为减小,因此 KNO_3 析出。

钠和钾的硝酸盐可用作肥料,硝酸钾用于生产黑火药。钠和钾的盐类性质相似,可以相互代用,钠盐价格较钾盐低廉,所以一般总是使用钠盐,但钠盐在空气中容易潮解,所以在制造黑火药时,不能用 $NaNO_3$ 代替 KNO_3。

钙、锶、钡的硝酸盐受热分解为亚硝酸盐和氧气:

$$M(NO_3)_2 =\!\!=\!\!= M(NO_2)_2 + O_2$$

硝酸锶和硝酸钡在灼热时火焰呈鲜艳的色彩,故用于烟火或制造红、绿信号弹。

9.2.4　锂和铍的特殊性、对角线规则

锂和铍同属周期表中第二周期元素,它们分别是ⅠA和ⅡA主族元素的第一个元素(不考虑 H),这两个元素的性质与同族其他元素有明显的差异,但与周期表中它们各自右下方的元素在性质上却有许多相似之处。例如锂及其化合物的性质就与碱金属有较大的区别,而与镁却颇为相似。

(1) 碱金属中只有锂在过量氧气中燃烧时生成正常氧化物 Li_2O,镁在氧气中燃烧也很容易生成 MgO;

(2) 锂和镁的氢氧化物都为中强碱,且在水中的溶解度都不大,这些氢氧化物在加热时都分解为相应氧化物 Li_2O 和 MgO;而其他碱金属氢氧化物在高温下熔化挥发而不分解;

(3) 碱金属碳酸盐如 Na_2CO_3,K_2CO_3 加热熔化不分解,而 Li_2CO_3 和 $MgCO_3$ 一样,加热时均分解为相应氧化物和二氧化碳;

（4）碱金属的氟化物、碳酸盐、磷酸盐等易溶于水，而锂和镁的这些相应化合物则难溶于水；

（5）硝酸锂热分解产物与硝酸镁类似：

$$4LiNO_3 \xmapsto{\quad} 2Li_2O + 4NO_2\uparrow + O_2\uparrow$$

$$2Mg(NO_3)_2 \xmapsto{\quad} 2MgO + 4NO_2\uparrow + O_2\uparrow$$

而硝酸钠等则加热分解为相应亚硝酸盐和氧气。

$$2NaNO_3 \xmapsto{\quad} 2NaNO_2 + 3O_2\uparrow$$

从 Li 与 Mg 在周期系中的位置来看，它们是处于左上方和右下方的关系。在周期系中，某元素的性质和它左上方或右下方的元素的相似性，称为对角线规则（diagonal rule）。除锂和镁以外，铍和ⅢA族的铝、ⅢA族的硼与ⅣA族的硅，也存在着对角关系。它们的相似性将在后面有关章节中介绍。

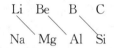

复习思考题

1. 已知离子化合物 NaF、NaI 和 MgO 的熔点依次为 996℃、660℃和 2 852℃，试用影响晶格能因素说明它们熔点之间的差别。

2. 以氯化钠制取金属钠为例，指出通常从碱金属化合物制备游离态碱金属的方法。

3. 是否能用 $NaNO_3$ 和 KCl 进行复分解反应制取 KNO_3？为什么？

4. NaCl 和 CsCl 均为碱金属氯化物，它们的晶体结构是否相同，正负离子配位数分别是多少？请用半径比规则说明。

5. 试述锂和镁性质的相似性，第二周期和第三周期中处于对角位置的元素均符合对角线规则吗？

6. 解释下列事实：

（1）$E^{\ominus}(Li^+/Li) < E^{\ominus}(Na^+/Na)$，但金属锂与水作用没有金属钠与水作用剧烈；

（2）实验室中浓 NaOH 溶液贮放时间较长以后，瓶口常出现白色固体物质；

（3）碱金属元素是强还原剂，但一般不能在水溶液中使用；

（4）碱金属的熔点低于碱土金属。

习　　题

1. 以 $BaSO_4$ 为原料制取（1）$BaCl_2$；（2）$BaCO_3$；（3）BaO_2；（4）$Ba(NO_3)_2$，并以反应方程式表示之。

2. 碱金属锂、钠、钾、铷和铯在过量氧气中燃烧时各得什么氧化物，这些氧化物与水作用的产物是什么，分别写出反应方程式。

3. 完成并配平下列反应方程式：

（1）$CaH_2 + H_2O \longrightarrow$

（2）$BaO_2 + 稀\ H_2SO_4(冷) \longrightarrow$

（3）$Na_2O_2 + CO_2 \longrightarrow$

（4）$Mg(OH)_2 + NH_4Cl \longrightarrow$

（5）$CaCl_2 + (NH_4)_2C_2O_4 \longrightarrow$

4. 试以 NaCl 为原料制备 Na_2O_2 和 Na_2O，并用反应方程式表示之。

5. 根据碱土金属氢氧化物碱性递变规律,说明 $BeCl_2$、$MgCl_2$ 和 $CaCl_2$ 溶液的酸碱性变化情况。

6. 现有两瓶固体试剂为碳酸钠和碳酸氢钠,试至少用两种方法将它们区分出来。

7. $CaCl_2$ 常用作冷却剂,试对下列两组组合,确定哪组可获得更好的低温效果,为什么?

　　(1) 冰＋食盐＋六水氯化钙;　　　(2) 冰＋食盐＋无水氯化钙

8. 下列各组物质能否共存,为什么?

　　(1) Na_2O_2 和 CO_2;　　　(2) $NaHCO_3$ 和 $NaOH$;　　　(3) CaH_2 和 H_2O

9. 有一瓶白色粉末的试剂,可能是 $Be(OH)_2$、$Mg(OH)_2$ 或 $MgCO_3$,怎样鉴定? 写出反应方程式。

10. 五个试剂瓶中装有白色粉末状固体,它们分别是 $MgCO_3$、$BaCO_3$、无水 Na_2CO_3、无水 $CaCl_2$、无水 Na_2SO_4,试加以鉴别,并以方程式表示之。

11. 在一含有 Ba^{2+} 和 Sr^{2+} 的溶液中,已知两种离子的浓度均为 $0.1\ mol \cdot L^{-1}$,如果在此溶液内滴入稀 H_2SO_4,问:

　　(1) 首先从溶液中析出的沉淀是 $BaSO_4$ 还是 $SrSO_4$? 为什么?

　　(2) 能否将这两种离子分离? 为什么?

12. 硫酸钡难溶于水,且不能透过短波长的光线(如 X 射线),所以用于光镜检查肠胃病。

　　(1) 若需制备 $100\ g$ 光镜检查用的 $BaSO_4$,问需用 $BaCl_2$ 和 $Na_2SO_4 \cdot 10H_2O$(假定过量 10%)的质量各多少?

　　(2) 若除去 $BaSO_4$ 后溶液的体积为 $2\,000\ mL$,问溶液中剩余 $BaSO_4$ 的质量为多少?

13. 工业碳酸钠中主要杂质有 Ca^{2+}、Mg^{2+}、Fe^{3+} 等,除杂的方法是将碳酸钠配成溶液后长时间保温,必要时可加少量 $NaOH$ 溶液。试回答:

　　(1) 这种除杂方法的原理是什么?

　　(2) 饱和 Na_2CO_3 的 pH 值是多少?

　　(3) 加 $NaOH$ 溶液的目的是什么?

第10章 d区元素——过渡元素（一）

本书定义的过渡元素包括元素周期表中 d 区和 ds 区所有的副族元素，从ⅢB（钪族）到ⅡB（锌族）。过渡元素单质的一些性质列于表 10-1 中。本章以第一过渡系的钛、钒、铬、锰、铁、钴、镍为代表，介绍 d 区元素化学。

表 10-1　过渡元素的若干性质

第一过渡系	钪 Sc	钛 Ti	钒 V	铬 Cr	锰 Mn	铁 Fe	钴 Co	镍 Ni	铜 Cu	锌 Zn
价电子构型	$3d^14s^2$	$3d^24s^2$	$3d^34s^2$	$3d^54s^1$	$3d^54s^2$	$3d^64s^2$	$3d^74s^2$	$3d^84s^2$	$3d^{10}4s^1$	$3d^{10}4s^2$
熔点/℃	1 541	1 670	1 917	1 907	1 246	1 538	1 495	1 455	1 084	419
沸点/℃	2 836	3 287	3 421	2 671	2 061	2 861	2 927	2 913	2 560	907
密度/(g·cm^{-3})	2.992	4.507	6.11	7.20	7.30	7.86	8.9	8.90	8.92	7.10
共价半径/pm	144	132	122	117	117	116	116	115	117	125
第一电离能/(kJ·mol^{-1})	631	658	650	653	717	759	758	737	745	906

第二过渡系	钇 Y	锆 Zr	铌 Nb	钼 Mo	锝 Tc	钌 Ru	铑 Rh	钯 Pd	银 Ag	镉 Cd
价电子构型	$4d^15s^2$	$4d^25s^2$	$4d^45s^1$	$4d^55s^1$	$4d^55s^2$	$4d^75s^1$	$4d^85s^1$	$4d^{10}5s^0$	$4d^{10}5s^1$	$4d^{10}5s^2$
熔点/℃	1 530	1 852	2 477	2 622	2 157	2 333	1 963	1 554	962	321
沸点/℃	3 304	4 504	4 741	4 639	4 262	4 147	3 695	2 963	2 162	767
密度/g·cm^{-3}	4.47	6.52	8.57	10.2	11.48	12.45	12.41	12.023	10.49	8.64
共价半径/pm	162	145	134	129	127	124	125	128	134	141
第一电离能/(kJ·mol^{-1})	616	660	664	685	702	711	720	805	731	868

第三过渡系	镥 Lu	铪 Hf	钽 Ta	钨 W	铼 Re	锇 Os	铱 Ir	铂 Pt	金 Au	汞 Hg
价电子构型	$5d^16s^2$	$5d^26s^2$	$5d^36s^2$	$5d^46s^2$	$5d^56s^2$	$5d^66s^2$	$5d^76s^2$	$5d^96s^1$	$5d^{10}6s^1$	$5d^{10}6s^2$
熔点/℃	1 663	2 233	3 017	3 414	3 185	3 033	2 454	1 768	1 064	−39
沸点/℃	3 402	4 600	5 455	5 555	5 590	5 008	4 389	3 825	2 836	357
密度/g·cm^{-3}	9.842	13.31	16.69	19.35	21.02	22.61	22.65	21.45	19.3	13.545
共价半径/pm	123	144	134	130	128	126	126	129	134	144
第一电离能/(kJ·mol^{-1})	523	642	743	768	760	840	878	868	890	1 007

10.1　钛及其化合物

10.1.1　钛单质的性质及提取

钛（titanium，Ti）为第四周期ⅣB族元素。金属钛为银白色，外观似钢。钛的矿物主要是钛铁矿（$FeTiO_3$）和金红石矿（TiO_2），我国四川地区有极丰富的钛铁矿资源。世界上已探明的钛储藏量中约有一半分布在我国。

　　钛的熔点较高,密度较小,在高温下易同空气、氧、氮作用生成氧化物、氮化物膜,保护金属不受腐蚀;在冷水及沸水中,或在常温或加热下,或在任意浓度的硝酸中均不被腐蚀。钛的抗腐蚀性比不锈钢更好,且强度更高,重量更轻,因而是航空、宇航、舰船、军械兵器等重要工业部门不可缺少的重要材料。它还广泛应用于石化、纺织、冶金等方面。此外,钛能与骨骼、肌肉生长在一起,用于接骨和制作人工关节,所以钛被誉为"生物金属"。

　　直到 20 世纪 40 年代末钛才在工业上得到应用,钛的应用之所以如此缓慢,是由于钛化合物稳定的原因。金属钛能溶解氧,并且能与氮、氢、碳、硅等反应生成相应的化合物。因此,单质钛的制取在很长时间内存在困难。目前,钛的制取是先将钛铁矿制 TiO_2,再用氯氧化法制 $TiCl_4$,最后在氩气氛中用镁或钠还原制取"海绵钛"。

　　从 TiO_2 制 Ti,必须采用还原法。从反应的可能性来看,还原剂可用活泼金属如 Ca、Mg、Al 等,但工业上行不通。主要是由于 Al 和 Ti 能生成铝钛合金,用 Ca、Mg 作还原剂时又可能生成钛氧固溶体,难以制取氧含量很低的金属钛。所以,工业上尚未有以钛化合物为原料通过金属热还原法生产纯度较高的"海绵钛"。

　　欲制取纯度较高的"海绵钛"须用间接还原法,多以 $TiCl_4$ 为原料。然而,单纯用 Cl_2 作用于 TiO_2 以获得 $TiCl_4$ 是不可能的。

$$TiO_2(s) + 2Cl_2(g) \Longrightarrow TiCl_4(g) + O_2(g) \qquad \Delta_r G_m^{\ominus} = 162.5 \text{ kJ} \cdot \text{mol}^{-1}$$

该反应直到 2 000℃ 以上 $\Delta_r G_m^{\ominus}$ 仍然有较大的正值(读者可自行分析),因此反应难以进行。若有碳存在下:

$$TiO_2(s) + 2Cl_2(g) + 2C(s) \Longrightarrow TiCl_4(g) + 2CO(g) \qquad \Delta_r G_m^{\ominus} = -111.9 \text{ kJ} \cdot \text{mol}^{-1}$$

上述反应在较低温度下便能进行。通常为使反应速率加快,反应温度宜控制在 700℃～900℃。$TiCl_4$ 气体冷凝后经精制,用足量镁或钠在惰性气体保护下还原(为什么?)。以镁为例:

$$TiCl_4(g) + 2Mg \Longrightarrow 2MgCl_2(s) + Ti; \qquad \Delta_r G_m^{\ominus} = -457.3 \text{ kJ} \cdot \text{mol}^{-1}$$

上述反应低温下便能进行。考虑到产物的分离,工业上采用的温度为 800℃～900℃。在此温度范围内,$MgCl_2$(熔点 140℃)和 Mg(熔点 650℃)以液态形式存在,$TiCl_4$ 以气体形式存在,与固体 Ti(熔点 1 660℃)很好分离。Ti 中少量的 $MgCl_2$ 和 Mg 用酸浸取,这样得到的金属钛如海绵,故称"海绵钛"。为进一步提高钛的纯度,可采用电解法或碘化法精炼。

　　钛的碘化法精炼过程如下:

$$Ti(s) + 2I_2(g) \xrightarrow{110℃～200℃} TiI_4(g) \xrightarrow{1\,300℃～1\,500℃} Ti(s) + 2I_2(g)$$

10.1.2　钛的化合物

　　钛的价电子构型为 $3d^2 4s^2$,在形成化合物时,主要呈现 +4 氧化值,少量呈现 +3 氧化值。它的重要化合物有 TiO_2、$TiOSO_4$、$TiCl_4$ 等。

　　TiO_2(titanium dioxide)俗称钛白,天然二氧化钛是金红石矿。自然界中的金红石是 TiO_2 的另一种存在形式,因含有少量铁、铌、钽、钒等而呈红色或黄色。天然 TiO_2 须经过化学处理后才能被利用。TiO_2 是极好的白色涂料,具有折射率高、着色力强、遮盖力大,化学性能稳定等优点,大量用于油漆、造纸、塑料、橡胶、化纤、搪瓷等工业部门。

TiCl$_4$(titanium chloride)是共价键为主的化合物。常温下为无色液体,具辛辣味。由于 Ti(Ⅳ)电荷高,半径小,因此有强烈的水解作用,与水发生部分水解或完全水解:

$$TiCl_4 + H_2O \Longrightarrow TiOCl_2 \downarrow + 2HCl$$
$$TiCl_4 + 3H_2O \Longrightarrow H_2TiO_3 \downarrow + 4HCl$$

根据这一性质,TiCl$_4$ 常用作烟雾剂、空中广告等。

由于 Ti(Ⅳ)的强水解性,在水中,甚至在强酸性的溶液中也未有[Ti(H$_2$O)$_6$]$^{4+}$ 存在,Ti(Ⅳ)在水溶液中以钛氧离子 TiO^{2+} 形式存在。TiO$_2$ 与硫酸作用可析出 TiOSO$_4$,与浓硫酸作用析出 Ti(SO$_4$)$_2$。

在酸性溶液中,用 Zn 还原 TiO^{2+} 时,可以形成紫色的[Ti(H$_2$O)$_6$]$^{3+}$:

$$2TiO^{2+} + Zn + 4H^+ \Longrightarrow 2Ti^{3+} + Zn^{2+} + 2H_2O$$

Ti^{3+} 还原性较强,在分析化学中用于许多含钛试样的钛含量测定。

10.1.3 二氧化钛的制取

TiO$_2$ 的工业生产,几乎包括了全部无机化学工艺过程,被喻为"工艺艺术品"。依照钛资源的不同,TiO$_2$ 的生产可采用硫酸法或氯化法。以钛铁矿为原料的 TiO$_2$ 生产,常以硫酸法为主。该法主要过程有:① 硫酸分解精矿制取硫酸氧钛溶液;② 净化除铁;③ 水解制偏钛酸;④ 偏钛酸煅烧制 TiO$_2$。

钛铁矿精矿成分除 FeTiO$_3$ 外,还有 Fe$_2$O$_3$ 以及 SiO$_2$、Al$_2$O$_3$、MnO、CaO、MgO 等杂质。在160℃~200℃下,用浓硫酸分解精矿的主要反应如下:

$$FeTiO_3 + 2H_2SO_4 \Longrightarrow TiOSO_4 + FeSO_4 + 2H_2O$$
$$FeTiO_3 + 3H_2SO_4 \Longrightarrow Ti(SO_4)_2 + FeSO_4 + 3H_2O$$
$$Fe_2O_3 + 3H_2SO_4 \Longrightarrow Fe_2(SO_4)_3 + 3H_2O$$

所有这些反应都是放热的,一般情况下,可利用反应热维持反应进行。在反应最后得到的熔块中,既有 TiOSO$_4$,又有 Ti(SO$_4$)$_2$ 及其他杂质。用水浸出熔块时,钛、铁等以 TiO^{2+}、Fe^{2+}、Fe^{3+} 进入溶液。生产中不允许 Fe^{3+} 存在,因为它在酸性溶液中水解时,容易产生 Fe(OH)$_3$ 与 H$_2$TiO$_3$ 共沉淀,污染 TiO$_2$,而且其量甚大。同时 Fe$_2$(SO$_4$)$_3$·6H$_2$O 溶解度大,不易从水溶液中结晶。另一方面,FeSO$_4$·7H$_2$O 的溶解度比 Fe$_2$(SO$_4$)$_3$·6H$_2$O 小得多,同时也比 TiOSO$_4$ 小得多。利用此原理,在熔块浸取后,加还原剂(金属铁屑):

$$2Fe^{3+} + Fe \Longrightarrow 3Fe^{2+}$$

降低温度析出 FeSO$_4$·7H$_2$O 晶体作为副产物。在整个工艺过程中,Fe^{2+} 有可能被空气氧化为 Fe^{3+},故铁屑量须过量,使 TiO^{2+} 少量还原为 Ti^{3+}:

$$2TiO^{2+} + Fe + 4H^+ \Longrightarrow 2Ti^{3+} + Fe^{2+}$$

此方法的好处有二:一是由于 Ti^{3+} 呈特征紫色,所以可控制铁屑的加入量;二是利用 Ti^{3+} 的还原性,尽可能将溶液中少量 Fe^{3+} 还原:

$$Ti^{3+} + Fe^{3+} + H_2O \Longrightarrow TiO^{2+} + Fe^{2+} + 2H^+$$

从而确保整个工艺过程中不存在 Fe^{3+}。这是基本化学知识在生产中应用的生动例子。

除铁后的硫酸钛溶液在加热条件下水解:

$$TiOSO_4 + 2H_2O \Longrightarrow H_2TiO_3\downarrow + H_2SO_4$$

根据钛白的用途不同,它的物理性质应有不同,控制水解的工艺条件,将对钛白性质产生很大影响。水解液浓度、水解温度、搅拌速度等条件对产物 H_2TiO_3 的粒度、晶型、过滤性质等均产生影响。

偏钛酸 H_2TiO_3 在高温下煅烧即得二氧化钛(钛白)。

$$H_2TiO_3 \xlongequal{800℃\sim900℃} TiO_2 + H_2O$$

经过一定的后处理工艺,可得到适合于不同用途的钛白。

整个钛白生产工艺远比以上介绍的复杂。即使如此,仍然希望通过钛的提取和 TiO_2 的生产工艺的简要讨论中,得到以下认识:任何化学生产工艺无不是在一定的化学基本原理和化学知识指导下进行的。

10.2　钒及其化合物

钒(vanadium, V)为第四周期 VB 族元素。金属钒外观呈银灰色,硬度比钢大,对各种化学试剂都很稳定。在室温下,不与空气、水、苛性碱作用,也不与除 HF 以外的非氧化性酸作用,但能溶于王水、热浓 H_2SO_4 和 HNO_3 以及熔融的苛性碱中。

钒在自然界中存在极为分散,因为 V(Ⅲ)与 Fe(Ⅲ)离子半径相近,因而常与铁矿共生(如钒钛铁矿)。钒在我国属丰产元素。

钒主要用来制造合金钢、结构钢、弹簧钢等。钒化合物有许多实际应用,例如,V_2O_5 是接触法制硫酸及某些有机氧化反应中的催化剂,可通过热分解偏钒酸铵 NH_4VO_3 来制备:

$$2NH_4VO_3 \xlongequal{\triangle} V_2O_5 + 2NH_3 + H_2O$$

V_2O_5 是制取其他钒化合物的主要原料,也是从矿石中提取金属钒的主要中间产物。

钒的价电子构型为 $3d^34s^2$,能形成氧化值为 +2、+3、+4、+5 的化合物。但形成简单阳离子的倾向却随氧化态升高而减弱。不同氧化态的钒离子在水溶液中形式呈多样化,相应的氢氧化物的酸碱性明显不同。表 10-2 列出了钒的氢氧化物及常见离子的存在形式。

表 10-2　钒的氢氧化物及常见离子存在形式

化学式	溶解性	酸碱性	常见离子存在形式	
			在强酸中	在强碱中
$V(OH)_2$	难　溶	碱　性	V^{2+}	$V(OH)_2$
$V(OH)_3$	难　溶	弱碱性	V^{3+}	$V(OH)_3$
$V(OH)_4$	难　溶	两　性	VO^{2+}(亚钒酰)	VO_3^{2-}
H_3VO_4	微　溶	偏酸性	VO_2^+(二氧钒酰,pH<1)	VO_4^{3-}(钒酸根,pH>12.6)

钒的各种氧化态的氢氧化物的酸碱性变化服从一般规律(见第 9 章)。V(Ⅳ),V(Ⅴ)即使在酸性很强的溶液中也没有 $[V(H_2O)_6]^{4+}$ 和 $[V(H_2O)_6]^{5+}$,这是由于 V(Ⅳ)、V(Ⅴ)电荷高、半径小,在水溶液中容易水解。

钒的电势图如下:

$$E_A^{\ominus}/V:\quad \underset{\text{(浅黄色)}}{VO_2^+} \xrightarrow{0.999} \underset{\text{(蓝色)}}{VO^{2+}} \xrightarrow{0.337} \underset{\text{(绿色)}}{V^{3+}} \xrightarrow{-0.255} \underset{\text{(紫色)}}{V^{2+}} \xrightarrow{-1.175} \underset{\text{(浅灰色)}}{V}$$

（图中上方连线标注 −0.564，下方连线标注 −0.25）

可见,在强酸性溶液中 V(Ⅳ)较稳定;V(Ⅴ)具有中等强度的氧化性;V(Ⅲ)、V(Ⅱ)还原性较弱。

在酸性溶液中,VO_2^+ 可被 Fe^{2+}、SO_3^{2-}、$H_2C_2O_4$ 等还原剂还原为 VO^{2+}:

$$VO_2^+ + Fe^{2+} + 2H^+ \Longrightarrow VO^{2+} + Fe^{3+} + H_2O$$

$$2VO_2^+ + H_2C_2O_4 + 2H^+ \xrightarrow{\triangle} 2VO^{2+} + 2CO_2 + 2H_2O$$

这些反应变色明显,常用于分析化学中定量测定钒。

若在酸性溶液中,用较强还原剂(如 Zn)与 VO_2^+ 反应,可将 VO_2^+ 还原至 V^{2+}。例如,在 NH_4VO_3 的酸溶液中加入 Zn,会依次看到生成蓝色(VO^{2+})、绿色(V^{3+})及紫色(V^{2+})的溶液,这是一种分级还原的过程。

V(Ⅱ)、V(Ⅲ)尤其是在碱性条件下,很容易被空气中的氧所氧化,V(Ⅱ)的化合物还能从水中置换出氢。

V(Ⅴ)在不同 pH 条件下,还可形成多种形式的钒酸及钒酸盐,钒酸因溶解度很小而很少被利用,比较重要的是钒酸盐(vanadate),主要有偏钒酸盐 MVO_3、正钒酸盐 M_3VO_4 和多钒酸盐 $M_4V_2O_7$、$M_3V_3O_9$ 等(M 为一价阳离子)。

VO_4^{3-} 呈四面体构型,只存在于强碱性溶液中。若向 VO_4^{3-} 溶液中加酸会产生缩合现象:

$$O^- - V - O\boxed{H+HO} - V - O^- = O - V - O - V - O^- + H_2O$$

（各钒原子上下分别连有 O 和 O^-）

$$(pH = 12 \sim 10.6)$$

这种钒酸盐的缩合随着 pH 的不同,会生成一系列不同缩合度的含氧阴离子:

$$\underset{\text{(浅黄色)}}{VO_4^{3-}} \xrightarrow{pH \approx 12} HVO_4^{2-} \xrightarrow{pH \approx 10} HV_2O_7^{3-} \xrightarrow{pH \approx 9} V_3O_9^{3-} \xrightarrow{pH \approx 7} \underset{\text{(红棕色)}}{V_5O_{14}^{3-}}$$

$$\xrightarrow{pH \approx 6.5} \underset{\text{(砖红色)}}{V_2O_5 \cdot xH_2O} \xrightarrow{pH \approx 3.2} \underset{\text{(黄色)}}{V_{10}O_{28}^{6-}} \xrightarrow{pH < 1} \underset{\text{(浅黄色)}}{VO_2^+}$$

钒酸盐的缩合情况除了与 pH 值有密切关系以外,溶液中钒酸根离子浓度与温度也是一个重要因素。含氧阴离子的缩合现象无论对于无机化学理论的发展,还是实际应用都是有重要意义的。

10.3　铬及其化合物

铬(chromium, Cr)为第四周期ⅥB族元素。熔点、沸点高,是最硬的金属。其表面易生成致密的氧化物保护膜,因而在空气及水中相当稳定。铬常用于制造各种高级合金钢,以提高钢的硬度、耐热性及耐蚀性。此外,汽车、自行车、精密仪器制造工业中,铬作为保护镀层,既光亮美观,又防腐蚀、抗磨损。

铬在自然界中主要以铬铁矿$[Fe(CrO_2)_2]$形式存在。

铬的价电子构型为 $3d^5 4s^1$,可形成氧化值 +2、+3、+6 的化合物,其中 +3、+6 的化合物较常见。铬的化合物主要有氧化物、氢氧化物、含氧酸及盐类,一些常见化合物见表 10-3。

表 10-3　铬的一些重要化合物

氧化值	+2		+3		+6	
氧化物	CrO	黑　色	Cr_2O_3	绿　色	CrO_3	橙　色
氢氧化物	$Cr(OH)_2$	黄棕色	$Cr(OH)_3$	灰　蓝	H_2CrO_4	黄　色
(含氧酸)					$H_2Cr_2O_7$	橙　色
主要盐类	$CrCl_2$	白　色	$NaCrO_2$	亮绿色	Na_2CrO_4	黄　色
			$CrCl_3$	紫　色	$K_2Cr_2O_7$	橙　色
			$Cr_2(SO_4)_3$	紫　色		

铬化合物的性质特点是:

(1) 同一氧化态不同形态的离子间存在着酸碱转化;

(2) 不同氧化态的离子间存在着氧化还原转化。

10.3.1　不同氧化态的铬的存在形式及常见反应

1. $Cr(III)$、$Cr(VI)$ 的存在形式及酸碱转化

水溶液中,$Cr(III)$ 通常以 Cr^{3+} 或 CrO_2^- 形式存在,$Cr(VI)$ 通常以 CrO_4^{2-} 或 $Cr_2O_7^{2-}$ 形式存在。它们的颜色不同,酸碱性也明显不同,但在一定 pH 条件下,可以发生酸碱转化反应。

在 $Cr(III)$ 溶液(如 $CrCl_3 \cdot 6H_2O$)中,缓慢加入 NaOH 溶液或氨水[①],可析出灰蓝色的 $Cr(OH)_3$ 沉淀,碱溶液过量时,沉淀消失,变为亮绿色溶液。显然,$Cr(OH)_3$ 显两性,在其饱和溶液中存在下列酸碱平衡:

$$\underset{(紫色)}{Cr^{3+}} + 3OH^- \rightleftharpoons \underset{(灰蓝色)}{Cr(OH)_3} \rightleftharpoons H_2O + HCrO_2 \rightleftharpoons \underset{[亮绿色,也写作Cr(OH)_4^-]}{H^+ + CrO_2^- + H_2O}$$

根据平衡移动原理,在酸性溶液中,$Cr(III)$ 以 Cr^{3+} 形式为主;在碱性溶液中,以 CrO_2^- 形式为主。也就是说,$Cr(III)$ 盐有两类,即阳离子 Cr^{3+} 盐和阴离子 CrO_2^- 盐。

由于 $Cr(OH)_3$ 的酸性和碱性都很弱,因此铬盐和亚铬酸盐都易水解。在水溶液中不可能生成铬的弱酸盐。例如,Cr_2S_3 在水溶液中立即水解生成 $Cr(OH)_3$ 和 H_2S。Cr_2S_3 只能用铬和硫在高温下加热制得。

在 $Cr(VI)$ 溶液(如 K_2CrO_4)中加酸,生成 $Cr_2O_7^{2-}$ 而呈橙红色。反之,在 $Cr_2O_7^{2-}$ 溶液中加碱则生成黄色的 CrO_4^{2-}。也就是说,在 $Cr(VI)$ 的含氧酸根水溶液中,存在着下列的酸碱平衡:

$$\underset{(黄色)}{2CrO_4^{2-}} + 2H^+ \rightleftharpoons \underset{(橙红色)}{Cr_2O_7^{2-}} + H_2O$$

CrO_4^{2-} 和 $Cr_2O_7^{2-}$ 分别是铬酸 H_2CrO_4 和重铬酸 $H_2Cr_2O_7$ 的酸根离子,H_2CrO_4 和 $H_2Cr_2O_7$ 仅存在于稀溶液中,尚未分离出游离的酸。$H_2Cr_2O_7$ 的酸性比 H_2CrO_4 强。

根据平衡移动原理,在酸性溶液中,$Cr(VI)$ 以 $Cr_2O_7^{2-}$ 形式为主;碱性溶液中以 CrO_4^{2-} 形式

---

① 在 $Cr(III)$ 溶液中加入氨水,产生的是 $Cr(OH)_3$ 沉淀。只有在 NH_4Cl 存在下与浓氨水反应,才形成氨配离子。

为主。

从上述平衡关系可知,在 $Cr_2O_7^{2-}$ 溶液中存在一定量的 CrO_4^{2-},而且有些铬酸盐比重铬酸盐更难溶于水,因此,若向 CrO_4^{2-} 溶液或 $Cr_2O_7^{2-}$ 溶液加入某些金属阳离子的易溶盐,如 Ag^+、Ba^{2+}、Pb^{2+} 等能得到相应的铬酸盐沉淀。

$$Cr_2O_7^{2-} + H_2O + 2Ba^{2+} \rightleftharpoons 2H^+ + 2BaCrO_4 \downarrow$$
$$\text{(黄色)}$$

$$Cr_2O_7^{2-} + H_2O + 2Pb^{2+} \rightleftharpoons 2H^+ + 2PbCrO_4 \downarrow$$
$$\text{(黄色)}$$

$$Cr_2O_7^{2-} + H_2O + 4Ag^+ \rightleftharpoons 2H^+ + 2Ag_2CrO_4 \downarrow$$
$$\text{(砖红色)}$$

上述难溶铬酸盐均能溶于强酸。这是由于增加了酸度后,使 CrO_4^{2-} 和 $Cr_2O_7^{2-}$ 之间的转化平衡向 $Cr_2O_7^{2-}$ 方向移动,CrO_4^{2-} 浓度降低,随之沉淀发生溶解。有部分难溶的铬酸盐可作为无机颜料,比如 $BaCrO_4$、$PbCrO_4$ 等可作为黄色颜料。

2. Cr(Ⅲ)和 Cr(Ⅵ)的氧化还原转化

铬元素电势图如下:

$$E_A^\ominus/V: \quad Cr_2O_7^- \xrightarrow{1.232} Cr^{3+} \xrightarrow[\underset{-0.740}{}]{-0.407} Cr^{2+} \xrightarrow{-0.913} Cr$$

$$E_B^\ominus/V: \quad CrO_4^{2-} \xrightarrow{-0.13} Cr(OH)_3 \xrightarrow[\underset{1.48}{}]{-1.10} Cr(OH)_2 \xrightarrow{-1.4} Cr$$

从铬元素电势图可知,Cr(Ⅲ)既具有还原性,又具有氧化性,但以还原性为主。Cr(Ⅵ)具有氧化性。在一定条件下,它们可以互相转化,具有特征的氧化还原性。

在碱性溶液中,CrO_2^- 还原性较强,容易被氧化,中等强度的氧化剂如 H_2O_2、$NaClO$、Cl_2 等可将它氧化为铬酸盐。例如:

$$2NaCrO_2 + 3H_2O_2 + 2NaOH \rightleftharpoons 2Na_2CrO_4 + 4H_2O$$

利用这一反应可鉴定溶液中的 Cr(Ⅲ)。

在酸性溶液中,Cr^{3+} 的还原性较弱,必须用强氧化剂,如过硫酸铵 $(NH_4)_2S_2O_8$ 或高锰酸钾 $KMnO_4$ 等才能将 Cr^{3+} 氧化为 $Cr_2O_7^{2-}$:

$$2Cr^{3+} + 3S_2O_8^{2-} + 7H_2O \xrightarrow{Ag^+ \text{ 催化}} Cr_2O_7^{2-} + 6SO_4^{2-} + 14H^+$$

Cr(Ⅲ)的氧化产物为 Cr(Ⅵ):在碱性溶液中为 CrO_4^{2-},在酸性溶液中为 $Cr_2O_7^{2-}$。

在酸性溶液中,$Cr_2O_7^{2-}$ 氧化性较强,可以把 H_2S、SO_3^{2-}、Fe^{2+}、I^- 等分别氧化为 S、SO_4^{2-}、Fe^{3+}、I_2,加热时还可将浓 HCl 氧化为 Cl_2,本身转化为 Cr^{3+}。例如:

$$K_2Cr_2O_7 + 6FeSO_4 + 7H_2SO_4 \rightleftharpoons 3Fe_2(SO_4)_3 + Cr_2(SO_4)_3 + K_2SO_4 + 7H_2O$$

$$K_2Cr_2O_7 + 14HCl(浓) \xrightarrow{\triangle} 2KCl + 2CrCl_3 + 3Cl_2 \uparrow + 7H_2O$$

前一反应在分析化学上常用来测定铁的含量。

现将 Cr(Ⅲ)和 Cr(Ⅵ)在溶液中的酸碱性及氧化还原性的转化规律归纳如下:

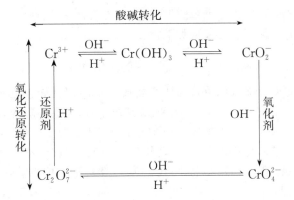

在酸性溶液中，$Cr_2O_7^{2-}$ 还可以将 H_2O_2 氧化：

$$Cr_2O_7^{2-} + 3H_2O_2 + 8H^+ \underline{\qquad} 2Cr^{3+} + 3O_2 \uparrow + 7H_2O$$

但在反应过程中先生成蓝色的中间产物过氧化铬 CrO_5[①]。

$$Cr_2O_7^{2-} + 4H_2O_2 + 2H^+ \underline{\qquad} 2CrO_5 + 5H_2O$$

CrO_5 不稳定，易分解放出氧，同时形成 Cr^{3+}，如果在反应体系中加乙醚或戊醇溶液，并在低温下反应，便能得到 CrO_5 的特征蓝色。以上反应可鉴定 $Cr(Ⅵ)$ 离子。

10.3.2　铬的重要化合物

铬的重要化合物主要有三氧化铬 CrO_3(铬酐)、三氧化二铬 Cr_2O_3、铬酸盐、重铬酸盐、铬盐、铬矾。它们在颜料、印染、电镀、皮革、水处理等工业中都有广泛用途。

1. Cr(Ⅲ)盐

常见的 Cr(Ⅲ)盐有 $CrCl_3 \cdot 6H_2O$、$Cr_2(SO_4)_3 \cdot 18H_2O$。水合离子 $[Cr(H_2O)_6]^{3+}$ 不仅存在于水溶液中，也存在于以上化合物的晶体中。$[Cr(H_2O)_6]^{3+}$ 为八面体结构，$[Cr(H_2O)_6]^{3+}$ 中的配位水可以缓慢地被 Cl^- 或 NH_3 配体取代，由于取代的形式不同，可以产生各种异构体。例如组成为 $CrCl_3 \cdot 6H_2O$ 的配合物就有三种水合异构体。

$$[Cr(H_2O)_6]Cl_3 \qquad [Cr(H_2O)_5Cl]Cl_2 \cdot H_2O \qquad [Cr(H_2O)_4Cl_2]Cl \cdot 2H_2O$$
　　　　(紫色)　　　　　　　　　　　(蓝绿色)　　　　　　　　　　　(绿色)

上述情况表明，随着进入内界的氯离子数目不同，Cr(Ⅲ)盐可显示出不同的颜色。其原因读者可根据晶体场理论予以解释。

$Cr_2(SO_4)_3 \cdot 18H_2O$ 是紫色晶体，溶于水因产生 $[Cr(H_2O)_6]^{3+}$ 而呈紫色，加热时由于 $[Cr(H_2O)_6]^{3+}$ 和 SO_4^{2-} 结合成复杂的离子，溶液的颜色由蓝紫变为绿色。

2. Cr(Ⅵ)盐

铬酸钠(Na_2CrO_4，sodium chromate)和重铬酸钾($K_2Cr_2O_7$，potassium dichromate)，是 Cr(Ⅵ)盐的重要代表化合物。工业上一般是先从天然的铬铁矿$[Fe(CrO_2)_2]$制成重铬酸钠，然后，再以重铬酸钠为原料进一步制成其他铬的产品，如 $K_2Cr_2O_7$、Cr_2O_3、CrO_3、金属铬等。

---

① CrO_5 的结构为 ，其中含有两根过氧键——O—O—，Cr 的氧化值为 +6。

从铬铁矿生产重铬酸钠必须采用氧化的方法。通常将铬铁矿、纯碱、白云石、碳酸钙等混合均匀在空气中进行氧化煅烧，其主要反应如下：

$$4Fe(CrO_2)_2 + 8Na_2CO_3 + 7O_2 \xrightarrow{\triangle} 8Na_2CrO_4 + 2Fe_2O_3 + 8CO_2 \uparrow$$

加入的白云石（$MgCO_3$、$CaCO_3$）在高温下分解放出 CO_2 以使炉料疏松，增加氧气与铬铁矿的接触面积，从而加速氧化过程。同时又与 Al、Si 杂质结合，生成难溶的硅酸盐，提高纯碱利用率。在所得熔体中，用水浸出可溶性物质 Na_2CrO_4 和 $NaAlO_2$ 等。加酸调节至 pH＝7～8 后，分离出 $Al(OH)_3$ 沉淀，滤液酸化后，Na_2CrO_4 转化为 $Na_2Cr_2O_7$，加热蒸发，即可得到重铬酸钠晶体，或利用复分解反应，在沸腾条件下，将 $Na_2Cr_2O_7$ 溶液和固体 KCl 反应，冷却结晶后，便可得到重铬酸钾，俗称红矾钾。

由重铬酸钠也可利用复分解反应制得重铬酸铵，再加热分解可制 Cr_2O_3（chromium sesquioxide）：

$$(NH_4)_2Cr_2O_7 \xrightarrow{200℃} Cr_2O_3 + N_2 \uparrow + 4H_2O$$

这是一个分子内的氧化还原反应。

在 $Na_2Cr_2O_7$ 溶液中加入过量的浓硫酸即有橙红色的 CrO_3（chromium trioxide）晶体析出：

$$Na_2Cr_2O_7 + H_2SO_4(浓) == 2CrO_3 \downarrow + Na_2SO_4 + H_2O$$

采用铝热法可从 Cr_2O_3 得到金属铬：

$$Cr_2O_3(s) + 2Al(s) \xrightarrow{\triangle} 2Cr(s) + Al_2O_3(s)$$

$K_2Cr_2O_7$ 是常用的氧化剂。实验室使用的铬酸洗液就是饱和 $K_2Cr_2O_7$ 溶液和浓 H_2SO_4 混合液。使用过程中，随着 $Cr_2O_7^{2-}$ 逐渐被还原为 Cr^{3+}，洗液颜色由橙红变为暗绿而失效。由于 Cr(Ⅵ) 有明显的毒性，这种洗液目前在大多数场合下已改用合成洗涤剂。

10.4 锰及其化合物

锰（manganese, Mn）是第四周期ⅦB族元素。金属锰外形和铁相似，但比铁具有更大的化学活泼性。纯锰用途不大，但其合金用途很广。锰钢富于韧性又具抗冲击性能，易于加工，锰能与 Fe,Co,Ni,Cu 等金属无限混合形成多种合金。锰还是人体必需的微量元素。

锰的价电子构型为 $3d^5 4s^2$，可形成氧化值＋2、＋3、＋4、＋5、＋6、＋7 的多种化合物。目前的研究表明，一些有锰的化合物参加的反应过程中经常有 Mn(Ⅲ) 形成，植物光合作用中也经常有 Mn(Ⅲ) 参与。在这些氧化态中，酸性条件下 Mn(Ⅱ) 比较稳定，这和 Mn(Ⅱ) 离子的 d 电子是半充满有关。Mn(Ⅳ)、Mn(Ⅶ) 化合物都具有氧化性，Mn(Ⅵ) 离子在水溶液中有明显歧化趋势。锰的常见化合物列于表 10－4。

表 10－4　锰的一些重要化合物

氧化值	+2		+4		+6		+7	
氧化物	MnO	灰绿色	MnO_2	棕黑色			Mn_2O_7	红棕色液体
氢氧化物	$Mn(OH)_2$	白色	$Mn(OH)_4$	棕色	H_2MnO_4	绿色	$HMnO_4$	紫红色
主要盐类	$MnCl_2$	淡红色			K_2MnO_4	绿色	$KMnO_4$	紫红色
	$MnSO_4$	淡红色						

下面列出锰元素电势图,据此讨论 Mn(Ⅱ)、Mn(Ⅳ)、Mn(Ⅵ)、Mn(Ⅶ)的存在形式和常见反应。

锰元素电势图:

$$E_A^\ominus / V:\ MnO_4^- \xrightarrow{0.558} MnO_4^{2-} \xrightarrow{2.24} MnO_2 \xrightarrow{0.95} Mn^{3+} \xrightarrow{1.51} Mn^{2+} \xrightarrow{-1.18} Mn$$

（上方跨线 1.507；MnO_4^- 到 MnO_2 下方 1.679；MnO_2 到 Mn^{2+} 下方 1.224）

$$E_B^\ominus / V:\ MnO_4^- \xrightarrow{0.558} MnO_4^{2-} \xrightarrow{0.60} MnO_2 \xrightarrow{-0.10} Mn(OH)_3 \xrightarrow{0.10} Mn(OH)_2 \xrightarrow{-1.56} Mn$$

（上方跨线 0.32；MnO_4^- 到 MnO_2 下方 0.595；MnO_2 到 Mn(OH)_2 下方 -0.05）

10.4.1 不同氧化态的锰的存在形式及常见反应

1. Mn(Ⅱ)

Mn(Ⅱ)水溶液中可以$[Mn(H_2O)_6]^{2+}$(淡红色)形式存在。从锰元素电势图可知,在碱性介质中,Mn(Ⅱ)具有较强的还原性,而在酸性介质中 Mn(Ⅱ)相当稳定,要用强氧化剂如偏铋酸钠($NaBiO_3$)或二氧化铅(PbO_2)加热氧化。

低浓度的 Mn^{2+} 溶液酸化后与足够的强氧化剂 $NaBiO_3$ 或 PbO_2 共热,溶液中出现 MnO_4^- 的特征紫红色。

$$2Mn^{2+} + 5NaBiO_3 + 14H^+ \xmark{\triangle} 2MnO_4^- + 5Bi^{3+} + 5Na^+ + 7H_2O$$

$$2Mn^{2+} + 5PbO_2 + 4H^+ \xmark{\triangle} 2MnO_4^- + 5Pb^{2+} + 2H_2O$$

这是 Mn^{2+} 的特征反应,据此可检验溶液中微量 Mn^{2+}。

在 Mn^{2+} 溶液中缓慢加入 NaOH 溶液或 $NH_3 \cdot H_2O$ 溶液(无 NH_4^+),都能生成碱性的白色 $Mn(OH)_2$ 沉淀。

$$Mn^{2+} + 2OH^- == Mn(OH)_2 \downarrow$$

$$Mn^{2+} + 2NH_3 \cdot H_2O == Mn(OH)_2 \downarrow + 2NH_4^+$$

碱性溶液中 $Mn(OH)_2$ 很不稳定,易被空气中的氧所氧化,甚至溶于水中的少量氧气也能将其氧化成褐色 $MnO(OH)_2$(MnO_2 的水合物)。

$$2Mn(OH)_2 + O_2 == 2MnO(OH)_2$$

2. Mn(Ⅳ)

简单 Mn(Ⅳ)盐不稳定,例如,$MnCl_4$ 至今未见被分离出来。常见 Mn(Ⅳ)化合物是 MnO_2。由于 Mn(Ⅳ)处于锰的中间氧化态,所以既具有氧化性又具有还原性。在酸性介质中,MnO_2 以氧化性为主,在碱性介质中以还原性为主。

实验室制氯气的方法就是利用了 MnO_2 的氧化性:

$$MnO_2 + 4HCl(浓) \xmark{\triangle} MnCl_2 + Cl_2 \uparrow + 2H_2O$$

在碱性介质中,MnO_2 能被空气中的氧氧化为 MnO_4^{2-}:

$$2MnO_2 + 4KOH + O_2 \xmark{\triangle} 2K_2MnO_4 + 2H_2O$$

它也是工业上从软锰矿 MnO_2 制锰化合物的第一步反应。实验室中,经常用 $KClO_3$ 代替氧以强化反应:

$$3MnO_2+6KOH+KClO_3 \xrightarrow{\triangle} 3K_2MnO_4+KCl+3H_2O$$

3. Mn(Ⅵ)和 Mn(Ⅶ)

Mn(Ⅵ)以 MnO_4^{2-}(暗绿色)形式在强碱性溶液中稳定存在。在酸性或中性溶液中,MnO_4^{2-} 发生下列歧化反应:

$$3MnO_4^{2-}+2H_2O =\!=\!= 2MnO_4^-+MnO_2 \downarrow +4OH^-$$

根据平衡移动原理,在 MnO_4^{2-} 溶液中加入酸或通入 CO_2,都有利于 MnO_4^{2-} 的歧化反应:

$$3MnO_4^{2-}+2CO_2 =\!=\!= 2MnO_4^-+MnO_2 \downarrow +2CO_3^{2-}$$

反过来,MnO_4^- 和 MnO_2 在 40% KOH 溶液中共热,也可制得 MnO_4^{2-}。

Mn(Ⅶ)以 MnO_4^-(紫红色)形式在中性或微碱性溶液中稳定存在。在酸性、中性、碱性介质中 MnO_4^- 均具有氧化性,常被用来氧化 Fe^{2+}、SO_3^{2-}、H_2S、I^-、Sn^{2+} 等。因而 MnO_4^- 是一种适用于 pH 范围很广的氧化剂。但在不同介质中,MnO_4^- 的还原产物因溶液酸度不同而异。例如,MnO_4^- 和 SO_3^{2-} 在不同介质中发生下列反应:

酸性　　　　　　　$2MnO_4^-+5SO_3^{2-}+6H^+ =\!=\!= 2Mn^{2+}+5SO_4^{2-}+3H_2O$

近中性,弱碱性　　$2MnO_4^-+3SO_3^{2-}+H_2O =\!=\!= 2MnO_2+3SO_4^{2-}+2OH^-$

强碱性　　　　　　$2MnO_4^-+SO_3^{2-}+2OH^- =\!=\!= 2MnO_4^{2-}+SO_4^{2-}+H_2O$

MnO_4^- 在酸性溶液中不稳定,缓慢地按下式分解:

$$4MnO_4^-+4H^+ =\!=\!= 4MnO_2 \downarrow +3O_2 \uparrow +2H_2O$$

MnO_4^- 在碱性溶液中则按下式分解:

$$4MnO_4^-+4OH^- =\!=\!= 4MnO_4^{2-}+O_2 \uparrow +2H_2O$$

光对 MnO_4^- 的分解起催化作用,所以实验室中的 $KMnO_4$ 经常保存在棕色瓶中。

10.4.2　锰的重要化合物

1. MnO_2

锰在自然界多以氧化物形式存在,最重要的矿物是软锰矿($MnO_2 \cdot xH_2O$)。从软锰矿可制得一系列锰的化合物,其中制备低价锰化合物采用还原法,制备高价锰化合物采用氧化法。软锰矿用 CO 还原可得单质锰:

$$MnO_2+2CO =\!=\!= Mn+2CO_2 \qquad \Delta_rG_m^{\ominus}=-49.3\ kJ \cdot mol^{-1}$$

软锰矿与浓盐酸反应,除杂后可制得 $MnCl_2$:

$$MnO_2+4HCl =\!=\!= MnCl_2+Cl_2 \uparrow +2H_2O$$

$MnCl_2$ 可用作有机物氯化的催化剂,汽油抗震剂的原料等。

从软锰矿制高价锰化合物,一般有以下几条途径:

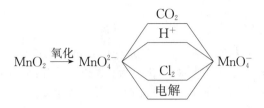

合成 MnO_2(manganese dioxide)可以用电解法或化学法从 Mn(Ⅱ)化合物制备得到。MnO_2 主要用作干电池中的去极化剂,玻璃工业中的脱色剂,油漆、油墨中的催干剂。在电子工业中,MnO_2 用于合成陶瓷铁氧体 $MnFe_2O_4$。在化学工业中常作为催化剂。这些用途与 MnO_2 具有氧化性密切相关。

2. $KMnO_4$

$KMnO_4$(potassium permanganate)俗称灰锰氧,是紫黑色的晶体,易溶于水,在溶液中呈现出 MnO_4^- 特有的紫红色。$KMnO_4$ 常用作强氧化剂。但 $KMnO_4$ 除了在水溶液中稳定性较差以外,$KMnO_4$ 的热稳定性也较差,加热至 200℃ 以上就能分解而放出氧气。

$$2KMnO_4 \stackrel{\triangle}{=\!=\!=} K_2MnO_4 + MnO_2 + O_2 \uparrow$$

$KMnO_4$ 在有还原剂或有机物存在时,都会放出活性氧。$KMnO_4$ 与浓硫酸接触易爆炸,与有机物接触碰撞时会引起燃烧。

$KMnO_4$ 常用作制糖精、维生素 C、无机盐产品提纯的氧化剂,织物的漂白剂,医药上用作防腐剂、消毒剂、除臭剂。它亦是分析化学中常用的氧化剂,但由于 $KMnO_4$ 的不稳定性,所以 $KMnO_4$ 标准溶液常保存在棕色瓶中,且需要经常标定 $KMnO_4$ 的正确浓度。

10.5　铁、钴、镍及其化合物

元素周期表中ⅧB族元素与其他各副族元素不同,它包括三个系列共九个元素,即铁、钴、镍、钌、铑、钯和锇、铱、铂。按性质的相似将铁、钴、镍称为铁系元素,其他六个元素称为铂系元素。本节只讨论铁系元素。

10.5.1　铁、钴、镍的一般性质

铁(iron，Fe)、钴(cobalt，Co)、镍(nickel，Ni)都是有银白色光泽的金属。铁和镍有很好的延展性,而钴则较硬而脆。由于它们都能被磁场吸引而表现出强磁性,通常称它们为铁磁性物质。

铁、钴、镍都是中等活泼的金属,钴、镍和纯铁对空气和水都是稳定的,含有杂质的铁在潮湿空气中易生锈。在加热的条件下,能与氧、硫、氯等非金属发生剧烈反应。都能溶于稀酸,形成水合离子 $[M(H_2O)_6]^{2+}$,与强碱都不易发生作用。冷的浓硝酸可使铁、钴、镍变成钝态。

铁是人们所熟悉的一种金属,钴和镍的最大用途是制造合金。例如,钴基合金是 Co 和 Cr、W、Fe、Ni、Mo 等金属中的一种或数种所形成的合金,加热时硬度变化小又能耐腐蚀,是做刀具的好材料。镍合金的主要特点是耐腐蚀,如含 Ni 60%、Cu 36%、Fe 3.5%、Al 0.5%的叫作蒙乃尔合金(Monel 或 monelmetal),可做化工机械;含 Ni 21.5%、Fe 78.5%的叫作透磁合金,磁性很好,用于电极及电讯工程中;另有含 Ni 40%、Fe 60%的合金,热膨胀系数和玻璃相近,可用于焊接金属和玻璃。此外,镍常被镀于其他金属表面,光洁、耐腐蚀。铁、钴、镍的单质和化合物在化工中用于作催化剂。铁、钴和镍还是人体必需的微量元素。

10.5.2 铁、钴、镍的化合物

铁系元素的价电子构型为 $3d^{6\sim8}4s^2$。3d 轨道中已超过半充满的 5 个电子，所以全部 d 电子参与成键的可能性逐渐减小，它们共同的氧化值为 +2 和 +3。在很强的氧化剂作用下，铁可以呈现 +6 氧化值的高铁酸盐，如 K_2FeO_4（高铁酸钾）。钴和镍主要是 +2 氧化值。

1. 氧化物和氢氧化物

铁、钴、镍都能形成氧化值为 +2 和 +3 的两种氧化物：

FeO	黑色	CoO	灰绿色	NiO	暗绿色
氧化亚铁		氧化亚钴		氧化亚镍	
Fe_2O_3	砖红色	Co_2O_3	黑色	Ni_2O_3	黑色
氧化铁		氧化钴		氧化镍	

铁除了生成 +2、+3 氧化物之外，还能生成一种混合氧化物 Fe_3O_4（可写成 $FeO·Fe_2O_3$），它是黑色具有磁性的物质，是自然界中的磁铁矿的主要成分。结构研究表明 Fe_3O_4 是一种铁(Ⅲ)酸盐，即 $Fe^{II}(Fe^{III}O_2)_2$。

$$FeO + Fe_2O_3 = Fe(FeO_2)_2$$
碱性氧化物　酸性氧化物　铁(Ⅲ)酸铁(Ⅱ)

铁、钴、镍 +2 和 +3 氧化物都不溶于水和强碱，能溶于强酸。Co_2O_3 和 Ni_2O_3 都是强氧化剂，与盐酸反应可将氯离子氧化成单质氯而逸出。

$$M_2O_3 + 6HCl = 2MCl_2 + Cl_2 + 3H_2O \quad （M 代表 Co 或 Ni）$$

在铁(Ⅱ)、铁(Ⅲ)、钴(Ⅱ)、镍(Ⅱ)的盐溶液中加入碱，可以得到相应的氢氧化物沉淀。但 $Fe(OH)_2$ 从溶液中析出时，往往得不到纯的氢氧化亚铁 $Fe(OH)_2$，因为 $Fe(OH)_2$ 很容易被空气中的氧所氧化，生成绿色到棕色的中间产物。若有足够氧存在时，最后全部氧化为棕红色氢氧化铁 $Fe(OH)_3$。

$$4Fe(OH)_2 + O_2 + 2H_2O = 4Fe(OH)_3$$

$Co(OH)_2$ 与 $Fe(OH)_2$ 相似，在空气中也能被氧化成 $Co(OH)_3$，但进行得比较缓慢。至于 $Ni(OH)_2$ 在空气中非常稳定，必须用 Br_2、Cl_2 等较强氧化剂才能把 $Ni(OH)_2$ 氧化为 $Ni(OH)_3$。Cl_2 可将 $Ni(OH)_2$ 氧化为 $NiO_2·xH_2O$，这是和它们的标准电势相一致的。

$$Fe(OH)_3 + e \rightleftharpoons Fe(OH)_2 + OH^- \qquad E_B^\ominus = -0.56 \text{ V}$$

$$Co(OH)_3 + e \rightleftharpoons Co(OH)_2 + OH^- \qquad E_B^\ominus = 0.17 \text{ V}$$

$$NiO_2 + 2H_2O + 2e \rightleftharpoons Ni(OH)_2 + 2OH^- \qquad E_B^\ominus = 0.49 \text{ V}$$

$$O_2 + 2H_2O + 4e \rightleftharpoons 4OH^- \qquad E_B^\ominus = 0.401 \text{ V}$$

从上述电势可以看出，高氧化态氢氧化物的氧化性按 Fe—Co—Ni 顺序依次递增，而低氧化态氢氧化物的还原性则按 Fe—Co—Ni 顺序依次递减。其中 NiO_2 是最强的氧化剂，而 $Fe(OH)_2$ 是最强的还原剂。即

还原性增强 →

$Fe(OH)_2$	白色	$Co(OH)_2$	粉红色	$Ni(OH)_2$	浅绿色
$Fe(OH)_3$	棕红色	$Co(OH)_3$	棕色	$Ni(OH)_3$	黑色

氧化性增强 →

在这些氢氧化物中,只有 Fe(OH)$_3$ 略显两性偏碱,但也只有新沉淀出来的 Fe(OH)$_3$ 能溶于浓的强碱溶液中。这些氢氧化物与酸作用的情况与相应的氧化物相似,Fe(OH)$_3$ 与酸仅发生中和反应:

$$Fe(OH)_3 + 3HCl \Longrightarrow FeCl_3 + 3H_2O$$

而 Co(OH)$_3$ 和 Ni(OH)$_3$ 与酸作用时,在溶解的瞬间同时发生了氧化还原反应。例

$$2M(OH)_3 + 6HCl \Longrightarrow 2MCl_2 + Cl_2 + 6H_2O$$
$$4M(OH)_3 + 4H_2SO_4 \Longrightarrow 4MSO_4 + O_2 + 10H_2O$$
(这里 M 表示 Co 或 Ni)

2. 盐类

Fe(Ⅱ)、Co(Ⅱ)、Ni(Ⅱ)盐类有许多相似的地方,它们的强酸盐如硫酸盐、卤化物等几乎都能溶于水。在水中由于水解而使溶液显酸性。

$$M^{2+} + H_2O \Longrightarrow M(OH)^+ + H^+ \qquad (M 表示 Fe、Co、Ni)$$

从溶液中结晶出来时,常含有相同数目的结晶水。例如 MSO$_4 \cdot$ 7H$_2$O,M(NO$_3$)$_2 \cdot$ 6H$_2$O,MCl$_2 \cdot$ 6H$_2$O。由于 Fe^{2+}、Co^{2+}、Ni^{2+} 的 d 轨道上电子数分别为 6、7、8,可产生 d-d 跃迁,所以它们的水合离子都是有颜色的。如 Fe^{2+} 显浅绿色,Co^{2+} 显粉红色,Ni^{2+} 显绿色。

它们的硫酸盐都能与碱金属或铵的硫酸盐形成复盐。如硫酸亚铁铵 (NH$_4$)$_2$SO$_4 \cdot$ FeSO$_4 \cdot$ 6H$_2$O。

+2 氧化值铁、钴、镍的弱酸盐多数难溶于水而溶于酸。常见的有碳酸盐和硫化物。但 CoS 和 NiS 不同于 FeS,刚从溶液中析出时易溶于稀酸,静置后转变为另一种变体,就不易溶于稀酸了,但可溶于硝酸。

较为重要的铁(Ⅱ)盐有硫酸亚铁 FeSO$_4 \cdot$ 7H$_2$O,是一种浅绿色晶体,俗称绿矾(Green Vitriol),不稳定,暴露在空气中逐渐风化,同时表面被空气氧化成 Fe(Ⅲ)盐而呈黄褐色。亚铁的复盐,例如硫酸亚铁铵 (NH$_4$)$_2$SO$_4 \cdot$ FeSO$_4 \cdot$ 6H$_2$O,俗称摩尔盐(Mohr's Salt),却比 FeSO$_4 \cdot$ 7H$_2$O 稳定得多,是分析化学中常用的还原剂,用来标定重铬酸钾或高锰酸钾溶液。铁(Ⅱ)盐在水溶液中稳定性与介质的酸、碱性有关,从下列电势可以判断。

$$Fe^{3+} + e \Longrightarrow Fe^{2+} \qquad\qquad E_A^\ominus = 0.771 \text{ V}$$
$$Fe(OH)_3 + e \Longrightarrow Fe(OH)_2 + OH^- \qquad E_B^\ominus = -0.56 \text{ V}$$

Fe^{2+} 在碱性介质中是较强的还原剂,能被空气所氧化;而在酸性中较稳定,只有 Cl$_2$、Br$_2$、KMnO$_4$ 等强氧化剂才能使它氧化。

$$5Fe^{2+} + MnO_4^- + 8H^+ \Longrightarrow 5Fe^{3+} + Mn^{2+} + 4H_2O$$

因此,保存 Fe(Ⅱ)盐溶液时,应加酸酸化,并加入几颗铁钉以防止氧化。

二氯化钴 CoCl$_2$ 是常用的钴盐,盐中含结晶水数目不同(CoCl$_2 \cdot x$ H$_2$O,$x = 0 \sim 6$)呈现不同的颜色。

x	6	4	2	1.5	1	0
颜色	粉色	红色	浅红紫	暗蓝色	蓝紫	浅蓝色

在不同温度下,所含结晶水的数目常发生变化而呈现出不同的颜色。

$$CoCl_2 \cdot 6H_2O \underset{52.3℃}{\rightleftharpoons} CoCl_2 \cdot 2H_2O \underset{90℃}{\rightleftharpoons} CoCl_2 \cdot H_2O \underset{120℃}{\rightleftharpoons} CoCl_2$$
$$\text{（粉红）}\qquad\qquad\text{（紫红）}\qquad\qquad\text{（蓝紫）}\qquad\qquad\text{（蓝）}$$

利用这一性质可以用来指示硅胶干燥剂的吸水情况。在制备硅胶时加入少量 $CoCl_2$，当硅胶在吸水的同时，$CoCl_2$ 结晶水数目也随之增加，从而导致颜色发生变化。当硅胶呈粉红色时，指示硅胶吸水较多而将失去干燥能力，应在 120℃ 时烘干驱水（呈蓝色），便又可供重复使用，这就是实验室和工业中常用的变色硅胶。

Fe(Ⅲ)、Co(Ⅲ)、Ni(Ⅲ) 盐中以铁盐较为重要。而 Co(Ⅲ) 和 Ni(Ⅲ) 盐都不稳定。在 Fe(Ⅲ) 盐中，最重要的是三氯化铁 $FeCl_3$（Ferric Chloride），它是用铁屑与氯气直接作用而制得：

$$2Fe + 3Cl_2 \longrightarrow 2FeCl_3$$

制得的无水 $FeCl_3$，呈棕黑色，熔点、沸点较低，具有一定的共价性，可以升华，在蒸气中以双聚分子 Fe_2Cl_6 存在（与 Al_2Cl_6 相似）。从溶液中制得的三氯化铁一般含 6 个结晶水 $FeCl_3 \cdot 6H_2O$，是深黄色的晶体。

在水溶液中 Fe^{3+} 是以 $[Fe(H_2O)_6]^{3+}$（淡紫色）的形式存在。由于 $Fe(OH)_3$ 较 $Fe(OH)_2$ 的碱性更弱，所以 Fe^{3+} 较 Fe^{2+} 更易水解：

$$[Fe(H_2O)_6]^{3+} + H_2O \rightleftharpoons [Fe(OH)(H_2O)_5]^{2+} + H_3O^+$$
$$[Fe(OH)(H_2O)_5]^{2+} + H_2O \rightleftharpoons [Fe(OH)_2(H_2O)_4]^+ + H_3O^+$$

水解使 Fe(Ⅲ) 盐溶液常呈现黄褐色。从上述水解平衡可以看出，在铁(Ⅲ)盐溶液中加酸时，可以防止或减弱水解，所以 $[Fe(H_2O)_6]^{3+}$ 仅能存在于强酸性溶液中。当提高溶液的 pH 值或加大量水稀释溶液时，可促使水解，使水解反应趋于完全，最后会有胶状沉淀 $Fe(OH)_3$ 析出，与水中悬浮的泥土等杂质一起聚沉下来。这一性质与 Al^{3+} 相似，所以 $FeCl_3$ 可作为净水剂。

由于 Fe^{3+} 具有 $3d^5$ 结构，因此，Fe^{3+} 比 Fe^{2+} 有较高的稳定性。但在酸性溶液中 Fe^{3+} 也有一定的氧化性，是一个中强氧化剂，可将 $SnCl_2$、H_2S、HI、Fe、Cu 等还原剂氧化，而本身被还原成 Fe^{2+}。

利用 Fe^{3+} 的氧化性，工业上常用 $FeCl_3$ 的溶液在铁制品上蚀字样，或刻蚀铜板制造印刷线路：

$$2Fe^{3+} + Fe \longrightarrow 3Fe^{2+}$$
$$2Fe^{3+} + Cu \longrightarrow Cu^{2+} + 2Fe^{2+}$$

Fe^{3+} 也可以失去电子成为高铁酸根离子 FeO_4^{2-} 而呈现还原性。Fe^{3+} 作为还原剂时的标准电势为：

$$FeO_4^{2-} + 8H^+ + 3e \rightleftharpoons Fe^{3+} + 4H_2O \qquad E_A^{\ominus} = 1.9\ V$$
$$FeO_4^{2-} + 2H_2O + 3e \rightleftharpoons FeO_2^- + 4OH^- \qquad E_B^{\ominus} = 0.9\ V$$

可见，在酸性介质中，Fe^{3+} 的还原性极弱，一般的氧化剂很难把 Fe^{3+} 氧化成 FeO_4^{2-}。相反，在强碱性介质中却能被一些氧化剂如 NaClO 所氧化：

$$2Fe(OH)_3 + 3ClO^- + 4OH^- \longrightarrow 2FeO_4^{2-} + 3Cl^- + 5H_2O$$

高铁酸盐是强氧化剂，一般是将 Fe_2O_3、KNO_3 和 KOH 混合加热共熔，生成高铁酸钾 K_2FeO_4。

$$Fe_2O_3 + 3KNO_3 + 4KOH \Longrightarrow 2K_2FeO_4 + 3KNO_2 + 2H_2O$$

K_2FeO_4 为红褐色晶体,不稳定、易潮解,加水稀释时逐渐分解,有 $Fe(OH)_3$ 沉淀析出,同时放出氧气:

$$4K_2FeO_4 + 10H_2O \Longrightarrow 4Fe(OH)_3 + 3O_2 + 8KOH$$

因此高铁酸盐不仅具有净水作用,而且还具有消毒性,是一种高效杀菌净水剂,在野外及军事作战中具有实用意义。

3. 配合物

铁、钴、镍离子具有未充满电子的 d 轨道,能与许多配体形成配合物,较为常见的有氨配合物、氰配合物、硫氰配合物等。

(1) 氨配合物。Fe^{2+}、Fe^{3+} 极易水解,所以在水溶液中加入氨时,不是形成氨配合物,而是分别形成 $Fe(OH)_2$ 与 $Fe(OH)_3$ 沉淀,只有无水的铁盐与液氨能形成 $[Fe(NH_3)_6]^{2+}$ 与 $[Fe(NH_3)_6]^{3+}$,但溶于水后这些氨合物就立即分解而产生相应的氢氧化物。

对 Co^{2+}、Ni^{2+} 来说,水解倾向较小,将过量氨水加入 Co^{2+} 或 Ni^{2+} 的水溶液中,能生成氨合配离子 $[Co(NH_3)_6]^{2+}$(棕黄色)或 $[Ni(NH_3)_6]^{2+}$(蓝色)。我们知道 Co^{2+} 稳定,而 Co^{3+} 很不稳定,但当形成氨配合物后,$[Co(NH_3)_6]^{2+}$ 很不稳定($K_{\text{不稳}}^{\ominus} = 7.76 \times 10^{-6}$),在空气中很易被氧化成 $[Co(NH_3)_6]^{3+}$($K_{\text{不稳}}^{\ominus} = 6.31 \times 10^{-36}$),溶液由棕黄色变成红棕色。这是由于配合前后电极电势值发生了变化:

$$Co^{3+} + e \Longrightarrow Co^{2+} \qquad\qquad E^{\ominus} = 1.92 \text{ V}$$

$$[Co(NH_3)_6]^{3+} + e \Longrightarrow [Co(NH_3)_6]^{2+} \qquad E^{\ominus} = 0.108 \text{ V}$$

Co^{2+}、Co^{3+} 与氨配位后,电对的电极电势明显下降,说明氧化值为 +2 的钴,由于形成配离子 $[Co(NH_3)_6]^{2+}$ 而还原性增强,以致空气中的氧就能将其氧化成 $[Co(NH_3)_6]^{3+}$。

$$4[Co(NH_3)_6]^{2+} + O_2 + 2H_2O \Longrightarrow 4[Co(NH_3)_6]^{3+} + 4OH^-$$

研究表明,$[Co(NH_3)_6]^{2+}$ 配离子中 $Co(II)$ 以 sp^3d^2 杂化轨道成键,属外轨型配离子,而 $[Co(NH_3)_6]^{3+}$ 配离子中 $Co(III)$ 以 d^2sp^3 杂化轨道成键,属内轨型配离子,充分反映出离子的微观结构变化对宏观性质——水溶液中稳定性的影响。

$[Ni(NH_3)_6]^{2+}$ 配离子中,$Ni(II)$ 以 sp^3d^2 杂化轨道成键,在水溶液中比较稳定。

(2) 氰配合物。在 Fe^{2+} 溶液中,缓慢加入 KCN 溶液,首先生成白色的氰化亚铁 $Fe(CN)_2$ 沉淀,继续加入 KCN 后,沉淀溶解生成 $[Fe(CN)_6]^{4-}$(黄色),在水溶液中相当稳定,可析出晶体 $K_4[Fe(CN)_6] \cdot 3H_2O$,俗称黄血盐。这里,$CN^-$ 既作为沉淀剂又作为配位剂,溶液中生成沉淀还是生成配离子,主要取决于 CN^- 的浓度。

由于 $Fe(III)$ 具有氧化性,而 CN^- 具有还原性,在 $Fe(III)$ 溶液中加入 KCN 溶液不可能得到 $[Fe(CN)_6]^{3-}$。一般采用氯气氧化 $[Fe(CN)_6]^{4-}$ 的方法得到 $[Fe(CN)_6]^{3-}$(橘黄色),从水溶液中可析出晶体 $K_3[Fe(CN)_6]$,俗称赤血盐。

已知 $[Fe(CN)_6]^{4-}$ 的 $K_{\text{不稳}}^{\ominus} = 1 \times 10^{-35}$,$[Fe(CN)_6]^{3-}$ 的 $K_{\text{不稳}}^{\ominus} = 1 \times 10^{-42}$,仅据此而言,$[Fe(CN)_6]^{3-}$ 应比 $[Fe(CN)_6]^{4-}$ 稳定。然而,由于反应速率的原因,前者在溶液中的离解比后者更迅速。

$$[Fe(CN)_6]^{3-} + 3H_2O \Longrightarrow Fe(OH)_3 + 3CN^- + 3HCN$$

因此,赤血盐的毒性比黄血盐大得多。

$$2[Fe(CN)_6]^{4-}+Cl_2 \Longrightarrow 2[Fe(CN)_6]^{3-}+2Cl^-$$

在 Fe^{2+}、Fe^{3+} 溶液中分别加入 $K_3[Fe(CN)_6]$ 和 $K_4[Fe(CN)_6]$ 溶液,均生成蓝色沉淀:

$$Fe^{2+}+[Fe(CN)_6]^{3-}+K^+ \Longrightarrow K[Fe^{III}(CN)_6Fe^{II}]\downarrow \quad (滕氏蓝)$$

$$Fe^{3+}+[Fe(CN)_6]^{4-}+K^+ \Longrightarrow K[Fe^{II}(CN)_6Fe^{III}]\downarrow \quad (普鲁士蓝)$$

据此,可用来分别鉴定 $Fe(II)$、$Fe(III)$,也常用来作为油墨及油漆的颜料。已有研究表明这两种蓝色沉淀是同一化合物。

在 Co^{2+} 溶液中加入过量的 KCN 溶液,可生成$[Co(CN)_6]^{4-}$(紫色)。与$[Co(NH_3)_6]^{2+}$ 相比,$[Co(CN)_6]^{4-}$ 更易被空气中的氧氧化生成$[Co(CN)_6]^{3-}$。$[Co(CN)_6]^{4-}$ 是一个相当强的还原剂,能将水中的 H^+ 还原为氢。

$$[Co(CN)_6]^{3-}+e \Longrightarrow [Co(CN)_6]^{4-} \qquad E^\ominus=-0.83 \text{ V}$$

$$2[Co(CN)_6]^{4-}+2H_2O \Longrightarrow 2[Co(CN)_6]^{3-}+2OH^-+H_2\uparrow$$

它同时还说明,$[Co(CN)_6]^{4-}$ 的还原性强于$[Co(NH_3)_6]^{2+}$。

实验结果表明,$Co(II)$、$Co(III)$ 的氰配离子均是内轨型的。可以推测,$Co(II)$ 在氰配离子中的电子层结构如下:

Co^{2+} 经 d^2sp^3 杂化成键,这时 Co^{2+} 的轨道有一个电子激发到 5s 轨道上,这个单电子容易失去,使$[Co(CN)_6]^{4-}$ 变成了$[Co(CN)_6]^{3-}$,因此,$[Co(CN)_6]^{4-}$ 具有很强的还原性。

$Ni(II)$ 与过量 KCN 溶液能生成$[Ni(CN)_4]^{2-}$(黄色),在水溶液中比较稳定。

(3)硫氰配合物。Fe^{3+} 与 NCS^- 形成组成为$[Fe(NCS)_n]^{3-n}$($n=1,2,3,\cdots,6$)的血红色配合物。

$$Fe^{3+}+nNCS^- \Longrightarrow [Fe(NCS)_n]^{3-n}$$

这一反应非常灵敏,常用来检验 Fe^{3+} 和比色测定 Fe^{3+}。

Co^{2+} 与 NCS^- 生成蓝色配合物$[Co(NCS)_4]^{2-}$ 在水溶液中不稳定,易离解为简单离子。但能较稳定地存在于戊醇或丙酮中。利用这一特性来鉴定 Co^{2+} 的存在[①]。镍的硫氰配合物更不稳定。

复 习 思 考 题

1. 怎样从金红石提取金属钛?
2. 试述铬、锰不同氧化态的氧化还原性及其相互变化的规律。并举例说明之。
3. 试归纳鉴定 $Cr(III)$、$Cr(VI)$、$Mn(II)$、$Fe(II)$、$Fe(III)$、$Co(II)$、$Ni(II)$ 的方法,并写出反应方程式。

---

① Fe^{3+} 与 KNCS 生成血红色$[Fe(NCS)_n]^{3-n}$ 而干扰 Co^{2+} 的鉴定,可加 NaF 使其生成无色$[FeF_6]^{3-}$ 而被掩蔽。

4. 下列各离子能否共存于同一溶液中:

(1) Fe^{2+} 和 I^-　　(2) Fe^{3+} 和 CO_3^{2-}　　(3) MnO_4^{2-} 和 H^+　　(4) $Cr_2O_7^{2-}$ 和 CrO_4^{2-}

(5) $[Co(CN)_6]^{4-}$ 和 Fe^{3+}　　(6) MnO_4^- 和 Mn^{2+}　　(7) $[Co(NH_3)_6]^{3-}$ 和 Cl^-

5. 书写氧化还原反应的产物时,要注意分析哪些因素? 完成下列反应方程式,并指出确定产物的依据。

(1) $K_2CrO_4 + KI + HCl \longrightarrow$　　(2) $K_2CrO_4 + (NH_4)_2S + H_2O \longrightarrow$

(3) $KMnO_4 + K_2SO_3 + KOH \longrightarrow$

6. 试归纳 $Cr(III)$、$Mn(II)$、$Fe(II,III)$、$Co(II,III)$、$Ni(II,III)$ 的氢氧化物的酸碱性和氧化还原性。

7. 为实现下列转化:(1) $VO_2^+ \longrightarrow V^{2+}$,(2) $VO_2^+ \longrightarrow V^{3+}$,(3) $VO_2^+ \longrightarrow VO^{2+}$,可提供的还原剂是 Fe^{2+}、Sn^{2+}、Zn。试用有关 $E^{\ominus}$ 数据,选择适宜的还原剂。

习　题

1. 怎样从重铬酸钾制备下列化合物,写出方程式:

(1) 铬酸钾　(2) 三氧化铬　(3) 三氧化二铬　(4) 三氯化铬

2. 根据下述各实验现象,写出相应的化学反应方程式:

(1) 在 $Cr_2(SO_4)_3$ 溶液中滴加 $NaOH$ 溶液,先析出灰蓝色絮状沉淀,后又溶解,加入氯水,溶液由绿色变为黄色。

(2) 当黄色 $BaCrO_4$ 沉淀溶解在浓 HCl 溶液中时,得到一种绿色溶液。

(3) 将 H_2S 通入已用 H_2SO_4 酸化过的 $K_2Cr_2O_7$ 溶液中时,溶液的颜色由橙色变绿,同时,析出乳白色沉淀。

3. 完成下列反应方程式,并指出相应的现象(颜色、状态)。

(1) $K_2CrO_4 + H_2SO_4 \longrightarrow$

(2) $K_2Cr_2O_7 + AgNO_3 + H_2O \longrightarrow$

(3) $K_2Cr_2O_7 + FeSO_4 + H_2SO_4 \longrightarrow$

(4) $(NH_4)_2Cr_2O_7 \xrightarrow{\triangle}$

(5) $CrCl_3 + NaOH + H_2O_2 \longrightarrow$

(6) $K_2Cr_2O_7 + H_2O_2 + H_2SO_4 \longrightarrow$

4. 根据下列现象,在箭头上方添加适当的试剂和条件,写出反应方程式(A、B、C、E、F 均为铬的化合物)。

黄色溶液 A $\longrightarrow$ 橙色溶液 B $\longrightarrow$ 绿色溶液 C,并产生能使淀粉-KI 试纸变蓝的气体 D。

绿色溶液 C $\longrightarrow$ 灰蓝色沉淀 E,灼烧后,E 生成绿色粉末 F $\overset{\longrightarrow 绿色溶液 C。}{\longrightarrow 黄色溶液 A。}$

5. 从二氧化锰制备下列化合物:

(1) 硫酸锰;　(2) 锰酸钾;　(3) 高锰酸钾;　(4) 二氯化锰。

6. 解释下列现象,并用化学方程式表示:

(1) 新沉淀的 $Mn(OH)_2$ 是白色的,但在空气中慢慢变成棕色。

(2) 用 $NaBiO_3$(加 HNO_3)来鉴定 Mn^{2+} 时,若 Mn^{2+} 加得少,则溶液出现清晰的 MnO_4^- 的紫红色;如 Mn^{2+} 加得多,紫色不明显,则出现红棕色浑浊的溶液。

7. 完成并配平下列反应方程式:

(1) $Mn(NO_3)_2 + PbO_2 + HNO_3 \longrightarrow$

(2) $MnO_2 + HCl(浓) \longrightarrow$

(3) $MnO_2 + KOH + KClO_3 \xrightarrow{\triangle}$

(4) $K_2MnO_4 + Cl_2 \longrightarrow$

(5) $K_2MnO_4 + HAc \longrightarrow$

(6) $KMnO_4 + HCl \longrightarrow$

(7) $KMnO_4 + Na_2SO_3 + H_2O \longrightarrow$

(8) $KMnO_4 + KNO_2 + H_2O \longrightarrow$

8. 解释下列现象,并用化学方程式表示之。

   (1) 制备 $Fe(OH)_2$ 时,如试剂不事先除去氧,得到的产物不是白色的。

   (2) 在 $FeCl_3$ 溶液中加入过量饱和 H_2S 水溶液,溶液变成白色浑浊,若再加入数滴氨水,有黑色沉淀产生。

   (3) 在 Fe^{3+} 溶液中,加入 KSCN 溶液时,出现血红色,但加入少许铁粉后,血红色立即消失。

   (4) 在制备 $Fe(NO_3)_3$ 时,若将 HNO_3 加入金属铁中时,有时溶液会呈现黄棕色絮状沉淀。若将金属铁缓慢加入 HNO_3 中时,上述现象便不会产生。

9. 完成下列反应方程式

   (1) $FeCl_3 + SnCl_2 \longrightarrow$ 　　　(2) $FeCl_3 + Cu \longrightarrow$

   (3) $FeCl_3 + NH_3 \cdot H_2O \longrightarrow$ 　　(4) $CoCl_2 + NH_3 \cdot H_2O(少) \longrightarrow$

   (5) $CoCl_2 + NH_3 \cdot H_2O(过) \longrightarrow$ 　(6) $Co(OH)_2 + H_2O_2 \longrightarrow$

   (7) $Co^{2+} + NCS^- \longrightarrow$ 　　　(8) $NiSO_4 + Br_2 + NaOH \longrightarrow$

   (9) $Ni(OH)_3 + HCl \longrightarrow$ 　　　(10) $NiSO_4 + NH_3 \cdot H_2O(过) \longrightarrow$

10. 写出与下列实验现象有关的化学反应:向含有 Fe^{2+} 的溶液中加入 NaOH 溶液后,生成白色沉淀,在空气中渐渐变红棕色。过滤后用 HCl 溶解红棕色沉淀,溶液呈黄色。加入数滴 KNCS 溶液,立即变为血红色。通入 SO_2 时血红色消失,滴加 $KMnO_4$ 溶液,紫色消失。最后加入黄血盐溶液生成蓝色沉淀。

11. 分离和鉴定下列各组离子:

   (1) Fe^{3+}、Co^{2+} 　　(2) Cr^{3+}、Mn^{2+}、Ni^{2+}

第11章 ds 区元素——过渡元素(二)

ds 区元素包括周期表的 ⅠB 铜族元素(铜 Cu、银 Ag、金 Au)和 ⅡB 锌族元素(锌 Zn、镉 Cd、汞 Hg)。这两族元素原子的价层电子构型为 $(n-1)d^{10}ns^{1\sim2}$。由于它们次外层刚布满 10 个电子,而最外层电子构型又和 s 区元素相同,所以称为 ds 区元素。

11.1 铜族元素

铜族元素原子的核外价层电子构型为 $(n-1)d^{10}ns^1$,与碱金属(ⅠA 族)相比,最外层都只有一个 s 电子,但铜族元素原子次外层为 18 个电子,碱金属元素原子的次外层为 8 个电子。由于次外层 d 轨道电子的屏蔽能力相对较弱,使核电荷对最外层电子的吸引力增大了许多,故金属活泼性依次减弱,远比碱金属弱,都是不活泼的重金属(密度大于 5 g/cm³)。

另外,铜族元素可呈现+1、+2、+3 三种氧化值,碱金属只有一种氧化值(+1),其离子都是无色的,而铜族元素高氧化态的离子因具有未充满的 d 轨道而都是有色的(Cu^{2+} 蓝色,Au^{3+} 红黄色)。铜族元素很易形成配合物,碱金属很难形成配合物。铜族元素的一些性质列于表 11-1 中。

表 11-1 铜族元素的一些性质

性　　质	铜　Cu	银　Ag	金　Au
导电性(Hg=1)	56.9	59.0	39.6
原子半径/pm	128	144	144
离子半径/pm			
M⁺	96	126	137
M²⁺	72	—	—
升华热/kg·mol⁻¹	339	248	384
水合热/kg·mol⁻¹			
M⁺	−581	−484	−643
M²⁺	−2 119		
第一电离能/(kJ·mol⁻¹)	745.4	731	890
第二电离能/(kJ·mol⁻¹)	1 958	2 073	1 978
电负性	1.9	1.9	2.4
电极电势 $E^{\ominus}$/V			
M⁺+e⇌M	0.521	0.797	1.69
金属活泼性	加　强 ←————————————		

11.1.1 铜族元素的单质

铜在自然界分布极广,以含氧化合物孔雀石[$Cu(OH)_2 \cdot CuCO_3$]、赤铜矿(Cu_2O)、黑铜矿(CuO)含硫化合物黄铜矿($CuFeS_2$)、辉铜矿(Cu_2S)等存在。银以硫化物矿(Ag_2S)等存在。三种元素均有游离单质存在,尤其金主要以游离态存在于自然界。历史上曾被用于铸造钱币,所以也称为货币金属。铜族金属都有特征的颜色,铜呈紫色、银呈白色、金呈黄色。它们都以高密度、高熔点、高沸点及较小的硬度为基本特征。它们都具有高的延展性、导电性和导热性。金是所有金属中延展性最高的。例如1克金既能拉成3 km长的细丝,也能压成仅0.000 1 mm厚的薄片(金箔)。银是所有金属中导电性最好的,铜次之。大量的铜用于制造电线和电缆。我国早在4 000多年前就会炼铸铜器,现在铜还广泛用于制造化工设备,如热交换器等。

铜、银、金相互间以及和其他金属间容易形成合金。常用铜的合金如黄铜(60%~90% Cu、10%~40% Zn)容易加工,广泛用于制造仪器零件;青铜(80% Cu、15% Sn、5% Zn),质坚韧耐磨易铸,用于制造齿轮等机械零件;康铜(60% Cu、40% Ni)用于制热电偶丝等。

铜、银、金都是化学性质稳定的金属,其活泼性按Cu—Ag—Au顺序递降。铜在干燥空气中较稳定,但与含有CO_2的潮湿空气接触,其表面会生成一层"铜绿"$Cu(OH)_2 \cdot CuCO_3$,而银、金则不发生反应。

$$2Cu+O_2+CO_2+H_2O \Longrightarrow Cu(OH)_2 \cdot CuCO_3$$

铜在空气中加热可以与氧化合,而银、金则不会。银对硫有较大的亲和作用,银器与含H_2S的空气接触,其表面会因生成一层Ag_2S而发暗。

$$4Ag+2H_2S+O_2 \Longrightarrow 2Ag_2S+2H_2O$$

铜、银、金的化学活泼性较差还表现在不能与酸作用放出氢。但铜、银能与氧化性酸(如浓硫酸或硝酸)作用而溶解。

$$2Ag+2H_2SO_4(浓) \xrightarrow{\triangle} Ag_2SO_4+SO_2\uparrow+2H_2O$$
$$3Ag+4HNO_3(稀) \Longrightarrow 3AgNO_3+NO\uparrow+2H_2O$$
$$3Cu+8HNO_3(稀) \Longrightarrow 3Cu(NO_3)_2+2NO\uparrow+4H_2O$$

金只能溶于王水:

$$Au+4HCl+HNO_3 \Longrightarrow HAuCl_4+NO\uparrow+2H_2O$$

铜、银、金在KCN或NaCN的碱性溶液中,能被空气中的氧所氧化而溶解

$$4M+O_2+2H_2O+8CN^- \Longrightarrow 4[M(CN)_2]^-+4OH^- \quad (M代表Cu、Ag、Au)$$

这是由于金属离子形成配离子,金属单质的还原性增强所致。湿法冶金中提取金、银就是应用这一反应。

11.1.2 铜族元素的化合物

铜族元素可以呈现+1、+2、+3氧化值,其最高氧化值大于族数,这一情况在周期系中除了镧系和锕系某些元素以外是很少见的。但是Cu(Ⅲ)、Ag(Ⅱ)、Ag(Ⅲ)的氧化性极强,能氧化水,它们都只能存在于某些难溶物和配合物中。Au(Ⅲ)的简单化合物也不多见,只有配合物较稳定。在水溶液中能以简单水合离子稳定存在的只有Cu^{2+}、Ag^+,大部分Cu(Ⅱ)盐可溶于水,在水溶液中因发生d-d跃迁而呈现颜色。Cu^+为d^{10}构型,不发生d-d跃迁,因而Cu(Ⅰ)化合物一般为无色,主要以难溶盐或配合物存在。本节将对铜和银的化合物选择主要的进行介绍(表11-2)。

表 11-2　铜、银的一些重要化合物

氧化值	+1		+2
	Cu	Ag	Cu
氧化物	Cu_2O　暗红色	Ag_2O　棕灰色	CuO　黑色
氢氧化物		$AgOH$　白色不稳定	$Cu(OH)_2$　浅蓝色
盐　类	$CuCl$　白色 CuI　白色	$AgNO_3$　无色 $AgX(X=Cl、Br、I)$	$CuSO_4 \cdot 5H_2O$　蓝色 $CuCl_2 \cdot 2H_2O$　绿色
配合物	$[CuCl_2]^-$ $[Cu(CN)_2]^-$ $[Cu(NH_3)_2]^+$	$[Ag(NH_3)_2]^+$ $[Ag(CN)_2]^-$ $[Ag(S_2O_3)_2]^{3-}$	$[Cu(NH_3)_4]^{2+}$ $[CuCl_4]^{2-}$ $[Cu(P_2O_7)_2]^{6-}$

1. 氧化物和氢氧化物

铜可形成 M_2O、MO 型的氧化物,它们都不溶于水。CuO 可由铜在空气中灼烧制得,也可通过加热分解硝酸铜得到。CuO 热稳定性很高,只有在 1 000℃时开始分解为 Cu_2O。

$$4CuO \xrightarrow{1\,000℃} 2Cu_2O + O_2$$

铜与银的氢氧化物可以用强碱分别同它们的可溶性盐作用而制得。它们的氢氧化物皆难溶于水,且性质很不稳定。$Cu(OH)_2$ 加热时容易脱水变为黑色的 CuO。而 $AgOH$ 更易脱水,在常温下即会自行分解,生成 Ag_2O 和 H_2O。

$$Cu^{2+} + 2OH^-_{\text{适量}} \Longrightarrow Cu(OH)_2 \downarrow \xrightarrow{80℃\sim90℃} CuO \downarrow + H_2O$$

$$2Ag^+ + 2OH^- \Longrightarrow 2AgOH \downarrow \xrightarrow{\text{立即分解}} Ag_2O \downarrow + H_2O \xrightarrow{500℃} 2Ag + \frac{1}{2}O_2$$

氢氧化铜微显两性偏碱,易溶于酸,也能溶于过量的浓碱溶液中。

$$Cu(OH)_2 + 2OH^-(\text{浓}) \Longrightarrow [Cu(OH)_4]^{2-}$$

四羟基合铜(Ⅱ)离子能解离出少量 Cu^{2+},可被葡萄糖还原成暗红色的氧化亚铜 Cu_2O。

$$2Cu^{2+} + 4OH^- + \underset{\text{(葡萄糖)}}{C_6H_{12}O_6} \Longrightarrow Cu_2O \downarrow + \underset{\text{(葡萄糖酸)}}{C_6H_{12}O_7} + 2H_2O$$

医学上用此反应可以检验糖尿病。

Ag_2O 微溶于水,20℃时 1 L 水能溶 13 mg Ag_2O。Ag_2O 为中强碱,易溶于酸。

$$Ag_2O + H_2SO_4 \Longrightarrow Ag_2SO_4 + H_2O$$

2. 盐类

$Cu(Ⅰ、Ⅱ)$、$Ag(Ⅰ)$ 可形成许多盐类。最常见的是硫酸铜、硝酸银、卤化银等。

(1) 硫酸铜。$CuSO_4$ 是最重要的铜盐,工业上可用下法制备:

$$2Cu + O_2 + 2H_2SO_4 \Longrightarrow 2CuSO_4 + 2H_2O$$

实验室可用硫酸溶解 CuO 或 $Cu(OH)_2 \cdot CuCO_3$ 来制备。通常由此制得的是蓝色五水化合

物 $CuSO_4 \cdot 5H_2O$,俗称胆矾或蓝矾。$CuSO_4 \cdot 5H_2O$ 在不同温度下可以逐步脱水,最后变为白色无水硫酸铜:

$$CuSO_4 \cdot 5H_2O \xrightarrow{102℃} CuSO_4 \cdot 3H_2O \xrightarrow{113℃} CuSO_4 \cdot H_2O \xrightarrow{258℃} CuSO_4$$

不同的研究者在不同条件下得到的脱水温度差异较大。但大多认为最后一个水分子不易脱去,这是由于最后一个水分子是和硫酸根相结合的。因此,$CuSO_4 \cdot 5H_2O$ 可以写成 $[Cu(H_2O)_4]SO_4 \cdot H_2O$。

无水 $CuSO_4$ 为白色粉末,吸水后变为蓝色,所以无水 $CuSO_4$ 常用来检验有机液体中微量的水分,也可作干燥剂。

$CuSO_4$ 是制备其他铜化合物的重要原料,还大量用于电镀、印染、防腐、杀菌除虫等方面。它对低级植物的毒性很大,加在蓄水池中可阻止藻类生长,与石灰乳混合的"波尔多"液能消灭树木的虫害。

(2)硝酸银。$AgNO_3$ 是无色透明晶体,工业上可用银锭和中等浓度(含量约 65%)的硝酸作用来制取。

$AgNO_3$ 是常用的化学试剂,也是制备其他银化合物的原料。工业上 $AgNO_3$ 大量用于制造照相底片和印相纸方面。$AgNO_3$ 见光分解成单质银:

$$2AgNO_3 \xrightarrow{光} 2Ag + 2NO_2 \uparrow + O_2 \uparrow$$

所以 $AgNO_3$ 应保存在棕色瓶中。硝酸银具有氧化性,在室温下,许多有机物能将它还原成黑色的银粉。

(3)卤化银。在硝酸银溶液中加入卤化物,可以生成 $AgCl$、$AgBr$ 和 AgI 沉淀。卤化银沉淀的颜色依次加深,溶解度依次降低。

卤化银(silver halide)都有感光性,见光即分解:

$$AgX \xrightarrow{光} Ag + X$$

用于照相术,将 $AgBr$ 的明胶涂在底片上,在光的作用下即分解成"银核"(银原子):

$$AgBr \xrightarrow{光子} Ag + Br$$

光强的部分分解多,暗处分解少,这个过程叫"曝光"(exposure),然后用有机还原剂(如氢醌、邻苯三酚等)处理,将感过光的 $AgBr$(其中含有"银核")还原成 Ag,而未曾感光的部分则无变化,此过程叫"显影"(developing)。最后用 $Na_2S_2O_3$ 把没有曝光的 $AgBr$ 溶解洗去,剩下的金属银则不再变化,这一过程称为"定影"(fixing)。

$$AgBr + 2Na_2S_2O_3 \Longrightarrow Na_3[Ag(S_2O_3)_2] + NaBr$$

变色眼镜的玻璃中就是加进了易于感光变色的卤化银。在光照前它是无色的,光照后银离子和卤离子变成了原子状态,银原子经聚集变成胶体银,由于胶体银的光吸收作用使玻璃变暗而呈灰色,随银原子浓度增高玻璃颜色由浅变深。在光照停止后,银原子变成银离子又与卤离子结合成为无色的卤化银晶体,玻璃的颜色又随之消失。

近几十年中发展起来的一种新型导体即快离子导体(固体电解质)。如碘化银、卤化亚铜就是典型的银离子、铜离子导体,已应用于小型固体电解质电池和电化学器件中。

3. 配合物

(1) Cu^{2+} 的配合物。Cu^{2+} 可与 NH_3、OH^-、en、X^- 等形成配离子,特征配位数是 4。在其配合物中,中心离子 Cu^{2+} 采用 dsp^2 杂化或 sp^3 杂化的方式,所形成的配合物均是顺磁性物质。

在 Cu^{2+} 溶液(如 $CuSO_4$)中,加入适量氨水可得到浅蓝色的碱式硫酸铜沉淀,继续加入过量氨水时,沉淀溶解生成深蓝色 $[Cu(NH_3)_4]^{2+}$。

$$2Cu^{2+}+SO_4^{2-}+2NH_3 \cdot H_2O =\!=\!= Cu_2(OH)_2SO_4 \downarrow +2NH_4^+$$

$$Cu_2(OH)_2SO_4+2NH_4^++6NH_3 \cdot H_2O =\!=\!= 2[Cu(NH_3)_4]^{2+}+SO_4^{2-}+8H_2O$$

$[Cu(NH_3)_4]^{2+}$ 溶液具有溶解纤维素的能力。在溶解了纤维素的溶液中加入酸,纤维又可沉淀析出。此性质可用于制造人造丝。

(2) Cu^+ 的配合物。Cu^+ 可与 NH_3、Cl^-、CN^- 等形成配位数为 2 或 4 的配离子。前者是 Cu^+ 采取 sp 杂化方式,配离子几何构型为直线型;后者 Cu^+ 采取 sp^3 杂化方式,配离子几何构型为四面体。

$[Cu(NH_3)_2]Ac$ 用于合成氨工业中的铜洗工段,把进入合成塔前混合气中的 CO 除去,其反应为

$$[Cu(NH_3)_2]Ac+CO+NH_3 \underset{升温减压}{\overset{低温加压}{=\!=\!=\!=\!=}} [Cu(NH_3)_3CO]Ac$$

这是一个放热反应,又是体积缩小的反应,低温加压,有利于吸收 CO。当把吸收了 CO 的铜氨液升温,减压时,其中的 CO 被解析出来再生。醋酸铜氨液可重复利用。

一些难溶的亚铜化合物因与 NH_3、Cl^- 等形成配离子而溶解,所需配体的浓度,由亚铜难溶物 $K_{sp}^{\ominus}$ 和亚铜配离子 $K_{不稳}^{\ominus}$ 共同决定。

(3) Ag^+ 的配合物。Ag^+ 可与 NH_3、$S_2O_3^{2-}$、CN^- 等形成特征配位数为 2 的配离子,中心离子 Ag^+ 采取 sp 杂化方式,配离子几何构型为直线型。

卤化银(AgF 除外)的溶解度都很小,但都可以形成配合物而溶解。根据难溶盐的溶解度和配离子的稳定性的差别,下面列出一些银配离子的形成与解离交替发生的方程式:

$$AgCl(s)+2NH_3 =\!=\!= [Ag(NH_3)_2]^++Cl^-$$

$$[Ag(NH_3)_2]^++Br^- =\!=\!= AgBr \downarrow +2NH_3$$

$$AgBr(s)+2S_2O_3^{2-} =\!=\!= [Ag(S_2O_3)_2]^{3-}+Br^-$$

$$[Ag(S_2O_3)_2]^{3-}+I^- =\!=\!= AgI \downarrow +2S_2O_3^{2-}$$

$$AgI(s)+2CN^- =\!=\!= [Ag(CN)_2]^-+I^-$$

$$2[Ag(CN)_2]^-+S^{2-} =\!=\!= Ag_2S \downarrow +4CN^-$$

银的配离子的形成有实用意义。例如,$[Ag(NH_3)_2]^+$ 在溶液中可以被醛或葡萄糖还原:

$$2[Ag(NH_3)_2]^++RCHO+2OH^- =\!=\!= 2Ag \downarrow +3NH_3+RCOONH_4+H_2O$$

这个反应用于制造镜子和保温瓶上镀银。不过目前已被价廉的铝所代替,$[Ag(CN)_2]^-$ 的溶液用做电镀液,使银镀层致密、牢固。在照相术中,用 $Na_2S_2O_3$ 与 AgBr 作用形成 $[Ag(S_2O_3)_2]^{3-}$ 配离子而定影。

11.1.3　Cu(Ⅰ)和 Cu(Ⅱ)的互相转化

铜的常见氧化值有+1、+2。Cu(Ⅰ)和 Cu(Ⅱ)之间的互相转化,问题比较复杂。因为比较

Cu(Ⅰ)及 Cu(Ⅱ)的电子构型,3d^{10}构型的 Cu(Ⅰ)似乎比 3d^{9}型的 Cu(Ⅱ)稳定。但事实上,水溶液 Cu(Ⅱ)水合离子能够稳定存在,而在难溶物、配合物中 Cu(Ⅰ)也能够稳定存在。Cu(Ⅰ)、Cu(Ⅱ)的稳定条件及互相转化,可以作为微观结构理论和平衡原理的应用。

1. 干态下 Cu(Ⅰ)能够稳定存在

比较 Cu(Ⅰ)和 Cu(Ⅱ)的价电子构型和电离能:

	Cu(Ⅰ)	Cu(Ⅱ)
价电子构型	3d^{10}	3d^9
电离能/(kJ·mol^{-1})	745 Cu→Cu$^+$＋e	1 958 Cu$^+$→Cu^{2+}＋e

由于 Cu(Ⅰ)的电离能明显大于 Cu,所以气态下 Cu(Ⅰ)不易失去一个电子成为 Cu(Ⅱ)。因此,干态下 Cu(Ⅰ)应是稳定的。

自然界存在的辉铜矿(Cu_2S)、赤铜矿(Cu_2O),这些 Cu(Ⅰ)化合物都是稳定的。相反,某些 Cu(Ⅱ)化合物受热会分解:

$$2CuS(s) \xrightarrow{\text{红热}} Cu_2S(s) + S$$

$$2CuCl_2(s) \xrightarrow{573 \text{ K}} 2CuCl(s) + Cl_2$$

2. 水溶液中 Cu(Ⅱ)能够稳定存在

在水溶液中,Cu(Ⅰ)和 Cu(Ⅱ)的稳定条件有所变化。比较 Cu(Ⅰ)和 Cu(Ⅱ)的离子半径和水合能:

	Cu(Ⅰ)	Cu(Ⅱ)
离子半径/pm	96	72
水合能/(kJ·mol^{-1})	-581	$-2\,119$

由于 Cu(Ⅱ)具有电荷高、半径小的特征,使它的水合能很大,因此水溶液中 Cu(Ⅱ)以 $[Cu(H_2O)_4]^{2+}$ 形式稳定存在。另一方面,铜元素的电势图如下:

$$E_A^{\ominus}/V: \qquad Cu^{2+} \underline{\quad 0.163 \quad} Cu^+ \underline{\quad 0.521 \quad} Cu$$

可见,在酸性溶液中,Cu$^+$可以歧化:

$$2Cu^+ \rightleftharpoons Cu^{2+} + Cu \qquad K^{\ominus} = 1.12 \times 10^6$$

因此,可溶性 Cu(Ⅰ)盐在水溶液中歧化为 Cu(Ⅱ)离子和 Cu 的倾向很强。例如,Cu_2O 不溶于水,但能溶于稀 H_2SO_4,发生歧化反应:

$$Cu_2O + H_2SO_4 = Cu + CuSO_4 + H_2O$$

3. Cu(Ⅰ)和 Cu(Ⅱ)的平衡转化

根据平衡移动原理,在有还原剂存在下,设法降低 Cu(Ⅰ)浓度,可使 Cu(Ⅱ)转化为 Cu(Ⅰ)。由于 Cu(Ⅰ)化合物大部分难溶于水,且在水溶液中 Cu(Ⅰ)易生成配离子。这两种途径,均能使水溶液中 Cu(Ⅰ)浓度大大降低,从而使 Cu(Ⅰ)转化为难溶物或配离子而能够稳定存在。例如,把 $CuSO_4$ 溶液、浓 HCl 和铜屑共煮,可得到 $[CuCl_2]^-$ 配离子:

$$CuSO_4 + 4HCl(浓) + Cu \overset{\triangle}{\Longrightarrow} 2H[CuCl_2] + H_2SO_4$$

相应电势图如下：

$$E_A^{\ominus}/V \qquad Cu^{2+} \underline{\quad 0.491 \quad} [CuCl_2]^- \underline{\quad 0.198 \quad} Cu$$

$E^{\ominus}\{[CuCl_2]^-/Cu\} < E^{\ominus}[Cu^{2+}/(CuCl_2)^-]$，所以 $[CuCl_2]^-$ 在溶液中较稳定，不易歧化。但 $[CuCl_2]^-$ 的 $K_{不稳}^{\ominus} = 3.2 \times 10^{-6}$，在水溶液中仍有较大的解离趋势，在上述溶液中加入大量水稀释时，会有白色氯化亚铜 CuCl 沉淀析出：

$$[CuCl_2]^- \underset{}{\overset{稀释}{\Longrightarrow}} CuCl\downarrow + Cl^-$$

工业上或实验室中常用此法制备 CuCl。

又如，Cu^{2+} 可以直接和 I^- 作用生成难溶的 CuI：

$$2Cu^{2+} + 4I^- \Longrightarrow 2CuI\downarrow + I_2$$

有关电势值如下：

$$Cu^{2+} + I^- + e \Longrightarrow CuI \quad E^{\ominus} = 0.84 \text{ V}$$
$$I_2 + 2e \Longrightarrow 2I^- \quad E^{\ominus} = 0.535 \text{ V}$$
$$Cu^{2+} + e \Longrightarrow Cu^+ \quad E^{\ominus} = 0.163 \text{ V}$$

I^- 起还原剂和沉淀剂的双重作用。很明显，由于生成 CuI 沉淀，使 Cu^{2+} 的氧化性增强。上述反应不仅能够进行，而且能定量完成。分析化学中常用此法定量测定铜，称碘量法。即先加入过量碘化物后，用标准 $Na_2S_2O_3$ 溶液滴定反应所产生的单质碘。

再如，Cu^{2+} 可以和过量 CN^- 作用直接生成 $[Cu(CN)_2]^-$ 配离子：

$$2Cu^{2+} + 6CN^- \Longrightarrow 2[Cu(CN)_2]^- + (CN)_2\uparrow$$

总之，在水溶液中凡能使 Cu(I)生成难溶物或稳定配离子时，则可由 Cu(II)和 Cu 或其他还原剂反应，使 Cu(II)转化为 Cu(I)化合物。

11.2　锌族元素

锌族元素原子的价电子构型是 $(n-1)d^{10}ns^2$，与碱土金属相同，最外层都有 2 个电子，但锌族元素次外层为 18 电子，使得锌族元素与碱土金属相比，金属性弱、离子有较强的极化力和变形性使得二元化合物呈现共价性，以及容易形成配合物等。另外，锌族元素在某些性质上与同周期的 p 区金属元素有些相似，如熔点较低、水合离子没有颜色等。锌族元素很好地衔接了过渡元素与主族元素之间的递变规律。锌族元素的一些性质列于表 11-3 中。

表 11-3　锌族元素的一些性质

性　　质	锌　Zn	镉　Cd	汞　Hg
氧化值	+2	+2	+1、+2
原子半径/pm	133	149	160
离子半径 M^{2+}/pm	74	97	110

续　表

性　　质	锌　Zn	镉　Cd	汞　Hg
升华热/(kJ·mol^{-1})	131	112	61
水合热/(kJ·mol^{-1})	$-2\,060.6$	$-1\,824.2$	$-1\,849.7$
第一电离能/(kJ·mol^{-1})	906	868	1\,007
第二电离能/(kJ·mol^{-1})	1\,733	1\,631	1\,810
电负性	1.6	1.7	1.9
电极电势 $E^{\ominus}$/V			
M^{2+}+2e $\Longrightarrow$ M	-0.762	-0.403	$+0.851$
金属活泼性		增　强	

11.2.1　锌族元素的单质

锌族元素的单质都是银白色的金属,锌略带蓝色。它们的熔点都较低,特别是汞(又称水银),是金属单质中熔点最低、常温下唯一为液态的金属,有流动性。在 0℃～200℃ 之间,汞随温度的升高膨胀均匀又不浸润玻璃,所以用来做温度计。在室温下汞的蒸气压很低,适宜于制造气压计。汞蒸气在电弧作用下能导电并辐射出高强度的可见光和紫外光,被用于制造日光灯。空气中即使有微量的汞蒸气也是有害的,在容器中汞的上面加些水可防止汞的挥发。使用大量汞时,必须注意通风。若有溅落,汞会散成细小汞滴无孔不入,必须尽量把散落的汞收集起来,然后洒上硫黄粉并适当搅拌或研磨,以使汞形成极难溶的硫化汞,以防止汞蒸气污染空气。

锌、镉、汞都容易和别的金属形成合金。例如黄铜是铜、锌组成的重要合金,镉是低熔合金的组分之一。汞形成的合金称为"汞齐",在工业上有许多应用。将钠溶于汞中形成的钠汞齐是一种还原剂,能从水中置换出氢,只是反应不像钠和水的反应那么剧烈了。铜、银、金、锌等均能溶于汞,所以这些金属不宜与汞接触。铁不会形成汞齐,因此可用铁罐贮汞。

锌、镉、汞的化学活泼性依次递降,这符合过渡元素金属活泼性的递变规律。在干燥空气中它们都较稳定。在有 CO$_2$ 存在的潮湿空气中,锌的表面常生成一层致密的碱式碳酸盐 Zn$_2$(OH)$_2$CO$_3$ 的薄膜,起保护作用,而使锌具有防腐蚀的性能。因而常用锌来镀薄铁板,俗称"白铁皮",保护铁不锈蚀。在空气中将锌、镉加热到足够高的温度时能燃烧起来,分别产生蓝色和红色火焰,生成 ZnO 和 CdO。工业上常用燃烧金属锌的方法来制取氧化锌。锌、镉、汞都能和硫作用生成硫化物。锌和镉在加热时能和硫猛烈反应;汞和硫粉在通常条件下通过研磨就能发生作用生成 HgS。

锌和镉性质较活泼,均能与盐酸或稀硫酸反应生成氢;汞只能溶于热的浓硫酸或硝酸中:

$$Hg+2H_2SO_4 \Longrightarrow HgSO_4+SO_2\uparrow+2H_2O$$

锌虽活泼,但由于表面有一层碱式盐薄膜起了保护作用,故不能从水中置换出氢气。它和铝相似,具有两性,可溶于酸,在强碱溶液中也能置换出氢气:

$$Zn+2OH^-+2H_2O \Longrightarrow [Zn(OH)_4]^{2-}+H_2\uparrow$$

由于生成配离子 [Zn(OH)$_4$]$^{2-}$,降低了锌的电极电势,提高了锌的还原能力。锌和铝也有不同,锌能与氨形成配离子而溶于氨水并放出氢,铝不能:

$$Zn+4NH_3+2H_2O \Longrightarrow [Zn(NH_3)_4](OH)_2+H_2\uparrow$$

锌族元素都是亲硫元素,在自然界常以硫化物形式出现,而且往往共生在一起。例如锌的主要矿物为闪锌矿 ZnS 和菱锌矿 $ZnCO_3$,并常与铅、银、镉等共生。我国锌矿资源极为丰富,湖南常宁水口山和临湘桃林是我国著名的锌矿产地。

11.2.2　锌族元素的化合物

锌族元素在化合物中的常见氧化值为+2,汞有+1 氧化值的化合物,研究表明,亚汞盐溶液不呈现顺磁性,说明亚汞盐中不存在未成对电子,所以亚汞盐中 Hg(Ⅰ)以双聚离子 Hg_2^{2+} 形式存在,Hg(Ⅰ)离子以共价单键结合成双聚离子 Hg^+-Hg^+,如 Hg_2Cl_2。绝大多数 Hg(Ⅰ)化合物都难溶于水。

单质汞不易氧化,且 Hg(Ⅰ)易双聚为 Hg_2^{2+},这可归因于"惰性电子对效应"(inert electron pair effect)。同一族中,从上到下元素原子的最外层 s 电子对成键强度减弱,也就是 ns^2 逐渐变得不活泼。这样的电子对称为"惰性电子对",此效应以第六周期元素最为显著。从它们的结构:

$$Hg\ 5d^{10}6s^2 \qquad Tl\ 6s^26p^1 \qquad Pb\ 6s^26p^2 \qquad Bi\ 6s^26p^3$$

可见,Hg 不易氧化,Tl、Pb、Bi 易形成 Tl(Ⅰ)、Pb(Ⅱ)、Bi(Ⅲ)化合物,而 Tl(Ⅲ)、Pb(Ⅳ)、Bi(Ⅴ)化合物不稳定,Pb(Ⅳ)、Bi(Ⅴ)的化合物(如 PbO_2、$NaBiO_3$)是强氧化剂,均是由于 $6s^2$ 惰性电子对的原因。在 Hg_2^{2+} 中,每个汞原子的外三层电子层结构为 32、18、2,称为封闭饱和结构,具有特殊的稳定性。

锌族元素的一些重要化合物列于表 11-4 中,本节将择要做些介绍。

表 11-4　锌、镉、汞的一些重要化合物

氧化值	+2 Zn	+2 Cd	+2 Hg	+1 Hg
氧化物	ZnO　白色	CdO	HgO　黄色或红色	
氢氧化物	Zn(OH)$_2$　白色	Cd(OH)$_2$		
主要盐类	ZnCl$_2$　白色 ZnSO$_4$·7H$_2$O　无色 ZnS　白色	CdCl$_2$　无色 CdSO$_4$·8H$_2$O　无色 CdS　黄色	HgCl$_2$　无色 Hg(NO$_3$)$_2$　白色 HgS　黑色或红色	Hg$_2$Cl$_2$　白色 Hg$_2$(NO$_3$)$_2$
配离子	[Zn(NH$_3$)$_4$]$^{2+}$ [Zn(CN)$_4$]$^{2-}$ [Zn(OH)$_4$]$^{2-}$	[Cd(NH$_3$)$_4$]$^{2+}$ [Cd(CN)$_4$]$^{2-}$	[Hg(CN)$_4$]$^{2-}$ [HgI$_4$]$^{2-}$ [Hg(SCN)$_4$]$^{2-}$	

1. 氧化物和氢氧化物

本族元素都能形成难溶性的氧化物和氢氧化物,它们的酸碱性如下:

$$
\begin{array}{ccc}
ZnO & CdO & HgO \\
Zn(OH)_2 & Cd(OH)_2 & — \\
两性 & 碱性 & 碱性
\end{array}
$$

$$\xrightarrow{\qquad\qquad\qquad\qquad\qquad}$$
碱性增强

锌、镉、汞与氧直接化合可以得到氧化物 MO,它们都难溶于水而溶于酸。纯氧化锌色白,又称锌白(zinc white),可作白色颜料。氧化锌无毒,医药上可用作软膏,治疗皮肤病。CdO 呈棕色,HgO 有红、黄两种变体。粉细的 HgO 为黄色。黄色 HgO 受热可转变为红色 HgO。在锌、镉的盐中加入碱可以得到其相应的氢氧化物沉淀。$Zn(OH)_2$ 在 $pH=6.0$ 时发生沉淀，$Cd(OH)_2$ 在 $pH=6.7$ 时发生沉淀，在汞盐溶液中加入碱只能得到黄色的氧化汞 HgO，这是由于生成的 $Hg(OH)_2$ 极不稳定，立即脱水分解了。HgO 在 $pH=7.3$ 时沉淀。$Zn(OH)_2$ 是两性的，和过量碱可以形成锌酸盐，如 Na_2ZnO_2，而 $Cd(OH)_2$ 两性偏碱。氢氧化锌和氢氧化镉在受热时会分解为其氧化物。

$$Zn(OH)_2 \xrightarrow{\triangle} ZnO + H_2O$$

$$Cd(OH)_2 \xrightarrow{\triangle} CdO + H_2O$$

2. 盐类

锌、镉可形成氧化值为 $+2$ 的盐类，汞存在 $+1$、$+2$ 的盐类。由于它们的 $+2$ 离子是无色的，故一般盐类也是无色的，它们的硝酸盐和硫酸盐易溶于水，$Hg(\text{I})$ 盐大多难溶于水。

(1) 硫化物。在 Zn^{2+}、Cd^{2+}、Hg^{2+} 溶液中加入 $(NH_4)_2S$ 时，都会生成相应的硫化物沉淀（ZnS 白色、CdS 黄色、HgS 黑色[①]）。

这些硫化物的溶度积由 ZnS 到 HgS 依次减小，ZnS 可溶于稀酸，但不溶于醋酸。HgS 只能溶于王水或 Na_2S 溶液。

$$3HgS + 8H^+ + 2NO_3^- + 12Cl^- = 3[HgCl_4]^{2-} + 3S\downarrow + 2NO\uparrow + 4H_2O$$

$$HgS + S^{2-} = [HgS_2]^{2-}$$

晶体 ZnS 在掺有激活剂（如 Cu、Ag 等化合物）时，能在紫外光照射下发生荧光。因此可作为荧光材料。

在 $ZnSO_4$ 溶液中加入 BaS 时，可生成等物质的量的 ZnS 和 $BaSO_4$ 的混合物，称锌钡白 $ZnS \cdot BaSO_4$，俗称立德粉，是一种优良的白色无机颜料。

CdS 也是一种颜料（镉黄），高纯度的 CdS 是良好的半导体材料，目前正被用于太阳能电池之中。

(2) 卤化物。氯化锌为白色固体，易潮解，溶解度很大（$10℃$ 时 $100\ g$ 水能溶解 $330\ g$ 无水盐），吸水性很强，有机反应中常用作脱水剂和催化剂。

$ZnCl_2$ 的浓溶液能形成配位酸，而具有显著的酸性。

$$ZnCl_2 \cdot H_2O = H[ZnCl_2(OH)]$$

它能溶解金属氧化物

$$2H[ZnCl_2(OH)] + FeO = H_2O + Fe[ZnCl_2(OH)]_2$$

所以 $ZnCl_2$ 可用作焊药，清除金属表面氧化物，便于焊接。$ZnCl_2$ 水溶液还可用作木材防腐剂。

$ZnCl_2 \cdot H_2O$ 的糊状物，由于生成 $Zn(OH)Cl$ 而迅速硬化，所以可用作牙科黏合剂。

氯化汞熔点低，易升华，也称升汞（corrosive sublimate）。剧毒，内服 $0.2 \sim 0.4\ g$，即可致死，但适量使用可以消毒。$1:1\ 000$ 的稀溶液常用于消毒外科手术刀。$HgCl_2$ 是生产聚氯乙烯中常用的催化剂。

高温下汞和氯气直接反应，或用 HgO 溶于盐酸，都可制得 $HgCl_2$。由于 $HgCl_2$ 易升华，通常也用 $HgSO_4$ 和 $NaCl$ 的混合物加热制备。

$$2NaCl + HgSO_4 \xrightarrow{\triangle} Na_2SO_4 + HgCl_2$$

---

① 自然界存在的天然辰砂 HgS 呈红色。

$HgCl_2$ 为针状晶体,可溶于水,由于 $HgCl_2$ 是共价性分子,呈直线型 Cl—Hg—Cl,在水中 $HgCl_2$ 很少离离,但在水中稍有水解。$HgCl_2$ 与氨水作用,发生氨解反应,产生 $HgNH_2Cl$ 白色沉淀。$HgCl_2$ 的水解和氨解反应有相似之处。

$$Cl—Hg—Cl + H_2O === Cl—Hg—OH \downarrow + HCl$$
$$Cl—Hg—Cl + 2NH_3 === Cl—Hg—NH_2 \downarrow + NH_4Cl$$

在酸性溶液中 $HgCl_2$ 是较强的氧化剂,例如与 $SnCl_2$(还原剂)反应可得到亚汞盐,过量还原剂进一步作用又可得到汞:

$$2HgCl_2 + SnCl_2(适量) === Hg_2Cl_2 \downarrow + SnCl_4$$
$$（白色）$$
$$Hg_2Cl_2 + SnCl_2(过量) === 2Hg \downarrow + SnCl_4$$

这个反应可用来检验 Hg^{2+},也可鉴定 Sn^{2+}。

氯化亚汞是不溶于水的白色固体,无毒性有甜味,故也称甘汞(calomel)。常用的甘汞电极中含有 Hg_2Cl_2。Hg_2Cl_2 在医药上曾用作利尿剂。Hg_2Cl_2 加热或见光易分解。

$$Hg_2Cl_2 \xrightarrow{\text{光}} HgCl_2 + Hg$$

3. 配合物

Zn^{2+}、Cd^{2+}、Hg^{2+} 能和许多负离子和中性分子形成配合物,中心离子的配位数大都为 4,中心的杂化方式一般为 sp^3,配合物的空间构型为正四面体构型。

Zn^{2+} 能和 X^-、OH^-、CN^-、$P_2O_7^{4-}$、NH_3 等形成稳定的配合物。其中四羟基合锌离子 $[Zn(OH)_4]^{2-}$ 用来作为碱性镀锌的电镀液。Zn^{2+} 能与 CN^- 形成稳定配离子 $[Zn(CN)_4]^{2-}$,过去曾用它们作为电镀液,能镀出质量很好的锌镀层,现在逐渐被无毒液(如 Zn^{2+} 与焦磷酸根的配离子或 Zn^{2+} 与氨三乙酸或三乙醇胺所形成的配合物)所代替。Zn^{2+} 与二苯硫腙形成稳定的螯合物呈粉红色,此螯合反应常用于鉴定 Zn^{2+}。结构如图 11-1 所示。

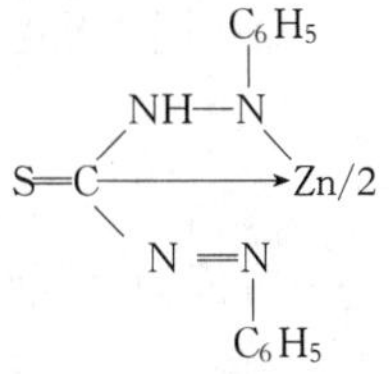

图 11-1　二苯硫腙合锌(Ⅱ)结构简示

Hg^{2+} 和 I^-、CN^- 等也能形成配合物,Hg_2^{2+} 不形成配合物,因与配体作用发生歧化反应,生成 Hg^{2+} 的配合物和 Hg。

Hg^{2+} 和适量 I^- 可生成红色 HgI_2 沉淀,和过量的 I^- 生成无色稳定的配离子 $[HgI_4]^{2-}$:

$$Hg^{2+} + 2I^-(适量) === HgI_2 \downarrow$$
$$（红色）$$
$$HgI_2 + 2I^-(过量) === [HgI_4]^{2-}$$
$$（无色）$$

含 $[HgI_4]^{2-}$ 的碱性溶液称为奈斯勒试剂(Nesslers reagent),是用来检验 NH_4^+ 或 NH_3 的试剂,因为它遇 NH_3 或 NH_4^+ 形成棕黄色沉淀。

$$2[HgI_4]^{2-} + NH_3 \cdot H_2O + 3OH^- === \left[O \overset{Hg}{\underset{Hg}{\diagup\diagdown}} NH_2 \right] I \downarrow + 3H_2O + 7I^-$$
$$（棕黄色）$$

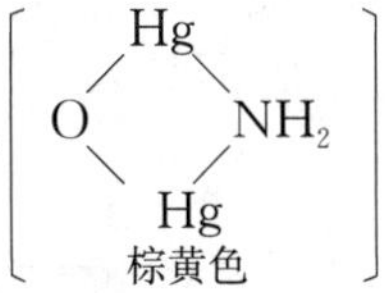

在亚汞盐溶液中加入少量 KI 溶液,生成黄绿色 Hg_2I_2 沉淀。

$$Hg_2^{2+} + 2I^- \Longrightarrow Hg_2I_2 \downarrow$$

继续加入 KI 溶液,则发生歧化反应生成$[HgI_4]^{2-}$和灰黑色的 Hg。

$$Hg_2I_2 + 2I^- \Longrightarrow [HgI_4]^{2-} + \underset{\text{(灰黑色)}}{Hg} \downarrow$$

上述的 Hg^{2+}、Hg_2^{2+} 与 I^- 的反应可以分别用来检验 Hg^{2+}、Hg_2^{2+}。

11.2.3　Hg(Ⅰ)和 Hg(Ⅱ)的互相转化

Hg(Ⅰ)和 Hg(Ⅱ)在一定条件下可以互相转化。

水溶液中,汞元素电势图如下:

$$E_A^\ominus/V: \qquad Hg^{2+} \underset{}{\overset{0.92}{\rule{1.5cm}{0.4pt}}} Hg_2^{2+} \underset{}{\overset{0.80}{\rule{1.5cm}{0.4pt}}} Hg$$
$$\underset{0.85}{\underline{\rule{4cm}{0pt}}}$$

可见,水溶液 Hg^{2+} 不易歧化,能稳定存在。相反,逆歧化反应是比较容易进行的。比如,水溶液中,将 $Hg(NO_3)_2$ 和 Hg(还原剂)混合,可生成 $Hg_2(NO_3)_2$:

$$Hg(NO_3)_2 + Hg \Longrightarrow Hg_2(NO_3)_2$$

因此,可利用汞盐与汞的逆歧化反应来制取亚汞盐。例如,甘汞(Hg_2Cl_2)通常可通过固体升汞($HgCl_2$)和金属汞研磨来制备:

$$HgCl_2 + Hg \Longrightarrow Hg_2Cl_2$$

另一方面,水溶液中,Hg^{2+}、Hg_2^{2+}、Hg 之间存在如下平衡

$$Hg^{2+} + Hg \Longrightarrow Hg_2^{2+} \qquad K^\ominus = 106$$

此平衡常数值表明上述反应虽有一定的向右反应趋势,但仍能通过改变浓度的方法,使平衡向左移动,即由 Hg(Ⅰ)转化为 Hg(Ⅱ)。其条件是溶液中$\dfrac{[Hg_2^{2+}]}{[Hg^{2+}]} > 106$。这样的条件不难达到,因为 Hg(Ⅱ)易生成配离子或难溶化合物,结果使溶液中$[Hg^{2+}]$大大降低,从而发生 Hg(Ⅰ)的歧化反应。

例如,Hg_2Cl_2 和 $NH_3 \cdot H_2O$ 反应,可得到 $HgNH_2Cl$(氨基氯化汞)和 Hg:

$$Hg_2Cl_2 + 2NH_3 \Longrightarrow \underset{\text{(白色)}}{HgNH_2Cl} \downarrow + \underset{\text{(黑色)}}{Hg} \downarrow + NH_4Cl$$

该反应可用来检验 Hg_2^{2+}。

又如,在 $Hg_2(NO_3)_2$ 溶液中通入 H_2S 气体,开始生成 $Hg_2S(K_{sp}^\ominus = 1.0 \times 10^{-47})$,随即歧化为更难溶的 $HgS(K_{sp}^\ominus = 4.0 \times 10^{-53})$ 和 Hg。

相似的反应还有:

$$Hg_2^{2+} + 2OH^- \Longrightarrow HgO \downarrow + Hg \downarrow + H_2O$$
$$Hg_2^{2+} + 4CN^- = [Hg(CN)_4]^{2-} + Hg \downarrow$$

大多数 Hg(Ⅰ)的歧化反应开始发生的是 Hg(Ⅰ)的沉淀反应或配位反应,然后 Hg(Ⅰ)的难溶物或配离子见光受热歧化为 Hg(Ⅱ)的化合物和汞。前者的反应促进了后者。例如,

$$Hg_2^{2+} + 2I^- (适量) \Longrightarrow Hg_2I_2 \downarrow$$
$$(黄绿色)$$
$$Hg_2I_2 \Longrightarrow HgI_2 \downarrow + Hg \downarrow$$

HgI_2 可溶于过量的 I^- 溶液中,形成 $[HgI_4]^{2-}$:

$$HgI_2 + 2I^- (过量) \Longrightarrow [HgI_4]^{2-}$$

需要注意的是,卤化亚汞(除 Hg_2F_2 外)都是难溶化合物,如用适量卤素离子与 Hg_2^{2+} 作用,生成物是相应难溶的卤化亚汞,只有当卤素离子浓度过量时,才能生成 Hg(Ⅱ)的配离子和 Hg。

总之,水溶液中存在 Hg^{2+} 的合适沉淀剂或配位剂时,均可发生 Hg(Ⅰ)的歧化反应,生成 Hg(Ⅱ)难溶物或稳定配离子和 Hg。通过 Hg(Ⅰ)和 Hg(Ⅱ)、Cu(Ⅰ)和 Cu(Ⅱ)互相转化的讨论,我们应当将元素的微观特性和宏观性质联系起来,全面、辩证地看待离子的稳定性。必须明确,离子的稳定性各有一定的条件,当条件改变时可以互相转化。

复 习 思 考 题

1. 说明 ⅠB、ⅡB 族元素与 ⅠA、ⅡA 族相比,在下列诸性质上有何区别:元素原子的电子层结构、有效核电荷、原子和离子半径、元素的氧化值、所形成化合物的键型(离子型还是共价性)、金属活泼性。

2. 试述铜族元素在下列各种介质中的化学活泼性,写出方程式,并说明理由。
   (1) Cu 在含有 CO_2 的潮湿空气中;
   (2) Cu、Ag 在酸性溶液中(如稀、浓 H_2SO_4);
   (3) Ag、Au 在 NaCN 溶液中。

3. 使 Cu(Ⅱ)化合物转化为 Cu(Ⅰ)化合物的条件是什么? 举例说明。

4. 使 Hg(Ⅰ)化合物转化为 Hg(Ⅱ)化合物的条件是什么? 举例说明。

5. 说明下列问题,并写出有关方程式:
   (1) Fe 能使 Cu^{2+} 还原,Cu 能使 Fe^{3+} 还原;
   (2) 银器在含 H_2S 空气中慢慢变黑;
   (3) 焊接金属时,常先用浓 $ZnCl_2$ 溶液处理金属表面。

6. 用适当的配位剂分别将下列沉淀溶解,并写出相应的方程式:

$$CuCl、HgS、Zn(OH)_2、HgI_2、AgI$$

7. 汞有什么特殊物理性质? 有何应用? 散落的汞应如何处理?

8. 试说明下列实验现象:
   (1) 在 $ZnCl_2$ 溶液中通入 H_2S,只析出少量 ZnS 沉淀。如果加入 NaAc,则可使 ZnS 沉淀完全。
   (2) 过量的 Hg 与 HNO_3 反应,产物是 $Hg_2(NO_3)_2$。

习　　题

1. 将 $CuSO_4$ 溶液与下列各试剂相作用,试填写反应产物与现象:

试　　剂(溶液)		CuSO₄ 溶　液
(1) NaOH	适量 过量	
(2) 氨水	适量 过量	
(3) Cu+HCl(浓)	适量 过量	
(4) KI	适量 过量	
(5) KCN	适量 过量	

2. 试按箭头方向依次写出相应的化学反应方程式：

$$Ag \longrightarrow AgNO_3 \longrightarrow AgCl \longrightarrow [Ag(NH_3)_2]^+ \longrightarrow AgBr \longrightarrow [Ag(S_2O_3)_2]^{3-}$$
$$\longrightarrow AgI \longrightarrow [Ag(CN)_2]^- \longrightarrow Ag_2S$$

3. 在下表中填写反应产物与现象：

试剂(溶液)		HgCl₂	Hg₂Cl₂
(1) NaOH			
(2) 氨水			
(3) KI	适量 过量		
(4) H₂S			
(5) SnCl₂			

4. 完成并配平下列方程式：

(1) $Ag^+ + OH^- \longrightarrow$

(2) $[Ag(NH_3)_2]Cl + HNO_3 \longrightarrow$

(3) $Cd(OH)_2 \xrightarrow{\triangle}$

(4) $HgCl_2 + SO_2 + H_2O \longrightarrow$

(5) $Cu_2O + H_2SO_4(稀) \longrightarrow$

(6) $Hg_2^{2+} + 4CN^-(过量) \longrightarrow$

5. 在含有 Zn^{2+}、Mg^{2+}、Cr^{3+} 的溶液中，分别加入过量 NaOH 和过量氨水有何变化，试用方程式表示之。

6. 有 $Hg(NO_3)_2$ 和 $Hg_2(NO_3)_2$ 两种无色溶液，试用一种试剂予以鉴别，并写出反应方程式。

7. 分离和鉴定下列离子：

(1) Cu^{2+}、Ag^+、Zn^{2+}、Hg^{2+}　　　　(2) Ag^+、Cd^{2+}、Fe^{3+}、Cr^{3+}

8. 计算下列两个反应的平衡常数：

(1) $Zn(OH)_2 + 4NH_3 \rightleftharpoons [Zn(NH_3)_4]^{2+} + 2OH^-$

(2) $Zn(OH)_2 + 2NH_3 + 2NH_4^+ \rightleftharpoons [Zn(NH_3)_4]^{2+} + 2H_2O$

用计算说明：① 在 1.00 L 6.00 mol·L⁻¹ 氨水中，不能使 0.100 mol Zn(OH)₂ 全部溶解。② 在上述溶液中，加入 0.500 mol NH₄Cl 固体，Zn(OH)₂ 可全部溶解。通过本题你可得到什么结论？

9. 有一黑色固体(A)不溶于水，但能溶于硫酸生成蓝色溶液(B)。加适量氨水于(B)中生成浅蓝色沉淀

(C),(C)可溶于过量氨水得到深蓝色溶液(D)。向(D)中通入 H_2S 能生成黑色沉淀(E),将(E)分离出来,用浓硝酸试验可溶解。试写出各字母所代表物质的化学式和相应的化学方程式。

10. 某无色溶液(A)中加入 NaOH 溶液得棕色沉淀(B)。加 HCl 溶液于(B)中,棕色沉淀可转化为白色沉淀(C),分离出沉淀用氨水可溶解得无色溶液(D)。加 KBr 溶液于(D)得浅黄色沉淀(E),(E)可溶于 $Na_2S_2O_3$ 溶液得无色溶液(F)。加 KI 溶液于(F),得黄色沉淀(G),加 Na_2S 溶液于(G),黄色沉淀可转化为黑色沉淀(H)。试确定各字母所代表的物质并写出相应的反应方程式。

第12章 | p区元素(一)——硼族和碳族

p区包括了周期系中除氢以外的所有非金属和部分金属元素,分别是硼族(ⅢA)、碳族(ⅣA)、氮族(ⅤA)、氧族(ⅥA)、卤素(ⅦA)和稀有气体(ⅧA)。

12.1 硼族元素

硼族元素是ⅢA族元素,包括硼(boron,B)、铝(aluminum,Al)、镓(gallium,Ga)、铟(indium,In)、铊(thallium,Tl)五个元素。硼常与其他元素以硼酸盐形式伴生,如硼镁矿 $Mg_2B_2O_5 \cdot H_2O$、硼砂 $Na_2B_4O_7 \cdot 10H_2O$ 等。我国西部地区的内陆盐湖及辽宁、吉林等省都产硼。铝在地壳中的含量仅次于氧和硅,在自然界的主要矿石有铝矾土 $Al_2O_3 \cdot xH_2O$。镓、铟、铊是分散的稀有元素。

硼族元素的一些性质列于表12-1。本节主要讨论硼、铝的化合物。

表12-1　硼族元素的一些性质

元　素	硼　B	铝　Al	镓　Ga	铟　In	铊　Tl
原子序数	5	13	31	49	81
价电子层结构	$2s^22p^1$	$3s^23p^1$	$4s^24p^1$	$5s^25p^1$	$6s^26p^1$
主要氧化值	+3	+3	+1,+3	+1,+3	+1
共价半径/pm	88	125	125	150	155
硬度(金刚石=10)	9.5	2.9	1.5	1.2	—
熔点/℃	2 077	660	30	156.6	304
沸点/℃	4 000	2 519	2 229	2 070	1 473
第一电离能/(kJ·mol^{-1})	801	578	579	558	589
第一电子亲和能/(kJ·mol^{-1})	—27	—44	—29	—29	—29
电负性	2.0	1.6	1.8	1.8	1.8
晶体类型	原子晶体	金属晶体	金属晶体	金属晶体	金属晶体

12.1.1 硼的化合物

硼化合物的用途比单质硼要广泛得多。人们很早就发现和应用了硼的化合物,例如古代阿拉伯的炼金术就已使用了硼酸。近年来由于弄清了某些硼化合物的结构,从而合成了大量新型的硼化合物。又因为硼及其化合物对新型合成材料和原子能工业方面的应用甚为重要,促使了硼化学成为在无机化学领域中发展得很快的课题之一。

1. 硼的成键特征

(1) 共价性。硼原子的半径小,仅为88 pm,第一电离能比较高,为801 kJ·mol^{-1},电负性2.0。所以硼在成键时,不易失去电子,而是与其他原子共用电子形成共价键。因而在硼的化合物中,硼与其他元素常以共价键结合,在固态和水溶液中都不存在 B^{3+}。

(2) 缺电子原子,形成缺电子化合物。硼族元素的价电子构型为 ns^2np^1。我们知道 ns 和 np 共有四个轨道,而硼族元素的原子只有 3 个价电子,其价电子数少于价键轨道数。这类原子称为 "缺电子原子"(electron deficient atom)。缺电子原子形成共价化合物时常只用 3 对电子,比稀有气体结构少一对电子,多一个空轨道,这样的化合物叫做"缺电子化合物"。这类化合物具有很强的接受电子能力,因此本身容易聚合,也容易与电子对给予体形成配位化合物。

硼原子的缺电子、小半径、高电离能等特征结合在一起决定了硼化学的独特性。

2. 硼的氢化物

硼和氢不能直接化合,但用间接方法可以制备 一系列硼和氢的化合物。如:

$$6LiH+8BF_3 =\!=\!= 6LiBF_4 +B_2H_6$$
(氟硼酸锂)

$$3NaBH_4+4BF_3 =\!=\!= 3NaBF_4+2B_2H_6$$

用该法制得的硼氢化物产率高,而且纯度可达 90%～95%。

硼氢化物和碳氢化合物相似,因此称为硼烷(borane)。目前已报道合成出几十种硼烷,如乙硼烷 B_2H_6、丁硼烷 B_4H_{10}、戊硼烷(9)B_5H_9、戊硼烷(11)B_5H_{11}、己硼烷(10)B_6H_{10}、己硼烷(12)B_6H_{12} 等[1]。其中 B_2H_6 和 B_4H_{10} 为气态,B_5～B_8 为液态,B_{10} 以上为固态。

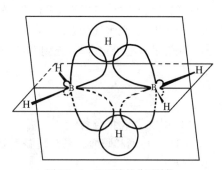

最简单的硼烷是乙硼烷(diborane),又称二硼烷,分子式是 B_2H_6。根据电子衍射测得 B_2H_6 的结构如图 12-1 所示。

在 B_2H_6 分子中,每一个 BH_3 中的硼原子在成键时采取 sp^3 杂化:

图 12-1　乙硼烷的分子结构

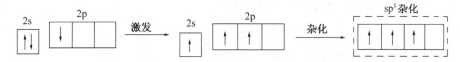

硼原子形成的四个 sp^3 杂化轨道中,其中三个轨道有单电子,另一个是空轨道。每一个硼原子中两个 sp^3 杂化轨道的电子与两个氢原子的 s 电子组成两个正常的 σ 键,四个 B—H 键处于同一平面上。两个硼原子的另两个 sp^3 杂化轨道(一个有电子,另一个没有电子)同另两个氢原子 s 电子形成两根键,每一根键由一个氢原子的 s 轨道、一个硼原子的含有 1 个电子的 sp^3 杂化轨道和另一个硼原子的没有电子的 sp^3 杂化轨道重叠形成,即由一个氢原子和两个硼原子共用两个电子构成,这样的键称三中心二电子键(three-center two-electron bond),简写为 3c - 2e 键。在上述 3c - 2e 键中,氢原子在两个硼原子间搭桥,把两个硼原子间接连接起来,称为氢桥(hydrogen bridge)。这两个氢桥都垂直于上述平面,一个在平面的上方,一个在平面的下方。据测定,氢桥的键能比一般共价键要弱得多(大体上相当于一般共价键的一半左右)。一般书写时常用 B—H—B 来表示氢桥,这样,我们就可简单地把 B_2H_6 表示成 ，B_4H_{10} 表

---

[1] 多数硼烷的组成为 B_nH_{n+4}、B_nH_{n+6},也有少数是 B_nH_{n+8}、B_nH_{n+10}。

示成

简单硼烷在室温下是无色具有难闻臭味的气体。多数硼烷在空气中易自燃（B_9H_{15} 和 $B_{10}H_{14}$ 例外），生成稳定的 B_2O_3 和 H_2O，这些反应都是强烈的放热反应。如：

$$B_2H_6(g)+3O_2(g)\!=\!=\!=\!B_2O_3(s)+3H_2O(g) \qquad \Delta_rH_m^{\ominus}=-2\,035.3\ kJ\cdot mol^{-1}$$

乙硼烷易水解，如：

$$B_2H_6(g)+6H_2O(l)\!=\!=\!=\!2H_3BO_3(s)+6H_2(g) \qquad \Delta_rH_m^{\ominus}=-509.23\ kJ\cdot mol^{-1}$$

由此可见，硼烷燃烧的热效应很大，所以可作为高能燃料应用于火箭与导弹上；又由于它水解时放出相当多的热量，所以也用作水下火箭燃料。但是硼烷价格昂贵，且不稳定、有毒，如空气中 B_2H_6 的最高允许含量仅为 1×10^{-7}（体积）。因此限制了硼烷的应用。在制备 B_2H_6 时必须保持系统处于无氧、无水气状态。

硼烷是缺电子化合物，遇到 NH_3 或 CO 等含有孤对电子的分子时，B_2H_6 会发生加合反应：

$$B_2H_6+2CO\!=\!=\!=\!2[H_3B\!\leftarrow\!CO]$$
$$B_2H_6+2NH_3\!=\!=\!=\!2[H_3B\!\leftarrow\!NH_3]$$

3. 硼的含氧化合物

（1）氧化硼和硼酸。硼在高温下能和氧反应，生成氧化硼（boron oxide），这是一个强烈的放热反应，

$$4B(s)+3O_2(g)\!=\!=\!=\!2B_2O_3(s) \qquad \Delta_rH_m^{\ominus}=-2\,547\ kJ\cdot mol^{-1}$$

氧化硼溶于水后，能与水结合成为硼酸（boric acid）。

$$B_2O_3+3H_2O\!=\!=\!=\!2H_3BO_3$$

工业上，硼酸是用强酸处理硼砂制得的：

$$Na_2B_4O_7\cdot10H_2O+H_2SO_4\!=\!=\!=\!4H_3BO_3+Na_2SO_4+5H_2O$$

图 12-2 表示一层 H_3BO_3 晶体的结构，其中硼原子以 sp^2 杂化方式与三个氧原子结合，这三个氧原子又分别与三个氢原子结合成平面三角形的 $B(OH)_3$ 分子，这种平面三角形的分子彼此通过氢键连成一片，各片层间通过分子间力组成大晶体，因此 H_3BO_3 具有"层状晶体"的结构，晶体呈鳞片状，分子内层与层之间容易滑动，所以 H_3BO_3 可作为润滑剂。

在加热时，H_3BO_3 易失水，当 H_3BO_3 被加热到 100℃时，一分子 H_3BO_3 失去一分子水成为偏硼酸 HBO_2。

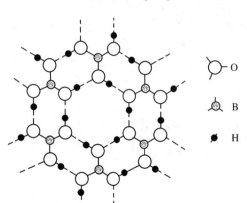

图 12-2 硼酸晶体结构（一层）

○ O B H

$$H_3BO_3 \xrightarrow{100℃} HBO_2+H_2O$$

HBO_2 仍保持鳞片状，在更高的温度下，可进一步失

水成为四硼酸 $H_2B_4O_7$,再加热后又进一步失水成为氧化硼 B_2O_3,实际上 B_2O_3 就是通过 H_3BO_3 失水制得的

$$4HBO_2 \xrightarrow{\triangle} H_2B_4O_7 + H_2O$$

$$H_2B_4O_7 \xrightarrow{\triangle} 2B_2O_3 + H_2O$$

H_3BO_3 在冷水中溶解度很小,随着温度的增高,H_3BO_3 分子之间的氢键被破坏,溶解度增加。H_3BO_3 是一元弱酸($K_a^\ominus = 5.8 \times 10^{-10}$),由于 B 原子是缺电子原子,具有空轨道,造成硼酸在水中不是解离出 H^+,而是结合水中的 OH^- 形成 $[B(OH)_4]^-$,使溶液中的 H^+ 浓度增高而显酸性。

$$\underset{(即H_3BO_3)}{B(OH)_3} + H_2O \rightleftharpoons [B(OH)_4]^- + H^+$$

H_3BO_3 的这种解离形式也是 Al^{3+}、Ga^{3+}、In^{3+} 氢氧化物(两性)的共同特征,如 $Al(OH)_3$ 在过量碱溶液中形成 $Al(OH)_4^-$。

硼酸能同某些多元醇作用,生成较强的酸。例如,与甘油(丙三醇)发生下面的反应使 H_3BO_3 溶液的酸性增强。

这个反应在分析化学中很有用,因为硼酸的酸性很弱,无法找到合适的指示剂进行中和滴定,但加入多元醇后硼酸酸性加强,就能用一般的指示剂指示滴定终点,进行中和法分析。

大量硼酸被用于玻璃搪瓷等工业,还被用作消毒剂和防腐剂。

(2) 硼酸盐。最重要的硼酸盐是四硼酸的钠盐 $Na_2B_4O_7 \cdot 10H_2O$,俗称硼砂(borax)。硼砂矿是硼在自然界主要的矿石,它是制造单质硼和其他硼化物的主要原料。

硼砂为无色透明晶体,在空气中容易失去部分水分子而风化,加热至 380℃～400℃,完全失水成为无水盐 $Na_2B_4O_7$,加热到 878℃,则熔化为玻璃状物。熔化的硼砂能溶解许多金属氧化物,生成具有特征颜色的偏硼酸的复盐。例如:

$$\underset{(宝蓝色)}{Na_2B_4O_7 + CoO === 2NaBO_2 \cdot Co(BO_2)_2}$$

$$\underset{(淡红色)}{Na_2B_4O_7 + NiO === 2NaBO_2 \cdot Ni(BO_2)_2}$$

$Na_2B_4O_7$ 可看成 $B_2O_3 \cdot 2NaBO_2$,因此上述反应可看成是酸性氧化物 B_2O_3 与碱性的金属氧化物结合成盐的反应。硼砂的这一性质用在定性分析上鉴定某些金属离子,称为硼砂珠试验。焊接金属时硼砂被用作助熔剂以除去金属表面的氧化物。

硼砂易溶于水,产生水解而呈碱性:

$$B_4O_7^{2-} + 7H_2O \rightleftharpoons 4H_3BO_3 + 2OH^- \rightleftharpoons 2H_3BO_3 + 2B(OH)_4^-$$

20℃时,硼砂溶液 pH 值为 9.24,硼砂溶液中含有的 H_3BO_3 和 $B(OH)_4^-$ 的物质的量相等,所以具有缓冲作用。又因其水溶液呈碱性,因此可用作肥皂粉的填料。硼砂还大量用于陶瓷、玻璃工

业之中。且正成为农业上的重要角色——硼肥，它对植物体内的糖类代谢起重要的调节作用。总之，硼砂是一种用途很广的重要化工原料。

4. 卤化硼

硼和卤素在加热条件下可生成卤化硼：

$$2B+3X_2 = 2BX_3$$

工业上常用 B_2O_3 作为生产卤化硼的原料，例如 BF_3 和 BCl_3 等：

$$B_2O_3 + 3CaF_2 + 3H_2SO_4 = 2BF_3 + 3CaSO_4 + 3H_2O$$
$$B_2O_3 + 3C + 3Cl_2 = 2BCl_3 + 3CO$$

卤化硼的熔点、沸点都很低，室温下，BF_3 和 BCl_3 为气体，BBr_3 为液体，BI_3 为固体。卤化硼很易水解，因此在潮湿空气中发烟，卤化硼水解同时生成两种酸：

$$BX_3 + 3H_2O = H_3BO_3 + 3HX$$

对于 BF_3 来说，它又与水解产生的 HF 加合生成氟硼酸 HBF_4：

$$BF_3 + HF = HBF_4$$

除 BF_3 外，其他卤化硼均不与相应的 HX 加成。其原因是氟原子半径小于其他卤素，在半径很小的硼原子周围只能容纳四个氟原子，而不可能容纳其他卤素原子。

卤化硼是缺电子分子，所以当它与具有孤对电子的分子相遇时，就易产生加合反应，例如：

在卤化硼中，最重要的是 BF_3 和 BCl_3（其中 B 以 sp^2 杂化轨道成键，空间构型为平面三角形），它们是许多有机反应的催化剂，也常用于有机硼化合物的合成和硼氢化合物的制备。

12.1.2　铝的化合物

铝是典型的两性金属。铝的电离能较小，电负性为 1.5，所以铝是个活泼金属，但由于 Al^{3+} 电荷高、半径小，具有很强的极化力，所以铝的化合物既有共价型，也有离子型。例如，Al^{3+} 与难变形的负离子结合时，形成离子型化合物，如 Al_2O_3、AlF_3 等。而与易变形的负离子结合时，形成共价型化合物，如 $AlCl_3$ 等。在形成共价化合物时，铝也是缺电子原子，铝的化合物是缺电子分子。

铝的重要化合物有 Al_2O_3、$AlCl_3$、$Al_2(SO_4)_3 \cdot 18H_2O$ 等，它们在工业中有很多重要的应用。

1. 氧化铝

氧化铝(alumium oxide)是离子晶体，具有很高的熔点和硬度。在不同温度条件下加热氢氧化铝可脱水生成不同变体的氧化铝，目前知道的 Al_2O_3 至少有 8 种同质异晶[①]的形态，一般常用希腊字母 α、β、γ……加以区分。其中最为人们熟悉的是 α - Al_2O_3 和 γ - Al_2O_3。自然界存在的结晶氧化铝是 α - Al_2O_3，称为刚玉，金属铝在氧气中燃烧或将 $Al(OH)_3$、$Al_2(SO_4)_3$ 等高温灼烧，所得产物是 α - Al_2O_3，称为人造刚玉。α - Al_2O_3 不溶于水，也不溶于酸或碱，可用 $K_2S_2O_7$ 共熔，使其转化为可溶性的铝盐。

---

① 某些同一化学成分的物质，在不同条件下结晶成不同的晶形。

$$Al_2O_3 + 3K_2S_2O_7 \xrightarrow{共熔} 3K_2SO_4 + Al_2(SO_4)_3$$

纯的刚玉呈白色,若含有少量杂质,则可呈鲜明的颜色。如含微量铬呈红色,称为红宝石,含微量铁,则显蓝色,称为蓝宝石。由于 α - Al_2O_3 的特殊性质,可用它作为磨料,加工成手表的钻石,也可用来制作耐火材料。

将 $Al(OH)_3$ 在 750 K 左右加热脱水得到的是 γ - Al_2O_3。γ - Al_2O_3 不溶于水,但溶于酸或碱,它是一种多孔性物质,有很大的比表面,并有优异的吸附性、表面活性和热稳定性,因而常被用作催化剂的活性组分,又称为活性氧化铝。

γ - Al_2O_3 经高温灼烧叫转变成 α - Al_2O_3。α - Al_2O_3 和 γ - Al_2O_3 晶体结构不同,前者为六方密堆积,后者为面心立方密堆积,因而两者性质不同。

2. 铝盐和铝酸盐

由于 $Al(OH)_3$ 具有两性,因而它同酸或碱作用均可生成盐。和酸作用生成铝盐(aluminium salt),和碱作用生成铝酸盐(aluminate)。由于 $Al(OH)_3$ 的酸性和碱性都不强,因此铝盐和铝酸盐均易水解。

由于 $Al(OH)_3$ 是难溶的弱碱,一些弱酸(如 H_2S、H_2CO_3)的铝盐在水中几乎完全水解:

$$2Al^{3+} + 3S^{2-} + 6H_2O \Longrightarrow 2Al(OH)_3 \downarrow + 3H_2S \uparrow$$

无水铝盐不能通过简单地将溶液加热进行蒸发浓缩的方法来制取。要制取无水 $AlCl_3$ 时须采用干法生产,如金属铝和氯气反应可得 $AlCl_3$。

$$2Al + 3Cl_2 \Longrightarrow 2AlCl_3$$

而蒸发浓缩 HCl 中和 $Al(OH)_3$ 所得溶液时,由于 $AlCl_3$ 的水解,最后得到的固体物质是 $Al(OH)_3$,而不是无水 $AlCl_3$。

如果控制蒸发条件,抑制水解,设法使铝盐从水溶液中析出,也可制得固体的铝盐,不过它们都含有结晶水。例如 $AlCl_3 \cdot 6H_2O$、$Al(NO_3)_3 \cdot 6H_2O$、$Al_2(SO_4)_3 \cdot 18H_2O$ 等。

硫酸铝同碱金属的硫酸盐生成复盐,例如,铝钾矾(俗称明矾)$KAl(SO_4)_2 \cdot 12H_2O$。它们的组成可用通式 $M(I)Al(III)(SO_4)_2 \cdot 12H_2O$ 表示,这类化合物称为矾(alum)。矾中的 Al^{3+} 可被其他金属离子如 Cr^{3+}、Fe^{3+} 等取代生成组成类似,结构完全相同的晶体,如铬钾矾[$KCr(SO_4)_2 \cdot 12H_2O$],这种现象称为类质同晶现象。产生类质同晶现象的原因,是因为大小几乎相等的原子,或大小几乎相等、电荷也相同的离子在晶格内可以互相置换,而不致损坏晶体的稳定性。能产生类质同晶现象的物质称为类质同晶物质,类质同晶物质若存在于同一溶液中时能一起结晶出来。

硫酸铝和明矾是工业上重要的铝盐,由于它们能水解生成的 $Al(OH)_3$ 胶状沉淀,具有很强的吸附性能,所以用于净水以吸附水中的悬浮杂质。

因为 Al^{3+} 具有很强的极化力,因此 $AlCl_3$、$AlBr_3$ 和 AlI_3 均为共价化合物,而且它均为缺电子分子,都易形成双聚分子 Al_2Cl_6、Al_2Br_6 和 Al_2I_6。以 $AlCl_3$ 为例:

$$2AlCl_3 \Longrightarrow Al_2Cl_6$$

其结构为

$$\begin{matrix} Cl & & Cl & & Cl \\ & Al & & Al & \\ Cl & & Cl & & Cl \end{matrix}$$

常温下无水 $AlCl_3$ 是白色晶体,但常因含有 $FeCl_3$ 而呈黄色,$AlCl_3$ 易溶于水,遇水强烈水解。

无水 $AlCl_3$ 是有机合成工业和石油化工中的重要催化剂。

12.2　碳族元素

碳族元素是ⅣA族元素，包括碳（carbon，C）、硅（silicon，Si）、锗（germanium，Ge）、锡（tin，Sn）、铅（lead，Pb）五个元素。碳和硅在自然界中分布很广，其中硅在地壳中的含量仅次于氧。锗的分布很分散，锡和铅矿藏较集中，易提炼。锡在自然界主要的矿石是锡石 SnO_2，我国有丰富的锡资源。铅的主要矿石是方铅矿 PbS。碳族元素的单质都有十分重要的应用，例如，高纯度的硅和锗是良好的半导体材料，在电子工业中用来制造各种半导体元件，锡和铅可用于制造合金，铅还可用作核反应堆的防护屏等。碳的单质用途更加广泛。

碳族元素的一些性质列于表 12-2 中，本节主要讨论碳、硅、锡和铅的化合物。

表 12-2　碳族元素的一些性质

元　　素	碳　C	硅　Si	锗　Ge	锡　Sn	铅　Pb
原子序数	6	14	32	50	82
价电子层结构	$2s^2 2p^2$	$3s^2 3p^2$	$4s^2 4p^2$	$5s^2 5p^2$	$6s^2 6p^2$
主要氧化值	+2，+4	+2，+4	+2，+4	+2，+4	+2，+4
共价半径/pm	77	117	122	140	154
硬度（金刚石＝10）		7.0	6.5	1.5～1.8	1.5
熔点/℃	3 500（金刚石）	1 414	938	232	327
沸点/℃	3 930（金刚石）	3 265	2 883	2 580	1 749
第一电离能/(kJ·mol^{-1})	1 086	786	762	709	716
第一电子亲和能/(kJ·mol^{-1})	−122	−134	−116	−121	−106
电负性	2.55	1.9	1.81	1.96	1.8
晶体类型	原子晶体（金刚石） 混合晶体（石墨）	原子晶体	原子晶体	原子晶体（灰锡） 金属晶体（白锡）	金属晶体

12.2.1　碳及其化合物

1. 单质碳

碳元素在地壳中约占 0.03%，金刚石、石墨是天然存在的游离单质碳。在煤和烃类（石油、天然气）中、生物体内（糖类和脂肪）和某些岩石（碳酸盐）中均含有碳元素。

碳有多种同素异形体（allotropic form），金刚石和石墨是其中最常见的两种，而富勒烯（以 C_{60} 为代表）则是约二十年前由人工合成所得。

金刚石（diamond）是原子晶体。在金刚石中，碳原子采用 sp^3 杂化，碳原子间以极强的共价键相联系，因此有很高的熔点和很大的硬度。由于高硬度，金刚石在工业上用作钻头、摩擦剂和拉金属丝的模具等，但工业上用的都是含有杂质、价格低廉的较小晶体。

在石墨（graphite）中，碳原子以一个 2s 轨道和两个 2p 轨道进行 sp^2 杂化：

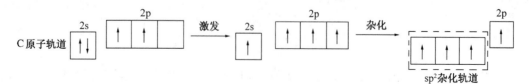

每个碳原子用三根 sp² 杂化轨道与其他三个碳原子以 σ 键相联结,键角为 120°,形成由无数个正六角形构成的网状平面层,所以石墨晶体具有层状结构,见图 12-3。每个碳原子还有 1 个未杂化的 2p 轨道,这些 2p 轨道与六角网状平面垂直,并互相平行,这些互相平行的 p 轨道可形成 π 键,由于这种是由多个原子形成的,称为大 π 键。大 π 键中的电子不是定域在两个原子之间,而是不定域的,与金属中的自由电子有些类似,因此石墨具有金属光泽,并有良好的导电性[①]。正是因为石墨的导电性好,化学性质又不活泼,所以石墨可用来制作电极。在石墨晶体中,层与层之间以分子间力联系,这种作用力较弱,层与层之间容易滑动和断裂,因此石墨可用作润滑剂和铅笔芯。由上可知,在石墨晶体中,既有共价键,又有非定域的大 π 键,还有分子间力,所以石墨晶体是一种混合型晶体。

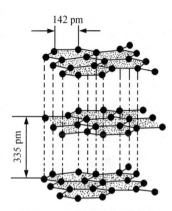

图 12-3　石墨的层状晶体结构

当隔绝空气加热含碳的化合物时可得无定形碳(amorphous carbon),简称为炭,如木炭、焦炭等。无定形碳实际是石墨的微晶体,也具有六角形网状平面,不过层与层之间的重叠不如石墨规则。

把无定形碳隔绝空气加热到 2 900～3 300 K,可以转变成有规则的石墨层状结构,这就是人造石墨。在压力为 6×10⁶ kPa、温度为 1 800 K 时,石墨可转变为金刚石。人造金刚石晶体较小,透明度差,但其硬度与天然金刚石相同,因此不影响其工业用途。

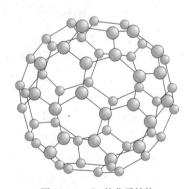

图 12-4　C_{60} 的分子结构

1985 年,克罗多(H. W. Kroto)等人用大功率激光蒸发石墨,首先制得了碳的新同素异形体 C_{60}。它是由 60 个碳原子构成的球形 32 面体,其中有 12 个五边形和 20 个六边形,如图 12-4 所示。这一结构是在著名建筑学家 R. Buckminster Fuller 设计的圆顶建筑启发下提出的,因此命名为 Buckminsterfullerene,简称为 Fullerene,中文名为富勒烯,也称为足球烯或球碳。其后发现的 C_{70}、C_{80}、C_{84}、…、C_{240} 等统称为富勒烯。在这一系列碳原子簇中以 C_{60} 为最重要,对它的研究也最多。根据 C_{60} 内腔的大小,有学者将碱金属掺入 C_{60} 晶体中制得了一系列超导材料,如 K_3C_{60}、K_2RbC_{60}、Na_2CsC_{60} 等。

大部分碳化合物在有机化学中讨论,习惯上把 CO、CO_2、碳酸盐等少数含碳化合物留在无机化学中讨论。

2. 一氧化碳

CO 分子的电子总数为 14,与 N_2 相同,两者是等电子分子(isoelectronic molecule),它们的结构相似。在 CO 分子中,C 和 O 之间也是通过三键结合,这三根键中,有一根 σ 键,一根双方各提供一个价电子的共价 π 键,还有一根是由氧原子单独提供一对电子的配位 π 键。CO 的结构可表示为:

$$:C \overset{\longleftarrow}{\equiv} O:$$

① 石墨沿层面方向的导电性良好,而在与层面垂直方向的导电性差,两者相差达 10 000 倍。

由于在 C 原子上有较多的负电荷,所以 CO 中 C 原子中的孤对电子容易进入其他原子的空轨道而产生加合反应,CO 作配体时,常以 C 作配位原子,而不是 O。例如,CO 与某些过渡金属加合产生羰基配合物[如 $Ni(CO)_4$]。CO 的加合作用,还表现在有催化剂存在下能与 H_2O、H_2、炔烃、烯烃等反应,以制备有机物。例如:

$$CO + 2H_2 \xrightarrow[\text{Zn-Cr 催化剂}]{\text{高温、高压}} CH_3OH$$

这是工业上生产甲醇的重要方法。

CO 中的碳的氧化值是 +2,所以它有强还原性,它在高温下能把许多金属从它们的氧化物中还原出来。例如:

$$Fe_2O_3 + 3CO = 2Fe + 3CO_2$$
$$CuO + CO = Cu + CO_2$$

因此 CO 是冶金工业中常用的重要还原剂。

CO 是无色、无臭的有毒气体,人体所需 O_2 由血红蛋白进行输送,而 CO 与血红蛋白的结合能力比 O_2 与血红蛋白的结合能力强许多倍,当空气中 CO 含量达 0.1%(体积分数)时,人就会引起肌体缺氧而中毒。

空气和 CO 混合达适当比例时会引起爆炸,使用时应注意安全。

3. 二氧化碳和碳酸

二氧化碳(carbon dioxide)的偶极矩为零,是非极性分子,所以可推知 CO_2 是直线型结构。实验测得 CO_2 中碳氧之间的键长为 116 pm,这个数值介于 C=O 双键键长(以丙酮中 C=O 为准,122 pm)和 C≡O 三键键长(以一氧化碳为准,113 pm)之间,而更接近于三键。如图 12-5 所

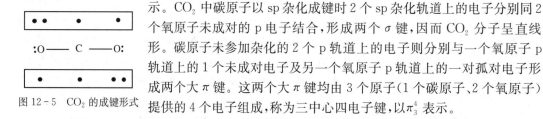

图 12-5　CO_2 的成键形式

示。CO_2 中碳原子以 sp 杂化成键时 2 个 sp 杂化轨道上的电子分别同 2 个氧原子未对的 p 电子结合,形成两个 σ 键,因而 CO_2 分子呈直线形。碳原子未参加杂化的 2 个 p 轨道上的电子则分别与一个氧原子 p 轨道上的 1 个未成对电子及另一个氧原子 p 轨道上的一对孤对电子形成两个大 π 键。这两个大 π 键均由 3 个原子(1 个碳原子、2 个氧原子)提供的 4 个电子组成,称为三中心四电子键,以 π_3^4 表示。

CO_2 是无色、无臭的气体。大气中少量的 CO_2 主要来自生物的呼吸、有机化合物的燃烧、动植物的腐败分解等。而植物的光合作用,碳酸盐岩石的形成等又消耗 CO_2,因此大气中 CO_2 的含量几乎保持定值,约 0.03%(体积分数)。目前,世界各国工业化的进程使空气中 CO_2 浓度逐渐增加,已被认为是造成“温室效应”的主要原因之一,因此保持大气中 CO_2 的平衡引起科学界的高度重视。

固态 CO_2 是分子晶体,它的熔点很低(-78.5℃),固态的 CO_2 常不经熔化而直接升华,所以称为干冰。干冰比普通的冰要冷得多,常用作制冷剂,其冷冻温度可达到 203 K 到 193 K。干冰还是保存和运输易腐食品的理想物质。

CO_2 的临界温度①为 31.1℃,加压可液化。在该温度下,CO_2 可作为优良溶剂,可以选择性地分离各种有机原料以及用于固体物料的管道输送过程中。

CO_2 不能自燃,又不助燃。密度比空气大,可使物体与空气隔绝,而且价格低廉。所以常用

———————————

① 临界温度:物质处于临界状态时的温度,就是加压力使气体液化时所允许的最高温度。

作灭火剂,也可作为防腐剂和灭虫剂。在化工厂中常用作"安全保护气"。

CO_2 还是一种重要的化工原料。如 CO_2 与盐可制成碱;CO_2 与氨可制成尿素、碳酸氢铵。

CO_2 可溶于水,溶于水中的 CO_2 部分与水作用生成碳酸(carbonic acid)。若把蒸馏水贮放在开口容器中,则会因溶入空气中的 CO_2 而显微酸性。碳酸为二元弱酸,分两级解离,在水溶液中存在下列平衡:

$$CO_2 + H_2O \rightleftharpoons H_2CO_3 \rightleftharpoons H^+ + HCO_3^-$$
$$HCO_3^- \rightleftharpoons H^+ + CO_3^{2-}$$

碳酸水溶液中仅有极少部分的 CO_2 成为 H_2CO_3,其平衡常数为:

$$CO_2 + H_2O \rightleftharpoons H_2CO_3 \qquad K^\ominus = 1.80 \times 10^{-3}$$

一般认为 H_2CO_3 的 $K_1^\ominus = 4.45 \times 10^{-7}$,实际上是下列反应的平衡常数:

$$CO_2 + H_2O \rightleftharpoons H^+ + HCO_3^- \qquad K_1^\ominus = 4.45 \times 10^{-7}$$

因此,H_2CO_3 真正的解离常数应该是:

$$H_2CO_3 \rightleftharpoons H^+ + HCO_3^- \qquad K^\ominus = 2.47 \times 10^{-4}$$

因为 H_2CO_3 的第一级解离常数为 2.47×10^{-4},所以有人认为它是中强酸。而一般所谓碳酸是弱酸,是假定溶解了的 CO_2 完全转化为 H_2CO_3。

4. 碳酸盐和碳酸氢盐

碳酸是二元弱酸,它能生成两种盐,碳酸盐(carbonate)和碳酸氢盐(bicarbonate)。

$(HCO_3)_2^{2-}$　　　　　　　　　　　　$(HCO_3)_n^{n-}$

碳酸盐中,除铵盐和碱金属盐(Li_2CO_3 除外)以外,都难溶于水。一般来说,难溶碳酸盐对应的碳酸氢盐的溶解度较大,例如 $Ca(HCO_3)_2$ 溶解度比 $CaCO_3$ 大,因而 $CaCO_3$ 能溶于 H_2CO_3 中。但是对易溶的碳酸盐来说,它对应的碳酸氢盐的溶解度反而小。例如 $NaHCO_3$ 溶解度就比 Na_2CO_3 小,因而浓的 Na_2CO_3 溶液会因吸收 CO_2 和 H_2O 后转化为 $NaHCO_3$ 而形成白色沉淀。易溶碳酸盐对应的碳酸氢盐溶解度较小的原因可能是由于它们中的 HCO_3^- 会通过氢键形成 $(HCO_3)_n^{n-}$ 的缘故。

由于碳酸的酸性很弱,在溶液中都会水解。碱金属碳酸盐的水解分两步进行:

$$CO_3^{2-} + H_2O \rightleftharpoons HCO_3^- + OH^-$$
$$HCO_3^- + H_2O \rightleftharpoons H_2CO_3 + OH^-$$

一级水解远大于二级水解,因此碱金属碳酸盐的水溶液呈强碱性,而碳酸氢盐的水溶液呈弱碱性。由于碳酸盐的水解性,常把碳酸盐当作碱用。在实际工作中,可溶性碳酸盐可同时既作为碱又作为沉淀剂,用于分离溶液中某些金属离子。

重金属的碳酸盐,在水溶液中会部分水解生成碱式碳酸盐。例如,将碳酸钠溶液和锌盐、铜盐、铅盐等溶液混合时,得到的不是碳酸盐而是碱式碳酸盐沉淀:

$$2Cu^{2+} + 2CO_3^{2-} + H_2O \Longrightarrow Cu_2(OH)_2CO_3 \downarrow + CO_2 \uparrow$$

某些金属的碳酸盐几乎完全水解,例如用碳酸盐处理可溶性的三价铁、铝、铬盐时,得到的不是碳酸盐而是氢氧化物沉淀:

$$2Fe^{3+} + 3CO_3^{2-} + 3H_2O \Longrightarrow 2Fe(OH)_3 \downarrow + 3CO_2 \uparrow$$

碳酸盐和碳酸氢盐另一个重要性质是热稳定性较差,它们在高温下均会分解:

$$M(HCO_3)_2 \xrightarrow{\triangle} MCO_3 + H_2O + CO_2 \uparrow$$

$$MCO_3 \xrightarrow{\triangle} MO + CO_2 \uparrow$$

对比碳酸、碳酸氢盐和碳酸盐的热稳定性,发现它们的稳定性顺序是:

$$H_2CO_3 < MHCO_3 < M_2CO_3$$

例如 H_2CO_3 稍加热即会分解,$NaHCO_3$ 须加热到 270℃ 开始分解,而 Na_2CO_3 分解温度在熔点(850℃)以上。不同阳离子的碳酸盐的热稳定性也不一样。例如 ⅡA 族的碳酸盐的稳定性顺序:

$$MgCO_3 < CaCO_3 < SrCO_3 < BaCO_3$$

上述事实可用离子极化的观点来说明。在 CO_3^{2-} 中的 3 个 O^{2-} 同样地被 C^{4+}[①]所极化而变形,但 H^+ 或金属离子对 O^{2-} 也有一定的极化作用,它所产生的诱导偶极,与由 C^{4+} 对 O^{2-} 极化所产生的诱导偶极的方向相反,因而减弱、抵消甚至超过这个 O^{2-} 原来的偶极。这种作用称为反极化作用。反极化作用减弱了 C^{4+} 和这个 O^{2-} 之间的联系,导致 CO_3^{2-} 的分解。显然,正离子的极化力愈强,反极化作用愈大,CO_3^{2-} 愈易分解。ⅡA 族 Mg^{2+}、Ca^{2+}、Sr^{2+}、Ba^{2+} 四个正离子的极化力依次减弱,所以分解的难易就必然是 $MgCO_3$ 最容易分解,而 $BaCO_3$ 最不易分解。至于 H^+,虽然只具有一个正电荷,但由于它的半径很小,不仅极化力强,且可以钻入 CO_3^{2-} 的 O^{2-} 中,更加削弱 C^{4+} 与 O^{2-} 间的联系,所以 H^+ 的反极化作用较金属离子强。因而,含一个 H 的 $NaHCO_3$ 比不含 H 的 Na_2CO_3 易分解,而含两个 H 的 H_2CO_3 就更易分解。

从以上分析可知,若金属离子的极化能力很强,如 Pb^{2+}、Hg^{2+}、Ag^+、Cd^{2+} 等离子,它们的碳酸盐必然不稳定、易分解,而极化能力弱的正离子的碳酸盐如 Na_2CO_3 则比较稳定。

所有的碳酸盐和碳酸氢盐都会被酸分解放出二氧化碳。这一反应常被用来检验碳酸盐。

12.2.2 硅及其化合物

1. 单质硅

硅主要用于钢铁冶炼和制造硅钢,矽是硅的旧称,因此硅钢也称为矽钢,Si 能使 C 在 Fe 中的溶解度降低。工业上单质硅的制取主要有下列步骤。

(1)用焦炭在电炉中还原 SiO_2(石英),得到粗硅:

$$SiO_2 + 2C \Longrightarrow Si + 2CO$$

(2)将粗硅转变成四氯化硅:

---

① 在用离子极化观点说明一些问题时,常把具有形式电荷的原子作为离子来讨论。

$$Si+2Cl_2 \!\!=\!\!\!= SiCl_4$$

（3）用精馏方法将 $SiCl_4$ 提纯。

（4）用还原剂还原 $SiCl_4$ 制得纯度较高的单质硅：

$$SiCl_4+2Zn \!\!=\!\!\!= Si+2ZnCl_2$$

用纯化学方法处理所得纯硅为多晶硅，必须进一步熔炼成单晶硅才是半导体工业的原料。

硅不与任何酸作用，但能溶于 HF 和 HNO_3 的混合液中。强碱能与硅作用形成硅酸盐：

$$Si+2KOH+H_2O \!\!=\!\!\!= K_2SiO_3+2H_2\uparrow$$

2. 二氧化硅　硅酸和硅胶

二氧化硅(silicon dioxide)又称硅石，有晶态和无定形态之分。硅藻土是自然界中一种无定形硅石，晶态二氧化硅在自然界主要存在于石英矿中，无色透明的纯石英称为水晶。石英可被杂质染成有色的透明晶体。

二氧化硅是大分子的原子晶体。在二氧化硅晶体中结构的基本单位是"硅氧四面体"。其中硅原子以 sp^3 杂化形式同四个氧原子结合，组成 SiO_4 正四面体。在这个硅氧四面体中，Si 位于四面体的中心，O 位于四面体的四个顶点(图 12-6)。SiO_4 四面体之间可以通过共用氧原子构成巨大的空间网状结构。二氧化硅和硅酸盐均以 SiO_4 四面体为"结构基本单元"。

图 12-6　SiO_4 四面体

在结晶的二氧化硅中，硅氧四面体整齐地按一定规则排列，根据排列形式的不同，可有石英、鳞石英、方石英等不同变体。在无定形的二氧化硅中，硅氧四面体作杂乱的堆积。但这两种二氧化硅均有较高的熔点和较大的硬度。

二氧化硅化学性质很不活泼，又不溶于水，在室温下仅氢氟酸能与它反应，生成四氟化硅。

$$SiO_2+4HF \!\!=\!\!\!= SiF_4+2H_2O$$

由于 SiO_2 不溶于水，因而欲从 SiO_2 制备相应的酸须经过两步，首先让 SiO_2 和 NaOH(或 Na_2CO_3)在熔化条件下反应生成相应的盐：

$$SiO_2+2NaOH \xrightarrow{\text{熔化}} Na_2SiO_3+H_2O$$

$$SiO_2+Na_2CO_3 \xrightarrow{\text{熔化}} Na_2SiO_3+CO_2\uparrow$$

然后用酸同盐作用制得硅酸：

$$Na_2SiO_3+2HCl \!\!=\!\!\!= H_2SiO_3+2NaCl$$

硅酸有多种形式，例如正硅酸 H_4SiO_4、偏硅酸 H_2SiO_3、二偏硅酸 $H_2Si_2O_5$ 等。一般用通式 $xSiO_2 \cdot yH_2O$ 表示，正硅酸为 $x=1$、$y=2$ 的 $SiO_2 \cdot 2H_2O$，偏硅酸为 $x=1$、$y=1$ 的 $SiO_2 \cdot H_2O$ 等。其中 $x/y>1$ 时，可称作"多硅酸"，实际上见到的硅酸常是各种硅酸的混合物。由于偏硅酸的分子式最简单，因此习惯采用 H_2SiO_3 作为硅酸的代表。

从 Na_2SiO_3 制取硅酸时，根据浓度、酸度及外加电解质的不同，可得不同形态的硅酸。如较浓的 Na_2SiO_3 溶液与酸作用时，开始形成的硅酸是单个的小分子，能溶于水；在存放过程中，它会逐渐失水聚合成各种多硅酸，成为不溶于水，又暂不从水中沉淀出来的"硅溶胶"；如果向硅溶胶中加入电解质，则它会失水转为"硅凝胶"。把硅凝胶烘干可得到"硅胶"(silica gel)。烘干的硅胶是一种多孔性物质,具有良好的吸水性,而且吸水后还能烘干重复使用,所以在实验室中常把硅胶作为干燥剂。如果在硅胶烘干前,先在 $CoCl_2$ 溶液浸泡,让它吸收一些 $CoCl_2$,然后再烘干。烘干后的硅胶,在干燥时呈蓝色,在吸潮后转为淡红色,这种硅胶称为"变色硅胶"。变色硅胶不仅有干燥能力,而且可以从它所显示的颜色判断它的干燥能力的大小,使用颇为方便。

3. 硅酸盐

硅酸或多硅酸的盐称为硅酸盐(silicates)。在硅酸盐中,仅碱金属盐能溶于水。将 Na_2CO_3 与 SiO_2 共熔可制得硅酸钠,其透明的浆状溶液称作"水玻璃",俗称"泡化碱"。

与硅酸是多种多硅酸的混合物相似,硅酸钠也是多种多硅酸钠的混合物。因而在水玻璃中,SiO_2 和 Na_2O 的物质的量不是固定的,它可在一定范围内变动。工业上把水玻璃中 SiO_2 和 Na_2O 的摩尔比称作水玻璃的"模数"。水玻璃是纺织、造纸、制皂、铸造等工业的重要原料。

除碱金属硅酸盐外,其他的硅酸盐均不溶于水,不溶于水的硅酸盐分布十分广泛,地表主要就是由各种硅酸盐组成的,许多矿物如长石、云母、石棉、滑石都是硅酸盐,许多岩石如花岗岩、玄武岩中均含硅酸盐。由于这些硅酸盐成分都比较复杂,通常写成氧化物的形式。几种天然硅酸盐的化学式如下:

$$高岭土　　Al_2O_3 \cdot 2SiO_2 \cdot 2H_2O$$
$$白云母　　K_2O \cdot 3Al_2O_3 \cdot 6SiO_2$$
$$石　棉　　CaO \cdot 3MgO \cdot 4SiO_2$$
$$正长石　　K_2O \cdot Al_2O_3 \cdot 6SiO_2$$
$$泡沸石　　Na_2O \cdot Al_2O_3 \cdot 2SiO_2 \cdot nH_2O$$

在这些矿石的晶体内,都是以硅氧四面体作为基本结构单元,除了少数硅酸盐中由单个 SiO_4 或少量几个 SiO_4 构成硅酸根或多硅酸根离子和晶体中正离子相结合外,大部分硅酸盐中的 SiO_4 都是通过共用氧原子组成链式(图 12-7)、层式(图 12-8)或三维空间骨架的大型结构。值得注意的是这些结构特征和它们的特性间存在着联系。如链状的石棉具有纤维性质,层状的云母具有片状的性质等。硅酸盐是重要的建筑材料。玻璃、水泥、陶瓷等工业均建立在硅酸盐化学的基础上。

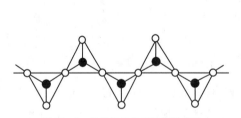

图 12-7　链状结构的硅酸盐阴离子

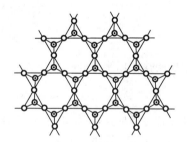

图 12-8　层状结构的硅酸盐阴离子

4. 沸石分子筛

沸石分子筛(zeolite molecular seive)简称分子筛,是一类含结晶水的重要硅酸盐晶体。它具有空间骨架式结构,在结构中有许多内表面很大的孔穴,以及与这些孔穴贯通的孔径均匀的孔道。如果把孔穴和孔道中的水分子加热赶出,它便具有很大的吸附能力。由于它的孔道孔径很小,所以只能把某些直径比孔道孔径小的分子吸附到孔道内部以及孔穴中,而直径比孔道孔径大的分子就进不去,因而起着筛离分子的作用。分子筛的名称也来源于此。分子筛的吸附性能不仅取决于分子筛本身孔道孔径的大小,还和被吸附分子的极性、沸点、有机物分子的不饱和程度有关。一般讲,分子的极性愈大,沸点愈高,不饱和程度愈大,就愈易被吸附。

沸石分子筛的组成通式为

$$M_{\frac{2}{n}}O \cdot Al_2O_3 \cdot xSiO_2 \cdot yH_2O$$

式中,M 代表(K^+、Na^+、Ca^{2+} 等)金属正离子;n 是该金属的氧化值;x 称为硅铝比,它是沸石分子筛的一项重要的性能指标;y 代表结晶水的分子数。

在沸石分子筛中,含有两种结构单元,一种是前面讲过的硅氧四面体 SiO_4,另一种和它相似,称为铝氧四面体 AlO_4。硅氧四面体与铝氧四面体间,或两个硅氧四面体间可以通过共用氧原子相连接,由于连接方式不同,形成不同类型的分子筛,常见的有 A 型、X 型、Y 型等。每一种类型又分为若干种。如 A 型又分为 3A、4A、5A,X 型又分为 10X、13X。各种分子筛由于结构和孔径不同,吸附性能也不同。

利用分子筛的强吸附性,可把它当干燥剂。合成的 A 型分子筛,其干燥能力超过硅胶,尤其在较高温度和较低浓度下它仍有很强的干燥能力。经过分子筛干燥后的气体和液体,其含水量一般低于 1×10^{-5}。分子筛的选择吸附作用,可用来分离某些气体和液体的混合物,例如,5A 分子筛对氮气的吸附能力要比对氧气为强,因此让空气通过这种分子筛可使氧气富集,成为富氧空气,可用于富氧炼钢。分子筛还具催化性能,例如在石油炼制工业中应用的一种高活性裂化催化剂的活性组分,主要就是分子筛。

除了作为吸附剂和催化剂外,沸石分子筛还可用作离子交换剂和催化剂载体。有关沸石分子筛的研究和应用正在迅速发展中。

5. 硅的氢化物和卤化物

(1) 硅烷。与碳相似,硅也能形成硅烷 Si_nH_{2n+2},最简单的是硅甲烷 SiH_4。通常可用 Mg_2Si 溶于稀酸的反应制得 SiH_4:

$$Mg_2Si + 4H^+ == 2Mg^{2+} + SiH_4$$

硅甲烷为无色气体,在空气中能自燃而生成二氧化硅和水。

$$SiH_4 + 2O_2 == SiO_2 + 2H_2O$$

(2) 四卤化硅。硅的卤化物中主要是 SiF_4 和 $SiCl_4$。SiF_4 通常用 SiO_2 与氢氟酸作用制得:

$$SiO_2 + 4HF == SiF_4 + 2H_2O$$

四氯化硅则常用二氧化硅与碳的混合物在氯气流中加热而制得:

$$SiO_2 + 2C + 2Cl_2 == SiCl_4 + 2CO$$

在常温下,SiF_4 是气体,$SiCl_4$ 和 $SiBr_4$ 是液体,SiI_4 是固体,它们都容易水解生成 H_2SiO_3 和相应的卤化氢:

$$SiX_4 + 3H_2O == H_2SiO_3 + 4HX$$

因此它们在潮湿空气中发生浓烟。SiF_4 水解产生的 HF,还进一步与 SiF_4 作用形成氟硅酸 H_2SiF_6:

$$SiF_4 + 3H_2O == H_2SiO_3 + 4HF$$

$$2HF+SiF_4 =\!=\!= H_2SiF_6$$

总反应式：$3SiF_4+3H_2O =\!=\!= 2H_2SiF_6+H_2SiO_3$

H_2SiF_6 是个强酸，其强度与硫酸相仿。H_2SiF_6 仅存在于溶液中。Na_2SiF_6 是农业上的杀虫剂，并用于搪瓷工业上作乳白剂。

硅的卤化物能同许多有机金属试剂发生反应以形成硅—碳键，这一类反应曾为有机硅化学奠定基础。

12.2.3　锡、铅的化合物

Sn、Pb 处在周期表中第五、第六周期，它们的电子结构分别为 $5s^25p^2$、$6s^26p^2$。Sn 的 $5s^25p^2$ 电子都易失去，容易形成高氧化态，即 Sn(Ⅳ)，而 Pb 的 $6s^2$ 电子为"惰性电子对"，因而不易失去，表现出低氧化态 Pb(Ⅱ)较稳定。Sn、Pb 的一些重要化合物列于表 12-3 中。

表 12-3　锡、铅的一些重要化合物

氧化值	+2				+4			
	Sn		Pb		Sn		Pb	
氧化物	SnO	黑绿	PbO	橙红	SnO_2	白	PbO_2	棕黑
氢氧化物	$Sn(OH)_2$	白	$Pb(OH)_2$	白	$Sn(OH)_4$	白		
盐　类	$SnCl_2$	白	$PbCl_2$	白	$SnCl_4$	无色液体		
	SnS	棕	PbI_2	金黄	SnS_2	黄		
			$PbCrO_4$	黄				
			PbS	黑				
			$Pb(NO_3)_2$	无色				

1. 氧化物和氢氧化物

锡、铅都能形成氧化值为+2 和+4 的氧化物，这些氧化物都是两性氧化物，但

$$碱性　SnO<PbO$$
$$酸性　SnO_2>PbO_2$$

其中，锡倾向于生成 SnO_2，铅则倾向于生成 PbO。SnO 易被氧化成 SnO_2，所以 SnO 是个还原剂；PbO_2 则易被还原成 PbO，所以 PbO_2 是一个氧化剂。

铅有两种氧化物：Pb_2O_3（棕红色）和 Pb_3O_4（红色），可以把它们看作是由 PbO 和 PbO_2 组成的。例如，Pb_2O_3 可写成 $PbO\cdot PbO_2$，Pb_3O_4 可写成 $2PbO\cdot PbO_2$。

由于锡和铅的氧化物均不溶于水，所以欲制得相应的氢氧化物时，应采用间接法。例如，从 SnO 制 $Sn(OH)_2$：

$$SnO+2HCl =\!=\!= SnCl_2+H_2O$$
$$SnCl_2+2NaOH =\!=\!= Sn(OH)_2\downarrow+2NaCl$$

经高温灼烧后的 SnO_2 既不能与酸反应，也不能和碱反应，但能与碱共熔转化为锡酸盐。

PbO_2 具有强氧化性，与 HCl 反应时能将 HCl 中的 Cl^- 氧化成 Cl_2，本身被还原为 Pb(Ⅱ)。

$$PbO_2+4HCl =\!=\!= 2H_2O+PbCl_4$$
$$\longrightarrow PbCl_2+Cl_2\uparrow$$

与它们的氧化物性质相类似,锡和铅的氢氧化物都是两性氢氧化物,既溶于酸,又溶于碱。有关反应式如下:

$$Sn(OH)_2 + 2HCl \Longrightarrow SnCl_2 + 2H_2O$$

$$Sn(OH)_2 + 2NaOH \Longrightarrow Na_2[Sn(OH)_4] \quad (或 Na_2SnO_2)$$
(亚锡酸钠)

$$Sn(OH)_4 + 4HCl \Longrightarrow SnCl_4 + 4H_2O$$

$$Sn(OH)_4 + 2NaOH \Longrightarrow Na_2[Sn(OH)_6] \quad (或 Na_2SnO_3)$$
(锡酸钠)

$$Pb(OH)_2 + 2HNO_3 \Longrightarrow Pb(NO_3)_2 + 2H_2O^{①}$$

$$Pb(OH)_2 + NaOH \Longrightarrow Na[Pb(OH)_3] \quad (或 Na_2PbO_2)$$
(亚铅酸钠)

$Pb(OH)_4$ 或 $H_2Pb(OH)_6$ 还未曾制得,但有相应于 $H_2Pb(OH)_6$ 的盐 $M_2PbO_3 \cdot 3H_2O$ 存在。四个氢氧化物的两性侧重情况不完全一样,它们的酸碱性递变规律如下:

$$
\begin{array}{ccc}
Sn(OH)_4 & \xleftarrow{\text{酸性增大}} & Sn(OH)_2 \\
\uparrow\text{酸性增大} & & \downarrow\text{碱性增大} \\
Pb(OH)_4 & \xrightarrow{\text{碱性增大}} & Pb(OH)_2
\end{array}
$$

酸性以 $Sn(OH)_4$ 为最显著,但它仍是一个弱酸;碱性以 $Pb(OH)_2$ 为最显著,它在水中的悬浮液呈显著的碱性。读者可以试用氢氧化物“ROH”的经验规则来解释这些氢氧化物的酸碱性的相对强弱。

在 Sn^{4+} 盐溶液中加入 NaOH 或 $SnCl_4$ 水解,都将得到难溶于水的 α -锡酸凝胶,α -锡酸既能与酸作用,也与碱作用。α -锡酸久置能逐渐转变为 β -锡酸,浓硝酸和锡作用也能得到白色粉状的 β -锡酸,β -锡酸既不溶于水,也不溶于酸或碱。α -锡酸和 β -锡酸均可认为是含水的二氧化锡,常表示成 $SnO_2 \cdot xH_2O$。

2. 锡和铅的盐

由于锡、铅的氢氧化物具有两性,因而它们能形成两种类型的盐(R^{2+}、R^{4+} 的盐和 RO^{2-}、RO_3^{2-} 的盐)。

(1) Pb(Ⅳ)的氧化性和 Sn(Ⅱ)的还原性。由于惰性电子对效应,铅的低氧化态较稳定,因此,Pb(Ⅳ)显氧化性;相反,锡的高氧化态较稳定,因此,Sn(Ⅱ)显还原性。比如 Pb(Ⅳ)的卤化物中,$PbBr_4$、PbI_4 不能稳定存在,$PbCl_4$ 易分解,而只有 PbF_4 能稳定存在。

常见的 Pb(Ⅳ)存在形式是 PbO_2,它是一个强氧化剂。在酸性介质中能将极弱的还原剂 Mn^{2+} 氧化为 MnO_4^-。

$$2Mn^{2+} + 5PbO_2 + 4H^+ \Longrightarrow 2MnO_4^- + 5Pb^{2+} + 2H_2O$$

Sn(Ⅱ)化合物中,$SnCl_2$ 和 $Na_2[Sn(OH)_4]$ 都是常见的还原剂,但还原性强弱有所不同,它们相应的标准电极电势为:

$$Sn^{4+} + 2e \Longrightarrow Sn^{2+} \qquad\qquad E^{\ominus} = +0.15 \text{ V}$$

$$[Sn(OH)_6]^{2-} + 2e \Longrightarrow [Sn(OH)_4]^{2-} + 2OH^- \quad E^{\ominus} = -0.93 \text{ V}$$

---

① $Pb(OH)_2$ 与 HCl、H_2SO_4 反应生成的 $PbCl_2$、$PbSO_4$ 均为白色难溶于水的物质,因而不能用 HCl 或 H_2SO_4 来证明 $Pb(OH)_2$ 的碱性。

可见,在碱性介质中的$[Sn(OH)_4]^{2-}$的还原能力比酸性介质中的Sn^{2+}强。

$Na_2[Sn(OH)_4]$能将$Bi(OH)_3$还原成黑色金属Bi,这是检验Bi^{3+}的特征反应。

$$2Bi(OH)_3 + 3Na_2[Sn(OH)_4] \Longrightarrow 2Bi \downarrow + 3Na_2[Sn(OH)_6]$$

$SnCl_2$能同$HgCl_2$反应,生成先白后灰到黑的沉淀,这是检验Sn^{2+}的特征反应。

$$SnCl_2 + 2HgCl_2 \Longrightarrow SnCl_4 + Hg_2Cl_2 \downarrow$$
$$\text{(白色)}$$

$$SnCl_2 + Hg_2Cl_2 \Longrightarrow SnCl_4 + 2Hg \downarrow$$
$$\text{(黑色)}$$

由于$SnCl_2$有还原性,容易被空气中的氧气氧化为Sn^{4+},所以在配制好的$SnCl_2$溶液中加入适量锡粒,以保持$SnCl_2$的有效性。

$$2Sn^{2+} + O_2 + 4H^+ \Longrightarrow 2Sn^{4+} + 2H_2O$$
$$Sn^{4+} + Sn \Longrightarrow 2Sn^{2+}$$

(2) 锡、铅盐的水解性。$Sn(II)$的正离子盐和含氧酸盐均易水解生成碱式盐或氢氧化亚锡沉淀。

$$SnCl_2 + H_2O \Longrightarrow Sn(OH)Cl \downarrow + HCl$$
$$Na_2SnO_2 + 2H_2O \Longrightarrow Sn(OH)_2 \downarrow + 2NaOH$$

因此配制$SnCl_2$溶液时除加锡粒外,还须加入浓盐酸以抑制其水解。$SnCl_4$遇水剧烈水解,故在潮湿空气中会发烟。强酸的$Pb(II)$盐水解不明显,$PbCl_4$水解生成PbO_2。

(3) 锡、铅盐的溶解性。可溶性$Pb(II)$盐不多且都有毒。大部分铅盐难溶于水,且具有特征颜色,如$PbCl_2$(白色)、$PbSO_4$(白色)、PbI_2(金黄色)、$PbCrO_4$(黄色)、PbS(黑色)。其中以$PbCl_2$比较易溶(能溶于热水中)。

Pb^{2+}和CrO_4^{2-}反应生成$PbCrO_4$黄色沉淀,这是检验Pb^{2+}的特征反应。

$$Pb^{2+} + CrO_4^{2-} \Longrightarrow PbCrO_4 \downarrow$$
$$\text{黄色}$$

$PbCrO_4$和其他黄色难溶铬酸盐(如$BaCrO_4$)的区别在于它能溶于过量的碱中。

$$PbCrO_4 + 3OH^- \Longrightarrow Pb(OH)_3^- + CrO_4^{2-}$$

在强酸溶液中$PbCrO_4$因转化为$Cr_2O_7^{2-}$而溶解。

$$2PbCrO_4 + 2H^+ \Longrightarrow 2Pb^{2+} + Cr_2O_7^{2-} + H_2O$$

某些难溶的铅盐可以通过形成配合物而溶解。例如,PbI_2可溶于过量I^-溶液中;$PbCl_2$也能溶于HCl中:

$$PbI_2 + 2KI \Longrightarrow K_2[PbI_4]$$
$$PbCl_2 + 2HCl \Longrightarrow H_2[PbCl_4]$$

Pb^{2+}盐和SO_4^{2-}作用产生白色的$PbSO_4$沉淀,难溶于水,但能溶于饱和NH_4Ac溶液、浓H_2SO_4:

$$PbSO_4 + 2Ac^- \Longrightarrow Pb(Ac)_2 + SO_4^{2-}$$
$$PbSO_4 + H_2SO_4 \Longrightarrow Pb(HSO_4)_2$$

锡、铅的硫化物均不溶于水和稀酸,在相应的盐溶液中通入H_2S可得到硫化物沉淀。它们均具有特征的颜色：SnS(棕色)、SnS_2(黄色)、PbS(黑色)。由于 Pb(Ⅳ)的氧化性很强,故不能生成 PbS_2。

这些硫化物的酸碱性与相应的氢氧化物类似,也具有两性。这一点造成了这些硫化物的溶解性有某些特殊性。

酸性的 SnS_2 可溶于碱性的 Na_2S[或$(NH_4)_2S$]中,生成硫代锡酸盐。

$$SnS_2 + (NH_4)_2S \Longrightarrow (NH_4)_2SnS_3$$

硫代锡酸盐不稳定,遇酸分解,又产生硫化物沉淀：

$$SnS_3^{2-} + 2H^+ \Longrightarrow H_2SnS_3$$
$$\qquad\qquad\qquad \longrightarrow SnS_2 + H_2S$$

碱性的 SnS 不溶于$(NH_4)_2S$ 中,但可溶于多硫化铵$(NH_4)_2S_x$,这是由于S_x^{2-} 具有氧化性,将 SnS 氧化为 SnS_2 而溶解了[①]。

$$SnS + S_2^{2-} \Longrightarrow SnS_3^{2-}$$

PbS 能溶于浓 HCl、HNO_3：

$$PbS + 4HCl \Longrightarrow H_2[PbCl_4] + H_2S\uparrow$$
$$3PbS + 8HNO_3 \Longrightarrow 3Pb(NO_3)_2 + 2NO + 3S\downarrow + 4H_2O$$

PbS 可与 H_2O_2 反应：

$$PbS + 4H_2O_2 \Longrightarrow PbSO_4 + 4H_2O$$

利用此原理,可用 H_2O_2 来洗涤油画上黑色的 PbS,使转化为白色的 $PbSO_4$。

复习思考题

1. 硼酸在水溶液中是如何显酸性的？为什么说它是一元弱酸？
2. 为什么 BF_3 或 SiF_4 在水解的同时还能发生加合作用？如何解释？
3. 试从铝原子的电子构型说明三氯化铝在气态时能以双聚体形式存在。
4. 为什么说石墨晶体是混合型晶体？试从石墨的结构特征来说明它的物理性质。
5. 如何从离子极化的观点来解释碱土金属碳酸盐热稳定性的递变规律？

习　题

1. 完成下列方程式(必要时可自选介质以助配平)：

(1) $B_2H_6 + H_2O \longrightarrow$　　　　　　(2) $BBr_3 + H_2O \longrightarrow$

(3) $H_3BO_3 + \begin{array}{l} CH_2-OH \\ | \\ CH_2-OH \end{array} \longrightarrow$　　(4) $Na_2B_4O_7 + CuO \xrightarrow{\triangle}$

(5) $Al^{3+} + CO_3^{2-} \longrightarrow$　　　　　(6) $PbCO_3 \xrightarrow{\triangle}$

(7) $CO + NiO \longrightarrow$　　　　　　(8) $SiO_2 + NaOH \xrightarrow{熔化}$

(9) $SiO_2 + HF \longrightarrow$　　　　　　(10) $Si + NaOH + H_2O \longrightarrow$

---

① 由于$(NH_4)_2S$ 在贮存时易生成$(NH_4)_2S_x$,所以 SnS 能溶于不是新配的$(NH_4)_2S$ 中。

2. 以硼砂为原料制备下列化合物,试用方程式表示:

(1) H_3BO_3　　　(2) B_2O_3　　　(3) BF_3

3. 用 Na_2S 和 $Al_2(SO_4)_3$ 反应不能制得 Al_2S_3,为什么? 如欲制取 Al_2S_3,应采用什么方法,以化学方程式说明。

4. 完成下列方程式(必要时可自选介质以助配平):

(1) $HgCl_2+SnCl_2$(少)$\longrightarrow$　　　　　　(2) $HgCl_2+SnCl_2$(多)$\longrightarrow$

(3) $SnS+S_2^{2-}\longrightarrow$　　　　　　　　　　(4) $SnS_2+S^{2-}\longrightarrow$

(5) $SnS_3^{2-}+H^+\longrightarrow$　　　　　　　　　(6) $Sn^{2+}+Fe^{3+}\longrightarrow$

(7) $BiCl_3+SnCl_2\longrightarrow$　　　　　　　　　(8) $PbO_2+Mn(NO_3)_2\longrightarrow$

(9) PbO_2+HCl(浓)$\longrightarrow$　　　　　　　(10) $PbCl_2+HCl\longrightarrow$

5. 写出下列各物质的化学式:

金刚石,金刚砂,干冰,石英,冰晶石,刚玉,水玻璃,铅丹,硼砂。

6. 有一白色固体样品,可能含有 $SnCl_2$,$SnCl_4$(含结晶水),$PbCl_2$,$PbSO_4$。

(1) 样品中加水后产生悬浊液 A 和不溶性固体 B;

(2) 在悬浊液 A 中加入少量浓盐酸后变澄清,滴加碘淀粉溶液可以褪色;

(3) 不溶性固体 B 可溶于浓盐酸,通入硫化氢气体可得黑色沉淀,该沉淀与 H_2O_2 作用可转变为白色。
试确定该固体样品为何组分,并写出各有关反应方程式。

7. 鉴别下列各对离子:

(1) Sn^{2+}、Sn^{4+}　　　(2) Sn^{2+}、Al^{3+}

8. 试分离下列各组离子:

(1) Al^{3+}、Pb^{2+}　　　(2) Mg^{2+}、Al^{3+}、Sn^{2+}　　　(3) Al^{3+}、Cr^{3+}、Fe^{3+}

9. 比较下列各对物质的有关性质,并加以解释:

(1) 热稳定性:　　$SrCO_3$ 和 $CdCO_3$

(2) 氧化性:　　　In^{3+} 和 Tl^{3+}

(3) 还原性:　　　Sn^{2+} 和 Pb^{2+}

(4) 酸性:　　　　SnS_2 和 SnS

10. 根据下列事实,写出反应方程式:

(1) BCl_3 在潮湿空气中发烟;

(2) 油画上黑色 PbS 可用 H_2O_2 漂白;

(3) 实验室浓的 $NaOH$ 溶液,其瓶口常有白色沉淀;

(4) 铅丹(Pb_3O_4)可溶于浓盐酸;

(5) SnS 能溶于久存的$(NH_4)_2S$ 中。

11. 某一白色氯化物固体,溶于水产生白色浑浊,加入盐酸后溶液澄清。将此澄清溶液分为两份,一份溶液中加入适量 $NaOH$ 溶液,产生白色沉淀,继续加入 $NaOH$ 溶液后,沉淀消失变为澄清。在此溶液中,滴加 $BiCl_3$ 溶液,产生黑色沉淀。另一份溶液中加入 Na_2S 溶液,生成棕色沉淀,该沉淀不溶于稀酸中,但能溶于 Na_2S_2 中得到一溶液,在此溶液中滴加盐酸,可产生黄色沉淀,并产生具有腐蛋臭味的气体。试确定该白色氯化物是什么? 并写出上述过程的化学方程式。

12. 有一难溶于水的白色固体 A。当加热该固体 A 时分解产生得另一固体 B 和无色气体 C,气体 C 导入澄清石灰水后变浑浊;固体 B 难溶于水,但溶于 HNO_3 得溶液 D,向溶液 D 中加 HCl 溶液,产生白色沉淀 E;沉淀 E 能溶于热水中,通入 H_2S 气体产生黑色沉淀 F,沉淀 F 溶解于 HNO_3 后产生乳黄色胶状沉淀 G、溶液 D 及无色气体 H,气体 H 在空气中转变为红棕色气体 I。根据以上现象,写出 A、B、C、D、E、F、G、H、I 的化学式,并用方程式表示各步反应。

第13章 p区元素(二)——氮族和氧族

13.1 氮族元素

氮族元素是周期系ⅤA族元素,包括氮、磷、砷、锑、铋五种元素,其中氮、磷为非金属元素,砷和锑属准金属或半金属元素,铋则是典型的金属元素。氮主要以单质状态存在于空气中。磷在空气中极易被氧化,在自然界均为化合态,主要以磷酸盐形式存在。砷、锑、铋有时以单质存在,但主要以硫化物矿存在于自然界。我国锑的蕴藏量居世界第一位。

氮族元素原子的价电子层结构为ns^2np^3,因此它们可呈现从-3到$+5$的多种氧化值,其中主要的是-3、$+3$、$+5$。当与电负性比它们小的元素(如Li、Mg、Ca等)结合时,可形成氧化值为-3的化合物;与电负性比它们大的元素(如Cl、O等)结合时,可形成氧化值为$+3$或$+5$的化合物。

氮族元素氢化物的稳定性从NH_3到BiH_3逐渐减弱。如加热AsH_3到250℃～300℃时分解,SbH_3在室温时即易分解,而BiH_3在-45℃以上就不能存在。从NH_3到BiH_3的熔、沸点除NH_3外呈现较明显的规律性,这是由于在固态和液态NH_3分子间具有较强的氢键。

砷、锑、铋三个元素原子的电子层结构中分别包含了d和f亚层,又因第六周期镧系收缩的结果,使这三个元素间性质递变缓慢,以至这些元素及其化合物性质比较相近。按照性质上的差异,本节分成三部分,即氮、磷,以及砷、锑、铋。表13-1列出了氮族元素的一些基本性质。

表13-1 氮族元素的性质

元 素	氮(N)	磷(P)	砷(As)	锑(Sb)	铋(Bi)
原子序数	7	15	33	51	83
价电子层结构	$2s^2 2p^3$	$3s^2 3p^3$	$4s^2 4p^3$	$5s^2 5p^3$	$6s^2 6p^3$
主要氧化值	$-3,+1,+2,$ $+3,+4,+5$	$-3,+3,+5$	$-3,+3,+5$	$+3,+5$	$+3,+5$
原子半径/pm	70	110	121	141	152
离子半径/pm M^{3-}	171	212	222	245	213
M^{3+}	13	42	58	90	96
M^{5+}	11	34	47	62	74
第一电离能/(kJ·mol^{-1})	1 400	1 060	966	833	774
第一电子亲和能/(kJ·mol^{-1})	$+6.748$	-71.63	-77.12	-101.2	-106.1
电负性	3.04	2.19	2.18	2.05	1.9
熔点/℃	-210	44.2(白磷)	811(2 836 kPa)	630.5	271.5
沸点/℃	-195.8	280.3(白磷)	612(升华)	1 587	1 564

13.1.1 氮及其化合物

1. 概述

空气中约含氮 78%。工业上大量制取 N_2 主要靠液态空气的分馏,常以 15.2 MPa[①] 的压力装在钢瓶中以便运输和使用。分离空气所得的 N_2 气中常含有少量氧和微量稀有气体,稀有气体对一般工作无妨,少量氧可将氮气通过白磷或炽热的铜去除。钢瓶中的高纯 N_2 的纯度可达 99.999%,目前一般无须通过实验室制取 N_2 气。如确需制取少量氮气时,常用铵盐(NH_4Cl)和亚硝酸盐($NaNO_2$)混合溶液加热来制取:

$$NH_4^+ + NO_2^- \xrightarrow{\text{约 70℃}} N_2 + 2H_2O$$

氮与大多数元素能形成共价化合物,如 NH_3、BN 和 NO 等,只有与少量电负性小的元素时才形成离子化合物,如 Li_3N,Mg_3N_2,Ca_3N_2 等。

氮的价电子层结构为 $2s^2 2p^3$,可形成氧化值从 -3 到 +5 的各种化合物。氮的各种氧化值及其常见代表化合物列于表 13-2。

表 13-2 氮的氧化值及常见代表化合物

氧化值	-3	-2	-1	0	+1	+2	+3	+4	+5
常见化合物或离子	NH_3 NH_4^+	N_2H_4 $N_2H_5^+$ [②]	NH_2OH NH_3OH^+ [③]	N_2	N_2O	NO	N_2O_3 HNO_2 NO_2^-	NO_2 (N_2O_4)	N_2O_5 HNO_3 NO_3^-

N_2 分子的键能很大($946 kJ \cdot mol^{-1}$),常温时特别稳定,在实验室和工业上常用作保护气体,液氮也作为深度冷冻剂。高温时 N_2 可与氢、氧、金属等反应生成一系列含氮化合物,其中尤以氨最重要,由此可制得肥料、硝酸、炸药等重要产品。使空气中的 N_2 转变为氮化合物的过程称为氮的固定,简称为固氮(nitrogen fixation),固氮是人们一直在努力解决而至今尚未很好解决的难题。

2. 氨及铵盐

(1) 氨。氨(ammonia)是氮的重要化合物,氨分子呈三角锥形,极性分子,其偶极矩为 4.9×10^{-30} C.m,易溶于极性溶剂水中,室温下,1 体积水可溶解 700 体积氨。

氨分子中氮的原子半径小,电负性大,可以形成氢键,再加上极性又强,分子易聚集,所以 NH_3 的熔、沸点高于同族磷的氢化物,因此气态氨较易液化。液氨气化时能大量吸热,为此常作为制冷剂。液氨也是良好的溶剂(非水溶剂)。

工业上 NH_3 的制备目前主要采用哈伯法(Haber process),即以 N_2 和 H_2 在 500℃、30~70 MPa 下,以铁催化剂合成氨:

$$N_2 + 3H_2 \rightleftharpoons 2NH_3$$

实验室中常用碱分解铵盐制取少量氨:

$$Ca(OH)_2 + 2NH_4Cl \xrightarrow{\triangle} CaCl_2 + 2H_2O + 2NH_3$$

---

① MPa 称兆帕,1 MPa = 10^6 Pa。

②③ N_2H_4(联氨)、NH_2OH(羟胺)在酸性介质中,分别以 $N_2H_5^+$、NH_3OH^+ 形式存在。

或将氨的浓溶液加热得 NH_3 气,由于 NH_3 中混有水蒸气,须通过 CaO 干燥去除水分。

氨的化学性质相当活泼,它的化学反应特征主要表现为以下反应。

① 加合反应。氨与水通过氢键形成氨的水合物 $NH_3 \cdot H_2O$,即氨水。氨水冷却到低温可以得到氨水合物的晶体。氨水合物的晶体中不含 NH_4^+,因此其分子式不是 NH_4OH 而是 $NH_3 \cdot H_2O$。氨水呈现弱碱性的原因是与氨分子的下列结构特点有关。氨分子具有孤对电子,可以作为电子对的给予体与水中 H^+ 的 1s 空轨道以配位键相互结合而成 NH_4^+,并游离出 OH^-。

$$\begin{array}{c} H \\ | \\ H-N: \\ | \\ H \end{array} + H_2O \Longrightarrow \left[\begin{array}{c} H \\ | \\ H-N \rightarrow H \\ | \\ H \end{array} \right]^+ + OH^-$$

即 $NH_3 + H_2O \Longrightarrow NH_4^+ + OH^-$　　$K^\ominus(NH_3 \cdot H_2O) = 1.76 \times 10^{-5}$。

NH_3 还可以和酸(如 HCl、H_2SO_4 等)中的 H^+ 加合而成 NH_4^+。此外还可以与 Ag^+、Cu^{2+} 等离子加合而形成 $[Ag(NH_3)_2]^+$、$[Cu(NH_3)_4]^{2+}$ 等配离子。

② 氧化反应。氨分子中氮的氧化值为 -3,是氮的最低氧化态,所以 NH_3 只具有还原性,其被氧化的产物除与氧化剂本性有关外,还与反应的外界条件有关。

氨与氯、溴反应时,氨被氧化为氮单质:

$$2NH_3 + 3Cl_2 \Longrightarrow N_2 + 6HCl$$

氨与氧的反应,当温度和催化剂等外界条件不同时产物有所不同:

$$4NH_3 + 3O_2 \xrightarrow[\text{无催化剂}]{400℃} 2N_2 + 6H_2O$$

$$4NH_3 + 5O_2 \xrightarrow[\text{Pt-Rh}]{800℃左右} 4NO + 6H_2O$$

又 NH_3 与 NaClO 反应如下:

$$2NH_3 + NaClO \Longrightarrow \underset{\text{联氨(hydrazine)}}{N_2H_4} + NaCl + H_2O$$

③ 取代反应。氨分子中的氢其氧化值为 $+1$,可以接受一个电子形成 H,因此活泼金属可以取代氨分子中的氢。例如金属钠等可与氨反应如下:

$$2NH_3 + 2Na \xrightarrow{350℃} \underset{\text{(氨基化钠)}}{2NaNH_2} + H_2$$

表面看来氨与强还原剂(活泼金属)反应,似乎有了氧化性,其实氨分子中 N^{3-} 未起作用,而是 H^+ 在起作用。

此外,氨分子中的一个氢,若换上氢氧根即为羟胺 NH_2OH[①](hydroxylamine),由于 NH_3 分子中氮的氧化值为 -3,而 NH_2OH 中氮的氧化值为 -1,氧化值升高必取氧化的手段,但强碱无氧化性,因此不能直接用碱取代以制取,而是用电解还原硝酸的方法来制备,电解时,在铅阴极上

---

① 羟胺又称胲,是无色固体,熔点 33℃,不稳定,室温缓慢分解成 H_2O、N_2、N_2O 及 NH_3,较高温度会爆炸。由于羟胺中氮的氧化值为 -1,所以既有还原性又有氧化性,主要用作还原剂。

得到羟胺,其电极反应如下:

$$HONO_2 + 6H^+ + 6e \Longrightarrow NH_2OH + 2H_2O \quad E^\ominus = 0.76 \text{ V}$$

(2) 铵盐。铵盐(ammonium salt)是氨和酸进行加合反应的产物。铵盐一般是无色晶状化合物,易溶于水,它的溶解度与碱金属盐尤其是钾盐和铷盐相近,同类铵盐和钾或铷盐还有同晶现象,这是因为任何铵盐中都含有 NH_4^+ (ammonium ion),它以氮为中心,周围被 4 个氢所包围,致使 NH_4^+ 半径(148 pm)比 Na^+ 的半径(95 pm)大得多,但却和 K^+ 的半径(133 pm)和 Rb^+ 的半径(148 pm)很接近,在晶体中可以互相替换以致有同晶现象,且铵盐和钾盐、铷盐的溶解度相近,能沉淀 K^+ 和 Rb^+ 的试剂,也能作为 NH_4^+ 的沉淀剂。因此,在化合物分类时将铵盐归属于碱金属盐类。

铵盐易于水解,强酸的铵盐其水溶液显酸性,溶液中存在下列离子平衡:

$$NH_4^+ + H_2O \Longrightarrow NH_3 \cdot H_2O + H^+$$

当铵盐与强碱作用时,不论是溶液还是固体,都能产生 NH_3,根据 NH_3 的特殊气味和它对石蕊试剂的反应是鉴定铵盐的常用方法。NH_3 及 NH_4^+ 的鉴定也常用萘斯勒试剂。

固体铵盐加热均易分解,其分解产物常决定于组成铵盐的酸的性质。如果是无氧化性的酸或氧化性不够强的酸组成的铵盐,其热分解产物取决于酸有无挥发性。若为非挥发性酸,加热时放出氨,而酸则残留在加热的容器中,例如 $(NH_4)_2SO_4$、$(NH_4)_3PO_4$ 等。

$$(NH_4)_2SO_4 \xrightarrow{\triangle} 2NH_3 + H_2SO_4$$

若为挥发性酸,加热时氨和酸同时逸出,遇冷时又重新结合,如 NH_4Cl,利用这一特点可将不纯的氯化铵提纯。

如果是由氧化性的酸组成的铵盐,则加热分解产生的氨被氧化性酸氧化成氮或氮的氧化物。例如 NH_4NO_2、NH_4NO_3 等:

$$NH_4NO_2 \xrightarrow{\triangle} N_2 + 2H_2O$$

$$NH_4NO_3 \xrightarrow{200℃} N_2O + 2H_2O$$

温度更高则硝酸铵以另一种方式分解,同时放出大量的热:

$$2NH_4NO_3(s) \xrightarrow{300℃} 2N_2(g) + O_2(g) + 4H_2O(g)$$
$$\Delta_r H_m^\ominus(573 \text{ K}) = -236.1 \text{ kJ} \cdot \text{mol}^{-1}$$

由于该热分解反应产生大量气体和热量,如果在密闭容器中进行,则气体热膨胀就会引起爆炸,因此硝酸铵可用于制造炸药。

铵盐都可用作化学肥料,其中最常用的是 $(NH_4)_2SO_4$、NH_4NO_3、NH_4HCO_3、$(NH_4)_3PO_4$。此外氨与 CO_2 反应可制得尿素(urea)$CO(NH_2)_2$,这也是一种重要的氮肥。

3. 氮的氧化物

氮的氧化物有一氧化二氮(N_2O)、一氧化氮(NO)、三氧化二氮(N_2O_3)、二氧化氮(NO_2)、四氧化二氮(N_2O_4)、五氧化二氮(N_2O_5)等,表 13-3 列出了这些氧化物的简单性质及其分子结构,其中以 NO 和 NO_2(N_2O_4)最为重要。

表 13-3 氮 的 氧 化 物

氧化物	性 质	气态分子结构
N_2O	无色气体,略有甜味,医学上曾用作麻醉剂,俗称笑气	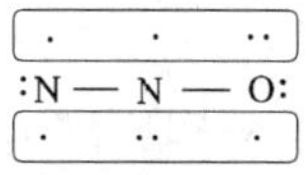 :N—N—O: 2个π_3^4键 (线形)
NO	无色气体,不助燃,可作配体,易与空气中的氧作用生成 NO_2	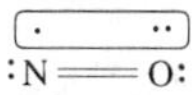 :N＝＝O: 一个三电子π键
N_2O_3	低温时为蓝色液体,不稳定,常温下易分解为 NO 和 NO_2,是 HNO_2 的酸酐	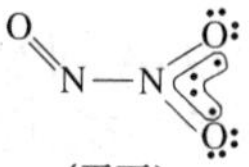 O—N—N 一个π_3^3键 (平面)
$NO_2(N_2O_4)$	NO_2 为红棕色气体,易溶于水生成 HNO_3,低温时聚合为 N_2O_4,N_2O_4 为无色气体	 O—N—O 一个π_3^4键 (V形)
N_2O_5	无色固体,极不稳定,为强氧化剂,溶于水生成 HNO_3,是 HNO_3 的酸酐	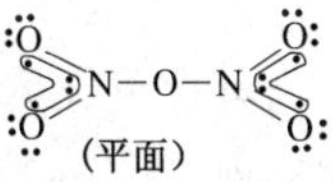 O—N—O—N—O 两个π_3^4键 (平面)

(1) NO。NO 分子中有一个 σ 键、一个 π 键及一个三电子 π 键。

由于氮的电负性比氧小(两者相差不多),所以 NO 是极性分子,然而极性较小,偶极矩为 5.3×10^{-31} C.m,比氨分子小一个数量级,NO 难溶于水是这一结构特征的反映。

NO 分子中有三电子键即有成单电子,所以气态 NO 具有顺磁性。单电子可以互相耦合,因而在低温时 NO 分子可以聚合成 $(NO)_2$ 分子,$(NO)_2$ 呈现反磁性。$(NO)_2$ 结构如图 13-1 所示。

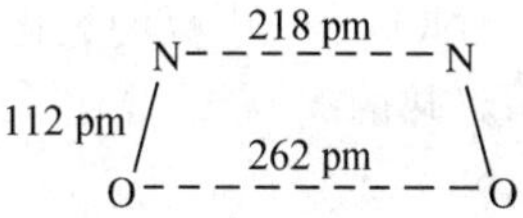

自然界借雷电之助可使 N_2 和 O_2 合成 NO,工业上是通过 NH_3 氧化得到 NO,实验室可用金属铜与稀硝酸反应制得 NO。

图 13-1 $(NO)_2$ 结构示意图

NO 分子中氮的氧化值为 +2,介于最低和最高氧化态之间,所以既有氧化性,又有还原性。例如氧化剂高锰酸钾能将 NO 氧化成 NO_3^-:

$$10NO + 6KMnO_4 + 9H_2SO_4 = 6MnSO_4 + 10HNO_3 + 3K_2SO_4 + 4H_2O$$

例如还原剂红热的铁、镍、碳等又能将 NO 还原成 N_2。

$$2Ni + 2NO = 2NiO + N_2$$
$$C + 2NO = CO_2 + N_2$$

同时也可认为 NO 分子具有成单电子,它可与氧化剂反应失去一个电子呈 NO^+,也可以与还原剂反应获得一个电子呈 NO^-。例如与氧化剂 Cl_2 反应生成氯化亚硝酰[①]:

$$2NO + Cl_2 = 2NO^+Cl^-$$

又若与还原剂金属钠(在液氨中)反应:

$$NO + Na \xrightarrow{液氨} Na^+NO^-$$

---

① 含氧酸除掉 OH 基,余下的部分称为酰基,例如 HNO_3 除 OH 基,留下的—NO_2 称为硝酰。同理,—NO 称亚硝酰,＝SO_2 称硫酰等。

NO 分子中有孤对电子，所以能与金属离子形成加合物。例如，NO 能与 Fe^{2+} 加合，生成棕色的 $[Fe(NO)]^{2+}$。

$$FeSO_4 + NO \Longrightarrow [Fe(NO)]SO_4$$

综上所述，NO 具有难溶于水，具顺磁性、易聚合、易与 O_2 反应，有氧化还原性、形成加合物等多种性质，这些都与该分子的内部结构密切相关，所以结构是性质变化的内因，而性质是结构的外在表现。

NO 是大气污染中的有害物质之一，它刺激呼吸系统，与血红素结合生成亚硝基血红素而引起中毒。但另一方面，NO 又是一种重要的生物活性分子，在舒张血管、调节血压及提高免疫能力等方面具有独特功能，近年来 NO 与人体生物功能的研究已经取得了很大进展。

（2）NO_2。纯 NO_2 可通过 $Pb(NO_3)_2$ 的热分解制得：

$$2Pb(NO_3)_2 \xrightarrow{\triangle} 2PbO + 4NO_2 + O_2$$

将逸出的气体冷却，使 NO_2 液化而与氧分离。铜与浓硝酸作用也可制得 NO_2，但不纯。

二氧化氮为红棕色气体，其中一个氮和两个氧的价电子总数为 17，是奇电子分子，低温可以聚合成四氧化二氮。N_2O_4 为无色气体，当温度降至 $-10℃$ 以下可以形成无色晶体。在室温时 N_2O_4 与 NO_2 间建立平衡：

$$N_2O_4(g) \Longrightarrow 2NO_2(g) \qquad \Delta_r H_m^\ominus = 55.3 \ kJ \cdot mol^{-1}$$

当温度升至 $100℃$ 混合气体中 NO_2 占 90%，温度升至 $150℃$ 以上 NO_2 开始分解为 NO 及 O_2。

NO_2 分子中氮的氧化值为 $+4$，既有氧化性又有还原性，但以氧化性为主。钾遇 NO_2 立即起火；红热的碳、赤磷等在其中起火燃烧。其他如铁、铜、H_2S 等均能被 NO_2 所氧化。在这些反应中，NO_2 本身还原为 NO。

$$2NO_2 + K \Longrightarrow KNO_3 + NO$$
$$2NO_2 + C \Longrightarrow CO_2 + 2NO$$
$$H_2S + NO_2 \Longrightarrow NO + H_2O + S$$

如遇强氧化剂，NO_2 呈现还原性。例如 NO_2 与臭氧、高锰酸钾等溶液的作用：

$$2NO_2 + O_3 \Longrightarrow N_2O_5 + O_2$$
$$5NO_2 + KMnO_4 + H_2O \Longrightarrow Mn(NO_3)_2 + KNO_3 + 2HNO_3$$

从标准电极电势值也可以看出在溶液中 NO_2 的较强氧化性和较弱还原性。

$$NO_2 + H^+ + e \Longrightarrow HNO_2 \qquad E^\ominus = 1.07 \ V$$
$$NO_3^- + 2H^+ + e \Longrightarrow NO_2 + H_2O \qquad E^\ominus = 0.80 \ V$$

由上述电极反应的电势可知，NO_2 可以产生歧化反应。NO_2 溶于水中歧化为硝酸和亚硝酸，溶于碱中得硝酸盐和亚硝酸盐

$$2NO_2 + H_2O \Longrightarrow HNO_2 + HNO_3$$
$$2NO_2 + 2NaOH \Longrightarrow NaNO_2 + NaNO_3 + H_2O$$

由于亚硝酸不稳定，受热即分解为硝酸和一氧化氮，因此 NO_2 在热水中歧化为 HNO_3 和 NO：

$$3NO_2 + H_2O(热) \Longrightarrow 2HNO_3 + NO$$

4. 亚硝酸及其盐

在亚硝酸钡的溶液中加入定量的稀硫酸,即可制得亚硝酸溶液:

$$Ba(NO_2)_2 + H_2SO_4 \Longrightarrow BaSO_4 \downarrow + 2HNO_2$$

HNO_2 分子为平面结构,示意如图 13-2,其中 N 原子采取 sp^2 不等性杂化。

亚硝酸(nitrous acid)是一种弱酸,酸性比醋酸略强。

$$HNO_2 \Longrightarrow H^+ + NO_2^- \qquad K^\ominus = 7.24 \times 10^{-4}$$

HNO_2 仅存在于稀溶液中,浓溶液会立即分解:

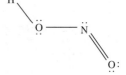

图 13-2　HNO_2 结构示意图

$$2HNO_2 \Longrightarrow H_2O + N_2O_3 \Longrightarrow H_2O + NO + NO_2$$

在低温下分解得 N_2O_3,溶于水呈天蓝色,随温度升高进一步分解为 NO 和 NO_2。HNO_2 的浓溶液经加热分解,产物如下:

$$3HNO_2 \Longrightarrow HNO_3 + 2NO + H_2O$$

亚硝酸虽然不稳定,但亚硝酸盐却是稳定的,有毒,是致癌物质。$NaNO_2$ 广泛应用于涂料工业和有机合成中制重氮化合物。

在亚硝酸和亚硝酸盐分子中氮的氧化值为 +3,处于中间氧化态,所以它们既有氧化性又有还原性。从 $E^\ominus$ 数据(酸性介质)判断,HNO_2 的氧化性强于它的还原性。

$$HNO_2 + H^+ + e \Longrightarrow NO + H_2O \qquad E^\ominus = 0.98\ V$$
$$NO_3^- + 3H^+ + 2e \Longrightarrow HNO_2 + H_2O \qquad E^\ominus = 0.93\ V$$

亚硝酸及其盐在酸性介质中主要表现为氧化性,例如它们能将 KI 氧化成单质碘:

$$2HNO_2 + 2KI + H_2SO_4 \Longrightarrow 2NO + I_2 + K_2SO_4 + 2H_2O$$
$$2NaNO_2 + 2KI + 2H_2SO_4 \Longrightarrow 2NO + I_2 + Na_2SO_4 + K_2SO_4 + 2H_2O$$

这个反应可以定量测定亚硝酸盐(nitrite)。

亚硝酸及其盐只有遇强氧化剂才被氧化。例如与高锰酸钾反应,其离子方程式如下:

$$5HNO_2 + 2MnO_4^- + H^+ \Longrightarrow 5NO_3^- + 2Mn^{2+} + 3H_2O$$
$$5NO_2^- + 2MnO_4^- + 6H^+ \Longrightarrow 5NO_3^- + 2Mn^{2+} + 3H_2O$$

5. 硝酸及其盐

硝酸(nitric acid)是工业上重要的三酸(盐酸、硫酸、硝酸)之一。它是制造化肥、炸药、染料、人造纤维、药剂、塑料和分离贵金属的重要化工原料。

(1) 硝酸的制备。目前工业上普遍采用氨氧化制硝酸。

$$4NH_3 + 5O_2 \xrightarrow[\text{Pt—Rh}]{750℃\sim1\,000℃} 4NO + 6H_2O \qquad \Delta_r H_m^\ominus = -902\ kJ \cdot mol^{-1}$$

将氨和过量空气混合,经反应后有 $97\% \sim 98\%$ 的 NH_3 被氧化成 NO。由于反应放热,NO 经冷却后进一步补充空气,并被氧化成 NO_2,NO_2 溶于水,其中 $\frac{2}{3}$ 歧化成 HNO_3,$\frac{1}{3}$ 成 NO。

$$3NO_2 + H_2O \stackrel{}{=\!=\!=} 2HNO_3 + NO$$

放出的 NO 又为空气氧化,又溶于水,可循环使用。此法制得的硝酸浓度为 50% 左右,加入浓硫酸或硝酸镁(作脱水剂)混合加热,收集 HNO$_3$ 蒸气,冷凝后即得浓硝酸。

此外,借用电弧高温合成 NO,但该法受到电力资源的限制。

$$N_2(g) + O_2(g) \xrightarrow[4\ 300\ K]{\text{电弧}} 2NO(g)$$

实验室可用硝酸盐(智利硝石)和浓硫酸经加热发生复分解反应制取硝酸:

$$NaNO_3 + H_2SO_4(\text{浓}) \xrightarrow{>120℃} HNO_3 + NaHSO_4$$

由于硝酸是挥发性酸,冷却其蒸气得硝酸。此法曾是工业上制硝酸的方法。

(2) 硝酸和硝酸根离子的结构。硝酸分子结构(图 13-3),它以氮为中心,氮原子取 sp^2 杂化,形成三个 sp^2 杂化轨道,呈平面三角形。杂化时,2s 轨道中有 1 个电子激发到 2p 的一个轨道上,与其中未成对的电子耦合起来,其余的两个 p 轨道与一个 s 轨道杂化成三个 sp^2 杂化轨道。

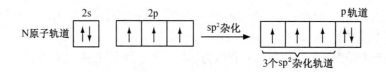

在硝酸分子中,氮原子的三个 sp^2 杂化轨道分别与三个配位氧原子的 2p 轨道在同一平面内形成三个 σ 键。这样,每一个配位氧原子还有一个单电子的 p 轨道,其中一个氧原子的 p 轨道与氢原子的 1s 轨道相重叠,形成 σ 键;另两个氧原子的两个 p 轨道(各含 1 个电子)与中心氮原子的一个 p 轨道(剩余的一个未参加杂化的 p 轨道,其中含 2 个电子),此三个 p 轨道均垂直于 sp^2 杂化轨道平面,它们肩并肩地形成大 π 键,这个大 π 键来自三个原子,含有 4 个电子,用 π_3^4 表示[①](图 13-3 用虚线表示)。HNO$_3$ 分子中还有一个内氢键。

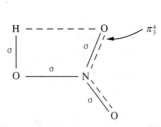

图 13-3　HNO$_3$ 分子结构示意图

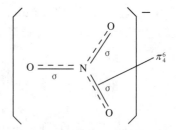

图 13-4　NO$_3^-$ 结构示意图

同理,硝酸根离子结构为 π_4^6 键(图 13-4)。

(3) 硝酸的性质。纯硝酸为无色液体,熔点 $-42℃$,沸点 $83℃$。溶有过多 NO$_2$ 的浓 HNO$_3$ 叫发烟硝酸(fuming nitric acid)。硝酸可以任何比例与水混合,浓硝酸中主要存在 HNO$_3$ 分子,稀硝酸中主要存在 NO$_3^-$。由于硝酸分子是平面不对称结构,而硝酸根离子是平面对称结构,因

---

① 亦有人认为 HNO$_3$ 分子中应为 π_4^6 键,参见蒋立德:"HNO$_3$ 分子中的大 π 键问题",载《化学通报》1987 年第 8 期。

此,稀硝酸溶液比较稳定,而浓硝酸不稳定,见光或加热即按下式分解:

$$4HNO_3(浓) \xrightarrow{\text{见光或加热}} 4NO_2 + O_2 + 2H_2O$$

分解产生的 NO_2 溶于浓硝酸中,使它的颜色呈黄色到红色(NO_2 含量多颜色深)。

硝酸是一种强氧化剂,这是由于硝酸分子中氮处于最高氧化态。它被还原的产物可能是: NO_2、NO_2^-、NO、N_2O、N_2 或 NH_3 等。我们先从电势图来预测一下可能的产物。氮的电势图如下。

$E_A^\ominus/V$:

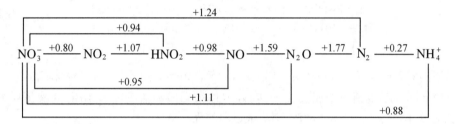

$E_B^\ominus(V)$:

$$NO_3^- \xrightarrow{-0.85} NO_2 \xrightarrow{+0.87} NO_2^- \xrightarrow{-0.46} NO \xrightarrow{+0.76} N_2O \xrightarrow{+0.94} N_2 \xrightarrow{-3.04} NH_2OH \xrightarrow{+0.42} NH_3 \cdot H_2O$$

（注意电势图中各 $E^\ominus$ 值都是 $1\,mol \cdot L^{-1}$ 溶液的,对于浓硝酸等不适用。）

从酸性介质的电势图可以明显看出稀硝酸被还原的产物应该是 N_2,因为其电势最高,但我们知道稀硝酸与铜反应的产物是 NO 而不是 N_2:

$$3Cu + 8HNO_3(稀) == 3Cu(NO_3)_2 + 2NO + 4H_2O$$

这是由于电极电势只能预测氧化还原反应的方向和程度,仅是一种可能性,稀硝酸还原到 N_2 的可能性虽大,但反应速率极慢,而还原到 NO 的速率较大,这说明动力学因素有时起着决定性作用。一般氧化还原反应的产物除可用 $E^\ominus$ 值进行预测外,还必须通过实验事实判定。

硝酸被还原的产物比较复杂,其被还原的程度除与还原剂(活泼金属、不活泼金属、非金属)的本性有关外,还与硝酸的浓度有关。通常所用市售硝酸为含 HNO_3 68%,密度为 $1.42 \times 10^3\,kg \cdot m^{-3}$,约 $15\,mol \cdot L^{-1}$。稀硝酸为 $6\,mol \cdot L^{-1}$ 及以下;极稀硝酸为 $1\,mol \cdot L^{-1}$ 以下。

硝酸能与许多非金属如硫、磷、碳、硼等反应,无论浓硝酸、稀硝酸,它的被还原产物主要为 NO。

$$3C + 4HNO_3 == 3CO_2 + 4NO + 2H_2O$$
$$S + 6HNO_3 == H_2SO_4 + 6NO + 2H_2O$$

硝酸几乎能与所有的金属(Au、Pt、Rh、Ir 等除外)反应,其被还原产物比较复杂。

以硝酸与铁反应为例(图 13-5),随 HNO_3 浓度增大,产物中 NH_3(在酸性介质中以 NH_4^+ 形式出现)含量逐渐减少,而 NO 的相对含量增多,当硝酸浓度增至 40% 时 NH_3 已消失,此时主要产物为 NO,其次为 NO_2 和极微量的 N_2O。当硝酸的浓度增至 56%

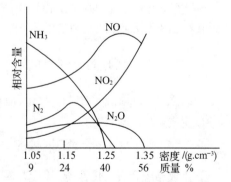

图 13-5 随 HNO_3 浓度的改变,铁与 HNO_3 反应产物的相对含量的变化

时,其还原产物主要是 NO_2。当硝酸浓度再增大至 68% 时,则不再与铁反应,因为浓硝酸使铁表面生成一层致密的氧化物阻止了金属的进一步氧化。金属铝亦有类似现象。现在一般用铝制槽车来装盛浓硝酸作为储存和运输工具,而稀硝酸不行,必须用不锈钢的容器。可见同一种金属与不同浓度的硝酸反应,其还原产物不同。

如果金属的活泼性不同,硝酸的浓度也不同,其情况更为复杂。例如:

$$Cu + 4HNO_3(浓) = Cu(NO_3)_2 + 2NO_2 + 2H_2O$$
$$Mg + 4HNO_3(浓) = Mg(NO_3)_2 + 2NO_2 + 2H_2O$$
$$3Cu + 8HNO_3(稀) = 3Cu(NO_3)_2 + 2NO + 4H_2O$$
$$4Mg + 10HNO_3(稀) = 4Mg(NO_3)_2 + N_2O + 5H_2O$$
$$4Mg + 10HNO_3(极稀) = 4Mg(NO_3)_2 + NH_4NO_3 + 3H_2O$$

由上可见浓硝酸不论与活泼或不活泼金属反应,一般皆被还原到 NO_2,稀硝酸与不活泼金属反应一般被还原到 NO,若与活泼金属反应则到 N_2O,极稀硝酸和活泼金属作用,则被还原为 NH_4^+ 盐。也就是说,硝酸愈稀,金属愈活泼,硝酸被还原的程度愈大。

从上看来,浓硝酸氧化性强,被还原程度小,稀硝酸氧化性弱些,但被还原程度却大,这可能是由于氮的氧化物与硝酸间存在着下列平衡关系:

$$NO + 2HNO_3 \rightleftharpoons 3NO_2 + H_2O$$

随着 HNO_3 浓度增大,平衡向右移动,当浓度减小,平衡向左移动。也可认为浓硝酸氧化性强可与氮的低氧化态被还原产物进一步反应,而使回升至较高氧化态 NO_2。随着 HNO_3 浓度下降,氧化能力减弱,这种进一步氧化和回升能力减弱,以致极稀硝酸不可能将 NH_4^+ 进一步氧化。

浓硝酸氧化性强,稀硝酸氧化性弱,还可以从硝酸与盐酸的反应得到例证:

$$HNO_3(浓) + 3HCl(浓) = NOCl + Cl_2 + 2H_2O$$

浓硝酸可以氧化盐酸产生氯气,同时生成氯化亚硝酰,稀硝酸则不能。1 体积浓硝酸和 3 体积的浓盐酸的混合物称为王水(agua regia),金、铂等贵金属不为单独的酸所溶解,却可溶于王水,这主要是由于王水中存在着大量 Cl^-,Cl^- 与金属离子结合成配离子的缘故:

$$3Pt + 4NO_3^- + 18Cl^- + 16H^+ = 3[PtCl_6]^{2-} + 4NO + 8H_2O$$
$$Au + NO_3^- + 4Cl^- + 4H^+ = [AuCl_4]^- + NO + 2H_2O$$

硝酸能与有机化合物发生硝化反应,实际反应中常用浓硝酸和浓硫酸配成混酸参与反应。例如甲苯与混酸反应形成三硝基甲苯,即 TNT,是一种烈性炸药。其中浓 H_2SO_4 是脱水剂。

$$CH_3C_6H_5 + 3HNO_3 \xrightarrow{H_2SO_4} \underset{(三硝基甲苯)}{CH_3C_6H_2(NO_2)_3} + 3H_2O$$

室温下,所有的硝酸盐都十分稳定,加热则发生分解,其热分解的产物和金属离子有关。

① 生成亚硝酸盐,放出 O_2。

$$2MNO_3 = 2MNO_2 + O_2(M \text{ 的活动顺序位于 Mg 之前})$$

② 生成相应金属氧化物,放出 NO_2 及 O_2。

$$2M(NO_3)_2 = 2MO + 4NO_2 + O_2(M \text{ 的活动顺序位于 Mg 和 Cu 之间})$$

③ 生成金属,放出 NO_2 及 O_2。

$$2MNO_3 \stackrel{\triangle}{=\!=\!=} 2M + 2NO_2 + O_2 \text{(M 的活动顺序位于 Cu 之后)}$$

固体硝酸盐热分解都能放出 O_2,所以高温时它们是氧化剂。它们与可燃物混合,受热则急剧燃烧甚至爆炸,因此硝酸盐用于烟火制造中。但通常都用 KNO_3,因为除 KNO_3 外,许多硝酸盐在空气中都易吸水潮解。

硝酸盐的水溶液经酸化后,即具有氧化性。硝酸根离子在强酸性溶液中,能被硫酸亚铁还原成 NO,而生成的 NO 又与过量的硫酸亚铁进行加合反应生成棕色的 $[Fe(NO)]SO_4$:

$$NO_3^- + 3Fe^{2+} + 4H^+ =\!=\!= 3Fe^{3+} + NO + 2H_2O$$
$$NO + FeSO_4 =\!=\!= [Fe(NO)]SO_4$$

当所用强酸为浓硫酸,在浓 H_2SO_4 与溶液交界面上出现棕色环。这个反应可用来鉴定 NO_3^- 离子,称为棕色环试验。

NO_2^- 也有同样反应,但 NO_2^- 离子在弱酸性(如 HAc 溶液)中与过量 $FeSO_4$ 反应即可生成 $Fe(NO)SO_4$,从而使溶液呈棕色。由于 NO_2^- 对 NO_3^- 的鉴定有干扰,因此当有 NO_2^- 存在时,应先加 NH_4Cl 共热,以消除 NO_2^- 的干扰:

$$NH_4^+ + NO_2^- =\!=\!= N_2 + 2H_2O$$

13.1.2　磷及其化合物

1. 磷单质

磷最重要的矿物是磷酸钙矿 $Ca_3(PO_4)_2$ 和磷灰石[由 $Ca_3(PO_4)_2$ 和 CaF_2、$CaCl_2$ 伴生]。制取单质磷通常是将磷酸钙矿石与石英砂、炭粉混合放在电弧炉中焙烧(1 300℃以上),其反应如下:

$$2Ca_3(PO_4)_2 + 6SiO_2 =\!=\!= 6CaSiO_3 + 2P_2O_5$$
$$2P_2O_5 + 10C =\!=\!= 10CO + P_4$$

反应产生 CO 气体和 P_4 蒸气,倒入冷水,则 CO 逸出而得凝固的白磷。

磷单质有多种同素异形体,如白磷、红磷和黑磷等,其中以白磷和红磷为重要。纯白磷是无色透明的晶体,遇光即逐渐变黄,因此也称为黄磷。固体白磷由 P_4 分子通过分子间力结合而成,所以它的熔点和沸点都较低(见表 13-1),化学性质比较活泼。白磷遇空气时 40℃就着火,因此通常将它储存在水中。白磷不溶于水,但溶于 CS_2。白磷最特殊的性质是能发磷光,在黑暗场所将白磷暴露于空气中可见淡绿色的光,它是磷蒸气与氧结合时部分能量以光的形式放出的结果,这种发光而不发热的现象称为化学发光,也称为冷光。白磷剧毒,人的致死量为 0.1 g。被白磷灼伤的皮肤难以治愈,取用白磷时注意安全。由于白磷有毒,故在火柴生产中用红磷做原料。

红磷(也称赤磷)可由白磷隔绝空气加热到 260℃制得。红磷无毒,性质没有白磷活泼,它的着火点高(240℃),在空气中难被氧化,不溶于水及 CS_2 中,但易溶于浓硝酸生成磷酸。

磷(Phosphorus)的外电子层结构为 $3s^2 3p^3$,它的电负性为 2.19。由于磷的电负性不大。吸引电子的趋势不强烈,所以只与某些电负性小的碱金属或碱土金属结合成离子化合物如 Na_3P、Ca_3P_2 等。这类离子型化合物容易水解:

$$Na_3P + 3H_2O =\!=\!= PH_3 + 3NaOH$$

$$Ca_3P_2 + 6H_2O \Longrightarrow 2PH_3 + 3Ca(OH)_2$$

磷与电负性比它大的元素或电负性比它稍小的元素形成共价键,例如 PH_3、PCl_3 等,分子均为三角锥形,而 PH_4^+ 为正四面体。

磷与电负性高的元素(F、O、Cl)结合时,可使磷原子中 3s 轨道上的 1 个电子激发到 3d 的空轨道中,这时 5 个价电子都能参加成键,使磷的氧化值可达 +5,例如 PCl_5。该分子应为三角双锥形结构。

2. 磷化氢

磷化氢 PH_3 为磷的主要氢化物,它可用盐酸作用于磷化钙而制得:

$$Ca_3P_2 + 6HCl \Longrightarrow 3CaCl_2 + 2PH_3$$

磷化氢又称膦(phosphine),无色,极毒,具有大蒜的臭味,空气中 PH_3 最高允许含量 $< 3 \times 10^{-7}$(体积)。PH_3 分子的结构和 NH_3 类同,均为三角锥形,在化学性质上也有加合性、弱碱性和还原性。

PH_3 与卤化氢(HCl、HBr、HI)加合形成磷[1]化合物:

$$PH_3 + HI \Longrightarrow PH_4I$$

由于 PH_3 是弱碱,因此磷盐易水解:

$$PH_4I + H_2O \Longrightarrow PH_3 + H_3O^+ + I^-$$

PH_3 的还原性比 NH_3 强,它可以使弱氧化性的 Ag^+、Cu^{2+} 还原:

$$PH_3 + 6Ag^+ + 3H_2O \Longrightarrow 6Ag + 6H^+ + H_3PO_3$$

PH_3 在水中的溶解度远比 NH_3 小(20℃时,1 体积水溶解 0.27 体积的 PH_3),PH_3 和 H_2O 分子间难以形成氢键,PH_3 分子的极性也小于 NH_3 分子。

3. 磷的氧化物

磷在不充分的空气中燃烧生成三氧化二磷,分子式为 P_4O_6,溶于冷水生成亚磷酸,因此称为亚磷酸酐。

$$P_4O_6 + 6H_2O \Longrightarrow 4H_3PO_3$$

磷在空气中充分燃烧得五氧化二磷,分子式为 P_4O_{10},结构如图 13-6 所示。

五氧化二磷为白色雪花状固体,吸湿性很强,是一种很好的干燥剂,常见干燥剂的性能列于表 13-4 中。五氧化二磷溶于水生成磷酸,因此五氧化二磷是磷酸的酸酐。

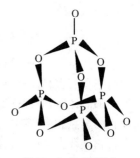

图 13-6　P_4O_{10} 结构

表 13-4　常用干燥剂的效率

干燥剂	$CuSO_4$	$ZnCl_2$	NaOH	$CaSO_4$	H_2SO_4(浓)	KOH	P_4O_{10}
20℃时水蒸气含量[*] $(g \cdot m^{-3})$	1.4	0.8	0.16	0.004	0.003	0.002	0.000 02

　　[*]　指气体通过干燥剂后的水蒸气残留量。

---

　　① 磷代表 PH_4^+,类似于铵代表 NH_4^+。PH_4^+ 与 NH_4^+ 都属正四面体结构。

$$P_4O_{10}+6H_2O =\!=\!= 4H_3PO_4$$

4. 磷酸及磷酸盐

磷原子外电子层结构 $3s^2 3p^3$，它的常见氧化值为 -3、$+1$、$+3$、$+5$。现将磷的不同氧化值的含氧酸列于表 13-5 中。

表 13-5　磷的常见含氧酸

氧化值	+1	+3	+5
常见化合物	H_3PO_2 次磷酸	H_3PO_3 亚磷酸	H_3PO_4、P_2O_5 正磷酸
结构或 结构式	H—P(H)(OH)—O 结构	H—P(OH)—OH 结构	OH—P(OH)(OH)—O 结构
酸碱性	一元酸 $K^{\ominus}=5.89\times10^{-2}$	二元酸 $K_1^{\ominus}=6.31\times10^{-2}$ $K_2^{\ominus}=1.99\times10^{-7}$	三元酸 $K_1^{\ominus}=7.11\times10^{-3}$ $K_2^{\ominus}=6.34\times10^{-8}$ $K_3^{\ominus}=4.79\times10^{-13}$
氧化还原性 特　性	强还原性	还原性	缺乏氧化性 不同程度脱水得 HPO_3 偏磷酸、 $H_4P_2O_7$ 焦磷酸

由表 13-5 中可见，从磷的含氧酸的结构式可知 H_3PO_2 中有两个氢原子与磷直接相连，H_3PO_3 有一个，H_3PO_4 中则无。这种与磷直接相连的氢不能电离，所以次磷酸(hypophosphorous acid)为一元酸，亚磷酸(phosphorous acid)为二元酸，磷酸(phosphoric acid)为三元酸。下面我们主要介绍磷酸。

(1) 磷酸。磷的含氧酸中以磷酸为最重要也最稳定。纯净的磷酸是无色透明的晶体，熔点为 $42.35\,^\circ\!C$，易溶于水。通常市售的磷酸是一种无色黏稠浓溶液，浓度为 $85\%\sim98\%$。

不仅在晶态磷酸中存在氢键，液态磷酸及磷酸溶液中也存在，H_3PO_4 溶液的黏度很大，就是由于氢键存在的原因，但在磷酸稀溶液中，H_3PO_4 和 H_2O 分子间的氢键更为明显。

磷酸中磷的氧化值为 $+5$，但 H_3PO_4 缺乏氧化性，从下列有关电极反应的标准电势值可得到证实。

$$H_3PO_4+2H^++2e =\!=\!= H_3PO_4+H_2O \qquad E^{\ominus}=-0.28\ V$$
$$H_3PO_4+4H^++4e =\!=\!= H_3PO_2+2H_2O \qquad E^{\ominus}=-0.39\ V$$
$$H_3PO_4+5H^++5e =\!=\!= P+4H_2O \qquad E^{\ominus}=-0.41\ V$$

磷酸又称正磷酸(orthophosphoric acid)。将它加热至 $210\,^\circ\!C$，两分子 H_3PO_4 失去一分子水即成焦磷酸 $H_2P_2O_7$[①](pyrophosphoric acid)，继续加热至 $400\,^\circ\!C$，则 $H_4P_2O_7$ 又失去一分子水成偏磷酸 HPO_3[②](metaphosphoric acid)，而偏磷酸吸收水分又可恢复到正磷酸。其关系示意如下：

---

① 两个含氧酸分子缩去一分子水后的酸称作"焦"酸。

② 一分子正酸缩去一分子水而成的酸，定名为"偏"酸。

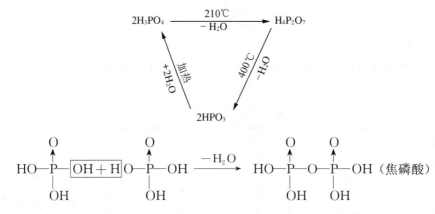

$$\text{HO—P(=O)(OH)—[OH+H]—P(=O)(OH)—OH} \xrightarrow{-H_2O} \text{HO—P(=O)(OH)—O—P(=O)(OH)—OH（焦磷酸）}$$

焦磷酸是由两个正磷酸脱去一份水而形成,其中含有 2 个磷原子,它们之间以氧键相连。这种由几个单酸经过脱水、由氧键连起来形成的酸叫多酸。由于正磷酸脱水程度不同,可以聚合而成多种多磷酸。例如三个正磷酸脱去三分子水即形成三偏磷酸$(HPO_3)_3$:

（三偏磷酸的结构反应式图） $\xrightarrow{-3H_2O}$ （三偏磷酸结构图）(三偏磷酸)

又三个正磷酸脱去二分子水即成二缩三磷酸 $H_5P_3O_{10}$,又称三聚磷酸。

（三聚磷酸反应式图） $\xrightarrow{-2H_2O}$

$$\text{HO—P(=O)(OH)—O—P(=O)(OH)—O—P(=O)(OH)—OH}（三聚磷酸）$$

(2) 磷酸盐。磷酸是三元酸,可以形成三系列的盐。

磷酸正盐： Na_3PO_4、$Ca_3(PO_4)_2$

磷酸一氢盐： Na_2HPO_4、$CaHPO_4$

磷酸二氢盐： NaH_2PO_4、$Ca(H_2PO_4)_2$

磷酸一氢盐和磷酸正盐(除钠、钾和铵等正盐外)均难溶于水,但能溶于酸,而磷酸二氢盐均能溶于水。

可溶性磷酸盐在水溶液中有不同程度的水解。PO_4^{3-} 的水解分三步进行:

$$PO_4^{3-} + H_2O \rightleftharpoons HPO_4^{2-} + OH^-$$

$$HPO_4^{2-} + H_2O \rightleftharpoons H_2PO_4^- + OH^-$$

$$H_2PO_4^- + H_2O \rightleftharpoons H_3PO_4 + OH^-$$

第一步水解程度最大,所以磷酸正盐如 Na_3PO_4 溶液呈强碱性。Na_2HPO_4 水溶液呈弱碱性,这是由于水解的同时发生电离,但水解是主要的:

$$HPO_4^{2-}+H_2O \Longrightarrow H_2PO_4^-+OH^- \qquad (水解为主)$$

$$HPO_4^{2-} \Longrightarrow H^++PO_4^{3-} \quad (K_3^\ominus=4.79\times10^{-13}电离很小)$$

NaH_2PO_4 在水溶液中呈弱酸性,因 $H_2PO_4^-$ 电离能力与水解相比,要大得多:

$$H_2PO_4^-+H_2O \Longrightarrow H_3PO_4+OH^- \qquad (水解度小)$$

$$H_2PO_4^- \Longrightarrow HPO_4^{2-}+H^+ \quad (K_2^\ominus=6.34\times10^{-8}电离为主)$$

磷酸盐(phosphates)在硝酸溶液中,与过量钼酸铵 $(NH_4)_2MoO_4$ 一起加热时,有磷钼酸铵黄色沉淀产生,此反应可用来鉴定 PO_4^{3-}。

$$PO_4^{3-}+3NH_4^++12MoO_4^{2-}+24H^+ \Longrightarrow (NH_4)_3PO_4 \cdot 12MoO_3 \cdot 6H_2O\downarrow +6H_2O$$
$$(黄色)$$

磷酸盐在工农业生产上也有很多用途。例如,$Ca(H_2PO_4)_2$ 在农业上用作肥料,$CaHPO_4$ 用作动物饲料的添加剂,$Na_5P_3O_{10}$(三聚磷酸钠)用于合成洗涤剂工业,$(NaPO_3)n$(多聚偏磷酸钠)用于软化锅炉用水等。

13.1.3　砷、锑、铋及其化合物

1. 砷、锑、铋单质

砷、锑、铋都以+3 氧化值的矿物存在于自然界中,在矿石中含 M_2S_3 和 M_2O_3 为主要成分的有:雄黄 As_4S_4、雌黄 As_2S_3、辉锑矿 Sb_2S_3、辉铋矿 Bi_2S_3、白砷石 As_2O_3、方锑矿 Sb_2O_3、铋华 $Bi_2O_3 \cdot H_2O$ 等。

从砷、锑、铋的硫化物矿制取相应的单质可以将矿石煅烧,使先生成氧化物,再用碳还原。例如:

$$2As_2S_3+9O_2 \Longrightarrow 2As_2O_3+6SO_2$$
$$As_2O_3+3C \Longrightarrow 2As+3CO$$

如果是氧化物矿,将矿石用碳还原即可。例如:

$$Bi_2O_3 \cdot H_2O+3C \Longrightarrow 2Bi+3CO+H_2O$$

由于铋熔点低(271℃),可熔化流出。

砷、锑、铋能与大多数金属形成合金和化合物,有着许多实际的用途。砷化合物用作农业杀虫剂。在铅内加入 0.5% 的 As,可降低铅的熔点和增加硬度,用以制造枪弹;在铅中加 1% 的 Sb,可使铅的硬度增大,广泛用于制输送自来水的铅管。又因锑热缩冷胀的反常特性,所以 Pb – Sb – Sn 合金(称为活字金)用于印刷业浇铅字。铋可制低熔合金,50% Bi、25% Pb、12.5% Sn 和 12.5% Cd 组成的合金熔点约 60℃,可用于消防设备自动化及自动信号仪上。

2. 砷、锑、铋的氢化物

砷、锑、铋都能形成氢化物,砷化氢又名胂 AsH_3(arsenic hydride or arsine);锑化氢又名䏭 SbH_3(antimony hydride or stibine);铋化氢又名铋烷 BiH_3(bismuth hydride 或 bismuthine),它们都是气体,均具有大蒜味、有毒。这三种氢化物都不稳定(见表 13 – 6)。它们的热分解是检验砷、锑、铋的非常灵敏的方法,尤其用以检验砷而闻名,称为马许试砷法(Marsh's Test)。此法是将含

砷化合物的试样同锌与硫酸混合反应,生成气体(AsH_3)导入加热的玻璃管中,在加热处附近有砷积聚,附在玻璃管上呈亮黑色的"砷镜"[①]。

$$As_2O_3 + 6Zn + 6H_2SO_4 \Longrightarrow 2AsH_3 + 6ZnSO_4 + 3H_2O$$

$$2AsH_3 \overset{\triangle}{\Longrightarrow} 2As + 3H_2$$

表 13-6　氮族元素氢化物的键长和键能

氢化物	NH_3	PH_3	AsH_3	SbH_3	BiH_3
共价键	N-H	P-H	As-H	Sb-H	
键长/pm	101	144	152	171	>-45℃即分解
键能/(kJ·mol^{-1})	389	322	247	255	
生成热/(kJ·mol^{-1})	-45.9	5.4	66.4	145.1	277.8
熔点/℃	-77.8	-133.5	-116.3	-88	—
沸点/℃	-34.5	-87.5	-62.4	-18.4	+16.8(外推)

砷、锑、铋的三种氢化物都能分解析出氢气,都是强还原剂。它们不仅能与一般氧化剂(如$KMnO_4$)反应,还能还原Ag^+为Ag。

$$5AsH_3 + 8MnO_4^- + 9H^+ \Longrightarrow 5AsO_4^{3-} + 8Mn^{2+} + 12H_2O$$

$$AsH_3 + 6Ag^+ + 3H_2O \Longrightarrow H_3AsO_3 + 6Ag + 6H^+$$

因此通常用$AgNO_3$溶液以除去有害气体AsH_3。

3. 砷、锑、铋的含氧化合物

砷、锑、铋的含氧化合物都以+3或+5氧化值存在,主要的是它们的氧化物、含氧酸及其盐。现将它们的氧化物、含氧酸及有关性质列于表13-7中。

表 13-7　砷、锑、铋氧化物、含氧酸及有关性质

+3 氧化值		$E^{\ominus}$(V)酸性介质	+5 氧化值		
还原性　碱性　稳定性	As_2O_3 白色　H_3AsO_3 两性偏酸性	$E^{\ominus}$(H_3AsO_4/H_3AsO_3)=0.56 V	As_2O_5 白色　H_3AsO_4 中强酸	稳定性　酸性　氧化性	
	Sb_2O_3 白色　$Sb(OH)_3$ 两性	$E^{\ominus}$(Sb_2O_5/SbO^+)=0.581 V	Sb_2O_5 淡黄色　$Sb_2O_5 \cdot xH_2O$ 两性偏酸性		
	Bi_2O_3 黄色　$Bi(OH)_3$ 弱碱性	$E^{\ominus}$(Bi_2O_5/BiO^+)=1.60 V	Bi_2O_5 红棕色 极不稳定		

酸 性 增 强 →
← 稳 定 性 增 加

(1) 砷、锑、铋的氧化物。从表13-7可知具有+3氧化值的As_2O_3、Sb_2O_3和Bi_2O_3的稳定性依次增大;而具有+5氧化值的As_2O_5、Sb_2O_5、Bi_2O_5的稳定性却依次降低。这由于"惰性电子对效应",As(Ⅲ)中的$4s^2$电子对、Sb(Ⅲ)中$5s^2$电子对、Bi(Ⅲ)中$6s^2$电子对依次更稳定的缘故,因此As(Ⅴ)、Sb(Ⅴ)、Bi(Ⅴ)稳定性相应地依次渐减,Bi_2O_5极不稳定,很快自发分解:

---

① 含锑化合物经同样处理,可得亮棕色"锑镜",但"锑镜"不溶于NaClO,而"砷镜"可溶,因而可以区别。

$$Bi_2O_5 \Longrightarrow Bi_2O_3 + O_2$$

砷、锑、铋的氧化物中以 As_2O_3(俗称砒霜)最重要,它是制备其他砷化合物的原料,是白色粉状固体,剧毒,致死量为 $0.1\,g$。主要用于制造杀虫剂、除草剂及含砷药物。As_2O_3 微溶于水,在热水中溶解度稍大,生成 H_3AsO_3,亚砷酸仅存在于溶液中。As_2O_3 两性偏酸性,因此它易溶于碱生成亚砷酸盐,也可溶于酸:

$$As_2O_3 + 6NaOH \Longrightarrow 2Na_3AsO_3 + 3H_2O$$
$$As_2O_3 + 6HCl \Longrightarrow 2AsCl_3 + 3H_2O$$

三氯化砷就是由 As_2O_3 与浓盐酸共热而制得,是无色油状液体,由于易水解,露于空气中即生成亚砷酸和氯化氢,因而产生白色烟雾。

(2) 砷、锑、铋含氧酸及其盐的性质

① 酸碱性。从表 13 - 7 可知 +3 氧化值的 H_3AsO_3、$Sb(OH)_3$、$Bi(OH)_3$ 基本上都显两性,但碱性依次增强,H_3AsO_3 仅存在于溶液中,而 $Sb(OH)_3$、$Bi(OH)_3$ 都是难溶于水的白色沉淀。由于它们碱性弱,酸性也弱,所以 As(Ⅲ)、Sb(Ⅲ)、Bi(Ⅲ) 的盐都易水解。例如:

$$AsCl_3 + 3H_2O \Longrightarrow H_3AsO_3 + 3HCl$$

$$SbCl_3 + 2H_2O \Longrightarrow Sb(OH)_2Cl + 2HCl$$
$$\xrightarrow[\quad -H_2O \quad]{} SbOCl \downarrow$$
$$\text{氯化氧锑}$$

$$BiCl_3 + 2H_2O \Longrightarrow Bi(OH)_2Cl + 2HCl$$
$$\xrightarrow[\quad -H_2O \quad]{} BiOCl \downarrow$$
$$\text{氯化氧铋}$$

氧化值为 +3 的锑、铋盐类,分步水解产生相应的碱式盐,脱水即形成氧锑基(SbO^+)或氧铋基(BiO^+)的盐,它们均为难溶的白色沉淀。

从表 13 - 7 可知,+5 氧化值的 H_3AsO_4、$Sb_2O_5 \cdot xH_2O$ 的酸性比相应的 +3 氧化值含氧酸强。H_3AsO_4 为中强酸,其酸性接近于磷酸。锑酸则为弱酸,$Sb_2O_5 \cdot xH_2O$ 组成不定,如 $H[Sb(OH)_6]$(相当于 $Sb_2O_5 \cdot 7H_2O$),它的电离常数为 $K^\ominus = 4 \times 10^{-5}$。铋酸并不存在,但可制得其相应的盐,例如偏铋酸钠,它的组成与化学式 $NaBiO_3$ 相接近。

② 氧化还原性。表 13 - 7 中 $E^\ominus(H_3AsO_4/H_3AsO_3) = 0.56\,V$,$E^\ominus(Sb_2O_5/SbO^+) = 0.581\,V$,$E^\ominus(Bi_2O_5/BiO^+) = 1.60\,V$。由此可知砷、锑、铋含氧化合物氧化还原性的递变规律是 +3 氧化值按 As(Ⅲ)、Sb(Ⅲ)、Bi(Ⅲ) 的顺序还原性逐渐减弱;+5 氧化值按 As(Ⅴ)、Sb(Ⅴ)、Bi(Ⅴ) 的顺序氧化性逐渐增强(同样可用惰性电子对效应解释)。因此 +3 氧化态以亚砷酸及其盐还原性最显著;+5 氧化态以偏铋酸盐(铋酸不存在)的氧化性最强。

亚砷酸具有较强的还原性,可以与较弱的氧化剂(如碘)发生反应:

$$H_3AsO_3 + I_2 + H_2O \Longrightarrow H_3AsO_4 + 2H^+ + 2I^-$$

H_3AsO_4 具有氧化性,又可以氧化 I^-,在此调节溶液的酸度可以改变反应的方向和它的完全程度。

偏铋酸盐不论在酸性和碱性溶液中都有很强的氧化性,在酸性溶液中它能将 Mn^{2+}(弱还原剂)氧化成 MnO_4^-:

$$5NaBiO_3(s) + 2Mn^{2+} + 14H^+ \stackrel{\triangle}{=\!=\!=} 2MnO_4^- + 5Bi^{3+} + 5Na^+ + 7H_2O$$

此反应常用于鉴定 Mn^{2+}。

　　4. 砷、锑、铋的硫化物

　　在砷、锑的 +3、+5 氧化态的盐溶液（M^{3+}、M^{5+}）和含氧酸盐（MO_3^{3-}、MO_4^{3-}）以及铋的 +3 氧化值的盐的强酸性溶液[①]中，当通入 H_2S 可以得到一系列的有色硫化物沉淀，见表 13-8。

表 13-8　砷、锑、铋硫化物及其酸碱性

+3 氧化值		+5 氧化值	
As_2S_3　黄色 Sb_2S_3　橙红色 Bi_2S_3　黑色	酸性 两性 弱碱性	As_2S_5　黄色 Sb_2S_5　橙红色	酸性 酸性

　　由表 13-8 可看出，砷、锑、铋 +3 氧化值和 +5 氧化值硫化物的酸碱性与相应的氧化物很相似。由于 As_2S_3 显酸性，所以可溶于碱，不溶于浓 HCl；Sb_2S_3 显两性，既可溶于碱又可溶于酸；Bi_2S_3 显碱性不溶于碱，可溶于浓 HCl。

$$As_2S_3 + 6NaOH =\!=\!= Na_3AsO_3 + Na_3AsS_3 + 3H_2O$$
$$Sb_2S_3 + 6NaOH =\!=\!= Na_3SbO_3 + Na_3SbS_3 + 3H_2O$$
$$Sb_2S_3 + 12HCl =\!=\!= 2H_3SbCl_6 + 3H_2S$$
$$Bi_2S_3 + 6HCl =\!=\!= 2BiCl_3 + 3H_2S$$

As_2S_3 和 Sb_2S_3 还可溶于碱金属硫化物 Na_2S 或 $(NH_4)_2S$ 中生成相应的硫代亚砷酸盐和硫代亚锑酸盐。

$$As_2S_3 + 3Na_2S =\!=\!= 2Na_3AsS_3$$
$$Sb_2S_3 + 3(NH_4)_2S =\!=\!= 2(NH_4)_3SbS_3$$

　　由于 As_2S_5 和 Sb_2S_5 比相应 +3 氧化态的硫化物酸性强些，所以更易溶于碱或碱金属硫化物中，生成相应的硫代砷酸盐和硫代锑酸盐。

$$4As_2S_5 + 24NaOH =\!=\!= 3Na_3AsO_4 + 5Na_3AsS_4 + 12H_2O$$
$$Sb_2S_5 + 3Na_2S =\!=\!= 2Na_3SbS_4$$

　　砷、锑的硫代酸盐（MS_3^{3-} 或 MS_4^{3-}）都可与酸反应，放出硫化氢并析出相应的硫化物。例如：

$$2AsS_3^{3-} + 6H^+ =\!=\!= As_2S_3\downarrow + 3H_2S\uparrow$$
$$2SbS_4^{3-} + 6H^+ =\!=\!= Sb_2S_5\downarrow + 3H_2S\uparrow$$

因此，硫代酸盐只能在中性或碱性溶液中存在。硫代酸盐的生成和分解常用于这些元素离子的分离和鉴定。

　　① 在 MO_3^{3-}、MO_4^{3-} 溶液中，只有较少量对应的简单离子 M^{3+}、M^{5+} 存在，因此在通入 H_2S 时，M^{3+}（或 M^{5+}）浓度与 S^{2-} 浓度的乘积可能达不到相应硫化物的溶度积，也就不能产生硫化物沉淀。强酸性溶液，有利于 MO_3^{3-}、MO_4^{3-} 转化为对应的正离子：

$$MO_3^{3-} + 6H^+ \Longleftrightarrow M^{3+} + 3H_2O$$
$$MO_4^{3-} + 8H^+ \Longleftrightarrow M^{5+} + 4H_2O$$

13.2　氧族元素

氧族元素位于周期系 ⅥA 族,包括氧、硫、硒、碲和钋五种元素。其中氧、硫属非金属元素,硒、碲为稀有准金属元素,钋为放射性金属元素。氧族元素原子的价电子层结构为 ns^2np^4,它们能获得或共用两个电子达到稀有气体的稳定结构。例如,氧的电负性较大,仅次于氟,因此氧可以与大多数金属形成二元离子化合物,与非金属化合时,除 OF_2 和过氧化物外,氧显示的氧化值都是 -2。硫、硒、碲只能与金属性很强的金属形成离子化合物,与电负性比它们大的元素化合时,可显示 $+2$、$+4$、$+6$ 氧化值。而氧族元素与其他金属性较弱的金属或非金属化合时均形成共价化合物。本节主要论述氧、硫及其重要化合物的性质。氧族元素的基本性质列于表 13-9。

表 13-9　氧族元素的性质

元素性质	氧(O)	硫(S)	硒(Se)	碲(Te)	钋(Po)
原子序数	8	16	34	52	84
价电子层结构	$2s^22p^4$	$3s^23p^4$	$4s^24p^4$	$5s^25p^4$	$6s^26p^4$
主要氧化值	-2	$-2,+2,+4,+6$	$-2,+2,+4,+6$	$-2,+2,+4,+6$	
原子半径/pm	66	104	117	137	153
离子半径　M^{2-}	140	184	198	221	230
M^{6+}	9	29	42	56	56
第一电离能/ $(kJ \cdot mol^{-1})$	1 310	1 000	941.0	870.0	812.0
第一电子亲和能/ $(kJ \cdot mol^{-1})$	-140.9	-200.2	-194.8	-190.0	-183.2
电负性	3.44	2.58	2.55	2.1	2.00
熔点/℃	-218.6	112.8[①]	221	450	254
沸点/℃	-183.0	444.6	685	988	962

13.2.1　氧及其化合物

1. 氧和臭氧

(1) 氧。氧(oxygen)是地球上存在最多的元素,在大气中它以单质存在,其余以化合态形式存在,主要是氧化物(如 H_2O)和含氧酸盐等。

工业上用液态空气的分级蒸馏来制取氧气;实验室中常用的 $KClO_3$ 的加热分解(以 MnO_2 为催化剂)来制备。

氧分子的结构式为 $\overset{\cdots}{O}\!\!-\!\!\overset{\cdots}{O}$,具有顺磁性,离解能较大($494\ kJ \cdot mol^{-1}$)。所以在常温下,氧气的反应性能较差,在加热或高温条件下,除卤素、稀有气体和少数金属外,氧可以与所有元素直接化合,并放出大量的热。

---

① 斜方晶硫或 α-硫。

$$4Al+3O_2 \xlongequal{\quad\quad} 2Al_2O_3 \qquad \Delta_r H_m^{\ominus} = -3\ 351\ kJ \cdot mol^{-1}$$

$$4P+5O_2 \xlongequal{\quad\quad} 2P_2O_5 \qquad \Delta_r H_m^{\ominus} = -2\ 984\ kJ \cdot mol^{-1}$$

氧在酸性溶液中显示氧化性,例如许多低氧化值金属离子水溶液在空气中放置容易转变成高氧化值离子化合物。

$$2SnCl_2+O_2+4HCl=2SnCl_4+2H_2O$$

这是因为氧的标准电极电势值较大。

$$O_2+4H^++4e \xlongequal{\quad\quad} 2H_2O \qquad E^{\ominus}=1.229\ V$$

(2) 臭氧。臭氧(ozone)是氧的同素异形体,因它有特殊的气味而称臭氧,低于 1×10^{-8} 时就可据其气味鉴定出来。O_3 是一个不稳定的 O 反磁性浅蓝色气体。臭氧不稳定,在常温下缓慢分解为氧。

O_3 分子的结构如图 13-7 所示。中心氧原子采用 sp^2 不等性杂化形成两个 σ 键,另有 π_3^4 键,构型为 V 型。

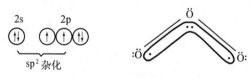

图 13-7　O_3 分子的结构

臭氧可以从氧气制备:

$$3O_2 \xrightarrow{\text{无声放电}} 2O_3$$

用这种方法制得的是臭氧和氧的混合物,此混合物既可直接使用,也可通过液化分馏以供浓度要求高的用户使用。

臭氧的氧化能力比氧强得多,是最强的氧化剂之一,其在酸性和中性溶液中的标准电极电势为:

$$O_3+2H^++2e \xrightleftharpoons{\quad\quad} O_2+H_2O \qquad E^{\ominus}=2.076\ V$$

$$O_3+H_2O+2e \xrightleftharpoons{\quad\quad} O_2+2OH^- \qquad E^{\ominus}=1.24\ V$$

在臭氧作用下,湿润的硫黄可被氧化为硫酸:

$$S+3O_3+H_2O \xlongequal{\quad\quad} H_2SO_4+3O_2$$

金属银被氧化为黑色的过氧化银 Ag_2O_2:

$$2Ag+2O_3 \xlongequal{\quad\quad} Ag_2O_2+2O_2$$

碘化钾被氧化,析出单质碘:

$$2KI+O_3+H_2O \xlongequal{\quad\quad} 2KOH+I_2+O_2$$

碘遇淀粉呈蓝色,因此浸过碘化钾-淀粉的试纸可用来检出臭氧。但由于氯、二氧化氮等一些氧化剂也可氧化碘离子生成碘。因此,这个反应一般只用来检验氧气中是否混有臭氧。

臭氧能把酚、苯、醇等氧化为无害物质,因此可用于工业废水的处理中。臭氧可使许多染料被氧化而褪色,因此可用来做棉、麻、纸张等的漂白剂。由于臭氧有很强的氧化力,能杀死多种病菌,因此可用来消毒水和净化空气。但空气中如果臭氧含量过高,则对人体健康有害。

臭氧的一个重要特性是它能够强烈吸收太阳发射的短波长紫外线,正是因为高空臭氧层的这一功能,保护了地球上的生灵。但随着现代工业的发展,臭氧层正在不断遭到破坏。广泛被用作冷冻剂的氟利昂(CF_2Cl_2)上升到臭氧层,在紫外光下光解产生原子态 Cl,或与电激发形成的原子态 O 作用:

$$Cl + O_3 \longrightarrow ClO + O_2$$
$$ClO + O \longrightarrow Cl + O_2$$

总的结果为 $O_3 + O \longrightarrow 2O_2$,由于臭氧层的减少,可能会引起气候的变化,也许将导致人类皮肤癌发病率的增加。

2. 过氧化氢

氢和氧除了可结合成水外,还可形成另一种化合物——过氧化氢 H_2O_2(hydrogen peroxide)。

(1)过氧化氢的结构和性质。在过氧化氢中,两个氧原子是连在一起的,它的一般结构式可表示为:

$$H-O-O-H$$

其中的—O—O—键称为过氧键。但是,这个式子没有反映出过氧化氢分子的空间构型。在过氧化氢分子中,H—O 键与 O—O 键之间的夹角不是 180°而是 96°52′,并且两根氢氧键不在同一平面上(图 13-8)。

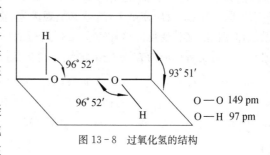

图 13-8　过氧化氢的结构

纯过氧化氢为无色黏稠液体,在 0.40℃凝固,151℃沸腾,沸腾时伴同爆炸分解。如在减压下蒸馏,则可在较低温度下沸腾,例如,在 3.47 kPa 下,沸点为 69.2℃。

由于氢键的存在,过氧化氢在液态和固态时都产生分子的缔合,其缔合程度大于水。过氧化氢比水约重 1.5 倍,它与水可以任何比例混合。过氧化氢的水溶液称双氧水。

过氧化氢的化学性质主要为酸性和氧化还原性。

① 酸性。过氧化氢是一种极弱的二元酸,在水溶液中按下式解离:

$$H_2O_2 \rightleftharpoons H^+ + HO_2^- \qquad K_{a_1}^{\ominus} = 2.29 \times 10^{-12}$$
$$HO_2^- \rightleftharpoons H^+ + \underset{\text{(过氧离子)}}{O_2^{2-}} \qquad K_{a_2}^{\ominus} \approx 10^{-25}$$

作为酸,过氧化氢可与一些碱反应生成盐。例如,过氧化氢可与氢氧化钠中和生成过氧化钠 Na_2O_2 和水:

$$H_2O_2 + 2NaOH =\!=\!= Na_2O_2 + 2H_2O$$

② 氧化还原性。过氧化氢分子中氧的氧化值为 -1,处于中间状态,因此过氧化氢既具有氧化性,又具有还原性,并且还能发生歧化反应。

无论在酸性介质还是碱性介质中,H_2O_2 都是一个强氧化剂。其有关电极电势为:

$$H_2O_2 + 2H^+ + 2e \Longrightarrow 2H_2O \qquad E^\ominus = 1.78\ V$$

$$HO_2^- + 2H_2O + 2e \Longrightarrow 3OH^- \qquad E^\ominus = 0.88\ V[1]$$

例如,在酸性介质中 H_2O_2 可以把 I^- 氧化成 I_2,并且还可以将 I_2 进一步氧化为 HIO_3:

$$H_2O_2 + 2I^- + 2H^+ \Longrightarrow I_2 + 2H_2O$$

$$5H_2O_2 + I_2 \Longrightarrow 2IO_3^- + 2H^+ + 4H_2O$$

遇强氧化剂时,过氧化氢则显示还原性,这时 H_2O_2 被氧化为 O_2。

$$O_2 + 2H^+ + 2e \Longrightarrow H_2O_2 \qquad E^\ominus = 0.69\ V$$

例如:氯气、高锰酸钾、碘酸等强氧化剂均可与 H_2O_2 反应得到氧气:

$$Cl_2 + H_2O_2 \Longrightarrow 2HCl + O_2$$

$$2KMnO_4 + 5H_2O_2 + 3H_2SO_4 \Longrightarrow K_2SO_4 + 2MnSO_4 + 8H_2O + 5O_2$$

$$2HIO_3 + 5H_2O_2 \Longrightarrow I_2 + 5O_2 + 6H_2O$$

在上述的一些氧化还原反应中,H_2O_2、HIO_3 之间的反应很有趣。由于 H_2O_2 作为氧化剂时,可以将 I_2 氧化为 HIO_3,而作为还原剂时,又可将 HIO_3 还原为 I_2。因此,如果把 HIO_3 和 H_2O_2 溶液混合在一起时(同时在溶液中加一点淀粉溶液),则由于 HIO_3 和 H_2O_2 反应产生 I_2,溶液由无色变为蓝色;而生成的 I_2 又被 H_2O_2 氧化为 HIO_3,使溶液又恢复为无色;所产生的 HIO_3 再与 H_2O_2 反应产生 I_2,溶液又呈现为蓝色……两个反应重复交替进行,溶液的颜色也呈无色和蓝色的交替变化。这样重复交替进行的反应称为摇摆反应(oscillating reaction)[2]。如果把两个重复交替反应的方程式相加,则可得摇摆反应的净结果:

(a) $\qquad\qquad I_2 + 5H_2O_2 \Longrightarrow 4H_2O + 2HIO_3$

(b) $\qquad\qquad 2HIO_3 + 5H_2O_2 \Longrightarrow I_2 + 5O_2 + 6H_2O$

(a)+(b) $\qquad\qquad 10H_2O_2 \Longrightarrow 10H_2O + 5O_2$

即

$$2H_2O_2 \Longrightarrow 2H_2O + O_2$$

由此可知,该反应的实质是过氧化氢的分解反应,I_2 在此起了催化剂的作用。随着反应的进行,H_2O_2 在消耗,它的浓度逐渐减少,因此变色的周期越来越长,最后溶液稳定在蓝色。

过氧化氢的分解反应是一个氧化还原反应,而且是一个歧化反应。在该反应中,一部分 H_2O_2 作为氧化剂,其中 O_2^{2-} 被还原为 $O^{2-}(H_2O)$,一部分 H_2O_2 作为还原剂,其中 O_2^{2-} 被氧化为 O_2:

$$2H_2O_2 \Longrightarrow 2H_2O + O_2$$

根据 H_2O_2 在酸性溶液中的标准电势图:

$$E^\ominus/V: \qquad\qquad O_2 \xrightarrow{\ 0.69\ } H_2O_2 \xrightarrow{\ 1.78\ } H_2O$$

可知,H_2O_2 的 $E^\ominus_{氧} > E^\ominus_{还}$,它可产生歧化反应。

---

[1] 在碱性不太强的溶液中,H_2O_2 以 HO_2^- 存在。

[2] 朱声逾:"小实验——过氧化氢的氧化性和还原性",载《化学教育》1983 年第 4 期。

任何浓度的过氧化氢,如果不与催化剂接触都是很稳定的。很多物质,如 I_2、MnO_2、多种重金属离子都可使过氧化氢分解,在少量 H_2O_2(30%)中加入少量重金属离子,H_2O_2 迅速分解放出的热足以使 H_2O_2 中的 H_2O 沸腾而生成蒸气。为防止这些金属离子催化 H_2O_2 分解,市售 30% H_2O_2 通常为塑料瓶装。而对于高浓度的过氧化氢,少量杂质包括灰尘的引入,都将导致 H_2O_2 爆炸分解。微量的焦磷酸钠或 8-羟基喹啉可阻止过氧化氢的分解,见光或加热将加速过氧化氢的分解,因此,实验室配制的过氧化氢溶液置于棕色瓶内,并放在阴冷处。

过氧化氢是重要的无机化工产品,主要利用它的强氧化性。稀的和 30% 的过氧化氢是实验室中常用试剂。H_2O_2 作为氧化剂时其还原产物为 H_2O 或 OH^-,因此使用时不会引入杂质,无二次污染的缺点。过氧化氢能将有色物质氧化为无色,所以可用来做漂白剂,由于 H_2O_2 不像氯气要损害动物性物质,因此特别适用于漂白象牙、丝、羽毛等物质。H_2O_2 溶液具有杀菌作用,3% 的溶液在医学上用作消毒剂和食品的防霉剂。90% 的 H_2O_2 曾作为火箭燃料的氧化剂。

(2) 过氧化氢的制备。过氧化氢是在 1818 年被法国化学家特纳所发现,19 世纪中成为商品,20 世纪初才工业生产。目前实验室制取 H_2O_2 已无必要,工业上大多采用电解法和蒽醌法获得 H_2O_2,特别是后者。

H_2O_2 本身是一种强氧化剂,要将 O^{2-} 氧化为 O_2^{2-},必须采用强有力的氧化手段,即用电解法。工业上大多采用电解 $(NH_4)_2SO_4$ - H_2SO_4 溶液的方法。电解时,在阴极 H^+ 得到电子被还原,在阳极 SO_4^{2-} 失去电子被氧化为 $S_2O_8^{2-}$(过二硫酸根,其中有两个氧原子连在一起—O—O—)。两极反应如下:

阴极　　　　　　　　　　　　$2H^+ + 2e \Longrightarrow H_2$

阳极　　　　$2SO_4^{2-} - 2e + 2NH_4^+ \Longrightarrow S_2O_8^{2-} + 2NH_4^+$　　$E^{\ominus} = 2.01\ V$

总反应　　　　　　　　$2HSO_4^- \Longrightarrow S_2O_8^{2-} + H_2\uparrow$

因此,电解产物是过二硫酸铵 $(NH_4)_2S_2O_8$ 溶液,加硫酸氢钾于 $(NH_4)_2S_2O_8$ 溶液,难溶的 $K_2S_2O_8$ 沉淀出来:

$$(NH_4)_2S_2O_8 + 2KHSO_4 \Longrightarrow K_2S_2O_8\downarrow + 2NH_4HSO_4$$

使 $K_2S_2O_8$ 在硫酸酸化过的溶液中水解,生成 H_2O_2:

$$K_2S_2O_8 + 2H_2O \Longrightarrow 2KHSO_4 + H_2O_2$$

经蒸馏得 35% H_2O_2 溶液。

近年来国际上生产过氧化氢普遍用蒽醌法,此法是在催化剂(Pd 或 Pd - Ir 混合催化剂)的存在下,用氢气将 2-乙基蒽醌氢化还原为 2-乙基氢蒽醌[1],再与空气(或富氧空气)中的 O_2 反应,此时游离态的 O_2 被还原为 O_2^{2-};同时 2-乙基氢蒽醌又被氧化成 2-乙基蒽醌,重新用于生产,放出 2 个 H^+ 与 O_2^{2-} 结合生成 H_2O_2(图 13-9)。

上述反应是在重芳烃和磷酸三辛酯溶剂中进行的,再用水萃取得 27.5% 以上的 H_2O_2,又经真空蒸发、精馏得 50% H_2O_2 产品。此法因取空气中的 O_2 为原料,还原剂及催化剂均可再生重复使用,经济效益较高,而且耗电少,适宜于大规模生产。我国现在已有不少工厂用蒽醌法生产过氧化氢。

---

[1]　因副反应,少部分被还原成四氢-2-乙基蒽醌,经空气氧化也能产生 H_2O_2 产品。但自身不能复原投入循环。

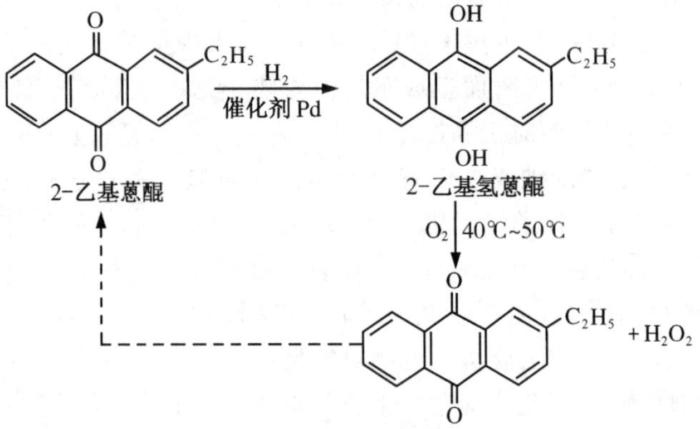

图 13-9　蒽醌法工艺流程示意

13.2.2　硫及其化合物

1. 单质硫

硫(sulfur)在自然界除以单质硫(硫黄)存在以外,大部分是以硫化物和硫酸盐形式存在。重要的硫化物矿石有黄铁矿(FeS_2)、黄铜矿($CuFeS_2$)、闪锌矿(ZnS)、方铅矿(PbS)等,重要的硫酸盐矿石有石膏($CaSO_4 \cdot 2H_2O$)、重晶石($BaSO_4$)、芒硝($Na_2SO_4 \cdot 10H_2O$)等。

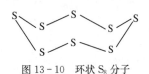

图 13-10　环状 S_8 分子

硫有多种同素异形体,其中主要的是斜方晶硫(rhombic sulfur)和单斜晶硫(monoclinicl sulfur)。斜方晶硫在 96.5℃以下稳定存在,单斜晶硫在 96.5℃以上稳定。斜方晶硫和单斜晶硫的分子式均为 S_8,呈环状结构(图 13-10),不溶于水,溶于 CS_2。

硫加热至 112.8℃即熔化为淡黄色易流动的液体,当温度高于 160℃时,S_8 环形结构破裂,变成开链,并且链与链结合成长链,由于长链相互纠缠,使分子不易运动,因此黏度增加,同时颜色也加深。在 200℃左右,黏度增至最大。进一步加热,长链分子断裂为短链分子,运动较易,黏度重新下降。继续加热,至 444.6℃时,硫沸腾成为橙色蒸气。硫蒸气中有 S_8、S_4、S_2 等分子存在,蒸气温度愈高,S_2 分子含量愈多,在 750℃时,S_2 占 92%。

将熔化到 230℃左右的硫迅速倒入冷水中,就得到褐色的、软橡皮状的弹性硫。由于骤冷,纠缠在一起的长链分子来不及断开成为 S_8 环,长链被保存下来,因而具有弹性。弹性硫放置后,就逐渐转变为黄色的斜方晶硫。

硫的化学性质比较活泼。它在常温时,能与氟化合;高温时,能与氢以及许多金属和非金属化合。

硫的用途极为广泛。硫用于硫酸、黑火药、火柴、橡胶、二硫化碳及一些硫化物的制造上;农业上用硫做杀虫剂;医药上被用来治疗皮肤病。

2. 硫化氢和硫化物

(1) 硫化氢。硫化氢(hydrogen sulfide)为无色,具有腐蛋臭味的气体。硫化氢有毒性,吸入微量,就使人头痛、恶心,长时间吸入,使人昏迷甚至死亡,空气中 H_2S 含量不能超过 0.01 mg·L^{-1}。所以在制取和使用 H_2S 时要注意通风。

H_2S 分子结构与 H_2O 相似,也呈角形。H_2S 分子的极性小于 H_2O 分子。

硫化氢的熔点为 −85.5℃,沸点为 −60.7℃。硫化氢稍溶于水,其水溶液称为氢硫酸。20℃时,1 体积水约可溶解 2.6 体积的硫化氢,所得溶液的浓度约为 0.1 mol·L^{-1}。

实验室中常用稀酸作用于硫化物的方法制取 H_2S：

$$FeS + 2HCl = FeCl_2 + H_2S\uparrow$$

目前实验室使用的 H_2S 水溶液也常用硫代乙酰胺水溶液代替：

$$CH_3CSNH_2 + 2H_2O = CH_3COONH_4 + H_2S$$

硫化氢的化学性质主要有下列两个方面：

① 弱酸性。氢硫酸是一个很弱的二元酸。关于氢硫酸的解离和 $[H^+]$ 与 $[S^{2-}]$ 的关系,已在 4.2.2 中讨论。

氢硫酸是一个二元酸,可生成两种类型的盐：正盐(硫化物)和酸式盐(硫氢化物)。例如：将 H_2S 通入 NaOH 溶液至饱和,则得酸式盐 NaHS：

$$NaOH + H_2S = NaHS + H_2O$$

将所得的 NaHS 与等摩尔的 NaOH 作用,则得正盐 Na_2S：

$$NaHS + NaOH = Na_2S + H_2O$$

由于氢硫酸是一个弱酸,所以硫化物和硫氢化物都易水解。

② 还原性。H_2S 作为还原剂时,可分别被氧化到 $0, +4, +6$ 三种氧化值。

当 H_2S 在空气中燃烧时,随空气充足或不充足其氧化产物分别为 SO_2 或 S。

硫化氢的水溶液被氧化时,其产物为 S 或 SO_4^{2-}。

氢硫酸即硫化氢水溶液,它的还原性较 H_2S 为强,在空气中放置,就被氧化而析出游离硫,使得溶液呈现混浊。在酸性溶液中,I_2、Br_2、Cl_2、$KMnO_4$ 都可将 H_2S 氧化为单质硫,如果是强氧化剂,而且用量过量时,还可将 H_2S 氧化为 SO_4^{2-}。例如：

$$Cl_2 + H_2S = 2HCl + S$$
$$4Cl_2 + H_2S + 4H_2O = 8HCl + H_2SO_4$$

(2) 硫化物。金属硫化物(metallic sulfides)大都难溶于水,它们的溶解度有很大的变化范围,并且大多数金属硫化物都有特征的颜色,因此可用来分离和鉴定金属离子。

根据硫化物在不同酸溶液中的溶解情况,可将难溶金属硫化物大致分成下列几类。

① 溶于稀酸。如 ZnS：

$$ZnS + 2HCl = ZnCl_2 + H_2S$$

金属硫化物的 $K_{sp}^{\ominus}$ 值越大,在稀酸中越容易溶解。

② 不溶于稀盐酸,但却能溶于浓盐酸。如 CdS：

$$CdS + 2HCl(浓) = CdCl_2 + H_2S$$

③ 不溶于浓盐酸,却能溶于硝酸。如 CuS：

$$3CuS + 8HNO_3 = 3Cu(NO_3)_2 + 2NO + 3S + 4H_2O$$

④ 不溶于硝酸,能溶于王水。如 HgS：

$$3HgS + 2HNO_3 + 12HCl = 3H_2[HgCl_4] + 2NO + 3S + 4H_2O$$

(3) 多硫化物。在可溶性金属硫化物(例如 Na_2S)的溶液中,加入单质硫,硫溶解于其中,产生下列反应：

$$Na_2S + (x-1)S \Longrightarrow Na_2S_x \qquad (x=2\sim6)$$

S_x^{2-} 叫多硫离子,多硫离子中硫原子通过共用电子对而连在一起。例如 S_3^{2-}:

$$\left[\ \ddot{\underset{..}{S}} : \ddot{\underset{..}{S}} : \ddot{\underset{..}{S}} : \ \right]^{2-}$$

多硫化物(polysulfides)和过氧化物相似,既具有氧化性,又具有还原性。多硫化物作为氧化剂时,本身还原为 −2 氧化值的硫:

$$Na_2S_2 + SnS \Longrightarrow Na_2SnS_3$$

多硫化物又具有还原性,它在空气中燃烧时,本身被氧化为 +4 氧化态 SO_2:

$$3FeS_2 + 8O_2 \Longrightarrow Fe_3O_4 + 6SO_2$$

多硫化物遇酸则产生多硫化氢,多硫化氢非常不稳定,很快分解为 H_2S 和单质硫。

$$S_2^{2-} + 2H^+ \Longrightarrow H_2S_2$$
$$\longrightarrow H_2S + S$$

我们可以看到,上述反应和 H_2O_2 的歧化反应非常相似。

多硫化物是分析化学上的常用试剂,在制革工业中用于原皮的去毛剂,在农业上用作杀灭害虫的药剂。

3. 硫的含氧化合物

(1) 二氧化硫、亚硫酸及其盐

① 二氧化硫的性质和制备。二氧化硫(sulfur dioxide)为无色,具有刺激臭味的气体,熔点 −76℃,沸点 11℃,容易液化,液态二氧化硫是一种良好的非水溶剂。

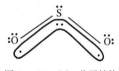

图 13-11　SO_2 分子结构

SO_2 的分子结构如图 13-11 所示,为 V 形分子。中心硫原子采用 sp^2 不等性杂化,两个杂化轨道与两个氧原子形成两个 σ 键,另外还有一个大 π_3^4 键。

二氧化硫中硫的氧化值为 +4,是硫的中间氧化态,因此它既有氧化性,又有还原性,但还原性强于氧化性。二氧化硫作还原剂时,本身被氧化为 +6 氧化值:

$$2SO_2 + O_2 \xrightarrow{\text{催化剂}} 2SO_3$$

二氧化硫遇强还原剂时显示氧化性,此时 SO_2 一般被还原为单质硫:

$$SO_2 + 2H_2S \xrightarrow{\text{少量水气}} 3S + 2H_2O$$
$$SO_2 + 2CO \xrightarrow[\text{500℃}]{\text{铝矾土}} S + 2CO_2$$

硫化物矿冶炼时,有大量的 SO_2 产生,若用铝矾土做催化剂,可使烟道气中 SO_2 与 CO 作用以回收硫,并减少有害气体污染环境。

二氧化硫还可以和一些有机色素结合成无色的加成物,因此可用做漂白剂,漂白纸张和稻草等。但这种无色加成物不太稳定,时间久了,就会分解而重现原来的颜色。

制备 SO_2 可以有多种途径。如:

(a) 亚硫酸盐的复分解反应　$Na_2SO_3 + H_2SO_4 \Longrightarrow Na_2SO_4 + SO_2 + H_2O$

　　(b) 单质硫的氧化　$S+O_2 \Longrightarrow SO_2$

　　(c) 硫化物的氧化　$3FeS_2+8O_2 \Longrightarrow Fe_3O_4+6SO_2$

　　(d) 硫酸的还原　$Cu+2H_2SO_4(浓) \Longrightarrow CuSO_4+SO_2+2H_2O$

　　(e) 硫酸盐的还原　$2CaSO_4+C \xrightarrow{900℃\sim1\,350℃} 2CaO+2SO_2+CO_2$[①]

其中(a)用于实验室制备 SO_2,当实验室须制备较纯 SO_2 时可选用(d),(b)(c)(e)用于工业制 SO_2,我国主要采用(c)制备 SO_2。

　　② 亚硫酸及其盐。二氧化硫溶于水,部分与水作用生成亚硫酸(sulfurous acid)

$$SO_2+H_2O \Longrightarrow H_2SO_3$$

　　H_2SO_3 很不稳定,仅存在于溶液中,煮沸溶液加速 H_2SO_3 的分解,并将 SO_2 全部自溶液中驱出。

　　H_2SO_3 是一个中强的二元酸,在水溶液里分两步解离:

$$H_2SO_3 \Longrightarrow H^++HSO_3^- \quad K_1^\ominus=1.2\times10^{-2}$$
$$HSO_3^- \Longrightarrow H^++SO_3^{2-} \quad K_2^\ominus=6.16\times10^{-8}$$

加碱可使上述平衡向右移动,因此可产生两系列的盐:正盐,例如 Na_2SO_3;酸式盐,例如 $Ca(HSO_3)_2$。$Ca(HSO_3)_2$ 能溶解木质,用于造纸工业中制造纸浆。

　　和二氧化硫一样,亚硫酸及其盐都具有还原性,并且强于二氧化硫。亚硫酸盐(sulfite)的还原性更强于亚硫酸,空气中的氧就可使它们氧化为硫酸盐或硫酸:

$$2Na_2SO_3+O_2 \Longrightarrow 2Na_2SO_4$$
$$2H_2SO_3+O_2 \Longrightarrow 2H_2SO_4$$

因此,保存亚硫酸或亚硫酸盐时,应防止空气的进入。此外,亚硫酸和亚硫酸盐还易迅速被强氧化剂所氧化,例如:

$$H_2O+Cl_2+Na_2SO_3 \Longrightarrow 2NaCl+H_2SO_4$$

所以印染工业上常需用亚硫酸钠或亚硫酸氢钠作为除氯剂,除去布匹漂白后残留的氯。

　　与二氧化硫类似,亚硫酸和亚硫酸盐只有遇到强还原剂时才表现氧化性,例如:

$$2H_2S+2H^++SO_3^{2-} \Longrightarrow 3S+3H_2O$$

　　(2) 三氧化硫、硫酸及其盐

　　① 三氧化硫。三氧化硫(sulfur trioxide)在常温下是无色液体,44.8℃沸腾,冷却到17℃凝为固体。固态 SO_3 是若干个简单分子的聚合体$(SO_3)_m$。

　　SO_3 分子呈平面三角形,中心硫原子采取 sp^2 等性杂化,与三个氧原子形成三个 σ 键,硫原子上的另三个电子则与三个氧原子上的各一个电子形成大 π_4^6 键。SO_3 分子中的三个 S—O 键均具有双键特征。其分子结构见图 13 - 12。

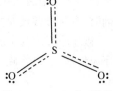

图 13 - 12　SO_3 分子结构

　　SO_3 是强氧化剂,特别是在高温时,能氧化一些金属和非金属,成为相应的氧化物,如果是金属氧化物,则与 SO_3 结合成硫酸盐。

---

　　① 利用石膏制取 SO_2 时,常加入黏土、砂子等,以降低分解温度。同时还可以获得水泥:
$2CaSO_4+xAl_2O_3+ySiO_2+C \Longrightarrow 2SO_2+CO_2+2CaO\cdot xAl_2O_3\cdot ySiO_2$

$$2P + 5SO_3 \xrightarrow{\quad\quad} P_2O_5 + 5SO_2$$

$$2Fe + 6SO_3 \xrightarrow{\quad\quad} Fe_2(SO_4)_3 + 3SO_2$$

SO_3 有强烈的吸水作用,与水化合生成硫酸。

$$SO_3 + H_2O \xrightarrow{\quad\quad} H_2SO_4$$

② 硫酸。现代工业上制造硫酸(sulfurix acid),除因地制宜确定制备原料气 SO_2 的工艺路线外,提高 SO_2 转化为 SO_3 的转化率,成为硫酸工业生产的关键。目前世界各国大多采用接触法制硫酸。

$$2SO_2(g) + O_2(g) \underset{\text{过量空气}}{\xrightarrow[400℃\sim500℃]{V_2O_5}} 2SO_3(g) \qquad \Delta_r H_m^{\ominus} = -197.8 \text{ kJ} \cdot \text{mol}^{-1}$$

$$\Delta_r G_m^{\ominus} = -142.0 \text{ kJ} \cdot \text{mol}^{-1}$$

上述反应在室温及 101.3 kPa 下可以自发进行,但反应速度极慢,所以须用催化剂及升高温度,生成的 SO_3 再用浓 H_2SO_4 吸收。这样经过一次转化,一次吸收,SO_2 转化率约 97%。20 世纪 60 年代国际硫酸工业创造了"两转两吸"流程,即经一转一吸后的气体,再一次通过催化剂床,让未氧化的 SO_2 进一步转化为 SO_3,再经浓 H_2SO_4 吸收,使 SO_2 转化率提高到 99.7%,不仅消除了尾气对环境的污染,而且降低原料的消耗定额,大大提高了生产效率。SO_3 经浓硫酸吸收,得发烟硫酸:

$$H_2SO_4 + xSO_3 \xrightarrow{\quad\quad} \underset{\text{发烟硫酸}}{H_2SO_4 \cdot xSO_3}$$

用水稀释发烟硫酸,就可得到任何浓度的硫酸。

纯硫酸是无色油状液体,10.4℃凝固,338℃沸腾。硫酸分子间存在氢键,利用它的高沸点,浓 H_2SO_4 可自一些挥发性酸的盐中将挥发性酸置换出来。例如,浓 H_2SO_4 与硝酸盐作用,可制得易挥发的 HNO_3。

$$H_2SO_4(浓) + NaNO_3 \xrightarrow{\triangle} NaHSO_4 + HNO_3$$

硫酸的化学性质主要表现在以下几方面。

吸水性 浓 H_2SO_4 能和水结合为一系列的稳定的水化物,例如 $H_2SO_4 \cdot H_2O$、$H_2SO_4 \cdot 2H_2O$、$H_2SO_4 \cdot 4H_2O$ 等,因此它具有极强的吸水性。常用来做干燥剂。它还能从有机化合物中夺取水分子而具脱水性。浓 H_2SO_4 的这种性质用于炸药、油漆和一些化学药品的制造中。

氧化性 浓 H_2SO_4 是一个相当强的氧化剂,特别是在加热时,它能氧化很多金属和非金属。它将金属和非金属氧化为相应的氧化物,金属氧化物则与硫酸作用生成硫酸盐。浓硫酸作为氧化剂时,本身可被还原为 SO_2、S 或 H_2S。它和非金属作用时,一般被还原为 SO_2。它和金属作用时,其被还原程度与金属的活泼性有关,不活泼金属,还原性弱,只能将硫酸还原为 SO_2;活泼金属还原性强,可以将硫酸还原为单质 S,甚至 H_2S。

$$C + 2H_2SO_4(浓) \xrightarrow{\quad\quad} CO_2 + 2SO_2 + 2H_2O$$

$$Cu + 2H_2SO_4(浓) \xrightarrow{\quad\quad} CuSO_4 + SO_2 + 2H_2O$$

$$Zn + 2H_2SO_4(浓) \xrightarrow{\quad\quad} ZnSO_4 + SO_2 + 2H_2O$$

$$3Zn + 4H_2SO_4(浓) \xrightarrow{\quad\quad} 3ZnSO_4 + S + 4H_2O$$

$$4Zn + 5H_2SO_4(浓) \xrightarrow{\quad\quad} 4ZnSO_4 + H_2S + 4H_2O$$

酸性　H_2SO_4 是二元酸,稀硫酸能完全解离为 H^+ 和 HSO_4^-,二级解离较不完全:

$$H_2SO_4 \Longrightarrow H^+ + HSO_4^-$$

$$HSO_4^- \Longrightarrow H^+ + SO_4^{2-} \qquad K_2^{\ominus} = 1.2 \times 10^{-2}$$

稀硫酸没有氧化性,金属活动顺序中氢以上的金属与稀硫酸作用产生氢气。

硫酸是基本化学工业中最重要的产品之一,它的用途极广,硫酸大量用于制造过磷酸钙 $[Ca(H_2PO_4)_2$ 和 $CaSO_4 \cdot 2H_2O$ 的混合物]和硫酸铵肥料,此外大量用于炸药生产、石油炼制上。硫酸还用来制造其他多种酸、各种矾类及颜料、染料等。

③ 硫酸盐。硫酸是二元酸,可生成两系列的盐:酸式盐和正盐。除碱金属和氨能与硫酸生成酸式盐外,其他金属只能得到正盐。

酸式硫酸盐和大多数硫酸盐(sulfate)都易溶于水,但 Ca、Sr、Ba 和 Pb 的硫酸盐溶解度很小,而 $BaSO_4$ 几乎不溶于水,也不溶于酸。根据 $BaSO_4$ 这一特性,可以检验 SO_4^{2-}。虽然 SO_3^{2-} 和 Ba^{2+} 也能产生白色沉淀,但它溶于酸,同时有 SO_2 产生。

④ 硫酸的氯衍生物。硫酸的电子式和结构式可表示如下:

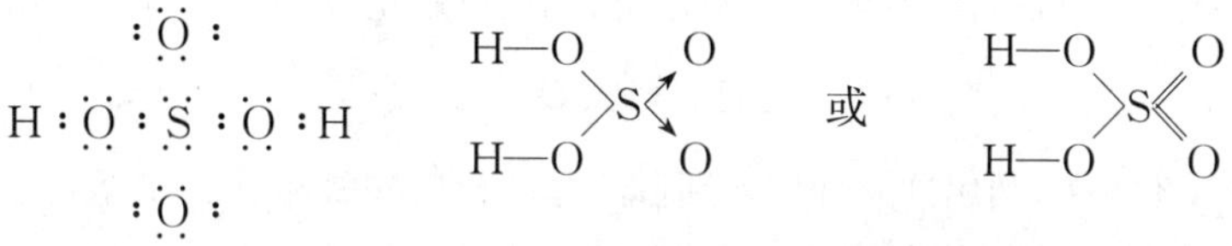

硫酸也可用 $SO_2(OH)_2$ 表示,其中的羟基被氯取代后生成的化合物称为硫酸的氯衍生物。如果以氯化氢作用于发烟硫酸,则其中一个—OH 基被氯取代生成氯磺酸 $SO_2(OH)Cl$,若两个—OH 基均被氯取代生成二氯化硫酰(或称硫酰氯)SO_2Cl_2。

氯磺酸、二氯化硫酰与水猛烈反应,生成硫酸和氯化氢:

$$SO_2(OH)Cl + H_2O \Longrightarrow H_2SO_4 + HCl$$

$$SO_2Cl_2 + 2H_2O \Longrightarrow H_2SO_4 + 2HCl$$

氯磺酸和二氯化硫酰都是具有刺激气味的液体,在空气中发生烟雾,它们主要用在有机合成上作磺化剂引入—SO_3H。

(3) 硫的其他含氧酸及其盐

① 焦硫酸及其盐。发烟硫酸 $H_2SO_4 \cdot xSO_3$ 中,当 $x=1$ 时,就称焦硫酸(pyrosulfuric acid)。焦硫酸可以看成从 2 个硫酸分子脱去 1 分子水后的产物:

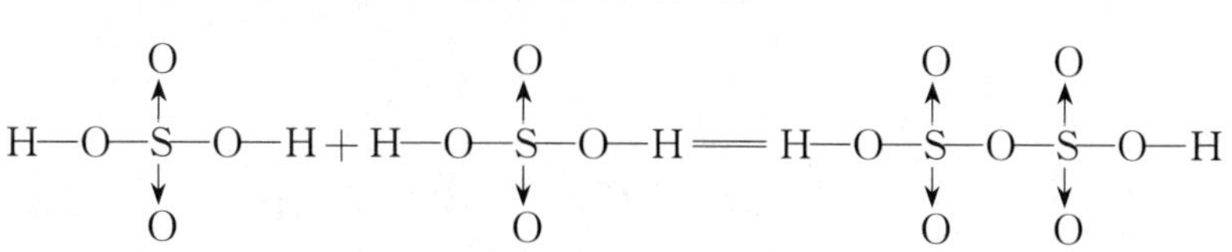

焦硫酸和水作用生成 H_2SO_4:

$$H_2S_2O_7 + H_2O \Longrightarrow 2H_2SO_4$$

焦硫酸是溶有 SO_3 的硫酸,因此它具有比浓 H_2SO_4 更强的氧化性。

与 H_2SO_4 和 SO_3 生成 $H_2S_2O_7$ 相似,焦硫酸盐可以从硫酸盐与 SO_3 在密闭管中加热制得。实际上,碱金属的焦硫酸盐是将碱金属的酸式硫酸盐加热到熔点以上来制取的,例如:

$$2KHSO_4 \xrightarrow{\triangle} K_2S_2O_7 + H_2O$$

再进一步加热,焦硫酸钾分解为 K_2SO_4 和 SO_3:

$$K_2S_2O_7 \xrightarrow{\triangle} K_2SO_4 + SO_3$$

SO_3 是硫酸的酸酐,因此,常利用 $K_2S_2O_7$ 的这种性质来分解矿石,把 $K_2S_2O_7$(或用 $KHSO_4$)与矿石样品共熔,则一些不溶于水和酸的金属氧化物与 SO_3 结合生成可溶于水的硫酸盐。

$$Al_2O_3^{①} + 3K_2S_2O_7 = Al_2(SO_4)_3 + 3K_2SO_4$$
$$Cr_2O_3 + 3K_2S_2O_7 = Cr_2(SO_4)_3 + 3K_2SO_4$$

② 硫代硫酸钠(sodium thiosulfate)。$Na_2S_2O_3 \cdot 5H_2O$ 俗称大苏打或海波。它在中性或碱性溶液中稳定,遇酸即生成硫代硫酸,后者不稳定,迅速分解生成 SO_2 气体和 S 沉淀:

$$S_2O_3^{2-} + 2H^+ = SO_2 + S + H_2O$$

亚硫酸盐遇酸只放出 SO_2,利用这一性质差别可区分硫代硫酸盐和亚硫酸盐。

硫代硫酸根离子 $S_2O_3^{2-}$ 可看成 SO_4^{2-} 中的一个氧原子被硫原子所代替:

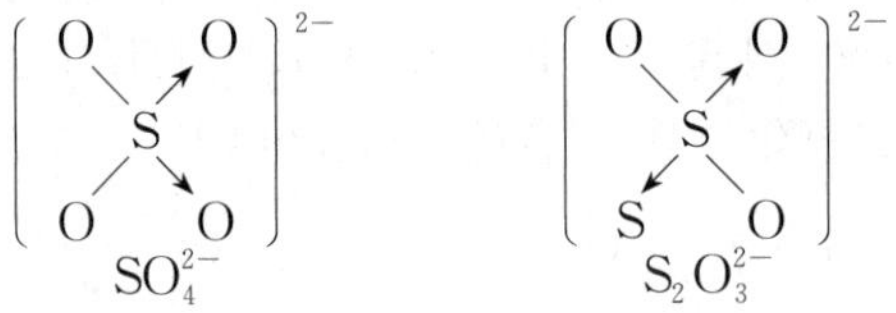

$$SO_4^{2-} \qquad S_2O_3^{2-}$$

硫代硫酸盐的最重要性质是还原性和配合性。强度不同的氧化剂作用于 $S_2O_3^{2-}$,可得到不同的产物。在遇到强氧化剂(氯)时,被氧化为硫酸盐:

$$S_2O_3^{2-} + 4Cl_2 + 5H_2O = 2SO_4^{2-} + 10H^+ + 8Cl^-$$

因此,$Na_2S_2O_3$ 可作为布匹漂白后的除氯剂。$S_2O_3^{2-}$ 离子与中等强度的氧化剂如 I_2、Fe^{3+} 作用时,$S_2O_3^{2-}$ 被氧化成连四硫酸盐 $S_4O_6^{2-}$(其中硫的平均氧化值为 $+2.5$):

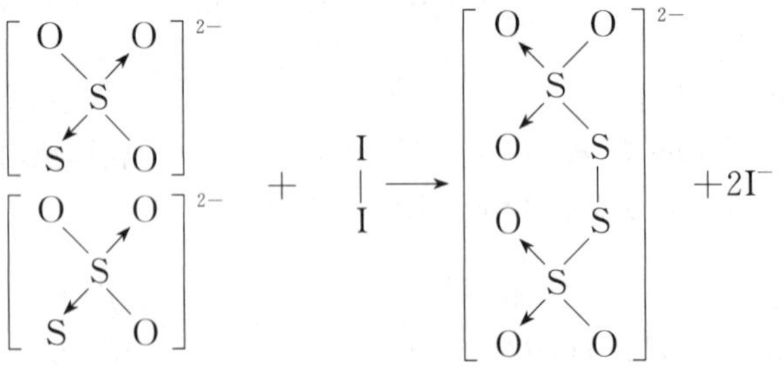

即

---

① 这些氧化物虽然具有两性,但经过高温焙烧后,在酸中也不溶解,矿石中的一些金属氧化物由于经过地壳变动的高温,也不溶于酸。

$$2S_2O_3^{2-} + I_2 \Longrightarrow S_4O_6^{2-} + 2I^-$$

这一反应是容量分析中碘量法的基础。

$S_2O_3^{2-}$ 能与 Ag^+ 等许多金属形成配合物。$Na_2S_2O_3$ 用于照相上作定影剂,溶解未感光的 $AgBr$。

$$2Na_2S_2O_3 + AgBr \Longrightarrow Na_3[Ag(S_2O_3)_2] + NaBr$$

实验室中用硫黄和亚硫酸钠一同煮沸制备 $Na_2S_2O_3$:

$$Na_2SO_3 + S \xrightarrow[\text{煮沸 2 小时}]{115℃} Na_2S_2O_3$$

工业上常用印染厂废水(主要成分 Na_2S)为原料,先通 SO_2 使成 Na_2SO_3 溶液(相对密度 <1.210),再加 $NaOH$ 调节 $pH>10$,与 S 共沸[①],将溶液蒸发、浓缩、结晶得 $Na_2S_2O_3 \cdot 5H_2O$。为使 Na_2SO_3 溶液与 S 充分混合,S 最好呈液态。而 S 的熔点为 112.8℃,若温度过高,S 变得黏稠而不易搅拌和沸腾;温度过低,又不能熔化,因此反应温度控制在 115℃ 左右为宜。多余 S 虽经过滤但尚有微量残留必须去除,一般通过加入 $NaOH$,这样既可阻止 Na_2SO_3 水解,又有利于和 S 作用。

③ 连二亚硫酸钠。连二亚硫酸钠(soldium hydrosulfite)俗称保险粉,是一种白色粉末固体,以 $Na_2S_2O_4 \cdot 2H_2O$ 形式存在,它不稳定,是个强还原剂。

$$2SO_3^{2-} + 2H_2O + 2e \Longrightarrow S_2O_4^{2-} + 4OH^- \qquad E^{\ominus} = -1.12 \text{ V}$$

它在空气中很容易被氧化,也能还原 I_2 以及 Ag^+、Cu^{2+}、Bi^{3+} 等离子。许多重要染料如阴丹士林、靛蓝等在水中皆不溶解,但能被 $Na_2S_2O_4$ 还原为可溶物,因此,用于制造染料及染色等。

④ 过硫酸及其盐。含有过氧键—O—O—的酸,称为过氧酸(peroxy acid)。硫的过氧酸有两种:过一硫酸 H_2SO_5(peroxy-monosulfuric acid)和过二硫酸 $H_2S_2O_8$(peroxy-disulfuric acid),它们都可看作过氧化氢的衍生物,结构式见表 13-10。从结构上看,过硫酸中 S 的氧化值为 +6,过氧键上 O 的氧化值为 -1。

过二硫酸 $H_2S_2O_8$ 在溶液中不稳定,容易水解为过一硫酸 H_2SO_5,H_2SO_5 进一步水解就得 H_2O_2:

$$H_2S_2O_8 + H_2O \Longrightarrow H_2SO_5 + H_2SO_4$$
$$H_2SO_5 + H_2O \Longrightarrow H_2O_2 + H_2SO_4$$

H_2SO_5 和 $H_2S_2O_8$ 以及它们的盐都像过氧化氢一样含有过氧键,它们都具有强氧化性。

$$S_2O_8^{2-} + 2e \Longrightarrow 2SO_4^{2-} \qquad E^{\ominus} = 2.01 \text{ V}$$

因此,过二硫酸盐能将 I^- 氧化为 I_2;将 Mn^{2+} 氧化为 MnO_4^-:

$$S_2O_8^{2-} + 2I^- \Longrightarrow I_2 + 2SO_4^{2-}$$
$$5S_2O_8^{2-} + 2Mn^{2+} + 8H_2O \xrightarrow{Ag^+} 2MnO_4^- + 10SO_4^{2-} + 16H^+$$

$S_2O_8^{2-}$ 中虽含有—O—O—键,但与 $KMnO_4$ 不作用,这是它与 H_2O_2 不同之处。这是由于 —O—O— 键的两边与 H 连接和与 S 连接,在性质上是有所不同的。

上面介绍了硫的一些含氧酸及其盐,现将它们的氧化值和结构式汇总于表 13-10。

---

① 生产 $Na_2S_2O_3$ 也可在印染废水中直接加 S 通空气,一步氧化成 $Na_2S_2O_3$,此法对环境污染较少但能耗大。

表 13‑10　硫的一些含氧酸

名　称	化 学 式	硫的氧化值	结　构　式	存在形式
硫代硫酸	$H_2S_2O_3$	+2	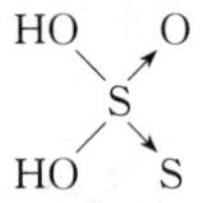 HO、O／S←→HO、S	盐
连二亚硫酸	$H_2S_2O_4$	+3	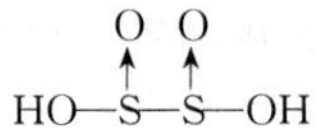 O↑ O↑　HO—S—S—OH	盐
亚硫酸	H_2SO_3	+4	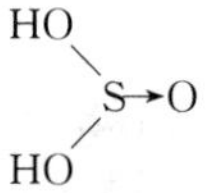 HO、S→O／HO	盐
硫酸	H_2SO_4	+6	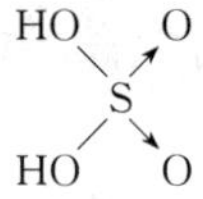 HO、O／S←→HO、O	酸,盐
焦硫酸	$H_2S_2O_7$	+6	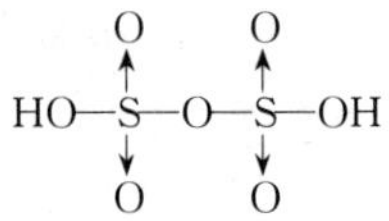 O↑ O↑　HO—S—O—S—OH　O↓ O↓	酸,盐
过一硫酸	H_2SO_5	+6	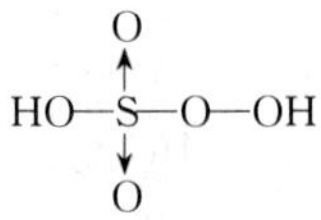 O↑　HO—S—O—OH　O↓	酸,盐
过二硫酸	$H_2S_2O_8$	+6	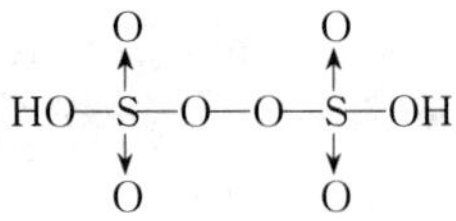 O↑ O↑　HO—S—O—O—S—OH　O↓ O↓	酸,盐

13.2.3　硒和碲

硒和碲(selenium and tellurium)都是稀有分散元素,通常以极少量存在于硫化物的矿中。在处理这些矿时,硒和碲大都留在废渣中,因此,硫酸工业的烟道尘和洗涤塔的淤泥、电解铜的阳极渣等成为制取硒和碲的主要原料。

硒和碲也能形成氢化物 H_2Se 和 H_2Te,它们的酸性、还原性和对热的不稳定性均按 H_2S—H_2Se—H_2Te 的顺序而渐增。现将它们的一些性质列于表 13‑11 中。

表 13‑11　氧族元素氢化物的性质的比较

	H_2O	H_2S	H_2Se	H_2Te
熔点/℃	0.0	−85.52	−65.73	−49
沸点/℃	100.0	−60.33	−42.0	−2.0
生成热/($kJ \cdot mol^{-1}$)	−285.8	−20.2	+29.71	+99.58
解离常数/25℃	1.33×10^{-14}	1.1×10^{-7}	1.3×10^{-4}	2.3×10^{-3}
作为还原剂的电极电势 $E^{\ominus}$/V　$A+2H^+ +2e \longrightarrow H_2A$	1.23	+0.14	−0.40	−0.50

硒和碲也能形成二氧化物 SeO_2 和 TeO_2 以及三氧化物 SeO_3 和 TeO_3。二氧化物(及其水化物)按 SO_2—SeO_2—TeO_2 的顺序,还原性渐减、氧化性渐增、酸性渐减。因此,亚硒酸 H_2SeO_3、亚碲酸 H_2TeO_3 可将 H_2SO_3 氧化为 H_2SO_4,本身还原为 Se 和 Te。

$$2H_2SO_3 + H_2SeO_3 \longrightarrow 2H_2SO_4 + Se + H_2O$$
$$2H_2SO_3 + H_2TeO_3 \longrightarrow 2H_2SO_4 + Te + H_2O$$

用过氧化氢氧化 H_2SeO_3 和 H_2TeO_3 可以得到硒酸 H_2SeO_4 和碲酸 H_6TeO_6。硒酸和硫酸一样,是一个强酸,而碲酸是一个弱酸。硒酸和碲酸都是强氧化剂。

硒的导电性在黑暗中很小,以光照射,电导急剧增加,因此,可用来制造光电管及无线电传真用。硒还用来制造无色玻璃和红色玻璃。碲主要用于制造铅缆,在铅缆绳中加入少量碲,可增加其硬度和弹性。

1957 年发现,硒是人体必需的微量元素,虽然硒在体内含量极低(约 2×10^{-7}),但对于防衰老、保护心血管系统及防止某些部位的病变有积极作用。

复习思考题

1. N_2 为什么在常温下可被用作惰性气体? 实验室所需少量 N_2 如何制得?

2. HNO_2 或 NO_2^- 在酸性介质中其氧化性大于还原性有何依据? 试写出亚硝酸盐在酸性溶液中与 KI、$FeCl_2$、$KMnO_4$ 的反应方程式。

3. 分别分析氮族和氧族元素氢化物的酸碱性、氧化还原性及热稳定性的变化规律。

4. 按金属活泼性和硝酸、硫酸的不同浓度,说明金属和硝酸及金属和硫酸反应时的产物有些什么相同之处,又有什么不同之处。

5. $SbCl_3$ 溶于水将产生什么现象? 为什么? 如何配制澄清的 $SbCl_3$ 水溶液?

6. 偏铋酸钠在硝酸介质中能将 Mn^{2+} 氧化成 MnO_4^-,若在盐酸介质中将发生怎样的反应过程? 写出有关的反应方程式。

7. 试回答:(1)氧气和臭氧的组成和性质有何不同? (2)空气中混有少量臭氧,如何检验?

8. 过氧化氢如何制备? 试从化学反应类型和过氧化氢的氧化值等方面加以分析。

9. 解释下列事实:
    (1) 不能用硝酸与 FeS 作用制备 H_2S;
    (2) 稀、浓硫酸和 Zn 作用得到不同的产物;
    (3) 亚硫酸是良好的还原剂,浓硫酸是相当强的氧化剂,但两者相遇并不发生反应;
    (4) Bi(V)的氧化性比同族中其他元素都强。

习　题

1. 从结构观点解释下列现象:
    (1) 氮在自然界以游离态存在;
    (2) 氨极易溶于水,而 NO 难溶于水;
    (3) N_2 为反磁性分子而 O_2 为顺磁性分子;O_2 为非极性分子而 O_3 为极性分子;
    (4) NO_2 随温度降低气体颜色变浅;
    (5) SO_2、H_2O_2 均为极性分子;
    (6) H_3PO_3 分子中含有 3 个氢原子,但却是二元酸。

2. 写出下列各铵盐、硝酸盐热分解的方程式:

   (1) 铵盐：NH_4HCO_3、$(NH_4)_3PO_4$、$(NH_4)_2SO_4$、NH_4NO_3、NH_4Cl

   (2) 硝酸盐：KNO_3、$Cu(NO_3)_2$、$AgNO_3$、$Zn(NO_3)_2$

3. 解释下列事实：

   (1) 硝酸和 Na_2CO_3 反应能产生 CO_2，但和 Na_2SO_3 反应却得不到 SO_2；

   (2) 可用浓氨水检查氯气管道的漏气；

   (3) 铜溶于稀硝酸，而不溶于稀硫酸；

   (4) 用 $Pb(NO_3)_2$ 热分解可以制得纯净的 NO_2。

4. 工业上用氨催化氧化法制硝酸，试计算在 1 073 K、100 kPa 下，每消耗 1 m^3 氨气，理论上(假定转化率为 100%)可制得浓度为 70% 的硝酸质量多少？

5. 五氧化二磷作干燥剂时，20℃时气体中剩余水蒸气含量为 $2×10^{-5}$ g/L，计算此时气体中水蒸气的分压 (Pa) 为多少？

6. 完成和配平下列反应方程式：

   (1) $NO_2^- + I^- + H^+ \longrightarrow$

   (2) $NO_2^- + MnO_4^- + H^+ \longrightarrow$

   (3) $NO_3^- + Fe^{2+} + H^+ \longrightarrow$

   (4) $Ag_2S + NO_3^- + H^+ \longrightarrow$

   (5) $AsO_3^{3-} + H_2S + H^+ \longrightarrow$

   (6) $AsO_3^{2-} + Cl_2 + OH^- \longrightarrow$

   (7) $AsO_4^{3-} + I^- + H^+ \longrightarrow$

   (8) $Bi(NO_3)_3 + H_2O \longrightarrow$

   (9) $Sb_2S_3 + S^{2-} \longrightarrow$

7. 某一种氯化物 A 加水溶解时产生白色沉淀，加入 HCl 后白色沉淀消失，将得到的溶液分为两份：在第一部分中加入 NaOH 溶液，可得白色沉淀，如果加入过量 NaOH，白色沉淀又消失。在第二部分中加入 Na_2S 溶液，可得橙红色沉淀，如果加入过量 Na_2S 溶液，沉淀又消失，如果再用 HCl 酸化又可得橙红色沉淀。请指出 A 是哪一种元素的氯化物？并用化学方程式说明上述各过程。

8. 完成下表箭头所示的各步反应，写出反应方程式并注明反应条件：

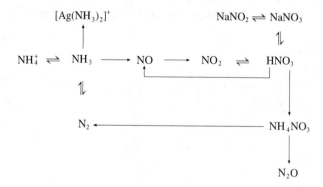

9. 一溶液中含有 As^{3+}、Bi^{3+}、NH_4^+ 三种离子，试将它们加以分离。

10. 在 10 mL H_2O_2 的溶液中，通入臭氧，当溶液中的 H_2O_2 完全与臭氧产生反应后，得到 500 mL 氧气 (27℃、100 kPa)。求该 H_2O_2 溶液的百分浓度(假定溶液的密度为 1 g·mL^{-1})。

11. 金属硫化物按其在水中的溶解度的不同可分为哪几类？为什么 ZnS 可溶于稀 HCl 而 CuS 不溶？试用计算说明 MnS 能否溶于 HAc 中？

12. 含有 Zn^{2+} 和 Pb^{2+} 的酸性溶液中，其中 $[Zn^{2+}] = [Pb^{2+}] = 0.1$ mol·L^{-1}，$[H^+] = 1$ mol·L^{-1}，如果在溶液中通入 H_2S 使达饱和，问能否使两种离子完全分离？已知 $K_{sp}^{\ominus}(ZnS) = 2.5×10^{-22}$，$K_{sp}^{\ominus}(PbS) =$

8.0×10^{-28}。

(以上两题计算中,应考虑金属离子与 H_2S 反应生成的 H^+)

13. 完成并配平下列反应方程式:

(1) $Na_2S_2O_3 + I_2 \longrightarrow$

(2) $Na_2S_2O_3 + Cl_2 + H_2O \longrightarrow$

(3) $H_2SeO_3 + H_2SO_3 \longrightarrow$

(4) $H_2S + H_2SO_3 \longrightarrow$

(5) $KHSO_4 \xrightarrow{\text{强热}}$

(6) $O_3 + Ag \longrightarrow$

(7) $H_2O_2 + H_2S \longrightarrow$

(8) $H_2O_2 + KMnO_4 + H_2SO_4 \longrightarrow$

(9) $SO_2 + Cl_2 + H_2O \longrightarrow$

(10) 浓 $H_2SO_4 + Ag \longrightarrow$

(11) $H_2S + ClO_3^- \longrightarrow$

(12) $K_2S_2O_8 + KI \longrightarrow$

14. 写出制备下列物质的各步反应:

(1) 由 S 制 $H_2S_2O_8$;

(2) 由 S 制 $Na_2S_2O_3$;

(3) 由 S 制 $Na_2S_2O_4$。

15. 写出下列各物质的化学式:石膏、芒硝、大苏打、硫代亚锑酸钠、焦硫酸钾、过二硫酸钾、保险粉、连四硫酸钠。

16. 101.3 kPa、20℃时,1 体积水可溶解 2.6 体积的 H_2S 气体。求此条件下,H_2S 饱和水溶液的物质的量浓度和 pH 值。

17. 在某钠盐 A 的水溶液中加入稀盐酸后,有刺激性气体 B 产生,同时有黄色沉淀 C 析出,气体 B 能使 $KMnO_4$ 溶液褪色。若通 Cl_2 于 A 溶液中,Cl_2 消失并得到溶液 D,D 与钡盐作用,产生白色沉淀 E。写出 A、B、C、D、E 各物质的化学式及各步反应的反应方程式。

18. 某金属的硝酸盐 A 为无色晶体,将 A 加入水中后得白色沉淀 B,经过滤得清液 C,若向清液 C 中加入饱和 H_2S 溶液可产生黑色沉淀 D,D 不溶于氢氧化钠溶液,可溶于盐酸中。向清液 C 中滴加氢氧化钠溶液有白色沉淀 E 生成,E 不溶于过量的氢氧化钠溶液。向氯化亚锡的过量 NaOH 溶液中滴加清液 C,有黑色沉淀 F 生成。写出 A、B、C、D、E、F 各物质的化学式及各步的反应方程式。

19. 有一种白色固体 A,加入无色黏稠液体 B,可得紫黑色固体 C,C 微溶于水,加入 A 后 C 的溶解度增大,成棕色溶液 D。将 D 分成两份,一份中加一种无色溶液 E,另一份通入气体 F,都褪色成无色透明溶液,E 溶液遇酸有淡黄色沉淀,同时产生气体 F,问 A、B、C、D、E、F 各代表何物?

20. 今有五瓶白色固体,已知分别为 Na_2S、Na_2S_2、Na_2SO_3、Na_2SO_4、$Na_2S_2O_3$,其标签已经脱落,试用最简单的方法加以鉴别。

21. 完成下列箭头所示的各步反应,写出反应方程式,并写上必要的反应条件。

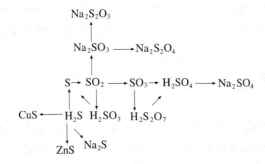

第14章 p区元素(三)——卤素和稀有气体

14.1 卤素

氟(fluorine)、氯(chlorine)、溴(bromine)、碘(iodine)、砹(astatine)是周期系ⅦA族元素,总称卤族元素或卤素(halogens)。卤素在希腊原文中的意思是"成盐元素",指它们能直接和金属化合成盐类,例如 NaCl。砹是用人工方法制得的一种放射性元素,由于目前尚难制得可称量的单质或它的化合物,对它的性质还知道甚少,因此本章对砹不做讨论。

卤素原子的价电子层结构为 ns^2np^5,容易接受1个电子。卤素都是非金属元素,而且非金属性强于同一周期的氧族元素。随着卤素原子序数的增加,非金属性逐渐减弱。碘稍有某些金属性,例如,可以生成碘盐 $I(ClO_4)_3$、$I(CH_3COO)_3$ 等。卤素原子的电子层结构决定它们可呈现的氧化值。卤素有形成 -1 氧化值的强烈趋势,如卤化氢及其盐等化合物。除氟外,其他卤素也可与电负性比它强的元素(主要是氧)化合时,呈现 $+1$,$+3$,$+5$,$+7$ 氧化值,卤素的一系列含氧化合物。表 14-1 列出了卤素的一些主要性质。

表 14-1 卤素的性质

性 质	氟(F)	氯(Cl)	溴(Br)	碘(I)
原子序数	9	17	35	53
相对原子质量	19.00	35.45	79.91	126.9
价电子层结构	$2s^22p^5$	$3s^23p^5$	$4s^24p^5$	$5s^25p^5$
主要氧化值	-1	$-1,+1$ $+3,+5,+7$	$-1,+1$ $+3,+5,+7$	$-1,+1$ $+3,+5,+7$
熔点/℃	-219.7	-100.99	-7.3	113.6
沸点/℃	-188.2	-34.03	58.75	184.24
原子半径/pm	64	99	114	133
X^- 离子半径/pm	136	181	196	216
第一电离能/($kJ \cdot mol^{-1}$)	1 680.9	1 251.1	1 139.8	1 008.3
第一电子亲和能/($kJ \cdot mol^{-1}$)	-328.0	-349.0	-324.7	-295.1
电负性	3.98	3.16	2.96	2.66

下面按氧化态将卤素的有关内容分成卤素单质、卤化氢和卤素的含氧化合物三个部分讨论。

14.1.1 卤素的单质

1. 卤素的性质

卤素原子的电子亲和能是 Cl 最大,而不是 F。这是由于位于第二周期的氟原子半径很小,原子核外电子云密度较大,接受外来电子时电子间斥力较大,使 F 获得一个电子成为 F^- 时所放出的能量比 Cl 小。卤素单质的离解能也是 Cl_2 最大,而 F_2 的离解能更接近同族的 I_2。卤素单质的某些性质,如聚集状态、颜色和熔、沸点等,随着原子序数增加而有规律地变化。在常温下,氟为浅黄色气体,氯为黄绿色气体,溴为棕色易挥发的液体,碘为紫黑色固体。固态碘具有较大的蒸气压,因此加热时可以升华,碘蒸气呈紫色。所有卤素均具有刺激性气味,强烈刺激眼、鼻、气管等黏膜,吸入多量会中毒,甚至死亡,但刺激性从氯至碘渐减。

卤素较难溶于水,它们在有机溶剂中的溶解度大于在水中的溶解度。这是由于卤素分子是非极性分子,有机溶剂大多为非极性分子或弱极性分子,因此能够相溶。而水是极性分子,因而卤素较难溶于其中。

氯、溴的水溶液分别称为氯水和溴水。氯、溴在水溶液中的颜色,和它们在气态时相同。碘在水中溶解极少,但如果水中含有碘化物,如 KI,则碘的溶解度大大增加,这是由于 I_2 和 I^- 形成易溶于水的 I_3^-,随着溶解碘的量的增多,溶液的颜色逐渐由黄到棕色而逐渐加深。

$$I_2 + I^- \Longrightarrow I_3^- \text{(棕色)}$$

碘在不同溶剂中,形成的颜色是有不同的。碘在水、醇等极性溶剂中呈棕色或棕红色,而在四氯化碳、二硫化碳等非极性或弱极性溶剂中呈紫色。碘溶液显不同颜色的原因是由于碘在极性溶剂中形成溶剂化物,棕色或棕红色是溶剂化物的颜色;而碘在非极性或弱极性溶剂中不产生溶剂化物,溶解的碘是以单个分子散布在溶液中,其分散状态与碘蒸气相似,因此溶液呈现紫色。

卤素是活泼非金属,其典型化学性质是强氧化性,随着卤素原子序数的增加,氧化性逐渐减弱。例如氟能剧烈地和所有金属化合;氯几乎和所有金属化合,但有时须加热;溴比氯不活泼,能和除贵金属以外的所有其他金属化合;碘更不如溴活泼。卤素和非金属的作用,也是呈现这样的规律。除氧、氮外,所有非金属(包括稀有气体 Xe、Kr)都能和氟直接化合;和氯不能直接化合的还有碳、稀有气体;至于溴和碘,在通常情况下,与非金属化合能力更不如氯。从卤素获得电子成为氧化值为 -1 的离子的标准电极电势。

$$
\begin{array}{ll}
\text{氧化剂} \quad\quad \text{还原剂} & \\
F_2 + 2e \Longrightarrow 2F^- & E^\ominus(F_2/F^-) = 2.87 \text{ V} \\
Cl_2 + 2e \Longrightarrow 2Cl^- & E^\ominus(Cl_2/Cl^-) = 1.36 \text{ V} \\
Br_2 + 2e \Longrightarrow 2Br^- & E^\ominus(Br_2/Br^-) = 1.07 \text{ V} \\
I_2 + 2e \Longrightarrow 2I^- & E^\ominus(I_2/I^-) = 0.54 \text{ V}
\end{array}
$$

(左侧纵向标注:氧化性增加　右侧纵向标注:还原性增加)

也可知道卤素单质的氧化性: $F_2 > Cl_2 > Br_2 > I_2$。而卤素离子的还原性为: $I^- > Br^- > Cl^- > F^-$。因此,每种卤素都可以把电负性比它小的卤素从后者的卤化物中置换出来。例如,氟可以从固态氯化物、溴化物、碘化物中分别置换氯、溴、碘;氯可以从溴化物、碘化物的溶液中置换出溴、碘;而溴只能从碘化物的溶液中置换出碘。

卤素氧化水的反应,也说明了卤素的氧化能力是随着元素原子序数的增加而减弱。氟不溶于水,但能和水剧烈反应放出氧气:

$$2F_2 + 2H_2O \Longrightarrow 4HF + O_2 \uparrow$$

上述反应可以分解成两个电极反应:

$$4H^+ + O_2 + 4e \Longrightarrow 2H_2O \quad\quad E^\ominus = 1.23 \text{ V}$$

$$2F_2 + 4H^+ + 4e \Longrightarrow 4HF \quad\quad E^\ominus = 3.05 \text{ V}$$

两个电极反应所组成的相应原电池的电动势为

$$E^{\ominus} = 3.05 - 1.23 = 1.82 \text{ V}$$

则上述反应的

$$\Delta_r G_m^{\ominus} = -nE^{\ominus}F = \frac{-4 \times 1.82 \times 96\ 500}{1\ 000} = -702 \text{ kJ} \cdot \text{mol}^{-1}$$

用同样方法可求得氯、溴、碘氧化水反应的 $\Delta_r G_m^{\ominus}$：

$$2Cl_2 + 2H_2O \Longrightarrow 4H^+ + 4Cl^- + O_2 \qquad \Delta_r G_m^{\ominus} = -50.2 \text{ kJ} \cdot \text{mol}^{-1}$$

$$2Br_2 + 2H_2O \Longrightarrow 4H^+ + 4Br^- + O_2 \qquad \Delta_r G_m^{\ominus} = +61.8 \text{ kJ} \cdot \text{mol}^{-1}$$

$$2I_2 + 2H_2O \Longrightarrow 4H^+ + 4I^- + O_2 \qquad \Delta_r G_m^{\ominus} = +266 \text{ kJ} \cdot \text{mol}^{-1}$$

从 $\Delta_r G_m^{\ominus}$ 计算值看出，在 $[H^+] = 1 \text{ mol} \cdot L^{-1}$ 时，F_2 和 Cl_2 能将 H_2O 氧化成 O_2。但事实上，只有 F_2 能剧烈发生上述反应，而 Cl_2 需要在光照条件下才缓慢将 H_2O 氧化。

除氟外，卤素与 H_2O 进行的是歧化反应：

$$X_2 + H_2O \Longrightarrow H^+ + X^- + HOX \qquad (X \text{ 代表 Cl、Br 或 I})$$

2. 卤素的存在和制备

卤素的化学性质很活泼，它们在自然界都以化合状态存在，其中主要以卤化物形式存在。氟主要存在于萤石(CaF_2)、冰晶石(Na_3AlF_6)和含氟的磷灰石$[Ca_5F(PO_4)_3]$等矿物中。氯主要以氯化钠形式存在于海水(1 kg 海水中含 Cl 量可高达约 19 g)、盐湖水和岩盐矿中。溴也主要存在于海水(1 kg 海水中含 Br 量约 65 mg)及盐矿中，但含量都很少。碘也存在于海水中，但含量极微(海洋水中含 I 约 5×10^{-8}%)。海水中的碘大部分以碘的有机物形式存在，例如某些海藻能吸收海水中的碘积蓄在自己的组织内，燃烧海藻后留下来的灰常用作制碘的主要原料。另外，智利硝石($NaNO_3$)矿层中含有约 0.2% 碘酸钠($NaIO_3$)；在石油矿井水中也含有碘。碘是人体内不可缺少的元素之一。

由于卤素在自然界大都以卤化物的形式存在，因此，它们的制备方法，大都归结于卤素离子的氧化：

$$2X^- - 2e \Longrightarrow X_2$$

上述过程的实现，可借助于氧化剂(化学氧化法)或电流(电化学氧化法)的作用。

(1) 氟的制备。由于 F_2 的氧化性特别强，目前尚未找到能将 F^- 氧化成 F_2 的理想氧化剂[①]。在人们几十年的探索基础上，莫桑(H. Moissan)于 1886 年电解制氟获得成功，他用铂铱合金做的电解槽和电极，可经受氟的腐蚀，在无水 HF 中溶些 KF(形成 KHF_2)就可导电而进行电解。电解时，氟在阳极上析出：

$$KF + HF \Longrightarrow KHF_2$$

$$2KHF_2 \xrightarrow{\text{电解}} 2KF + H_2 + F_2$$

现在制氟，是电解熔融的 KHF_2 与 HF 的混合物，KHF_2 与 HF 的摩尔比通常为 3:2，其熔点为

---

① 20 世纪 80 年代，化学家 K. Christe 用化学方法制取单质氟，他考虑到 MnF_4 在热力学上不稳定可分解为 MnF_3 和 F_2，已获实验成功，但尚未能代替电化学方法生产氟。参阅高忆慈，等：《无机化学前沿》，兰州大学出版社 1988 年版。

72℃,以铜制或 Cu-Ni 合金的容器为电解槽(因表面成致密 CuF_2 覆盖层而防腐),以石墨为阳极、钢为阴极,在 100℃ 左右进行电解。

(2) 氯的制备。氯是一个不太强的氧化剂,因此制备时既可用电化学氧化法,又可用化学氧化法。工业上制氯大都采用电解饱和食盐水溶液的方法。在以石墨为阳极、铁丝网为阴极的电解槽中进行电解(图 14-1),得到氯气、氢气和烧碱。

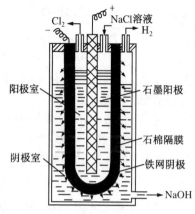

图 14-1　隔膜电解槽示意图

$$2NaCl+2H_2O \xrightarrow[\text{阳极}]{\text{电解}} \underbrace{Cl_2 \uparrow}_{} + \underbrace{2NaOH+H_2}_{\text{阴极}}$$

电解时,用石棉隔膜把电解槽的阴极和阳极隔开,使阳极产生的氯气不至于和阴极产生的氢氧化钠作用。由电解槽出来的烧碱的浓度较稀,约含 10%~11% NaOH,并含大量的食盐,不符合使用要求,还须进一步蒸发、浓缩,分离出盐,得到 45% 液体烧碱,即可出售。如再进一步蒸发浓缩到 95% 以上,经冷却可得固体烧碱。

由于石墨电极在电解过程中逐渐遭受腐蚀,使电极间的距离增大,分解电压增高,一般使用半年就须调换新的电极。20 世纪 70 年代开始,食盐电解开始采用金属阳极(金属钌钛阳极),用金属钛板拉成网状做基材,在基材的表面涂一层三氯化钌,再经烧结而成。这种阳极耐氯气腐蚀,使用寿命长,而且耗电量较低。从 20 世纪 80 年代开始,电解槽中的石棉隔膜逐渐被离子交换膜替代,这种膜的特点是只允许 Na^+ 通过,Cl^- 不能通过,因此阳极室盐水中的 Na^+ 可以通过膜进入阴极室,与阴极室产生的 OH^- 结合生成 NaOH,同时在阳极室产生 Cl_2,阴极室产生 H_2。用离子膜电解制得的 NaOH 浓度大,含盐量低,纯度高。

在实验室,通常用氧化剂(如 MnO_2 等)氧化浓盐酸制氯:

$$MnO_2+4HCl == MnCl_2+Cl_2 \uparrow +2H_2O$$

所用的盐酸也可用食盐和浓硫酸来代替:

$$2NaCl+3H_2SO_4+MnO_2 == 2NaHSO_4+MnSO_4+Cl_2 \uparrow +2H_2O$$

在一定条件下,空气中氧也可以氧化氯化氢:

$$4HCl+O_2 \underset{\text{催化剂}(CuCl_2)}{\overset{450℃}{\rightleftharpoons}} 2Cl_2+2H_2O$$

上述反应是可逆的,在所述条件下,产率约为 80%。此反应早期曾用于工业制氯,后为电解法所代替。但近年来,由于生产有机氯化物时产生了大量的副产品 HCl,因此现在有关工业中又用上法将 HCl 催化氧化为氯,循环使用。由此可见,制备某一物质的方法应结合资源情况和经济效益进行统一考虑。

(3) 溴和碘的制备。在工业上,常用氯气通入溴化物或碘化物的溶液中把它们取代出来。例如,海水中含溴约 6.5×10^{-3}%,从海水中提溴,是先用盐酸酸化,调节 pH 到 3.5,然后通入 Cl_2 将 Br^- 氧化为 Br_2:

$$2Br^- +Cl_2 == Br_2+2Cl^-$$

由于此溶液中 Br_2 的浓度很低,需要将它浓缩。因此用空气将溶液中 Br_2 吹出,并用碳酸钠溶液吸收，Br_2 歧化为 Br^- 和 BrO_3^-，当用硫酸酸化时，Br_2 又从溶液中析出：

$$(a)\quad 3Br_2+3Na_2CO_3 =\!=\!= NaBrO_3+3CO_2+5NaBr$$
$$(b)\quad 5NaBr+NaBrO_3+3H_2SO_4 =\!=\!= 3Br_2+3Na_2SO_4+3H_2O$$

上述反应(a)是 Br_2 的歧化反应，反应(b)是它的逆反应，即反歧化反应。控制溶液的酸碱性，就可控制反应的方向。

我国四川盛产井盐，在天然的地下卤水中每升约含碘 $0.5\sim0.7$ g，取这种卤水通入氯气即可得碘，但必须注意，通 Cl_2 不能过量，因为过量 Cl_2 可将 I_2 进一步氧化成无色碘酸(HIO_3)而得不到预期的产品 I_2。

$$I_2+5Cl_2+6H_2O =\!=\!= 2HIO_3+10HCl$$

以上卤素的制备均以卤化物为原料，所以采用氧化法。但碘在自然界主要以碘酸钠 $NaIO_3$ 形式存在于智利硝石矿层中，$NaIO_3$ 中碘的氧化值为 $+5$，所以从 $NaIO_3$ 制备 I_2 要用还原法。当智利硝石中 $NaIO_3$ 结晶后，在残留溶液中加入还原剂 $NaHSO_3$，则碘析出。

$$2NaIO_3+5NaHSO_3 =\!=\!= 3NaHSO_4+2Na_2SO_4+I_2+H_2O$$

在卤素的单质中产量最大的是氯，它广泛用于净化饮水、漂白纸张、制造塑料(如聚氯乙烯，常简写成 PVC)、药物及溶剂等。氟主要用于制造有机氟化物。氟氯烷俗名氟利昂(freon)，常用氟利昂-11 为 CCl_3F、氟利昂-12 为 CCl_2F_2，两者均为易液化的气体，无毒性，无腐蚀性，是目前常用的制冷剂。鉴于这类制冷剂对臭氧层的破坏，世界各国正在逐步限制并最终停止生产和使用。商业上称为特氟隆(teflon)的聚四氟乙烯 $\text{—}CF_2\text{—}CF_2\text{—}_n$，具有耐热抗腐蚀的优良性能，俗称塑料王。特氟隆用于厨房用具上，"不粘锅"就是在普通锅的表面上涂了一层特氟隆。在原子能工业上，UF_6 用来分离 U^{235} 和 U^{238}。大量溴用于制感光材料 AgBr，相当数量的溴用于制二溴乙烷 $C_2H_4Br_2$，是汽油的抗震剂，溴还用于制造染料、无机溴化物等。碘在医药上用作消毒剂，如碘酒(5%碘的酒精溶液)、碘仿 CHI_3 等。碘还用于若干染料的合成及无机碘化物的制备。碘化物有治疗甲状腺肿大症的功能，AgI 用作人工降雨的晶核。

14.1.2　卤化氢和卤化物

1. 卤化氢的性质和应用

卤化氢(hydrogen halide)都是无色具有刺激臭味的气体，在潮湿的空气中发烟，这是由于卤化氢易与空气中的水蒸气结合生成极细液滴的缘故。卤化氢的熔、沸点按 HCl—HBr—HI 的顺序而增加，而 HF 则具有反常的高熔点、高沸点。表 14-2 列出卤化氢的一些重要性质。

表 14-2　卤化氢的性质

性　　质	HF	HCl	HBr	HI
熔点/℃	-83.57	-114.18	-86.81	-50.79
沸点/℃	19.52	-85.00	-66.71	-35.35
生成热/(kJ·mol^{-1})	-273.3	-92.3	-36.3	26.5
分解百分率				
300℃	—	3×10^{-7}	3×10^{-3}	19
1 000℃	—	1.4×10^{-2}	5×10^{-1}	33
在水中溶解度 */(mol·L^{-1}),(10℃)	无限度	14	15	12
偶极矩/10^{-30} C·m	6.10	3.54	2.74	1.47

* 所列数据系指液态 HF 和气态 HCl、HBr、HI(它们的分压均为 101.3 kPa)在水中的溶解度。

卤化氢和氮族、氧族元素氢化物一样,其主要化学性质为热稳定性、酸碱性和还原性。同一族中,随着元素原子序数的增加,这些性质都呈有规律的递变:

NH$_3$	H$_2$O	HF	热稳定性渐减	酸性渐增(或碱性渐减)	还原性渐增
PH$_3$	H$_2$S	HCl			
AsH$_3$	H$_2$Se	HBr			
SbH$_3$	H$_2$Te	HI			

(1) 卤化氢的热稳定性。卤化氢受热分解为氢和相应的卤素:

$$2HX = H_2 + X_2$$

从表 14-2 中生成热的大小可知,卤化氢的热稳定性按 HF—HCl—HBr—HI 顺序迅速降低。

(2) 氢卤酸的酸性。卤化氢都是极性分子,因此它们在水中的溶解度很大,例如,在通常情况下,1 体积水可溶解 500 体积的氯化氢。卤化氢的水溶液称为氢卤酸。氢卤酸都是挥发性的酸,它们的酸性按 HF—HCl—HBr—HI 的顺序而递增。除氢氟酸外,其余都是强酸。

(3) 卤化氢的还原性。卤化氢的还原性按 HF—HCl—HBr—HI 顺序递增。HF 几乎不具有还原性,强氧化剂如 KMnO$_4$ 可氧化 HCl:

$$2KMnO_4 + 16HCl = 2KCl + 2MnCl_2 + 8H_2O + 5Cl_2$$

浓 H$_2$SO$_4$ 不能氧化 HCl,但可氧化 HBr、HI:

$$H_2SO_4 + 2HBr = SO_2 + Br_2 + 2H_2O$$

而 HI 甚至可被空气中的 O$_2$ 氧化为 I$_2$,生成 I$_2$ 和 I$^-$ 结合为 I$_3{}^-$,因此 HI 溶液放在空气中会慢慢变成黄到棕色。

$$4HI + O_2 = 2I_2 + 2H_2O$$
$$I_2 + I^- \rightleftharpoons I_3{}^-$$

在氢卤酸中以盐酸的产量最大,因为它是一种重要的工业原料和化学试剂。市售的浓盐酸相对密度 1.19,含 37% HCl(12 mol·L^{-1}),盐酸广泛用于石油工业、冶金工业、印染工业和食品工业等。

氢溴酸主要用于生产激素和溴乙烷。

氢碘酸是一种强酸,具有强烈的腐蚀作用,有还原性,用于制备药物、染料和香料等。

2. HF 的特殊性

(1) 反常的高熔点、高沸点。在卤化氢中,HF 的分子量最小,照理其熔点、沸点应该是最低的,但实际上它的熔点比 HBr 高,沸点比 HI 还要高。这是由于在 HF 分子间存在着氢键而形成了缔合分子的缘故。实验证明,HF 在气态、液态、固态时都有不同程度的缔合(HF)$_n$。气态时 $n = 2 \sim 6$,液态时,聚合程度增大,固态时,则形成无限长的曲折的(HF)$_n$ 长链。

(2) 可形成酸式盐。HF 还可以通过氢键与活泼金属的氟化物形成各种"酸式盐",如 KHF$_2$(KF·HF)、NaHF$_2$(NaF·HF)等。

(3) 氢氟酸是一个弱酸。氢氟酸 HF 的酸性远较 HCl、HBr、HI 为弱。这不仅由于氟原子的半径很小,它与氢原子形成了牢固的共价键,而且也由于氢键的存在,F^- 与 HF 形成了 HF_2^-,结果溶液中 HF 的浓度减小,因此解离出来的 H^+ 也就少了。

$$HF+H_2O \Longrightarrow H_3O^+ + F^- \qquad K^\ominus = 6.61 \times 10^{-4}$$

$$F^- + HF \Longrightarrow HF_2^- \qquad K^\ominus = 5.7$$

(4) 与二氧化硅和硅酸盐的作用。氢氟酸不同于其他卤酸,它能与二氧化硅、硅酸盐作用生成气态 SiF_4:

$$SiO_2 + 4HF \longrightarrow SiF_4 \uparrow + 2H_2O$$

$$CaSiO_3 + 6HF \longrightarrow SiF_4 \uparrow + CaF_2 + 3H_2O$$

因此,氢氟酸不宜贮于玻璃容器中,应该盛于塑料容器里。上述反应可用来刻蚀玻璃,溶解硅酸盐。氟化氢有"氟源"之称,它是制备单质氟和其他氟化物的原料,是氟化反应的常用试剂。

氢氟酸的蒸气有毒。皮肤与它接触后,开始不太疼痛,待有痛感已造成难以治疗的灼伤;它对指甲和骨头都能损伤,所以使用时要特别小心。

3. 卤化氢的制备

卤化氢的制备主要有下列三种方法。

(1) 直接合成法。和氮族、氧族元素一样,卤素可与氢直接化合:

$$H_2 + X_2 \longrightarrow 2HX$$

化合作用随着原子序数增加渐趋缓和。氟和氢作用猛烈,甚至在很低温度下暗室中也会爆炸。氯和氢在常温时,仅能缓慢地化合,但在加热或光的作用下,它们立刻进行反应并伴随着爆炸。溴和碘与氢的反应,仅在高温时才能进行,而且反应很不完全。因此,只有氯化氢直接合成法具有工业意义。工业上将氯碱工业的副产品氢气和氯气,通入合成炉中,让氢气流在氯气中平静地燃烧生成氯化氢。开始反应时,应先通入氢气点燃,然后再通入氯气,氯气和氢不能预先混合,只能边混合边反应,才不致发生爆炸。在生产中为了充分利用氯气,并使产品中不含氯,故常用过量的氢。反应生成的氯化氢气体经冷却后,用水或稀盐酸吸收制成约 31% 的成品酸,未被吸收的过量氢气以及由氢气、氯气带来的 N_2、CO、CO_2 等气体排出。

(2) 金属卤化物与酸作用。卤化氢都是气体,因此可用金属卤化物与挥发性小的酸,如 H_2SO_4,产生复分解反应以制取:

$$H^+ + X^- \longrightarrow HX \uparrow$$

工业上及实验室中均用萤石 CaF_2 与浓 H_2SO_4 作用以制取氟化氢:

$$CaF_2 + H_2SO_4(\text{浓}) \stackrel{\triangle}{\Longrightarrow} CaSO_4 + 2HF$$

实验室制备氯化氢也可用浓硫酸与氯化钠反应:

$$NaCl + H_2SO_4(\text{浓}) \longrightarrow NaHSO_4 + HCl \uparrow$$

$$NaCl + NaHSO_4 \stackrel{>500℃}{=\!=\!=} Na_2SO_4 + HCl \uparrow$$

第一步反应较容易进行,第二步反应须加热至 500℃ 高温才能进行。实验室中一般仅利用第一步反应。

浓硫酸和溴化物、碘化物作用,虽然也能产生类似的反应,但由于 HBr、HI 的还原性增强,能被浓硫酸氧化成单质溴或碘,同时还有 SO_2、H_2S 等生成,使产品不纯。

$$2HBr + H_2SO_4(浓) = SO_2 + Br_2 + 2H_2O$$
$$2HI + H_2SO_4(浓) = SO_2 + I_2 + 2H_2O$$
$$8HI + H_2SO_4(浓) = H_2S + 4I_2 + 4H_2O$$

因此不能用浓硫酸和溴化物或碘化物反应来制备 HBr 或 HI。但可用几乎没有氧化性的磷酸代替硫酸来制备 HBr 或 HI。

$$NaBr + H_3PO_4 = NaH_2PO_4 + HBr$$

(3) 卤化磷的水解。磷的卤化物水解时可产生卤化氢,卤化磷的水解是复分解反应,由于卤化氢是气体,所以可用此法制取:

$$PX_3 + 3H_2O = H_3PO_3 + 3HX$$

这个方法适用于实验室制备 HBr 和 HI。实际上,并不需要预先制成 PBr_3 或 PI_3,只要把溴逐滴加入磷和水的混合物上,或者把水逐滴加在磷和碘的混合物上,溴化氢或碘化氢即可不断产生。

$$2P + 3Br_2 + 6H_2O = 2H_3PO_3 + 6HBr$$
$$2P + 3I_2 + 6H_2O = 2H_3PO_3 + 6HI$$

4. 卤化物

卤素和电负性比它小的元素形成的化合物称为卤化物(halides)。根据组成元素的不同,可分为金属卤化物和非金属卤化物,也可根据键型分为离子型和共价型卤化物。大多数金属卤化物是氢卤酸的盐,具有离子型化合物的性质,它们的熔点、沸点高,大都可溶于水,而且几乎完全解离。碱金属、碱土金属以及某些镧系元素的卤化物是属于离子型的盐。其他金属卤化物表现出或多或少的共价性,甚至是共价卤化物,金属离子的电荷愈高、半径愈小,表现出的共价性趋势愈大。

非金属卤化物具有共价化合物的性质,它们的熔点、沸点低,不溶于水(如 CCl_4)或遇水立即水解(如 PCl_5、$SiCl_4$)。非金属卤化物水解常生成相应的氢卤酸和该非金属的含氧酸。

$$PCl_5 + 4H_2O = 5HCl + H_3PO_4$$
$$SiCl_4 + 3H_2O = 4HCl + H_2SiO_3$$

大多数金属氯化物易溶于水,而 AgCl、Hg_2Cl_2、$PbCl_2$ 难溶于水。金属氟化物与其他卤化物不同。碱土金属的氟化物(特别是 CaF_2)难溶于水,而碱土金属的其他卤化物却易溶于水。还有氟化银易溶于水,而银的其他卤化物则不溶于水。

除了简单的卤化物之外,还有较复杂的多卤化物(polyhalides),它们是由金属卤化物和游离的卤素加合而成的。例如 KI 和 I_2 生成 KI_3。多卤化物所含卤素可以不同种,如 KIF_6、CsBrICl 等,通常只有半径大、电荷少的碱金属或碱土金属的离子易于形成多卤化物。

5. 卤素互化物

不同的卤素原子可相互化合形成卤素互化物(interhalogen compound),它们的组成可用通式 XX'_m 表示,$m = 1、3、5、7$,X 的电负性小于 X',两者电负性相差愈大,m 的值也愈大。表 14-3 列出一些卤素互化物的颜色和在室温下的状态。

表 14-3　一些卤素互化物的颜色和状态

类　　型	化　合　物	颜　色　和　状　态
XX′	ClF BrF ICl	无色气体 红棕色气体 暗红色固体
XX′$_3$	ClF$_3$ BrF$_3$ ICl$_3$	无色气体 无色液体 橙色固体
XX′$_5$	BrF$_5$ IF$_5$	无色液体 无色液体
XX′$_7$	IF$_7$	无色液体

卤素互化物都可由卤素单质直接合成,它们一般较卤素(氟除外)活泼,这是由于 X-X′ 键较卤素中 X-X 键为弱。卤素互化物性质类似于卤素,都是强氧化剂,与许多单质反应生成相应的卤化物。

F、Cl、Br、I 互相之间所有六种可能的 XX′ 双原子化合物都存在。四原子卤素互化物有 ClF$_3$、BrF$_3$、IF$_3$ 和 ICl$_3$,其中 ClF$_3$ 最活泼,甚至能自发点燃木材和一些建筑材料,在第二次世界大战期间曾被用作燃烧弹轰炸城市的建筑物。六原子化合物 XX′$_5$ 中,X′ 仅为 F 原子,有 ClF$_5$、BrF$_5$ 和 IF$_5$。而目前已知的八原子卤素互化物 XX′$_7$ 的成员就更少了。

在 XX′ 型的卤素互化物中,以 ICl 最为熟知,它用于有机化合物的碘化反应。

ClF$_3$、BrF$_3$、ICl$_3$ 都是本身能解离的非水溶剂,其中以 BrF$_3$ 较为常用,这是由于它在室温下是液体,它按下式解离:

$$2BrF_3 \rightleftharpoons BrF_2^+ + BrF_4^-$$

BrF$_3$ 可用作无机氟化物的非水溶剂,也可作氟化剂。

IF$_5$、IF$_7$ 均可作为氟化剂。

14.1.3　卤素的含氧化合物

卤素的含氧化物(oxy-compounds of halogen)大多是不稳定或比较不稳定。其中最不稳定是氧化物,其次是含氧酸,比较稳定的是含氧酸盐。

氟和氧的化合物叫氟化氧(例如 OF$_2$,或称二氟化氧),因为氟的电负性最大,其氧化值总是负值,因此,氧的氧化值在此为+2。其他卤素氧化物列于表 14-4。

表 14-4　卤素的氧化物

氟	氯	溴	碘
OF$_2$ O$_2$F$_2$	Cl$_2$O ClO$_2$ Cl$_2$O$_6$ Cl$_2$O$_7$	Br$_2$O Br$_3$O$_8$ BrO$_2$	I$_2$O$_4$ I$_4$O$_9$ I$_2$O$_5$

卤素氧化物虽然不能直接合成,但可以用间接方法制得。

氟难以形成含氧酸或含氧酸盐(1971 年制得可称量的 HOF,极不稳定)。氯、溴、碘可形成氧化值为+1、+3、+5、+7 的各种含氧酸及其盐,表 14-5 列出了卤素各种含氧酸。

表 14-5　氯、溴、碘的含氧酸

氧化值	氯	溴	碘
+1	HClO*	HBrO*	HIO*
+3	HClO$_2^*$	HBrO$_2^*$	HIO$_2^*$
+5	HClO$_3^*$	HBrO$_3^*$	HIO$_3^*$
+7	HClO$_4$	HBrO$_4$	HIO$_4$、H$_5$IO$_6$

* 仅存在溶液中。

我们主要讨论氯的含氧酸及其盐,对溴、碘的含氧酸及其盐做简单介绍。

1. 氯的含氧酸及其盐

(1) 次氯酸及其盐。氯与水作用,发生下列可逆反应:

$$Cl_2 + H_2O \Longrightarrow HClO + H^+ + Cl^-$$

如果在氯水中加入 HgO 可移去 H$^+$ 和 Cl$^-$,则可得到较纯的次氯酸(hypochlorous acid)溶液。

$$2Cl_2 + H_2O + 2HgO \Longrightarrow HgCl_2 \cdot HgO \downarrow + 2HClO$$

氯被水分解的反应是一个歧化反应,在这里,氯分子中的一个氯原子作为氧化剂,得到电子成为 Cl$^-$,一个氯原子作为还原剂,失去电子,成为 HClO:

氯作为氧化剂:

$$Cl_2 + 2e \Longrightarrow 2Cl^- \qquad\qquad E^\ominus(Cl_2/Cl^-) = 1.36\ V$$

氯作为还原剂:

$$Cl_2 + 2H_2O - 2e \Longrightarrow 2HClO + 2H^+ \qquad\qquad E^\ominus(HClO/Cl_2) = 1.61\ V$$

虽然 $E^\ominus_氧 < E^\ominus_还$,但上述歧化反应还是可以发生,只是进行的程度较小。这与前面讨论过的判断歧化反应能否产生的标准并不矛盾。我们在第 2 章所讨论的标准系指有关各物质的浓度均为 1 mol·L^{-1}(气体的压力为 100 kPa)的条件下,而现在将氯气通到水中,开始时生成物 HClO、HCl 的浓度均等于零,这种情况下,歧化反应总是可以进行的,只是由于 $E^\ominus_氧 < E^\ominus_还$,反应进行到较小程度就建立了平衡。反应达到平衡时,约有 1/3 的氯被水解,所以氯水含有相当量未反应的氯。

次氯酸是一个很弱的酸($K_a^\ominus = 2.90 \times 10^{-8}$),只能存在于溶液中,次氯酸性质不稳定,其有三种分解方式:

$$(a)\ 2HClO \xrightarrow{日光} 2HCl + O_2$$
$$(b)\ 2HClO \xrightarrow{脱水剂} Cl_2O + H_2O$$
$$(c)\ 3HClO \xrightarrow{>75℃} HClO_3 + 2HCl$$

三种分解方式同时进行,而相对速度取决于存在的条件。例如,日光或催化剂(如氧化钴、氧化镍)的存在有利于反应(a)的进行。次氯酸具有杀菌和漂白能力就是基于这个反应。氯之所以有漂白作用,就是由于它和水作用生成次氯酸的缘故,干燥氯没有漂白能力。

如果在氯水中加入碱,则氯的水解平衡向右移动,而产生次氯酸盐(hypochlorite):

$$Cl_2 + H_2O \Longrightarrow HCl \quad + \quad HClO$$

$$\downarrow + NaOH \qquad \downarrow + NaOH$$

$$NaCl + H_2O \quad NaClO + H_2O$$

即 $Cl_2 + 2NaOH \Longrightarrow NaCl + NaClO + H_2O$

　　上述反应也是一个歧化反应，是氯在碱性溶液中的歧化反应。该反应的 $K^\ominus$ 约为 10^{16}，反应可进行得非常完全。

　　工业上生产次氯酸钠是采取不用隔膜电解冷却食盐溶液的方法，则阳极的氯与阴极的氢氧化钠作用而得到 NaClO。

　　NaClO、KClO 可用来做漂白剂，这是由于 HClO 是比 H_2CO_3 还要弱的酸，因此遇到空气中的 CO_2 时，HClO 就被置换出来：

$$KClO + H_2O + CO_2 \Longrightarrow HClO + KHCO_3$$

但 NaClO、KClO 价格较贵，工业上生产漂白粉做漂白剂，是将氯作用于干燥的熟石灰就得到漂白粉（或氯化石灰）：

$$2Cl_2 + 2Ca(OH)_2 \xrightarrow{<40℃} Ca(ClO)_2 + CaCl_2 + 2H_2O$$

上述反应是放热反应，随着反应的进行，温度不断升高，这时次氯酸钙由于受热将按下式分解：

$$3Ca(ClO)_2 \xrightarrow{\triangle} Ca(ClO_3)_2 + 2CaCl_2$$

因此制造漂白粉时要用水冷却，使反应保持在 40℃ 以下进行。

　　漂白粉是 $Ca(ClO)_2$ 和 $CaCl_2 \cdot Ca(OH)_2 \cdot H_2O$ 的混合物，其有效成分为 $Ca(ClO)_2$。漂白粉遇酸放出氯气：

$$Ca(ClO)_2 + 4HCl \Longrightarrow CaCl_2 + 2Cl_2 + 2H_2O$$

漂白粉在潮湿空气中受 CO_2 作用，逐渐分解析出次氯酸：

$$Ca(ClO)_2 + CO_2 + H_2O \Longrightarrow CaCO_3 + 2HClO$$

漂白粉是强氧化剂，价廉的消毒、杀菌剂，广泛用于漂白棉、麻、纸浆。

　　(2) 亚氯酸及其盐。亚氯酸 $HClO_2$(chlorous acid)不稳定(仅能存在于稀水溶液中)，其酸性和氧化性介于 $HClO$ 和 $HClO_3$ 之间。亚氯酸盐(chorite)较稳定。用 Na_2O_2 与 ClO_2 水溶液作用可制得亚氯酸钠：

$$Na_2O_2 + 2ClO_2 \Longrightarrow 2NaClO_2 + O_2$$

　　亚氯酸盐有强氧化性，用于漂白纺织品。

　　(3) 氯酸及其盐。氯酸(chloric acid) $HClO_3$ 可用稀硫酸处理氯酸钡来制取：

$$H_2SO_4 + Ba(ClO_3)_2 \Longrightarrow 2HClO_3 + BaSO_4 \downarrow$$

滤去 $BaSO_4$，可得 $HClO_3$ 稀溶液。$HClO_3$ 水溶液在真空情况下可以浓缩到 40%，超过这个浓度，就要爆炸分解。

　　氯酸是强酸，强氧化剂，它能将浓盐酸氧化为氯。氯酸作为氧化剂氧化 HCl 时，本身可能被还原为 $HClO_2$、$HClO$、Cl_2(由于还原剂是 HCl，所以 $HClO_3$ 不可能被还原到 Cl^-)，但 $HClO_2$、$HClO$ 不稳定，因此氯酸的还原产品为 Cl_2。HCl 作为还原剂还原 $HClO_3$ 时，本身可能被氧化为

Cl_2、$HClO$、$HClO_2$(由于氧化剂是 $HClO_3$,所以 HCl 不可能被氧化到 $HClO_3$),而 $HClO$、$HClO_2$ 均不稳定,所以 HCl 被氧化的产品也是 Cl_2。

$$HClO_3 + 5HCl = 3Cl_2 + 3H_2O$$

把次氯酸盐溶液加热,产生歧化反应,得到氯酸盐:

$$3ClO^- \rightleftharpoons ClO_3^- + 2Cl^-$$

因此将氯通入热碱溶液,或者不用隔膜电解 KCl(或 $NaCl$)的热溶液,使氯与热碱作用,就可制得氯酸盐(chlorate):

$$3Cl_2 + 6KOH = 5KCl + KClO_3 + 3H_2O$$

这也是一个歧化反应。由于氯酸钾在冷水中溶解度不大,0℃时,$KClO_3$ 的溶解度为 3.3 g/100 g H_2O,当溶液冷却时,就有 $KClO_3$ 白色晶体析出。

固体氯酸钾加热分解有两种类型:

$$(a)\ 2KClO_3 \xrightarrow[200℃]{MnO_2} 2KCl + 3O_2$$

$$(b)\ 4KClO_3 \xrightarrow{400℃} 3KClO_4 + KCl$$

当有催化剂 MnO_2 存在时,200℃就开始按(a)式分解,如没有催化剂存在,在 400℃左右主要按 (b)式分解,同时,还有少量氧生成。

固体氯酸盐是强氧化剂,固体氯酸盐和各种易燃物(硫、碳、磷)混合时,在撞击时剧烈爆炸,因此氯酸盐被用来制造爆炸药、火柴和烟火等。氯酸盐在中性(或碱性)溶液中不具强氧化性,只有在酸性溶液中才是个强氧化剂。例如,$KClO_3$ 在中性溶液中,不能氧化 KCl、KBr,如果在溶液中加入酸,使溶液呈酸性后,就可将 Cl^- 氧化为 Cl_2:

$$KClO_3 + 5KCl + 3H_2SO_4 = 3K_2SO_4 + 3Cl_2 + 3H_2O$$

(4) 高氯酸及其盐。高氯酸(perchloric acid)$HClO_4$ 是已知酸中最强的酸。它可用浓硫酸与高氯酸钾作用来制取:

$$KClO_4 + H_2SO_4 = KHSO_4 + HClO_4$$

减压蒸馏,可将 $HClO_4$ 分离出来。

无水高氯酸是无色液体,不稳定,在贮藏时必须远离有机物质,否则会发生爆炸。但高氯酸的水溶液在氯的含氧酸中最稳定,其氧化性也远较 $HClO_3$ 为弱。

高氯酸盐(perchlorate)是氯的含氧酸盐中最稳定的,不论是在固体还是溶液中都有较高的热稳定性。固体高氯酸盐受热都能分解为氯化物和氧气。例如,高氯酸钾在 525℃时熔化,并按下式分解:

$$KClO_4 = KCl + 2O_2$$

据此,固态高氯酸盐在高温下是一个强氧化剂,但氧化能力比氯酸盐弱,所以,高氯酸盐用于制造较为安全的炸药。NH_4ClO_4 用作火箭的固体推进剂。$Mg(ClO_4)_2$ 吸水性很强,是很好的干燥剂(20℃时,水蒸气含量仅 5×10^{-4} g/M^3)。

(5) 氯的含氧酸及其盐的制备和性质的小结。根据上面讨论可知,氯的含氧酸及其盐的制备主要是利用歧化反应,但对 $HClO_3$ 和 $HClO_4$ 可分别用它们的盐和硫酸作用而制得。

氯的各种含氧酸及其盐的性质的变化规律归纳如下表：

	含氧酸	氧化值	含氧酸盐	
热氧酸 稳化性 定性增 性减加 增弱 加 ↓	HClO	+1	MClO	热氧化 稳化性 定性减 性增弱 增加 弱 加 ↓
	HClO₂	+3	MClO₂	
	HClO₃	+5	MClO₃	
	HClO₄	+7	MClO₄	

热稳定性增加　氧化性减弱 →

由上表可知,随着氯的氧化值增加,氯的各种含氧酸及其盐的对热稳定性增加,氧化性减小,酸性增强。

在氯的含氧酸中,随着氯的氧化值的增加,氯与氧之间的化学键数目逐渐增加。表 14-6 列出了氯的各种含氧酸根的结构及相应酸的 $pK_a^{\ominus}$ 值。

表 14-6　氯的含氧酸根和含氧酸的性质

名　　称	氧化值	杂化类型	空间构型	结　　构	相应含氧酸的 $pK_a^{\ominus}$
次氯酸根 (ClO^-)	+1	sp^3 不等性杂化 (3 对孤对电子)	直线形	$[Cl-O]^-$	7.54
亚氯酸根 (ClO_2^-)	+3	sp^3 不等性杂化 (2 对孤对电子)	角　形		2.00
氯酸根 (ClO_3^-)	+5	sp^3 不等性杂化 (1 对孤对电子)	三角锥形		-1.2
高氯酸根 (ClO_4^-)	+7	sp^3 等性杂化 (无孤对电子)	四面体		-10

当含氧酸或含氧酸盐受热分解(或参加化学反应)时,随着需要断开的化学键数目增多,热稳定性渐增,氧化性渐减。如 HClO₄ 需要破坏四根键,所以 HClO₄ 热稳定性最大,氧化性最弱。

下面示出氯的电势图,以阐明氯的各种含氧酸及其盐的氧化还原性。

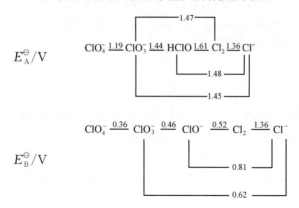

由上可以看出氯的各种含氧酸或盐在酸性溶液中都是较强的氧化剂。同时,还可以看出,Cl_2 在酸性溶液中不容易歧化,而在碱性溶液中则容易歧化。

2. 溴和碘的含氧酸及其盐

溴、碘可以形成与氯类似的含氧化合物,它们的性质常按 Cl—Br—I 的顺序呈规律性的递变。

(1) 次溴酸、次碘酸及其盐。次溴酸、次碘酸都是弱酸,酸性按 HClO—HBrO—HIO 顺序减弱。它们和次氯酸相似,可用相应的卤素与水作用得到:

$$Br_2 + H_2O \rightleftharpoons HBr + HBrO$$
$$I_2 + H_2O \rightleftharpoons HI + HIO$$

但反应趋势依次减小,下面是有关物质的电势:

$$HClO \xrightarrow{1.61} Cl_2 \xrightarrow{1.36} Cl^-$$
$$HBrO \xrightarrow{1.59} Br_2 \xrightarrow{1.07} Br^-$$
$$HIO \xrightarrow{1.44} I_2 \xrightarrow{0.535} I^-$$

可以看出,卤素歧化为卤素离子和次卤酸的趋势按 Cl_2—Br_2—I_2 顺序减弱。

次溴酸、次碘酸都不稳定,都是强氧化剂,易按下式分解:

$$3HXO \rightleftharpoons 2HX + HXO_3$$

溴和碘与冷的碱液作用,也能生成次溴酸盐和次碘酸盐,但它们比次氯酸盐更容易歧化,BrO^- 在常温下歧化速率已经相当快。只有在 0℃ 左右才能得到次溴酸盐。在 50℃～80℃ 得到的产物几乎全部是溴酸盐了。

$$3Br_2 + 6OH^- \Longrightarrow 5Br^- + BrO_3^- + 3H_2O$$

IO^- 在所有温度下歧化速率都很快,当 I_2 与碱作用时能定量地得到碘酸盐。

$$3I_2 + 6OH^- \Longrightarrow 5I^- + IO_3^- + 3H_2O$$

(2) 溴酸、碘酸及其盐。将氯气通入溴水或碘水中可以得到溴酸或碘酸。

$$5Cl_2 + Br_2 + 6H_2O \Longrightarrow 2HBrO_3 + 10HCl$$
$$5Cl_2 + I_2 + 6H_2O \Longrightarrow 2HIO_3 + 10HCl$$

碘酸还可以从浓硝酸或氯酸氧化碘来制取:

$$10HNO_3 + 3I_2 \Longrightarrow 6HIO_3 + 10NO + 2H_2O$$
$$2HClO_3 + I_2 \Longrightarrow 2HIO_3 + Cl_2$$

卤酸的酸性按 $HClO_3$—$HBrO_3$—HIO_3 顺序逐渐减弱,但它们的稳定性却逐渐增加,溴酸也是只能存在于溶液中,但其浓度可达 50% 左右,而碘酸在常温时呈无色晶体,很稳定。

和氯酸盐相似,溴酸盐和碘酸盐可用溴或碘和热碱溶液作用而得到。也可用电解溴化物或碘化物的热溶液来制得。溴酸盐和碘酸盐在酸性溶液中也都是强氧化剂。

(3) 高溴酸和高碘酸及其盐。高溴酸及其盐长期认为不存在,直到 1968 年才利用放射性 $^{83}_{34}SeO_4^{2-}$ 的 β-衰变制得 $^{83}_{35}BrO_4^-$。目前是用极强氧化剂单质氟在碱性溶液中氧化溴酸盐制取高溴酸盐：

$$BrO_3^- + F_2 + 2OH^- \rightleftharpoons BrO_4^- + 2F^- + H_2O$$

将高溴酸盐用硫酸酸化则得高溴酸。$HBrO_4$ 呈艳黄色，其溶液浓度可达 55%（约 $6\ mol \cdot L^{-1}$）而不分解，甚至在 $100℃$ 下长期稳定存在。$HBrO_4$ 也是一种强酸，具有强氧化性。

高碘酸有两种存在的形式，一种是与 $HClO_4$、$HBrO_4$ 相当的 HIO_4（称为偏高碘酸），另一种是通常制得的 H_5IO_6（称为正高碘酸或高碘酸）。高碘酸在真空中脱水则得偏高碘酸。H_5IO_6 是五元酸，其空间构型为八面体，中心原子 I 采取 sp^3d^2 杂化。

其中所有氢原子都能被金属原子所取代而生成盐。例如 Ag_5IO_6。

以硫酸作用于高碘酸钡可以制得高碘酸：

$$Ba_5(IO_6)_2 + 5H_2SO_4 \rightleftharpoons 5BaSO_4 + 2H_5IO_6$$

高碘酸的酸性远不如 $HClO_4$ 和 $HBrO_4$，H_5IO_6 的 $K_1^{\ominus} = 2.82 \times 10^{-2}$。高碘酸的氧化性比 $HClO_4$ 强，但比 $HBrO_4$ 弱。

14.1.4　拟卤素

某些原子团形成的分子，与卤素单质具有相似的性质，它们的离子也与卤素离子性质相似，这类分子称为拟卤素（pseudohalogens）。重要的拟卤素见表 14-7。

表 14-7　拟卤素

游离态	卤素 X_2	氰 $(CN)_2$ 无色气体	硫氰 $(SCN)_2$ 易挥发的黄色液体	氧氰 $(OCN)_2$ 仅存于溶液中
酸	氢卤酸 HX	氢氰酸 HCN $K_a^{\ominus} = 6.16 \times 10^{-10}$	硫氰酸 HSCN 强酸	氰酸 HOCN $K_a^{\ominus} = 3.47 \times 10^{-4}$
盐 (M=K、Na……)	MX	MCN	MSCN	MOCN
毒性		剧毒	无毒	无毒

拟卤素与卤素性质相似，主要表现如下：

（1）游离态拟卤素都为二聚体；卤素也为双原子分子。

（2）与卤化物相似，除 Ag（Ⅰ）、Hg（Ⅰ）、Pb（Ⅱ）盐难溶于水外，其余的盐都能溶于水。

（3）与卤素相似，能直接与金属化合形成盐。

$$2Fe + 3(SCN)_2 \rightleftharpoons 2Fe(SCN)_3$$
$$2Fe + 3Cl_2 \rightleftharpoons 2FeCl_3$$

（4）在水或碱中易发生歧化反应：

$$(CN)_2 + H_2O \Longleftrightarrow HCN + HOCN$$
$$Cl_2 + H_2O \Longleftrightarrow HCl + HOCl$$
$$(CN)_2 + 2OH^- \Longleftrightarrow CN^- + OCN^- + H_2O$$
$$Cl_2 + 2OH^-(冷) \Longleftrightarrow Cl^- + OCl^- + H_2O$$

(5) 游离态拟卤素有氧化性,其对应的离子具有还原性。

根据标准电极电势,游离卤素和拟卤素的氧化能力和它们负离子的还原能力的次序比较如下:

氧化能力增加

$$\overleftarrow{\qquad\qquad\qquad\qquad\qquad\qquad\qquad}$$

$$F_2 、(OCN)_2 、Cl_2 、Br_2 、(CN)_2 、(SCN)_2 、I_2$$
$$F^- 、OCN^- 、Cl^- 、Br^- 、CN^- 、SCN^- 、I^-$$

$$\overrightarrow{\qquad\qquad\qquad\qquad\qquad\qquad\qquad}$$

还原能力增加

可见拟卤素离子都有还原性,它们与氧化剂的反应如下:

$$2SCN^- + 4H^+ + MnO_2 \longrightarrow Mn^{2+} + (SCN)_2 + 2H_2O$$
$$2AgSCN + Br_2 \longrightarrow (SCN)_2 + 2AgBr$$
$$2CuCN + 2FeCl_3 \longrightarrow 2CuCl + 2FeCl_2 + (CN)_2$$
$$4NaCN + 5Ca(ClO)_2 + 2H_2O \longrightarrow 5CaCl_2 + 2N_2 + 4NaHCO_3$$

拟卤素及其离子以氰化物应用最为广泛,CN^- 与一些金属离子如 Au^+、Ag^+、Zn^{2+} 等形成稳定配离子,基于这种性质,NaCN(或 KCN)用来从矿石中提炼金和银,及用于金银的电镀;氰化物还常用于有机合成中。氰化物俗称山萘,剧毒,毫克量的 NaCN 或 KCN 均可使人致命。由于 CN^- 具有还原性,所以用过氧化氢解毒或漂白粉消除污染。

氧氰及其化合物无毒,自由氧氰尚未制得,常见的是氰酸的钠、钾、铵盐。氰酸中存在着下列互变异构平衡:

$$\underset{异氰酸}{H—N{=}C{=}O} \Longleftrightarrow \underset{氰酸}{H—O—C{\equiv}N}$$

上述平衡强烈移向左方,因此实际上得到的是异氰酸及其盐。氰酸主要用于有机合成,制催眠药、麻醉药。氰酸和异氰酸有一同分异构体 $H—O—N{=}C$ 称为雷酸,雷酸的汞盐 $Hg(ONC)_2$ 就是通常所说的引爆剂——雷汞。

硫氰及硫氰化物无毒。硫氰酸也有两种异构体,异硫氰酸 HNCS 和硫氰酸 HSCN。实际上只分离出 HNCS,但两种硫氰酸根离子的配合物都有,例如$\left[Fe(NCS)_6\right]^{3-}$ 和$\left[Hg(SCN)_4\right]^{2-}$。硫氰酸盐主要用于印染工业,也用作化学试剂,为检验 Fe^{3+} 的灵敏试剂。

14.2　稀有气体

氦 He、氖 Ne、氩 Ar、氪 Kr、氙 Xe、氡 Rn,统称为氦族元素。由于它们在自然界存在量很少,所以又称为稀有气体(noble gas)。

14.2.1　稀有气体的性质和用途

除了氦原子的电子层有 2 个电子外,其余稀有气体原子的最外层都有 8 个电子,2 电子和 8 电子结构都是稳定的结构,因此它们的化学性质非常不活泼。这些元素不仅与其他元素不易化合,它们的原子之间也难以结合起来,因而是以单原子分子的形式存在。

长期以来,稀有气体被认为不与任何物质作用,化合价为零,因此过去把它们称为惰性气体或零族元素。1962 年,巴特利特(N. Bartlett)制得氙的化合物,证明惰性气体并不惰性,因此现在把惰性气体改称为稀有气体,而把零族元素改为ⅧA 族(原来的第Ⅷ族改为ⅧB 族),或称作氦族元素。

稀有气体的一些物理性质列于表 14-8,这些性质都随原子序数的增加呈有规律地变化。稀有气体分子间存在着微弱的分子间力,因此稀有气体的熔点、沸点都很低,氦的沸点是所有物质中最低的。液态氦是最冷的一种液体,借助于液态氦,可使温度达到 0.001 K,在科学上常利用液态氦来研究低温时物质的行为。

表 14-8 稀有气体的一些物理性质

性　　质	氦(He)	氖(Ne)	氩(Ar)	氪(Kr)	氙(Xe)	氡(Rn)
原子序数	2	10	18	36	54	86
相对原子质量	4.003	20.18	39.95	88.80	131.3	222
价电子层结构	$1s^2$	$2s^2 2p^6$	$3s^2 3p^6$	$4s^2 4p^6$	$5s^2 5p^6$	$6s^2 3p^6$
原子半径/pm	122	160	191	198	217	—
第一电离能 /(kJ·mol^{-1})	2 372.2	2 080.5	1 520.4	1 350.6	1 170.3	1 037.0
熔点/℃	−272.25	−248.6	−189.4	−157.2	−111.8	−71
沸点/℃	−268.9	−246.1	−185.9	−153.4	−108.1	−62
临界温度/℃	−267.96	−228.71	−122.4	−63.75	16.59	104.5

除氢以外,氦是最轻的气体,因此氦可用来代替氢填充气球飞船等,氦不会着火燃烧,使用氦要比用氢安全。氦还用来与氧混合配制成"人造空气",供给潜水员在深水工作时呼吸之用。在深水中,由于压力增大,空气中氮在血液中溶解度增大,而当潜水员从水中上升时,压力减小,溶解的氮从血液中放出,产生的气泡将堵塞血管以致造成"潜水病"。由于氦在血液中溶解度比氮要小得多,因此应用含氦的"人造空气",就可避免潜水病。

在放电管中,装入少量的氖或氩,通以高压电,可以产生红色(氖)或紫色(氩)辉光,如果改变其中成分,还可获得其他颜色的光,这种性质应用在霓虹灯方面。由于氖灯发射的红光能穿透雾层,因此氖灯特别适用于灯塔和一些信号装置上。

氩可作为保护气体,主要用于焊接金属和其他既要求非氧化气氛,又不能有氮存在的操作中。氩以及氩和氮的混合气体用来填充灯泡,以避免钨丝在高温时被氧化。

氪和氙用于特殊性能的电光源,氙灯光度极强,有"小太阳"之称。

14.2.2　稀有气体的存在和分离

除氦外,所有稀有气体都存在于空气中,其中主要是氩,其他气体则很少。表 14-9 列出空气中各稀有气体所占的体积百分数。

表 14-9 空气中稀有气体的体积百分数

He	5.24×10^{-4}
Ne	1.82×10^{-3}
Ar	0.934
Kr	1.14×10^{-4}
Xe	8.7×10^{-6}

从空气中制取稀有气体主要是用物理方法。如分级蒸馏或选择性吸附的方法。将液态空气蒸馏,沸点低的氦($-195.8℃$)、氦($-268.9℃$)和氖($-246.1℃$)先逸出,氩、氪、氙仍留在液氧中。将逸出的气体液化除氮,则得氦氖混合气体。将含有氩、氪、氙的液氧再进行蒸馏,由于氩的沸点($-185.9℃$)低于氧($-183℃$),氩先逸出,得到粗制的氩(其中有其他稀有气体和氧等),而氪、氙仍留在液氧中。稀有气体中残留的氮,可使气体通过灼热的镁屑以除去(形成氮化镁 Mg_3N_2);残留的氧则可使气体通过红热的铜丝或与氢燃烧以去除。

如果要将稀有气体进一步分离,可再进行分级蒸馏或者在低温下用活性炭或分子筛吸附。由于吸附剂在不同条件下对不同气体的吸附具有选择性,例如,在$-225℃$左右,氪可被活性炭吸附,而氩则不能。因此,氩和氪的混合物,可在低温下,通过活性炭的处理而分离。

14.2.3 稀有气体的化合物

1962 年,英国化学家巴特利特制得了第一个稀有气体化合物 $Xe^+[PtF_6]^-$。他是利用热力学性质的一些关系推断而试制成功的。

巴特利特在用强氧化剂 PtF_6 氧化氧分子制得 O_2PtF_6 后,联想到氙的第一电离能与氧分子的第一电离能非常相近:

$$Xe-e \longrightarrow Xe^+ \qquad I=1\,170\ kJ \cdot mol^{-1}$$
$$O_2-e \longrightarrow O_2^+ \qquad I=1\,177\ kJ \cdot mol^{-1}$$

他认为,Xe 也可以被 PtF_6 氧化生成类似的化合物。

事实上,在 25℃、101.3 kPa 下,反应 $Xe+PtF_6 = XePtF_6$ 可进行,制得了黄红色的固体 $XePtF_6$。

在巴特利特制得 $XePtF_6$ 以后不久,人们将氙和氟在 400℃时混合 1 小时,然后冷冻到 $-78℃$,制得 XeF_4,这是一个稳定的二元化合物。后来又陆续制得了好几种氙同氟、氧的化合物。表 14-10 列出氙的一些主要化合物。

表 14-10 氙的一些主要化合物

氧化态	Ⅱ	Ⅳ	Ⅵ	Ⅷ
化合物	XeF_2	XeF_4 $XeOF_2$	XeF_6 $XeOF_4$ XeO_2F_2 XeO_3 $CsXeF_7$ Na_2XeF_8	XeO_4 $NaXeO_6 \cdot 8H_2O$ $Ba_2XeO_6 \cdot 15H_2O$

氙是稀有气体中(放射性的氡除外)最活泼的元素,自 1962 年以来,制得了一些氙化合物。几个较轻的稀有气体远不如氙活泼。到目前为止,仅制得氪的化合物 KrF_2 及其衍生物,至于氖和氩的化合物至今还未曾制得。

复 习 思 考 题

1. 分别说明卤素元素在自然界的存在形式以及卤素单质的制备途径。

2. 试举例说明卤素的氧化性按 F_2—Cl_2—Br_2—I_2 顺序渐减；卤素离子的还原性按 F^-—Cl^-—Br^-—I^- 顺序渐增。

3. 在卤族元素性质递变中，氟的某些性质比较特殊，试列出氟的某些特殊性，并加以说明。

4. 在常温下，卤素与水作用的产物是什么？不同卤素和水作用的反应类型为什么不完全相同？

5. 为什么浓 H_2SO_4 与 NaCl 固体反应可以产生 HCl，而与 NaBr、NaI 反应得不到 HBr、HI，并用反应方程式表示。

6. 试述卤化氢的还原性、酸性和热稳定性的递变规律，并加以解释。

7. 试述氯的各种含氧酸的酸性、热稳定性和氧化性的递变规律，并加以解释。

8. 何为拟卤素，写出你熟悉的某些拟卤素化合物。

9. 第一个制得的稀有气体化合物是什么？

习　　题

1. 今有下列气体需要进行干燥：HF、HCl、HBr、Cl_2，若选用浓 H_2SO_4、生石灰、无水氯化钙作干燥剂是否可以，为什么？

2. 解释下列现象：

(1) 为什么高锰酸钾与盐酸反应可产生氯气，而与氢氟酸反应不能得单质氟？

(2) 碘难溶于水而易溶于 KI 溶液中；

(3) 氯水中加入苛性钠，氯气味道消失；

(4) 次卤酸的酸性按 HClO—HBrO—HIO 顺序渐减；

(5) 氯的含氧酸酸性按 HClO—$HClO_2$—$HClO_3$—$HClO_4$ 顺序增强；

(6) 漂白粉长期暴露在空气中会失效。

3. 试从 (1) CaF_2 制备 F_2；

(2) KCl 制备 $KClO_3$；

(3) I_2 制备 HIO_3；

(4) 从海水制 Br_2。

4. 用食盐为基本原料，制备下列各物质：

(1) Cl_2；(2) NaClO；(3) $KClO_3$；(4) $KClO_4$。

5. 写出下列反应产物并配平方程式：

(1) 氯气通入冷的氢氧化钠水溶液中；

(2) 碘化钾加到含有稀硫酸的碘酸钾的溶液中；

(3) 硫化氢通入碘水中（硫化氢被氧化为硫）；

(4) 次氯酸钠水溶液中通入 CO_2；

(5) 漂白粉加盐酸；

(6) 用氢氟酸蚀刻玻璃。

6. 在 KI 溶液中逐滴加入 Cl_2 水时，开始溶液呈黄色，慢慢变棕褐色，继续加入 Cl_2 水溶液呈无色。写出每一步反应方程式。

7. 将氯水持续滴入含 CCl_4 的 KBr 和 KI 的混合溶液中，并不断摇匀。指出颜色的变化并说明原因，写出有关反应方程式。

8. 溴能从含碘离子的溶液中取代碘，碘又能从溴酸钾溶液中取代溴，这两个反应是否矛盾？说明原因。

9. 已知：$ClO_3^- + 6H^+ + 5e \Longrightarrow \dfrac{1}{2}Cl_2 + 3H_2O$ 　　　　　$E^{\ominus} = 1.47 \text{ V}$

　　　　　$Cl_2 + 2e \Longrightarrow 2Cl^-$ 　　　　　　　　　　　　　$E^{\ominus} = 1.36 \text{ V}$

计算：(1) $ClO_3^- + 3H_2O + 5e \Longrightarrow \dfrac{1}{2}Cl_2 + 6OH^-$　$E^\ominus$

(2) 298 K 时，反应 $3Cl_2 + 6OH^- \Longrightarrow 5Cl^- + ClO_3^- + 3H_2O$ 的平衡常数 $K^\ominus$。

10. 完成并配平下列反应方程式：

(1) $Cl_2 + Ba(OH)_2 \xrightarrow{\text{室温}}$

(2) $Cl_2 + KI + KOH \longrightarrow$

(3) $Cl_2 + I_2 + H_2O \longrightarrow$

(4) $NaBr + NaBrO_3 + H_2SO_4 \longrightarrow$

(5) $I_2 + H_2SO_3 + H_2O \longrightarrow$

(6) $I^- + IO_3^- + H_2S + H^+ \longrightarrow$

11. 试举例阐明碘既可作为氧化剂，又能作为还原剂，并能起歧化反应。写出有关的反应方程式。

12. 若误将少量 KCN 排入下水道，应立即采取哪些措施以消除污染免遭公害？写出反应方程式。

13. 白色固体 A 与浓硫酸共热，产生一种有刺激性气味的气体 B，该气体能使蓝色石蕊试纸变红。将该气体 B 通入 $KMnO_4$ 溶液，能使紫色褪去，并产生另一种有刺激性气味的气体 C，此气体可使润湿的淀粉-碘化钾试剂变蓝。白色固体 A 易溶于水，其水溶液呈中性，向 A 的水溶液中加入酒石酸氢钠溶液后有白色沉淀 D 产生。试推测 A、B、C、D 各为何物质，写出各步反应方程式。

14. 有一固体物质，其难溶于水而能溶于稀的 NaOH 溶液。将该溶液酸化，溶液转为红棕色，在此溶液中加入过量氯水，得无色透明溶液。在该透明溶液中再加入过量碘化钾，红棕色又出现，再加入亚硫酸钠后，红棕色褪去得无色溶液。在该溶液中滴入氯化钡溶液，有白色沉淀产生，该沉淀不溶于稀盐酸。根据上述现象，推测原固体物质是什么，并写出有关反应的离子方程式。

第15章 f 区元素——镧系和锕系

f 区元素包括周期系中第 57～70 号镧系(用符号 Ln 表示)和第 89～102 号锕系(用符号 An 表示)共 28 种元素。f 区元素原子的价层电子构型为 $(n-2)f^{0\sim14}(n-1)d^{0\sim2}ns^2$,最后充填电子主要排布在 $(n-2)f$ 亚层,因而又称为内过渡元素。本章将对镧系元素做一概述,对锕系元素做一简介。

15.1 镧系元素概述

1. 价层电子构型

镧系元素原子最后充填的电子大都进入 4f 亚层。由于洪特规则,并且 4f 和 5d 能级的能量比较接近,使得 57 号镧(La)、58 号铈(Ce)、64 号钆(Gd)的原子都在 5d 能级上充填 1 个电子。71 号元素镥(Lu)原子在完成 4f 充填后增加 1 个 5d 电子,应属 d 区元素。但镥的性质与镧系很相似,过去也把它作为镧系元素,这里也将镥与镧系元素放在一起讨论。表 15-1 列出了镧系(和镥)元素原子的价层电子构型和某些性质。

表 15-1　镧系(和镥)元素的原子及 Ln³⁺ 的电子构型

元　素	原子的价层电子构型	氧化值*	金属原子半径/pm	Ln³⁺半径/pm	Ln³⁺电子构型
57 镧 La	$4f^0 5d^1 6s^2$	+3	187.7	106	$4f^0$
58 铈 Ce	$4f^1 5d^1 6s^2$	+3,+4	181.5	103	$4f^1$
59 镨 Pr	$4f^3 6s^2$	+3,+4	182.8	101	$4f^2$
60 钕 Nd	$4f^4 6s^2$	+3	182.2	100	$4f^3$
61 钷 Pm	$4f^5 6s^2$	+3	181.0	98	$4f^4$
62 钐 Sm	$4f^6 6s^2$	+2,+3	180.2	96	$4f^5$
63 铕 Eu	$4f^7 6s^2$	+2,+3	204.2	95	$4f^6$
64 钆 Gd	$4f^7 5d^1 6s^2$	+3	180.2	94	$4f^7$
65 铽 Tb	$4f^9 6s^2$	+3,+4	178.2	92	$4f^8$
66 镝 Dy	$4f^{10} 6s^2$	+3,(+4)	177.3	91	$4f^9$
67 钬 Ho	$4f^{11} 6s^2$	+3	176.6	89	$4f^{10}$
68 铒 Er	$4f^{12} 6s^2$	+3	175.7	88	$4f^{11}$
69 铥 Tm	$4f^{13} 6s^2$	(+2),+3	174.6	87	$4f^{12}$
70 镱 Yb	$4f^{14} 6s^2$	+2,+3	194.0	86	$4f^{13}$
71 镥 Lu	$4f^{14} 5d^1 6s^2$	+3	173.4	85	$4f^{14}$

* 括号内为不稳定氧化值。

由表 15-1 可见,除 La 以外,其他镧系元素的原子和 Ln³⁺ 都有 4f 电子。La 原子没有 4f 电子,有一种看法是由于 4f 和 5d 能级的能量较接近,并且 La 的原子实[Xe]具有较大的屏蔽作用,使其外能级组电子受原子核的作用较小而尽量排在离核较远的 5d 亚层,因此造成 La 原子的价

层电子构型是 $4f^0 5d^1 6s^2$。同样,Ce 原子的价层电子构型是 $4f^1 5d^1 6s^2$。但是,La 和 Ce 与其他镧系元素的性质仍十分相似。例如它们的常见氧化值都是 $+3$。

　　2. 原子半径和离子半径,镧系收缩

　　由表 15-1 可见,镧系元素的原子半径及 Ln^{3+} 半径,在总的趋势上都随原子核电荷数的增大而缩小,这一现象称为镧系收缩。

　　镧系收缩的产生与其原子的电子层结构密切相关。在镧系元素的原子中,电子逐个充填 4f 亚层,由于 f 电子云对原子核的屏蔽并不完全。造成随核电荷的递增,每增加一个 4f 电子,有效核电荷逐渐增大,结果使原子半径逐渐缩小。尽管每增加一个 f 电子,原子半径的缩小并不大,但依次充填 14 个 f 电子后整个镧系收缩却是可观的。在镧系原子半径的收缩过程中,有两处突跃,即铕和镱的原子半径突然增大,在图 15-1(a)中在铕和镱处出现两个峰值。这是由于铕和镱各自具有半充满和全充满的 4f 亚层,这一相对稳定结构对核电荷的屏蔽增大,它们的原子半径便明显增大。对于 Ln^{3+},其半径收缩更为明显,而且 4f 亚层已暴露为最外层,电子结构单调变化使 Ln^{3+} 的半径呈有规律的收缩,如图 15-1(b)所示。

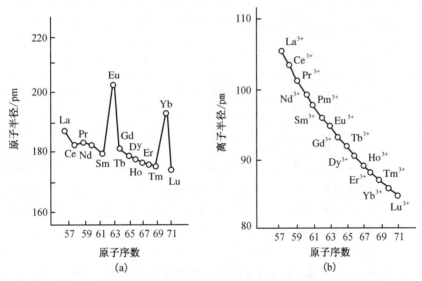

图 15-1　镧系(和镥)元素的原子半径和离子半径随原子序数的变化

　　镧系收缩的结果之一即使得镧系以后的各元素镥 Lu、铪 Hf、钽 Ta、钨 W 等的原子半径相应缩小,与第五周期的同族元素钇 Y、锆 Zr、铌 Nb、钼 Mo 非常接近,造成锆和铪、铌和钽、钼和钨的性质非常相似。而锆、铌、钼与第四周期的同族元素钛 Ti、钒 V、铬 Cr 则因原子或离子半径相差较大而性质差异也较大。这一后果在 ⅧB 族元素中也有反映,在 ⅧB 族中铁、钴、镍与钌 Ru、铑 Rh、钯 Pd 的性质大不相似,而钌、铑、钯与镧系以后同族的锇 Os、铱 Ir、铂 Pt 的性质则很接近。因而通常把这六个元素合称为铂系元素;铁、钴、镍三个元素合称为铁系元素。

　　镧系收缩还有一个重要后果,即使得第五周期 ⅢB 族中的钇 Y 的原子半径和 Y^{3+} 半径落在镧系元素的中间,造成钇的性质与镧系元素非常相似,在自然界中也常与镧系元素共生在一起(包括镥)。

　　镧系收缩是无机化学中的一个重要现象。它不仅表明镧系元素的原子和 Ln^{3+} 半径既逐渐缩小,又比较接近,使镧系元素及其化合物的性质十分相似,而且受镧系收缩影响,使得具有 $4d^n$ 和 $5d^n$ 电子的原子半径也较接近,造成它们的元素和化合物的性质也颇相似。

3. 氧化值、Ln^{3+} 在溶液中的颜色

镧系元素的氧化值以 +3 为主,也有少数具有 +2 和 +4 氧化值(见表 15-1)。一般 +4 氧化值的离子如 Ce^{4+}、Pr^{4+}、Tb^{4+}、Dy^{4+} 具有氧化性而易被还原,+2 氧化值的离子如 Sm^{2+}、Eu^{2+}、Yb^{2+} 具有还原性而易被氧化,氧化还原的产物一般为 +3 氧化值离子,由于 4f 亚层的全空、半充满和全充满状态的相对稳定性,使得 +4 氧化值的 Ce^{4+}($4f^0$)、Tb^{4+}($4f^7$)较稳定,而 Pr^{4+}、Dy^{4+} 的稳定性较差;同理 Eu^{2+}($4f^7$)和 Yb^{2+}($4f^{14}$)也比 Sm^{2+}、Tm^{2+} 较为稳定。另外,+4 和 +2 氧化值的出现,大体随着原子序数的递增而每隔 6 个元素重复出现,这也与上述 $4f^0$、$4f^7$、$4f^{14}$ 型的稳定性有关。

许多 Ln^{3+} 在水溶液中都有颜色(表 15-2)。从表 15-2 可以看出,具有或接近全空、半充满或全充满 4f 亚层的离子,如 La^{3+}($4f^0$)、Ce^{3+}($4f^1$)、Gd^{3+}($4f^7$)、Yb^{3+}($4f^{13}$)以及 Lu^{3+}($4f^{14}$)是无色的,其他构型的离子则几乎都有颜色。此外,具有 $4f^x$ 和 $4f^{14-x}$ 构型的离子,它们的未成对电子数相同,颜色也大致相同。

表 15-2　溶液中 Ln^{3+}（和 Lu^{3+}）的颜色

离子	4f电子	颜色	未成对电子数	颜色	4f电子	离子
La^{3+}	$4f^0$	无色	0	无色	$4f^{14}$	Lu^{3+}
Ce^{3+}	$4f^1$	无色	1	无色	$4f^{13}$	Yb^{3+}
Pr^{3+}	$4f^2$	绿色	2	浅绿	$4f^{12}$	Tm^{3+}
Nd^{3+}	$4f^3$	红色	3	淡红	$4f^{11}$	Er^{3+}
Pm^{3+}	$4f^4$	粉红	4	粉红	$4f^{10}$	Ho^{3+}
Sm^{3+}	$4f^5$	淡黄	5	淡黄绿	$4f^9$	Dy^{3+}
Eu^{3+}	$4f^6$	淡粉红	6	微淡粉红	$4f^8$	Tb^{3+}
Gd^{3+}	$4f^7$	无色	7	无色	$4f^7$	Gd^{3+}

应该指出,上述现象仅存在于 Ln^{3+} 之间。某些等电子的非 +3 氧化值离子,却表现出不同的颜色。例如与 La^{3+} 同为 $4f^0$ 构型的 Ce^{4+} 呈橙色而非无色,与 Gd^{3+} 同为 $4f^7$ 构型的 Eu^{2+} 呈草黄色,与 Lu^{3+} 同为 $4f^{14}$ 构型的 Yb^{2+} 呈绿色,也都不是无色。

4. 离子和化合物的磁性

我们已经了解,物质因其有无成单电子而显示顺磁性或逆磁性。具有 $4f^0$ 构型的 La^{3+}、Ce^{4+} 和 $4f^{14}$ 的 Yb^{2+} 和 Lu^{3+},因没有成单电子而呈逆磁性,而具有 $4f^{1\sim13}$ 构型的原子或离子的镧系元素及其化合物,则因含有成单电子而显示顺磁性。

物质的磁性除了与成单电子的自旋运动有关外,还与轨道运动有关。正因如此,使得镧系元素的磁性与 d 区元素的磁性存在着根本的不同。对于 d 区元素来说,其磁矩主要由原子或离子的未成对电子的自旋运动产生的,这是因为 d 轨道受配体电场的作用较强,轨道运动对磁矩的贡献几乎被完全抵消,因而其磁矩接近于按唯自旋公式计算的结果。对于镧系元素来说,由于 4f 电子受 5s 和 5p 电子屏蔽而受周围配体电场的作用较弱,轨道运动对磁矩的贡献未被配体电场抵消,因此它们的磁矩来自成单电子自旋运动和轨道运动两方面的贡献。图 15-2 绘示了 Ln^{3+}（和 Lu^{3+}）和化合物的磁矩。图 15-2 中的虚线是按未成对电子数由唯自旋公式计算的结果;实线则是既考虑成单电子自旋运动,又考虑轨道运动的计算结果,这一结果与 300 K 时的实验结果能很好地符合。

由上述应注意,对于镧系元素及其化合物,不能像对 d 区元素那样就用唯自旋公式 $\mu = \sqrt{n(n+2)}$ 来计算它们的磁矩。

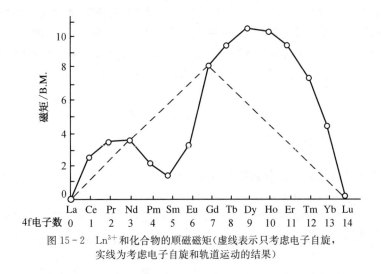

图 15-2　Ln^{3+} 和化合物的顺磁磁矩（虚线表示只考虑电子自旋，
实线为考虑电子自旋和轨道运动的结果）

5. 金属的活泼性和物理性质

镧系金属具有银白色或灰色光泽，质地比较软，具有延展性。镧系金属的活泼性很强，其活泼性仅次于碱金属和碱土金属，比铝和锌都强。由于镧系金属性质活泼，所以在空气中能与氧反应成氧化物。在高温时，镧系金属可与卤素、N_2、C、S 等非金属反应，生成相应的卤化物、氮化物、碳化物和硫化物。镧系金属随着原子序数的增大而金属活泼性稍有减弱，但它们都是很强的还原剂。表 15-3 列出了镧系（和镥）元素的标准电极电势和一些物理性质。

表 15-3　镧系（和镥）元素的某些性质

元　素	电极电势 $E^{\ominus}(Ln^{3+}/Ln)/V$	密　度 $\rho/(g \cdot cm^{-3})$	熔　点 $t/^{\circ}C$	电离能 $(I_1+I_2+I_3)$ $/(kJ \cdot mol^{-1})$
La	−2.37	6.174	920	3 455
Ce	−2.34	6.771	795	3 527
Pr	−2.35	6.782	919	3 627
Nd	−2.32	7.004	1 019	3 694
Pm	−2.29	7.264	1 080	3 738
Sm	−2.30	7.536	1 072	3 841
Eu	−1.99	5.259	826	4 032
Gd	−2.29	7.895	1 306	3 752
Tb	−2.30	8.272	1 356	3 786
Dy	−2.29	8.536	1 407	3 898
Ho	−2.33	8.803	1 461	3 920
Er	−2.31	9.051	1 497	3 930
Tm	−2.31	9.332	1 545	4 044
Yb	−2.22	6.977	824	4 193
Lu	−2.30	9.842	1 652	3 886

由表 15-3 可见，镧系元素的 $E^{\ominus}(Ln^{3+}/Ln)$ 随原子序数的增大而逐渐减小，但都低于−1.99 V，足见其金属活泼性之强。镧系金属能与水反应，尤其是与热水反应较剧烈，同时放出氢气。如果与稀酸反应，则更易放出氢气。由表 15-3 中所列数据还可看出，镧系中 Eu 和 Yb 的

一些性质与其他成员相比显得较为突出。正如它们的原子半径在这两个元素出现两个峰值[图 15-1(a)]一样,Eu 和 Yb 的 $E^{\ominus}(Ln^{3+}/Ln)$ 和 $(I_1+I_2+I_3)$ 也与整个变化趋势不一致,也呈两个相对较高的值;而密度和熔点则突出地较低。如果用这些数据对原子序数作图,则在 Eu 和 Yb 处将出现两个峰值或谷值。这一现象应与 Eu 和 Yb 分别具有 $4f^76s^2$ 和 $4f^{14}6s^2$ 的稳定价层电子构型有关。

15.2 锕系元素概述

锕系元素都是放射性元素。在铀以后的元素是 20 世纪 40—60 年代由人工核反应合成的,称为铀后或超铀元素。锕系元素中以钍(Th)和铀(U)在自然界存在较多,而锕(Ac)、镤(Pa)、镎(Np)、钚(Pu)在自然界也有存在,但含量极微。锕系元素的研究与原子能工业的发展密切相关。铀、钍、钚已大量用作核燃料,其他如锔(Cm)、锎(Cf)等在空间技术等方面有实际和潜在的应用价值。

锕系元素原子的价层电子构型及某些性质列于表 15-4 中。

表 15-4 锕系(和镧)元素的某些性质

| 元 素 | 原子的价层电子构型 | 金属原子半径/pm | 离子半径/pm | | 电极电势 $E^{\ominus}(An^{3+}/An)/V$ | 密度 $\rho/(g \cdot cm^{-3})$ | 熔点 $t/℃$ |
			An^{3+}	An^{4+}			
89 锕 Ac	$6d^17s^2$		111	99	−2.13		1 050
90 钍 Th	$6d^27s^2$	179	108	96		11.78	1 750
91 镤 Pa	$5f^26d^17s^2$	163	105	93	−1.49	15.37	1 552
92 铀 U	$5f^36d^17s^2$	156	103	92	−1.66	19.05	1 132
93 镎 Np	$5f^46d^17s^2$	155	101	90	−1.79	20.45	637
94 钚 Pu	$5f^6 \quad 7s^2$	159	100	89	−2.06	19.86	639
95 镅 Am	$5f^7 \quad 7s^2$	173	99	88	−2.07	13.67	995
96 锔 Cm	$5f^76d^17s^2$	174	98.5	87		13.51	1 340
97 锫 Bk	$5f^9 \quad 7s^2$	170	98	86		14.78	986
98 锎 Cf	$5f^{10} \quad 7s^2$	186±2	97.7				(900)
99 锿 Es	$5f^{11} \quad 7s^2$	186±2					(860)
100 镄 Fm	$5f^{12} \quad 7s^2$						
101 钔 Md	$5f^{13} \quad 7s^2$						
102 锘 No	$5f^{14} \quad 7s^2$						
103 铹 Lr	$5f^{14}6d^17s^2$						

从锕系元素原子的价层电子构型可见,其最后充填的电子主要在 5f 亚层。但是锕、钍在 6d 亚层,此外还有四个元素(除铹外)也有 6d 充填。这可能是 5f 与 6d 亚层能级较为接近,尤其是锕系前半部元素,这表现在氧化态上锕系元素常呈现多种氧化态。这可以看为 6d 与 5f 能级较为接近,电子容易从 5f 激发到 6d 能级成键的倾向更大的结果。在锕系后半部元素,从 5f 激发到 6d 能级所需能量较大,显示以低氧化态为主。而镧系元素原子的 4f 与 5d 能级有较大的差异,使镧系的氧化值多为+3,个别有+4 或+2。表 15-5 列出了锕系元素的氧化值。

表 15-5 锕系元素的氧化值*

Ac	Th	Pa	U	Np	Pu	Am	Cm	Bk	Cf	Es	Fm	Md	No
						2			2	2	2	2	2
3			3	3	3	3	3	3	3	3	3	3	3
	4	4	4	4	4	4	4	4	4				
		5	5	5	5	5							
			6	6	6	6							
				7	7								

* 画线的为最稳定氧化值

　　和镧系收缩现象相似,随着原子核电荷的增大,锕系元素离子半径也逐渐减小,而且减小得也较缓慢,特别是＋3 氧化态。这也称为锕系收缩。

　　锕系元素的单质通常为银白色金属,且金属活泼性较强,它们易和水反应。Th、U、Pu 等在空气中会迅速变暗,形成氧化膜。钍的氧化膜具有保护性,其他元素的则较差。与水的反应较复杂,氧的存在会有影响。与沸水或水蒸气反应,在金属表面会生成氧化物并放出 H_2,同时还会与 H_2 反应生成氢化物,它们又进一步与水反应,使金属进一步受到侵蚀。锕系单质可以与许多非金属反应,特别是在加热的情况下。它们能抗碱的侵蚀,对酸的反应能力也比预料的差。浓硝酸能使 Th、U、Pu 钝化,但加入 F^- 可避免钝化,因而可以促使这些金属溶解。锕系元素还可与其他金属形成金属间化合物和合金。锕系元素可有多种氧化态,有的可以形成含氧阳离子(如 AnO_2^{2+}、AnO_2^+ 等)的化合物及配合物。

复 习 思 考 题

1. 元素周期系中 f 区元素指哪些元素? 它们的原子结构有何特点?

2. 镧系元素 Ln^{3+} 在溶液中的颜色与其电子构型有何联系?

3. 在 Ln^{3+} 中 Gd^{3+} 具有 $4f^7$ 的构型,即有 7 个未成对电子。但其顺磁矩却比 Ln^{3+} 中一些未成对电子数少于 7 的还小,应怎样认识这一现象?

习 题

1. 什么是镧系收缩? 它造成怎样的后果?

2. 镧系元素存在镧系收缩现象,同为 f 区的锕系元素是否也有锕系收缩现象?

3. 镧系元素随着原子序数的增大,其原子半径总的趋势是逐渐减小,但 Eu 和 Yb 的原子半径却大得反常。试从原子的电子结构来解释这一现象。

部分习题参考答案

第1章

1. 19.7 mL

3. 478 mL；495 mL

5. 98.9%

9. (1) 8.07 L；(2) 30.7 kPa；(3) 24.8 kPa

第2章

1. -2.85 kJ

3. $-1\,260$ kJ $\cdot$ mol^{-1}

5. 227.4 kJ $\cdot$ mol^{-1}

15. 1.60×10^{-4} mol $\cdot$ L^{-1}

17. 6.9×10^{-4}

19. 4.43

23. 1.78

26. -64.38 J $\cdot$ mol^{-1}

第3章

1. $0.016\,9$ mol $\cdot$ L^{-1} $\cdot$ s^{-1}

4. $v(Cl^-) = 1.12 \times 10^{-5}$ mol $\cdot$ L^{-1} $\cdot$ s^{-1}

5. 53.59 kJ $\cdot$ mol^{-1}

6. 0.698 L $\cdot$ mol^{-1} $\cdot$ s^{-1}

7. -21 kJ $\cdot$ mol^{-1}

第4章

1. 434 nm；4.58×10^{-19} J

2. (1) 1.64×10^{-18} J；(2) 1.29×10^{-18} J

第5章

4. 908.9 kJ $\cdot$ mol^{-1}

第6章

1. 2.04×10^{-4}

2. 2.97×10^{-3} mol $\cdot$ L^{-1}；11.47

7. (1) 8.94；(2) 8.85

9. (1) 11.11；(2) 12.01；(3) 5.62

11. 1.48×10^{-32}

14. 0.004 1 g；1.91×10^{-9} g

17. 6.4 mL

19. $5.8 < \text{pH} < 7.3$

21. $0.47 \ \text{mol} \cdot \text{L}^{-1}$

23. $20 \ \text{g}$

第7章

7. (1) $-0.059 \ \text{V}$；(2) $-0.41 \ \text{V}$；(3) $-0.17 \ \text{V}$

9. (1) $0.46 \ \text{V}$；(2) $1.2 \ \text{V}$；(3) $0.51 \ \text{V}$；(4) $0.33 \ \text{V}$；(5) $0.62 \ \text{V}$

11. 1.5×10^{-8}

13. (1) $0.821 \ \text{V}$；$-0.744 \ \text{V}$

15. (1) $-0.13 \ \text{V}$，$75.3 \ \text{kJ} \cdot \text{mol}^{-1}$；(2) $0.09 \ \text{V}$

17. $0.236 \ \text{V}$，9.77×10^{3}，$-22.8 \ \text{kJ} \cdot \text{mol}^{-1}$　　反应改写后：$E_2^{\ominus} = E_1^{\ominus}$；$K_2^{\ominus} = (K_1^{\ominus})^2$；
$\Delta_r G_{m,2}^{\ominus} = 2\Delta_r G_{m,1}^{\ominus}$

19. (1) $E^{\ominus} = 0.028 \ \text{V}$；(2) $K^{\ominus} = 3.0$；
(3) $[\text{Ag}^+] = 0.33 \ \text{mol} \cdot \text{L}^{-1}$

第8章

7. (1) $[\text{Ag}^+] = 2.86 \times 10^{-9} \ \text{mol} \cdot \text{L}^{-1}$，
$[\text{Ag(NH}_3)_2^+] = 0.04 \ \text{mol} \cdot \text{L}^{-1}$，
$[\text{NH}_3] = 1.12 \ \text{mol} \cdot \text{L}^{-1}$；
(2) 有 AgCl 沉淀产生；
(3) 应取 $12.0 \ \text{mol} \cdot \text{L}^{-1}$ 氨水 $12.5 \ \text{mL}$

9. 2.1×10^{-11}

14. (1) 7.94×10^{-14}；(2) $1.36 \ \text{V}$；(5) 8.04×10^{47}，$273 \ \text{kJ} \cdot \text{mol}^{-1}$

第9章

12. (1) $89.2 \ \text{g}$，$151.8 \ \text{g}$；(2) $2.38 \times 10^{-6} \ \text{g}$

13. (2) $\text{pH} \approx 12$

第11章

8. 平衡常数(1) 8.6×10^{-8}；(2) 277.6

第13章

4. $1.01 \ \text{kg}$

5. $2.7 \ \text{Pa}$

10. 3.4%

16. $0.108 \ \text{mol} \cdot \text{L}^{-1}$；$3.97$

第14章

9. (1) $0.48 \ \text{V}$；(2) 3.77×10^{74}

附　录

附录一　法定计量单位

1. 国际单位制(SI)的基本单位

量		单　位	
名　称	符　号	名　称	符　号
长　度	l	米	m
质　量	m	千克(公斤)	kg
时　间	t	秒	s
电　流	I	安[培]	A
热力学温度	T	开[尔文]	K
物质的量	n	摩[尔]	mol
发光强度	$I(I_v)$	坎[德拉]	cd

2. 国际单位制(SI)的导出单位

量		单　位		
名　称	符　号	名　称	符　号	用 SI 基本单位和 SI 导出单位表示
频率	ν	赫[兹]	Hz	s^{-1}
能量	E	焦[耳]	J	$kg \cdot m^2 \cdot s^{-2}$
力	F	牛[顿]	N	$kg \cdot m \cdot s^{-2} = J \cdot m^{-1}$
压力	p	帕[斯卡]	Pa	$kg \cdot m^{-1} \cdot s^{-2} = N \cdot m^{-2}$
功率	P	瓦[特]	W	$kg \cdot m^2 \cdot s^{-2} = J \cdot s^{-1}$
电荷量	Q	库[仑]	C	$A \cdot s$
电位,电压,电动势	U	伏[特]	V	$kg \cdot m^2 \cdot s^{-3} \cdot A^{-1} = J \cdot A^{-1} \cdot s^{-1}$
电阻	R	欧[姆]	Ω	$kg \cdot m^2 \cdot s^3 \cdot A^{-2} = V \cdot A^{-1}$
电导	G	西[门子]	S	$kg^{-1} \cdot m^{-2} \cdot s^3 \cdot A^2 = \Omega^{-1}$
电容	C	法[拉]	F	$A^2 \cdot s^4 \cdot kg^{-1} \cdot m^{-2} = A \cdot s \cdot V^{-1}$
摄氏温度	t	摄氏度	℃	℃=K

3. SI 词头(用于构成十进位倍数或分数单位的词头)

因　数	词　头　名　称		符　号	因　数	词　头　名　称		符　号
	英文	中文			英文	中文	
10^{24}	yotta	尧[它]	Y	10^{-1}	deci	分	d
10^{21}	zetta	泽[它]	Z	10^{-2}	centi	厘	c
10^{18}	exa	艾[克萨]	E	10^{-3}	milli	毫	m
10^{15}	peta	拍[它]	P	10^{-6}	micro	微	μ
10^{12}	tera	太[拉]	T	10^{-9}	nano	纳[诺]	n
10^9	giga	吉[咖]	G	10^{-12}	pico	皮[可]	p
10^6	mega	兆	M	10^{-15}	femto	飞[姆托]	f
10^3	kilo	千	k	10^{-18}	atto	阿[托]	a
10^2	hecto	百	h	10^{-21}	zepto	仄[普托]	z
10^1	deca	十	da	10^{-24}	yocto	幺[科托]	y

4. 某些可与国际单位制单位并用的我国法定计量单位

量的名称	单位名称	单位符号	与 SI 单位的关系
时　间	分 时 日(天)	min h d	1 min＝60 s 1 h＝60 min＝3 600 s 1 d＝24 h＝86 400 s
体　积	升	1，L	1 L＝1 dm^3
质　量	吨 原子质量单位	t u	1 t＝10^3 kg 1 u≈1.660 540×10^{-27} kg
长　度	海里	n mile	1 n mile＝1 852 m （只用于航行）
能　量	电子伏	eV	1 eV≈1.602 177×10^{-19} J
面　积	公顷	hm^2	1 hm^2＝10^4 m^2

5. 某些单位的换算关系表

1 J＝0.239 0 cal，1 cal＝4.184 J
1 J＝9.869 cm^3 · atm，1 cm^3 · atm＝0.101 3 J
1 J＝6.242×10^{18} eV，1 eV＝1.602×10^{-19} J
1 D(德拜)＝3.334×10^{-30} C · m(库仑 · 米)，1 C · m＝2.999×10^{29} D
1 Å(埃)＝10^{-10} m＝0.1 nm＝100 pm
1 cm^{-1}(波数)＝1.986×10^{-23} J＝11.96 J · mol^{-1}

附录二 基本物理常数

物　理　量	符　号	数　　　值
真空中光的速度	c	2.9979×10^8 m·s^{-1}
电子静止质量	m_e	9.109×10^{-31} kg
电子电荷	e	1.602×10^{-19} C
法拉第常数	F	9.6485×10^4 C·mol^{-1}
阿伏伽德罗常数	N_A	6.022×10^{23} mol^{-1}
摩尔气体常数	R	8.314 J·mol^{-1}·K^{-1}
摩尔理想气体标准体积	V_0	2.241×10^{-2} m^3·mol^{-1}
普朗克常数	h	6.626×10^{-34} J·s

附录三 一些常见物质的 $\Delta_f H_m^{\ominus}$、$\Delta_f G_m^{\ominus}$、$S_m^{\ominus}$ 数据(298 K)

物 质	$\Delta_f H_m^{\ominus}/(kJ \cdot mol^{-1})$	$\Delta_f G_m^{\ominus}/(kJ \cdot mol^{-1})$	$S_m^{\ominus}/(J \cdot mol^{-1} \cdot K^{-1})$
Ag(s)	0.0	0.0	42.6
AgBr(s)	−100.4	−96.9	107.1
AgCl(s)	−127.0	−109.8	96.3
AgF(s)	−204.6	—	—
AgI(s)	−61.8	−66.2	115.5
AgNO₃(s)	−124.4	−33.4	140.9
Ag₂O(s)	−31.1	−11.2	121.3
Ag₂S(S,菱形)	−32.6	−40.7	144.0
Ag₂SO₄(s)	−715.9	−618.4	200.4
Al(s)	0.0	0.0	28.3
AlBr₃(s)	−527.2	—	180.2
AlCl₃(s)	−704.2	−628.8	109.3
AlF₃(s)	−1 510.4	−1 431.1	66.5
AlF₃(g)	−1 204.6	−1 188.2	277.1
AlI₃(s)	−302.9	—	195.9
AlN(s)	−318.0	−287.0	20.2
Al₂O₃(s,刚玉)	−1 675.7	−1 582.3	50.9
Al(OH)₃(s)	−1 284	−1 306	71
Al₂(SO₄)₃(s)	−3 435	−3 507	239.3
As(s,灰砷)	0.0	0.0	35.1
AsH₃(g)	66.4	68.9	222.8
As₂S₃(s)	−169.0	−168.6	163.6
B(s)	0.0	0.0	5.9
B₄C(s)	−62.7	−62.1	27.18
BBr₃(l)	−239.7	−238.5	229.7
BCl₃(l)	−427.2	−387.4	206.3
BF₃(g)	−1 136.0	−1 119.4	254.4
B₂H₆(g)	36.4	87.6	232.1
BN(s)	−254.4	−228.4	14.8
B₂O₃(s)	−1 273.5	−1 194.3	54.0
Ba(s)	0.0	0.0	62.5
BaCl₂(s)	−855.0	−806.7	123.7
BaCO₃(s,毒重石)	−1 213.0	−1 134.4	112.1
BaO(s)	−548.0	−520.3	72.1
BaS(s)	−460.0	−456.0	78.2
BaSO₄(s)	−1 473.2	−1 362.2	132.2
Bi(s)	0.0	0.0	56.7
BiCl₃(s)	−379.1	−315.0	177.0
Bi₂O₃(s)	−573.9	−493.7	151.5

物　　质	$\Delta_f H_m^{\ominus}/(kJ \cdot mol^{-1})$	$\Delta_f G_m^{\ominus}/(kJ \cdot mol^{-1})$	$S_m^{\ominus}/(J \cdot mol^{-1} \cdot K^{-1})$
BiOCl(s)	−366.9	−322.1	120.5
Bi_2S_3(s)	−143.1	−140.6	200.4
Br_2(l)	0.0	0.0	152.2
Br_2(g)	30.9	3.1	245.5
C(s,石墨)	0.0	0.0	5.7
C(s,金刚石)	1.9	2.9	2.4
CH_4(g)	−74.6	−50.5	186.3
C_2H_2(g)	227.4	209.9	200.9
C_2H_4(g)	52.4	68.4	219.3
C_2H_6(g)	−84.0	−32.0	229.2
C_6H_6(l)	49.1	124.5	173.4
CH_3OH(l)	−239.2	−166.6	126.8
CH_3COOH(l)	−484.3	−389.9	159.8
C_2H_5OH(l)	−277.6	−174.8	160.7
CO(g)	−110.5	−137.2	197.7
CO_2(g)	−393.5	−394.4	213.8
CS_2(l)	89.0	64.6	151.3
Ca(s)	0.0	0.0	41.6
$CaCO_3$(s,方解石)	−1 207.6	−1 129.1	91.7
$CaCl_2$(s)	−795.4	−748.8	108.4
CaH_2(s)	−181.5	−142.5	41.4
CaO(s)	−634.9	−603.3	38.1
$Ca(OH)_2$(s)	−985.2	−897.5	83.4
$CaSO_4$(s,硬石膏)	−1 434.5	−1 322.0	106.5
$CaSO_4 \cdot \frac{1}{2}H_2O$(s,a)	−1 576.7	−1 436.8	130.5
$CaSO_4 \cdot 2H_2O$(s)	−2 022.6	−1 797.5	194.1
Cd(s)	0.0	0.0	—
$CdCl_2$(s)	−391.5	−343.9	115.3
CdS(s)	−161.9	−156.5	64.9
$CdSO_4$(s)	−933.3	−822.7	123.0
Cl_2(g)	0.0	0.0	223.1
Cu(s)	0.0	0.0	33.2
CuCl(s)	−137.2	−119.9	86.2
$CuCl_2$(s)	−220.1	−175.7	108.1
CuO(s)	−157.3	−129.7	42.6
Cu_2O(s)	−168.6	−146.0	93.1
CuS(s)	−53.1	−53.6	66.5
$CuSO_4$(s)	−771.4	−662.2	109.2
F_2(g)	0.0	0.0	202.8
Fe(s)	0.0	0.0	27.3

物　　质	$\Delta_f H_m^{\ominus}/(kJ \cdot mol^{-1})$	$\Delta_f G_m^{\ominus}/(kJ \cdot mol^{-1})$	$S_m^{\ominus}/(J \cdot mol^{-1} \cdot K^{-1})$
$FeCl_2(s)$	-341.8	-302.3	118.0
$Fe_2O_3(s,赤铁矿)$	-824.2	-742.2	87.4
$Fe_3O_4(s,磁铁矿)$	$-1\,118.4$	$-1\,015.4$	146.4
$FeS(s)$	-100.0	-100.4	60.3
$H_2(g)$	0.0	0.0	130.7
$HBr(g)$	-36.3	-53.4	198.7
$HCl(g)$	-92.3	-95.3	186.9
$HF(g)$	-273.3	-275.4	173.8
$HI(g)$	26.5	1.7	206.6
$HNO_3(l)$	-174.1	-80.7	155.6
$H_2O(g)$	-241.8	-228.6	188.8
$H_2O(l)$	-285.8	-237.1	70.0
$H_2O_2(l)$	-187.8	-120.4	109.6
$H_2S(g)$	-20.6	-33.4	205.8
$H_2SO_4(l)$	-814.0	-690.0	156.9
$Hg(l)$	0.0	0.0	75.9
$Hg(g)$	61.4	31.8	175.0
$HgCl_2(s)$	-224.3	-178.6	146.0
$Hg_2Cl_2(s)$	-265.4	-210.7	191.6
$Hg(NO_3)_2 \cdot \frac{1}{2}H_2O(s)$	-392	—	—
$HgO(s,红,斜方)$	-90.8	-58.5	70.3
$HgS(s,红)$	-58.2	-50.6	82.4
$I_2(s)$	0.0	0.0	116.1
$I_2(g)$	62.4	19.3	260.7
$K(s)$	0.0	0.0	64.7
$KBr(s)$	-393.8	-380.7	95.9
$KCl(s)$	-436.5	-408.5	82.6
$KF(s)$	-567.3	-537.8	66.6
$KI(s)$	-327.9	-324.9	106.3
$KMnO_4(s)$	-837.2	-737.6	171.7
$KOH(s)$	-424.6	-379.4	81.2
$Mg(s)$	0.0	0.0	32.7
$MgCO_3(s)$	$-1\,095.8$	$-1\,012.1$	65.7
$MgCl_2(s)$	-641.3	-591.8	89.6
$MgO(s)$	-601.6	-569.3	27.0
$Mg(OH)_2(s)$	-924.5	-833.5	63.2
$MgSO_4(s)$	$-1\,284.9$	$-1\,170.6$	91.6
$Mn(s)$	0.0	0.0	32.0
$MnO_2(s)$	-520.0	-465.1	53.1
$N_2(g)$	0.0	0.0	191.6
$NH_3(g)$	-45.9	-16.4	192.8

物 质	$\Delta_f H_m^{\ominus}/(\text{kJ} \cdot \text{mol}^{-1})$	$\Delta_f G_m^{\ominus}/(\text{kJ} \cdot \text{mol}^{-1})$	$S_m^{\ominus}/(\text{J} \cdot \text{mol}^{-1} \cdot \text{K}^{-1})$
$NH_4Cl(s)$	-314.4	-202.9	94.6
$(NH_4)_2SO_4(s)$	$-1\,180.9$	-901.7	220.1
$NO(g)$	91.3	87.6	210.8
$NO_2(g)$	33.2	51.3	240.1
$N_2O_4(g)$	11.1	99.8	304.4
$Na(s)$	0.0	0.0	51.3
$NaBr(s)$	-361.1	-349.0	86.8
$NaCl(s)$	-411.2	-384.1	72.1
$Na_2CO_3(s)$	$-1\,130.7$	$-1\,044.4$	135.0
$NaF(s)$	-576.6	-546.3	51.1
$NaOH(s)$	-425.8	-379.7	64.4
$NaI(s)$	-287.8	-286.1	98.5
$O_2(g)$	0.0	0.0	205.2
$O_3(g)$	142.7	163.2	238.9
$Pb(s)$	0.0	0.0	64.8
$PbCO_3(s)$	-699.1	-625.5	131.0
$PbCl_2(s)$	-359.4	-314.1	136.0
$PbO(s,红)$	-219.0	-188.9	66.5
$PbO(s,黄)$	-217.3	-187.9	68.7
$PbO_2(s)$	-277.4	-217.3	68.6
$PbS(s)$	-100.4	-98.7	91.2
$S(s,斜方)$	0.0	0.0	32.1
$SO_2(g)$	-296.8	-300.1	248.2
$SO_3(g)$	-395.7	-371.1	256.8
$Sb(s)$	0.0	0.0	45.7
$SbCl_3(s)$	-382.2	-323.7	184.1
$Sb_2O_3(s)$	-708.8	$—$	123.01
$Sb_2O_5(s)$	-971.9	-829.2	125.1
$Si(s)$	0.0	0.0	18.8
$SiC(s,立方)$	-65.3	-62.8	16.6
$SiCl_4(g)$	-657.0	-617.0	330.7
$SiF_4(g)$	$-1\,615.0$	$-1\,572.8$	282.8
$SiH_4(g)$	34.3	56.9	204.6
$SiO_2(s,石英)$	-910.7	-856.3	41.5
$Sn(s,白)$	0.0	0.0	51.2
$SnO_2(s)$	-577.6	-515.8	49.0
$SrCO_3(s)$	$-1\,220.1$	$-1\,140.1$	97.1
$SrCl_2(s)$	-828.9	-781.1	114.9
$SrO(s)$	-592.0	-561.9	54.4
$Sr(OH)_2(s)$	-959.0	$—$	$—$
$SrSO_4(s)$	$-1\,453.1$	$-1\,340.9$	117.0

物　　质	$\Delta_f H_m^{\ominus}/(kJ \cdot mol^{-1})$	$\Delta_f G_m^{\ominus}/(kJ \cdot mol^{-1})$	$S_m^{\ominus}/(J \cdot mol^{-1} \cdot K^{-1})$
Ti(s)	0.0	0.0	30.7
TiCl$_4$(l)	-804.2	-737.2	252.3
TiCl$_4$(g)	-763.2	-726.3	353.2
TiO$_2$(s,金红石)	-944.0	-888.8	50.6
Zn(s)	0.0	0.0	41.6
Zn(g)	130.4	94.8	161.0
ZnO(s)	-350.5	-320.5	43.7
Zn(OH)$_2$(s)	-641.9	-553.5	81.2
ZnS(s,闪锌矿)	-206.0	-201.3	57.7
ZnSO$_4$(s)	-982.8	-871.5	110.5

附录四　一些弱电解质的解离常数(298 K)

弱电解质	解 离 常 数 $K^{\ominus}$		
H_3AlO_3	$K_1^{\ominus①}=6.31\times10^{-12}$		
H_3AsO_4	$K_1^{\ominus}=5.98\times10^{-3}$	$K_2^{\ominus}=1.74\times10^{-7}$	$K_3^{\ominus}=3.16\times10^{-12}$
$HAsO_2$	$K^{\ominus}=5.25\times10^{-10}$		
H_3BO_3	$K_1^{\ominus}=5.81\times10^{-10}$		
$H_2B_4O_7$	$K_1^{\ominus}=10^{-4}$	$K_2^{\ominus}=10^{-9}$	
CO_2+H_2O	$K_1^{\ominus}=4.45\times10^{-7}$	$K_2^{\ominus}=4.69\times10^{-11}$	
$H_2C_2O_4$	$K_1^{\ominus}=5.36\times10^{-2}$	$K_2^{\ominus}=5.35\times10^{-5}$	
H_2CrO_4	$K_1^{\ominus}=0.18$	$K_2^{\ominus}=3.25\times10^{-7}$	
$HOCN$	$K^{\ominus}=3.47\times10^{-4}$		
HCN	$K^{\ominus}=6.16\times10^{-10}$		
HF	$K^{\ominus}=5.62\times10^{-4}$		
H_2O_2	$K_1^{\ominus}=2.29\times10^{-12}$		
H_2S	$K_1^{\ominus}=1.07\times10^{-7}$	$K_2^{\ominus}=1.26\times10^{-13}$	
$HBrO$	$K^{\ominus}=2.82\times10^{-9}$		
$HClO$	$K^{\ominus}=2.90\times10^{-8}$		
HIO	$K^{\ominus}=3.16\times10^{-11}$		
HIO_3	$K^{\ominus}=0.16$		
HNO_2	$K^{\ominus}=7.24\times10^{-4}$		
H_3PO_4	$K_1^{\ominus}=7.11\times10^{-3}$	$K_2^{\ominus}=6.34\times10^{-8}$	$K_3^{\ominus}=4.79\times10^{-13}$
H_2SiO_3	$K_1^{\ominus}=1.26\times10^{-10}$	$K_2^{\ominus}=1.26\times10^{-12}$	
SO_2+H_2O	$K_1^{\ominus}=1.20\times10^{-2}$	$K_2^{\ominus}=6.16\times10^{-8}$	
$HCOOH$	$K^{\ominus}=1.77\times10^{-4}$		
CH_3COOH	$K^{\ominus}=1.75\times10^{-5}$		
NH_3+H_2O	$K^{\ominus}=1.76\times10^{-5}$		

① 本附录的 $K_1^{\ominus}$、$K_2^{\ominus}$ 就是正文中的 $K_{a_1}^{\ominus}$、$K_{a_2}^{\ominus}$ 等。

附录五　　一些难溶化合物的溶度积常数(298 K)

化　合　物	$K_{sp}^{\ominus}$	化　合　物	$K_{sp}^{\ominus}$
AgAc	1.94×10^{-3}	$\alpha-CoS$(新析出)	4.0×10^{-21}
AgBr	5.35×10^{-13}	$\beta-CoS$(陈化)	2.0×10^{-25}
Ag_2CO_3	8.46×10^{-12}	$Cr(OH)_3$	6.3×10^{-31}
AgCl	1.77×10^{-10}	CuBr	6.27×10^{-9}
$Ag_2C_2O_4$	5.40×10^{-11}	CuCN	3.47×10^{-20}
Ag_2CrO_4	1.12×10^{-12}	$CuCO_3$	1.4×10^{-10}
$Ag_2Cr_2O_7$	2.0×10^{-7}	CuCl	1.72×10^{-7}
AgI	8.52×10^{-17}	$CuCrO_4$	3.6×10^{-6}
$AgIO_3$	3.17×10^{-8}	CuI	1.27×10^{-12}
$AgNO_2$	6.0×10^{-4}	CuOH	1.0×10^{-14}
AgOH	2.0×10^{-8}	$Cu(OH)_2$	2.2×10^{-20}
Ag_3PO_4	8.89×10^{-17}	$Cu_3(PO_4)_2$	1.40×10^{-37}
Ag_2S	6.3×10^{-50}	$Cu_2P_2O_7$	8.3×10^{-16}
Ag_2SO_4	1.20×10^{-5}	CuS	6.3×10^{-36}
$Al(OH)_3$	1.3×10^{-33}	Cu_2S	2.5×10^{-48}
AuCl	2.0×10^{-13}	$FeCO_3$	3.13×10^{-11}
$AuCl_3$	3.2×10^{-25}	$FeC_2O_4\cdot2H_2O$	3.2×10^{-7}
$Au(OH)_3$	5.5×10^{-46}	$Fe(OH)_2$	4.87×10^{-17}
$BaCO_3$	2.58×10^{-9}	$Fe(OH)_3$	2.79×10^{-39}
$BaC_2O_4\cdot H_2O$	2.3×10^{-8}	FeS	6.3×10^{-18}
$BaCrO_4$	1.17×10^{-10}	Hg_2Cl_2	1.43×10^{-18}
BaF_2	1.84×10^{-7}	Hg_2I_2	5.2×10^{-29}
$Ba_3(PO_4)_2$	3.4×10^{-23}	$Hg(OH)_2$	3.2×10^{-26}
$BaSO_3$	5.0×10^{-10}	Hg_2S	1.0×10^{-47}
$BaSO_4$	1.1×10^{-10}	HgS(红)	4.0×10^{-53}
BaS_2O_3	1.6×10^{-5}	HgS(黑)	1.6×10^{-52}
$Bi(OH)_3$	6.0×10^{-31}	Hg_2SO_4	6.5×10^{-7}
BiOCl	1.8×10^{-31}	KIO_4	3.74×10^{-4}
Bi_2S_3	1×10^{-97}	$K_2[PtCl_6]$	7.48×10^{-6}
$CaCO_3$	3.36×10^{-9}	$K_2[SiF_6]$	8.7×10^{-7}
$CaC_2O_4\cdot H_2O$	2.32×10^{-9}	$K_2[ZrF_6]$	5.0×10^{-4}
$CaCrO_4$	7.1×10^{-4}	Li_2CO_3	2.5×10^{-2}
CaF_2	3.45×10^{-11}	LiF	1.84×10^{-3}
$CaHPO_4$	1.0×10^{-7}	$MgCO_3$	6.82×10^{-6}
$Ca(OH)_2$	5.5×10^{-6}	MgF_2	5.16×10^{-11}
$Ca_3(PO_4)_2$	2.07×10^{-29}	$Mg(OH)_2$	5.61×10^{-12}
$CaSO_4$	4.93×10^{-5}	$MnCO_3$	2.34×10^{-11}
$CaSO_3$	6.8×10^{-8}	$Mn(OH)_2$	1.9×10^{-13}

化　合　物	$K_{sp}^{\ominus}$	化　合　物	$K_{sp}^{\ominus}$
$CdCO_3$	1.0×10^{-12}	MnS(无定形)	2.5×10^{-10}
$CdC_2O_4 \cdot 3H_2O$	1.42×10^{-8}	MnS(结晶)	2.5×10^{-13}
$Cd(OH)_2$(新析出)	7.2×10^{-15}	$Na_3[AlF_6]$	4.0×10^{-10}
CdS	8.0×10^{-27}	$NiCO_3$	1.42×10^{-7}
$CoCO_3$	1.0×10^{-13}	$Ni(OH)_2$(新析出)	5.48×10^{-16}
$Co(OH)_2$(新析出)	1.6×10^{-15}	$\alpha-NiS$	3.2×10^{-19}
$Co(OH)_3$	1.6×10^{-44}	$Pb(OH)_2$	1.43×10^{-15}
$Pb(OH)_4$	3.2×10^{-66}	$Sn(OH)_2$	5.45×10^{-27}
$Pb_3(PO_4)_2$	8.0×10^{-43}	$Sn(OH)_4$	1×10^{-56}
$PbMoO_4$	1.0×10^{-13}	SnS	1.0×10^{-25}
PbS	8.0×10^{-28}	$SrCO_3$	5.60×10^{-10}
$\beta-NiS$	1.0×10^{-24}	$SrC_2O_4 \cdot H_2O$	1.6×10^{-7}
$\gamma-NiS$	2.0×10^{-26}	$SrCrO_4$	2.2×10^{-5}
$PbBr_2$	6.60×10^{-6}	$SrSO_4$	3.44×10^{-7}
$PbCO_3$	7.4×10^{-14}	$ZnCO_3$	1.46×10^{-10}
$PbCl_2$	1.70×10^{-5}	$ZnC_2O_4 \cdot 2H_2O$	1.38×10^{-9}
PbC_2O_4	4.8×10^{-10}	$Zn(OH)_2$	3×10^{-17}
$PbCrO_4$	2.8×10^{-13}	$\alpha-ZnS$	1.6×10^{-24}
PbI_2	9.8×10^{-9}	$\beta-ZnS$	2.5×10^{-22}
$PbSO_4$	2.53×10^{-8}		

附录六　标准电极电势(298 K)

本表按 $E^\ominus$ 代数值由小到大编排。

A. 在酸性溶液中

电　极　反　应	$E^\ominus/V$
$Li^+ + e \Longrightarrow Li$	$-3.040\ 1$
$Cs^+ + e \Longrightarrow Cs$	-3.026
$Rb^+ + e \Longrightarrow Rb$	-2.98
$K^+ + e \Longrightarrow K$	-2.931
$Ba^{2+} + 2e \Longrightarrow Ba$	-2.912
$Sr^{2+} + 2e \Longrightarrow Sr$	-2.899
$Ca^{2+} + 2e \Longrightarrow Ca$	-2.868
$Na^+ + e \Longrightarrow Na$	-2.71
$Mg^{2+} + 2e \Longrightarrow Mg$	-2.372
$\frac{1}{2}H_2 + e \Longrightarrow H^-$	-2.23
$Sc^{3+} + 3e \Longrightarrow Sc$	-2.077
$[AlF_6]^{3-} + 3e \Longrightarrow Al + 6F^-$	-2.069
$Be^{2+} + 2e \Longrightarrow Be$	-1.847
$Al^{3+} + 3e \Longrightarrow Al$	-1.662
$Ti^{2+} + 2e \Longrightarrow Ti$	-1.630
$[SiF_6]^{2-} + 4e \Longrightarrow Si + 6F^-$	-1.24
$Mn^{2+} 2e \Longrightarrow Mn$	-1.185
$V^{2+} + 2e \Longrightarrow V$	-1.175
$Cr^{2+} + 2e \Longrightarrow Cr$	-0.913
$TiO^{2+} + 2H^+ + 4e \Longrightarrow Ti + H_2O$	-0.89
$H_3BO_3 + 3H^+ + 3e \Longrightarrow B + 3H_2O$	$-0.870\ 0$
$Zn^{2+} + 2e \Longrightarrow Zn$	$-0.761\ 8$
$Cr^{3+} + 3e \Longrightarrow Cr$	-0.744
$As + 3H^+ + 3e \Longrightarrow AsH_3$	-0.608
$Ga^{3+} 3e \Longrightarrow Ga$	-0.549
$Fe^{2+} + 2e \Longrightarrow Fe$	-0.447
$Cr^{3+} + e \Longrightarrow Cr^{2+}$	-0.407
$Cd^{2+} + 2e \Longrightarrow Cd$	$-0.403\ 0$
$PbI_2 + 2e \Longrightarrow Pb + 2I^-$	-0.365
$PbSO_4 + 2e \Longrightarrow Pb + SO_4^{2-}$	$-0.358\ 8$
$Co^{2+} + 2e \Longrightarrow Co$	-0.28
$H_3PO_4 + 2H^+ + 2e \Longrightarrow H_3PO_3 + H_2O$	-0.276
$Ni^{2+} + 2e \Longrightarrow Ni$	-0.257
$CuI + e \Longrightarrow Cu + I^-$	-0.180
$AgI + e \Longrightarrow Ag + I^-$	$-0.152\ 24$
$GeO_2 + 4H^+ + 4e \Longrightarrow Ge + 2H_2O$	-0.15

电　极　反　应	$E^{\ominus}/V$
$Sn^{2+}+2e \Longrightarrow Sn$	$-0.137\ 7$
$Pb^{2+}+2e \Longrightarrow Pb$	$-0.126\ 2$
$WO_3+6H^++6e \Longrightarrow W+3H_2O$	-0.090
$[HgI_4]^{2-}+2e \Longrightarrow Hg+4I^-$	-0.04
$2H^++2e \Longrightarrow H_2$	0
$[Ag(S_2O_3)_2]^{3-}+e \Longrightarrow Ag+2S_2O_3^{2-}$	0.01
$AgBr+e \Longrightarrow Ag+Br^-$	$0.071\ 33$
$S_4O_6^{2-}+2e \Longrightarrow 2S_2O_3^{2-}$	0.08
$S+2H^++2e \Longrightarrow H_2S$	0.142
$Sn^{4+}+2e \Longrightarrow Sn^{2+}$	0.151
$SO_4^{2-}+4H^++2e \Longrightarrow H_2SO_3+H_2O$	0.172
$AgCl+e \Longrightarrow Ag+Cl^-$	$0.222\ 33$
$Hg_2Cl_2+2e \Longrightarrow 2Hg+2Cl^-$	$0.268\ 08$
$VO^{2+}+2H^++e \Longrightarrow V^{3+}+H_2O$	0.337
$Cu^{2+}+2e \Longrightarrow Cu$	$0.341\ 9$
$[Fe(CN)_6]^{3-}+e \Longrightarrow [Fe(CN)_6]^{4-}$	0.358
$[HgCl_4]^{2-}+2e \Longrightarrow Hg+4Cl^-$	0.38
$Ag_2CrO_4+2e \Longrightarrow 2Ag+CrO_4^{2-}$	$0.447\ 0$
$H_2SO_3+4H^++4e \Longrightarrow S+3H_2O$	0.449
$Cu^++e \Longrightarrow Cu$	0.521
$I_2+2e \Longrightarrow 2I^-$	$0.535\ 3$
$MnO_4^-+e \Longrightarrow MnO_4^{2-}$	0.558
$H_3AsO_4+2H^++2e \Longrightarrow H_3AsO_3+H_2O$	0.560
$Cu^{2+}+Cl^-+e \Longrightarrow CuCl$	0.56
$Sb_2O_5+6H^++4e \Longrightarrow 2SbO^++3H_2O$	0.581
$TeO_2+4H^++4e \Longrightarrow Te+2H_2O$	0.593
$O_2+2H^++2e \Longrightarrow H_2O_2$	0.695
$H_2SeO_3+4H^++4e \Longrightarrow Se+3H_2O$	0.74
$H_3SbO_4+2H^++2e \Longrightarrow H_3SbO_3+H_2O$	0.75
$Fe^{3+}+e \Longrightarrow Fe^{2+}$	0.771
$Hg_2^{2+}+2e \Longrightarrow 2Hg$	$0.797\ 1$
$Ag^++e \Longrightarrow Ag$	$0.799\ 6$
$2NO_3^-+4H^++2e \Longrightarrow N_2O_4+2H_2O$	0.803
$Hg^{2+}+2e \Longrightarrow Hg$	0.851
$HNO_2+7H^++6e \Longrightarrow NH_4^++2H_2O$	0.86
$NO_3^-+3H^++2e \Longrightarrow HNO_2+H_2O$	0.934
$NO_3^-+4H^++3e \Longrightarrow NO+2H_2O$	0.957
$HIO+H^++2e \Longrightarrow I^-+H_2O$	0.987
$HNO_2+H^++e \Longrightarrow NO+H_2O$	0.983
$VO_4^{3-}+6H^++e \Longrightarrow VO^{2+}+3H_2O$	1.031
$N_2O_4+4H^++4e \Longrightarrow 2NO+2H_2O$	1.035

电　极　反　应	$E^{\ominus}/V$
$N_2O_4 + 2H^+ + 2e \Longrightarrow 2HNO_2$	1.065
$Br_2 + 2e \Longrightarrow 2Br^-$	1.066
$IO_3^- + 6H^+ + 6e \Longrightarrow I^- + 3H_2O$	1.085
$SeO_4^{2-} + 4H^+ + 2e \Longrightarrow H_2SeO_3 + H_2O$	1.151
$ClO_4^- + 2H^+ + 2e \Longrightarrow ClO_3^- + H_2O$	1.189
$IO_3^- + 6H^+ + 5e \Longrightarrow \frac{1}{2}I_2 + 3H_2O$	1.195
$MnO_2 + 4H^- + 2e \Longrightarrow Mn^{2+} + 2H_2O$	1.224
$O_2 + 4H^+ + 4e \Longrightarrow 2H_2O$	1.229
$Cr_2O_7^{2-} + 14H^+ + 6e \Longrightarrow 2Cr^{3+} + 7H_2O$	1.232
$2HNO_2 + 4H^+ + 4e \Longrightarrow N_2O + 3H_2O$	1.297
$HBrO + H^+ + 2e \Longrightarrow Br^- + H_2O$	1.331
$Cl_2 + 2e \Longrightarrow 2Cl^-$	1.358 27
$ClO_4^- + 8H^+ + 7e \Longrightarrow \frac{1}{2}Cl_2 + 4H_2O$	1.39
$IO_4^- + 8H^+ + 8e \Longrightarrow I^- + 4H_2O$	1.4
$BrO_3^- + 6H^+ + 6e \Longrightarrow Br^- + 3H_2O$	1.423
$ClO_3^- + 6H^+ + 6e \Longrightarrow Cl^- + 3H_2O$	1.451
$PbO_2 + 4H^+ + 2e \Longrightarrow Pb^{2+} + 2H_2O$	1.455
$ClO_3^- + 6H^+ + 5e \Longrightarrow \frac{1}{2}Cl_2 + 3H_2O$	1.47
$HClO + H^+ + 2e \Longrightarrow Cl^- + H_2O$	1.482
$2BrO_3^- + 12H^+ + 10e \Longrightarrow Br_2 + 6H_2O$	1.482
$Au^{3+} + 3e \Longrightarrow Au$	1.498
$MnO_4^- + 8H^+ + 5e \Longrightarrow Mn^{2+} + 4H_2O$	1.507
$NaBiO_3 + 6H^+ + 2e \Longrightarrow Bi^{3+} + Na^+ + 3H_2O$	1.60
$2HClO + 2H^+ + 2e \Longrightarrow Cl_2 + 2H_2O$	1.611
$MnO_4^- + 4H^+ + 3e \Longrightarrow MnO_2 + 2H_2O$	1.679
$Au^+ + e \Longrightarrow Au$	1.692
$Ce^{4+} + e \Longrightarrow Ce^{3+}$	1.72
$H_2O_2 + 2H^+ + 2e \Longrightarrow 2H_2O$	1.776
$Co^{3+} + e \Longrightarrow Co^{2+}$	1.92
$S_2O_8^{2-} + 2e \Longrightarrow 2SO_4^{2-}$	2.010
$O_3 + 2H^+ + 2e \Longrightarrow O_2 + H_2O$	2.076
$F_2 + 2e \Longrightarrow 2F^-$	2.866

B. 在碱性溶液中

电　极　反　应	$E^{\ominus}/V$
$Mg(OH)_2 + 2e \Longrightarrow Mg + 2OH^-$	−2.690
$Al(OH)_3 + 3e \Longrightarrow Al + 3OH^-$	−2.31
$SiO_3^{2-} + 3H_2O + 4e \Longrightarrow Si + 6OH^-$	−1.697
$Mn(OH)_2 + 2e \Longrightarrow Mn + 2OH^-$	−1.56

电　极　反　应	$E^{\ominus}/V$
$As+3H_2O+3e \Longrightarrow AsH_3+3OH^-$	-1.37
$Cr(OH)_3+3e \Longrightarrow Cr+3OH^-$	-1.48
$[Zn(CN)_4]^{2-}+2e \Longrightarrow Zn+4CN^-$	-1.26
$Zn(OH)_2+2e \Longrightarrow Zn+2OH^-$	-1.249
$N_2+4H_2O+4e \Longrightarrow N_2H_4+4OH^-$	-1.15
$PO_4^{3-}+2H_2O+2e \Longrightarrow HPO_3^{2-}+3OH^-$	-1.05
$Sn(OH)_6^{2-}+2e \Longrightarrow H_2SnO_2+4OH^-$	-0.93
$SO_4^{2-}+H_2O+2e \Longrightarrow SO_3^{2-}+2OH^-$	-0.93
$P+3H_2O+3e \Longrightarrow PH_3+3OH^-$	-0.87
$Fe(OH)_2+2e \Longrightarrow Fe+2OH^-$	-0.877
$2NO_3^-+2H_2O+2e \Longrightarrow N_2O_4+4OH^-$	-0.85
$[Co(CN)_6]^{3-}+e \Longrightarrow [Co(CN)_6]^{4-}$	-0.83
$2H_2O+2e \Longrightarrow H_2+2OH^-$	$-0.827\,7$
$AsO_4^{3-}+2H_2O+2e \Longrightarrow AsO_2^-+4OH^-$	-0.71
$AsO_2^-+2H_2O+3e \Longrightarrow As+4OH^-$	-0.68
$SO_3^{2-}+3H_2O+6e \Longrightarrow S^{2-}+6OH^-$	-0.61
$[Au(CN)_2]^-+e \Longrightarrow Au+2CN^-$	-0.60
$2SO_3^{2-}+3H_2O+4e \Longrightarrow S_2O_3^{2-}+6OH^-$	-0.571
$Fe(OH)_3+e \Longrightarrow Fe(OH)_2+OH^-$	-0.56
$S+2e \Longrightarrow S^{2-}$	$-0.476\,27$
$NO_2^-+H_2O+e \Longrightarrow NO+2OH^-$	-0.46
$[Cu(CN)_2]^-+e \Longrightarrow Cu+2CN^-$	-0.43
$[Co(NH_3)_6]^{2+}+2e \Longrightarrow Co+6NH_3(aq)$	-0.422
$[Hg(CN)_4]^{2-}+2e \Longrightarrow Hg+4CN^-$	-0.37
$[Ag(CN)_2]^-+e \Longrightarrow Ag+2CN^-$	-0.30
$NO_3^-+5H_2O+6e \Longrightarrow NH_2OH+7OH^-$	-0.30
$Cu(OH)_2+2e \Longrightarrow Cu+2OH^-$	-0.222
$PbO_2+2H_2O+4e \Longrightarrow Pb+4OH^-$	-0.16
$CrO_4^{2-}+4H_2O+3e \Longrightarrow Cr(OH)_3+5OH^-$	-0.13
$[Cu(NH_3)_2]^++e \Longrightarrow Cu+2NH_3(aq)$	-0.11
$O_2+H_2O+2e \Longrightarrow HO_2^-+OH^-$	-0.076
$MnO_2+2H_2O+2e \Longrightarrow Mn(OH)_2+2OH^-$	-0.05
$NO_3^-+H_2O+2e \Longrightarrow NO_2^-+2OH^-$	0.01
$[Co(NH_3)_6]^{3+}+e \Longrightarrow [Co(NH_3)_6]^{2+}$	0.108
$2NO_2^-+3H_2O+4e \Longrightarrow N_2O+6OH^-$	0.15
$IO_3^-+2H_2O+4e \Longrightarrow IO^-+4OH^-$	0.15
$Co(OH)_3+e \Longrightarrow Co(OH)_2+OH^-$	0.17
$IO_3^-+3H_2O+6e \Longrightarrow I^-+6OH^-$	0.26
$ClO_3^-+H_2O+2e \Longrightarrow ClO_2^-+2OH^-$	0.33
$Ag_2O+H_2O+2e \Longrightarrow 2Ag+2OH^-$	0.342
$ClO_4^-+H_2O+2e \Longrightarrow ClO_3^-+2OH^-$	0.36

电　极　反　应	$E^{\ominus}/V$
$[Ag(NH_3)_2]^+ + e \Longrightarrow Ag + 2NH_3(aq)$	0.373
$O_2 + 2H_2O + 4e \Longrightarrow 4OH^-$	0.401
$2BrO^- + 2H_2O + 2e \Longrightarrow Br_2 + 4OH^-$	0.45
$NiO_2 + 2H_2O + 2e \Longrightarrow Ni(OH)_2 + 2OH^-$	0.490
$IO^- + H_2O + 2e \Longrightarrow I^- + 2OH^-$	0.485
$ClO_4^- + 4H_2O + 8e \Longrightarrow Cl^- + 8OH^-$	0.51
$2ClO^- + 2H_2O + 2e \Longrightarrow Cl_2 + 4OH^-$	0.52
$BrO_3^- + 2H_2O + 4e \Longrightarrow BrO^- + 4OH^-$	0.54
$MnO_4^- + 2H_2O + 3e \Longrightarrow MnO_2 + 4OH^-$	0.595
$MnO_4^{2-} + 2H_2O + 2e \Longrightarrow MnO_2 + 4OH^-$	0.60
$BrO_3^- + 3H_2O + 6e \Longrightarrow Br^- + 6OH^-$	0.61
$ClO_3^- + 3H_2O + 6e \Longrightarrow Cl^- + 6OH^-$	0.62
$ClO_2^- + 3H_2O + 2e \Longrightarrow ClO^- + 2OH^-$	0.66
$BrO^- + H_2O + 2e \Longrightarrow Br^- + 2OH^-$	0.761
$ClO^- + H_2O + 2e \Longrightarrow Cl^- + 2OH^-$	0.81
$N_2O_4 + 2e \Longrightarrow 2NO_2^-$	0.867
$HO_2^- + H_2O + 2e \Longrightarrow 3OH^-$	0.878
$FeO_4^{2-} + 2H_2O + 3e \Longrightarrow FeO_2^- + 4OH^-$	0.9
$O_3 + H_2O + 2e \Longrightarrow O_2 + 2OH^-$	1.24

附录七　配离子的标准稳定常数(298 K)

配离子解离式	$K_{稳}^{\ominus}$	配离子解离式	$K_{稳}^{\ominus}$
$Ag^+ + 4Br^- \rightleftharpoons [AgBr_4]^{3-}$	5.38×10^8	$Hg^{2+} + 4CN^- \rightleftharpoons [Hg(CN)_4]^{2-}$	2.51×10^{41}
$Ag^+ + 2Br^- \rightleftharpoons [AgBr_2]^-$	2.14×10^7	$Ni^{2+} + 4CN^- \rightleftharpoons [Ni(CN)_4]^{2-}$	2.00×10^{31}
$Au^+ + 2Br^- \rightleftharpoons [AuBr_2]^-$	4.05×10^{12}	$Zn^{2+} + 4CN^- \rightleftharpoons [Zn(CN)_4]^{2-}$	5.01×10^{16}
$Cd^{2+} + 4Br^- \rightleftharpoons [CdBr_4]^{2-}$	5.00×10^3	$Ag^+ + 4SCN^- \rightleftharpoons [Ag(SCN)_4]^{3-}$	1.20×10^{10}
$Cu^+ + 2Br^- \rightleftharpoons [CuBr_2]^-$	7.75×10^5	$Ag^+ + 2SCN^- \rightleftharpoons [Ag(SCN)_2]^-$	3.72×10^7
$Hg^{2+} + 4Br^- \rightleftharpoons [HgBr_4]^{2-}$	1.00×10^{21}	$Au^+ + 4SCN^- \rightleftharpoons [Au(SCN)_4]^{3-}$	1×10^{42}
$Pb^{2+} + 4Br^- \rightleftharpoons [PbBr_4]^{2-}$	2.00×10^2	$Au^+ + 2SCN^- \rightleftharpoons [Au(SCN)_2]^-$	1×10^{23}
$Pd^{2+} + 4Br^- \rightleftharpoons [PdBr_4]^{2-}$	8.0×10^{14}	$Cd^{2+} + 4SCN^- \rightleftharpoons [Cd(SCN)_4]^{2-}$	3.98×10^3
$Pt^{2+} + 4Br^- \rightleftharpoons [PtBr_4]^{2-}$	3.16×10^{20}	$Co^{2+} + 4SCN^- \rightleftharpoons [Co(SCN)_4]^{2-}$	1.00×10^3
$Ag^+ + 4Cl^- \rightleftharpoons [AgCl_4]^{3-}$	2.00×10^5	$Cr^{3+} + 2SCN^- \rightleftharpoons [Cr(SCN)_2]^+$	9.55×10^2
$Au^{3+} + 2Cl^- \rightleftharpoons [AuCl_2]^+$	6.25×10^9	$Cu^+ + 2SCN^- \rightleftharpoons [Cu(SCN)_2]^-$	1.51×10^5
$Cd^{2+} + 4Cl^- \rightleftharpoons [CdCl_4]^{2-}$	6.31×10^2	$Fe^{3+} + 2SCN^- \rightleftharpoons [Fe(SCN)_2]^+$	4.37×10^3
$Cu^+ + 3Cl^- \rightleftharpoons [CuCl_3]^{2-}$	5.01×10^5	$Hg^{2+} + 4SCN^- \rightleftharpoons [Hg(SCN)_4]^{2-}$	5.01×10^{21}
$Cu^+ + 2Cl^- \rightleftharpoons [CuCl_2]^-$	3.16×10^5	$Ni^{2+} + 3SCN^- \rightleftharpoons [Ni(SCN)_3]^-$	1.55×10^{-2}
$Fe^{2+} + Cl^- \rightleftharpoons [FeCl]^+$	1.48×10	$Ag^+ + EDTA^{4-} \rightleftharpoons [AgEDTA]^{3-}$	2.09×10^7
$Fe^{3+} + 4Cl^- \rightleftharpoons [FeCl_4]^-$	1.02	$Al^{3+} + EDTA^{4-} \rightleftharpoons [AlEDTA]^-$	1.29×10^{16}
$Hg^{2+} + 4Cl^- \rightleftharpoons [HgCl_4]^{2-}$	1.74×10^{15}	$Ca^{2+} + EDTA^{4-} \rightleftharpoons [CaEDTA]^{2-}$	1.0×10^{10}
$Pb^{2+} + 4Cl^- \rightleftharpoons [PbCl_4]^{2-}$	3.98×10	$Cd^{2+} + EDTA^{4-} \rightleftharpoons [CdEDTA]^{2-}$	2.51×10^{16}
$Pt^{2+} + 4Cl^- \rightleftharpoons [PtCl_4]^{2-}$	1.0×10^{16}	$Co^{2+} + EDTA^{4-} \rightleftharpoons [CoEDTA]^{2-}$	2.04×10^{16}
$Sn^{2+} + 4Cl^- \rightleftharpoons [SnCl_4]^{2-}$	3.02×10^1	$Co^{3+} + EDA^{4-} \rightleftharpoons [CoEDTA]^-$	1.0×10^{36}
$Zn^{2+} + 4Cl^- \rightleftharpoons [ZnCl_4]^{2-}$	1.58	$Cu^{2+} + EDTA^{4-} \rightleftharpoons [CuEDTA]^{2-}$	5.01×10^{18}
$Ag^+ + 2CN^- \rightleftharpoons [Ag(CN)_2]^-$	1.0×10^{21}	$Fe^{2+} + EDTA^{4-} \rightleftharpoons [FeEDTA]^{2-}$	6.76×10^{14}
$Ag^+ + 4CN^- \rightleftharpoons [Ag(CN)_4]^{3-}$	3.98×10^{20}	$Fe^{3+} + EDTA^{4-} \rightleftharpoons [FeEDTA]^-$	1.70×10^{24}
$Au^+ + 2CN^- \rightleftharpoons [Au(CN)_2]^-$	2.00×10^{38}	$Hg^{2+} + EDTA^{4-} \rightleftharpoons [HgEDTA]^{2-}$	6.31×10^{21}
$Cd^{2+} + 4CN^- \rightleftharpoons [Cd(CN)_4]^{2-}$	6.03×10^{18}	$Mg^{2+} + EDTA^{4-} \rightleftharpoons [MgEDTA]^{2-}$	4.37×10^8
$Cu^+ + 2CN^- \rightleftharpoons [Cu(CN)_2]^-$	1.0×10^{24}	$Mn^{2+} + EDTA^{4-} \rightleftharpoons [MnEDTA]^{2-}$	6.31×10^{13}
$Cu^+ + 4CN^- \rightleftharpoons [Cu(CN)_4]^{3-}$	2.00×10^{30}	$Zn^{2+} + EDTA^{4-} \rightleftharpoons [ZnEDTA]^{2-}$	2.51×10^{16}
$Fe^{2+} + 6CN^- \rightleftharpoons [Fe(CN)_6]^{4-}$	1×10^{35}	$Ag^+ + 2en \rightleftharpoons [Ag(en)_2]^+$	5.00×10^7
$Fe^{3+} + 6CN^- \rightleftharpoons [Fe(CN)_6]^{3-}$	1×10^{42}	$Cd^{2+} + 3en \rightleftharpoons [Cd(en)_3]^{2+}$	1.23×10^{12}
$Co^{2+} + 3en \rightleftharpoons [Co(en)_3]^{2+}$	8.71×10^{13}	$Ca^{2+} + P_2O_7^{4-} \rightleftharpoons [Ca(P_2O_7)]^{2-}$	3.98×10^4
$Co^{3+} + 3en \rightleftharpoons [Co(en)_3]^{3+}$	4.90×10^{48}	$Cd^{2+} + P_2O_7^{4-} \rightleftharpoons [Cd(P_2O_7)]^{2-}$	3.98×10^5
$Cr^{2+} + 2en \rightleftharpoons [Cr(en)_2]^{2+}$	1.55×10^9	$Cu^{2+} + 2P_2O_7^{4-} \rightleftharpoons [Cu(P_2O_7)_2]^{6-}$	1.0×10^9
$Cu^+ + 2en \rightleftharpoons [Cu(en)_2]^+$	6.31×10^{10}	$Pb^{2+} + 2P_2O_7^{4-} \rightleftharpoons [Pb(P_2O_7)_2]^{6-}$	1.41×10^{10}
$Cu^{2+} + 3en \rightleftharpoons [Cu(en)_3]^{2+}$	1.0×10^{21}	$Ni^{2+} + 2P_2O_7^{4-} \rightleftharpoons [Ni(P_2O_7)_2]^{6-}$	2.51×10^7
$Fe^{2+} + 3en \rightleftharpoons [Fe(en)_3]^{2+}$	5.01×10^9	$Ag^+ + S_2O_3^{2-} \rightleftharpoons [Ag(S_2O_3)]^-$	6.61×10^8
$Hg^{2+} + 2en \rightleftharpoons [Hg(en)_2]^{2+}$	2.0×10^{23}	$Ag^+ + 2S_2O_3^{2-} \rightleftharpoons [Ag(S_2O_3)_2]^{3-}$	2.88×10^{13}
$Mn^{2+} + 3en \rightleftharpoons [Mn(en)_3]^{2+}$	4.68×10^5	$Cd^{2+} + 2S_2O_3^{2-} \rightleftharpoons [Cd(S_2O_3)_2]^{2-}$	2.75×10^6
$Ni^{2+} + 3en \rightleftharpoons [Ni(en)_3]^{2+}$	2.14×10^{18}	$Cu^+ + 2S_2O_3^{2-} \rightleftharpoons [Cu(S_2O_3)_2]^{3-}$	1.66×10^{12}
$Zn^{2+} + 3en \rightleftharpoons [Zn(en)_3]^{2+}$	1.29×10^{14}	$Pb^{2+} + 2S_2O_3^{2-} \rightleftharpoons [Pb(S_2O_3)_2]^{2-}$	1.35×10^5

配　离　子　解　离　式	$K^{\ominus}_{稳}$	配　离　子　解　离　式	$K^{\ominus}_{稳}$
$Zn^{2+}+2en \rightleftharpoons [Zn(en)_2]^{2+}$	6.76×10^{10}	$Hg^{2+}+4S_2O_3^{2-} \rightleftharpoons [Hg(S_2O_3)_4]^{6-}$	1.74×10^{33}
$Al^{3+}+6F^- \rightleftharpoons [AlF_6]^3$	6.31×10^{19}	$Hg^{2+}+2S_2O_3^{2-} \rightleftharpoons [Hg(S_2O_3)_2]^{2-}$	2.75×10^{29}
$Fe^{3+}+6F^- \rightleftharpoons FeF_6^{3-}$	1×10^{16}	$Ag^++2Tu \rightleftharpoons [Ag(Tu)_2]^+$	1.26×10^{13}
$Ag^++3I^- \rightleftharpoons [AgI_3]^{2-}$	4.79×10^{13}	$Cd^{2+}4Tu \rightleftharpoons [Cd(Tu)_4]^{2+}$	4.0×10^4
$Ag^++AI^- \rightleftharpoons [AgI_2]^-$	5.50×10^{11}	$Cu^++4Tu \rightleftharpoons [Cu(Tu)_4]^+$	2.5×10^{15}
$Cd^{2+}+4I^- \rightleftharpoons [CdI_4]^{2-}$	2.57×10^5	$Hg^{2+}+4Tu \rightleftharpoons [Hg(Tu)_4]^{2+}$	6.33×10^{26}
$Cu^++2I^- \rightleftharpoons [CuI_2]^-$	7.08×10^8	$Pb^{2+}+4Tu \rightleftharpoons [Pb(Tu)_4]^{2+}$	2.0×10^8
$Pb^{2+}+4I^- \rightleftharpoons [PbI_4]^{2-}$	2.95×10^4		
$Hg^{2+}+4I^- \rightleftharpoons [HgI_4]^{2-}$	6.76×10^{29}		
$Ag^++2NH_3 \rightleftharpoons [Ag(NH_3)_2]^+$	1.12×10^7		
$Cd^{2+}+6NH_3 \rightleftharpoons [Cd(NH_3)_6]^{2+}$	1.38×10^5		
$Cd^{2+}+4NH_3 \rightleftharpoons [Cd(NH_3)_4]^{2+}$	1.32×10^7		
$Co^{2+}+6NH_3 \rightleftharpoons [Co(NH_3)_6]^{2+}$	1.29×10^5		
$Co^{3+}+6NH_3 \rightleftharpoons [Co(NH_3)_6]^{3+}$	1.58×10^{35}		
$Cu^++2NH_3 \rightleftharpoons [Cu(NH_3)_2]^+$	7.24×10^{10}		
$Cu^{2+}+4NH_3 \rightleftharpoons [Cu(NH_3)_4]^{2+}$	2.09×10^{13}		
$Fe^{2+}+2NH_3 \rightleftharpoons [Fe(NH_3)_2]^{2+}$	1.58×10^2		
$Hg^{2+}+4NH_3 \rightleftharpoons [Hg(NH_3)_4]^{2+}$	1.91×10^{19}		
$Mg^{2+}+2NH_3 \rightleftharpoons [Mg(NH_3)_2]^{2+}$	2.0×10		
$Ni^{2+}+6NH_3 \rightleftharpoons [Ni(NH_3)_6]^{2+}$	5.50×10^8		
$Ni^{2+}+4NH_3 \rightleftharpoons [Ni(NH_3)_4]^{2+}$	9.12×10^7		
$Pt^{2+}+6NH_3 \rightleftharpoons [Pt(NH_3)_6]^{2+}$	2.00×10^{35}		
$Zn^{2+}+4NH_3 \rightleftharpoons [Zn(NH_3)_4]^{2+}$	2.88×10^9		
$Al^{3+}+4OH^- \rightleftharpoons [Al(OH)_4]^-$	1.07×10^{33}		
$Bi^{3+}+4OH^- \rightleftharpoons [Bi(OH)_4]^-$	1.58×10^{35}		
$Cd^{2+}+4OH^- \rightleftharpoons [Cd(OH)_4]^{2-}$	4.17×10^8		
$Cr^{3+}+4OH^- \rightleftharpoons [Cr(OH)_4]^-$	7.94×10^{29}		
$Cu^{2+}+4OH^- \rightleftharpoons [Cu(OH)_4]^{2-}$	3.16×10^{18}		
$Fe^{2+}+4OH^- \rightleftharpoons [Fe(OH)_4]^{2-}$	3.80×10^8		
$Ni^{2+}+3OH^- \rightleftharpoons [Ni(OH)_3]^-$	2.14×10^{11}		
$Pb^{2+}+3OH^- \rightleftharpoons [Pb(OH)_3]^-$	3.80×10^{14}		
$Pb^{2+}+6OH^- \rightleftharpoons [Pb(OH)_6]^{4-}$	1×10^{61}		
$Sn^{2+}+4OH^- \rightleftharpoons [Sn(OH)_4]^{2-}$	2.0×10^{38}		
$Zn^{2+}+4OH^- \rightleftharpoons [Zn(OH)_4]^{2-}$	4.57×10^{17}		

注：配位体的简写符号：en：乙二胺　$NH_2CH_2-CH_2NH_2$

　　　　　　　　　　　Tu：硫脲　$CS(NH_2)_2$

　　　　$EDTA^{4-}$：乙二胺四乙酸根离子

附录八　水溶液中离子的颜色

颜　色	可　能　存　在　的　离　子
蓝　色	Cu^{2+}
绿　色	Ni^{2+}、Cr^{3+}、Fe^{2+}、MnO_4^{2-}、CrO_2^-
黄　色	CrO_4^{2-}、Fe^{3+}、$[Fe(CN)_6]^{4-}$
橘　红	$Cr_2O_7^{2-}$
粉　红	Co^{2+}、Mn^{2+}（极淡粉红）
紫　色	MnO_4^-、FeO_4^{2-}
无　色	K^+、Na^+、NH_4^+、Mg^{2+}、Ca^{3+}、Sr^{2+}、Ba^{2+}、Al^{3+}、AlO_2^-、Zn^{2+}、ZnO_2^{2-}、Cu^+、Ag^+、Cd^{2+}、Hg_2^{2+}、Hg^{2+}、Pb^{2+}、Bi^{3+}、As^{3+}、AsO_3^{3-}、AsO_4^{3-}、Sn^{2+}、SnO_2^{2-}、SnO_3^{2-}、Sb^{3+}、SbO_4^{3-}

附录九　常见的有色固体物质的颜色

颜　色	可 能 存 在 的 物 质
黑　色 （棕黑色）	Ag_2S、Hg_2S、HgS、PbS、Cu_2S、CuS、FeS、CoS、NiS、CuO、NiO、Fe_3O_4、FeO、MnO_2
棕　色	Bi_2S_3、SnS、Ag_2O、Bi_2O_3、CdO、$CuBr_2$、PbO_2
红　色	HgS、Fe_2O_3、HgO、Pb_3O_4、HgI_2、$(NH_4)_2Cr_2O_7$、Ag_2CrO_4、$K_3[Fe(CN)_6]$，其他某些铬酸盐及钴盐
粉红色	水合钴盐、锰盐
黄　色	As_2S_3、As_2S_5、SnS_2、CdS、HgO、PbO、AgI、$AgBr$（浅黄），大多数铬酸盐
橙　色	Sb_2S_5、$K_2Cr_2O_7$、$Na_2Cr_2O_7$
绿　色	镍盐、某些铬盐及铜盐（如 $CuCl_2 \cdot H_2O$，$CrCl_3$）
蓝　色	水合铜盐、无水钴盐（如 $CuSO_4 \cdot 5H_2O$，$CoCl_2$）
紫　色	高锰酸盐及某些铬盐

附录十　一些物质的商品名或俗名

学　　名	商品名或俗名	主要成分的化学式
一氧化铅	密陀僧、黄丹	PbO
二氧化钛	钛白粉、钛白	TiO_2
二氧化硅	硅石、石英	SiO_2
三氧化二砷	砒霜、白砒、雌黄	As_2O_3
三氧化二铝	矾土、刚玉	Al_2O_3
四氧化三铅	铅丹、红丹	Pb_3O_4
四硼酸钠	硼砂	$Na_2B_4O_7 \cdot 10H_2O$
过氧化氢	双氧水	H_2O_2
亚铁氰化钾	黄血盐	$K_4[Fe(CN)_6]$
连二亚硫酸钠	保险粉	$Na_2S_2O_4 \cdot 2H_2O$
氟化钙	萤石、氟石	CaF_2
重铬酸钠	红矾钠	$Na_2Cr_2O_7$
重铬酸钾	红矾钾	$K_2Cr_2O_7$
高锰酸钾	灰锰氧	$KMnO_4$
铁氰化钾	赤血盐	$K_3[Fe(CN)_6]$
氢氧化钠	苛性钠、烧碱、火碱	$NaOH$
氢氧化钾	苛性钾	KOH
氢氧化钙	熟石灰、消石灰	$Ca(OH)_2$
氧化钡	重土	BaO
氧化锌	锌白、锌氧粉	ZnO
氧化镁	苦土	MgO
硅酸钠	水玻璃、泡化碱	Na_2SiO_3
硫化钠	硫化碱	Na_2S
硫化汞	朱砂、辰砂、丹砂、银朱	HgS
硫代硫酸钠	大苏打、海波	$Na_2S_2O_3 \cdot 5H_2O$
硫酸	磺镪水	H_2SO_4
硫酸亚铁	绿矾、铁矾、水绿矾	$FeSO_4 \cdot 7H_2O$
硫酸亚铁铵	莫尔盐	$FeSO_4 \cdot (NH_4)_2SO_4 \cdot 6H_2O$
硫酸钡	重晶石	$BaSO_4$
硫酸钙	石膏、生石膏	$CaSO_4 \cdot 2H_2O$
硫酸钠	芒硝、元明粉、皮硝	$Na_2SO_4 \cdot 10H_2O$
硫酸铝钾	明矾、钾明矾、白矾	$Al_2(SO_4)_3 \cdot K_2SO_4 \cdot 24H_2O$
硫酸铜	胆矾、蓝矾	$CuSO_4 \cdot 5H_2O$
硫酸锌	皓矾	$ZnSO_4 \cdot 7H_2O$
硫酸镁	泻盐、苦盐	$MgSO_4 \cdot 7H_2O$
硫酸锶	天青石	$SrSO_4$
硝酸钠	智利硝石、钠硝石	$NaNO_3$
氯化亚汞	甘汞	Hg_2Cl_2
氯化汞	升汞	$HgCl_2$

学　　名	商品名或俗名	主要成分的化学式
氯化铵	硇砂	NH_4Cl
氰化钠	山奈、山埃、山奈钠	$NaCN$
碳酸钠	苏打、纯碱	Na_2CO_3
碳酸钾	钾碱、珠灰、草碱	K_2CO_3
碳酸氢钠	小苏打、重碱	$NaHCO_3$

参 考 文 献

［1］Raymond Chang，Kenneth A. Goldsby. Chemistry. Twelfth Edition. New York：McGraw-Hill Education，2016.

［2］Catherine E. Housecroft，Alan G. Sharpe. Inorganic chemistry. Fourth Edition. New York：Pearson Education Limited，2012.

［3］武汉大学,等.无机化学.3 版.北京：高等教育出版社,1995.

［4］北京师范大学,等.无机化学.4 版.北京：高等教育出版社,2002.

［5］宋天佑,等.无机化学.3 版.北京：高等教育出版社,2016.

［6］宋天佑,等.无机化学.2 版.北京：高等教育出版社,2009.

［7］朱裕贞,等.现代基础化学.3 版.北京：化学工业出版社,2010.

［8］大连理工大学无机化学教研室.无机化学.5 版.北京：高等教育出版社,2005.

［9］周公度,等.结构化学基础.5 版.北京：北京大学出版社,2017.

［10］胡英,等.物理化学.6 版.北京：高等教育出版社,2014.

［11］苏小云,等.工科无机化学.3 版.上海：华东理工大学出版社,2004.

［12］宋天佑,等.简明无机化学.北京：高等教育出版社,2007.